U0330277

# 酒店 度假村开发与设计

朱守训　编著

中国建筑工业出版社

**图书在版编目（CIP）数据**

酒店 度假村开发与设计/朱守训编著.—北京：中国建筑工业出版社，2010
ISBN 978-7-112-11798-7
Ⅰ.酒… Ⅱ.朱… Ⅲ.①饭店－建筑设计②旅游度假村－建筑设计 Ⅳ.TU247

中国版本图书馆CIP数据核字（2010）第023761号

责任编辑：郭洪兰
责任设计：郑秋菊
责任校对：王金珠　关健

**酒店 度假村开发与设计**
朱守训　编著
*
中国建筑工业出版社出版、发行（北京西郊百万庄）
各地新华书店、建筑书店经销
北京图文天地制版印刷有限公司制版
北京中科印刷有限公司印刷
*
开本：880×1230毫米　1/16　印张：26¼　字数：840千字
2010年8月第一版　2012年8月第三次印刷
定价：195.00元

ISBN 978-7-112-11798-7
(19039)

当前不只是大城市、省会城市，一些中等城市已经开始建造星级商务酒店和会议酒店，许多地区挖掘旅游资源，投资建设度假村和主题公园；许多房地产发展商纷纷投资酒店商业地产，不少其他行业也投资酒店的开发与建设，为满足国外游客和大众旅游需要，酒店的需求量日愈增大，同时经济型酒店也大量兴起，而酒店业的蓬勃发展必然给建筑设计带来前所未有的发展机遇和新的挑战。

目前国内可以作为酒店度假村设计的工具及参考的专业书籍十分稀少，为此，作者在总结酒店和度假村设计实践的基础上，并参考收集国外同类专业资料编写本书。

本书分成基本篇、专题篇、业态篇和实践篇四个篇章，首先在绪言中陈述中国酒店的发展历程，基本篇重点讲述酒店的各组成部分、各功能房、各配套设施的功能要求、平面设计和面积指标；专题篇主要展开度假村及其配套设施的论述；而业态篇介绍中国特色的酒店业、国际酒店集团及其在中国的发展，以及酒店公寓、产权式酒店、经济型酒店、培训中心等开发方式，最后以超级酒店为题，介绍酒店业的高新发展。

本书还提供酒店度假村设计指引和流程、面积与投资估算，并在实践篇中通过多个酒店设计实例及设计方案介绍，可以作为设计基本资料或参考。

本书可作为投资者的指引，为酒店度假村设计师和开发商提供实用的资料及范例，同时也可以作为酒店管理从业人员、教学和科研的专业人员、大专院校师生的教学科研资料用。

# Contents | 目　录


001　绪　言

001　（一）酒店的定义
001　（二）酒店的类型
001　（三）中国古代酒店的历史
002　（四）中国近代酒店业的兴起
004　（五）中国现代酒店设计的发展

009　基本篇

010　一、酒店的客房部分

010　（一）客房
015　（二）客房标准层
019　（三）客房面积的计算
021　（四）一些酒店客房面积指标实例

022　二、行政酒廊与总统房

022　（一）行政酒廊
023　（二）总统房

027　三、酒店的公共部分

027　（一）大堂
028　（二）酒店入口
031　（三）前台
033　（四）商务中心
033　（五）餐厅
039　（六）酒吧
041　（七）多功能厅
043　（八）酒店卫生间

044　四、酒店的后勤部分

044　（一）行政办公室
045　（二）人力资源部与员工区
048　（三）客房部
049　（四）洗衣房
053　（五）工程部与设备机电房
055　（六）货物区
056　（七）厨房

060　五、酒店内外交通组织与电梯

060　（一）广场设计
060　（二）酒店出入口
060　（三）车道设计
061　（四）停车场
062　（五）电梯

065　六、酒店的建筑设计

065　（一）融合总体环境
066　（二）创造突出形象
067　（三）寻找独特风格
069　（四）把握经济标准
069　（五）保证酒店安全

071　七、酒店的机电设计与机房

071　（一）主机房的设计原则
072　（二）电气设计与高低压配电室
074　（三）给水排水设计与水池水泵房
079　（四）通风空调设计与制冷机房
083　（五）动力系统与锅炉房设计
083　（六）电讯设计与机房
084　（七）客房标准层的机房和管井
085　（八）室外管网综合设计

087　八、酒店的消防设计

087　（一）酒店建筑的消防设计要点
088　（二）消防监控中心
088　（三）消防给水设计与水池水泵房
088　（四）消防电气设计
089　（五）防排烟系统设计

090 九、酒店的景观设计
090 （一）酒店景观设计的主旨
090 （二）自然景观
092 （三）造景手法
094 （四）酒店道路景观设计

095 十、酒店的声学设计
095 （一）声学设计标准及名词术语
096 （二）客房的声学设计
098 （三）多功能厅、宴会厅和大堂等公共空间的声学设计

102 十一、绿色环保型酒店——酒店的生态设计
102 （一）创建绿色环保型酒店
102 （二）保护环境的宗旨
103 （三）酒店建筑的节能设计
104 （四）酒店建筑的节水设计
105 （五）防止污染——酒店建筑的环保设计
106 （六）保证室内环境质量

107 十二、酒店的最佳规模
107 （一）酒店的规模
107 （二）确定酒店规模
107 （三）控制酒店规模
108 （四）赢得酒店回报

109 十三、酒店的星级标准
109 （一）中国的星级酒店标准
109 （二）中国星级酒店的现状
109 （三）星级标准化管理
110 （四）酒店专业化发展

111 十四、酒店的面积配置
111 （一）五星级酒店建筑面积配置的建议
114 （二）四星级酒店建筑面积配置的建议
116 （三）三星级酒店建筑面积配置的建议
116 （四）经济型酒店建筑面积配置的建议
117 （五）实例一：西安阿房宫凯悦酒店的实际面积指标
118 （六）实例二：赣州锦江国际酒店的设计面积的指标

121 十五、酒店 度假村的投资估算
121 （一）酒店的投资估算
123 （二）酒店的投资管理
125 （三）酒店经营收益预测

127 十六、酒店 度假村的设计流程
127 （一）前期策划
128 （二）设计团队
130 （三）设计程序
130 （四）设计总协调
130 （五）酒店和度假村的设计流程

133 专题篇

134 一、度假村
134 （一）度假村的选址
137 （二）度假村的类型
142 （三）度假别墅

144 二、度假酒店的特征
144 （一）度假酒店的地域特征
145 （二）度假酒店的客房特征
150 （三）度假酒店的景观特征

150 （四）度假酒店的外部特征
152 （五）度假酒店的文化特征
153 （六）度假酒店的建筑技术特征

154 三、会议中心与会议酒店
154 （一）会议中心
155 （二）会议酒店
156 （三）会议度假村

157 四、温泉中心与 SPA
157 （一）温泉
157 （二）温泉中心
159 （三）中国著名的古温泉胜地
160 （四）中国温泉资源的开发
160 （五）温泉中心的设计及实例
168 （六）SPA（水疗）
173 （七）SPA 会所设计实例

174 五、游泳池与健身房
174 （一）游泳池
176 （二）健身房

179 六、娱乐休闲设施
179 （一）桌球
181 （二）棋牌室
182 （三）游戏室
182 （四）清吧
182 （五）茶室

183 七、KTV 与娱乐场
183 （一）量贩式 KTV
183 （二）RTV
183 （三）娱乐场

185 八、渔人码头
186 渔人码头设计实例

188 九、高尔夫球与网球
188 （一）高尔夫球
191 （二）网球

194 十、保龄球与射箭
194 （一）保龄球的由来与发展
194 （二）保龄球及其球场设计要求
195 （三）射箭

197 十一、马术俱乐部
197 （一）中国的马术活动
197 （二）马球（Polo）运动
198 （三）马术度假村
198 （四）香港马术场馆的实例
199 （五）马术度假村的设计实例

200 十二、游艇俱乐部
200 （一）游艇会的来历
200 （二）游艇的类型与泊位
202 （三）中国游艇业的发展
203 （四）中国香港游艇会
203 （五）游艇俱乐部的设计实例

205 十三、滑雪场与滑草场
205 （一）滑雪场的分类
206 （二）开发滑雪场的最基本条件
206 （三）滑雪场设备
207 （四）世界四大著名滑雪场
207 （五）目前中国滑雪场的基本状况
208 （六）滑草场

209 十四、主题公园

209 （一）主题公园的演变
210 （二）中国主题公园历史悠久
211 （三）世界十大主题公园
213 （四）主题公园在中国的发展
214 （五）设计实例——珠海海泉湾神秘岛

219 业态篇

220 一、中国特色的酒店业

220 （一）中国民族品牌的酒店集团
225 （二）中国香港的酒店业
229 （三）中国澳门的酒店业
232 （四）中国台湾的酒店业
232 （五）当前中国酒店业的发展

234 二、国际酒店集团

234 （一）十大国际酒店集团及其品牌
243 （二）国际酒店集团组织形态及经营特点
243 （三）国际酒店集团的体制

244 三、国际酒店集团在中国的发展

244 （一）主要国际酒店集团在中国的发展
251 （二）国际酒店集团在中国的经营模式
252 （三）国际酒店集团在中国发展新趋势

253 四、特色酒店

253 （一）主题酒店
256 （二）精品酒店
258 （三）时尚酒店

261 五、经济型酒店

261 （一）中国国情与市场
261 （二）规模与功能
262 （三）形象与特色
263 （四）投资与选址
264 （五）超经济型酒店
264 （六）中国的十大经济型酒店集团

266 六、产权式酒店

266 （一）产权式酒店的特征
266 （二）产权式酒店的类型
266 （三）产权式酒店的投资回报

267 七、培训中心与企业会所

267 （一）培训中心
267 （二）企业会所
268 （三）培训中心设计实例

272 八、酒店公寓

272 （一）酒店公寓的类型
272 （二）酒店公寓与其他公寓的区别
273 （三）与公寓式酒店的区别
273 （四）酒店公寓的设计

277 九、家庭酒店

277 （一）家庭酒店的类型
278 （二）家庭酒店的实例
278 （三）家庭酒店的优势
278 （四）家庭酒店的管理

279 十、超级酒店

279 （一）超高层酒店
281 （二）超星级酒店
284 （三）超大型酒店
285 （四）水下酒店

286 （五）太空酒店
288 （六）超时空酒店

## 289 实践篇

290 1 珠海海泉湾度假城
315 2 西安阿房宫凯悦酒店
319 3 深圳联合广场·格兰德假日酒店
324 4 赣州锦江国际酒店
328 5 千岛湖洲际度假酒店
334 6 深圳东部华侨城·茵特拉根酒店
345 7 宁波万达索菲特大酒店
356 8 三亚山海天大酒店（二期设计方案）
359 9 海南博鳌宝莲城酒店公寓
361 10 深圳威尼斯皇冠假日酒店
366 11 深圳华侨城洲际大酒店
374 12 上海创展国际商贸中心设计方案
378 13 泉州海洋城总体规划设计
383 14 泉州海丝皇冠假日大酒店
389 15 三亚美丽之冠文化会展中心方案
391 16 杭州中南理想国酒店设计方案
395 17 清远狮子湖喜来登度假酒店
401 18 自贡酒店设计方案
405 19 正中高尔夫酒店设计方案
408 20 惠阳半岛酒店

## 410 作者感言

## 412 参考文献

# 绪　言

古道信使的驿站、寄膳的房院、寺院以及路边投宿的客栈，为长途跋涉的行人提供住宿、休息、膳食和马房服务，酒店的基本功能和特征早在古代的中国已经形成。

伴随着交通业的发展，交通工具从马车发展到火车、轮船、飞机等，古代的驿站、房院被车站旅馆、航空宾馆所代替，而私家车出行引发出公路旁的汽车旅馆。

当今，酒店业已经成为了一个城市、区域经济发展的重要标志。酒店已经愈来愈多地成为家庭生活和社会重要活动场所，与人民生活息息相关。

中国有很长一段时间，酒店业以旅馆、招待所为主，而且还归属于“楼堂馆所”的控制建设项目范围。

随着改革开放，国际经济贸易往来和文化交流增多，国外游客日益增多，适合国外人士的国际级饭店宾馆，率先在大城市旅游城市出现，如北京饭店、上海和平饭店、南京金陵饭店、北京昆仑饭店等，继而逐步发展到省会城市中等城市，先是叫“涉外饭店”，现在国人也能享用，从而摘掉“涉外”的帽子，内外无别了。

## （一）酒店的定义

酒店是综合性的公共建筑，为顾客提供一定时间的住宿，也可提供餐饮、康体、休闲、娱乐、购物等服务，还是商务、会议、展示和联谊的社会活动场所。酒店是由客房部分、公共部分、后勤与机房部分三大部分组成。

中国以“旅游饭店”为统称，在《中华人民共和国星级饭店评定标准》的术语和定义中说明：按不同习惯它也被称为宾馆、酒店、旅馆、宾舍、度假村、俱乐部、大厦、中心等，而国际上较为普遍称呼为酒店(Hotel)。对中国蓬勃发展的酒店业来讲，在国际化进程中也要逐步接受和采用“酒店”的称谓，与国际接轨。

## （二）酒店的类型

• 酒店按客房规模分为：小型（<200 间）、中型（201～500 间）、大型（501～1000 间）、特大型（>1000 间）和超大型酒店（>3000 间）。

• 酒店按功能分为：商务酒店、会议酒店、度假酒店、旅游酒店、博彩酒店、养生酒店、培训中心、酒店公寓、老年公寓……

• 酒店按环境特征分为：城市酒店、园林酒店、乡村酒店、机场酒店、汽车酒店、城市客栈、海滨酒店、游轮酒店、家庭酒店……

• 酒店按特色分为：温泉酒店、主题酒店、精品酒店、时尚酒店、新潮酒店、水下酒店……

• 酒店按标准分为：超经济型酒店、经济型酒店、普通型酒店、豪华型酒店和超豪华型酒店。

• 酒店按旅游行业星级标准分为：一星级、二星级、三星级、四星级、五星级和白金五星级。

• 酒店按投资构成分为：独资、合资、集资等，产权式酒店也是集资的一种。

• 酒店按建筑风格分为：民族风格酒店、欧式风格酒店、古典式酒店、现代式酒店、新古典式酒店、后现代式酒店、东南亚风格酒店、地中海风格酒店、缅泰风格酒店、阿拉伯风格酒店、西班牙风格酒店……

## （三）中国古代酒店的历史

中国是一个文明古国，是世界上最早出现“酒店”的国家之一。据《论语》记载：“许由辞帝尧之命，而舍于逆旅。”那是公元前2000年前的事情。在《诗经·大雅·公刘》篇中叙述殷商时代，周文王的十二代祖先公刘曾在今陕西旬邑寄居馆舍。那时的“逆旅”和“馆舍”就是现在酒店的古代雏形。

周朝时，为了保持中央皇朝与地方王侯的联络，在官道边每30里设“路室”提供住宿，每50里在市集上设“侯馆”，后者规模等级高于“路室”。

春秋战国时，随着水陆交通与贸易发展，酒店业日愈兴旺。当时被称之为客馆、逆旅、传舍、客舍、驿站等，备车马、供宿食，并已有官办和私营之分。当时诸侯国君盛行招贤纳士之风，有记载孟尝君门客三千，分传舍、幸舍、代舍三个等级住宿，并由传舍长掌管。

西汉武帝时，张骞两次出使西域，开始促进与各民族地区、友好国家的交往，为接待外国使节和宾客，长安兴建了中国最早的涉外酒店——蛮夷邸。

北魏孝文帝迁都洛阳时，在洛阳修建了四夷馆，已经分不同地区、不同宗教信仰、不同生活方式来接待、安排宾客的宿食。《洛阳伽蓝记》中记载：吴人投国者处“金陵馆”，北夷来附者处“燕然馆”，东夷来附者（按：指日本）处“扶桑馆”，西夷来附者（按：指中亚、西亚等国来使）处“崦嵫馆”。

隋、唐、宋代时，接待外宾的旅馆改称为“四方馆”，北宋还设有称之为“都亭驿”、“礼宾院”、“同文馆”等旅馆。

尤其宋代旅馆遍布当时汴梁，“沿城皆客店，南方官员、商贾、兵役，皆于此安泊。”其规模、等级、大小也有不同。接待贵族、外国使臣的称“馆、邸”，接待平民百姓的则称“客舍、客栈、客坊、客店、客铺、寓”等。

中国很早就有以接待商业行会和地区为主的“会馆”。此外，寺庙亦设客房以接待远道而来的香客、居士和云游和尚等，被称之为寺院的“上客堂”。

总之，随着五千多年的历史演变，中国古代酒店业从形成到初具规模，已经有类型和等级的分别，满足了当时的社会需要，记载着中华酒店的悠久文化。

### （四）中国近代酒店业的兴起

早在1863年，一位英国牧师约翰·殷森德在天津，用传教得来的布施纹银600两，与当时的清政府签订了一份“转租”土地的《皇室租约》，建立了一处简易英式平房作为货栈洋行、旅馆和饭店之用，被称为“泥屋”或“老屋”，这就是中国近代历史上第一家专门接待外国人的酒店——利顺德大饭店。

“利顺德”三字源于儒家先圣经典所言“利顺以德”，这恰巧与传教士殷森德英文名字为Innocent谐音相近。经1886年、1924年、1984年三次扩建，具有古代、近代、现代中西合璧的三座酒店楼屹立于津门海河之畔（图1），酒店拥有豪华套房、豪华客房与标准客房共223间，设施齐备，环境幽雅，是一座四星级酒店。利顺德大饭店经历了近150年的历程，仍保留着英国古典建筑风格和欧洲中世纪的田园乡间建筑的特点，是天津市租界风貌独具特色的代表建筑，也是国家重点文物保护单位。

**图1** 现今的天津利顺德大饭店

而中国近代酒店业还得从北京饭店说起，1900年两个法国人在东交民巷外国兵营处开了一家小酒馆，次年挂上“北京饭店”的招牌，1903年饭店迁至长安大街王府井南口的现址，建起一栋五层高的砖混结构的欧式古典建筑，1907年由中法实业银行接管，1945年抗战胜利后改由国民党北平政府接管。

1949年解放后的北京饭店，隶属于国务院机关事务管理局，成为国务活动和外事接待的重要场所，具有特殊的政治地位。1954年扩建了西楼（图2），1974年新建了东楼，共拥有876套客房，总建筑面积已经达到16万$m^2$，成为北京现代化和国际化的

**图2** 北京饭店扩建西楼　摄于1954年

**图3** 北京饭店的三代建筑

标志建筑之一（图3）。北京饭店的三代建筑，跨越百年，承载着酒店功能和特殊政治身份的双重使命中见证了时代的变迁。

在上海，1906年建起的汇中饭店（现名上海和平饭店南楼），最早使用了电梯，外墙为红白砖镶砌，红砖作腰线，白墙砖做贴面，精致的三角形与圆形相间的窗券，具有鲜明的文艺复兴建筑风格。

1928年落成的上海沙逊大厦（现名和平饭店），楼高14层77m，客房252间，由英籍犹太人爱利斯维克多·沙逊投资，公和洋行设计，被称为20世纪30年代远东的第一高楼，成为当时国际一流水平的大酒店。外墙采用凝重的花岗石贴面，建筑塔顶是高19m外包铜皮的方锥体，是上海近代建筑的代表作，成为上海外滩的标志之一（图4）。

1931～1934年建成的上海国际饭店，拥有客房244间，地上22层地下2层，总高82.51m，是中国人自筹资金建造的中国第一高楼，故有"仰观落帽"的说法（图5）。这一纪录保持了34年，直到1968年才被86.51m高的广州宾馆打破。国际饭店是由匈牙利建筑师拉斯洛·邬达克设计，陶馥记营造厂承建全部工程。其简洁有力的建筑造型，充分显示典雅沉稳的建筑风格。

这一时期，上海还建成了著名的锦江饭店、金门饭店（后改为华侨饭店）、百老汇大厦（后改为上海大厦，图6）和毕卡地公寓（后改为衡山宾馆），同时广州、天津、汉口等通商口岸也相继起步建成一些酒店。

新中国成立后，随着大规模的国家建设的进程，各地兴建了一批供国际交往外事活动用的宾馆，供干部公务出差用的招待所和社会用的旅馆。

而接待外宾的酒店设计备受重视。建筑多从中国传统建筑中吸取精华，来表现庄重宏伟的气派，反映中国建筑文化的特征。建于1954年的北京友谊宾馆，用地20.3hm$^2$、总建筑面积18.6万m$^2$。主体部分由5栋客房楼、会议楼、礼堂、餐厅组成，有客房及公寓式套房1900套、大小餐厅26个，与同年建起的西苑饭店成了各部委召开会议的好场所。随着政治经济的发展，相继建成的有北京前门饭店、华侨大厦、新侨饭店和民族饭店等。

其他大城市相继建成规模相当有广州羊城宾馆、华侨大厦、成都锦江饭店、西安人民大厦、济南山东宾馆、杭州饭店等。

其中由杨廷宝先生设计的北京和平宾馆，率先采用现代建筑理论与手法，突破了对称布局，表现了形式与功能相统一，为完好地保存参天古树，在平面设计时因地制宜，开创了建筑与环境相结合的先例。 该宾馆建在金鱼胡同里，1952年开业，地上7层，客房共170间，总建筑面积为7900m$^2$，这座深巷中不大的宾馆成为经典之作。

到20世纪60到70年代，随着外贸和旅游事业的发展，为广州交易会的需要，广州兴建一批商务和旅游酒店，如广州宾馆（图7）、白云宾馆、东方宾馆、流花宾馆，矿泉客舍、白云山庄、双溪别墅等，走到全国酒店建设的前列。

**图4** 上海沙逊大厦

**图5** 上海国际饭店

**图6** 百老汇大厦（后改为上海大厦）

图7　广州宾馆

图8　广州白云宾馆

广州白云宾馆建成于1976年，33层楼高114.05m（图8），其总体设计利用地形组织庭园，以架立山石来分隔前庭，巨石绿树与板式高层相映衬颇有气势。高低层之间以水石庭院作内景，山石之上古榕成荫，清泉泻下，自然天成，显示了岭南建筑文化的特色。

同时期扩建的矿泉客舍100间客房是传统的岭南园林与新建筑空间密切结合的成功佳作。通过空间大小、光影对比、对景导向等手法构成的富于戏剧性的空间序列十分生动。这一时期，各大中城市兴建的主要酒店见表1。

## （五）中国现代酒店设计的发展

自20世纪70年代末，中国走进了新时代，中华大地唱响了“春天的故事”。1982年3月29日，在北京长安大街上出现了建国饭店，成为中国第一家合资酒店，经由国家领导人圈阅后专门批准成为中国第一家合资酒店，并首次引进酒店国际管理。该饭店是由美籍华人陈宣远事务所投资并设计，基地长193m，宽仅55m，在如此狭长的基地上按功能特点，建起了一座高低错落和独特风格的酒店（图9），以崭新的面貌给国人带来惊喜。

1984年，建在北京香山风景区的香山饭店（图10），是著名的美籍华人建筑师贝聿铭先生的作品，设计自传统建筑中脱颖而出，推崇中国建筑艺术的再现与创新。酒店有322间客房，总建筑面积33095m$^2$，在总体设计中，以传统的中国式庭园来组织客房空间，建筑造型与细部则吸取了传统江南建筑的语言，表现出作者对当代文化与传统文化结合的理解。

两位华人建筑师为他们的祖国带来了中西合璧的优秀酒店设计，与此同时，由中国建筑师设计建成的有深圳南海酒店、上海龙柏饭店、广州白天鹅宾馆、南京金陵饭店等，都成了所在城市现代风貌的标志建筑。

深圳南海酒店由华森建筑与工程设计顾问公司设计，于1984年建成，拥有424间客房，总建筑面积43100m$^2$。酒店位于深圳蛇口半岛，依山临海，环境优美，实现建筑、山、海与园林完美融合，酒店以分段成弧形平面向大海展开，结合碗形阳台层层出挑，为客人提供最大限度的宽阔海景。一座富于中国传统建筑文化风韵，又具有明快柔美的现代风格的酒店，给人一种难忘的情怀，成了1992年中国首批五星级酒店之一（图11）。

上海的龙柏饭店位于西郊虹桥俱乐部内（图12），由华东建筑设计院设计，1982年4月建成，拥有12443m$^2$的建筑面积，161套的豪华套房。酒店建筑不但保持原址俱乐部的英式建筑风韵，还强调建

20世纪70年代新建主要酒店一览表　　表1

| 酒店名称 | 建成年代 | 层数（地上/地下） | 客房间数 | 总建筑面积（m$^2$） |
|---|---|---|---|---|
| 广州宾馆 | 1968 | 27/1 | 451 | 32096 |
| 广州东方宾馆新楼 | 1973 | 12 | 776 | 45613 |
| 南宁邕江饭店 | 1973 | 12/1 | 343 | 27775 |
| 北京饭店新楼 | 1974 | 18/3 | 695 | 88473 |
| 广州白云宾馆 | 1976 | 33/1 | 721 | 58601 |
| 桂林漓江饭店 | 1976 | 14 | 296 | 21322 |
| 长沙湘江宾馆 | 1978 | 11 | 225 | 17800 |
| 青岛汇泉宾馆 | 1978 | 14 | 220 | 17056 |
| 南京丁山宾馆 | 1978 | 8 | 126 | 7600 |
| 苏州苏州饭店 | 1979 | 10/1 | 150 | 16156 |

**图9** 开业时的北京建国饭店

**图10** 北京香山饭店

**图11** 依山临海的深圳南海酒店

**图12** 上海龙柏饭店

**图13** 广州白天鹅宾馆

筑与环境的穿插与协调，新颖别致，独具特色。

广州白天鹅宾馆濒临沙面西南三江汇聚的白鹅潭畔，基地36389m² 是填江筑地而成，由著名建筑师佘畯南、莫伯治主持设计，1983年建成。它拥有1014间客房，总建筑面积92981m²（图13）。34层酒店建筑屹立在珠江岸边，落地的大玻璃窗将室内外景色交相辉映。以“故乡水”为主题的中庭设计，充分显现岭南园林特色，深受国人的喜爱，尤其引发海外漂泊赤子对祖国故里的无限眷念（图14）。

南京金陵饭店，位于南京市中心新街口西北角，1983年10月建成开业（图15），这座27层的酒店建筑成了城市的地标。建筑设计是由香港巴马丹拿建筑工程事务所（P&T Architects HK）担当，以45°角度布置的正方形酒店平面，具有804间客房，总建筑面积为48640m²，现代的简洁风格给酒店建筑带来了崭新的启示。

北京长城饭店也是在1983年12月建成投入使用。其拥有1001间客房，总建筑面积达到82930m²，由美国贝克特国际公司（Becket International）设计，这是在中国第一栋采用玻璃幕墙的22层的酒店建筑，壮丽的建筑造型带给国人新颖的酒店形象（图16）。

福建崇安武夷山庄，是一座只有32间客房，2641m² 建筑面积的度假酒店，建在风景秀丽的武夷山幔亭峰麓，由东南大学与福建省建筑设计院合作设计，1983年建成（图18）。融于自然景区的建筑，

图14　广州白天鹅宾馆中庭

图16　北京长城饭店

图15　南京金陵饭店

图17　山东曲阜阙里宾舍

因地制宜自由错落，并吸取闽北山区民居的特色，反映独特的乡土风貌，成为景区建筑的一个典范。

广州花园酒店由30层107m高的酒店大楼和公寓楼组成，顶楼设旋转餐厅，占地面积4.8万$m^2$，建筑面积17万$m^2$，其中花园面积达2.1万$m^2$，酒店拥有2000多套客房以及酒店公寓和写字楼。酒店富丽堂皇，美轮美奂，于1985年8月开业，年客流量近40万人次。酒店建设中得到中央领导人和港澳、海内外知名人士的热心扶持，被认为是改革开放的硕果，酒店开发的典范。

坐落于越秀公园环抱中的广州中国大酒店，是由万豪国际管理集团管理的一家旗舰店。以18层工字形的大楼为主体的酒店拥有889间豪华客房，占地面积18782m²，总建筑面积156897m²，其中包括公寓26859m²，写字楼15808m²，商铺6440m²。

还有1961年开业的广州东方宾馆经过近年扩建和改造提升，总建筑面积达14万m²，客房699间，已成为一间全新的商务会展酒店，并获全球服务领域的最高奖项“国际五星钻石奖”。上述这三座酒店处在中国开放改革的前沿，引领着南方地区酒店业飞速发展。

20世纪80年代是中国开放改革的第一个十年，也是现代酒店业获得迅速发展的十年。这些现代酒店的设计，主要是由中国建筑师创作完成的，抑或是通过与国外建筑师合作设计建成的，都充分表现出本土建筑师的巨大潜能，创造了前所未有的酒店建筑设计的成就（图17、图19、图20、图21、图22）。全国各地兴建的一批主要酒店，参见表2。

**图20** 广州花园酒店

**图21** 广州东方宾馆

**图18** 福建崇安武夷山庄

**图19** 杭州黄龙饭店

**图22** 广州中国大酒店

20世纪80年代新建主要酒店一览表

表2

| 酒店名称 | 年代 | 层数 | 客房数 | 建筑面积（$m^2$） | 设计单位 |
|---|---|---|---|---|---|
| 山东曲阜阙里宾舍 | 1986 | 2 | 175 | 13669 | 建设部建筑设计院 |
| 上海市上海宾馆 | 1983 | 26 | 604 | 44608 | 上海民用建筑设计院 |
| 天津凯悦饭店 | 1986 | 21 | 450 | 38800 | 香港潘衍泰设计事务所、天津市建筑设计院 |
| 上海华亭宾馆 | 1986 | 28 | 1236 | 88146 | 上海民用建筑设计院 |
| 北京昆仑饭店 | 1987 | 28 | 1000 | 79000 | 北京市建筑设计院、美国吴湘设计事务所 |
| 杭州黄龙饭店 | 1987 | 9 | 570 | 41923 | 杭州市建筑设计院 |
| 苏州胥城大厦 | 1987 | 16 | 298 | 27000 | 东南大学建筑设计研究院 |
| 天津水晶宫饭店 | 1987 | 7 | 363 | 29000 | 天津市建筑设计院 |
| 上海虹桥宾馆 | 1988 | 33 | 713 | 55386 | 华东建筑设计院 |
| 北京国际饭店 | 1988 | 28 | 1049 | 105000 | 建设部建筑设计院 |
| 上海花园饭店 | 1989 | 34 | 416 | 54850 | 日本国株式会社大林组 |
| 西安阿房宫凯悦酒店 | 1990 | 12 | 500 | 44642 | 华森建筑与工程设计顾问公司 |
| 西安唐华宾馆 | 1989 | 1～4 | 302 | 20492 | 中国建筑西北设计院 |
| 山东泰安华侨大厦 | 1989 | 15 | 250 | 17000 | 清华大学建筑学院 |
| 上海商城波特曼大酒店 | 1990 | 48 | 700 | 185000 | 美国约翰·波特曼、华东建筑设计院 |
| 上海扬子江大酒店 | 1990 | 36 | 612 | 51056 | 上海民用建筑设计院、香港香灼讥建筑师事务所 |
| 上海太平洋大酒店 | 1990 | 29 | 752 | 67200 | 上海民用建筑设计院、日本青木建设、日本设计 |
| 上海锦沧文华大酒店 | 1990 | 30 | 514 | 56417 | 新加坡雅艺建筑设计公司 |
| 上海新锦江大酒店 | 1990 | 44 | 728 | 57330 | 上海民用建筑设计院、香港王董国际有限公司 |
| 北京五洲大酒店 | 1990 | 13～17 | 1248 | 87550 | 北京市建筑设计院 |

# 基本篇

# 一、酒店的客房部分

客房的基本功能有睡眠、休息、工作、阅读、会客、娱乐、观景、休闲、更衣和沐浴等，客房大致有睡房区、活动区和浴室三个基本区域；有的酒店特别是度假酒店，外有露台与三个基本区组合成一体。

酒店规模一般以其自然间数来表示。酒店的套房和豪华房是由两个或两个以上自然间构成，因此可以提供住宿的实际客房数（锁匙数、KEYS）称为客房套数。通常说酒店拥有500间客房，是指自然间数，实际客房数不到500套。

## （一）客房

在一个很长的年代，客人们大多数集聚住在一起，在招待所和旅馆里，有两人一间、四人一间，甚至更多人住在一起称为通铺，共同使用公共盥洗间和洗澡房。

1829年在美国波士顿开业的特莱蒙酒店里，别出心裁地设置单间，在客房里设置卫生间，为酒店客房的模式开创了先例。随着电梯、电灯、煤气、中央供热、供水等产品的发展，1908年纽约州巴佛罗的斯达特雷酒店开始实行在全部客房内设置浴室，而且还包括一面长镜子，入口处设电源开关，床边安装了电话和收音机，以及有室内循环的凉水，其宣传广告词："一间客房加上一间浴室只需一元半"，特别吸引人。那虽然是一百年前的事，但是它给酒店客房带来了一个本质上的进步。

客房是客人居住的场所，对客人来说，客房要比酒店的外观和大厅重要得多。客房布局不好，床铺睡得不舒服、隔声不好、坐椅太高、桌面太小，镜子位置不合适、开关不灵、龙头不好用等，都直接影响到客人的居住满意度。作为酒店管理者都要把客房做得最完美，使客人得到最体贴的服务是最基本的工作目标。

因此客房是酒店设计的最基本的工作。客房设计包括：对主要的目标客户的了解、标准客房大小、客房的数量及类型、套房、特殊用途房间的布局、走廊布局以及家具设备配置，而这一切取决于主要的市场目标。确定客房面积大小（图1-1），通常首先要决定标准间的面宽。世界酒店业发展初期，有的酒店集团要求客房净宽3.70m，即墙中尺寸为3.90m，在这样宽度的标准间，一侧安放两张床，而另一侧摆放行李架、电视，有一个宽度适宜的走道，靠窗安放坐椅与工作台。不同的酒店受到地点和投资影响，加宽或压缩客房面宽或调整进深。

### 1、酒店客房的类型

酒店客房类型有标准（单人）间、标准（双人）间、无障碍客房、行政套房、豪华套房和总统房六种。不同类型的酒店，房型配置也不相同。一般酒店只有标准间和少量套房，大多数套房仅占2%~5%的比例，还有些酒店全设套房，只有高级酒店才设置总统房。

不论单人或双人的标准间，就占一个自然间（图1-2）。一般行政套房为自然间面积的两倍，豪华套房为自然间面积的3倍，总统房不少于自然间面积的4～6倍，而无障碍客房一般按客房总数的1%配置。

**1）标准间**（表1-1）：在一个自然间的房间里，满足客房的基本功能要求的，被称之为标准间。在这个自然间范围内，更衣沐浴用的卫生间的空间 通常被围合而成，可以用实体墙，也可以用玻璃或其他材料隔断，还可以用推拉门（窗）等方式作空间的划分。

标准间放一张大床成为标准（单人）间，或称大床房，放两张床成为标准（双人）间，或称双床房。不同类型酒店采取不同的客房设计。大床房和双床房的比例可以参考表1-2采用。

以上比例还可根据市场调研资料来确定。其中客房床的规格（宽×长，以mm为单位，下同）有：1000×2000、1100×2000、1150×2000、1350×2000、1800×2000、2000×2000等，近年来还出现更宽大的

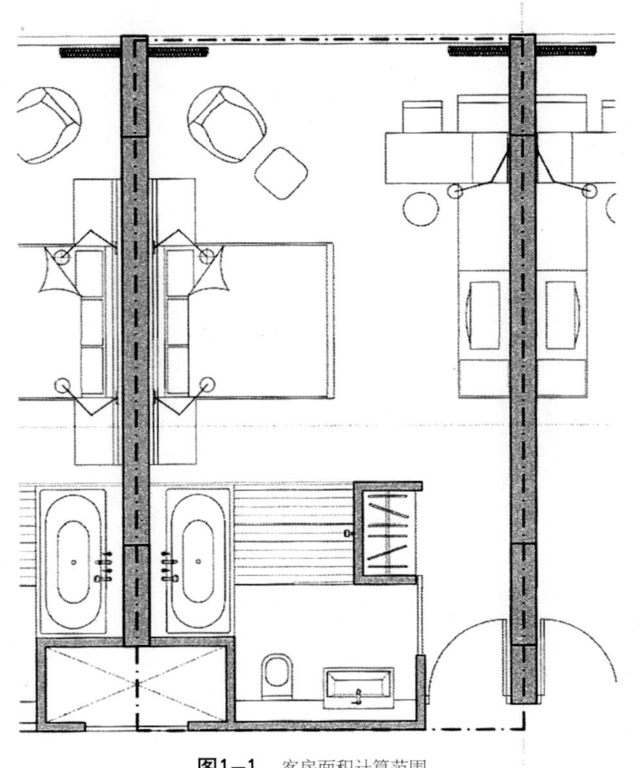

图1—1　客房面积计算范围

图1—2　标准双人间和标准大床间

标准间类型　表1-1

| 客房类型 | 睡眠区 | | 卫生间 | | 露台 | | 合计面积 | |
|---|---|---|---|---|---|---|---|---|
| | 面宽×进深 | 面积($m^2$) | 长×宽 | 面积($m^2$) | 长×宽 | 面积($m^2$) | 面宽×进深 | 面积($m^2$) |
| 经济型 | 3.3×4.5 | 14.85 | 1.8×1.5 | 2.70 | | | 3.3×6.0 | 19.80 |
| 舒适型 | 3.6×5.1 | 18.36 | 1.8×2.1 | 3.78 | | | 3.6×7.2 | 25.92 |
| 中档型 | 3.9×5.7 | 22.23 | 1.8×2.7 | 4.86 | | | 3.9×8.4 | 32.76 |
| 高档型 | 4.2×6.0 | 25.20 | 2.1×2.7 | 5.67 | | | 4.2×8.7 | 36.54 |
| 豪华型 | 4.5×6.6 | 29.70 | 2.4×3.4 | 8.16 | | | 4.5×10.0 | 45.00 |
| 度假型 | 4.5×6.0 | 27.00 | 2.7×3.6 | 9.72 | 4.5×2.0 | 9.0 | 4.5×11.6 | 52.20 |
| 度假型 | 5.0×6.0 | 30.00 | 3.8×4.0 | 15.20 | 5.0×2.0 | 10.0 | 5.0×12.0 | 60.00 |

[注] 表中“面宽×进深”、“长×宽”所示尺寸为墙中心线间距,以m为单位。

大床房和双床房的比例分配表　表1-2

| 酒店类型 | 经济 | 旅游 | 会议 | 度假 | 商务 | 家庭 | 全套 | 豪华 | 时尚 |
|---|---|---|---|---|---|---|---|---|---|
| 大床间 | 20% | 40% | 40% | 50% | 60% | 70% | 70% | 70% | 75% |
| 双床间 | 80% | 60% | 60% | 50% | 40% | 30% | 30% | 30% | 25% |

2200×2000 的床。

一般来说，一、二星级酒店的单床规格应不小于 900×1900，三星级酒店单床规格应不小于 1000×2000，而四、五星级酒店单床规格应不小于 1100×2000。

标准双人间的单床以床头柜分隔布置，也有两个单床并放布置，在两侧放床头柜，单床一般为 1150×2000 或 1200×2000（图 1-3、图 1-4）；标准单人间放一张大床，常用为：1800×2000、2000×2000（图 1-5 ~ 图 1-7）。有时房间内布置长沙发，不仅可以坐靠，又可代用作“第三张床”，供客人平卧休息。

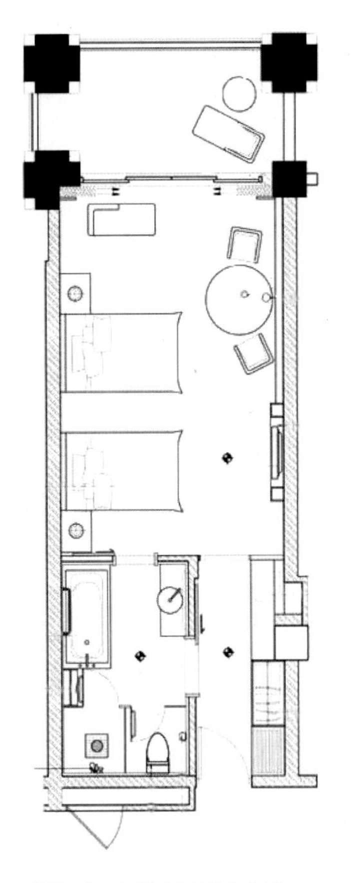

图1—3　标准双人间客房实例

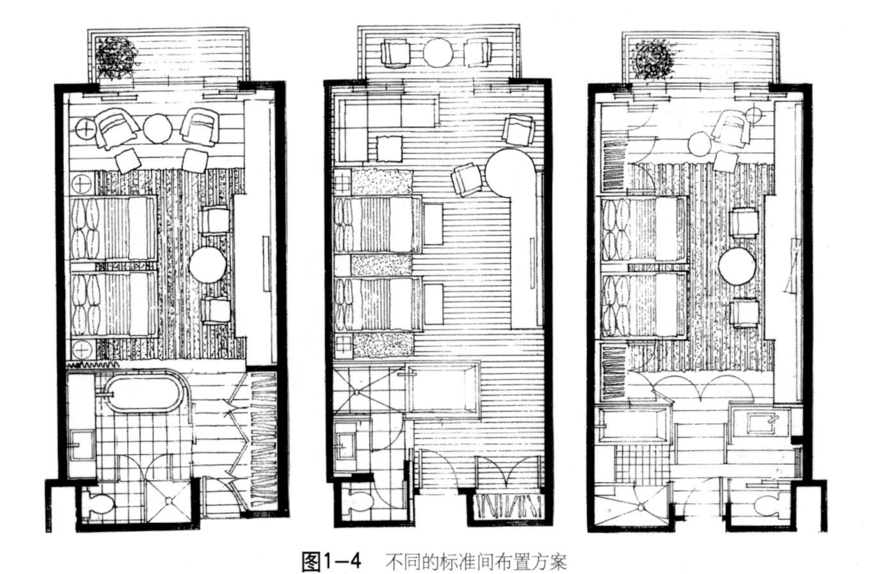

图1—4　不同的标准间布置方案

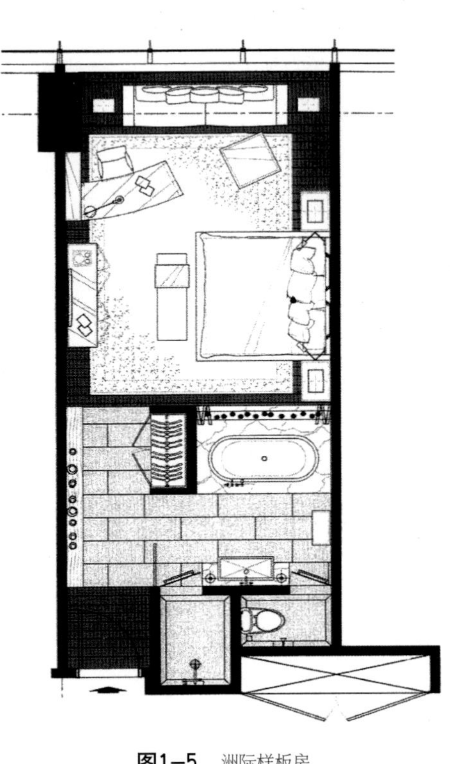

图1—5　洲际样板房

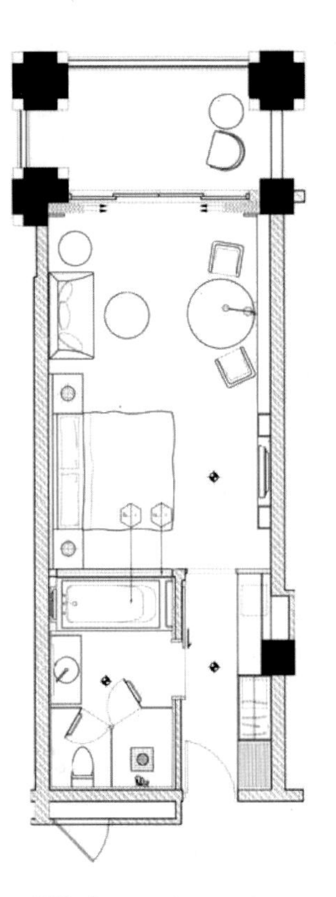

图1—6　标准大床间实例1

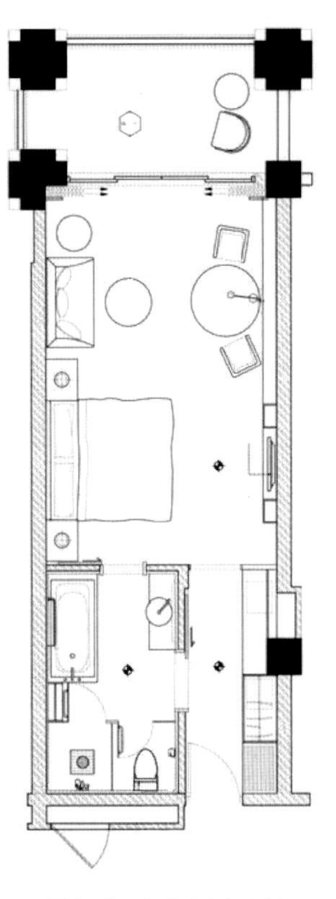

图1—7　标准大床间实例2

**2）无障碍客房**：所有酒店必须为残疾人提供平等的服务。按规范要求，酒店客房总（套）数每100间中，要有一间无障碍客房（图1-8）。有的酒店集团要求无障碍客房应分配到每种房型，包括至少提供一间套房，如有可能与相邻客房联通。无障碍客房应按规范要求设置残疾人专用轮椅通（坡）道，方便残疾人使用的按钮要低些的兼用电梯，轿厢内安装扶手，客房内有较大面积残疾人卫生间，带扶手的坐便器和手持喷头的淋浴器等专用装置等。

**3）套房**：把起居、活动、阅读和会客等功能与睡眠、化妆、更衣和淋浴功能分开布置（图1-9），由两个或三个自然间布置成豪华套房（图1-10、图1-11）。

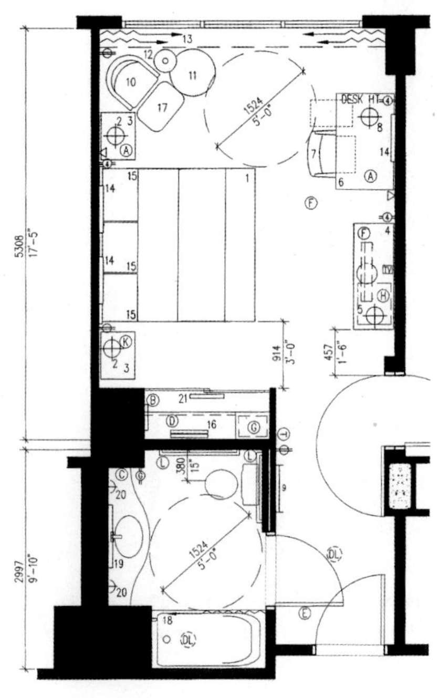

**图1-8**　无障碍客房

套房有迷你型、小型、商务型、复式、豪华型和超豪华型等类型。迷你型和小型套房是由起居室加一间小卧房组成，甚至可以由一间客房以家具隔断分成两个空间。还有将套房也以软隔断（矮柜、博古架、装饰柜或花饰玻璃等）替代分隔墙，获得更为宽松的舒适效果。商务型套房在起居室中应设置工作台。复式套房是由两个楼层房间组合的套房（图1-12、图1-13），豪华套房的化妆间和浴室要占用一个自然间，客房面积加大、空间放大必然给客人带来更舒适的感觉。

**4）联通房**：有的酒店（并非所有酒店）设置不多于客房总数30%的联通房，以适应市场需要。将相邻的两间客房通过预留的隔声门形成联通房，可以大床房与双床房联通（图1-2），也可以套房联通标准间，无障碍客房联通标准间（图1-8），而图1-14实例是以巧妙的方式将两间房联通，比较适合家庭居住。

### 2、酒店客房的设施

**1）客房卫生间**：卫生间在客房设计中尤为重要。一般卫生间安装有洗脸盆、带淋浴的浴缸和坐便器，俗称为“三大件”，若将淋浴间和浴缸分开设置就成了“四大件”。调查结果表明，90%以上客人只愿意使用淋浴，但是卫生间里缺少浴缸，档次不够，达不到酒店标准和规范，所以现今多采取带淋浴的浴缸方式，以迎合顾客的需要，达到酒店的星级标准。

把洗脸盆设计成台式很受欢迎，宽敞的洗脸台

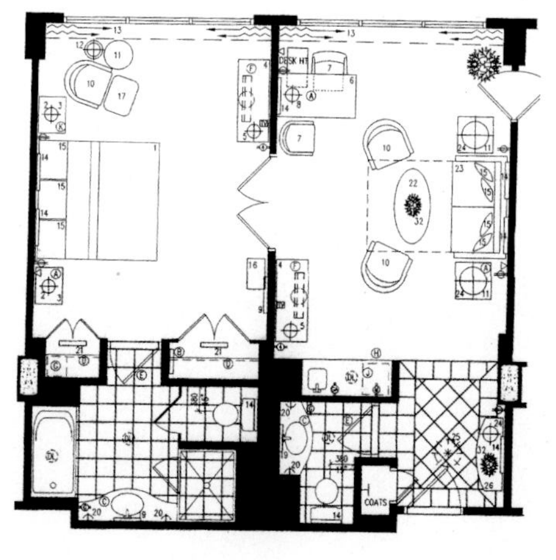

**图1-9**　普通套房

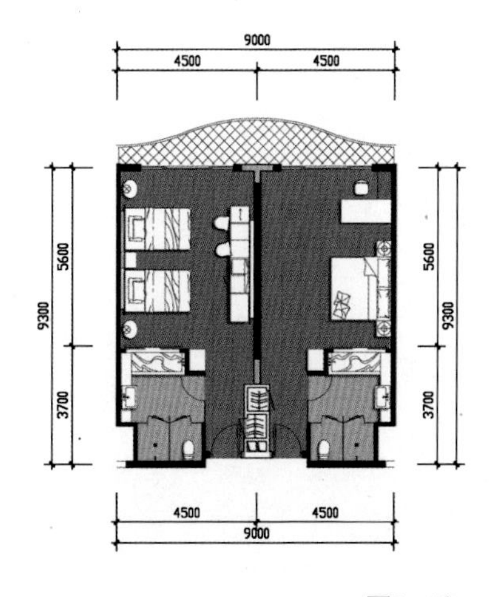



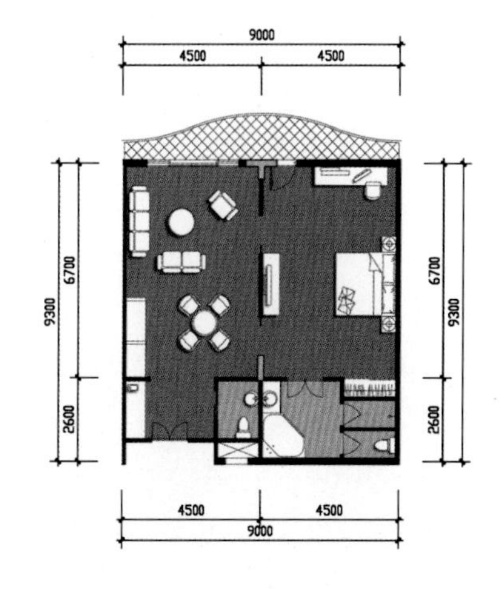



**图1-10**　标准间与套房实例

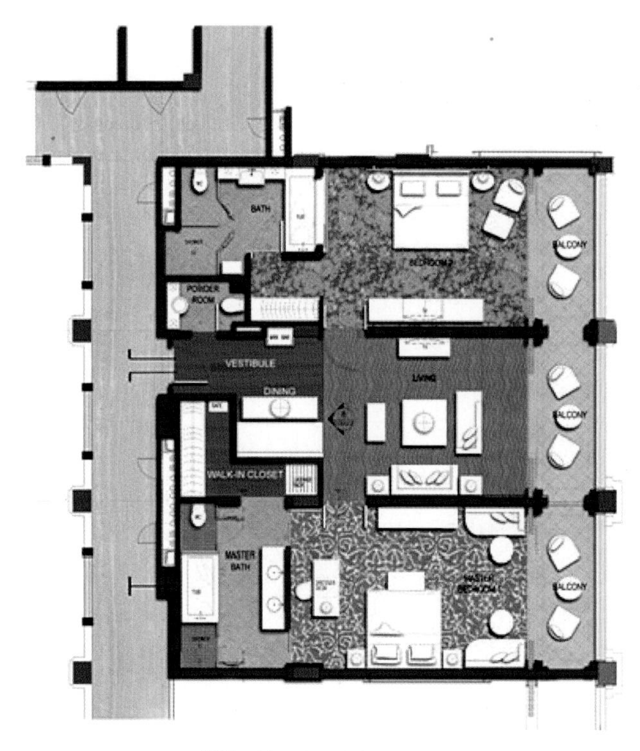


图1–11　豪华套房（三开间）

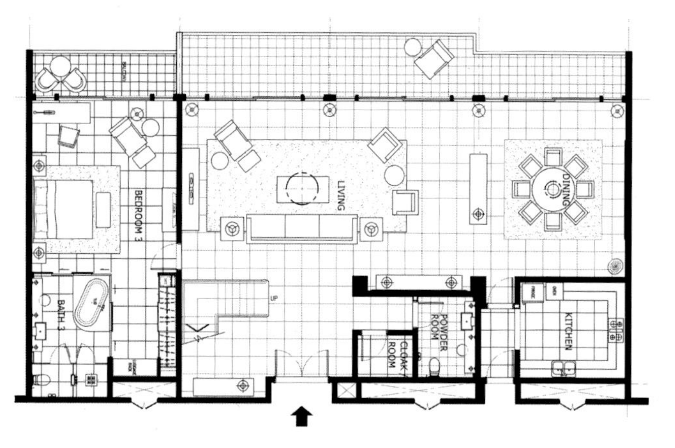


图1–13　复式套房2

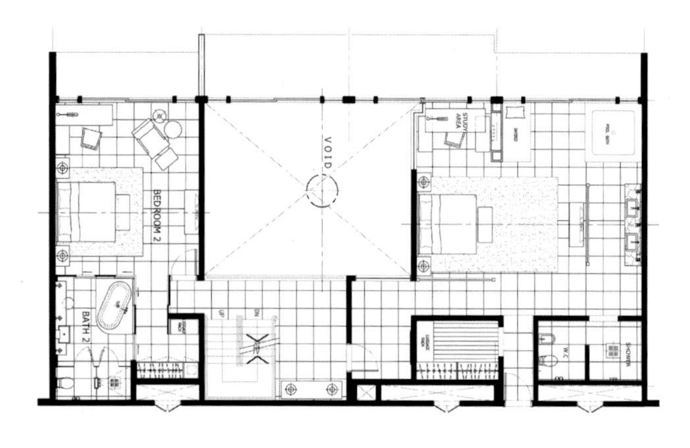


图1–12　复式套房1

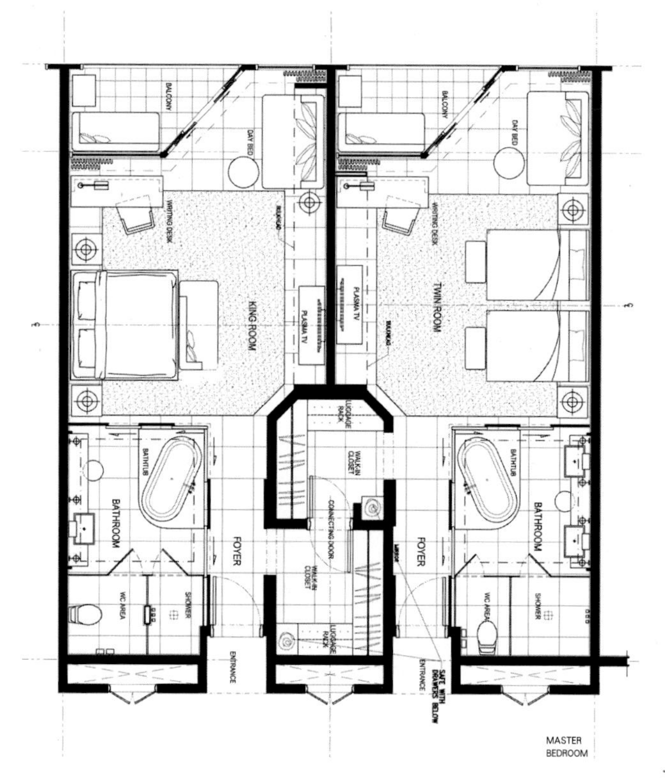


图1–14　联通房示例

上可以放洗漱用具和化妆品，现在有些单一的洗脸盆产品就有800~1200mm宽，比较适用。若设有专用的化妆台或化妆间就更豪华了。在豪华套房或者总统房，还装上按摩浴缸，包括冲浪、多头喷淋等。

当今卫生间的设计中，引进愈来愈多的新理念，使卫生间千姿百态，变化层出不穷。把浴室融入客房的设计理念，是酒店客房设计一个质的进步。将客房与浴房统一布局，相互渗透，不间隔的设计让客房更加宽敞明亮。开放式浴室，客人直接或透过落地玻璃窗，可以在沐浴的时段同时欣赏窗外美景，更是酒店客房设计的一个进步。许多度假酒店将浴缸放在露台上，在洗浴浸泡过程中，观景赏月，充分享受自然，更是因时因地的创新。

**2）客房设施：**20世纪末是酒店高速发展的时期，科学技术的进步在其中起了很大的推动作用。原先床头柜有控制台（盒），可以控制灯光、空调、电视、音响以及窗帘等，现在逐步被遥控器和电子设备替代。客房中安装以电视为基础的先进的影视系统，超薄电视机代替了电视柜，中央视频系统

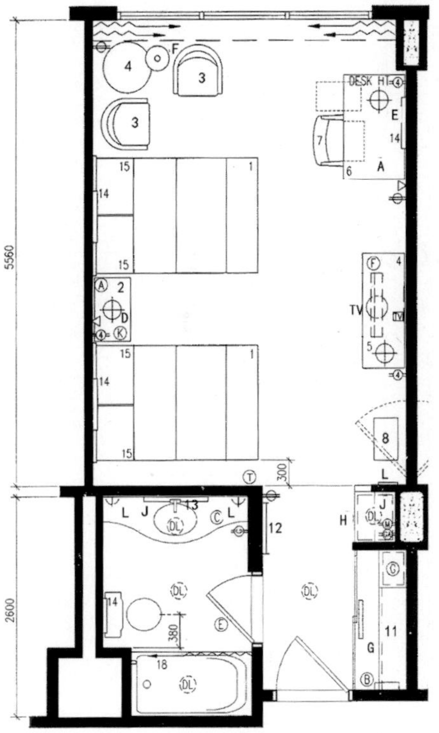

双床客房间平面

**家具**

1—客床　2—床头柜　3—座椅　4—小圆桌　5—电视柜　6—写字台　7—书桌椅　8—行李架
9—沙发　10—垫脚凳　11—衣柜　12—穿衣镜　13—镜面　14—艺术品

**电器与灯具**

A—电话　B—电熨板和电熨斗　C—手握式吹风机　D—床头灯　E—台灯　F—落地灯　G—衣柜灯
H—冰柜　TV—电视　J—咖啡炉　K—闹钟　L—壁灯

**图1–15**　标准间客房家具电器配置图

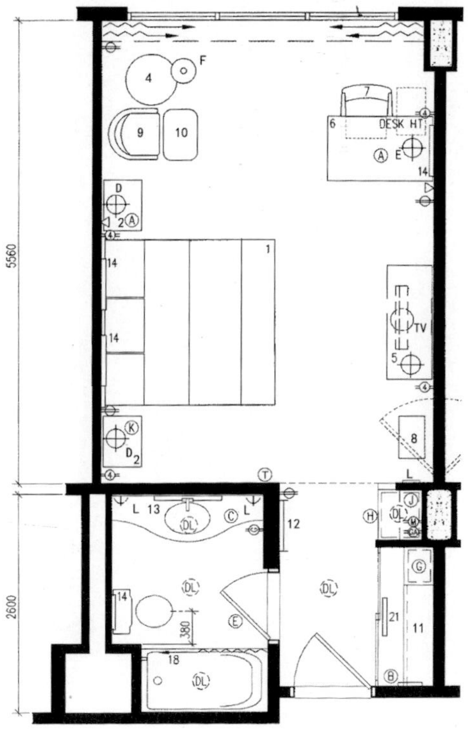

大床客房间平面

**家具**

1—客床　2—床头柜　3—座椅　4—小圆桌　5—电视柜　6—写字台　7—书桌椅　8—行李架
9—沙发　10—垫脚凳　11—衣柜　12—穿衣镜　13—镜面　14—艺术品

**电器与灯具**

A—电话　B—电熨板和电熨斗　C—手握式吹风机　D—床头灯　E—台灯　F—落地灯　G—衣柜灯
H—冰柜　TV—电视　J—咖啡炉　K—闹钟　L—壁灯

**图1–16**　大床间客房家具电器配置图

DVD 家庭影院为客人提供更多的节目和信息。

客房都要安装国际互联网的插口，顾客中携带便携式电脑日愈增多，据统计每 3 位商务旅客中就有两位带有便携式电脑，大部分人通过电子邮件与办公室和家人保持联系。有些酒店还提供电脑装置，就更方便客人的使用。

**3）智能型客房：**随着科技业的发展，酒店必然要实现智能化。当宽带上网刚刚兴起时，不少酒店客房迅速安装起先进的数字传输设备，而且还要提供连接保障的服务，让住在酒店的客人，及时搜索到世界各地的信息，保持与客户、公司和家人的密切联系。由于平板电视走进了客房，代替了笨重的电视柜，使客房空间宽敞了许多。客人们可以根据自己的意愿，不需要起身，就可以遥控客房内的空调、照明和电视音响装置。

1987 年在西安阿房宫凯悦酒店设计时，采用磁卡门锁装置，被认为是时尚的选择，而现在早已被普遍采用。现在门锁已经发展到采用科技手段，通过指纹或声音予以识别。总之，酒店客房里的每一个细微的更新，都会给客人带来便利。

如有的酒店率先应用先进的灯控系统，无论走到客房何处，附近的灯就会渐渐亮起来，待你走远时灯就会自行熄灭。房间里的照明系统自身即可将人引导到想要去的地方，客人真正成为房间的主人。

综合以上所述，现将满足客人居住需要，酒店标准间客房家具和电器基本配置反映在图 1–15、图 1–16 中，由此可以创造出形形色色的平面布置，不同的酒店会采用不同的布置各具特色（图 1–17），例如图 1–18~ 图 1–20 是酒店标准间客房布置实例，尤其图 1–22、图 1–23 是以相同的客房面积指标，采取 45° 客房型平面布置，创造出变幻的空间效果。

## （二）客房标准层

客房标准层设计一直是酒店的最重要的设计环节，不仅因为客房面积比重大，占酒店总面积的

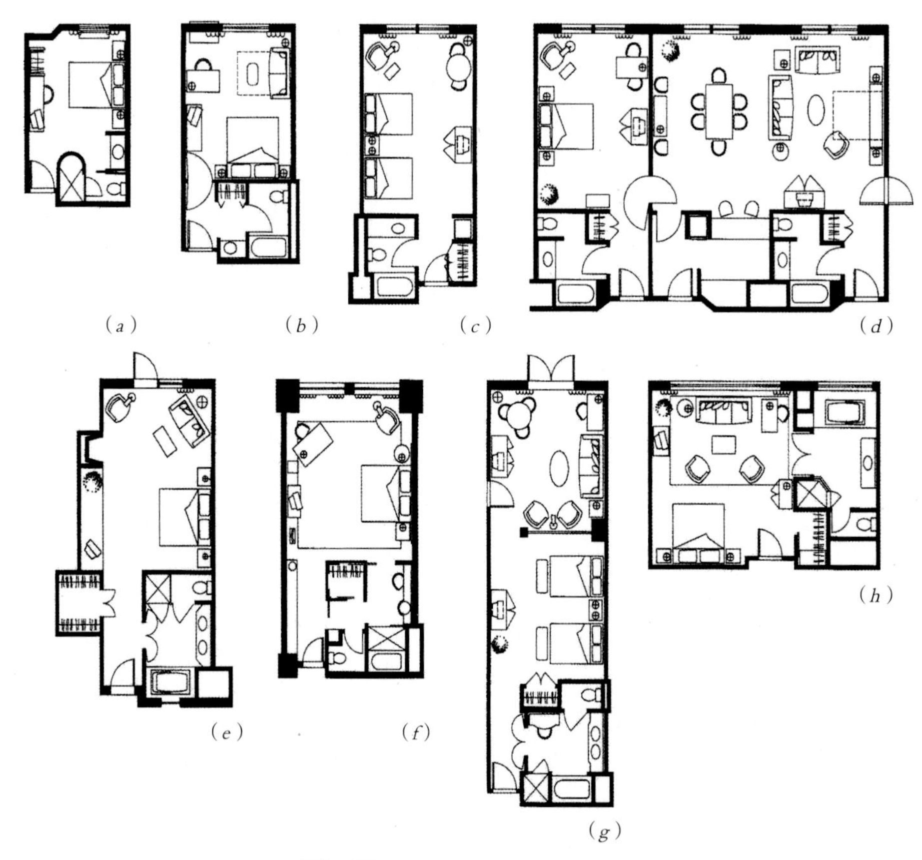


**图1—17**　各种不同的标准间客房布置图

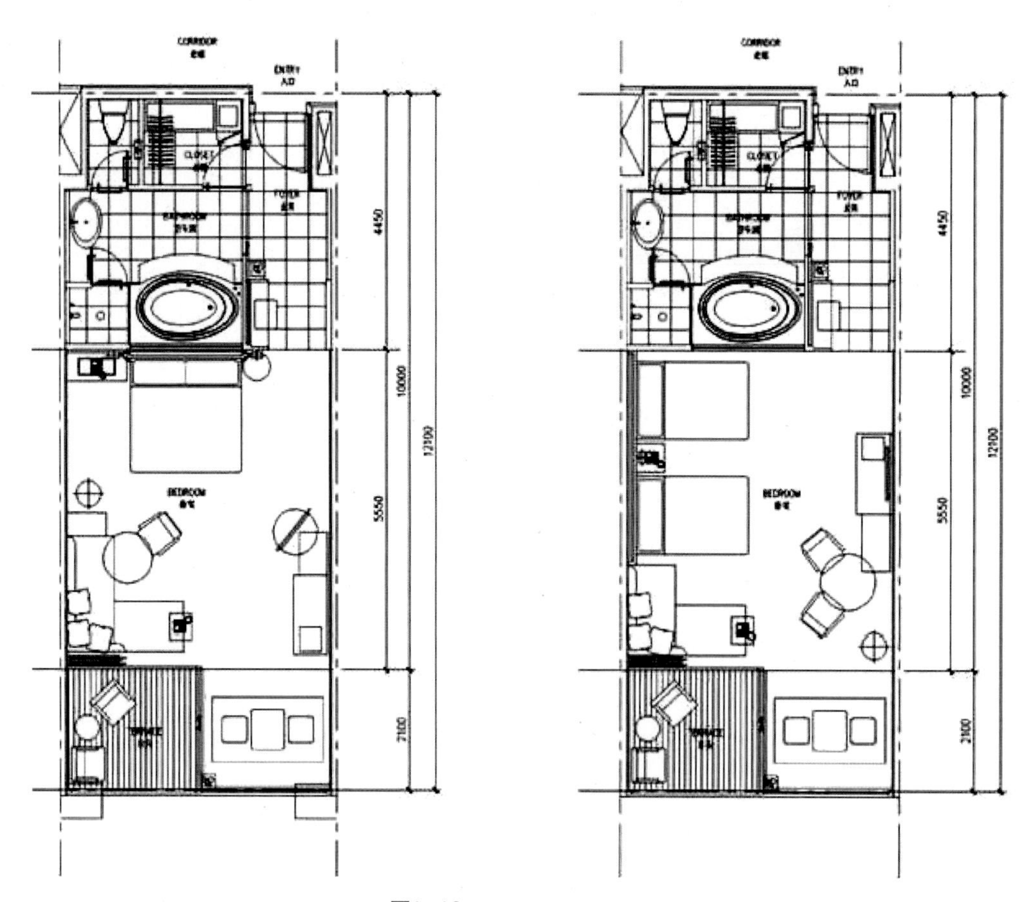


**图1—18**　旅游度假酒店客房实例1

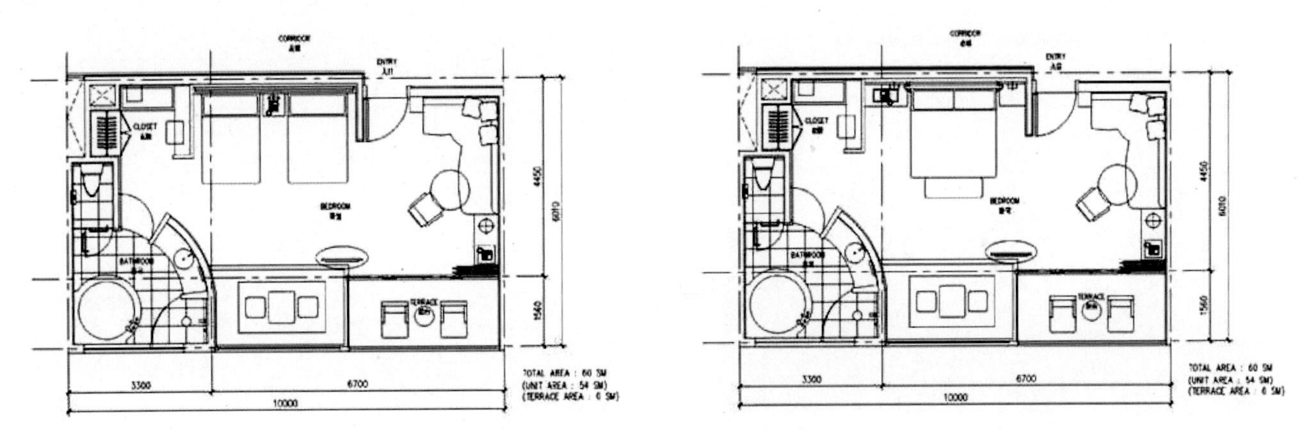


**图1—19**　旅游度假酒店客房实例2

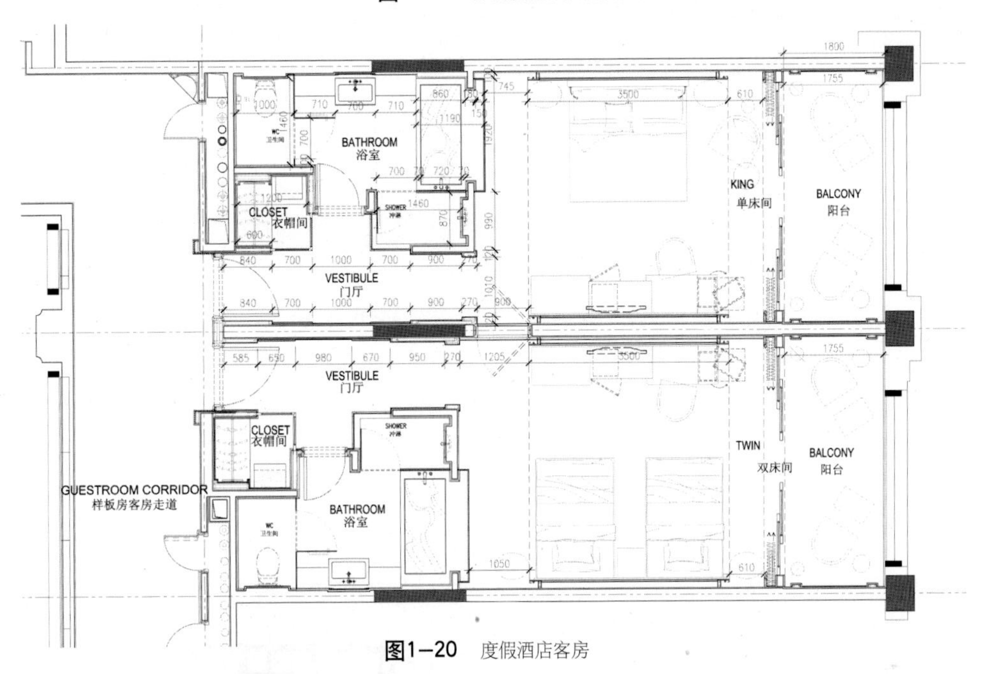


**图1—20**　度假酒店客房

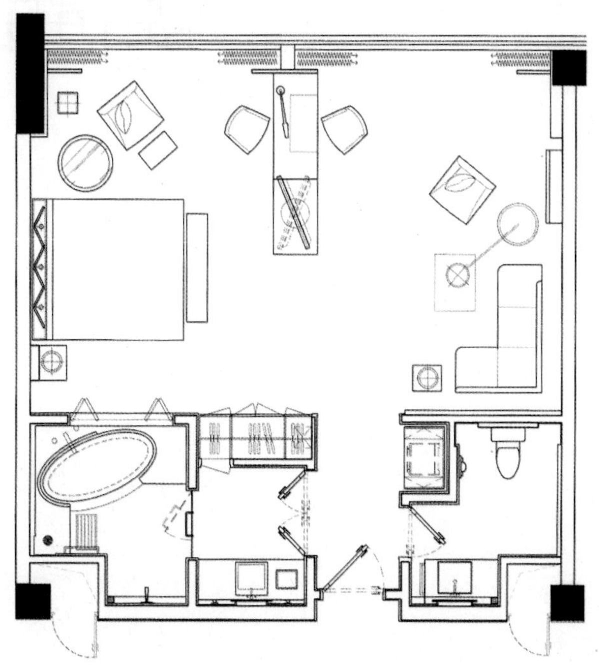

**图1—21**　豪华房实例

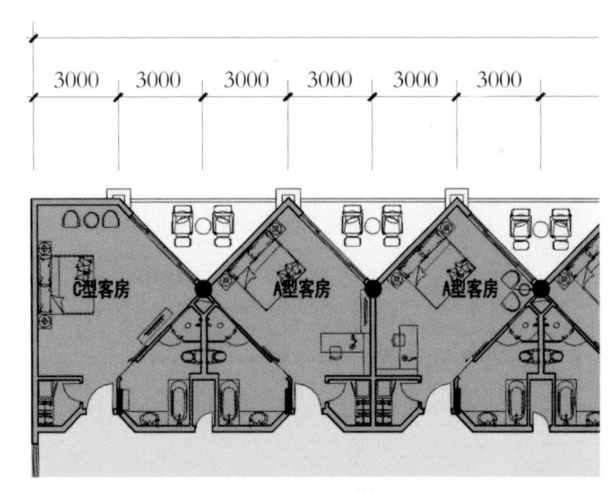


**图1—22**　45°客房型平面-1

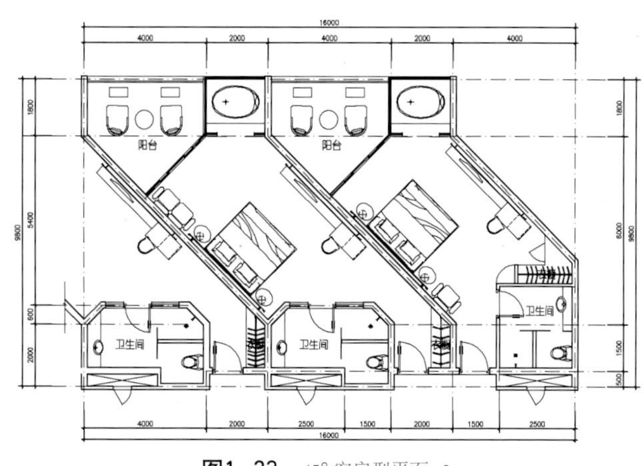


**图1—23**　45°客房型平面-2

50%~80%，而更主要的是它决定了酒店的总体建筑形象，酒店客人的舒适度和满意度，以及建筑经济指标的合理性。

酒店的客房标准层平面形式较多，在综合考虑场地、规划、环境、交通等因素的前提下满足项目总的要求，作出最优化的设计。需考虑的要点有：

**1）**建设场地地形地貌与当地的气象水文等环境资料；

**2）**城市规划要点；

**3）**城市道路和酒店内外交通流线规划；

**4）**主要客房要朝向景观好的方位，规避不利因素的影响；

**5）**分析场地的地质资料，避开和预防地质灾害；

**6）**当地的地基承载能力对建筑高度的影响；

**7）**建筑消防及防灾等规范要求。

除别墅酒店之外，多层、高层的酒店客房标准层有板式、塔式、中庭式三种基本平面形式。由这三种基本形式可以衍生出不同的平面形态，再通过建筑技术、材料和色调的应用，就形成人们见到的千姿百态的酒店建筑形态。

**1、板式平面**

• 只沿走廊单边布置客房，被称为单边布置，俗称单廊布置；沿走廊两侧都布置客房，被称为双边布置如图1-24。

• 客用电梯楼梯的竖向交通枢纽的核心筒布置在适中位置，而服务电梯与服务间等后勤用房则选择不宜于布置客房的“暗”房间位置，如在折形平面的拐角处。

• 客房的卫生间总是背靠背成对布置，以有利于管线集中安排。

• 疏散楼梯遵照消防规范要求，总是布置在两端，如若平面过长，按消防要求再增加中间疏散楼梯。

**2、塔式平面**

• 平面形状如图1-25示有方形、十字形、环形、圆形和三角形，略加变换可以衍生出矩形、椭圆形、风车形、H形等；

• 客用电梯楼梯、服务电梯和两个疏散楼梯等竖向交通枢纽，包括通风管线竖井，甚至服务间、公共用房都置于中心核心筒中；

• 沿核心筒周边背靠背布置客房；

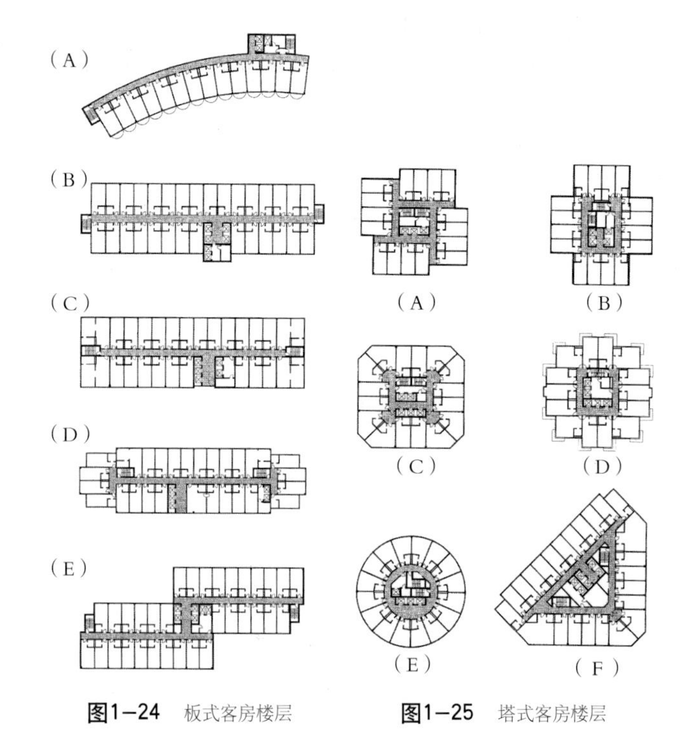


**图1—24**　板式客房楼层

**图1—25**　塔式客房楼层

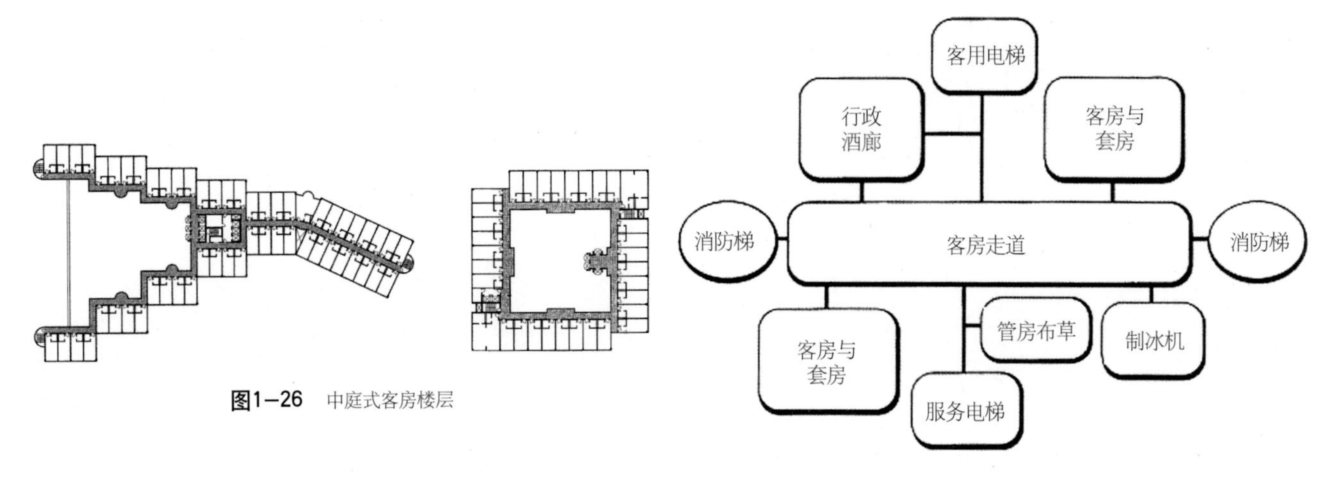


**图1－26**　中庭式客房楼层

**图1－27**　客房标准层走廊功能关系图

• 走廊端头与角隅处的客房布置是一个难点，但也是最可显示出特色的设计点。

**3、中庭式平面**

由凯悦酒店集团和约翰·波特曼（John Portman）在亚特兰大创造的“中庭”式酒店，被评价为带来了酒店设计的革命。

• 中庭带来了酒店开放式空间；

• 中庭基本型为方形，为适应不同地点不同项目的需求也可以采用其他形态；

• 图 1-26 左图表示采用伸出的两翼构成开口式中庭，使酒店建筑空间更加丰富。

**4、标准层客房数**

由于塔式平面的限制，当标准层客房为 16 间时，核心筒可以容纳 2~3 部电梯和两部疏散楼梯；而标准层客房为 24 间时，走道和核心筒空间得到改善，有条件选择宽敞的电梯厅或多布置几部电梯。但是标准层超过 24 间客房以上，核心筒的面积就难以充分利用，导致较低的利用率。

一些酒店经营团体提倡，每层客房数是 14 的倍数，即每层有 14、28、42……间客房，这是以一个员工一天客房整理的工作量作为依据。也有些酒店集团把员工每天工作量定为 12 间以提高服务质量。实际上一个员工清理房间任务和房间大小、装饰复杂程度，以及当天客房入住率和服务标准有关，再加上建筑设计中按客房数来严格确定标准层大小，虽然不难做到，但是往往会顾此失彼。

**5、走廊**

客房标准层走廊宽度一般为 1.8~2.1m，但不得小于 1.5m，顶棚高度以不低于 2.4m 为宜。由于走廊面积过大会影响出房率，如双边客房布置出房率较高约为 70%，而方形和单边客房布置出房率约为 65% 以下，下列走廊面积指标（$m^2$/每间客房）可供参考：

单边客房 7.5~8.8；　双边客房 4.2~4.5；

圆形、方形客房 4.2~6.0；　三角形客房 6.0~8.0。

一般而言，圆形、环形建筑平面会给客房设计造成一定困难，尽管如此布置客房对外观景有了较大的视角，有宽敞的休息和工作区，但客房入口处走廊宽度会受局限，如 1.8~2.4m，再宽也不过 3m。使门厅与卫生间面积较小，而影响客房的品质。

## （三）客房面积的计算

客房的建筑面积一般是指包括卫生间、阳台在内的面积（图 1-1）。而四星级标准中客房使用面积是不包括卫生间在内的建筑面积，五星级标准中客房使用面积是不包括卫生间和门廊在内的建筑面积。

标准间面积指标：经济型 16~24$m^2$、舒适型 25~35$m^2$、豪华型 36~45$m^2$，超豪华型 45$m^2$ 以上。

例如一个 300 套豪华型客房的酒店，可参照表 1-3 计算出该酒店客房部分的总建筑面积约为 18000$m^2$。

计算出客房部分的建筑面积：40.0$m^2$×315 间×1.4 ≌ 18000$m^2$，其中 1.4 的系数是包括辅助面积、交通面积和本客房层其他公共面积。

| 类型 | 简图 | | 实例 名称 | 层数 | 总间数 | 间/层 |
|---|---|---|---|---|---|---|
| 圆形 | 单圆 |  | 美国芝加哥玛丽娜城双圆塔旅馆 | 42 | – | 20 |
| 圆形 | 大小圆 |  | 美国亚特兰大桃树中心广场饭店 | 70 | 1100 | 20 |
| 圆形 | 多圆 |  | 美国洛杉矶好运旅馆 | 37 | 1618 | 72 |
| 弧形 | 三片凹弧 |  | 罗马尼亚布加勒斯特洲际旅馆 | 25 | 414 | 26 |
| 弧形 | 凸弧 |  | 中国上海虹桥宾馆 | 21 | 1047 | 76 |
| 弧形 | 二片弧 |  | 中国深圳西丽大厦 | 23 | – | 17 |
| 弧形 | 单弧 |  | 中国上海华亭宾馆 | 28 | 1018 | 55 |
| 弧形 | 单弧 |  | 中国上海太平洋饭店 | 27 | 745 | 36 |
| 弧形 | 弧三角 |  | 英国利物浦大西洋旅馆 | – | – | – |
| 方形 | |  | 美国旧金山希尔顿旅馆<br>俄罗斯莫斯科宾馆 | 19<br>12 | 1200 | 107 |
| 方形 | | 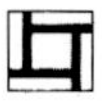 | 美国亚特兰大海特摄政旅馆 | 23 | 800 | 40 |
| 菱形 | 方菱 |  | 中国南京金陵饭店 | 37 | 804 | 24 |
| 菱形 | 长菱 |  | 中国广州白天鹅宾馆 | 31 | 1000 | 40 |

| 类型 | | 简图 | 实例 名称 | 层数 | 总间数 | 间/层 |
|---|---|---|---|---|---|---|
| 板式 | 单廊 | | 中国青岛汇泉宾馆 | 14 | 220 | 22 |
| 板式 | 单廊 | | 中国广州宾馆 | 27 | 451 | 23 |
| 板式 | 单廊 | | 德国柏林希尔顿旅馆 | 14 | 343 | 34 |
| 板式 | 单廊 |  | 德国法兰克福洲际旅馆 | 21 | 500 | 30 |
| 板式 | 单廊 | | 丹麦哥本哈根SAS皇家旅馆 | 22 | 275 | 16 |
| 板式 | 单廊 | | 美国匹兹堡希尔顿旅馆 | 24 | 807 | 42 |
| 板式 | 单廊 | | 美国纽约希尔顿旅馆 | 45 | 2153 | – |
| 厚板 | 复廊 | | 中国北京燕京饭店 | 22 | 574 | 29 |
| 厚板 | 复廊 | | 日本东京皇宫大旅馆 | 25 | 500 | 30 |
| 厚板 | 复廊 | 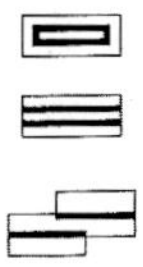 | 瑞士日内瓦洲际旅馆 | 18 | 400 | 28 |
| 厚板 | 复廊 | | 中国上海宾馆 | 26 | 600 | 32 |
| 厚板 | 复廊 | | 日本东京京王广场旅馆 | 47 | 1087 | 34 |
| 混合条形 | 交叉型 | 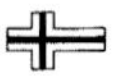 | 日本东京帝国旅馆 | 17 | 1300 | 28 |
| 混合条形 | 交叉型 | | 美国达拉斯希尔顿旅馆 | 20 | 1001 | 63 |
| 混合条形 | 交叉型 |  | 日本东京新大谷饭店 | 21 | 1047 | 76 |
| 混合条形 | 折板 |  | 中国北京昆仑饭店 | 28 | 1005 | 57 |
| | 卵形 |  | 法国巴黎康柯拉法耶旅馆 | 32 | 1000 | 32 |
| | 三角 |  | 上海静安希尔顿酒店<br>泰国曼谷旅馆 | 43<br>21 | 800<br>525 | 25<br>27 |

**图1–28**　酒店客房层实例

**酒店客房部分建筑面积表**　　表1–3

| 房型 | 房间面积（$m^2$） | 间数 | 套数 | 百分比（%） |
|---|---|---|---|---|
| 标准间（单人房） | 40.0 | 135 | 135 | 45 |
| 标准间（双人房） | 40.0 | 150 | 150 | 50 |
| 无障碍客房 | 40.0 | 3 | 3 | 1 |
| 普通套房 | 80.0 | 18 | 9 | 3 |
| 豪华套房 | 120.0 | 9 | 3 | 1 |
| 合计 | | 315 | 300 | 100 |

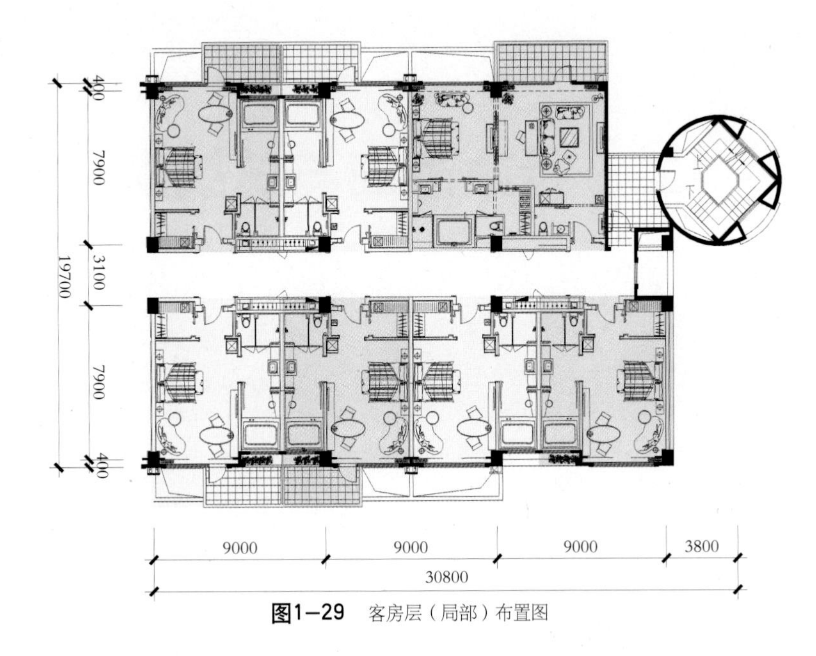

**图1—29**　客房层（局部）布置图

## （四）一些酒店客房面积指标实例

可参见表1—4表1—5。

国内外酒店客房面积指标实例　　表1-4

| 酒店名称 | 总建筑面积（$m^2$） | 客房间数 | 单间指标（$m^2$/间） |
|---|---|---|---|
| 美国达拉斯希尔顿旅馆 | 64550 | 1001 | 64.5 |
| 美国匹兹堡希尔顿旅馆 | 52350 | 807 | 64.9 |
| 上海新锦江大酒店 | 30197 | 417 | 72.4 |
| 山东阙里宾舍 | 13669 | 165 | 82.8 |
| 北京昆仑饭店 | 84230 | 1003 | 84.0 |
| 日本东京帝国旅馆 | 121833 | 1300 | 93.7 |
| 上海虹桥宾馆 | 67218 | 713 | 94.3 |
| 北京国际饭店 | 105000 | 1047 | 100.3 |
| 新加坡明式庭院旅馆 | 24000 | 240 | 100 |
| 日本东京京王广场旅馆 | 116000 | 1056 | 109.8 |
| 泰国曼谷旅馆 | 61780 | 525 | 117.7 |
| 广州中国大酒店 | 94000 | 1017 | 92.4 |

国内一些酒店客房部分面积占总建筑面积的比例实例　　表1-5

| 酒店名称 | 客房部分面积（$m^2$） | 客房间数 | 每间客房平均面积（$m^2$/间） | 占总建筑面积比例（%） |
|---|---|---|---|---|
| 广州白天鹅宾馆 | 33416 | 1041 | 32.10 | 40.66 |
| 广州华侨饭店 | 12420 | 331 | 36.85 | 49.22 |
| 广州中国大酒店 | 41617 | 1017 | 40.92 | 44.20 |
| 北京建国饭店 | 21307 | 529 | 40.28 | 71.95 |
| 北京长城饭店 | 43368 | 1001 | 43.34 | 52.95 |
| 上海城市酒家 | 13243 | 304 | 43.56 | 71.34 |
| 上海太平洋大酒店 | 36550 | 745 | 49.06 | 54.39 |
| 上海希尔顿饭店 | 40243 | 800 | 50.31 | 47.97 |
| 北京昆仑饭店 | 47785 | 1003 | 59.73 | 56.73 |

# 二、行政酒廊与总统房

高星级酒店为了满足对高端品牌的市场要求，提高酒店的奢华和档次，对至尊客人关怀的需要，多设有行政套房与总统房，以使客人享受优厚的待遇和特别的服务，这在某种意义上成了身份、财富、地位的象征。

## （一）行政酒廊

这是一种供会员使用的客房类型，用作接待尊贵的客人，赋予当今时代特色的全新理念。有的酒店划出专区，被称之为俱乐部、行政酒廊、贵宾轩等；有的酒店安排一个楼层客房作为行政套房，被称之为行政楼层。万豪酒店集团要求行政客房的数量为客房总数的20%或依据市场而定，但是行政客房可以与标准间相类似，享用行政酒廊的服务（图2-1～图2-4）。

**图2-1**　北京香格里拉酒店行政酒廊

**图2-2**　雅典大不列颠酒店行政酒廊

行政酒廊是酒店的特定区域，它位于酒店优越的位置，邻近行政套房和其他套房。行政酒廊一般同楼层高度，如可能不少于4m净高，当有两层挑空高度，可再通过室内设计，以艺术造型的室内楼梯相连通，这种更有魄力的互动空间会获得更有创意的空间效果，带给客人一种特殊的感受。

行政酒廊由接待处、小会议室、阅览区、工作区、用餐区、游艺区和专用卫生间组成。它与普通客房要分得开，进出行政酒廊的入口必须显著，一般采用玻璃门或大玻璃木质门，同时标志要清晰。

**1）接待处，**负责接待客人入住和结账，并负责门房服务与会议室等工作，同时相邻布置一间不少于$10m^2$办公室，装备连接PMS系统，影印和传真机的电脑。

**2）小会议室，**配备会议桌、演示投影仪、音频

**图2-3**　泰国清迈香格里拉大酒店行政酒廊

**图2-4**　上海外滩中心威斯汀大饭店行政套房客厅

支持设备、白色书写板和遮光窗帘，同时边桌上摆放茶水、咖啡和糕饼，供与会者使用。

**3）阅览区，**布置在比较安静的角落，摆放报刊、工具类和生活趣味类书籍，提供舒适的阅读椅、沙发和小茶几，阅读灯和音响系统也是必要的，以适应客人需要。

**4）工作区，**一般布置两台三面环绕的工作台，安置电脑、打印机、扫描仪与传真机等办公设备。

**5）用餐区，**服务于行政酒廊客人的早餐、午茶、鸡尾酒及自助便餐，配备有适当数量的两人、四人餐桌和自助式吧台。备餐间除了基本的烹饪设备外，还需要大功率的制冰机和大容积的冰柜。

**6）游艺区，**只限于提供四人方桌和六人圆桌，备有简单的游戏设施。

以上区划一般由宽大的沙发或屏风或隔断划分而成，宽敞的环境带给宾客是自由自在、随心所欲。镶框的油画、雕塑或者具有时代气息的艺术品，给这里增添宁静典雅的文化韵味，多元化设计给客人带来丰富的视觉体验，有一种真实的自尊和亲切的感受。

行政酒廊的面积和设施视酒店性质和规模而确定。行政套房为贵宾提供商务、会友、阅读、休闲等空间，也是酒店管理者对至尊客人的关怀，行政套房在某种意义上成了令人向往的地方（图 2–5~ 图 2–8）。

## （二）总统房

高星级酒店设置的最豪华的客房，具备接待国家元首、政务要员的住宿条件，被称之为“总统房”，实际上大多时间用于接待集团总裁、富商巨贾、影

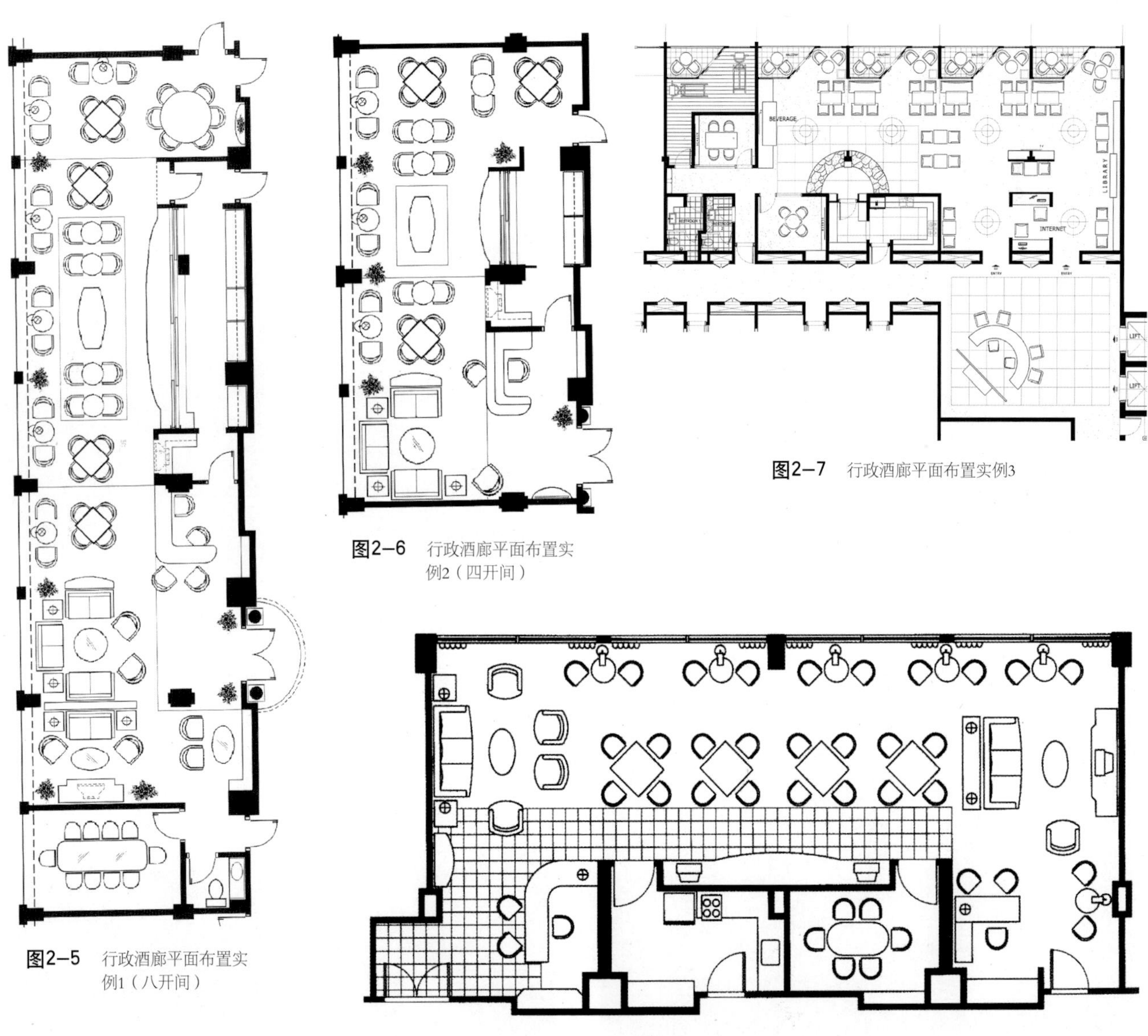


**图2–5**　行政酒廊平面布置实例1（八开间）

**图2–6**　行政酒廊平面布置实例2（四开间）

**图2–7**　行政酒廊平面布置实例3

**图2–8**　行政酒廊平面布置实例4

视明星等。

以“总统”冠名，总让人在顶级奢华享受的同时，还能显现出高贵、威严、神秘。对住客而言，入住总统房，只要客人愿意出几千元甚至数万元一晚的房费，就是平民百姓也照样享受“总统级”的待遇。而对于酒店来说，总统房是最豪华、顶级服务的房间，用来接待最尊贵客人。总统房并非五星级酒店所专有，有的甚至不大的豪华酒店，尤其是近期发展起来的精品酒店，根据自身需要也可以设置“总统房”（图 2-9~ 图 2-12）。

总统房通常采取双套组合方式，分成总统房和夫人房，各设有衣帽间、书（琴）房和浴室等，共用起居室和配备厨房的餐厅，供一些自带私厨的客人现场烹调。总统房还可以设置健身房、游泳池、酒吧台以及私家花园等。更高端的总统房还配有接见厅与会客厅，并严格和总统生活用房隔开。

总统房具有专用的车道、进出口和电梯，交通线路既要畅通，又便于安全疏散、隔离保卫（图 2-13）。

总统房要有足够的高端客源支撑，由于平时的出租率并不高，因此一般酒店就不一定设置。譬如广州总统套房最抢手的时候正是交易会期间，房价“飞起”，除了可以显示客人所代表的企业实力，更成为产品展示、商务活动、宴请合作伙伴的场所，给公司带来更多的商机。

广州白天鹅宾馆整个第二十八层是总统房楼层，近 1500$m^2$，分为东西两大套，每个大套都配备有总统房、夫人房、会客厅、书房和琴房、健身房等。还可划分为东西两区 9 个套房，在装修陈设上，有偏重体现东方特色的，有偏向欧式风格的，有独具室内庭院的，但都体现出中国文化和岭南特色。采用精美的雕花龙床，岭南风格的大窗格，精美的屏风，这种豪华尊贵而又内敛的风格，最受总统和贵宾们欢迎（图 2-14~ 图 2-21）。

**图2–9**　北京国际俱乐部饭店总统套房

**图2–11**　广州富力丽思卡尔顿酒店总统房

**图2–10**　巴黎克里荣酒店总统房

**图2–12**　三亚希尔顿酒店总统房

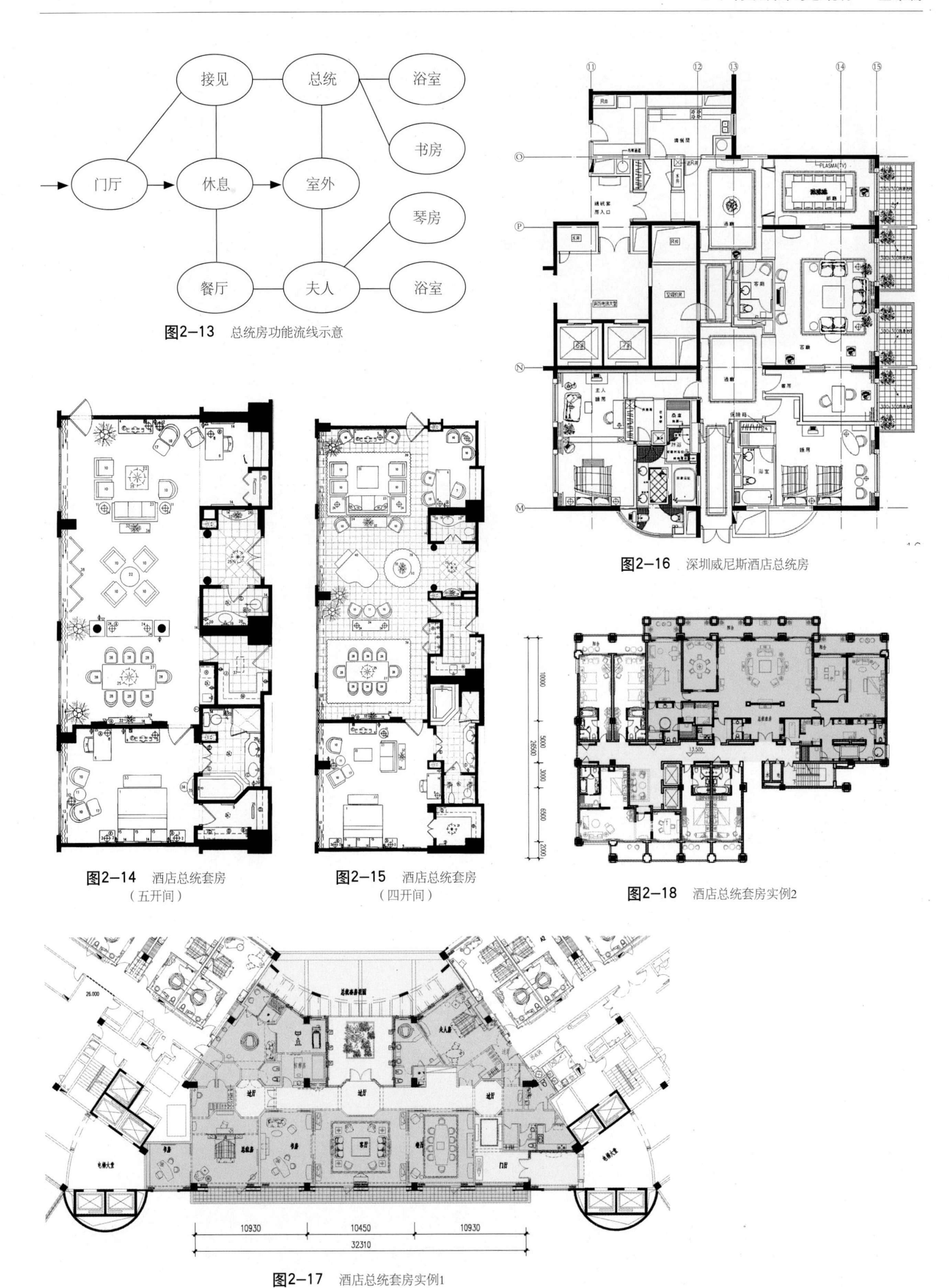


图2-13　总统房功能流线示意

图2-14　酒店总统套房（五开间）

图2-15　酒店总统套房（四开间）

图2-16　深圳威尼斯酒店总统房

图2-17　酒店总统套房实例1

图2-18　酒店总统套房实例2

图2-19　酒店总统房设计方案

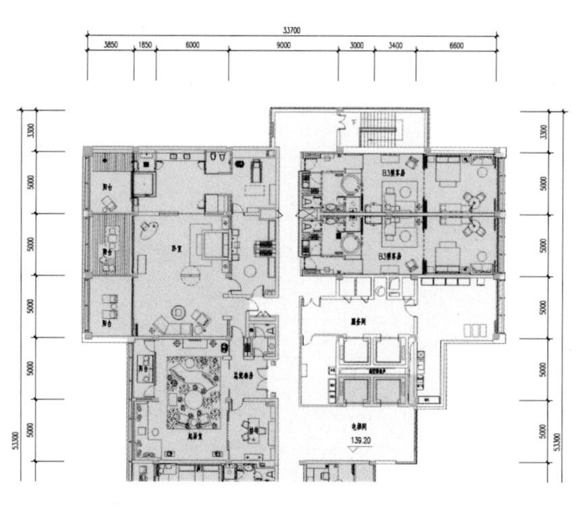

图2-20　酒店总统套房实例3

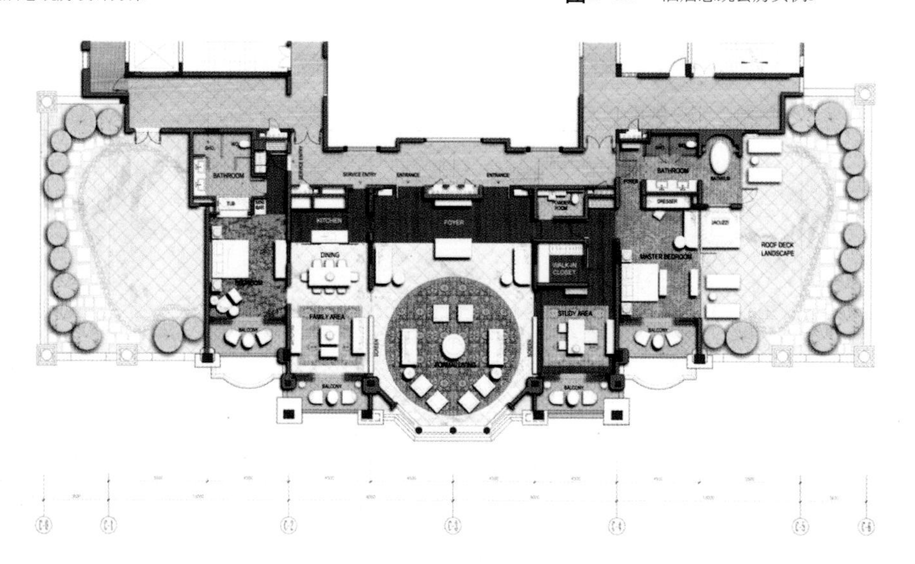

图2-21　酒店总统房设计方案2

部分酒店中总统房的设置情况，参见表2-1。

表2-1

| 酒店名称 | 建筑面积（$m^2$） | 特　点 |
|---|---|---|
| 广州白天鹅宾馆 | 1500 | 独占沙面优势，饱览珠江景色，充分体现中国文化岭南风格 |
| 香港香格里拉酒店 | 1170 | 位于最高层，繁华的维多利亚港尽在脚下 |
| 迪拜帆船酒店 | 780 | 处在酒店的第二十五层，两套起居室、卧室和阿拉伯会议厅、电影院 |
| 西安阿房宫凯悦酒店 | 660 | 处在塔楼顶层，眺望西安古城 |
| 广州亚洲国际大酒店 | 659 | 有高居第三十八层高度优势，远眺城市全貌 |
| 三亚希尔顿大酒店 | 488 | 饱览亚龙湾海景，充分享受海滨休闲生活乐趣 |
| 迪拜香格里拉酒店总统房 | 435 | 饱览阿拉伯湾风光，双套卧室会客室、浴室以及可容12人小餐厅 |
| 新加坡香格里拉总统房 | 346 | 位于峡谷翼,由休息区、书画区和用餐区组成，都以通道通向宽敞露台、露天泳池 |
| 三亚喜来登度假酒店 | 515 | 地处亚龙湾海滨，全方位的南中国海海景 |
| 东京丽思・卡尔顿酒店 | 300 | 坐拥富士山及王宫美景，糅合欧日特色豪华装修 |
| 三亚万豪度假酒店 | 258 | 饱览亚龙湾海景，充分享受海滨休闲生活乐趣 |
| 北海香格里拉大饭店 | 180 | 面对北部湾海景，由客厅、书房、卧室房、随同房、餐厅组成 |

# 三、酒店的公共部分

酒店的公共部分是酒店的星级、档次、品质的重要体现，它代表着酒店的形象，给客人留下印象也最深刻。

不同类型酒店的公共部分有着很大的差异。会议酒店要具备大会议厅与不同规格的会议室；度假酒店需要配置健身中心、泳池和SPA等设施；城市酒店特别把宴会厅、餐厅装扮得豪华而独特，而经济型酒店的公共部分要简约得多，更不需要高大的大堂门厅，因此从某种意义上说酒店公共部分也诠释出酒店的特性（图3-1）。

但是不同类型的酒店除了强化所对应的功能服务之外，酒店的基本功能也必不可少，就是说要满足除客房住宿以外的其他公共功能要求。

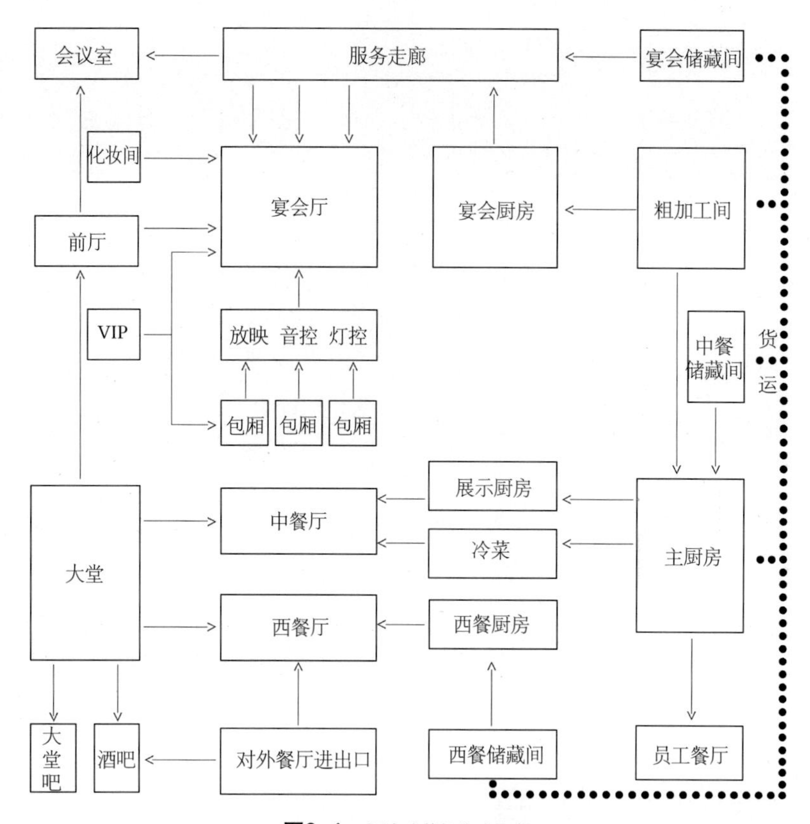


**图3-1** 酒店公共部分功能表

## （一）大堂

酒店的公共部分乃至整个酒店是以大堂为中心，环绕着大堂布置前台、电梯厅、商店、商务中心和大堂吧等。大堂也被称为门厅，成了酒店客人集散场所和交通枢纽，从酒店大门走进来的客人通过大堂，才能到达客房、餐厅、娱乐、购物等场所。

**1、大堂的设计：**近代酒店发展之初，大堂一般设计得不太大，以实用为主。自从1976年美国亚特兰大的凯悦酒店创造了波特曼式的共享空间，从此大面积、大空间的大堂层出不穷。有的酒店大堂设计成一个大花园，建筑起亭台楼阁、小桥流水；有的酒店大堂有小船在河中游荡，两岸街市一派繁荣景象；有的酒店大堂有十多层高，观光电梯上下窜动，环廊上的装饰拦板和悬挂的花草……给酒店带来了划时代的进步。

大堂设计主要应平衡视觉效果和实用性两个因素。随着酒店的专业化越来越强，有些酒店大堂布置得简朴舒适，创造出家庭式的氛围，给人“宾至如归”的亲切感受；而度假酒店采用开敞式布置，追求与大自然完美融合，当你一走进大堂就远离了城市的喧闹，身心一下子放松下来。这些通过所采用的现代舒适感的材料以及和谐时尚的设计更准确地表达酒店的规模、风格和形象，设计更趋理性化。

**2、大堂的类型：**大堂有豪华型和简约型、古典式和现代式之别，也有中庭式和柱廊式、单柱廊或双柱廊之分，还有封闭式和开敞式的不同。通过大堂的实例（图3-2~图3-14），以及一些酒店大堂的平面图（图3-15~图3-18），可以看到不同类型的酒店和度假村大堂的不同视觉效果。

但在中小规模的酒店更要对有限的空间进行严谨而节俭的设计原则，对高档豪华酒店除了强调视觉效果外，也要注重管理效率和服务质量。总之，所有酒店应力求体现温馨、吸引人的特质，在设计、布局和装饰时既有独特的风格，同时又经济实用。

**3、大堂面积指标：**应按星级标准设计，其面

图3-2　北京中国大酒店大堂

图3-3　美国达文波特酒店大堂

图3-4　东京康拉德酒店大堂

图3-5　美国拉斯韦加斯威尼斯酒店大堂

图3-6　三亚喜来登酒店大堂

图3-7　宁波索菲特万达大酒店大堂

图3-8　新加坡莱佛士酒店大堂

图3-9　纽约四季酒店大堂

图3-10　澳大利亚猎人谷高尔夫休闲度假村大堂

图3-11　珠海ZOBON酒店大堂

积可分别按每间客房不少于0.6、0.8、1.0、1.2、1.4$m^2$计。大多数酒店的大堂面积一般按每间客房按0.6~1.0$m^2$ 计算，而大型豪华酒店和会议酒店可按1.0~1.4$m^2$ 设计。如一个五星级500间客房的酒店，大堂面积为500×1.2=600$m^2$，又如一个三星级200间客房的酒店，大堂面积为200×0.8=160$m^2$。

该指标不包括前台、商务中心、大堂吧等营业面积。但如将大堂吧、商店等设计成开放式，在视觉效果上扩大了大堂空间，这种空间的流动和共享，使大堂更加宏大开放，同时又节省了一些交通面积。而对于经济型酒店可以按项目情况，采取每间客房0.3~0.5$m^2$ 或0.5~0.7$m^2$ 的两个标准计算。

## （二）酒店入口

许多酒店处于城市的重要地段，独具特色的建筑艺术形象和醒目的外观足以成为城市的标志，同

**图3-12**　北京万豪酒店大堂

**图3-13**　三亚希尔顿酒店大堂

**图3-14**　深圳大梅沙京基喜来登度假酒店大堂

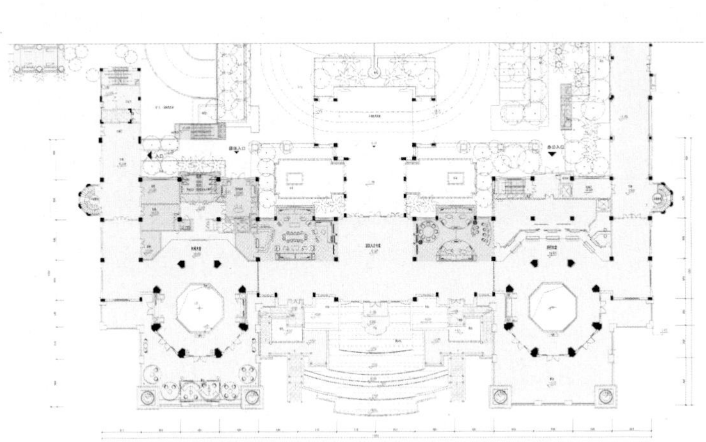

**图3-15**　酒店大堂实例1

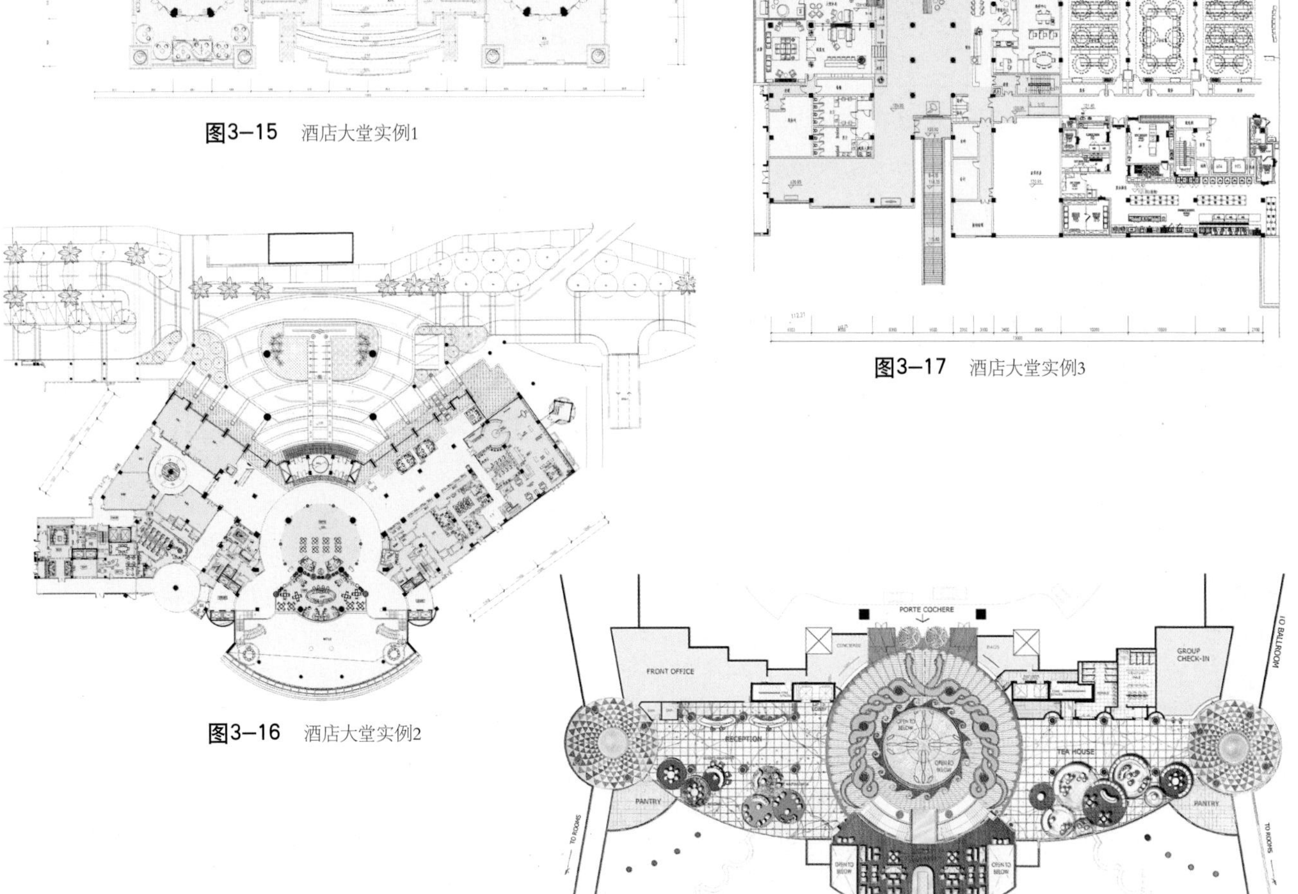


**图3-16**　酒店大堂实例2

**图3-17**　酒店大堂实例3

**图3-18**　酒店大堂实例4

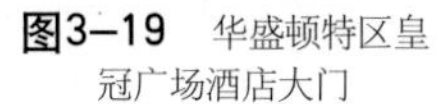

**图3–19**　华盛顿特区皇冠广场酒店大门

**图3–20**　北京JW万豪酒店入口

**图3–21**　金茂三亚丽思卡尔顿酒店大门

**图3–22**　加拿大海员广场酒店入口

**图3–23**　东京丽思卡尔顿酒店大门

**图3–24**　印尼巴厘岛花园酒店入口

**图3–25**　泰国清迈雪迪度假酒店入口

**图3–26**　新加坡洲际酒店大门

时也成为吸引客人的指路牌。酒店的主入口设计是十分重要的。酒店的入口和大门通常会启发起客人对酒店的第一印象，从而引发出在酒店里更多的美好而难忘的经历。

规模较大的酒店通常设置几个进出口，除了酒店大门作为主入口外，有时会议中心、宴会厅、餐厅、健身中心、商场还设有单独进出口，以避免不必要人流集中（图 3–19 ~ 图 3–26）。

**1、主入口：**根据总体布置和交通组织，汽车必须直达酒店大门以接送客人。汽车一到达，酒店侍者立即迎上前去打开车门，热情为宾客上下车提供服务，主动提拿客人所携带的行李，尤其对需要扶助的客人更要提供周到的帮助。而通常酒店安装旋转门或自动门，既能分隔室内外的温差，又让宾客无需手动开门进入酒店。

大门处必须设计门廊或悬挑雨棚，保证在不被雨淋范围内同时停靠两部以上的车位；有较大客流量的酒店需要更宽大的门廊，能同时设置 4 ~ 6 个通道以承载频繁的车辆交通。有的国际酒店集团更具体要求车道宽度按 3.6m 计，门廊或雨棚应从建筑外墙伸出 12m，以保证有不小于 10m 的下客区，而且净高不得低于 4.5m。

**2、团体入口：**为避免人员混杂与堵塞，在主入口一侧专设团体大客车停靠，并设专用团体入口，提供团体客人登记入住和等候休息。

**3、礼宾台：**位于大门的一侧，侍者主动带领到达客人去前台登记，并接受客人的问讯或访客要求，迅速解决客人提出的各种问题。

依据酒店的规模与服务要求，在大门外设礼宾车柜台，提供代客泊车服务，而一般酒店可由礼宾柜台或行李员提供。

**4、大堂副理：**是酒店设在大堂的办公点，直接现场服务，位置适中，可观察到客人进出动态以及总台与客用电梯厅的运行状况。

**5、行李处：**位于大门的一侧，行李员首先随客人到前台登记，并将客人行李送到入住的房间。紧邻行李处备有行李房，用于存放行李物品。对于旅行团体的行李往往需要很大的地方临时存放，在僻静的地方以行李网罩住以避免丢失或拿错。

行李车的尺寸为 60cm×120cm，一些国际酒店集团要求每 100 间客房配 3 台，行李房要备有 1/3 的行李车贮藏位置。

**6、坡道：**酒店大门要设计无障碍通行坡道，坡度不大于 12%，作为残疾人通道，也方便拿较重行李的客人。

**7、停车位：**一个酒店门前停放几部高级豪华轿车是豪华酒店的象征。因此在大门附近，通常找些适当位置作为贵宾专用车位，而大量车辆必须停泊到停车库（场）里。

### （三）前台

前台又称为“总服务台”，是酒店首先接待客人的地方，酒店与客人交流的窗口。通过前台人员接待服务给客人留下第一印象，因此，作为酒店的“门面”，无疑被酒店特别看重。

**1、前台：**位于酒店大堂的显要位置，客人进入酒店时就能一眼看到，而且通过这里能看到电梯厅和行李存放处的方位，同时让前台人员能看到从大门进出的客人，并且能兼顾到大堂区域的活动，以及自电梯厅进出的客人。

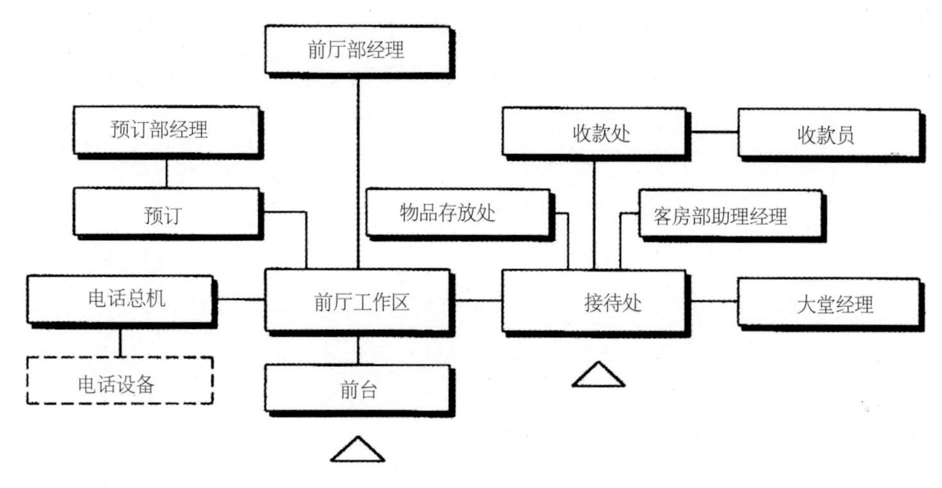


**图3–27**　前台功能图表

前台提供三项服务功能——接待处、收银处和礼宾部（图3-27）。前台前方应有充足的空间（一般不小于4m净宽）能同时接待入住登记和退房结账客人，并设休息座让客人等候休息。为残疾人提供的柜台高度不应超过860mm，膝下净空685mm，以符合残疾人规范要求。服务台与背墙面应有不小于1.5m的工作空间。

前台是给客人展示的工作台，从工作单元的布局、台面的造型、材料的选用、人体工学的应用、灯光设计以及艺术氛围的创造都为了给客人良好的感受。而且前台接待生形象、服饰、发型、举止以及第一句问候语，都会打动客人的心。很多酒店都推行坐式服务方式，在客人从容登记办好入住手续后，因受到酒店的尊贵接待而心满意足。而办理离店手续处，往往是站立式，客人都希望尽快办好结算手续结束旅程，每一点等候、多一点麻烦都会让客人不耐烦。

**2、前台服务台：**应根据酒店规模来确定其服务台数量，总客房数的前150间客房设2个服务台，而后每100间客房增设一个服务台。每个服务台可以接待抵店客人住宿登记，也可以办理退房结账作为收银处，还可以为客人提供外币兑换、发放宣传品、留言与咨询等服务。

前台柜台由文件信息台、文件台和终端台三种组合形成，台面高860~900mm、宽600mm。终端台要安装电脑、电话和带锁的现金抽屉，文件信息台要配备扫描仪、打印机、信息格和文件抽屉。不同规模的酒店具体配置可参见如下组合。

A、酒店具有400～500间客房规模，前台总长度为11.60 m：

| 终端<br>1200 | 文件<br>800 | 终端<br>1200 | 文件<br>800 | 终端<br>1200 | 文件<br>800 | 终端<br>1200 | 文件信息<br>1200 | 终端<br>1200 | 文件<br>800 | 终端<br>1200 |
|---|---|---|---|---|---|---|---|---|---|---|

B、酒店具有300～400间客房规模，前台总长度为9.60 m：

| 终端<br>1200 | 文件<br>800 | 终端<br>1200 | 文件<br>800 | 终端<br>1200 | 文件信息<br>1200 | 终端<br>1200 | 文件<br>800 | 终端<br>1200 |
|---|---|---|---|---|---|---|---|---|

C、酒店≤300间客房规模，前台总长度为7.60 m：

| 终端<br>1200 | 文件<br>800 | 终端<br>1200 | 文件信息<br>1200 | 终端<br>1200 | 文件<br>800 | 终端<br>1200 |
|---|---|---|---|---|---|---|

有些酒店前台一改传统通常柜台做法，采用桌式、岛式、船式或卫星式布局。拉斯韦加斯有座酒店大堂是个大花园，前台被鲜花所簇拥，给到访客人带来喜悦的心情。

喜达屋酒店国际集团要求所有酒店的宾客服务台均采用独立式“Pod”单元。进入酒店就有门房Pod用于礼宾接待服务；前台并不要求连续柜台设计，一般每200间客房就要设一个双站，一是客人办理入住登记的Pod，二是离店结账的Pod；同时为尊贵宾客安排优先Pod，还有一个移动式（装有小轮）Pod，方便团体入住登记；行李Pod就设在大门附近，方便客人使用和寄存。Pod的概念实质上是推崇亲近、便利、更直接地服务。

**3、贵重物品存放间：**与前台紧邻，入口位置应比较隐蔽。存放间一分为二，客人与前台人员分走各自入口，客人走进私密室，通过传递窗将贵重物品存放在保管箱，由前台人员寄存保险柜内。保管箱数量可按每25间客房至少配一个的标准设置，其中还配备一定数量能放得下笔记本电脑的保管箱（图3–28）。

**4、前台装修：**包括背景墙面通常是室内装修的重点工作，前台必须选用高档、耐久的石材、玻璃、硬木等材料，要易于维护清理，而柜台正面踢脚板（槽）应退缩80mm以上。

**5、前台办公：**布置在总台后方，有四项基本功能：

1）供前台人员办公、存取资料，有扫描、复印、传真和电脑等设备支持；

2）供销售部人员接待、订房、宴会预订与会务接洽，并附设洽谈室1～2间，每间面积在15m²左右，或稍小些。

3）作为收银室，接收前台人员和餐饮前台办公室服务员现金和收据，应放在的安全区域内，分会计室与出纳室，两室之间设600mm深的传递窗，以方便传递现金和保管箱。

4）总机接线生室，负责酒店内外电话接通，并和电话总机房相联系。

酒店的行政办公包括总经理办公室、市场营销部、会计部、行政部和会议室等，由于面积较大，一般另设他处，并提供专门的通道或楼梯，以便与前台办公密切联系（图3–29）。

**6、前台的要求：**在酒店星级评定中，对前台有十分明确的要求，这里列举一星级酒店的评定要求：

a、有前厅和总服务台；

b、总服务台位于前厅显著位置，有装饰，光线好，有中英文的标志；前厅接待人员18小时以上以普通话提供接待、问讯、结账和留言服务；

c、提供饭店服务项目宣传品、客房价目表、所在地旅游交通图、主要交通工具时刻表；

而对五星级酒店的评定要求：（a、b要求略）

c、有与饭店规模、星级相适应的总服务台；

d、总服务台各区段有中英文标志，接待人员24小时提供接待、问讯和结账服务；

e、提供留言服务；

f、提供信用卡结账服务；

g、18小时提供外币兑换服务；

i、提供饭店服务项目宣传品、客房价目表、中英文所在地交通图、全国旅游交通图、所在地和全国旅游景点介绍、主要交通工具时刻表、与住店客人相适应的报刊；

j、24小时接受客房预定；

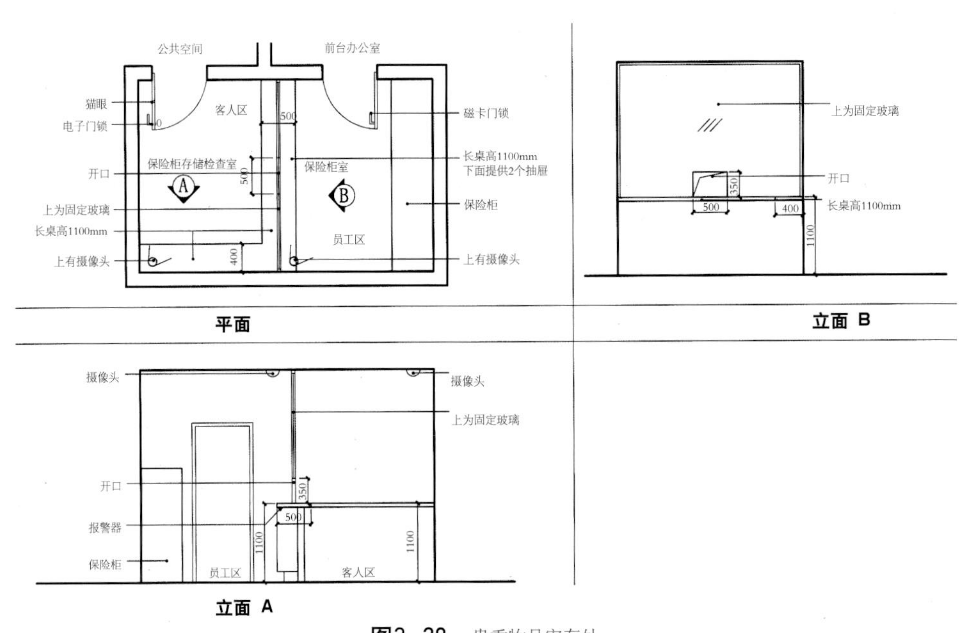


**图3–28**　贵重物品寄存处

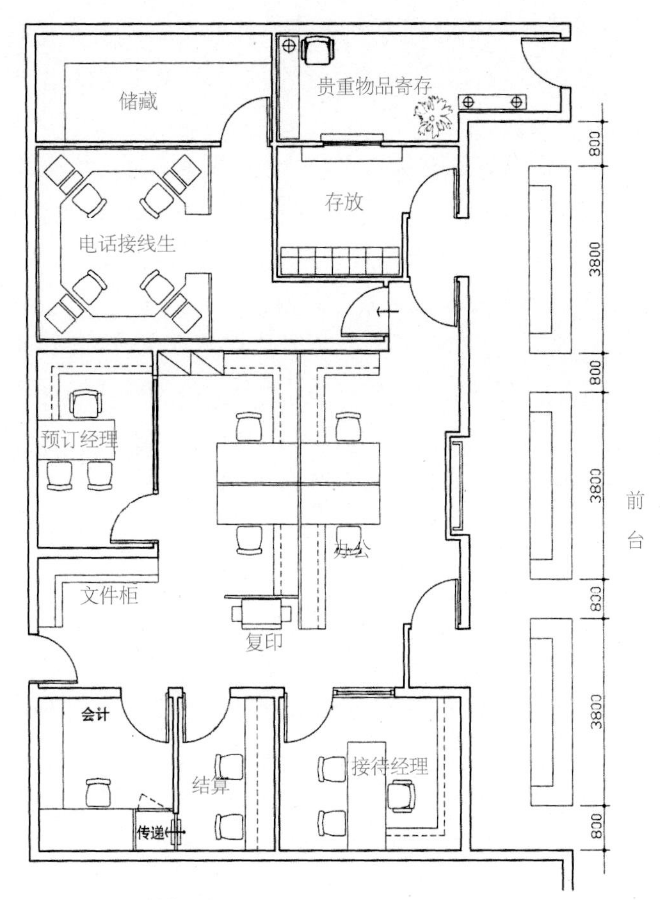


图3-29　前台办公平面布置示意

k、有饭店和客人同时开启的贵重物品保险箱，保险箱位置安全、隐蔽，能够保护客人的隐私。

其他星级的评定要求在此不一一列出，但由此可见对前台的要求是十分明确的。

## （四）商务中心

商务中心是酒店公共部分的重要组成，位置要显要，一般放在大堂容易发现的地方，或者有明显指引在客人流线的通道上。商务中心为客人提供商务、票务、会务和咨询等服务，包括：

1、代办商务：包括秘书、向导、翻译服务；

2、提供会场布置、挂幅、投影、挂图等服务，以及会议时茶点饮料和订餐服务；

3、提供文件的打字、复印、装订、传真、收发邮件；

4、手机充电和电压转换等服务；

5、为客人提供私用办公室或半开放式工作空间，配有计算机设备以及打印机；

6、提供一个小型阅览区，备有报纸与杂志；

7、代客预订机票、车船票和安排出租汽车服务，代理市区旅游观光服务；

8、提供洽谈室以及可容6～8人的小型会议室。

万豪酒店集团为邻近前台的商务中心提出范图（图3-30）。

A—入口（4）、B—接待（10）、C—客人阅览区（18）、D—图书报刊架（2）、E—办公设备工作台、F—电脑间（每间3）、G—宾客私人办公室（10）、H—通往前台、I—前台、J—通往行政办公、K、L—可布置洽谈室与6～8人会议室的位置。（括号内为参考面积，以$m^2$为单位）

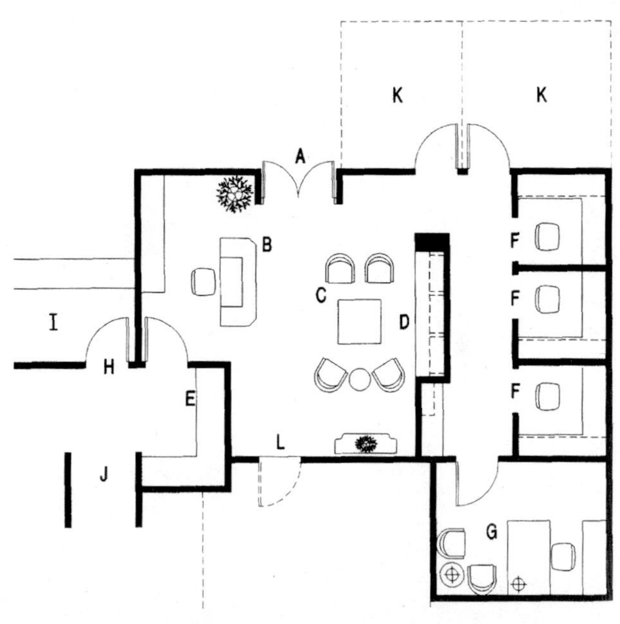


图3-30　商务中心平面布置范图

规模较小或经济型酒店，商务工作量相对较小，则采取商务中心与行政管理和前台相邻或连通布置，这样可以兼作接待与小型会议，共用电脑、复印、扫描、传真等办公设备，而且人员可以精简，一人要胜任多项工作。

而对会议酒店而言，商务中心的服务工作量要大得多，商务中心还得在会议中心和会场设立服务点，提供现场快捷的服务。

## （五）餐厅

餐厅是酒店公共部分仅次于大堂的第二主要组成，它的环境质量、装修质量以及饭菜质量、服务质量都会直接影响到酒店经营效果。

在酒店发展进程中，酒店的餐饮服务出现过不同情况，有的酒店餐饮质量不好，致使客人不来用餐，于是有的酒店自己不再经营，而选择当地或国际品牌的餐厅来经营，获得成功的也有不少，但是造成后勤区域和员工管理混杂，对酒店的整体运行造成影响。而更多的中小型酒店建筑完工后，才有餐厅经营方案，确定菜系请来厨师，而这时做出任何酒店结构的改动都是十分困难的事。

常见的酒店餐饮设置和餐厅设计有两种方式：

第一种方式，在酒店策划阶段就确定餐饮设计概念，包括食品主题、环境氛围、服务类型、餐厅装修风格、餐桌排放、员工服饰和营业时间，甚至包括餐厅的命名和标志。在餐厅设计时，建筑师和室内设计师根据市场和菜系特点，提出具体设计方案，和酒店管理者餐饮部经理更好地交流，从而获得优秀的设计。现在许多国际酒店集团有自己的餐饮顾问，采用这种方式已经十分成熟，容易获得成功。

第二种方式，就是先确定餐厅所需要空间大小，明确客人、食品供应和服务人员的流线，以及和酒店其他部位联系。因为餐饮业发展很快，为了不过时，餐厅往往每 3~5 年就需要重新装修，所以这种方式能适应餐桌摆放和厨房类型的变化。使餐厅有变换的可能性，更能适应餐饮业的发展（图 3-31~图 3-36）。

**1、餐饮的规模：**一般情况下以客房床位数计算，一个床位设一个餐位（不包括多功能厅和宴会厅）。在欧美地区，酒店餐厅的座位数是房间数的 0.6 倍，酒吧休息座是房间数的 0.3 倍。

在多数情况下按房间数的 0.80~0.85 倍来设置餐厅酒吧座位，参见表 3-1。如一个 400 间客房的酒店，餐厅设有 260 个座位，可以设计成一个 100 人的中餐厅、一个 120 人的全日餐厅和另一个 40 人的特色餐厅，同时还应有 80 人的酒吧休息座，分散布置在适当位置。

若需要对社会开放，就要综合决定餐饮面积大小。当今酒店餐厅已成为社会与家庭活动的场所，成为集会、会友、婚庆和节日聚餐的地方。市场的需求会大大超过以上标准，势必要扩大餐厅的规模，这时就要根据市场调查资料分析后来确定其规模（表 3-1）。

**2、餐厅的种类：**大多数中小规模酒店只设一个

**图3-31**　北京王府井希尔顿酒店万斯阁餐厅

**图3-32**　美国达文波特酒店宴会厅

**图3-33**　印尼巴厘岛图古度假村中餐厅

**图3-34**　金茂北京威斯汀大酒店餐厅

**图3-35**　喜宴厅

**图3-36**　东京半岛酒店Peter's餐厅

酒店餐厅与酒吧的容客量　　表3–1

| 餐厅类型 | 客房数 | | | | | |
|---|---|---|---|---|---|---|
| | 200 | 300 | 400 | 500 | 750 | 1000 |
| 中餐厅 | 60 | 80 | 100 | 120 | 170 | 250 |
| 全日餐厅 | 80 | 100 | 120 | 140 | 200 | 280 |
| 特色餐厅 | | | 40 | 50 | 60 | 60 |
| 西饼屋 | | | | 20 | 30 | 40 |
| 大堂吧 | 20 | 30 | 40 | 50 | 60 | 70 |
| 休闲吧 | | 30 | 40 | 50 | 60 | 80 |
| 餐厅酒吧 | | | | | 20 | 20 |
| 合 计 | 160 | 240 | 340 | 430 | 600 | 800 |

**图3–37**　酒店餐厅平面布置实例1

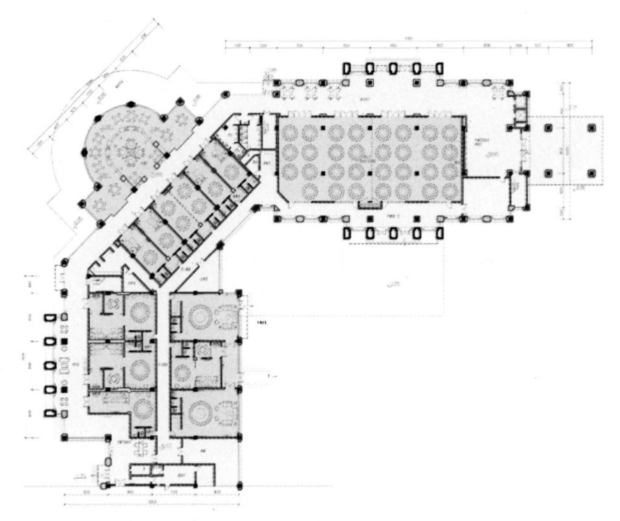

**图3–38**　酒店餐厅平面布置实例2

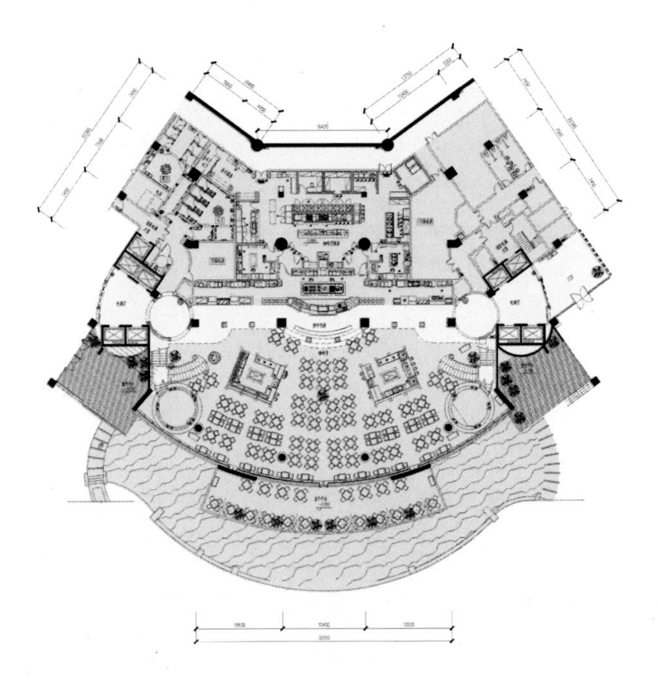

**图3–39**　酒店餐厅平面布置实例3

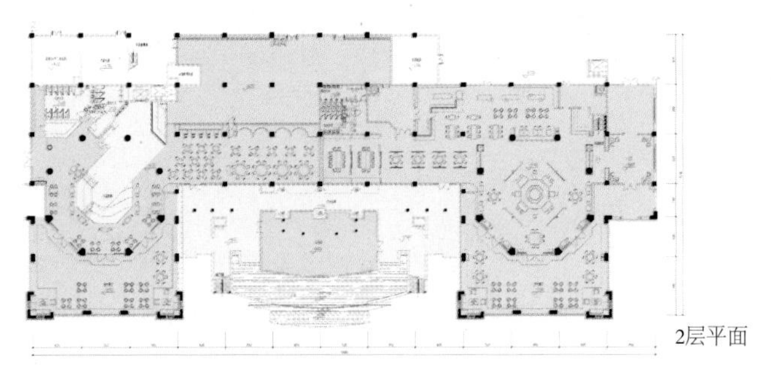


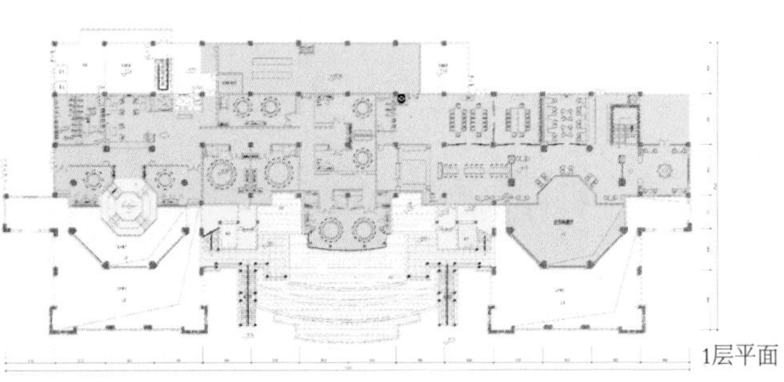


**图3–40**　酒店餐厅平面布置实例4

餐厅，还可以根据用餐时间和方式划分几个区，早餐和午餐提供自助式，晚餐一般比较正式些，时间可以更灵活些（图 3-37 ~图 3-40）。

**1）全日餐厅：**以往常被称之“西餐厅”并不确切，实际上主要为住客提供早餐、午餐和随时用餐服务，包括中餐饭菜、西餐食品与饮料，以满足于五星级酒店提供 24 小时餐饮服务，三星级酒店 18 小时营业服务的要求。因此有的酒店把全日餐厅就称为“3 餐餐厅”、“全天候餐厅”。

现在有更多的人不再严格实行传统的三餐时间，喜欢随心所欲安排用餐时间，而更多的商务、旅行等诸多因素不能按时用餐，因此全日餐厅不但可以自助，也可以点用自己喜爱的食品，这不仅使餐厅得到最大限度的利用，还可吸引更多客人来就餐。

**2）中餐厅：**对有一定规模的酒店度假村都必须设有中餐厅，按中国《饭店星级划分与评定》的规定，要有合理布置、装饰豪华格调高雅的中餐厅。为了适合八方来客的口味，饭菜品种应有更多地选择，一般也可以某一地方菜系（粤菜、川菜、湘菜……）为主，兼营其他菜系。

**3）特色餐厅：**也被称之风味餐厅，酒店餐厅可以提供一个高尚的环境氛围，同时为酒店和公众客人开放，因此除酒店内部入口外，还会设有临街的餐厅大门。特色餐厅或是以火锅城、铁板烧等方式，或是选用意大利餐、日本料理、泰国菜、巴西烤肉等特色风格。

**4）户外餐厅：**结合室外景观布置一些露天或半露天餐厅，如海鲜舫、水上餐厅、烧烤场等。

酒店餐厅还有许多类型，最常见的如食街集中地布置不同风格的小餐厅，由客人自由挑选；近来盛行开放式厨房的餐厅，把食物准备、烹调过程都展示在客人面前；还有许多酒店设快餐店、饼屋、夜店和外卖送餐服务。酒店总是不断更新餐饮经营观念，以新形式来推销食品，不仅吸引住店客人而且扩大服务范围。

现在更多的酒店看中餐饮收益比例较高，而加大餐厅的比例，以满足社会的需要。譬如台湾西部台北酒店才 288 间客房，就拥有以上海菜、北京菜、粤菜和地方菜的中餐厅与包房、一日三餐的自助餐厅、茶屋、包括 Sushi 酒吧屋的日本餐厅、包括 Antipasto 酒吧的意大利餐厅、纽约快餐店、提供咖啡甜品的卡布其诺酒吧、爱尔兰酒吧和游泳池边的果汁快餐店等十处，反映出国际酒店的经营特色，让各地的客人在此都能寻找到适合自己口味的餐食。

**3、餐厅的设计：**不同类型的餐厅设计要求也不同，但基本功能要求是一致的（图 3-41 ~图 3-47）；

**1）接待处：**餐厅入口处要布置一个门厅，创造一种独特的风格，引人入胜，并放置一个综合服务台，

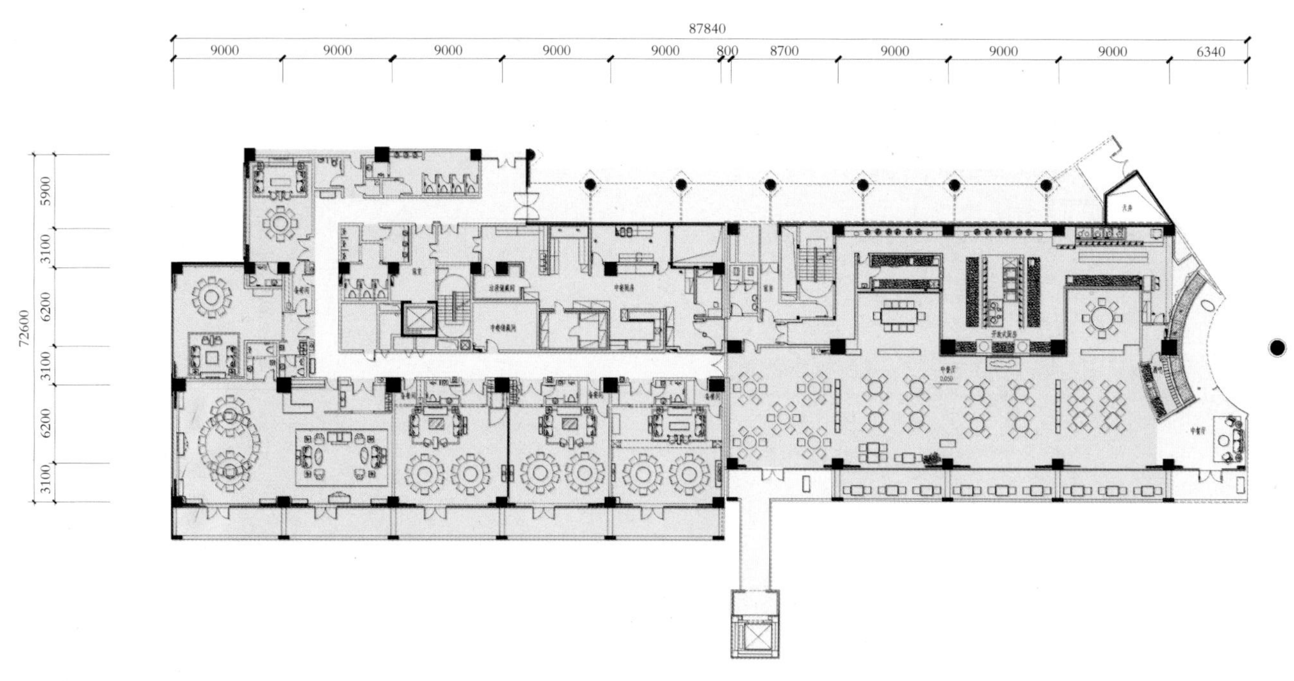


**图3-41**　中餐厅实例

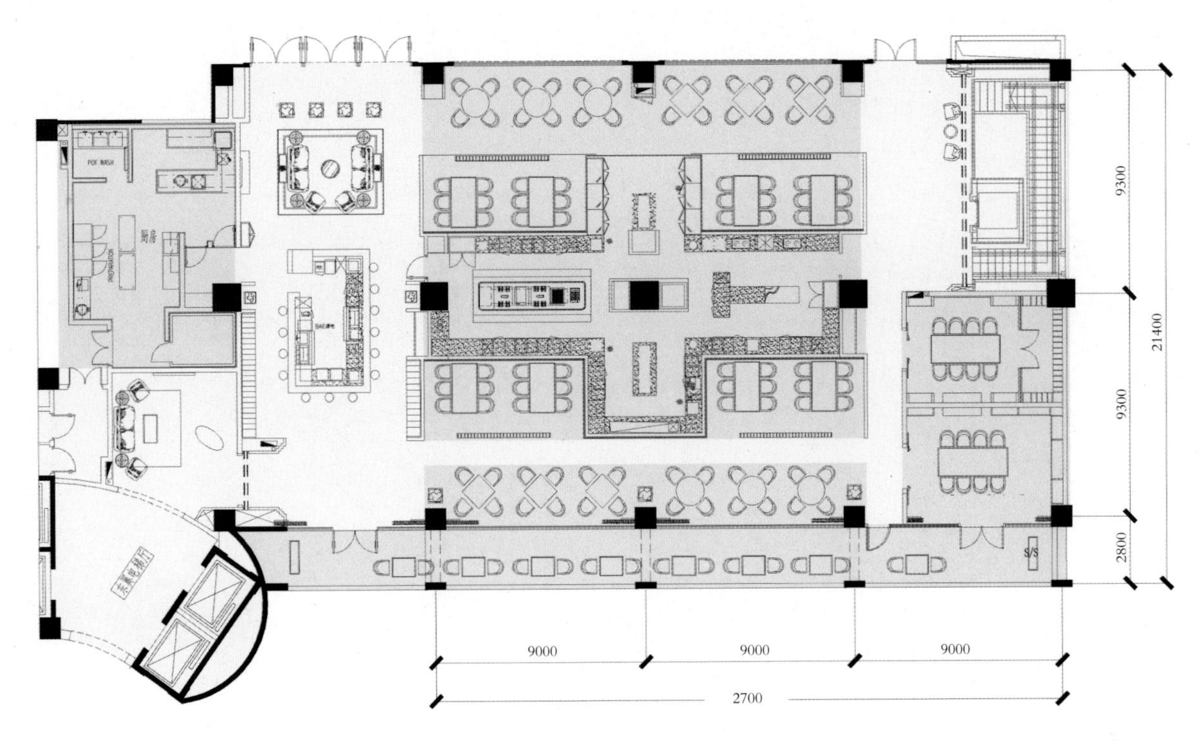


**图3—42**　全日餐厅实例

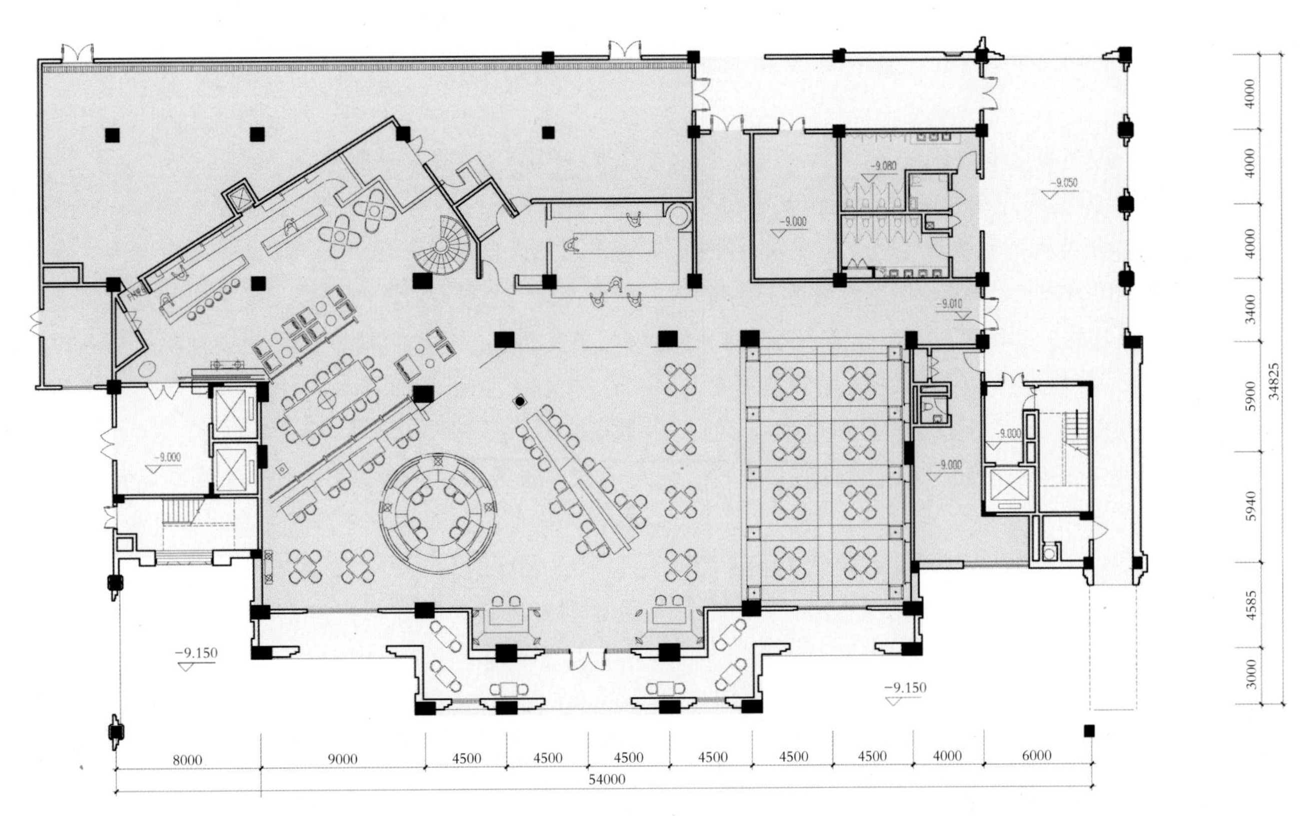


**图3—43**　特色餐厅实例

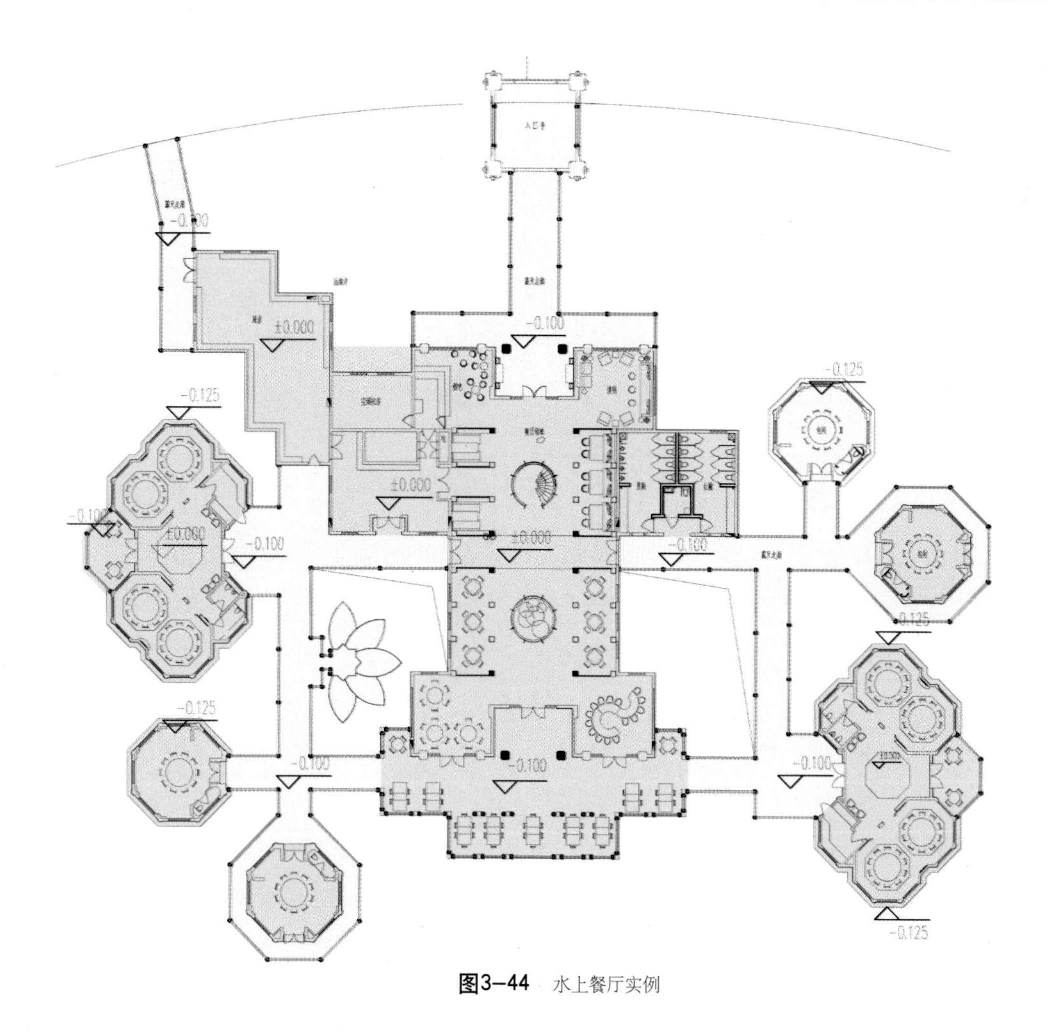


**图3-44**　水上餐厅实例

用于接待客人、控制餐位和收银结账。

**2）座位区：** 大型餐厅通常分成散座和包房两个区，散座还可以分成两个或多个区域（厅堂），不同区域可以采用不同的座椅、桌布，区域之间留出通道。当入座率较低的时候，可以关闭几个分区。而包房用于接待尊贵客人，其数量和装修标准视项目规格而定。

**3）餐厅中心：** 餐厅一般总要设置一个中心，可以是喷泉等景观中心，也可以是艺术品展示中心，还可以是小型表演台。

**4）餐桌：** 围绕着中心布置餐桌，有两人桌、四人桌、六人桌、八人桌、十人桌或者更大的餐桌，排列形成一定规律，布置宜灵活，可以增添合并或撤除一些餐桌，以满足客人要求。

通常方形或长方形餐桌（以mm为单位）：2座桌—600×600、4座桌—900×900、6座桌—900×1670～1800，而圆形餐桌直径（以mm为单位）：通常是4座桌—1000、6座桌—1250、8座桌—1400、10座桌—1550、12座桌—1850、14座桌—2200、16座桌—2500、20座桌—3200、24座桌—3900。

**5）娱乐：** 不少餐厅设置小舞台或舞池，以文娱表演来助兴，此时应让更多的餐座能看到舞台。在没有表演时，小舞台上还可以放上餐桌成了舞台座位。

**6）酒吧：** 餐厅内通常设置一个为餐厅服务的酒吧，提供不同品牌的酒水，还可代客寄存未饮尽的酒瓶。

**7）服务台：** 一般每80个座位就要设置一个服务台，配备水、咖啡、餐具、桌布和餐巾等。

**8）餐厅的装潢：** 艺术品陈列、背景音乐、灯光设计和餐桌摆饰都体现出与众不同的品味，以突出餐厅所要创造的气氛和情调。

**9）餐厅与厨房：** 餐厅通往厨房与备餐间应设置单独进出门，并设有空气阻隔室，以防止厨房气味、响声、灯光的影响。厨房设计将在“四、酒店的后勤部分”中详细论述。

**10）面积指标：** 每个餐位所需的面积指标为1.2~1.85$m^2$，比较舒适的可以按2.30$m^2$来控制，豪华

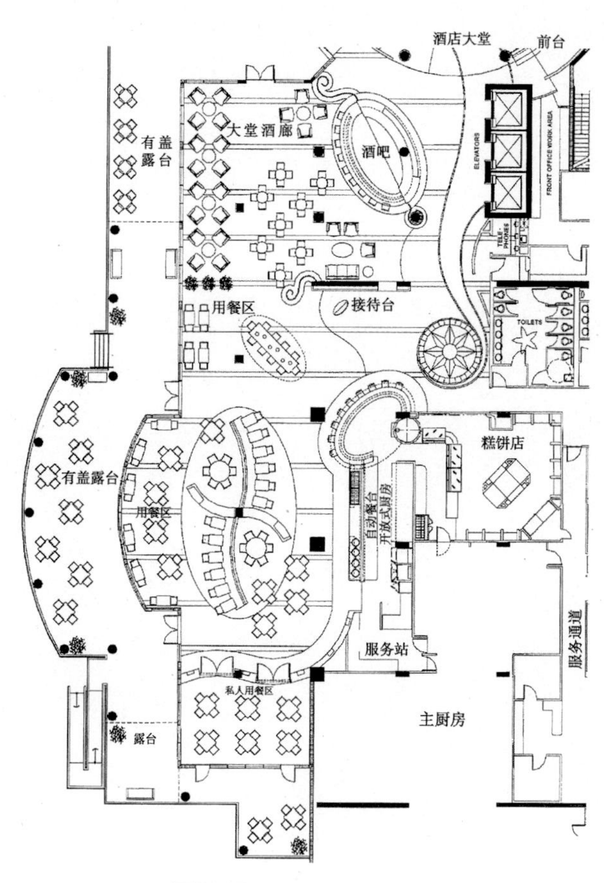


图3–45　全日餐厅平面布置范图

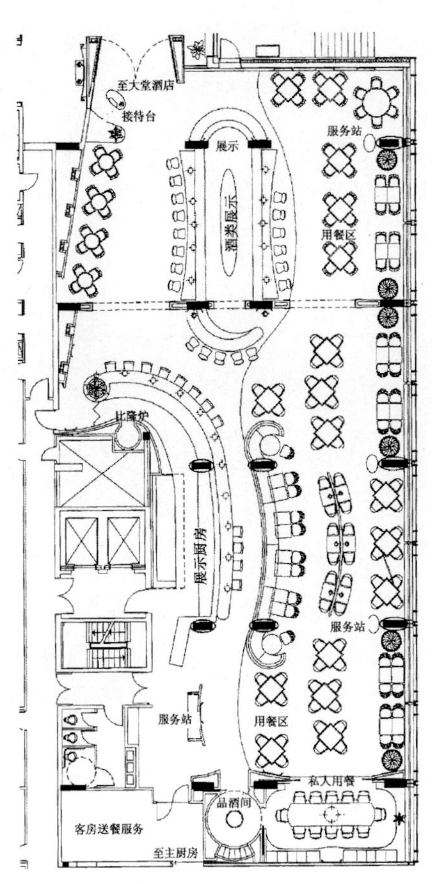


图3–46　开放式厨房餐厅范图

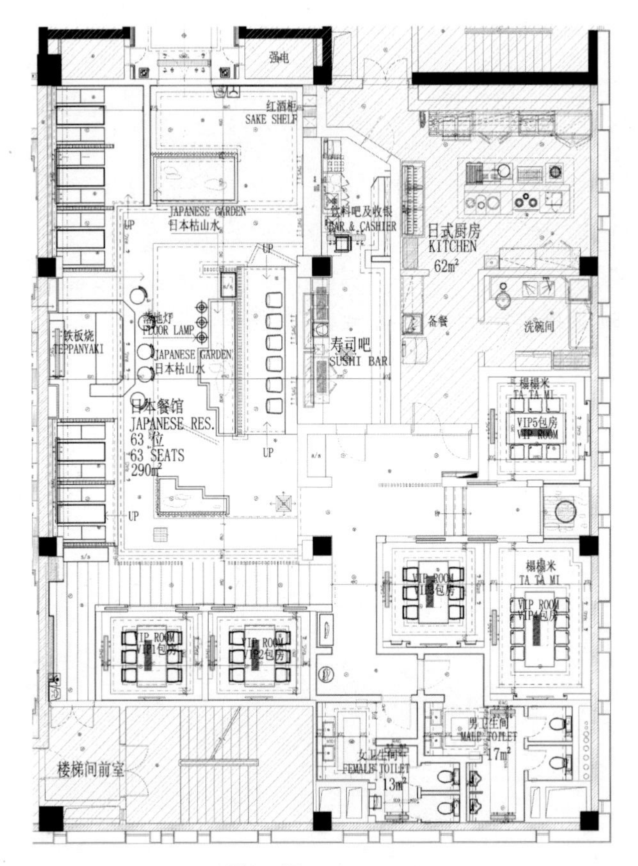


图3–47　日式餐厅实例

不同的餐厅酒吧的每个座位面积指标　　表 3–2

| 餐厅类型 | 面积指标（m²/座） |
|---|---|
| 豪华餐厅 | 3.00 ~ 4.00 |
| 中餐厅 | 1.85 ~ 2.30 |
| 全日餐厅 | 1.50 ~ 1.70 |
| 特色餐厅 | 1.70 ~ 1.85 |
| 快餐店 | 1.00 ~ 1.50 |
| 冷饮店 | 1.00 ~ 1.10 |
| 大堂吧 | 1.85 ~ 2.30 |
| 休闲吧 | 1.20 ~ 1.40 |
| 酒吧屋 | 1.50 ~ 1.85 |

的标准更高达 3 ~ 4m²（详见表 3–2）。

有的酒店集团提出虽然每个座位只需要 1.2 ~ 1.4m² 的面积，但计算餐厅面积时：豪华餐座以 2.6 ~ 2.8m²、休闲餐座以 2.2 ~ 2.4m²、风味餐座以 2.0 ~ 2.2m² 来计算。

### （六）酒吧

**1）大堂吧：**一般处在大堂显要的位置，与大堂

图3–48　北京国际俱乐部饭店大堂酒吧

图3–49　上海金茂君悦大酒店酒吧

空间相通以烘托整个大堂的氛围，方便客人商务、会客、休息，尤其位于风景区的度假酒店，大堂吧应有宽阔的视野，让客人享受大自然景色。高级酒店总要布置三角钢琴或晚间小型乐队的演奏，为大堂带来活力和激情（图3–48～图3–51）。

大堂吧是在20世纪70年代发展起来的。现在即使不大的酒店也要安置公共休息座椅区，同时经营者

图3–50　香港半岛酒店大堂吧

图3–51　清远狮子湖喜来登度假酒店大堂吧设计图

也知道这儿是客人喜爱逗留的地方，自然是咖啡、点心、饮料甜品、欧式早餐和快餐推销场所，而餐饮食品就近由小型备餐间配制或由主厨房运送来。

**2）主题吧：**为了突出酒店的文化品位和独特风格，一些酒店设置主题酒吧供客人享受，如西班牙风情吧、南美吧、法国红酒吧、雪茄屋……。这类酒吧一般采用封闭式设计，以减少噪声影响，室内灯光较暗，座位比较密集，以创造一种独特的异国风情。如再辅有一定时间段的歌舞即兴表演，可以让客人得到充分的满足。

**3）茶室：**为了反映中国的茶文化，迎合许多以茶会友的心情，还可以与琴棋书画文化室或报刊阅览结合起来，再与东方神韵的园林相融合就更完美了。

**4）体育酒吧：**最好设在临街和酒店内部同时开门的底层，或结合健身中心、高尔夫俱乐部和网球俱乐部一并布置，装有大屏幕的电视，播放体育比赛，吸引许多体育爱好者和健身者一起观看体育比赛，谈论球场趣事，尤其当世界杯、奥运会等体育盛事时就更受欢迎。

**5）泳池边的水吧：**泳池边设酒吧，以创造一种独特的风情，让客人游泳时也能得到酒店所提供的服务，充分地满足客人的需要。

**6）船吧：**海滨湖畔的酒店往往利用优越的自然环境，创建水上酒吧，突出所要创造的气氛和情调，让客人体会临水船上的感觉。如深圳华侨城洲际大酒店就是按哥伦布发现新大陆时的“SANTAMARIA”号帆船仿制成一间酒吧，成了酒店的标志，引人注目（图3-52）。

## （七）多功能厅

并不是所有酒店都设有多功能厅，但作为大中型酒店往往拥有并成为酒店的重要组成部分。多功能厅有被称为宴会厅，实际上可供宴会、会议、典礼、展销、联谊和演出等多功能用途，有时还以活动隔断间隔成两、三个或更多厅堂分开使用。其规模取决于当地的市场需要，是酒店项目前期重大决策

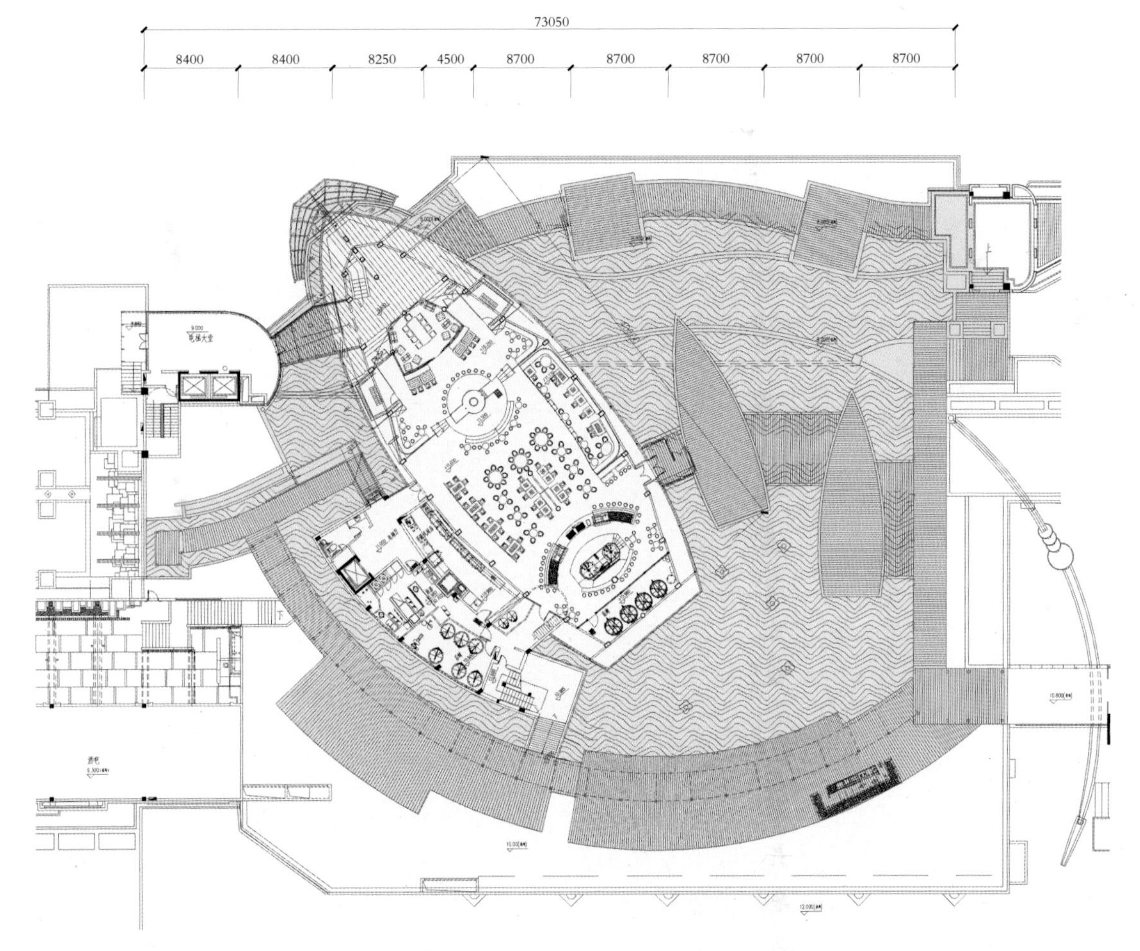


**图3–52**　深圳华侨城洲际大酒店船吧

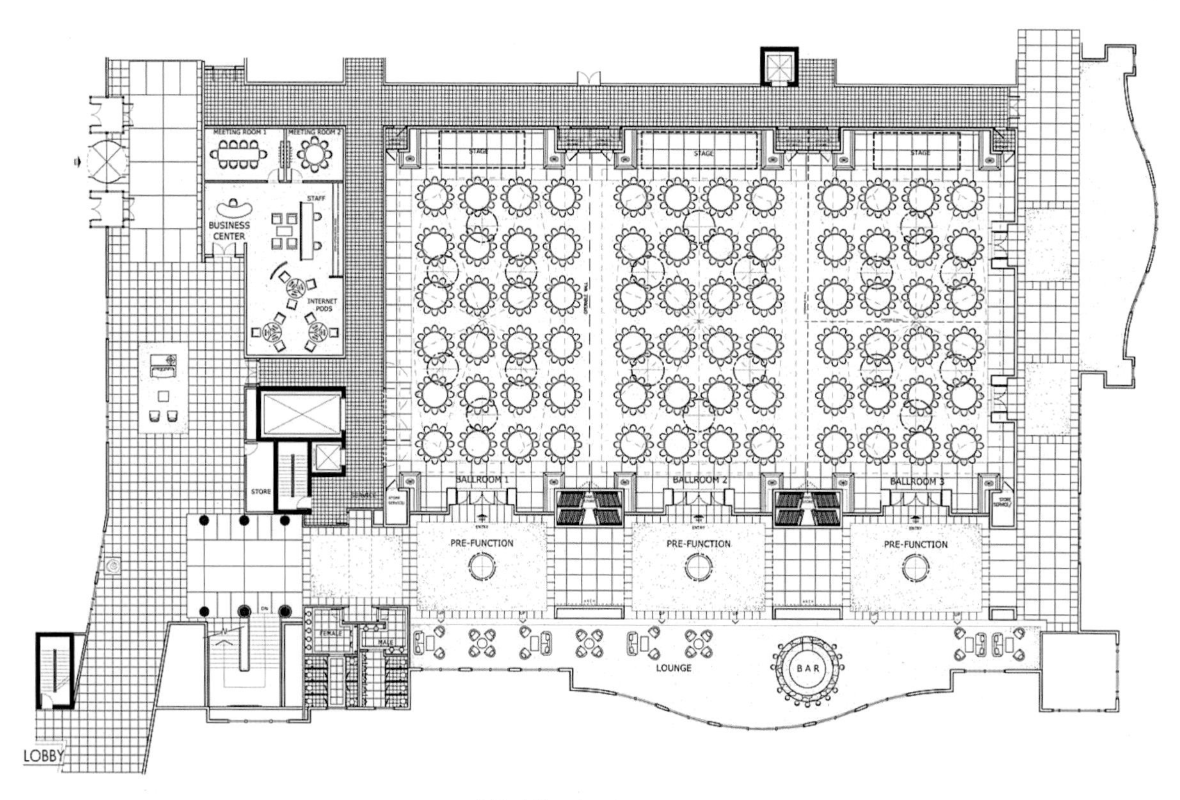


**图3–53**　多功能厅平面实例

之一（图 3-54 ~ 图 3-57）。

为满足酒店多功能需要，多功能厅具有高大空间。20 世纪 80 年代的西安阿房宫凯悦酒店设有 22m×22m＝484m² （层高 9m）的多功能厅，但随着时代的进步和社会的需要其规模更大。就以本世纪建成开业（或即将开业）的酒店多功能厅面积为例：千岛湖洲际度假酒店为 20m×30m=600m² （层高 8.7m）、宁波万达索菲特大酒店为 18m×36m＝648m² （层高 10.75m）、深圳东部华侨城·茵特拉根酒店为 25.1m×30m=753m² （层高 11.5m）、深圳威尼斯皇冠假日酒店为 24m×32m=768m² （层高 7.5m）、深圳联合广场·格兰德假日酒店 22.8m×36m＝821m² （层高 9.33m）、赣州锦江国际酒店 28m×42m＝1176m² （层高 9m）。还有更大面积的多功能厅成为当地举办千人宴会的最佳场所，如深圳华侨城洲际大酒店 30m×53m＝1590m² （层高 10m）、清远狮子湖喜来登度假酒店 32m×56m＝1792m² （层高 9.5m）、珠海海泉湾会议酒店 30m×60m＝1800m² （层高 7.3m），近日有的酒店已经建成能容 1200~1500 座席的大型宴会厅。

多功能厅拥有一个大跨度的空间，一般净高应不低于 3.6m，而面积在 750m² 以上的多功能厅净高应不低于 5m，1000m² 以上的净高应不低于 6m，适当的空间尺度可营造出特定的环境氛围。

多功能厅应设有前厅和休息厅，成为会前接待、签到、休息场所，需要宽度不小于 4.5m 的更大集散区域，其中设有贵宾室、接待、礼宾台、衣帽间、电视公告显示屏、小卖部和卫生间，有时还设记者站，应会议要求设临时的咖啡茶点供应台等。

宴会厅应设有紧邻的宴会专用厨房和储存名酒、餐具的空间，并且最好沿厅堂长边布置备餐间，有较短的服务路线；当没有条件设专用厨房时，也要设有一定面积的备餐间，并备有加热炉灶，将汤菜保温加热。

为满足多功能的需要，在适当的位置还要配套设置化妆更衣间、演员休息室、灯光控制室、会议视频设备间、家具库和服务间等辅助用房。为满足将会场坐椅更换成餐桌的转场要求，不仅需要足够的堆放面积，还要有通畅快捷的搬运通道。

还有的多功能厅中装备有汽车电梯，可供车展或运送大型设备用（图 3-53）。当举行婚礼时，婚礼车可由此直接驶进大厅。

图3–54　香格里拉长滩岛度假酒店宴会厅

图3–55　泰国清迈香格里拉大酒店宴会厅

## （八）酒店卫生间

也常称为洗手间，是反映酒店品质和档次的重要标志，尤其高端酒店卫生间，还要有独特的创意和艺术氛围。新设备、新器具、新材料的应用，时尚的装饰和柔和的光影效果，总能给客人留下美好的印象。

酒店卫生间有公共卫生间、客房卫生间和员工卫生间三种。凡残疾人能够到达的厅堂和楼层里应设置残疾人卫生间，一般分别在男女卫生间设有残疾人位，或设男女公用残疾人专用卫生间，而在大

图3–56　三亚金茂丽思卡尔顿酒店宴会厅

图3–57　三亚金茂丽思卡尔顿酒店西式宴会厅

堂、宴会厅等服务量大的区域，都要设置残疾人专用卫生间。关于客房卫生间已经在前面章节中讨论过，而员工用卫生间将在下面章节中介绍。

大堂公共卫生间位置要适中，能适合人们习惯的位置，既隐蔽，又有明显的导向标志，步行距离以不超过40m为宜。而多功能厅、餐厅、会议厅和酒吧等功能用房往往有专用卫生间，如二者能够兼顾合用则就更佳。卫生间面积和洁具数量，应按所服务人数来确定。

根据市场的需要，确定在酒店公共区域内设置商店，包括礼品店、精品店、自动取款机、旅行用品、报刊和鲜花店等。酒店公共部分的其他组成部分，包括会议报告厅、会议室、董事会会议室和展览厅，是大中型酒店尤其是会议酒店的核心部分，常被称之为酒店会议中心或“功能房区”，以及娱乐场所和健身中心，本书均将在“专题篇”中加以详细叙述。

# 四、酒店的后勤部分

酒店的后勤部分为保证酒店经营活动正常开展提供重要的保证。住店客人一般看不到后勤区域，实际上酒店员工在各自岗位上有秩序地工作，才能保证客人在酒店过得舒适、满意。

酒店的后勤部分，包括行政办公、人力资源部与员工区、客房部与洗衣房、工程部与设备机电房、货物区以及厨房等（图 4-1）。

由于酒店类型、规模和位置不同，其后勤部分也不尽相同。小型酒店把几种职能部门整合起来，甚至几间房间几个人也就管理起来；但大中型酒店的后勤部分一般要占酒店总建筑面积的 10% ~ 15%，员工人数甚至比客人还要多，因此，后勤部分的机构组织和规划设计，对于酒店能否经营成功是非常重要的。

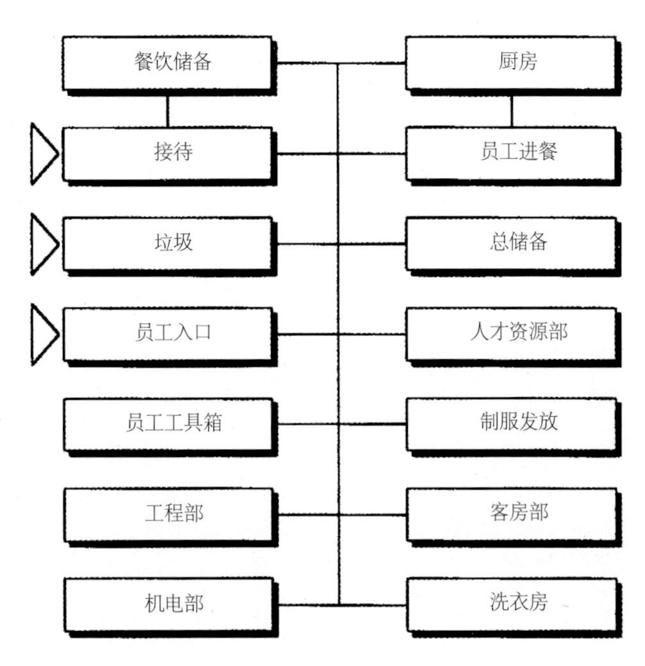


**图4—1**　酒店的后勤部分图解

## （一）行政办公室

酒店行政办公由总经理办公室、市场营销部、财务部与会议室组成，为了提高工作效率，一般采取集中式办公。

行政办公室设有接待处，为总经理和市场营销部接待客人，洽谈、订房、会议和宴会等业务用，因此酒店行政办公室的合理设计与装饰也十分必要，可以提高酒店在公众心目中的整体形象。

前台处在酒店的公共部分，但它归属市场营销部管理，首先直接面向客人。如前章所述的前台应有专门通道和楼（电）梯，保持与行政办公室的密切联系。一般前台处在高大空间的大堂一侧，完全可能将行政办公室放在前台上方或紧邻后方，这样做在实践中获得不少成功实效。

市场营销部内有销售部、前台部、公共关系部、会议服务部及宴会部和广告部等分工，宣传酒店形象，推广酒店业务，扩大市场客源，以保证酒店持续的经营（图 4-2 ~ 图 4-4）。例如，万豪国际酒店集团的行政办公室（图 4-5）与前台联系密切，可以提高经营效率。

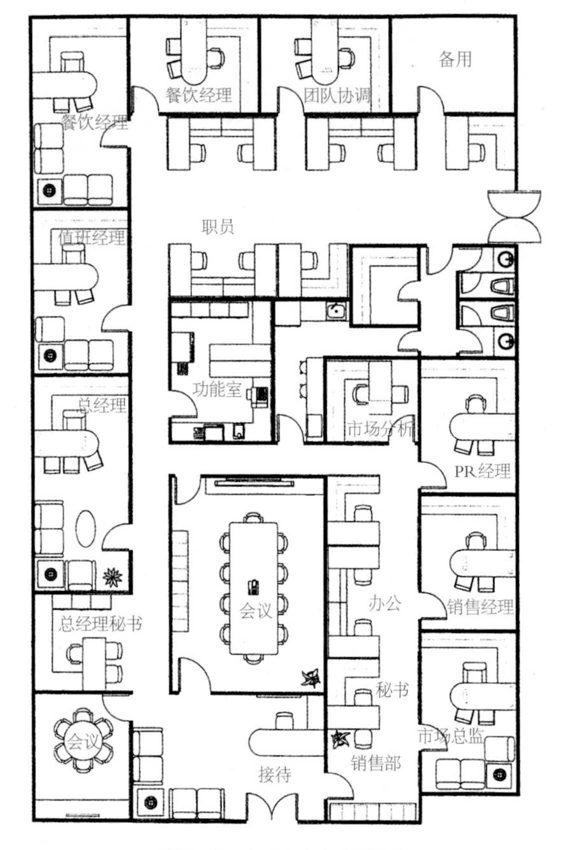


**图4—2**　行政办公室布置示意

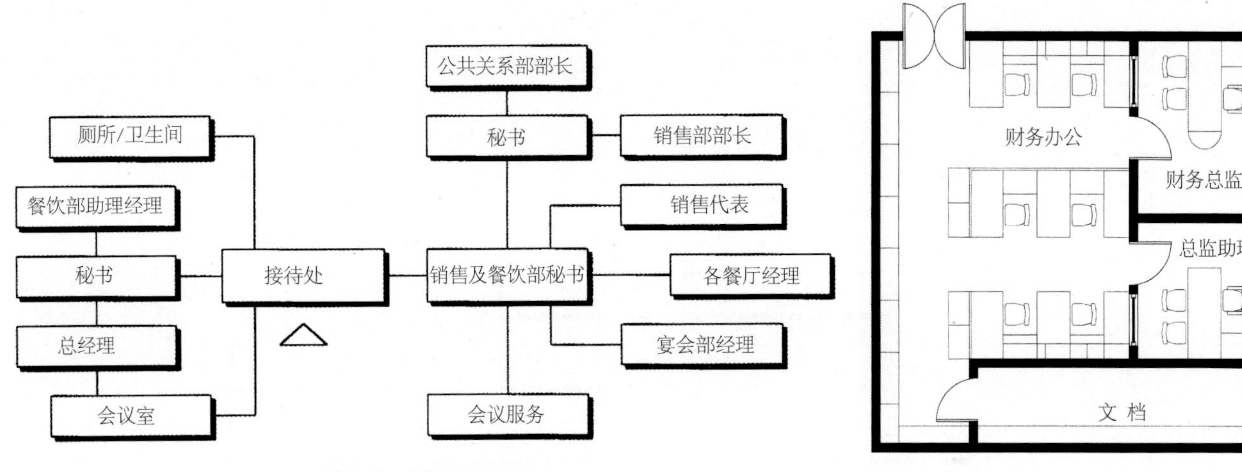


图4—3　营销部功能图解

图4—4　财务办公部分布置示意

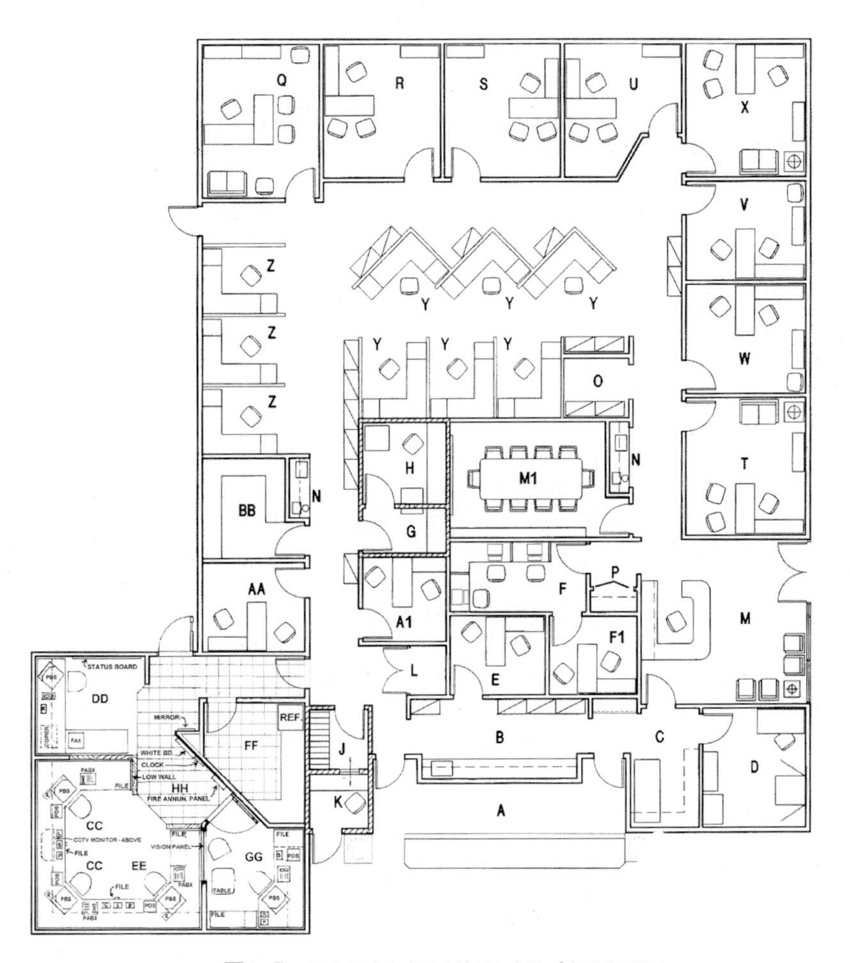


图4—5　酒店行政办公区（括号内为以$m^2$表示的面积）

行政办公区（85.4）：其中M.接待区（23.8）、M1.会议室（16.4）、N.茶水间—咖啡/茶（1.9）、O.贮藏（3.3）、P.衣柜（1.1）、Q.总经理（16.7）、R.运作总监（13.3）、Y.行政支持（8.9）；

宴会办公区（96.8）：其中S.餐饮总监（13.3）、T.市场总监（14.5）、W.销售总监（14.5）、Y.宴会会议经理（11.1）、W.销售经理（11.1）、X.宴会会议管理总监（14.5）、Y.行政支持（17.8）；

财务部（44.0）：其中Z.财务办公（13.1）、AA.财务总监（11.1）、A1.副财务总监（8.4）、BB.文件贮存（11.1）；

为您服务（AYS）部（46.5）：其中CC.话务员（13.0）、DD.派送员（6.5）、EE.监督（6.5）、FF.贮藏（9.3）、GG.经理（7.0）、HH.通道（4.2）。以上合计面积为359.6$m^2$

前台办公区（86.9）：其中A.前台、B.前台—工作区（16.4）、C.复印传真（7.8）、D.酒店管理系统—电脑（11.1）、E.前台经理（8.4）、F.预定部（16.7）、F1.预定经理（6.7）、G.计账室（4.2）、H.出纳（6.7）、J.保险箱（3.3）、K.客人存放保险箱（3.3）、L.贮藏（2.3）；

## （二）人力资源部与员工区

员工是酒店服务工作的主体。员工人数是根据酒店不同类型按客房数乘以一个系数来确定，其系数如表4-1。

员工区是酒店后勤部分的主要组成，通常包括员工入口处、人力资源部办公室、男、女更衣间、

员工人数计算系数表　表4–1

| 顶级酒店 | 五星级酒店 | 会议酒店 | 一般酒店 | 公寓酒店 | 小型酒店 |
| --- | --- | --- | --- | --- | --- |
| 2.0~4.0 | 1.2～1.6 | 1.0～1.2 | 0.8~0.6 | 0.5~0.3 | 0.25~0.1 |

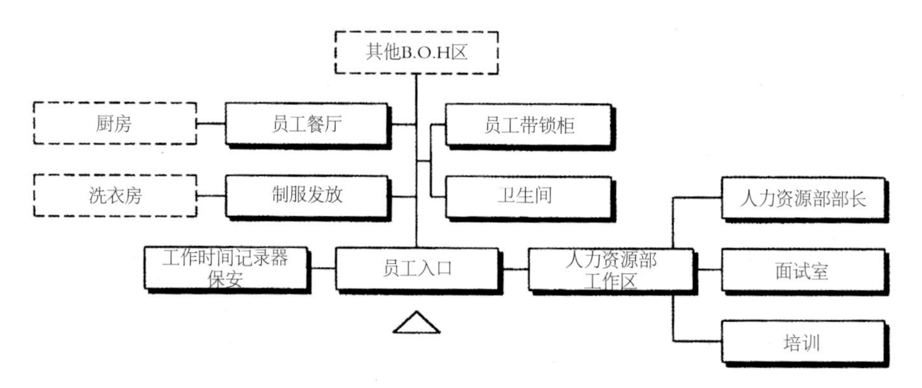


**图4–6**　员工入口图解

制服间和员工餐厅（图4–6）。

1、员工入口处：为了避免上下班高峰时拥挤，需要设置紧凑而适当面积的门厅，设有员工进出打卡计时，并保证保安处的保安员要有良好的视线范围。

2、人力资源部办公室，应设有小型接待室和谈话室，作为与员工沟通和求职者考核用，还应设有1～2间面积为20m$^2$的培训室。

人力资源部是酒店后勤部分的主要部门，负责员工管理、员工招聘和培训，根据劳动法等法律条文，编制员工计划，健全岗位职责和检查考核制度，实行工资管理、福利政策和安全保险等，以实施现代化管理（图4–7）。

3、员工更衣间包括男女员工存放衣物、更衣和沐浴用房和卫生间；卫生间应朝向员工通道，不要穿越更衣间才能去卫生间。卫生洁具应按国家规范配置，而有的国际酒店集团如洲际要求每25～30名员工设置一间淋浴间，每40～50名员工设置一间厕所。

4、大中型酒店通常要求设立医务室，主要为员工服务，又作为小型紧急救援室。其面积可采取20m$^2$左右，其中医务室10.9m$^2$、护士5.9m$^2$、男女共用卫生间4.0m$^2$

5、员工区各类生活用房的面积是以员工总数为基数，乘以表列系数计算出（表4–2）。

员工餐厅面积还可按0.9m$^2$/座×员工总数×70%÷3计算得出（图4–8～图4–10）。而有的酒店集团标准较高，就按客房数÷3计算出餐厅面积。

6、员工宿舍根据酒店位置决定，可外租也可另址建设，但都不计入酒店总面积内。

若酒店建在远离城市的地区，必须建设员工住宅区，员工住宅标准可参照：高层管理人员按1人

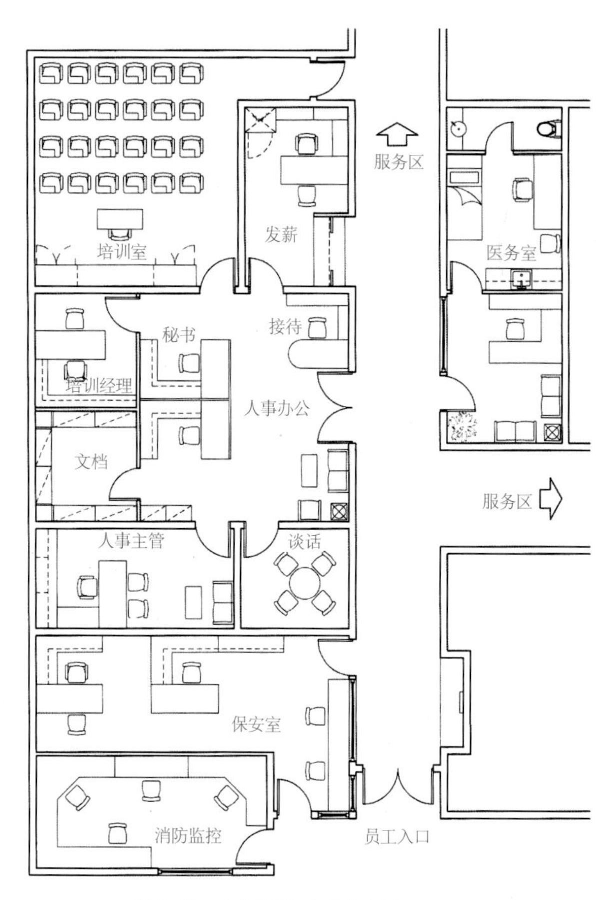


**图4–7**　人力资源部办公室布置示意

图4-8　海口喜来登酒店员工餐厅

图4-9　华侨城洲际大酒店员工餐厅

员工用房面积系数表　表4-2

| 考勤保安 | 男更衣 | 女更衣 | 员工餐厅 |
| --- | --- | --- | --- |
| 0.03~0.05 | 0.14~0.19 | 0.14~0.23 | 0.17~0.19 |

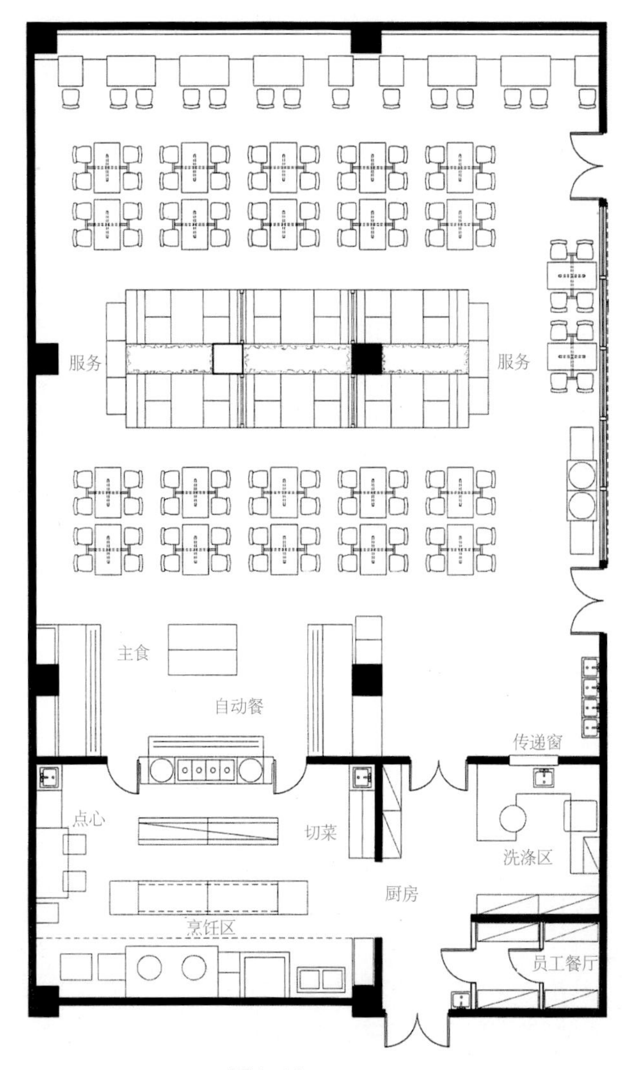


图4-10　员工餐厅范图

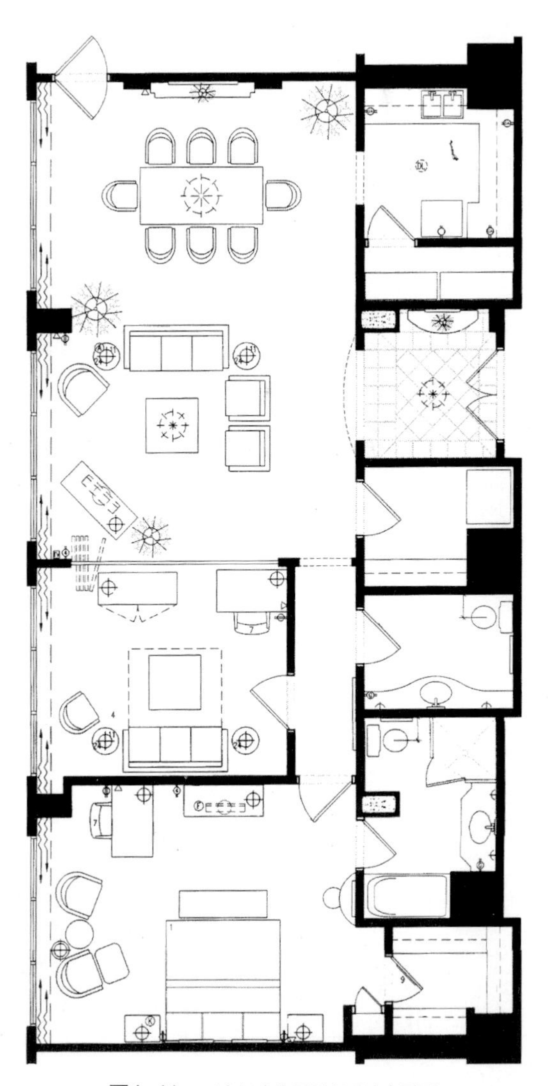

图4-11　万豪酒店集团总经理公寓平面

两间的套房、中层管理人员按 1 人 / 间、管理人员按 2 人 / 间、员工按 4 人 / 间计算，总面积可以按酒店客房数 6 ~ 8m²/ 间计算。

这里需要说明的是：酒店国际集团委派的总经理的住房，通常纳入客房设计，并同时考虑相应档次的室内装修设计，通常按三个自然间的豪华套房标准布置，有的要求更高，如图 4-11。

## （三）客房部

客房部又称管家部，是负责客房打扫、清洁和铺设等工作，并提供洗衣熨衣、客房设备故障排除等服务。

**酒店客房部的主要职责：**

1、负责客房的接待服务，汇总核实客房状况，及时向前台提供准确的客房状况报表。

2、每天的客房布置、清洁卫生工作，保证客房接待的正常顺利，服务质量保持正常稳定水平。

3、对客房设施设备进行定期保养，保证房内设施完好，物资齐全完备，发现损坏或故障及时保修，提出设备更新、布置更新计划。

4、负责布草管理，掌握日常更换的布草及客房用品的消耗情况。

5、主动接触客人以了解客人特点和需求。

6、检查员工的仪容仪表、礼貌服务情况，对所属员工的操作方法、工作规范进行培训。

7、客房部应设有失物招领处，为客人保存遗忘的物品。

图 4-12 为有的酒店集团提出的客房部布置范图，要求建筑面积 120m² 左右，其中客房部经理 7.4m²、监督 4.5m²、服务总监 9.3m²（洗衣房外包时）、大宗储藏 42.0m²、分发台 1.8m²、遗失保管 6.0m²、清洁设备 7.4m²、以及客房部洗衣 9.0m²。但是各酒店情况不一，仍然需要按实布置。

小型酒店客房部一般采取集中式管家服务与布草管理，而大中型酒店还可以采取非集中式管理，即在各客房层设服务间与布草间，并尽量靠近服务电梯为宜。

服务间内设有工作台、清洗水池及拖布池、折叠床存放处、客房迷你酒吧的食品柜与客房供应柜等，一般按每 12 ~ 16 间客房要配备一辆服务推车，推车尺寸为 750mm×1250mm，以及清洁推车 800mm×1000mm；而布草间需要配备层架，每 36 间客房提供 2.4m 长的三层层架。

图 4-13 ~ 图 4-15 为客房服务间平面布置图，可作设计参考。图中服务电梯有的就设在服务间内，但是一般服务间靠近服务电梯为宜，还应独立设置为好，可兼作其他用途。

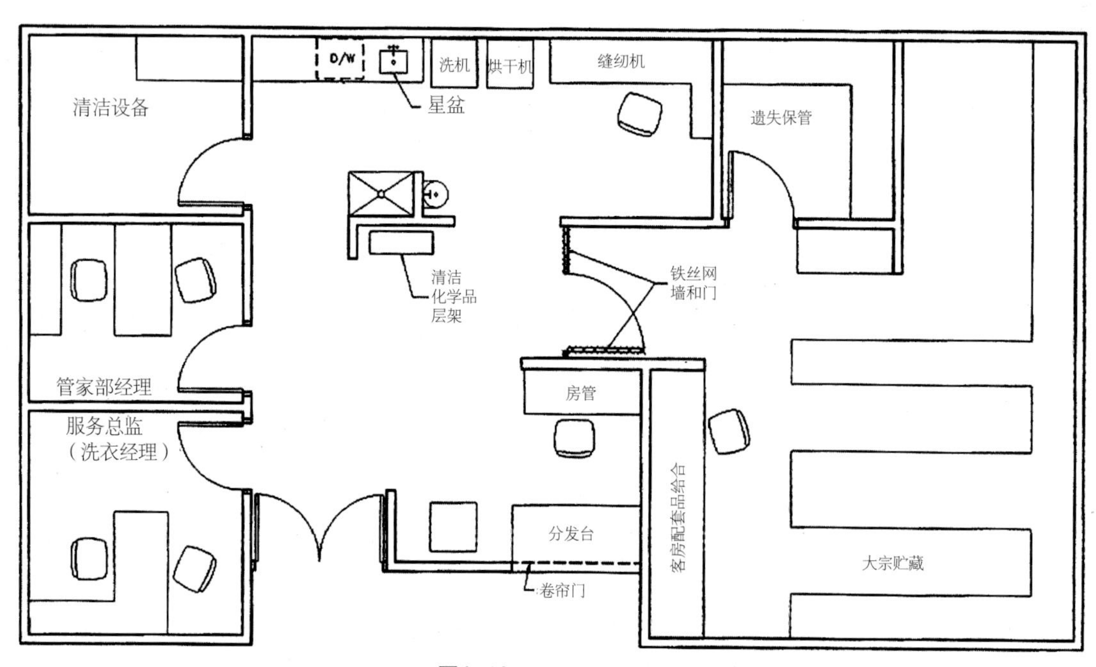


**图4—12**　客房部平面布置

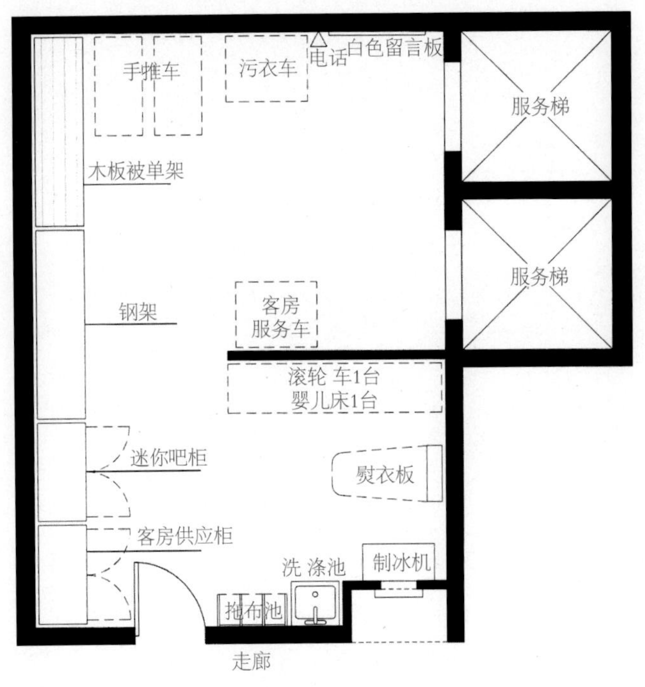


图4—13　客房服务间1

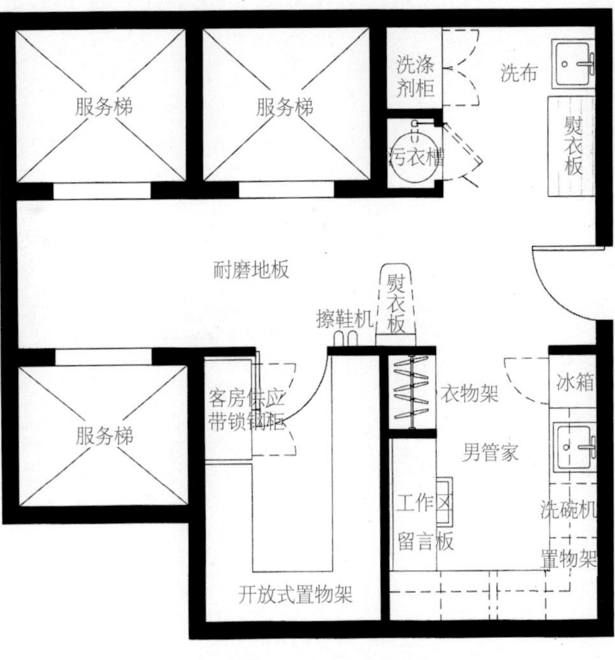


图4—14　客房服务间2

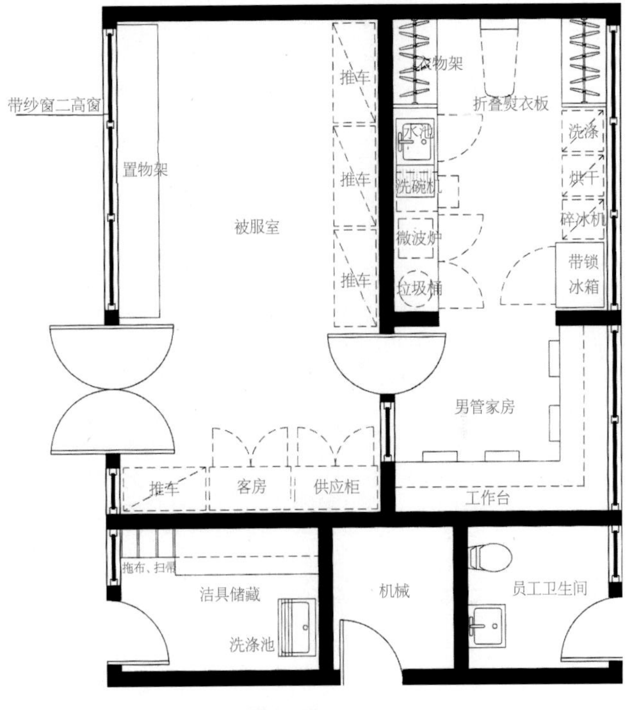


图4—15　客房服务间3

## （四）洗衣房

**1、洗衣房**　其主要功能是清洗客房的床上和浴卫用品、餐厅的桌布、椅罩、SPA和泳池用的浴巾毛巾、客人衣服和员工制服，因此每天清洗量是根据酒店客房和餐饮等规模来确定。洗衣房一般由污衣存放与分类、水洗、烘干、熨烫，折叠、干净布草存放、制服分发、服务总监（洗衣部经理）以及空气压缩机加热设备间组成。其工序流程见图4-16。

1）除一些没有洗衣房条件的和小型酒店采取外部协作清洗外，一般都尽量设置洗衣房。对于客房150间以上的酒店就更应该配置洗衣房，尤其高中档酒店，为了保证床单、台布洗熨质量和客人衣物的服务，树立品牌效应，必须拥有自己的洗衣房。

2）洗衣房通常布置在建筑的最底层，最好与客房部与员工制服间相邻近。

3）洗衣房面积指标：一般洗衣房按酒店客房数0.65m$^2$/间计算，布草库按0.2～0.45m$^2$/间计算，客房数多时取较小值，客房数少时也要保证有一个基本值。例如一座500间客房的酒店洗衣房面积为450～500m$^2$，而一座200间客房的洗衣房面积大约在200m$^2$左右。但是度假酒店往往要比商务酒店的洗衣房面积要大一些。此外各酒店管理集团要求不一，各种品牌也不相同（图4-17）。

4）洗衣房一般净空高度3.6m，还应依照设备、结构与风管具体核实，但是设备的先进程度和效率对洗衣房面积影响很大，不要采用体积大耗电多效率低的设备，所以选择设备厂家是十分重要的（图4-18、图4-19、图4-20）。

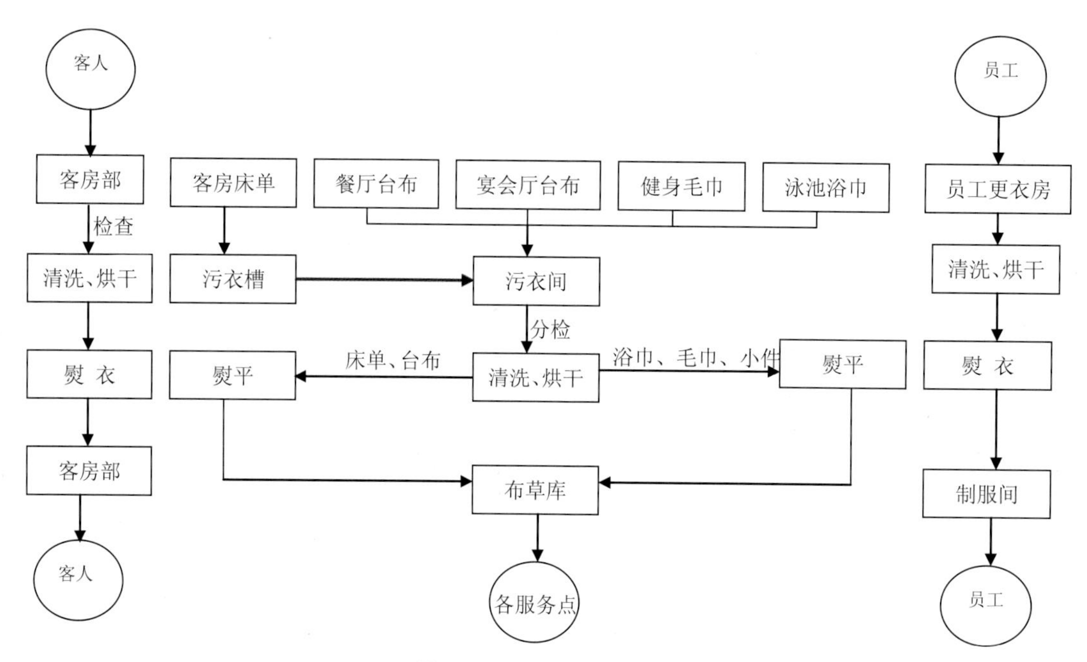


图4–16　酒店洗衣房流程图

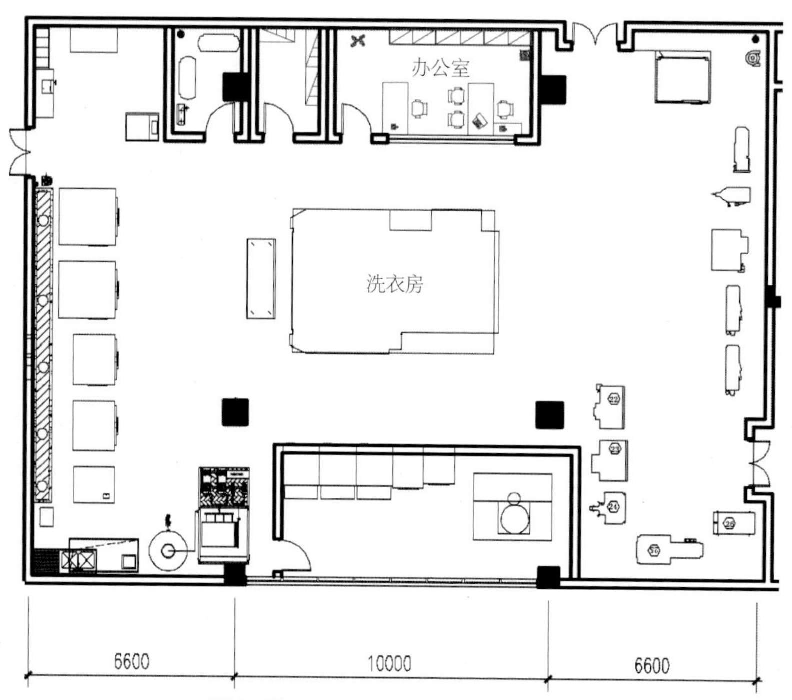


图4–17　某酒店洗衣房实例（面积：409m²）

图4–18　酒店洗衣房实景1

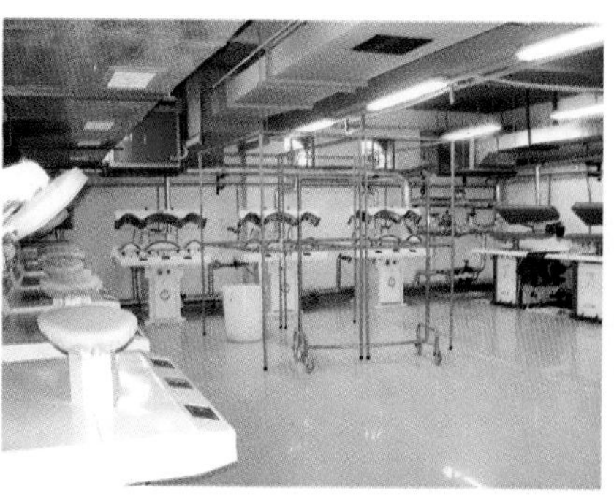

图4–19　酒店洗衣房实景2

图4–20　酒店洗衣房实景3

**2、布草间**　“布草”是酒店业的专有名词，是指酒店用的所有棉织品，包括床单、枕套、沙发套、椅套等客房用品，还有睡衣、浴袍、窗帘、毛巾等棉纺织品。越是高级的酒店，客房布草品种就越多，还有抱枕、枕芯、棉被、床裙、保护垫、床尾垫、冷气被、羽绒被、蚕丝被、毛毯等（图4-21）。

布草间与洗衣房临近布置，并有门相通，用来存放洗净的客房、洗浴和餐厅等用品以及客人衣物，而洗净的员工制服有时单独存放在制服间，有时也分别存放在布草间里。

**3、污衣槽**　也被称之为滑衣槽，是一种污衣物运送的滑槽，具体以项目实际情况来选用，由专业厂家承担设计加工。

1）所有客房层都应设有污衣槽，污衣槽设在服务电梯厅内或其他合适的位置，只用于客房层污衣运送，不应在餐饮层开放，也不可用于运送餐食饮品和清洁的布草用品。

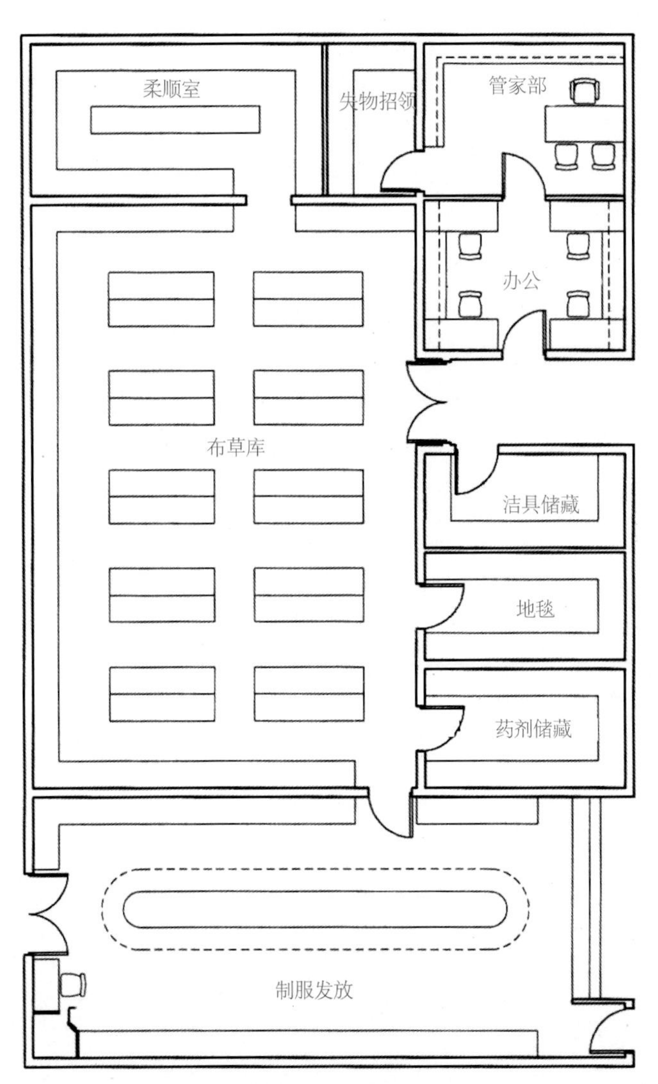


图4-21　客房部与布草间

2）污衣经污衣槽直通到污衣房内。污衣房是酒店的污衣集中收集的地方，设在洗衣房内或邻近洗衣房的地方，进行分类和清理。

3）污衣槽由不锈钢板加工而成，最小直径为0.6m，一般采用0.8m直径。槽身垂直接口为搭接和焊接，并水平套接。每层设一个扩大套接接口。每层污衣槽设支撑固定在楼板上，并加减震设备。

在出口的肘形箱断面须比滑槽本身大40%。肘形箱由立柱和托盘支撑在地板上，承重量须相当两倍滑槽满载负荷，以确保肘形箱稳固，不会侧移和变形。

4）污衣槽门应侧铰接固定，入口门处应设门闩。污衣槽门设锁，而且每层的锁均可用同一把钥匙打开。滑槽门最小尺寸为0.5m×0.5m。当滑槽过长时，位置弯曲处或分支处也应设门，且最小尺寸为0.4m×0.4m。卸货口设带有平衡弹簧和上部铰接的固定门。

5）考虑滑槽负载快速滑动的情况，污衣槽在顶部设减压口，减轻在井道中产生的突然压强。减压口由重力自动关闭的铰接气阀构成，可利于在火灾灭火过程中减少通风。

**4、酒店洗衣房设计实例**

以下提供一个酒店洗衣房的洗衣量和设备布置清单，以供参考。

**4-1、一个酒店洗衣房洗衣量计算书**

• 酒店客房：353间（标准间），按客房入住率80%计算

• 员工人数：530人，按员工当值率 80%计算

• 餐座数量：2757位，按餐饮入座率 80%计算

其中：

1. 一楼海鲜餐厅 288
2. 中餐厅 222
3. 全日制餐厅 212
4. 意大利餐厅 199
5. 大堂吧 80
6. 二楼中餐厅 120
7. 二楼全日制餐厅 136
8. 三楼大宴会厅 1000

9. 小宴会厅 500

• 洗衣房工作时间：每天工作 10 小时，每周工作 7 天，一班半工作制；

A. 湿洗量计算

1）客房布草湿洗量（日）：

毛巾类布草

（1）浴巾：2×0.50 = 1.00 kg

（2）洗面巾：2×0.15 = 0.30 kg

（3）擦手巾：2×0.10 = 0.20 kg

（4）地脚巾：1×0.32 = 0.32 kg

（5）浴衣：2×1.00 = 2.00 kg

床单类布草

（6）床单：2×0.60 = 1.20 kg

（7）被套：2×1.00 = 2.00 kg

（8）枕头套：4×0.20 = 0.80 kg

小计（湿洗量 / 日 / 间）：= 7.82 kg

合计（湿洗总量 / 日）：= 2760 kg

按 80% 客房入住率，客房布草湿洗量 / 日：2208 kg

2）餐饮区布草湿洗量（日）：

2-1）宴会厅（1000 位 +500 位）

（1）台布：1×0.60 = 0.60 kg

（2）餐巾：1×0.12 = 0.12 kg

（3）湿毛巾：1×0.15 = 0.15 kg

按平均每桌 10 人计，整个餐饮区域餐桌数：150 桌

小计（湿洗量 / 桌）：3.30 kg

合计（湿洗总量）：495 kg

按 80% 餐饮入座率，每日流转 1 次计，餐饮区布草湿洗量 / 日：396 kg

2-2）其他餐厅（海鲜餐厅 / 中餐厅 / 全日制餐厅 / 意大利餐厅 / 大堂吧）

（1）台布：1×0.60 = 0.60 kg

（2）餐巾：1×0.12 = 0.12 kg

（3）湿毛巾：1×0.15 = 0.15 kg

按平均每桌 6 人计，整个餐饮区域餐桌数：210 桌

小计（湿洗量 / 座）：2.22 kg

合计（湿洗总量）：466 kg

按 80% 餐饮入座率，每日流转 3 次计，餐饮区布草湿洗量 / 日：1119 kg

3）员工制服湿洗量（日）：

员工制服约重 / 套：1.00 kg

小计（湿洗量 / 天）：530 kg

按 80% 出勤率，90% 换洗率（2 日换洗 1 次），员工制服湿洗量 / 日：191 kg

4）客衣湿洗量（日）：

客房平均湿洗量约日 / 间：0.5 kg

按 80% 客房入住率，15% 客房湿洗率，客衣湿洗量 / 日：21 kg

以上湿洗量汇总：

1）客房布草湿洗量（/ 日）：2208 kg

2）餐饮区：宴会厅布草湿洗量（/ 日）：396 kg

餐饮区：其他餐厅布草湿洗量（/ 日）：1119 kg

3）员工制服湿洗量（/ 日）：191 kg

4）客衣湿洗量（/ 日）：21 kg

合计湿洗总量（/ 日）：3935 kg

（备注：每天工作 10 小时，每周工作 7 天，湿洗周期：0.75 小时（45 分钟）/ 周期）

操作次数 / 日 =（10×60）÷50=12 次 / 日

湿洗量 =3935÷12=328 kg / 次

B. 干洗量计算

1）员工制服干洗量：

员工制服约重 / 套：1.00 kg

按 80% 出勤率，20% 换洗率（2 日换洗 1 次），员工制服干洗量 / 日：42 kg

2）客衣干洗量：

客房平均干洗量约日 / 间：1 kg

按 80% 客房入住率，15% 客房干洗率，客衣干洗量 / 日：42 kg

以上干洗量汇总：

1）员工制服干洗量（/ 日）：42 kg

2）客衣干洗量（/ 日）：42 kg

合计 干洗总量（/ 日）：85 kg

（备注：每天工作 10 小时，每周工作 7 天，湿洗周期：1 小时（60 分钟）/ 周期）

操作次数 / 日 =（10×60）÷60 = 10 次 / 日

干洗量 = 85÷10 = 8.5 kg

**4-2、一个酒店洗衣房设备清单见表 4-3**

一个酒店洗衣房设备清单

表4-3

| 项目 | 设备名称 | 品牌 | 型号 | 数量 |
| --- | --- | --- | --- | --- |
| LDA01 | 地磅 | HENGTONG/恒通 | D-Z | 1 |
| LDA02 | 双星盆工作台 | | | |
| LDA03 | 18KG 洗衣脱水机 | MILNOR/美罗 | MWR18J4 | 1 |
| LDA04 | 61KG 洗衣脱水机 | MILNOR/美罗 | 42026X7J | 1 |
| LDA05 | 125KG 洗衣脱水机 | MILNOR/美罗 | 48040F7W | 2 |
| LDA07 | 50KG 烘干机 | MILNOR/美罗 | AD-120-S | 3 |
| LDA11 | 23KG 烘干机 | MILNOR/美罗 | AD 50V | 1 |
| LDA12 | 空气压缩机 | JUCAI/聚才 | AW6708 | 2 |
| LDA13 | 空气干燥机 | JUCAI/聚才 | JC-10 A | 1 |
| LDA16 | 折叠机(3300mm) | HJ WEIR/伟意 | FOLDMAKER 55 | 1 |
| LDA17 | 双滚烫平机 | BMM WESTON/宝美 | 8500×2×3300 | 1 |
| LDA22 | 衬衫衫身整烫机 | PONY/鹏尼 | LAV-BB | 1 |
| LDA23 | 领袖肩夹机 | PONY/鹏尼 | CCP | 1 |
| LDA24 | 菌型夹机 | PONY/鹏尼 | LAV-F | 1 |
| LDA25 | 水洗工衣夹机 | PONY/鹏尼 | LAV-UP | 1 |
| LDA26 | 精工烫台 | PONY/鹏尼 | TA-GFV | 1 |
| LDA27 | 万能干洗夹机 | PONY/鹏尼 | SP-U | 1 |
| LDA31 | 人像机 | PONY/鹏尼 | MG | 1 |
| LDA32 | 12-15KG 干洗机 | MULTIMATIC/美涤 | SS-250 | 1 |
| LDA33 | 去渍台 | PONY/鹏尼 | JOLLY-S | 1 |
| LDA34 | 工作台 | 厂制品 | | 1 |
| LDA35 | 打码机 | THERMOPATCH/思姆 | Y-150 | 1 |
| | | | | |
| 总计 | | | | 25 |

注：本章中洗衣房洗衣量计算书与设备清单由香港TFP厨源餐饮设计有限公司提供。

## （五）工程部与设备机电房

这是酒店后勤部分的十分重要组成，由酒店总工程师监管，分成工程部、维修部、设备部与机电房三个相互联系的部门。

**1、工程部：**包括工程总监室、工程专业人员工作区与图档资料室（图4-22～图4-24）。

**2、维修部：**包括木修间（木作、室内装修工和油漆工作间）、电修间（电工、电视维修、电话与网络维护等）、机修间（管工、钳工与电焊等）、建修间（瓷砖墙地面、涂料、泥瓦工、防水堵漏等）、园艺间（花房、工具间等）以及各自备件库和工具库（图4-25）。

维修部宜设在建筑底层，需要有一个较大面积工作场地，能放置大型设备和较长的管材。高尔夫度假酒店还需要有一个卷闸大门，方便球车等户外设备能进入维修。

维修间里有时用电锯、电焊、有时刷涂或喷漆，因此，尽量减少其对酒店和周边环境的污染和影响。

**3、设备部与机电房：**同其他公共建筑要求类似，酒店机电房包括：

1）高压配电间、变电间、低压配电间、发电机房与日用油箱间；

2）生活水池及水泵房、消防水池与水泵房；

3）中水水池与泵房；

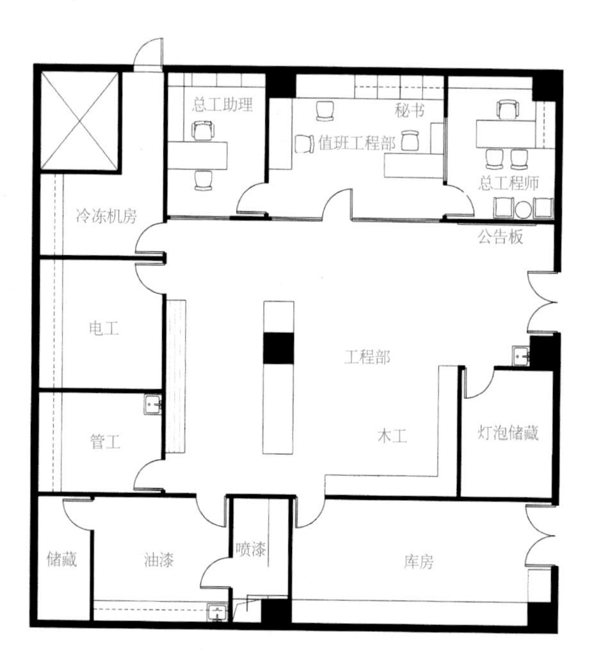


**图4—22**　洲际酒店集团的工程部平面布置范图

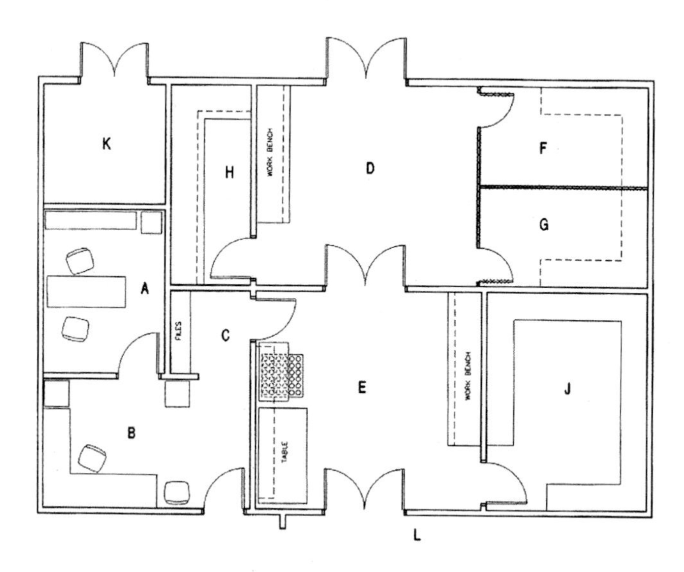


**图4—23**　万豪酒店集团的工程部平面布置范图，其中，A.工程总监（10.0㎡）、B.接待（13.4㎡）、C.文件柜（3.3㎡）、D.木工间（23.7㎡）、E.机电间（23.7㎡）、F.工具间（9.3㎡）、G.电料库（8.9㎡）、H.电工间（8.6㎡）、J.储藏间（15.6㎡）、K.园艺工具间（15.6㎡）、L.服务通道，合计123.9㎡

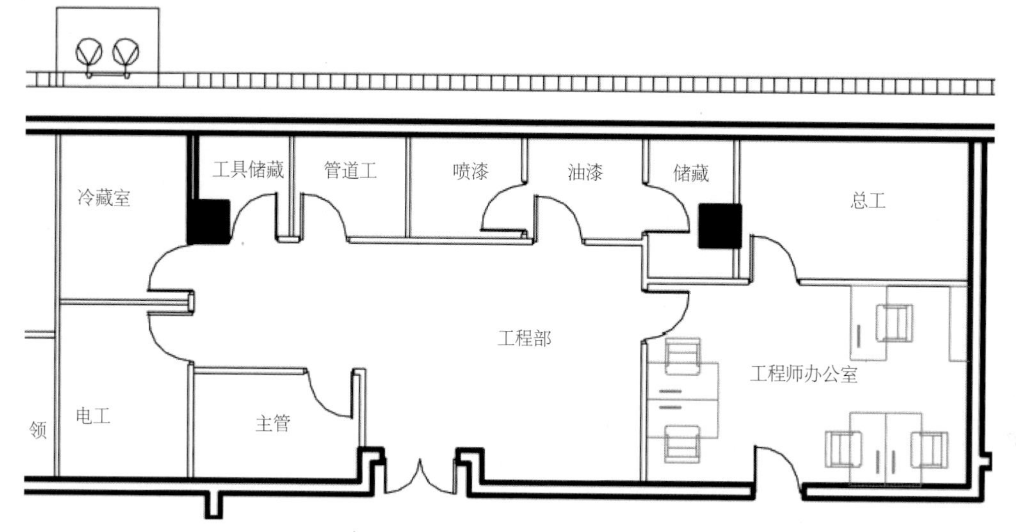


**图4—24**　某酒店工程部布置图

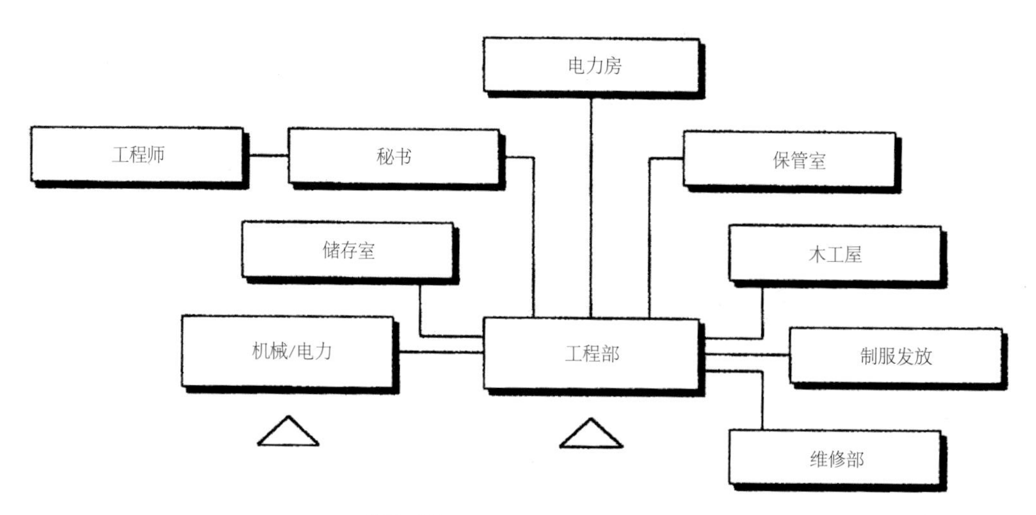


**图4—25**　维修部与工程部功能图解

4）制冷机房；

5）锅炉房；

6）热交换站；

7）电讯机房；

8）网络机房；

9）电视接收和录像机房；

10）宴会厅光控、声控间；

11）电梯机房；

12）各部位的空调机房和分配电间等。

此外，还有景观水、泳池设备房、污水处理站、处在低洼地必要时设置的排灌站等。

为了保证酒店大堂、客房、餐厅的正常运行，设备部必须对各部位机电设备定期检查、保养与维护，及时排除隐患和故障，使各机电设备始终处在完好状态（图 4–26）。

## （六）货物区

货物区包括卸货平台、收发与采购部和库房三个密切联系的部门，还包括垃圾站与装运平台（图 4–27）。

**1、卸货平台**：又称为接货平台，可按照酒店规模确定卸货车位数，一般大中型酒店安排三个货车位，每个车位宽 3.66m，其中一个集装箱车位长 16.76m，一个货车位长 10.67m，净空高度都需要 4.27m；而另一个是垃圾压缩车位，净空高度需要 5.5 ~ 6.1m。同时在附近还提供一个等候车位为宜（图 4–28）。

1）卸货平台比停车位高 1.0m，除了安装防撞装置外，还提供嵌入式调平机来调整空隙和高差。而卸货平台的一侧设踏步，另一侧设斜坡道，分别方便小型货物和行人上下。卸货平台深度不小于 3m 和库房应在同一平面，方便卸货后验收进库。

2）货车自酒店的货运通道进入卸货平台，尽量规避酒店客人和公共视线。

3)在卸货区需要为货车司机提供休息室和卫生间。

4）卸货平台尽量布置在地面层。有的酒店把卸货平台设计在地下层，甚至地下二层，大型货车要经坡道进出，转弯掉头是十分困难的，同时会增加建筑面积和工程费用。当酒店地面层面积不大时，可以在地面停车卸货后用专用竖直货梯将货物运下，而将验收库房和厨房放在地下层。

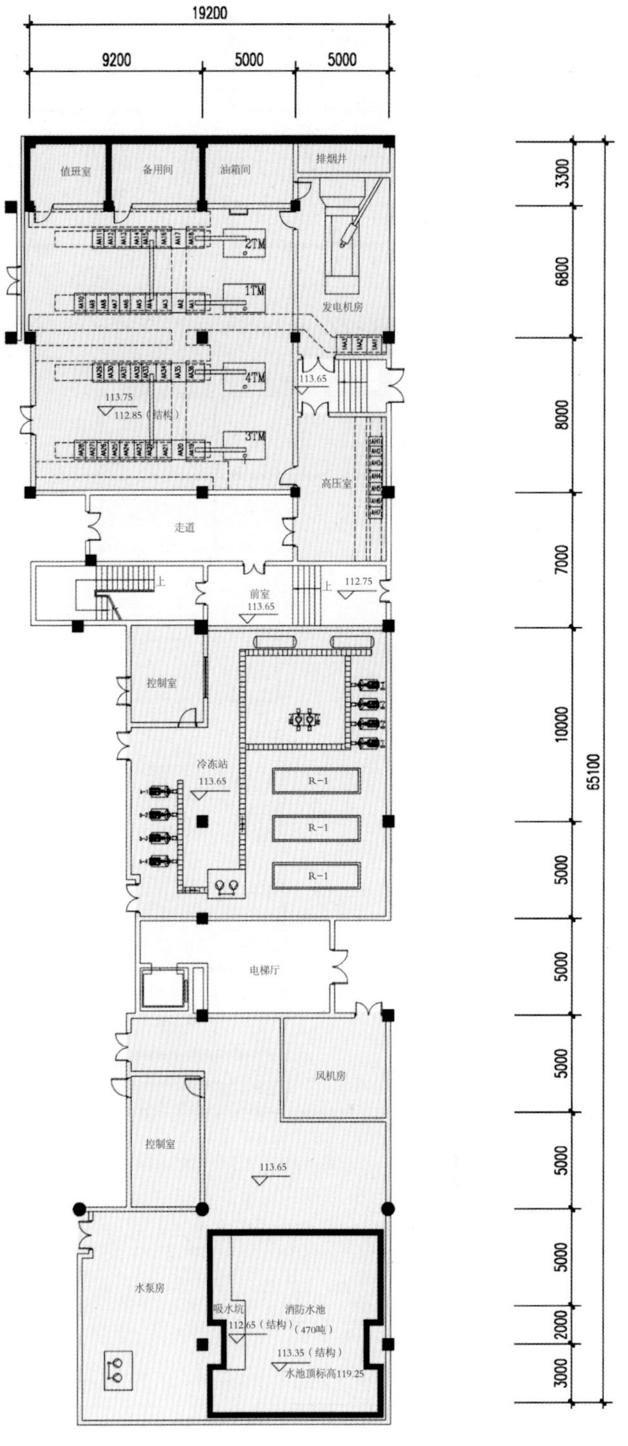


**图4–26**　某酒店机房区实例

**2、收发与采购部**：一般酒店采购部与收发室相邻办公，设在卸货平台上，一般需要建筑面积 20$m^2$ 左右，其中采购部 9.3$m^2$、采购经理 6.5$m^2$ 和库房 4.6$m^2$，以保证整个酒店的物品和食品供应。

在卸货平台上，由收发员检查验收货物后，酒店用品类进入总仓库存放。而日常大宗货物是食品，

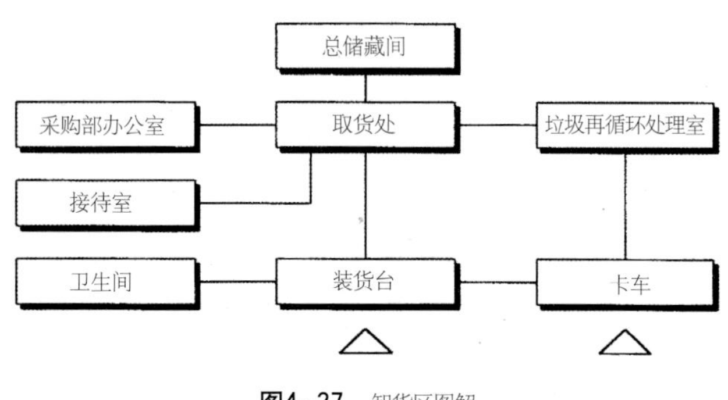


图4—27　卸货区图解

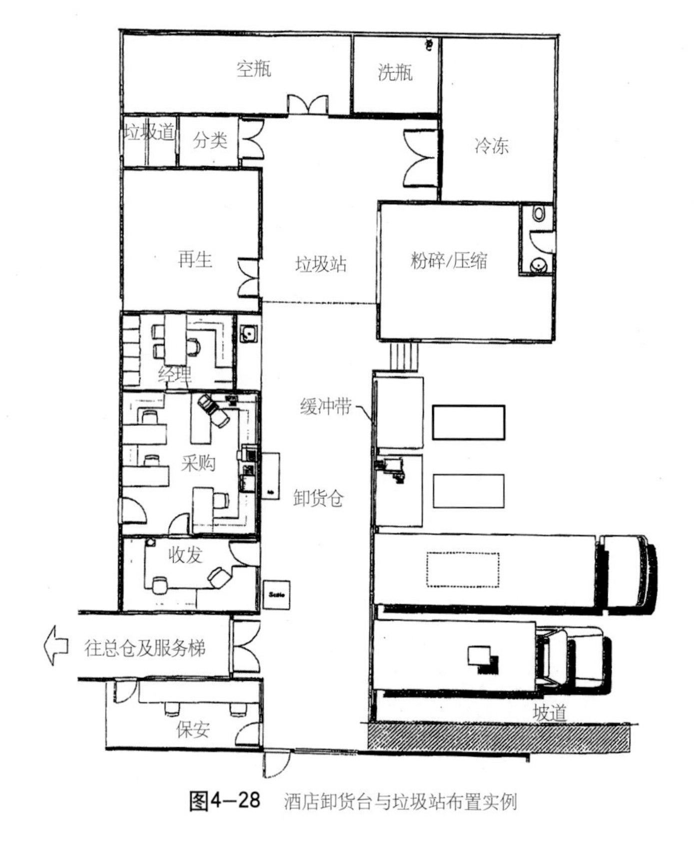


图4—28　酒店卸货台与垃圾站布置实例

一种是干货、饮料、辅料、调料可直接分类收存入库，而另一种是肉类、活鲜、家禽、蔬菜、水果等检验合格后，送到粗加工间加工，存入冷藏食品库。因此在卸货平台上应有足够面积检验和分流各种货物，而且要备用面积作为暂不能验收待处理的货品暂时存放。

**3、库房：**酒店需要大面积的库房，并有明确的分工安排：

1）宴会厅、多功能厅、会议室等功能房的家具，在设计中应安排足够面积的家具存放间，以方便使用时家具的转换；

2）高级餐具和贵重物品有专门库房存放；

3）酒店用物品、电器等存进总仓库；

4）酒类、饮料、罐头类存入酒窖饮料库；

5）小酒吧冰箱的饮料食品存在专门小酒吧仓库；

6）工具类、文具类物品以及清洁用品、洗涤剂等各自分类库房存放；

7）展示和园艺等室外设备也要在不影响整体环境下保存好。

**4、垃圾站：**不少酒店将垃圾站设在卸货平台的另一侧，停车位可供垃圾车停放装运垃圾。对大多数酒店应采取洁污分流的方式，垃圾装运平台与卸货平台分开布置，垃圾站设在垃圾装运平台处，将各处的垃圾收集集中处理：

1）为回收纸板提供打包机，可以采用垂直型工业打包机（1.8m宽 ×1.1m深 ×3.4m高），用来捆扎废旧纸板与其他干物品；

2）为冲洗容器、瓶罐设封闭冲洗间，设置冲淋与排水装置；

3）将冲洗后的玻璃瓶、塑料品、油桶、罐桶等可以分类存放在回收仓库；

4)将不可回收的杂类松散垃圾采用压缩机压实；

5）厨房垃圾需经压实冷冻后，暂存在冷藏垃圾房；

6）对不设洗衣房的酒店，还要提供专门用于存放脏污布草的房间；

经过以上分类处理后由垃圾车运出，使清洁货品（尤其食品）和污物垃圾截然分道，完全达到食品卫生和防疫要求。

**5、货物区面积指标：**一般可按酒店每间客房比例计算，卸货平台0.15m$^2$/间、总仓0.4m$^2$/间、杂类、家具库0.3m$^2$/间、垃圾间0.15m$^2$/间、总计货物区为1.0m$^2$/间。

## （七）厨房

大中型酒店除主厨房外，还为宴会厅、全日制餐厅、中餐厅、风味餐厅等配备厨房加工间，这样就形成一个完整的庞大的厨房系统，才能迅速地满足各处餐饮服务（图4—30～图4—33）。

**1、厨房面积：**面积一般不少于餐厅面积的35%，并与餐厅放在同一层面紧密相连，位置要合理，传递要方便，并且不与客人路线交叉，因此酒店后勤部分的厨房设计最为复杂。厨房面积取决于餐厅的用餐人数、菜系和用餐时段（详表4-4）；

此外厨房要顺应食品加工流程，与建筑平面、水电管线系统相配合来布置厨房设备与工作台，因此厨房设计要以比较适当的空间、紧凑的流线来满足需求，并且设计要有可适应性，能灵活地适合未来的变化。当然小型酒店就简单得多，有些经济型酒店如只提供早餐就更简单了（图4-29）。

### 2、厨房布置

厨房内部一般分成准备区、制作区、送餐服务区（备餐间）和洗涤区等四个区块，作为主厨房又被称为中央厨房，是将餐饮食品加工流程中的共用程序集中起来，即将肉类、水产、禽类、果菜及粮油等原材料经粗加工制成半成品，提供给各餐厅厨房使用，主厨房还要承担面包糕点的制作，配备主厨办公室和存放食品、酒类、餐具、桌布的库房或橱柜。图4-34～图4-36为主厨房的实例可供参考，从这些厨房平面布置图，可以了解到厨房十分细致的工序流程和分隔。

厨房有两种截然不同的布置方案，一种是将四个区块都设在一个大空间内，即使制作间也采取半开放式空间，周边可布置一些办公与库房，而另一种则根据区块的不同，工序分隔，按加工流程相互

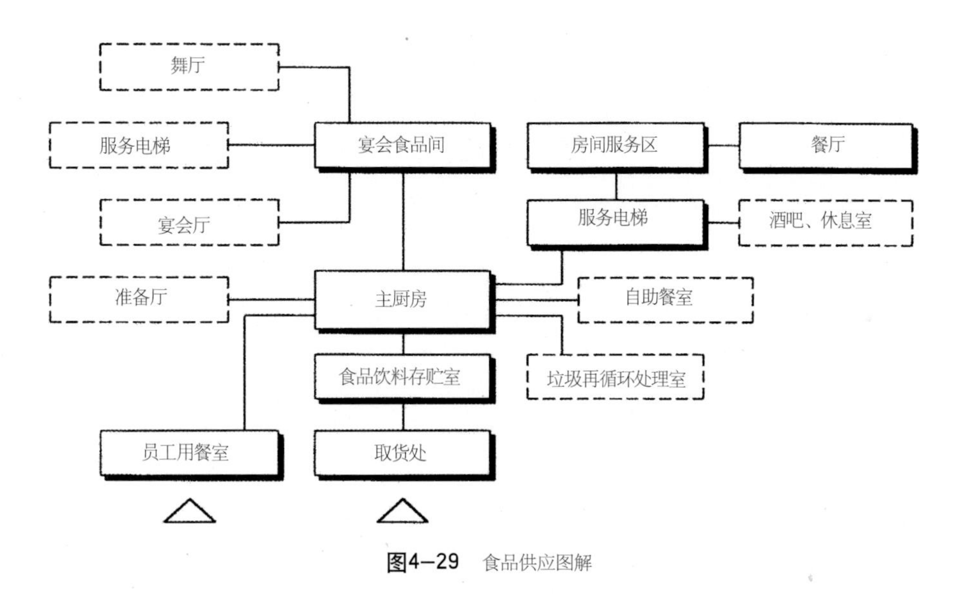


**图4-29**　食品供应图解

厨房面积按一次用餐供应人次来计算　　表4-4

| 一次用餐人数 | 备餐间（㎡） | 加工间（㎡） | 库房（㎡） | 服务用（㎡） | 合计（㎡） | 面积㎡/人 |
|---|---|---|---|---|---|---|
| 200 | 35 | 100 | 35 | 45 | 215 | 1.07 |
| 400 | 50 | 160 | 60 | 70 | 340 | 0.85 |
| 600 | 60 | 230 | 80 | 100 | 470 | 0.78 |
| 800 | 70 | 270 | 100 | 120 | 560 | 0.70 |
| 1000 | 80 | 320 | 120 | 140 | 660 | 0.66 |

表注：其中加工间包括粗加工、细加工、蒸煮、烘烤、烹饪、冷盘、饮品和洗碗等。

**图4-30**　厨房加工间

**图4-31**　冷餐制作间

**图4-32**　备餐间

**图4-33**　日式现场制作餐厅

密切传递和联系。以上两种布置都有成功的实例。

厨房设计中，对下列细则应予以特别关注：

1）在条件许可情况下厨房净空宜为2.70m以上。

2）所有厨房均要采用下沉式地面，一般下沉300mm，下沉地面必须铺装优质防水材料，并且沿墙卷出地面以上150mm。下沉范围内做冲水排水沟，其他部位在安

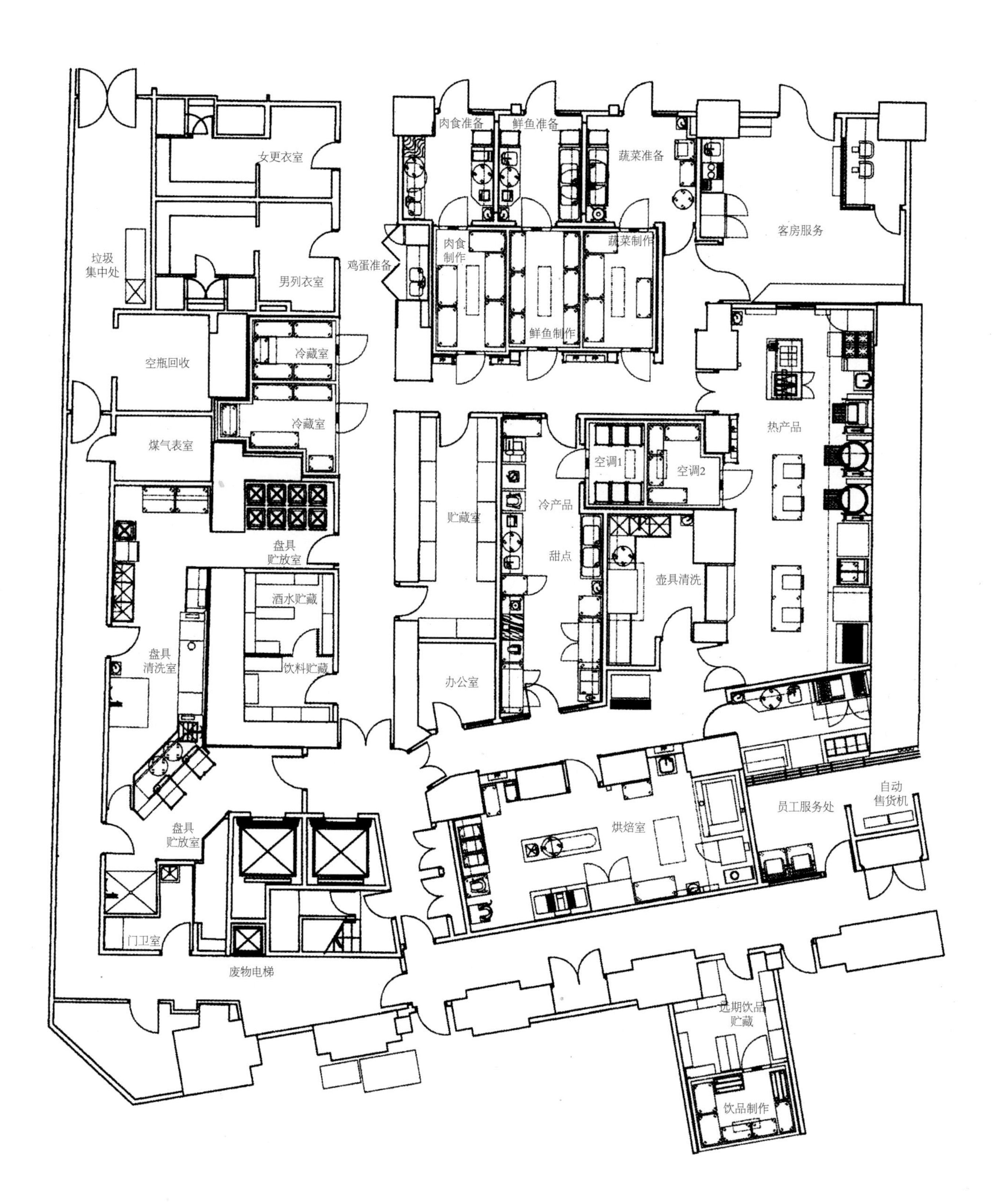


图4—34　美国贝德帕斯特酒店的厨房平面布置图

装厨房设备管线后填充材料，再做易洁防滑地面。

3）在冷藏间下方也至少下沉150mm,并增设保温板。

4）厨房地面地砖材料，在潮湿时摩擦系数应等于或大于0.60。此前多采用红缸砖、碳粒防滑表面，150mm×150mm方形规格，使用效果和观瞻效果都能满足要求，但厚度应有12.5mm，并采用环氧树脂砂浆铺贴。当今新工艺、新材料不断涌现，但无缝环氧树脂地板或防滑表面处理剂应慎用。

5）对所有柱和墙角做不锈钢板护角，保护高度为2m。

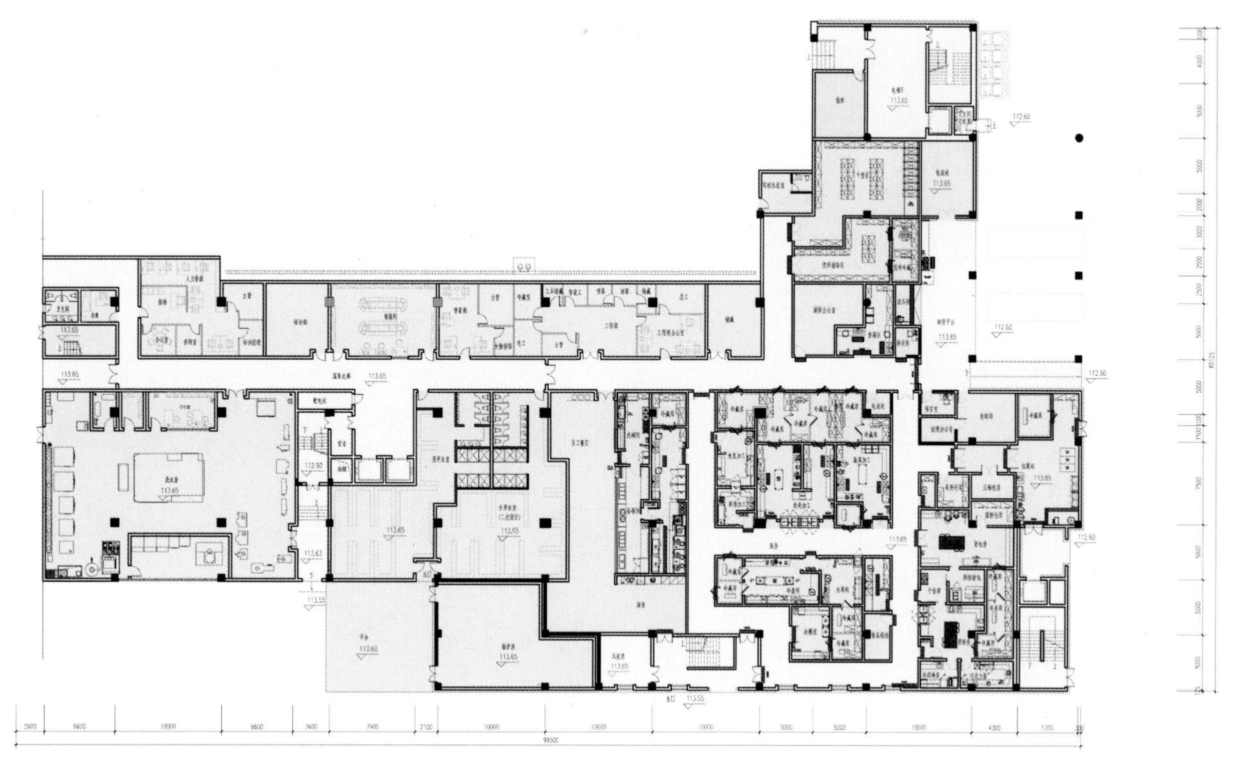

**图4—35**　酒店后勤部分实例1

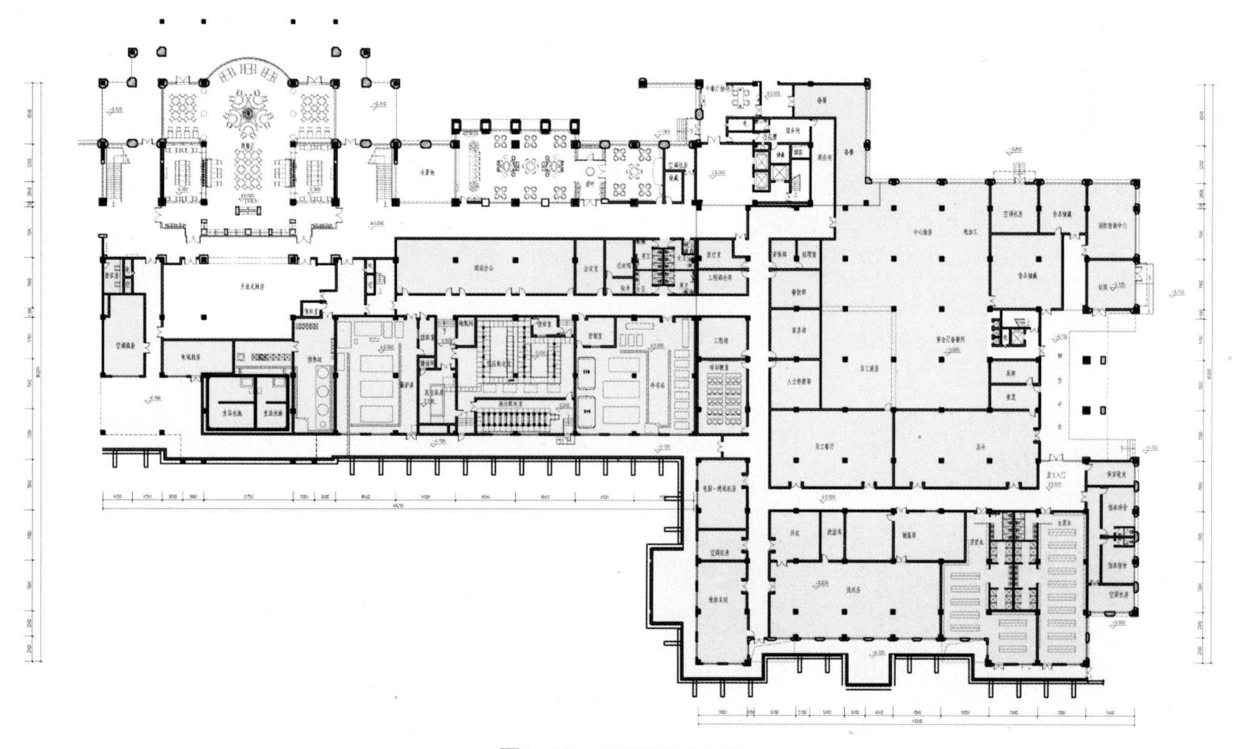

**图4—36**　酒店后勤部分实例2

# 五、酒店内外交通组织与电梯

## （一）广场设计

根据酒店的规模和星级要求，至少应有一条由城区道路直达酒店的引道支路，尤其大型酒店需要有一个入口广场。除了车辆和人行有序的交通组织，并且通过生动的基地环境特点、良好的景观导向，鲜明的建筑形象，来打造景观环境以突出酒店的形象（图5-8、图5-9）。

## （二）酒店出入口

1）主入口：供客人进入酒店的主要入口（图5-1 ~图5-5）。

2）辅助入口：大型会议厅、宴会厅和同时对外营业的餐饮、娱乐、商场的入口。

3）团体入口：旅行团乘坐大巴来酒店，为方便团体旅客集中到达，设专用的团体入口以减少与主入口人流的交叉。

4）行李入口：旅客到达时，尤其团体旅客的行李很多，经行李专用入口，由服务人员直接送抵客房。

5）员工入口：设在员工区，专为员工上下班进出用。

6）消防疏散出入口：按消防规范设置，作为应急救灾出入口。

7）货物入口：专为酒店物品、食品进货的入口，并就近安排收发存放。

8）垃圾出口：作为酒店垃圾、废品的运出口。

## （三）车道设计

1）酒店的入口车道必须清晰安全，要保证进出分开。酒店道路一般采用单行线，出入口应该以绿化、小品或标志牌作为车辆的引导，使交通路线清晰化，而且通道宽度尺寸要适当（图5-6、图5-7）。

酒店次入口的标志也要明确，后勤服务的车道

图5—1　澳洲范思哲皇宫酒店入口广场

图5—2　澳门永利酒店主入口

图5—3　澳门威尼斯人酒店入口

图5—4　三亚喜来登度假酒店主入口

图5—5　东莞三正半山酒店主入口

**图5–6**　澳门威尼斯人酒店入口标志

**图5–7**　突尼斯南哈马迈特 艾尔莫拉蒂度假村大门

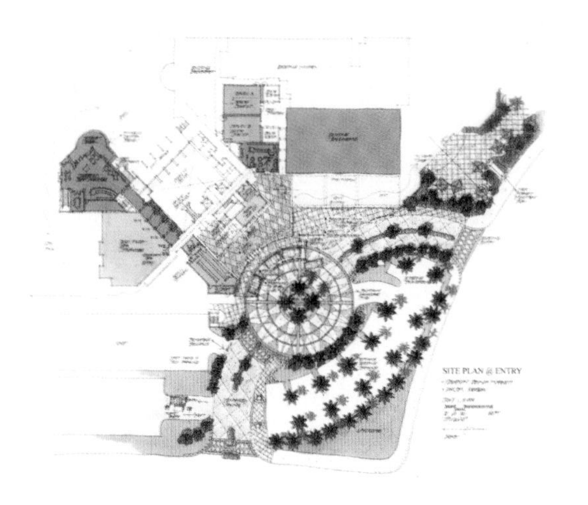

**图5–8**　美国加利福尼亚州达纳点市圣里吉斯海岸度假酒店门庭设计

应与酒店的客用车道分开，以免造成客人误入，同时要采用设有视线遮挡的绿化设计。

2）酒店外围墙与标牌要有专门设计，它是重要的酒店形象之一。

3）车行区域设计必须考虑客人的安全。自地下

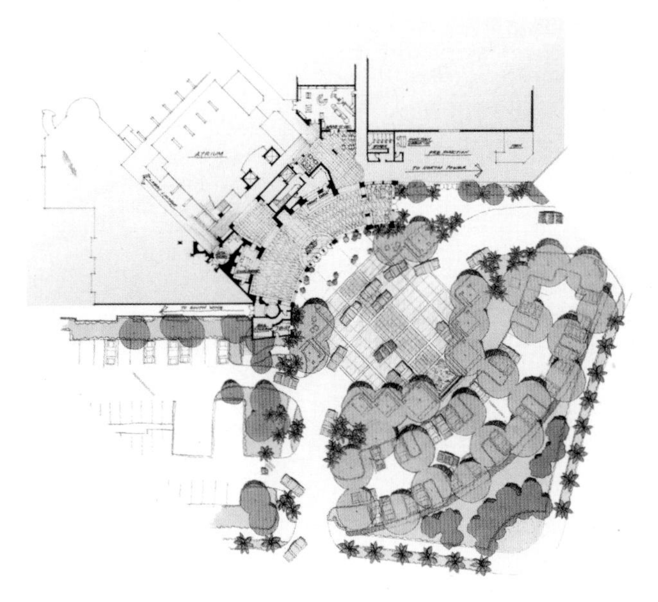

**图5–9**　美国加州新港海滩度假酒店

车库出来的车辆直接转弯到外行车道，不应再经行酒店正门。

4）与外围主干道的连接出入口不能只有一个，如果发生堵塞会给管理带来不便，尤其在应急时，会造成损失。

5）灯光照明设计，需要布置人行道与车行道的照明，而外围墙灯光要考虑远景灯光和近景灯光、植物与建筑物的效果照明。

## （四）停车场

酒店应有足够充足车位的停车场，包括地面的露天停车位和地下车库的停车位。

1、停车场规模：停车位多少首先取决于酒店的类型和所处地点，远郊和风景区里的酒店客人多数是驾车前往，或是乘旅游大巴集体前来，无疑需要更多的停车位；而城市中不论商务型酒店还是经济型酒店，多数是乘公交车和出租车前来，所需停车位明显减少许多。

表 5–1 为不同类型酒店对停车位的要求。

2、有时停车位规模不是完全由客房数来决定，而是取决于会议和宴会的规模，必要时须通过停车场每天 24 小时中车位变化来更精确计算停车位数目。

3、根据地区特点，有的城市地区规划要求，要考虑员工摩托、单车的停放，按职工人数的 20～40% 计算，每辆面积按 1.47$m^2$ 计算，但是必须与客用停车库隔开。

不同类型酒店每间客房对停车位的要求（辆/间）　表5-1

| 酒店类型 | 车位 |
|---|---|
| 城市商务型酒店 | 0.4～0.6 |
| 机场酒店 | 0.2～0.4 |
| 城郊会议型酒店 | 0.5～1.0 |
| 景区会议型酒店 | 0.8～1.0 |
| 城市娱乐型酒店 | 0.4～0.6 |
| 城市经济型酒店 | 0.2～0.4 |
| 汽车酒店 | 1.0～1.2 |
| 城郊度假型酒店 | 0.5～1.0 |
| 景区度假型酒店 | 0.8～1.0 |
| 城郊娱乐型酒店 | 0.8～1.2 |

## （五）电梯

酒店采用的电梯有客梯、服务梯、货梯和消防梯四种。按消防规范要求只在高层建筑时才设置消防电梯。根据酒店的规模和项目要求，有时服务电梯兼作货梯，有时消防电梯与服务电梯或客梯兼用。而客梯电梯厅以及选用的电梯产品，可以突出地反映酒店的规模、档次和风格，应精心考虑。

### 1、客梯的数量

首先取决于酒店的总体平面布局。分散式布局要比集中式布局多配置一些电梯，而几栋客房楼和独立布置的餐厅会议厅无疑要多些电梯；而在独立的高层酒店建筑中，虽层数多面积大，设计得当，往往一组电梯就能服务到位。

在酒店设计中通常按每70~100间客房配置一部客用电梯为估算标准，但一般配备不少于2台。实际上客用电梯数量要通过详细计算，由客容量和等候时间来决定，一般按100%入住率时5min高峰时段的客容量计算，高峰时段电梯平均间隔不宜超过40s。

在客容量计算人数时，商务酒店按1.5人/每间客房计算，会议酒店、度假酒店按2人/每间客房计算，假若客房单床双床比例已经确定，则按实际床位数来计算的就更准确。如万豪国际酒店集团要求按1.75人/每间客房计算，双向运输在平均候梯间隔不大于45s，客梯最小运载能力是100%住房率时客人人数的12%能在5min满载双向运送完成。

### 2、电梯厅的布置

客梯厅是客用电梯与大堂、走廊的转换空间。客人入住登记后来到客梯厅，经乘电梯进入客房。单边设置电梯时客梯厅宽度要求2.4m以上，两边都设置电梯时客梯厅宽度应不小于3.6m，也不宜大于4m。通过下面实例可以看到客梯厅的不同布置，在很多情况下尤其高层和超高层酒店建筑中，客梯、服务电梯与消防疏散楼梯集合布置（图5-10～图5-16）。

### 3、客梯的载重量

载重量作为选择电梯的第一参数。电梯厂家所

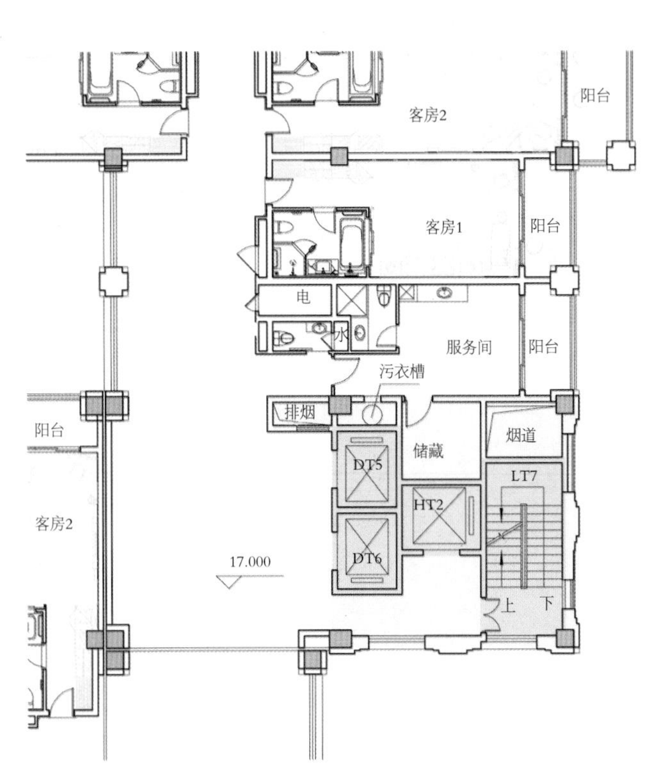


图5-10　酒店客房层电梯厅实例1

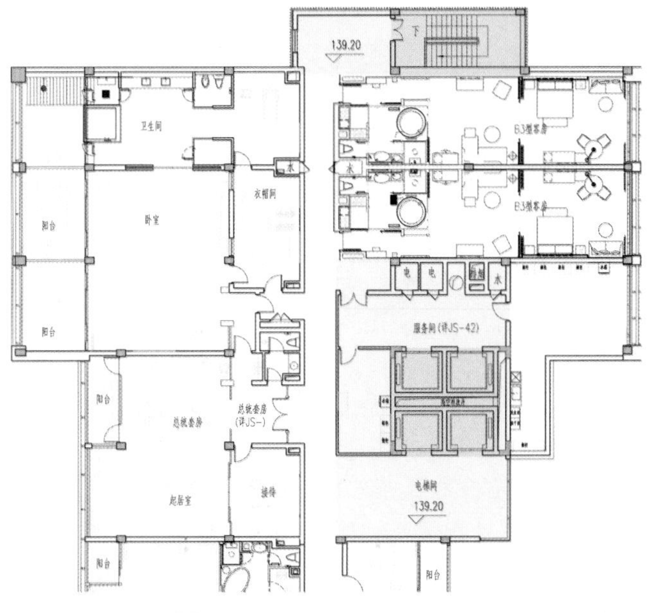


图5-11　酒店客房层电梯厅实例2

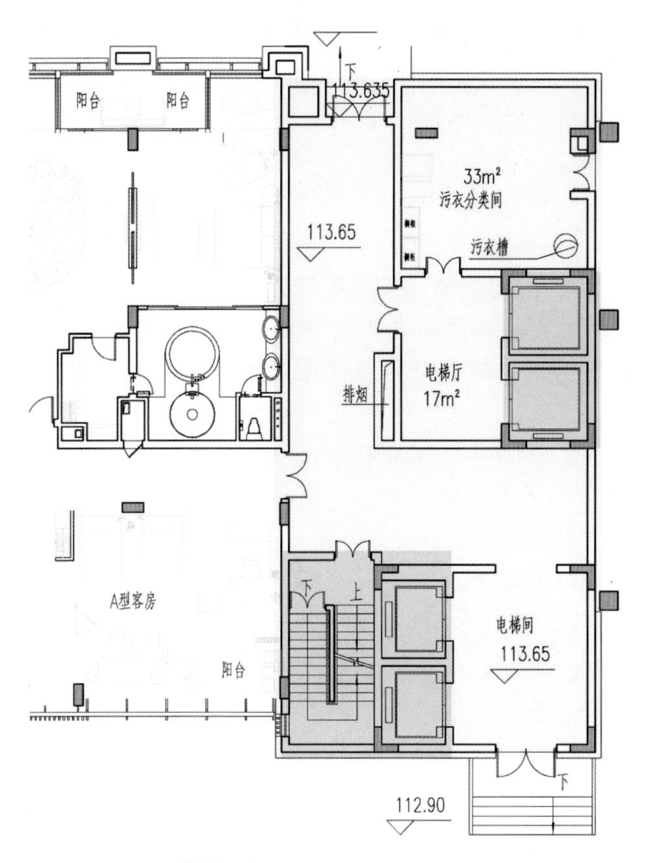


**图5－12**　酒店客房层电梯厅实例3

**图5－13**　酒店客房层电梯厅实例4

**图5－14**　东莞凯悦酒店电梯厅

**图5－15**　豪华酒店电梯厅

**图5－16**　深圳华侨城洲际大酒店电梯厅

提供的规格是以载重量（载客数）来表示，常用规格为 1000kg（13 人）、1150kg（15 人）、1350kg（18 人）、1600kg（21 人）等，各厂家生产规格略有不同。

酒店选用的客梯是以安全可靠、实用、有就近维修服务点为原则，一旦电梯出现故障，应在 4h、6h、12h 还是 24h 内能赶到现场，及时排除故障。

而豪华酒店的轿厢内要进行装修，要和整个酒店装修水准相一致。而轿厢内空间尺度需十分注意，其与载重量有关联，因此许多豪华酒店通常选择 1350kg 载重量，轿厢净尺寸为 2.1m（宽）×2.0m（深）×2.75 m（高）的规格，甚至采用更大，如 1600kg 载重量。

### 4、客梯的设计

1）客用电梯应设在客房层的中部，并应考虑在前台登记处较易看到的位置。所有客梯须有房卡识别器，保证只有住房客人才能有权进入客房层。

2）电梯应采用调压调频牵引电梯，控制系统应选择微机控制的程控系统。5 层以上客用电梯不应采用液压式电梯，只当 5 层及以下低层酒店建筑才可以使用，但是要保证符合电梯的等待时间标准。

3）客梯速度的选择：通常酒店建筑楼层在 12 层以下时选择 1.75m/s，而 12 层以上选择 2.5 ~ 3m/s 为最低速度，高层超高层时则用 4m/s、5m/s 或者更高的速度。

4）电梯门洞宽1.2m为中心开门，门洞高2.1～2.4m。设大负荷、高速梯门控制器。主要电梯厅梯门饰面通常选择采用不锈钢或铜等金属制作，并由室内设计师作装修设计。

5）豪华酒店的轿厢要装修，为此首先应重新审核电梯轿箱负荷以选择合适的饰面材料。

（1）电梯轿箱地面可以作为电梯厅地面的延续，轿箱地面用自然石或瓷砖或地毯等铺地。

（2）墙裙采用木材或自然石材饰面，并应与地板饰面相协调。

（3）墙面采用木板、镜面、金属面板或耐久性相近的材料作饰面，并应在轿箱背墙上设有扶手。

（4）天花板采用木、镜面或金属板嵌入，向下投射的灯具或灯箱。

6）电梯信号装置的选择：

（1）楼层标识采用凸起的盲文金属板及数字。

（2）呼梯按钮采用不锈钢或铜制，面板上应有紧急情况标志、消防开关及消防员电话塞孔。

（3）厅外指示灯是由电梯厂商配置，须有为残疾人配备的提示音功能。

（4）电梯厅方位指示灯：设置在电梯厅外，须使所有梯位为候梯人比较容易看到。

（5）轿箱内控制板：高星级酒店推荐每部电梯内设两个控制板（梯门两侧各一个），而大型电梯必须设两个。控制板功能须包括“紧急停止”、“紧急呼叫”、“开门”和“关门”；设有服务、电信设备或电话、位置指示灯，以及必须的嵌入式电梯使用安全须知。面板材料为不锈钢或铜，并与轿箱前墙和梯门相协调。轿箱内控制板的位置和按键需要经过批准。

（6）其他由工程设计方决定的部分包括：

• 紧急疏散相关设施（即消防设施、应急照明及应急电源等）；

• 进入客房层所需房卡识别装置的线路系统；

•“免提”紧急情况电信设备；

• 轿箱位置指示灯、便捷电源输出口及服务细则；

• 消防设备或安全控制板（配备一种或两种）；

• 不管负重多少，方向如何，都可使电梯准确停在楼层位置或误差不大于6mm的自动测控系统；

• 凹嵌式紧急停止开关；

• 已达最大承载限制时中途不再停靠的装置；

• 设光线或伸缩式安全触板，当感受到外界影响时，可使正在关闭的梯门重新开启；

• 每个轿箱都应设排气扇，开关置于轿箱内控制板上；

• 设可播放背景音乐及火灾警报的扬声器；

• 远程微机控制的电子信息显示屏。

**5、自动扶梯：**当酒店的宴会厅、多功能厅、会议厅和大型餐厅不在大堂层，载客汽车又不能直达时应设置自动扶梯，以保证大客流量的运送效率，但运行垂直高度最好不超过6m。

自动扶梯一般采用0.5m/s的速度，梯面宽最小0.9m，1m宽为宜。自动扶梯的饰面需由室内设计决定，独立式扶梯一般设玻璃栏板。

**6、服务电梯**

1）酒店的服务梯布置在员工工作区，靠近服务通道，以一出入口空间相隔。主要为员工楼层交通、布草运送、厨房半成品和食品运送、家具搬运、会议展品运输等功能用途。服务梯中应设有专供污物用的电梯。它们往往与酒店后勤服务区布置有很大关系，目的是以较少的服务梯数量能满足便利快捷服务的需要。

2）每200间客房需要设一部服务电梯，但每客房标准层至少要设一部服务梯，当客房总数超过250间时需要设两部服务梯。其载重量一般多采用1000kg，有的酒店管理希望选用大些的，如1150kg、1350kg、1600kg等，以同时满足一般搬运要求。

**7、货梯及特大型电梯：**当服务梯运送客房沙发大床垫等家具、宴会厅的台面和大型展览品等用途时，就要选择宽大的轿厢。一般轿厢净尺寸为2.40（宽）×2.00（深）×3.00（高）m，载重量为1600kg、1800kg或2000kg。服务梯速度不作要求，一般2～5层时采用0.8～1.0m/s（牵引电梯或液压电梯），5～20层采用1.75～2.5m/s（牵引电梯），20层以上采用3m/s（牵引电梯）。电梯门宽为1.2m，边开门或中心开门，一般为2.1～2.4m高。

**8、消防电梯：**高层酒店建筑必须按消防规范要求配置消防电梯，当楼面面积超过1500m$^2$时，还需要布置两台以上的消防梯；消防电梯可以与客梯或服务梯兼用，但必须满足消防电梯的要求。

**9、电梯的技术性能**是很复杂的，如选用失误，都会给酒店经营带来影响，一般电梯厂家会提供建议书，这里不再详述。

# 六、酒店的建筑设计

酒店建筑设计首先要满足酒店功能要求和经营的需要，符合经营运作的流程，不但现时能满足要求，而且能满足持续发展的需要，也就是说能经久不衰，具有改造、发展以实现长期的经营效益的可能。

此前章节就酒店的客房部分、公共部分、后勤与机房部分以及交通组织的功能要求和建筑设计基本原理作了阐述，由此可知酒店是一种功能性很强的建筑。

酒店建筑设计起始，首先探索将酒店融合于当地的总体环境，进一步要创造一个突出的建筑形象，寻求一个独特的建筑风格，同时要设计一个能创造盈利、保证安全的酒店。

## （一）融合总体环境

酒店建筑设计首先应从项目的地理位置与环境着手，进行场地设计（site design），也就是总平面设计，依据使用功能和规划条件，综合各种因素以寻求一个融于当地总体环境的最佳设计方案（图6-1）。

当酒店建在坡地时，结合平坦（0%-3%）、缓坡（3%-5%）和中坡（10%-25%）地形因势而建，既要提高基地利用的科学性，又应珍惜土地保护环境，使酒店度假村与总体环境有机结合，产生良好的整体效益。而对陡坡（25%-50%）和急坡（50%-100%）的区域一般保持自然风貌，不建议开发使用。

这里列出印尼巴厘岛的康拉德酒店、君悦酒店、日航度假村、阿优达度假村、宝格丽酒店和东莞丰泰

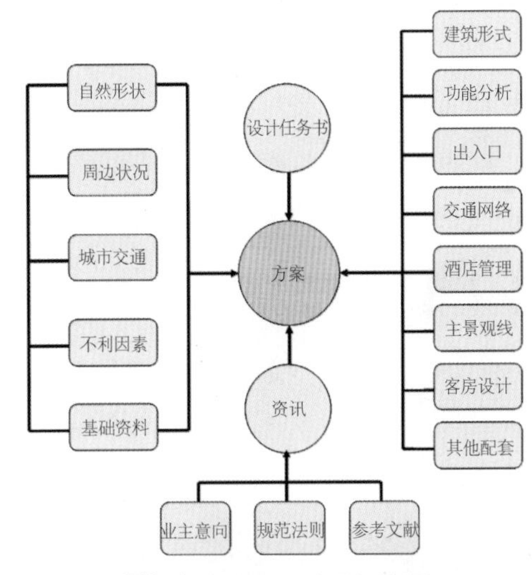


**图6-1**　酒店设计方案研究分析图

**图6-2**　巴厘岛阿优达度假村总体布置

**图6-3**　巴厘岛康拉德度假村总体布置

**图6-4**　巴厘岛日航度假村总体布置

**图6-5**　巴厘岛君悦酒店总体布置

**图6-6**　巴厘岛宝格丽酒店总体布置

**图6-7**　东莞丰泰花园酒店总体布置

花园酒店的总体布置实例（图6-2～图6-7），都是试图最大限度地实现规划、功能、交通、景观、酒店管理和土地利用等最佳目标。

### （二）创造突出形象

酒店建筑如同其他公共建筑一样，都是城市整体规划的重要组成。对于重点酒店建设，更是成为城市政治、经济、文化的活动中心。作为一个城市形象的标志，势必对酒店建筑设计提出更高的要求，不仅建筑本身满足酒店使用的诸多功能要求，还要创造一个有特色的酒店建筑形象（图6-8）。

酒店建筑形象设计包含三个层次：首先，在城市中自远处让人一看就知道是一座酒店，充分表现出酒店的特征；第二个层次是当我们对眼前的酒店建筑有了完整的认知时，它能表达出一种独特的建筑风格，迎合客人的心理需求，激活客人的情感；最后一个层次是当你走进酒店时，给你带来的惊喜和满足，这就说明酒店建筑设计获得了认同，自然它就成为增加酒店附加值，提高影响力，为酒店带来入住率和社会效益。

图6-8　北京国际饭店

酒店建筑形象有多种路径可供选择。古典的还是现代的，地方特色还是外来风格，是豪华型还是简约型的，是民族形式还是欧洲形式，是南亚风格还是阿拉伯风格，是城堡式还是竹楼式，是山地建筑还是海滨建筑等，设计师可以根据酒店所处的环境和市场状况来确定。酒店建筑不仅是建筑文化集中反映，而且还是酒店功能的外部明显的表现（图6-9～图6-14）。

图6-10　深圳明华船员基地（1989）

随着酒店业的大规模发展，如同其他大型公共建筑一样，外国建筑师纷纷来到中国，成了投标的主力。在很多酒店项目中带来了先进的设计理念，创造出许多出色的设计方案，引进了各种建筑风格，给中国酒店设计带来了国际的冲击和时代的创新。

但是即使是国际设计大师，还需要与本地设计单位专业合作，还需要结合中国国情和市场实情作适时的调整，还需要满足中国相关规范和地方规程的深化设计，还需要与中国建筑师、结构师和设备师共同面对施工图、报批和施工配合中出现的问题。在国际交往合作过程中，双方以诚信相待，在完成酒店设计任务的同时，繁荣了酒店建筑设计，让一栋栋酒店建筑成为本地区的形象代表。

图6-9　广东从化养生谷酒店设计方案

图6-11　北京珠江帝景豪廷大酒店

图6-12　尊雅阿联酋酒店

图6-13　昆明航天丽沃思国际温泉度假酒店

图6-14　杭州千岛湖新世纪度假村

## （三）寻找独特风格

有人批评现在酒店建筑设计“千篇一律”，“你可以在两个不同的地方看到几乎一模一样的酒店”，这就是我们常说的“同质化”的现象。

实际上让千万个酒店都不同是不可能的，反过来让千万个酒店都一样也是不可能的，总是会有“大同小异”。因此在规划设计酒店时，要深入了解到客人的喜爱和嗜好，特别要洞察到客人对酒店的关注点，酒店希望给客人留下印象最深的是什么？是客房、是餐饮、是室内设计、是泳池、还是SPA？这些就是我们设计酒店和度假村的重点部位和核心价值观，为此打造出酒店特色和品味，寻求与其他酒店的不同和区别。

因此，在酒店建筑设计中一定要创造出特色，创造出精品。在连锁酒店品牌中见统一，在经济型酒店简朴里表关怀，在通俗酒店平常中亲如家，在高端酒店豪华里见精致，在精品酒店个性化中显特色。

同在一个城市和地区的酒店建筑类型要多样化（图6-15～图6-22），有五星级酒店也要有三星级

图6-15　巴哈马群岛的天堂岛阿特兰特斯酒店

图6-16　美国夏威夷喜来登茂伊酒店

**图6–17**　意大利圣安德烈酒店

**图6–18**　澳大利亚皇冠酒店集团猎人谷高尔夫休闲度假村

**图6–19**　印度班加罗尔里拉丽思卡尔顿酒店

**图6–20**　上海世茂皇室艾美酒店

**图6–21**　阿布扎比皇家艾美酒店

酒店，有豪华型酒店也要有经济型酒店，有现代风格还要有传统地域特色的，有商务型的还要有休闲型的……。如果大多数酒店都是一种模式，就不能适应市场多元化需求。实际上市场经济的发展，必然会推出形形色色的酒店，使其各具特色，各显其能，各占一方，各得其所，如此酒店建筑就不会千篇一律，就会出现酒店建筑繁荣共赢的持续发展的格局。

**图6—22**　香港四季酒店

## （四）把握经济标准

酒店作为一个商业实体，作为城市或地区经济发展的标志，一定要发挥激活经济的社会作用，同时酒店建筑是现代技术和文化进步的象征，本身就是一个文化载体，一定要发挥推动精神文明建设的作用。

那种只求好看不求好用，只求豪华高成本的设计，会造成酒店经营成本过大，房价过高，而难以为继。因此酒店设计师更要建立经济观念，对酒店建筑设计每个环节都要认真对待，一定要设计出一个创造盈利的酒店。

材料的选用是创造建筑特色不可或缺的手段，运用的好坏会直接导致建筑效果和建造成本。传统材料的创新运用和新型材料的采用都会给建筑设计注入新的活力。将材料与建筑设计完美结合，通过材料语言会带给酒店建筑新的视觉效果，因此建筑师要掌握新材料的动态，深入了解材料的特性，以运用自如地创造优秀的建筑作品。

不少酒店大量使用优质石材以显示酒店的高档和豪华；相反还可以采用除重点部位选用恰当的石材装饰外，大面积选用涂料墙面，或者选用树脂水泥墙面，通过色彩、质感的变化，以及在墙面悬挂绘画、雕塑、彩绘、灯饰或者植物来装饰，同样可创造新颖的颇具感染力的空间效果。这两种不同做法自然有不同的工程造价，就需要设计师以专业能力来把握。

还有不少酒店采用玻璃幕墙来显示酒店的现代风格。假如对玻璃幕墙的隔声节点构造缺乏经验，使得相邻客房说话都能听得见，客人的私密性和安全性则会受到伤害，更主要的是采用玻璃幕墙的能耗大，加大酒店运作成本，而且造价要高不少。

作为酒店设计的目标是寻求形式和功能的最佳结合，最大限度地优化酒店管理、美学和科技因素的结合，最终就是要为酒店获得回报，得以持续发展。

## （五）保证酒店安全

安全是酒店设计与经营的最重要的方面。

1、当酒店度假村建在海滨或在江河水库边时，为保证设计合理性和安全性，要向当地水文资源局（站）索取如下资料：

1）当地水文观测站的资料按频率水位2%（50年一遇）、1%（100年一遇）、0.5%（200年一遇）的三个水位设计参考值，并提出建议。

2）水位特征值是水文观测站建站以来的历年最高水位和最低水位，以及观测站每月最高水位分析比较值。

根据以上资料，了解到水位变化后，一定要将建筑建造在安全地带；当酒店度假村建在江岸湖畔时，就一定要建在50年一遇洪水位以上；对于五星级酒店还要求更严格些，要在100年一遇的洪水来临时，不会造成人员和财产的巨大损失。

2、向当地气象台站收集当地气象资料，根据气温、风向资料，来指导酒店的空调设计。

尤其对于有台风影响的东南沿海地区，要采取防风灾的措施。这方面有不少沉痛的教训，当强台风登陆时，从门窗缝隙大肆浸水；尤其门下档没有可靠的挡水线，雨水可以直接浸入；双开（尤其是双向）的大玻璃门根本抵挡不住大风大雨，造成地毯淹水，精装修受损。

假如玻璃幕墙和门窗不是专业单位实施，没有进行抗风压计算，风载试验和水浸密封试验，那么强风带来的损害会更大。

当今气候异常，强暴雨的灾害频频发生，雨水管道来不及排出，城市道路变成了水路，水漫沿街商店。因此对地下室防洪排水能力，以及下坡道的剖面和截流沟的设计要更为周密。

3、大家都认识到地质灾难的危害，在地质断层和设防烈度高于9级的地震地区，有泥石流、滑坡、流沙、溶洞等直接危害的地段，具有开采价值的矿区、采矿爆破危险与陷落范围内，以及Ⅳ级自重湿陷性黄土、厚度大的新近堆积黄土、高压缩性的饱和黄土和Ⅲ级膨胀土等工程地质恶劣地区是不宜建设酒店 度假村，因此千万不能掉以轻心。

设计之初，要对建设场地进行工程地质勘察工作，取得普勘阶段工程地质报告；待设计方案确定后再进行详细工程勘察。

工程地质报告会告知地下土层情况，提醒有没有软弱土层与淤泥层，有没有溶洞与古墓，有没有其他异常的工程地质状况，让设计地基时可以采取预防措施，以保证结构安全。

当酒店度假村建在山间坡下时，更要防止山体滑坡、泥石流等自然灾害，防止造成对建筑场地毁灭性破坏，还要修筑排洪沟、截洪沟，防止山洪冲击。严格地按抗震要求设防，对于超限的建筑结构一定要保证通过超限审查。

4、酒店在选址阶段必须按国家相关安全规定，避免建在会出现电磁辐射污染源的地方，如电视广播发射塔、雷达站、通信发射台、变电站、高压电线附近等。如果人体长期暴露在超过安全剂量的电磁辐射下，细胞会被大面积杀伤或杀死，就会引起多种疾病。另外氡是主要存在于土壤和石材中的无色无味的致癌物质，将对人体产生极大危害。

避免建在油库、加油站、煤气站、有毒物质车间等容易发生火灾、爆炸和毒气泄漏的危险的地方。

避免建在存在污染物排放超标的污染源，包括油烟未达标排放的厨房、车库、超标排放的燃煤锅炉房、垃圾站、垃圾处理场及其他工业项目等地块，否则会污染区域内大气环境，影响人们的室内外环境。

5、酒店设计最重要是消防设计。下面的章节“酒店的消防设计”将就消防设计要点作出说明。在消防设计中，必须通过机电设备师与建筑师、室内设计师共同配合，使所有设计满足国家规范要求，从防灾和消防设施的保障、疏散通道的畅通、装饰材料的防火等级、报警和喷淋系统的可靠等，每一项每一个细节都要周密的设计、检测和监控。

总之，设计一个安全的酒店，保证客人、员工和财产的安全，是建筑设计的最重要的任务。

# 七、酒店的机电设计与机房

酒店的机电设计包括电气设计、给水排水设计、通风空调设计、电讯设计以及各专业的消防设计等，是酒店设计的重要组成部分，由各专业机电设备师担当，专业性很强。以下只介绍机电专业设计的要点，以便在建筑设计中互相紧密配合。

## （一）主机房的设计原则

各机电专业都有主机电房，设计时有一个共同的原则，即在酒店总体设计和各单项建筑设计时，要将主机电房布置到最为合适的位置，这是酒店设计重要的内容。

**1、主机房的设计原则：**

1）各机电专业主机房，一般都集中布置，位于酒店的负荷中心，其面积由主要设备布置来确定；

2）采用效率高、耗能少、体积小的先进设备，以减少所占建筑面积；

3）机电房要保证管线进出方便，要有足够的设备维修空间；

4）机房内设备布置合理、规则、整齐，不要随意放置；

5）设备布置首先要满足规范的最小间距要求，设备间要有足够的通道，便于巡视管理，要有安装与可能更换设备的出入口；

6）特别注意到高低压配电室及各分区配电房，不能安装或穿越各类水管也不应贴邻或设在卫生间、厨房、水泵房、游泳池等其他经常积水或潮湿场所的正下方；

7）生活水泵房与水池的上方不应是卫生间、垃圾房等污渍场所。机房需要提供足够送排风装置，以满足设备散热要求，还要装有隔声减震装置，以保护环境不被污染；

8）在机房设计中，还要关注锅炉烟囱和发电机房的废气排放竖井，在配合设计时都要选好位置，让排烟井直通屋顶实现高空排放。

**2、主机房的位置：**作为酒店的主机房要放在适中位置，否则将产生热水、空调给回水的热能损失，电力线路电压衰减，水管压力损失。如配电间距最远客房超过150m，输电电压就会降低过大，影响用电质量，这时就要增加中间变配电间。

因此，机房位置是否在负荷中心，不仅影响到管线敷设长度，直接影响工程造价，而更主要的影响到酒店运作时长年成本（图7-1）。

表7-1列出酒店机房面积的实例以及在后面酒店的面积配备部分，将列出机房所占的比例以及一些酒店主机房的面积，可供设计参考。

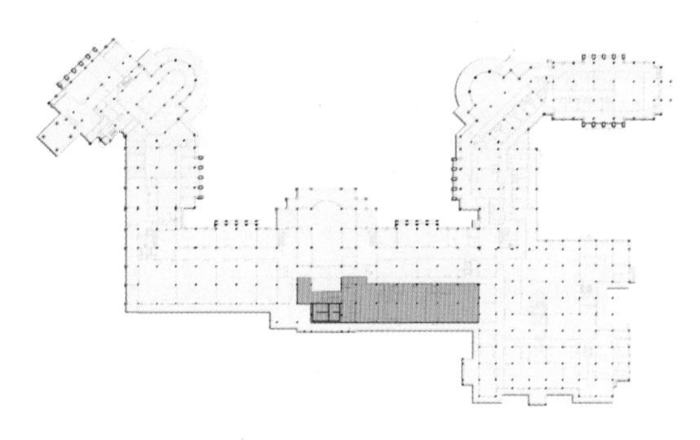

**图7—1a**　酒店机房位置实例1

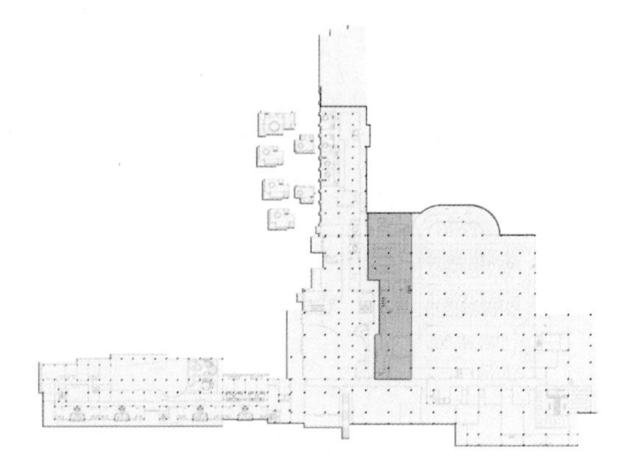

**图7—1b**　酒店机房位置实例2

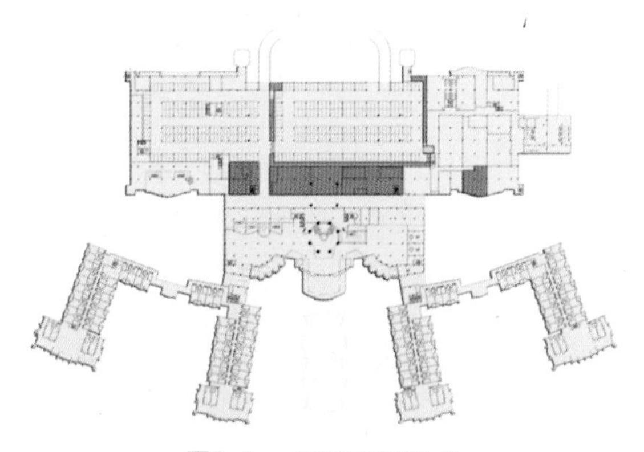

**图7—1c**　酒店机房位置实例3

酒店机房面积实例　　表7–1

| 酒店名称 | 客房套数 | 水泵房（m²） | 消防水池（t） | 生活水池（t） | 制冷机房（m²） | 热交换站（m²） | 锅炉房（m²） | 变配电室（m²） | 网络机房（m²） | 电讯机房（m²） | 发电机房（m²） | 消防控制中心（m²） | 机房合计（m²） |
|---|---|---|---|---|---|---|---|---|---|---|---|---|---|
| 实例1 | 352 | 250 | 432 | 195 | 275 | 93 | 200 | 250 | 20 | 85 | 100 | 74 | 1347 |
| 实例2 | 253 | 395 | 470 | — | 230 | 87 | 127 | 290 | 30 | 30 | 64 | 70 | 1323 |
| 实例3 | 443 | 280 | | | 355 | 160 | 270 | 500 | 42 | 96 | 16 | 110 | 1829 |
| 实例4 | 270 | 933 | | | 295 | | 110 | 327 | 21 | 62 | 97 | 100 | 1945 |

## （二）电气设计与高低压配电室

电气设计范围包括：10/0.4kV 变配电系统，电力系统、照明系统，防雷保护及安全接地，建筑设备监控系统，漏电火灾报警系统，负荷计算和变配电系统，以及高压、低压的电能计量。

**1、酒店供电电源：**一般由城市电网双路 10kV 电源供电，两路电源同时供电，高压侧设联络。

酒店一般自备柴油发电机，作为酒店消防应急备用电源。自备柴油发电机组为全自动机组，在城市断电后 30s 内自动启动并带负荷运行。有的国际酒店集团要求更高些，要求在 10 到 15s 内自动启动及电源自动切换。

**2、用电负荷等级：**酒店的变配电系统的用电负荷等级：消防水泵、消防控制中心、弱电系统电源、应急照明、防排烟风机、重要场所照明等为一级负荷；客梯、生活水泵和潜污泵等为二级负荷；其余负荷为三级负荷。一级负荷的用电，必须在断电后就即时启动应急备用电源，以保证用电。

**3、高低压配电室：**由高压配电室、变配电室和发电机房组成，一般统称为高低压配电室是酒店的电气主机房（图 7–2 ~ 图 7–6），其设计要求除上述的共同原则外还有：

1）高低压配电室：一般高压设备采用环网柜，当高压设备采用中置柜时，高低压配电室所需面积相应的增加 20~30m²。

2）低压配电室靠近负荷中心，供电半径约为 150~200m。

3）一般情况下，高低压配电室的结构地板局部降低 800mm。高低压配电室净高要 3.2~3.5m。

4）长度大于 7m 的配电室应设两个出口，并宜布置在配电室的两端。长度大于 60m 时，宜再增加一个出口。配电装置的长度大于 6m 时，其屏后通道应设两个出口，当两个出口间的距离超过 15m 时，还应再增加一个出口。

5）当设有值班室时，值班室应有直接通向户外或通向走道的门。

6）不带可燃油的高低压配电装置和电力变压器可设置在同一房间内。

7）每台变压器之负荷率应超过 75%。配电柜的配置必须要有 15% 的备用容量。

8）高低压配电室所需面积：一台变压器时为 40~60m²；两台变压器时为 120~150m²；三台变压器时为 180~200m²；四台变压器时为 250~280 m²。

9）低压配电系统除满足各区之用电负荷外，另需考虑合理的备份，一般不小于 15% 供日后使用。

**4、发电机房：**由发电机房和储油间、控制室、钢瓶间等附属房间所组成。设置在低压配电室附近，面积约 60~80m²。

发电机房在建筑平面设计布置时，特别要注意至少有一面靠外墙，结合考虑进排风系统和排烟竖井的位置；发电机排烟系统应按当地环保局要求引至屋顶排放。

发电机采用柴油作为燃料。贮油缸容量应满足发电机 24h 的不间断运行的需要，有些国际酒店集团要求油缸容量要满足 48h 不间断运行的要求。

**图7–2**　酒店配电间实例

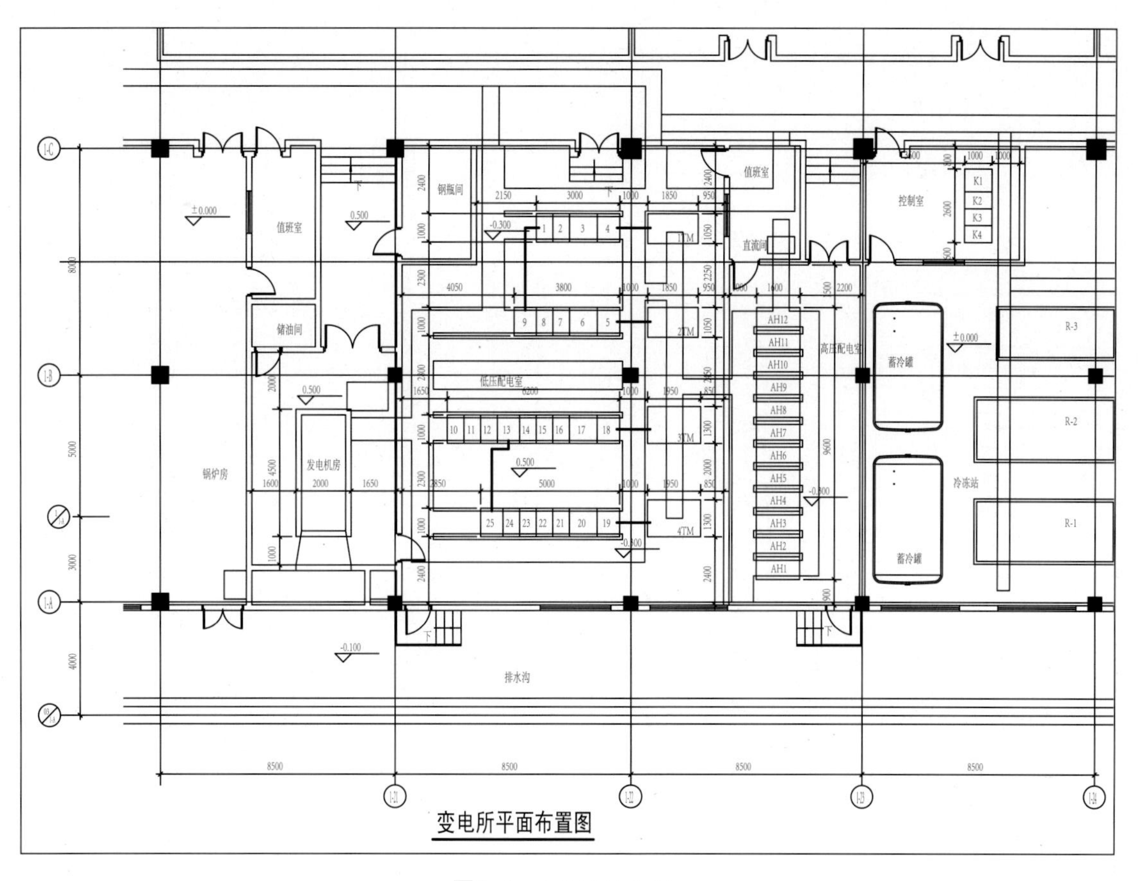


图7—3　高低压配电室实例1

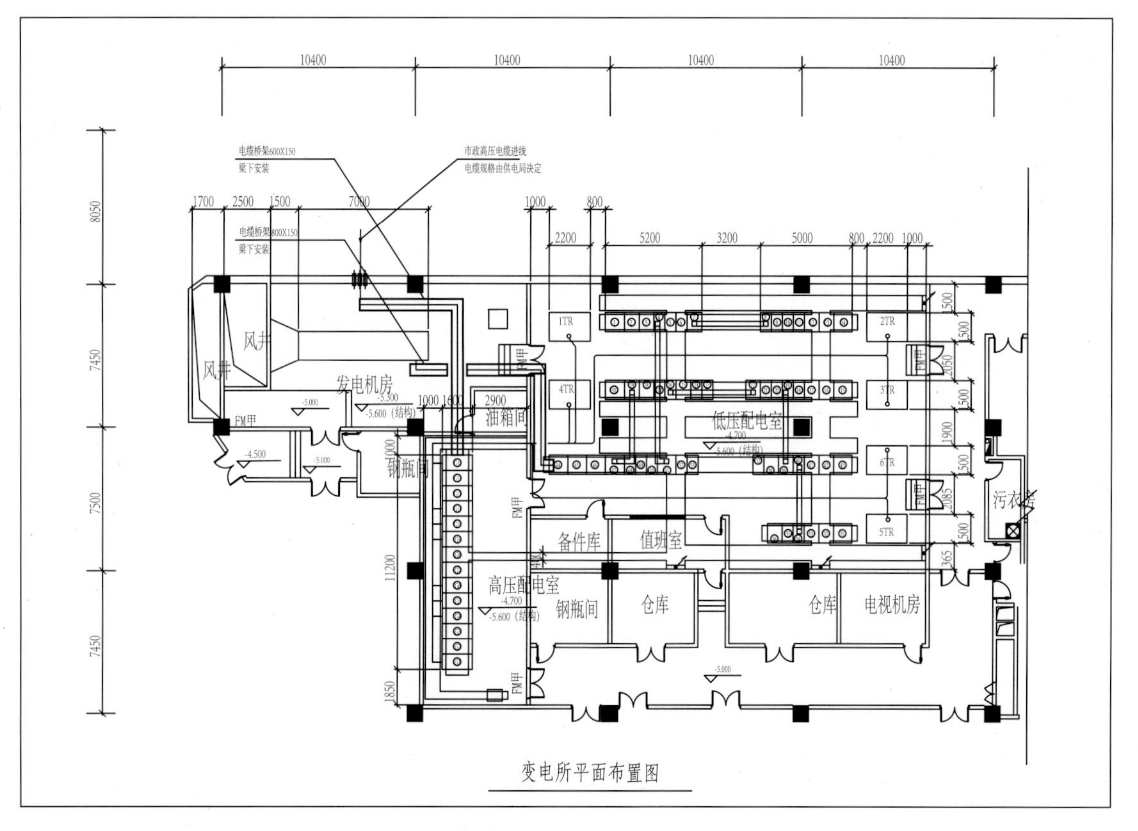


图7—4　高低压配电室实例2

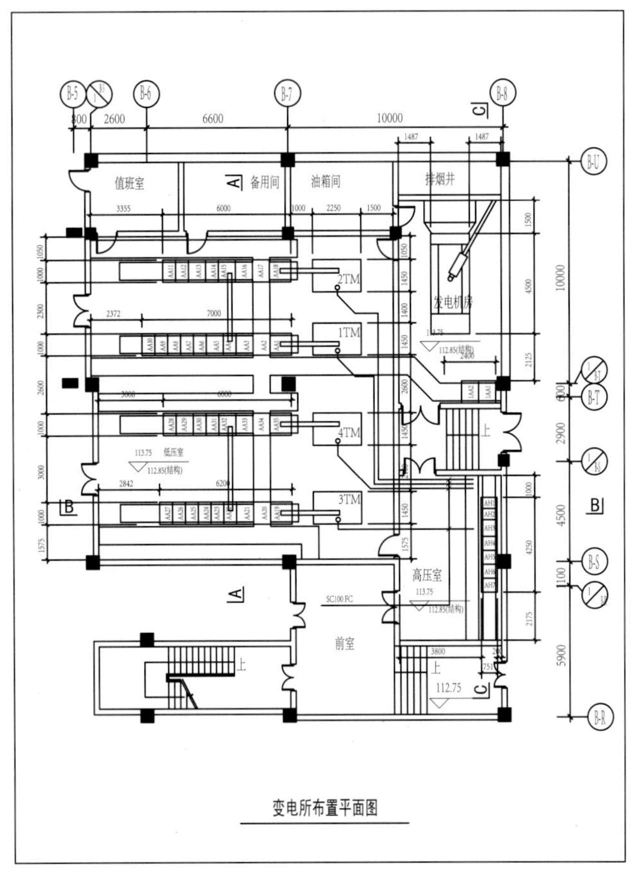


图7–5　高低压配电室实例3

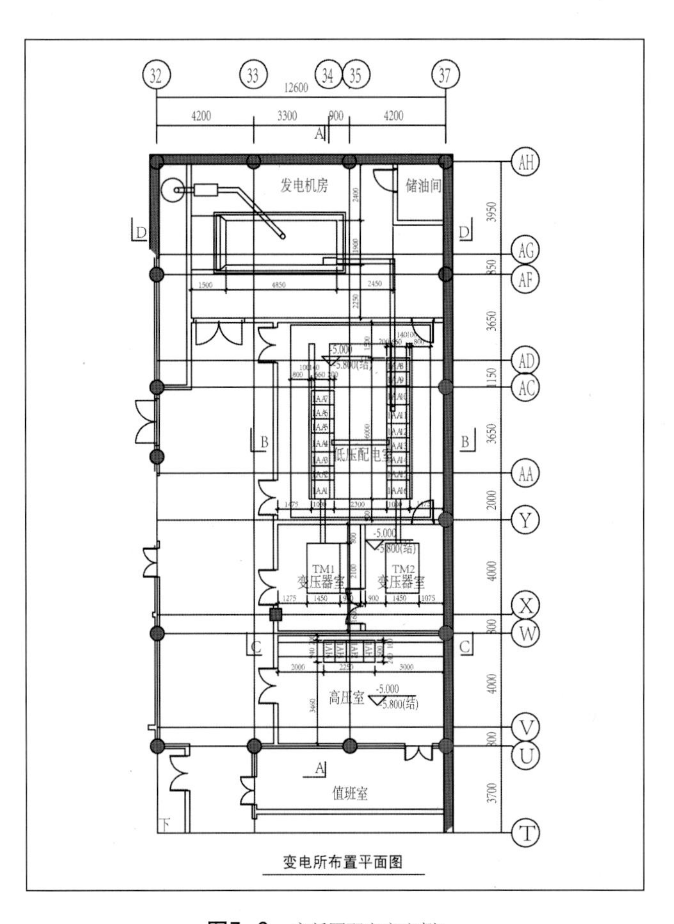


图7–6　高低压配电室实例4

**5、主要电气设备表：**

某酒店高低压配电室的实例　　表7–2

| 序号 | 名称 | 规格 | 单位 | 数量 |
|---|---|---|---|---|
| 1 | 高压开关柜 | Mvnex型 | 台 | 14 |
| 2 | 干式变压器 | SCB10–1600/10 10/0.4kV | 台 | 2 |
| 3 | 干式变压器 | SCB10–1250/10 10/0.4kV | 台 | 4 |
| 4 | 低压开关柜 | GCK | 台 | 43 |
| 5 | 柴油发电机组 | 1500kW | 台 | 1 |
| 6 | 动力控制柜 | XL–21（改） | 台 | 10 |

## （三）给水排水设计与水池水泵房

给水排水设计范围包括建筑红线内的以下项目：室内的给水系统、热水供应系统、排水系统、直饮水系统、排水系统（包括污水、废水、雨水）、消防水系统以及室外的给排水（不包括总水表）和消防给水工程设计。

**1、总平面设计：**

1）水源：一般由城市市政给水管网引入，进水管管径由计算确定，给水引入管上设有水表计量。管道在区内连成环状，形成给水管网。

2）排水管网：室外污水、废水为合流（或分流）排放。建筑室内污水在室外汇合后，先进入区域内的化粪池进行处理，化粪池的出水与废水汇合后，就近排至市政污水管网内。

3）雨水管网：建筑屋面雨水直接排至附近道路下的室外雨水管道内，室外雨水管道经汇合后，就近排入市政雨水管网内。

4）管材：室外给水管一般采用高密度聚乙烯HDPE管，套筒电熔连接。污水管、雨水管一般采用HDPE双壁波纹加筋管，承插式橡胶圈柔性接口，管材要做基础时需按厂家的产品要求。

**2、生活给水系统与水池水泵房：**

1）如同其他建筑项目一样，首先要进行用水量计算，表7-3为某酒店用水量计算的实例。

某酒店用水量　表7-3

| 用水项目名称 | 数量 | | 定额 | 系数 | | 用水量Qd | 用水量Qh | 用水量Qh | 备注 |
|---|---|---|---|---|---|---|---|---|---|
| | 用水规模 | 单位 | 用水量 | 小时变化 | 使用时间 | 最高日 | 最大时 | 平均时 | |
| | （人或$m^3$） | | （L） | （K） | （h） | （$m^3$/d） | （$m^3$/h） | （$m^3$/h） | |
| 酒店客房客人 | 450 | L/人·d | 400 | 2.0 | 24 | 180.0 | 15.0 | 7.5 | 300间，每间1.5人 |
| 酒店员工 | 495 | L/人·d | 100 | 2.0 | 24 | 49.5 | 4.1 | 2.1 | 按客房人数的1.1倍 |
| 餐饮生活用水 | 2000 | L/人·d | 50 | 1.5 | 18 | 100.0 | 8.3 | 5.6 | |
| 洗衣房 | 300 | L/人·d | 125 | 1.5 | 8 | 37.5 | 7.0 | 4.7 | |
| SPA | 72 | L/人·d | 200 | 1.5 | 10 | 14.4 | 2.2 | 1.4 | 24×3 |
| 空调系统补水 | | | | 1.0 | 12 | | 17.0 | 0.0 | 850×2% |
| 绿化用水 | 0 | L/$m^3$·d | 3 | 1.0 | 4 | 0.0 | 0.0 | 0.0 | |
| 冲洗地面、道路用水 | 1000 | L/$m^3$·d | 2 | 1.0 | 4 | 2.0 | 0.5 | 0.5 | 以10%计 |
| 小计 | | | | | | 383.4 | 54.1 | 21.7 | |
| 不可预见用水 | | | | | | 103.0 | 17.2 | 13.0 | |
| 合计 | | | | | | 486.4 | 71.3 | 34.7 | |

根据计算，酒店最高日用水量为486.4$m^3$/d，其中生活用水367$m^3$/d，最大小时用水量：71.3$m^3$/h。

2）生活水泵房：一般设在酒店建筑的地下层，层高不小于5.1m，内设不锈钢生活水箱。常见设备间面积有三种（按5.1m层高估算）：

（1）采用合用泵房，即生活水泵房、消防水泵房和换热间合用时，应该根据建筑高度、系统分区来确定，机房面积一般在800~950$m^2$（图7-7）。

（2）当生活给水泵房及换热间合用时，即把冷、热水的设备都放在一起，这样管道连接方便，机房面积一般在400~550$m^2$。

（3）当消防水泵房单设时，机房面积一般在400~500$m^2$。

水泵房内应独立设置配电间，不要与给排水设备放在一起，设备间内应设集水坑和排水沟。

3）给水系统：从节能考虑，二层以下可以利用市政给水管网的压力直接供水，上面各层给水系统分区由变频泵组供水，变频泵组均设于生活水泵房内。给水系统采用上行下给的供水方式。为了节水，各楼层的支管水压超过0.25MPa的，均设有支管减压阀。

酒店建筑的用水采用集中计量，不再设分散水表。

4）室内给水管管材采用铜管或薄壁不锈钢管，钎焊或卡压、卡箍连接（图7-7~图7-11）。

**图7-7**　酒店水机房实例

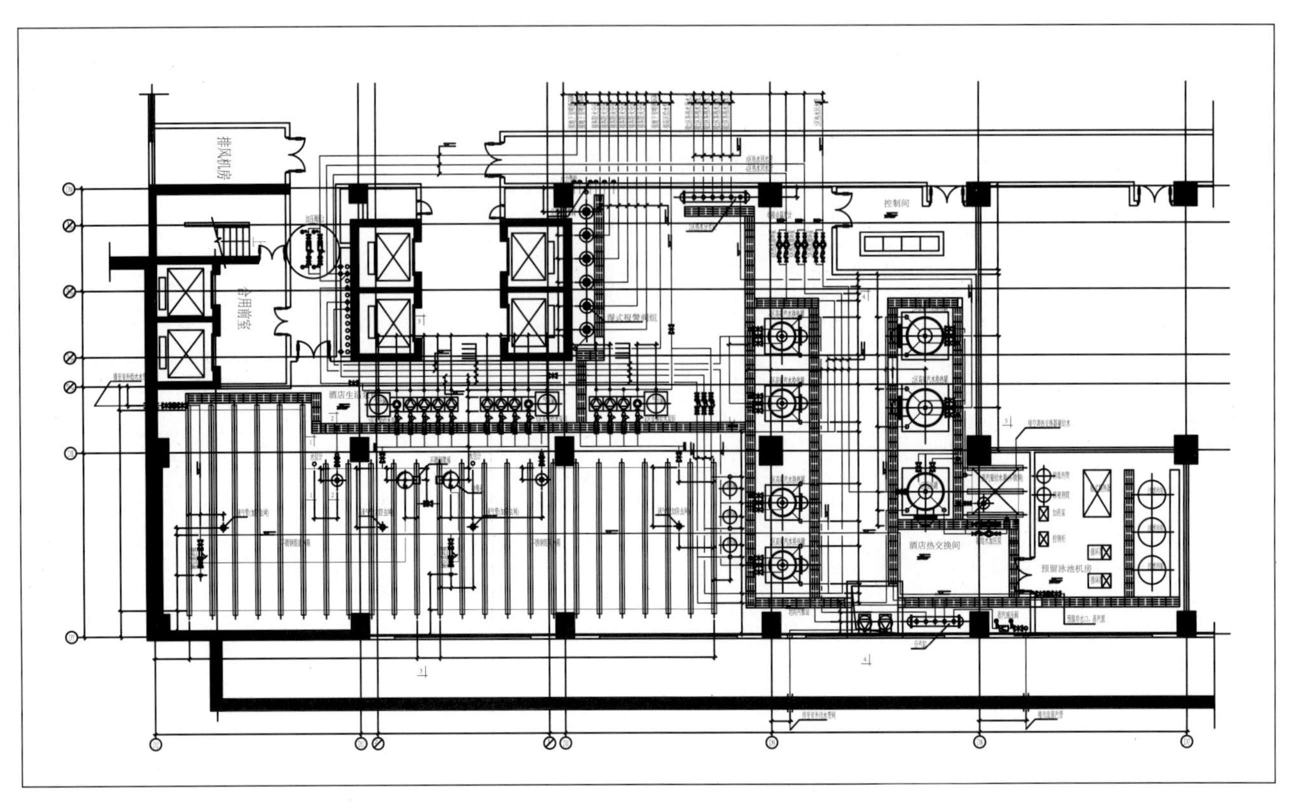


图7—8　给排水设备机房实例1

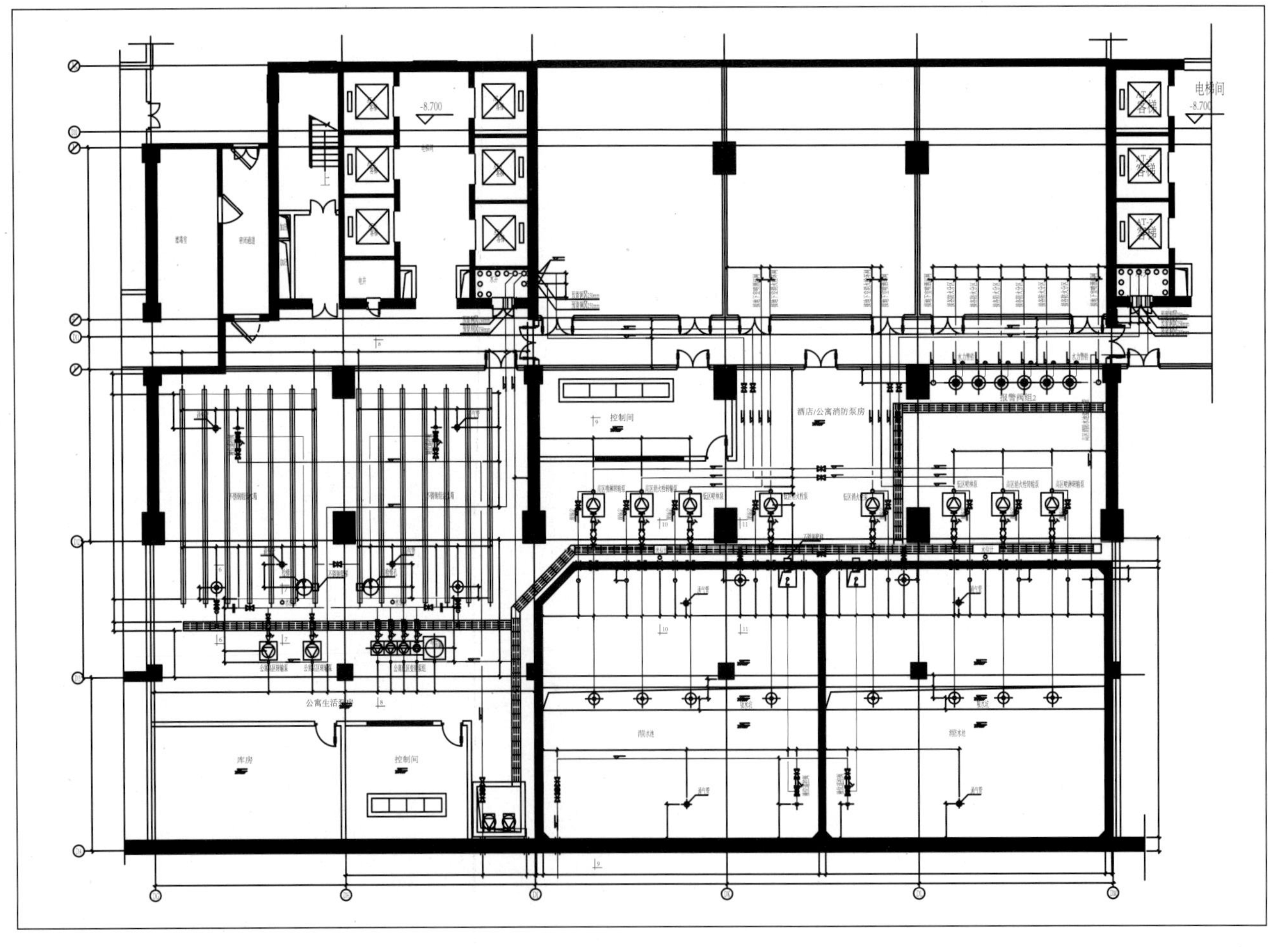


图7—9　给排水设备机房实例2

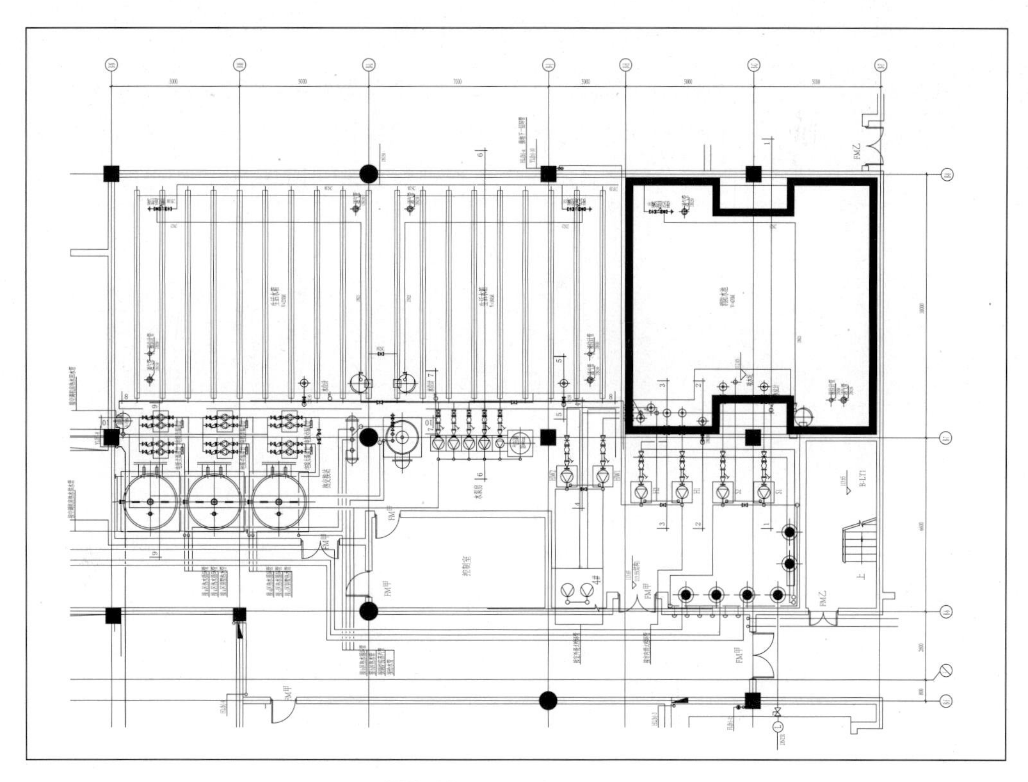

**图7—10**　给排水设备机房实例3

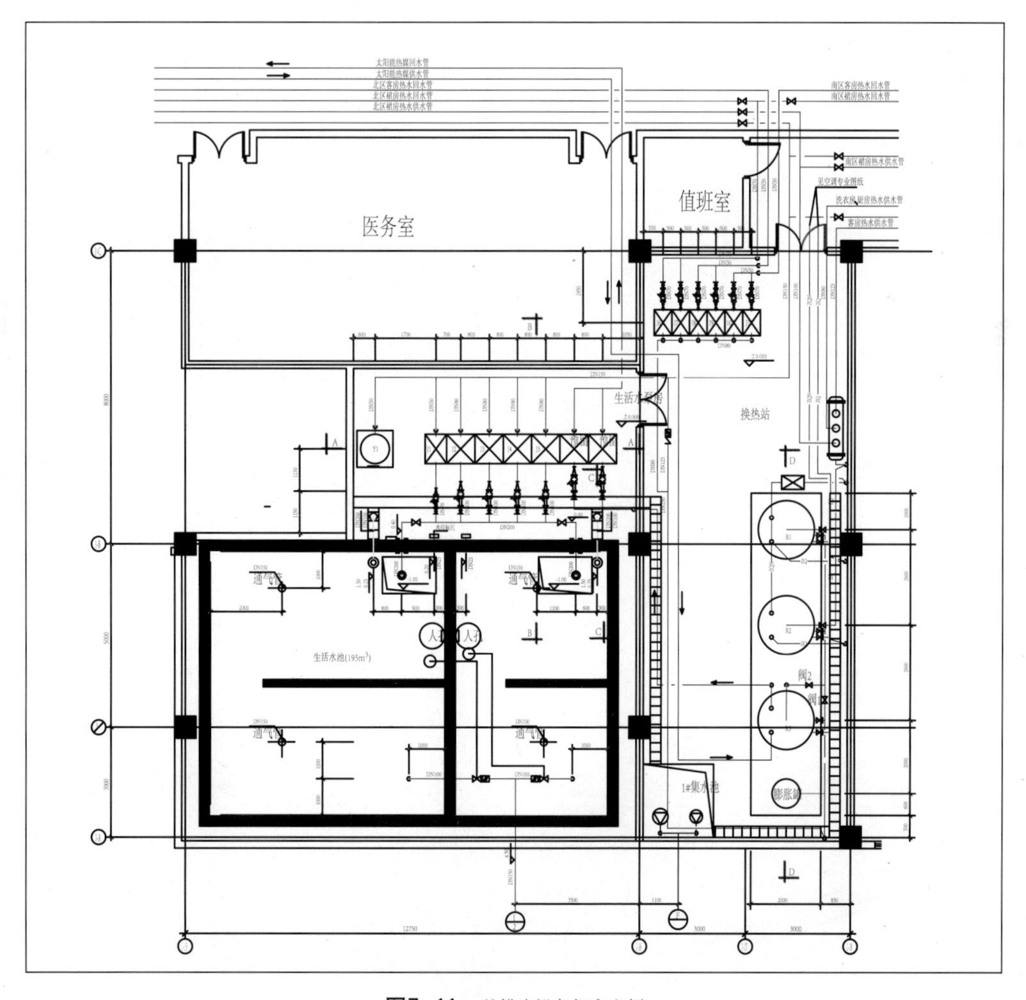


**图7—11**　给排水设备机房实例4

酒店的热水用水量计算实例 表7–4

| 用水项目名称 | 数量 用水规模 (人或$m^3$) | 单位 | 定额 用水量 (L) | 系数 小时变化 (K) | 使用时间 (h) | 用水量$Qd$ 最高日 ($m^3/d$) | 用水量$Qh$ 最大时 ($m^3/h$) | 用水量$Qh$ 平均时 ($m^3/h$) | 备注 |
|---|---|---|---|---|---|---|---|---|---|
| 酒店客房客人 | 450 | L/人·d | 140 | 5.0 | 24 | 63.0 | 13.0 | 2.6 | 300间，每间1.5人 |
| 酒店员工 | 495 | L/人·d | 40 | 5.0 | 24 | 19.8 | 4.1 | 0.8 | 按客房人数的1.1倍 |
| 餐饮生活用水 | 2000 | L/人·d | 15 | 1.5 | 18 | 30.0 | 2.5 | 1.7 | |
| 洗衣房 | 300 | L/人·d | 70 | 1.5 | 8 | 21.0 | 3.9 | 2.6 | |
| SPA | 72 | L/人·d | 100 | 1.5 | 10 | 7.2 | 1.1 | 0.7 | 24×3 |
| 小计 | | | | | | 141.0 | 24.7 | 8.5 | |
| 不可预见用水 | | | | | | 103.0 | 17.2 | 13.0 | |
| 合计 | | | | | | 244.0 | 41.9 | 21.5 | |

**3、热水系统设计：**

酒店一般设集中热水供应。所需热水用量经计算确定（表7–4）。

热源为锅炉房输来的6kg压力的蒸汽，采用汽—水换热方式制备热水。热水系统为机械循环，在每个热交换器上安装压力表、温度计、温度调节阀和安全阀。热水出水温度55℃，在回水管上设电接点温度计，当回水温度低于45℃时循环泵启动，待回水温度高于50℃时循环泵停止。

热水管一般采用铜管或薄壁不锈钢管，以焊接或卡压、卡箍连接。热交换器、热水供水管、热水循环水管及热媒供回水管均要保温。

**4、排水系统设计：**

1）根据当地市政条件规定采取污、废分流设计，建筑内雨、污水分别排入市政雨、污水管道。

2）室内排水系统：卫生间的污、废水立管共用一根专用通气立管。污水管道出户后排至室外检查井内，汇集进入化粪池内再排入市政污水管网。废水在室外汇集后排入市政排水管网。

地下室排水由集水坑收集，由水位自动控制用潜水泵提升排出室外。每组潜水泵各二台，互为备用。

室内排水管采用离心铸造排水铸铁管，柔性连接（承插接口橡胶圈密封，螺栓紧固），压力排水管采用镀锌钢管。

3）雨水系统：屋面雨水由雨水斗收集，经雨水立管排至室外雨水井；道路雨水由雨水篦子收集后排入市政雨水管道；地下车库出入口处由雨水沟截留雨水，排入室外雨水管道。

室内雨水管采用离心铸造排水铸铁管，柔性连接（承插接口橡胶圈密封，螺栓紧固）。

**5、主要设备表（表7–5）：**

某酒店设备表 表7–5

| 序号 | 名称 | 规格 | 单位 | 数量 | 备注 |
|---|---|---|---|---|---|
| 1 | 低区生活变频泵组 | 65SFL30–70 $Q$=60$m^3$/h $H$=60m<br>$N$=22+3kW $\Phi$800×2300 | 套 | 1 | 2用1备<br>小泵1台 |
| 2 | 中区生活变频泵组 | 65SFL30–15×5 $Q$=20$m^3$/h $H$=80m<br>$N$=30+2kW $\Phi$800×2300 | 套 | 1 | 2用1备<br>小泵1台 |
| 3 | 高区生活变频泵组 | 65SFL30–15×8 $Q$=30$m^3$/h H=120M<br>$N$=44+7.5kW $\Phi$800×2300 | 套 | 1 | 2用1备<br>小泵1台 |
| 4 | 低区热水预热罐 | $V$=4.90$m^3$ $F$=20.1$m^2$<br>$\Phi$1400×1744 | 套 | 2 | |
| 5 | 低区热交换器 | $V$=4.92$m^3$ $F$=11.5$m^2$<br>$\Phi$1400×1744 | 套 | 2 | |

续 表

| 序号 | 名称 | 规格 | 单位 | 数量 | 备注 |
|---|---|---|---|---|---|
| 6 | 低区热水循环泵 | $Q$=5.0m³/h $H$=100kPa $N$=370W | 套 | 2 | 一用一备 |
| 7 | 中、高区热交换器 | $V$=1.43m³ $F$=3.0m² $\Phi$1000×1966 | 套 | 2+2 | 中、高区 |
| 8 | 中、高区热水循环泵 | $Q$=5.0m³/h $H$=100kPa $N$=370W | 套 | 4 | 二用二备 |
| 9 | 屋顶消防水箱 | $V$=6×4×2($H$)=48m³ | 座 | 1 | |
| 10 | 消火栓系统加压泵 | $Q$=45L/$S$ $H$=120$M$ $N$=75kW | 台 | 2 | 一用一备 |
| 11 | 自动喷洒系统加压泵 | $Q$=30L/$S$ $H$=138$M$ $N$=55kW | 台 | 2 | 一用一备 |
| 12 | 消火栓稳压设施 | 25LGW3−10×4 $Q$=4m³/h $H$=30m $N$=1.5kW | 套 | 1 | 带有气压罐一个 $\Phi$1000×0.6 |
| 13 | 自动喷洒稳压设施 | 25LGW3−10×4 $Q$=4m³/h $H$=30m $N$=1.5kW | 套 | 1 | 带有气压罐一个 $\Phi$800×0.6 |
| 14 | 湿式报警阀 | DN150 $P$=1.6MPa | 套 | 6 | |
| 15 | 水流指示器 | DN150 | 套 | 34 | |
| 16 | 排水潜水泵 | $Q$=40m³/h $H$=17M $N$=5.5kW | 台 | 4 | 消防电梯坑 |
| 17 | 游泳池处理装置 | $N$=20kW | 套 | 1 | 预留 |
| 18 | 桑拿、SPA装置 | $N$=9kW（每间一个） | 套 | 1 | 预留 |
| 19 | 水泵接合器 | SQ150−1.0型 | 套 | 7 | |

酒店和度假村各功能区室内主要设计参数（实例）　表7-6

| 房间名称 | 夏季 | | | 冬季 | | | 新风量 m³/（人·h） | A声级噪声dB |
|---|---|---|---|---|---|---|---|---|
| | 温度 ℃ | 相对湿度% | 风速 (m/s) | 温度 ℃ | 相对湿度% | 风速 (m/s) | | |
| 客　房 | 23～25 | ≤55 | ≤0.25 | 22～24 | ≥50 | ≤0.15 | 50 | ≤35 |
| 餐　厅 | 23～25 | ≤65 | ≤0.25 | 21～23 | ≥40 | ≤0.15 | 30 | ≤45 |
| 会议报告厅 | 24～26 | ≤60 | ≤0.25 | 21～23 | ≥40 | ≤0.15 | 40 | ≤40 |
| 大　堂 | 24～26 | ≤65 | ≤0.30 | 21～23 | ≥30 | ≤0.30 | 25 | ≤45 |
| 水力按摩区 | 26～28 | ≤70 | ≤0.25 | 26～28 | ≤70 | ≤0.15 | 40 | ≤40 |
| 温泉更衣室 | 27～29 | ≤60 | ≤0.25 | 21～23 | ≥40 | ≤0.15 | 30 | ≤40 |
| 温泉按摩室 | 24～26 | ≤60 | ≤0.25 | 25～27 | ≥40 | ≤0.15 | 50 | ≤40 |

## （四）通风空调设计与制冷机房

### 1、酒店空调系统总体方案

按酒店度假村的使用要求，为运行管理便利，可以采用集中供冷（热）与建筑单体自设冷热源相结合的空调系统总体方案。再考虑建筑物的规模及分布等因素，有的项目采用集中供冷、供热系统，有的项目根据使用要求灵活设置空调系统，而有的项目采用风冷冷热水机组（热泵型）作为冷热源，有的单独设置空调系统，均选用风冷冷热水机组（热泵型）作为冷热源，有的采用变制冷剂流量多联分体式空调系统，室外主机设于屋顶上或庭院内等多种选择（表7-6）。

### 2、制冷机房的设计

制冷机房设置在负荷中心位置，这里列举设计实例可供参考（图7-12～图7-16）。

如某度假村制冷机组装机容量为12660kW(3600rt)。为确保空调主机搭配合理，运行高效、可靠，选用4台（2大2小）离心式制冷机组作为主机，大机组单台制冷量为4220kW，小机组单台制冷量为2110kW，其中1台小机组配置变频驱动装置，该机组的最高效率点

图7–12　制冷机房实例

在40%～50%负荷左右，负荷减小时能耗增加较为缓慢,可适应酒店夜间部分负荷明显、持续时间长的特点。

4台制冷机组为不同的容量运行需求提供了保证，可满足从最大负荷到最小负荷的运行要求，运行组合为：

1）夏季较热、负荷较大时,两大一小三台主机运行；

2）夏季阴雨、室外气温稍低、负荷稍小时，一大一小两台主机运行；

3）过渡季节负荷较小时，两小两台主机运行；

4）冬季（还需供冷）负荷最小时，一小一台主机运行。

从实际各种不同负荷运行效果来看，主机负荷率大多能在80%以上，主机可高效运行；过渡季节或冬季冷负荷最小时，建议运行管理人员尽量利用室外新风供冷以节省能源。

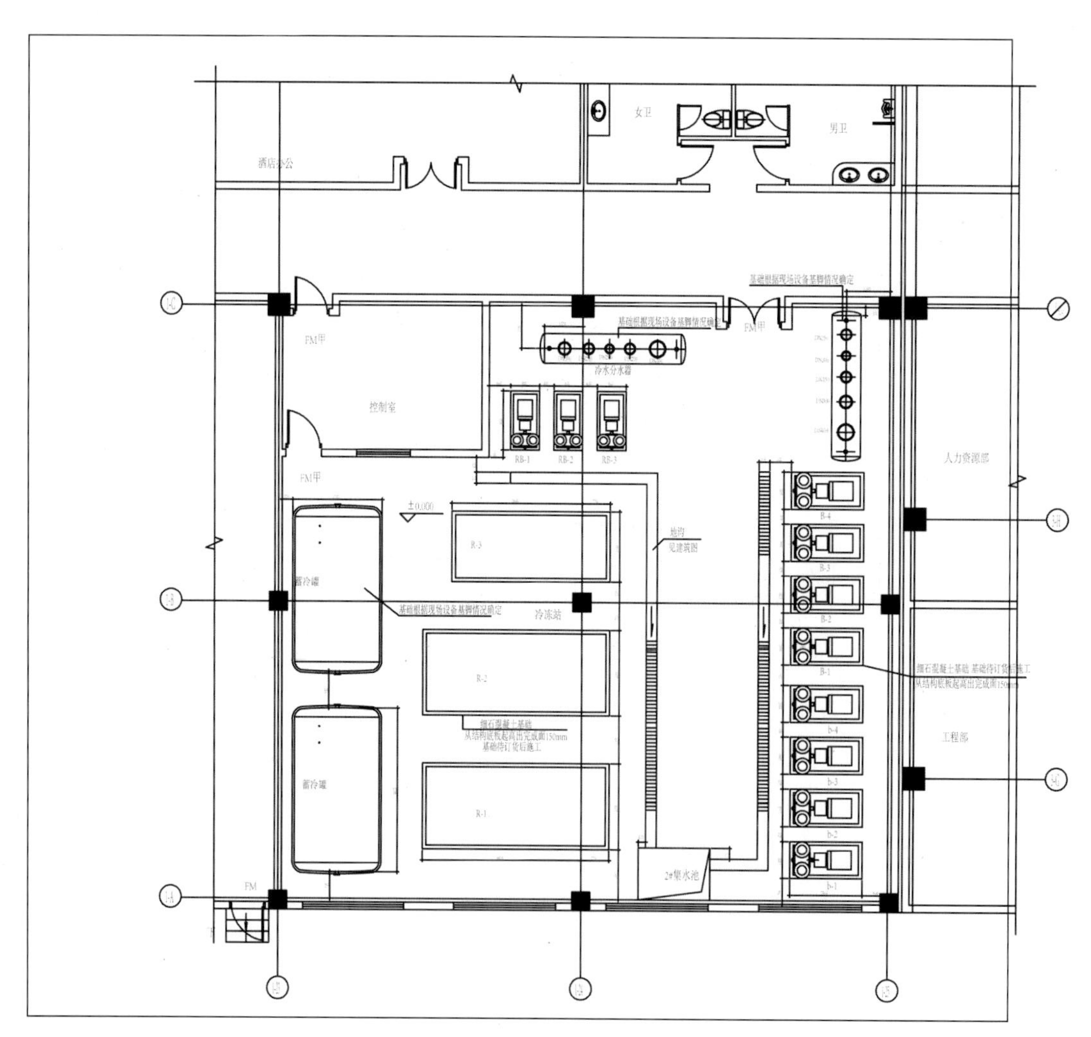


图7–13　酒店制冷机房实例1

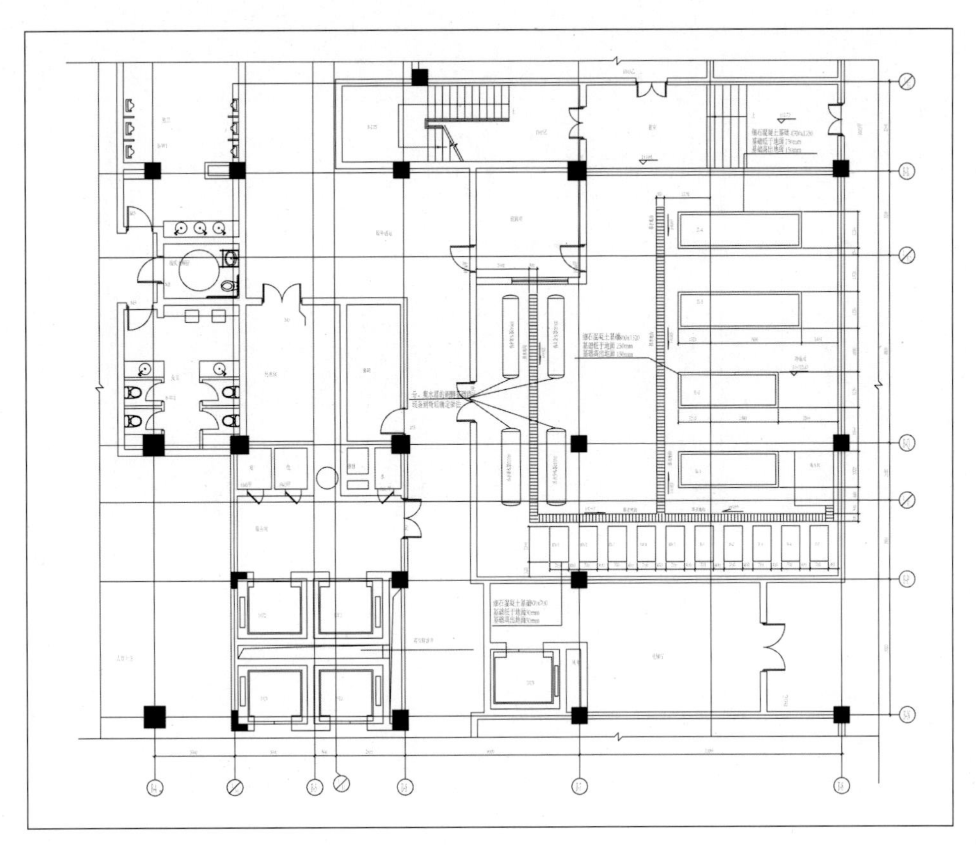

**图7-14**　酒店制冷机房实例2

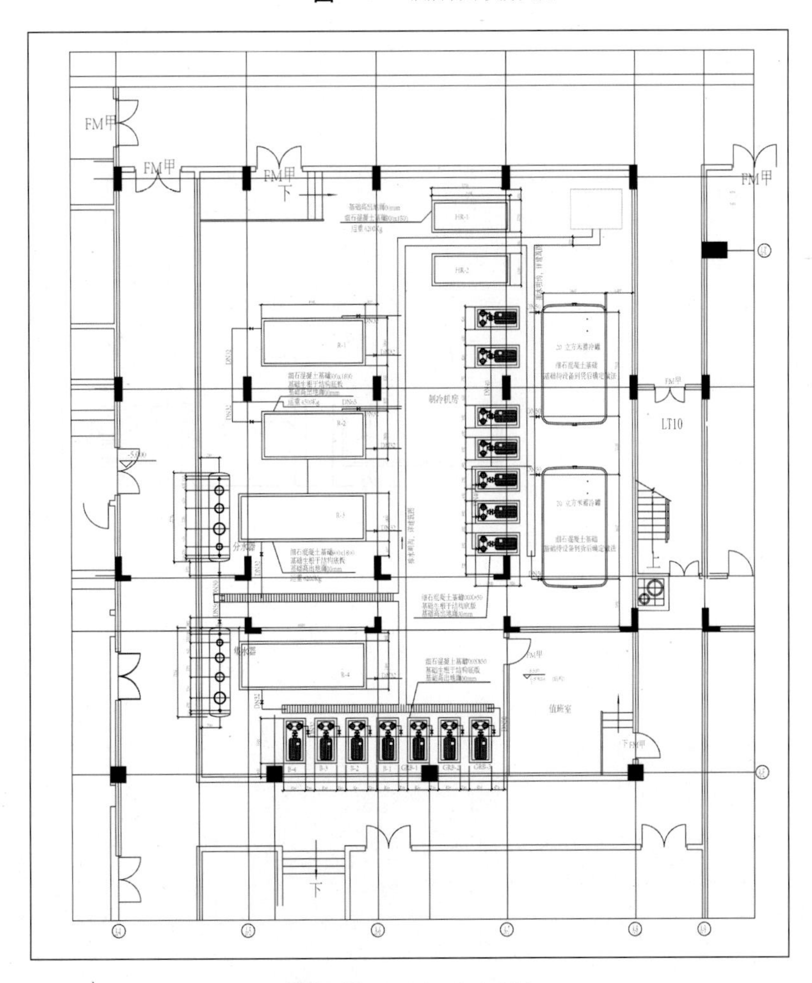


**图7-15**　酒店制冷机房实例3

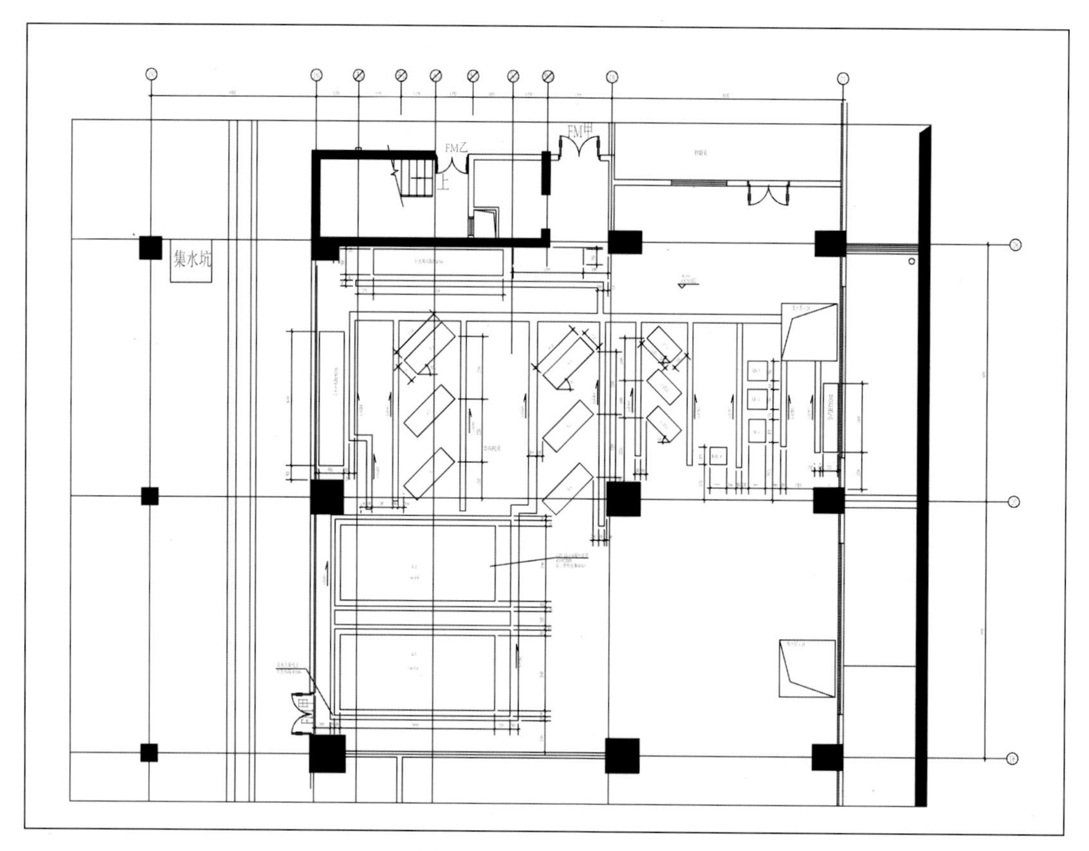


**图7—16**　酒店制冷机房实例4

为保证制冷机组高效运行并避免频繁启停，设置蓄（冷）能罐。在需冷量小于制冷机组制冷量时，制冷机组仍在效率较高的80％左右负荷率下运行，多余冷量储存于蓄能罐内，在需要时放冷供空调系统使用。蓄冷、放冷工况的转换通过开关水系统上相关电动阀门实现。

### 3、空调系统设计

**1）空调风系统设计**　根据使用功能，空调末端风系统分别采用：将大堂、餐厅、多功能厅、咖啡厅等温湿度要求较为一致的公共区域，采用低速全空气空调系统，而需要单独调节室温，独立控制的如会议室、餐厅包房、客房、SPA的理疗室、按摩间等房间，采用风机盘管加新风系统。

此时为保证室内空气质量还要设排风系统；为了节能还可设置板式全热热回收装置（亦称新风换气机），回收排风中的能量来预冷（预热）新风。

酒店客房新风设计要求：标准房、套房的新风量为100$m^3$/h·间，行政套房的新风量为200$m^3$/h·间，总统套房按具体的情况确定。

对多层酒店一般设计为竖向供新风系统，如果要求不高，层高又较大时也有采用水平新风系统设置。高层酒店的新风常见为水平系统，水平系统优点为便于淡季的分层运营管理。当设有设备转换层时还可采用竖向系统。

**2）空调水系统设计：**酒店空调水管有冷水供水管、冷水回水管、热水供水管、热水回水管和空气凝结水管等五种。对普通酒店或冬、夏季节分明的地区酒店可以将冷热水管共用，被称为两管制系统，对级别较高的酒店基本都要求采用四管制系统，因此空调水系统有两管制和四管制之分。

有的酒店采用分区两管制空调水系统，鉴于客房与各功能房间的供冷、供热需求不同，客房新风机组、风机盘管与公共部分的空调机组、新风机组、风机盘管均分开设置水环路。各水环路中，空调机组环路竖向及水平方向均按异程枝状布置，客房风机盘管环路水平均为同程布置，竖向根据具体情况可异程布置或同程布置。实践证明，这样水系统的划分、布置和设计是经济合理的，也能够满足使用要求。

新建的酒店最好采用竖向系统，同程布置效果最佳，但当客房层数不多时竖向水系统可采用异程布置，异程布置的优点是供、回水每个支路的阀门在一起方便操作及调试。

现在空调设计界的新趋势是设计水系统时设置平衡阀，空调系统是变流量系统，这里的平衡阀应是一个允许流量变化的压差控制阀。需要强调的是采用平衡阀的水系统最好采用异程布置。

**4、通风系统设计**

制冷机房、变配电室、水泵房及柴油发电机房等设备用房均要有机械通风系统，所有卫生间均设有排风装置，健身房、更衣室、会议室以及温泉中心的各房间根据需要均设有排风装置及送风装置，厨房设有排风系统及相应的补风系统、岗位降温送风系统，油烟经净化处理后高空排放。

## （五）动力系统与锅炉房设计

动力系统设计包括蒸汽系统（包括锅炉房及蒸汽室内外管网设计）、凝结水系统设计。

酒店的锅炉房有单独建设的，也有就安置在酒店主楼里。按规范要求，在主楼里一般设于一层或地下一层，要靠外墙布置并设有外窗，有足够的泄爆面。同时还要关注锅炉水平的烟道和竖直的烟囱，在配合设计时选好位置，以实现高空排放。

根据用汽量计算结果，选用全自动燃油燃气蒸汽锅炉，燃料为轻柴油或燃气。当选用燃油时，另外要设置卧式储油罐，埋于距锅炉房30m以外。

锅炉制备的蒸汽供给酒店，在冬季供热、洗衣房、厨房和换热（各功能区的卫生热水换热）站使用（表7-7）。

某酒店各功能区的蒸汽、凝结水用量计算实例　　表7-7

| 序号 | 用汽单位 | | 蒸汽用途 | 蒸汽用量（t/h） | | 使用压力/MPa | 回水量（%） | 备注 |
|---|---|---|---|---|---|---|---|---|
| | | | | 夏季 | 冬季 | | | |
| 1 | 酒店1 | 1#换热站 | 卫生间热水及洗衣房热水（酒店1、康体中心、私人会所、别墅酒店） | 7.6 | 7.6 | 0.40 | 80 | |
| | | 洗衣房 | 洗衣房工艺设备使用 | 3.1 | 3.1 | 0.80<br>0.60 | 80 | 蒸汽用量估算 |
| | | 厨房 | 厨房工艺设备使用 | 0.32 | 0.32 | 0.20～0.30 | 80 | 蒸汽用量估算 |
| 2 | 酒店2 | 2#换热站 | 卫生间热水（酒店2、温泉中心、行政中心） | 8.7 | 8.7 | 0.40 | 80 | |
| | | 厨房 | 厨房工艺设备使用 | 0.9 | 0.90 | 0.20～0.30 | 80 | 蒸汽用量估算 |
| 3 | 空调换热器 | | 酒店1、酒店2、温泉中心空调加热 | | 5.0 | 0.40 | 80 | |
| 4 | 温泉中心 | | 温泉池水保温 | 10.3 | 10.3 | 0.40 | 80 | |
| 5 | 渔人码头 | | 厨房工艺设备使用 | 0.64 | 0.64 | 0.20～0.30 | 80 | 蒸汽用量估算 |
| 6 | 合计 | | | 31.56 | 36.96 | | | |

注：1）蒸汽、凝结水用量根据设计时各用热负荷最大值计算，锅炉房容量的选取考虑了各种负荷的参差性。
2）厨房、洗衣房估算数据基本满足施工图配合阶段厨房、洗衣房专业公司提出的工艺性要求。
3）厨房蒸汽主要用于蒸锅等炊具，无凝结水可回收。

## （六）电讯设计与机房

**1、电讯设计：**包括如下系统：

1）综合布线系统是一种先进的数据及话音传输系统，为酒店提供不同种类的通信服务，包括话音、资料、影像、文字及无线上网等。综合布线系统包括信息布线系统及语音布线系统两部分。

2）有线电视及卫星电视系统：为了提供视频宽带网的服务，酒店设置卫星电视及有线电视系统为客人提供最新最全面的世界性资讯，电视及电影供客人作娱乐欣赏用。有线节目源由城市有线电视网信号、卫星接收信号和自办节目等组成，卫星接收天线置于屋顶，前端设备置于有线电视机房，卫星电视之监控设备将设置在酒店电视机房内。

3）酒店背景音乐广播系统：包括消防报警，背景音乐以及设有本地音源区域。背景音乐区域包括酒店大堂，电梯厅、酒店走道及洗手间等公共区域；设有本地音源区域包括宴会厅，餐厅及商店等功能区域；消防报警区域只供火灾应急广播用。背景音乐在火灾时改作火灾应急广播，背景音乐广播系统设于酒店消防监控室内。

4）视频监控系统由摄像机、矩阵控制器、硬盘录像机、监视器等设备组成。系统功能要对大楼内的主要部位进行视频探测、监视并记录、再现画面和图像。在重点监控区域，可进行长时间录像和视频报警。

5）停车场管理系统设在行车出入口，中央管理站设备设于消防保安监控中心内。由入口车位显示装置、感应线圈、自动闸门机、摄像机、读卡器、出票机、收费机、控制器等组成，并结合停车管理软件及图像识别系统可实现停车管理自动化。

**2、电话电讯电视机房：**

1）电话机房

（1）所需面积为 40~50m²，要求进出线方便，并不应设在卫生间、厨房、水泵房、游泳池等其他经常积水或潮湿场所的正下方。

（2）若建设项目为办公、商业及酒店综合项目，则酒店部分应单独设置计算机网络中心和电话机房。

（3）地面作架空地板，高 300mm。

（4）电话配线间所需面积为 20~25m²，要求进出线方便。

2）计算机网络中心

（1）所需面积为 40~50m²，要求进出线方便，并不应设在卫生间、厨房、水泵房、游泳池等其他经常积水或潮湿场所的正下方。

（2）地面作架空地板，高 300mm。

3）卫星及自作电视机房

所需面积为 15~20m²，要求进出线方便，不应设在卫生间、厨房、水泵房、游泳池等其他经常积水或潮湿场所的正下方。也可设在屋顶层。

4）有线电视前端机房 所需面积为 15~20m²，要求进出线方便。

## （七）客房标准层的机房和管井

酒店的机电设计还包括各个建筑平面层和各功能区的空调机房、通风机房、配电间以及各专业管井的布置，尤其重要的是在走廊上方和管井里的各专业管道的综合，更需要与建筑设计紧密配合。特别要关注这些机电房及管井的面积集聚在一起，就需要不小的数字，其设计不可忽视。

**1、风井：**风井有下列几种：

1）客房用的空调新风井、卫生间排气井；会议室、小餐厅、咖啡厅、包房等房间，需要单独调节室温采用风机盘管，也要有新风井。健身、更衣以及温泉中心的各房间设有排风及送风装置，同样要有新风井和排风井。

2）制冷机房、变配电室、水泵房及发电机房等设备用房，要设机械通风井，所有卫生间均设有排风井。

3）厨房的排风系统和油烟经净化处理后高空排放的排风井。

4）消防楼梯以及楼电梯的前室的排烟井和正压送风井。

5）锅炉为实现高空排放的烟囱。

**2、空调水系统管井：**

酒店客房层：多层酒店一般为 3~7 层，高层酒店一般为 20 层左右，超高层酒店按避难层分段一般为 15 层。在各种情况下空调水管立管管径及常规做法见表 7–8。

空调水管立管管径及常规做法　　表7–8

| 酒店层数 | 立管形式 | 热水管径（mm） | 冷水管径（mm） | 管井尺寸（mm） | 备注 |
|---|---|---|---|---|---|
| 3～7层 | 异程 | DN50 | DN70 | 1200×300 | 多层酒店 |
| 15层 | 同程 | DN70 | DN100 | 1250×350 | 超高层酒店 |
| 20~25层 | 同程 | DN70 | DN100 | 1250×350 | 高层酒店 |

**3、新风管井：**

新风水平系统设在走廊的天花内，水平新风管在走道吊顶内要占 250~300mm 的空间；新风竖向系统时，其风井一般为 400mm×300mm。一般采用两间房使用一个竖井，需新风管截面尺寸一般为 0.2m²，竖井再适当放大些。

超高层酒店因为有避难层，以及高层酒店常规设计采用竖向系统，其竖向的新风竖井一般两间客

常见的竖井尺寸　表7-9

| | 层数 | 排风量（$m^3$） | 风管尺寸（mm） | 竖井尺寸（mm） |
|---|---|---|---|---|
| 多层 | 3～7层 | 600～1400 | 300×100 | 400×300 |
| 高层 | 20~25层 | 4000～5000 | 500×320 | 600×400 |
| 超高层 | 按15层分段 | 3000 | 500×320 | 600×400 |

房共用一个，新风管尺寸为0.2$m^2$，竖井再适当放大些。设计的风井要求一般为600mm×400mm。常见的竖井尺寸见表7-9。

**4、客房卫生间的排风井：**

标准客房按进风100$m^3$/h、排风80$m^3$/h进行设计，行政套房按进风200$m^3$/h、排风60$m^3$/h进行设计，总统套房按实际情况设计。

考虑各卫生间的排风是间歇性的，排气扇选型可以适当放大。标准单间客房排气扇风量为100~120$m^3$/h，行政套房有两个卫生间时，每个卫生间的排气扇风量为100~120$m^3$/h。

多层酒店、高层酒店、超高层酒店的排风量竖井设置方式见表7-10。

排风量竖井设置方式　表7-10

| | 层数 | 排风量（$m^3$） | 排风方式 | 风管尺寸（mm） | 竖井尺寸（mm） |
|---|---|---|---|---|---|
| 多层 | 3～7层 | 480～1120 | 各房间设排气扇,设复合风道 | 300×100 | 400×300 |
| 高层 | 20~25层 | 3200～4000 | 各房间设排气扇,设集中排风机 | 500×320 | 600×400 |
| 超高层 | 按15层分段 | 2400 | 各房间设排气扇,设集中排风机 | 500×320 | 600×400 |

顶层集中排风机的风量不宜大于5000$m^3$/h，设备本身噪声不大于55dB(A)为宜，经处理后客房内的噪声值不大于35dB(A)。

五星级酒店的排风扇应采用天花内装管道式排风扇，以防止排风扇的噪音对客房造成污染。

**5、给排水管井：**

1）在建筑平面中各功能区的适当位置设有主管井，将各种管道的主立管、分区管道均设于其中。

2）为了内部空间美观，将管道隐设于客房卫生间的管井中。

3）给水立管占平面尺寸应考虑设有套管，套管要比管径大两号。表7-11列出各卫生器具留洞尺寸及排水管距墙距离。

卫生器留洞尺寸及排水管距墙距离　表7-11

| 卫生器具名称 | 留洞尺寸（mm） | 排水管距墙距离（mm） |
|---|---|---|
| 大便器（坐便） | 200×200 | 300（国标），272～500（不等） |
| 浴盆：普通型/高级型 | 100×100/250×300 | 靠墙留 |
| 洗脸盆、污水池、小便器 | 150×150 | 150（常见）也可墙内暗设 |
| 地漏 | 200×200/300×300 | 50～75/100 |

**6、强弱电井：**

电力管线与电讯管线最好分别设置管井，俗称为强电井与弱电井，两者间要保持一定距离。可进入维修操作的强电井净空应不小于1200mm×500mm，而弱电井不小于1200mm×1500mm,并视具体情况加以调整。

当强弱电井合用时，进入维修操作净空应不小于2000mm×2500mm。

## （八）室外管网综合设计

### 1、室外管沟设计

1）蒸汽管、凝结水管及空调冷热供回水管的干管一般采用地沟方式敷设，但要设置无约束波纹补偿器；输往各建筑的支管采用直埋敷设，在出管沟处设置三向型波纹补偿器。

2）给排水专业管道通常采取直埋方式，在管线折弯或交叉时设检查井。

3）电力电讯电缆一般采取直埋方式，当有管沟时可以附设在外壁上。

4）尤其在土层松软时，还可以将热力地沟与水专业管道共沟；当设有大型地沟时就要设计成人行地沟，以方便进入检查维修。

**2、室外管网竖向交叉的处理方法**

各专业管线自成系统，在总体把握和统一协调下，专业设计单位各自完成所担负的设计图纸，并注意解决好内部管线交叉问题。施工单位应严格按各专业设计单位的图纸施工。各专业设计单位负责技术交底、施工配合与设计修改，直到交工验收。

排水暗沟与场地内其他专业管线出现交叉时，管线应从排水暗沟垫层下穿行；如需横穿排水暗沟，则协商后在施工排水暗沟时预埋管线。排水暗沟与电缆沟交叉时（电缆沟一般覆土厚度为0.6m），电缆沟从排水暗沟垫层下穿行，并应做好电缆沟的防水处理。

给排水专业的综合管沟与其他专业管线交叉时，管线从综合管沟的覆土层穿行（综合管沟的覆土厚度为0.7m）。管线覆土及垂直间距不符合规范要求时，应做好防护措施。

当电缆沟与燃气、雨、污水管线交叉时，电缆沟绕行；与其他管线出现交叉时，管线应从电缆沟的覆土层中穿行。管线覆土及垂直间距不符合规范要求时，应做好保护措施。

# 八、酒店的消防设计

如前所述，酒店设计中关乎安全最重要的是消防设计。酒店属一类公共建筑，为一级保护对象。

## （一）酒店建筑的消防设计要点

1、为了防止和减少建筑火灾的危害，保护人身和财产安全，必须遵循“预防为主，防消结合”的消防设计总则，立足自防自救，采用可靠的防火措施，做到安全适用、技术先进、经济合理。

2、低层和多层酒店，即建筑高度小于等于24m时，按中国的《建筑设计防火规范》(GB50016）实施；而酒店为高层建筑，即高度超过24m时，按《高层民用建筑设计防火规范》(GB50045）实施；当酒店建筑高度超过250m时，需要采取特殊的防火措施，组织专题研究与论证。

3、酒店建筑根据使用性质、火灾危险性、疏散和扑救难度，属于一类建筑；耐火等级应为一级。即防火墙、墙体结构、柱梁板屋顶结构构件、疏散楼梯以及吊顶材料均应采用不燃烧体。根据建筑不同部位，采用材料的耐火极限不应低于规范要求。

4、高层酒店建筑的周围，应设有环形消防车道。当设环形车道有困难时，可沿高层建筑的两个长边设置消防车道。

当酒店建筑沿街长度超过150m或总长度超过220m时，应在适中位置设置穿过建筑的消防车道。当内院的短边长度超过24m时，宜设有进入内院的消防车道，其净宽和净空高度均不应小于4m。

5、消防车道宽度不应小于4m，距建筑外墙宜大于5m，应一直通到消防车取水的天然水源和消防水池。

6、建筑物内部的防火分区、防火门、疏散楼梯与疏散通道等均按消防规范执行。

酒店建筑按层按功能分成若干防火分区，防火分区之间应采用防火墙或防火卷帘分隔。每个防火分区最大允许建筑面积：高层为1000m$^2$、多层为2500m$^2$，而地下室与半地下室最大允许建筑面积为500m$^2$。由于酒店一般都设置自动灭火系统，因此防火分区可以增加一倍，即每个防火分区最大允许建筑面积：高层为2000m$^2$、多层为5000m$^2$。

每个消防分区、一个防火分区的每个楼层，安全出口应经计算确定，不应少于2个，相邻2个最近边缘水平间距不应少于5m。

7、酒店的中庭防火分区面积应按相通各层面积叠加计算。

8、酒店和度假村建筑相互间距以及和相邻建筑防火间距应符合规范要求。

9、多功能厅、歌舞厅、夜总会、卡拉OK厅、桑拿浴室、网吧等娱乐场所，宜布置在首层、二层、三层的靠外墙部位，以及高差不应大于10m的地下一层。其疏散门的数量应经计算确定，且不应少于2个。每疏散门的平均疏散人数不应超过250人。

10、按规范规定，直接通向疏散走道的房间疏散门位于两个安全出口之间时，距最近安全出口的距离应为40m；同样由于酒店全部设置自动喷水灭火系统时，安全疏散距离可增大到50m。

但是当疏散门位于袋形走道的两侧或尽端时，距最近的安全出口应为22m；由于设置自动喷水灭火系统可扩大25%，即增大到27.5m。

11、疏散用楼梯间应能天然采光和自然通风，并宜靠外墙设置，否则应按防烟楼梯间的要求设置，即在楼梯间入口处，应增设使用面积不小于6m$^2$的防烟前室，或开敞式阳台或凹廊等，还应采用乙级防火门。

12、建筑中的疏散用门应采用平开门，向疏散方向开启。当人数不超过60人的房间，而且每扇门平均疏散人数不超过30人时，其门的开启方向不限。防火门按耐火极限可分为甲级、乙级和丙级，按规范要求配置。

13、高层酒店应设消防电梯。当每层建筑面积不大于1500m$^2$时应设一台，1500~4500m$^2$时应设二台，而大于4500m$^2$时应设三台；分别设在不同防火分区内。从首层到顶层电梯运行时间不超过60s。

消防电梯应设面积不小于6m$^2$的前室；当与防烟楼梯间合用时，前室应不小于10m$^2$。前室宜靠外墙设置，在首层应设直通室外的出口，通道长度不超过30m。

熟悉并掌握以上消防设计要点，进行酒店建筑设计，尤其在方案阶段有着十分重要的作用。

## （二）消防监控中心

也被称之为消防控制中心、消防值班室、消防控制室（图8-1）。

1）设在建筑物底层或地下一层的主要出入口附近，距室外出入口的距离不应大于20m。

**图8–1**　消防监控中心实例

2) 建筑面积约为20m$^2$；可以与保安监控室合用时，面积扩大为40~50m$^2$。

3) 不应设在卫生间、厨房、水泵房、游泳池等其他经常积水或潮湿场所的正下方或贴邻。

4) 地面要易于清洁，可以作成架空地板高300mm以方便布线。

## （三）消防给水设计与水池水泵房

消防水泵房一般设在建筑物底层或地下层。消防水源为城市自来水，其主要设备有消防水池和消防水泵等，水池一般采用钢筋混凝土或不锈钢材料制作。

消防给水系统包括室外消火栓系统、室内消火栓系统、自动喷洒灭火系统、气体灭火系统和手提式灭火器。

1）室外消火栓系统：室外消火栓直接由市政给水供给，与室外给水合用一套管网。区域内同时着火按一次计算。室外消火栓用水量为30L/s，一次用水量为324m$^3$(3h)。

2）室内消火栓系统：室内消火栓用水量为40L/s，一次用水量为432m$^3$(3h)。酒店室内消火栓系统管网在室内均成环状布置，由消防水泵房内的消火栓加压泵、屋顶设有的初期消防水箱（18m$^3$）以及消火栓系统稳压装置组成。消防时消防泵可由消火栓箱、消防监控中心及水泵房的按钮直接启停。

3）自动喷洒灭火系统：酒店建筑除游泳池、建筑面积小于5m$^2$的卫生间外，都应设有自动喷洒系统。喷洒灭火系统按中危险Ⅱ级设计，用水量为28L/S，火灾延续时间为1h，一次灭火用水量为108m$^3$，全部贮存于地下室的消防水池中。

自动喷头温级：厨房灶台附近采用93°C级玻璃球喷头，其他均采用68℃级玻璃球喷头。当火灾时喷头喷水，管网水流动时水流指示器动作，并向消防中心报警表明着火部位。

4）气体灭火系统：用于高低压配电、变配电室、柴油发电机房的灭火。气体灭火系统设计在钢瓶间内。

当受保护区内温感或烟感探测器受到触发时，外警钟鸣响发出讯号灯，人员立即撤离事故现场，30s后，气体释放控制器开始放气，与此同时保护区通风防火阀，百叶窗等立即关闭。

5）手提式灭火器：按建筑消防设计规范进行配置。地上部分按A类火灾中危险级配置，灭火剂采用磷酸铵盐干粉，灭火器设置按中危险级，在各层走廊内配置手提灭火器。地下车库按B类火灾中危险级配置，灭火剂采用磷酸铵盐干粉。较大面积的变配电间应配置25Kg推车式磷酸铵盐灭火器一套。

## （四）消防电气设计

设计采用智能型火灾自动报警系统：

1）消防监控中心内设报警系统，包括中央电脑、液晶报警显示盘、打印机、火灾报警控制器、联动控制台、电梯控制盘、消防通信设备等。

2）消防报警系统的负荷等级为一级，主电源为消防电源，直流备用电源采用蓄电池，主备可自动切换。系统中的中央电脑、CRT显示器、消防通信设备等由UPS装置供电。

3）报警触发装置：汽车库内、开水间内设感温探测器，厨房设煤气泄露探测器，锅炉房内设可燃气探测器，其他场所均设光电烟/温复合探测器，各防火分区内均设有手动报警按钮。

4）火灾应急广播及火警警铃设置：汽车库和重要场所设纯消防用扬声器，各防火分区内均设置火警警铃，以及背景音乐兼消防广播扬声器。

5）消防通信设备设置：消防监控中心内设可直接报警的119外线电话；消防监控中心、消防水泵房、变配电室、电梯机房、重要风机房等处设消防专用电话分机；主要出入口手动火灾报警按钮处设电话塞孔。

6）对各子系统的联动控制有：消火栓系统、自动喷洒系统、防火卷帘、防排烟设施、火灾应急广播及火警警铃、电梯控制、火灾确认后的非消防电源切断，以及通过报警总线将楼梯间火灾应急照明灯及疏散标志灯电源强制接通。

## （五）防排烟系统设计

依据建筑设计防火规范的规定，设置自然排烟、机械排烟系统。

# 九、酒店的景观设计

## （一）酒店景观设计的主旨

酒店的景观设计包括酒店入口广场设计、内部空间景观、园林景观、景观带绿化布置、屋顶花园、连廊以及艺术小品等内容。

景观设计首先应满足酒店使用功能要求，景观美观效果要服从使用功能，其次要确定造园风格及主题性建构及小品，需要配合建筑物的整体造型，还要配合夜景照明，保证夜晚和节日的照明效果。

**1、城市酒店的外部景观设计：**人们广为熟悉的城市酒店常有共同的特征：抢眼的、标志性的外观造型，宏伟的、令人印象深刻的入口大堂和共享空间，正是通过景观设计来提升酒店的品质与价值（图9-1、图9-2）。

景观设计首先要突出酒店建筑形象和立面特点，体现建筑师在设计中所赋予建筑物的生命主题。景观设计要讲究设计风格，通过硬景、软景及配套设计来烘托建筑物，使其生命力更加旺盛。

入口部分的景观设计，并不是设计一个城市广场，而是要体现酒店的品牌标准要求的气势与温馨。首先在酒店主入口区域造势，要有一个景观中心，在城市道路与建筑主体的空间轴线上；同时可以依据酒店建筑的特点，在设计上给人视线上的引导，以满足道路、交通、遮蔽、围护等功能要求。

**2、度假酒店的景观设计：**度假酒店与城市酒店的景观设计有很大差别，其规划设计与城市酒店自外向内的做法相反，而外在环境这时成了设计的主体，建筑本身反倒退居其次。这就要求在设计时充分考虑周边环境，使酒店成为载体，使环境成为主要观赏对象（图9-3～图9-7）。

首先，度假酒店往往位于优越的自然或人文环境的地域中，就要求设计师自觉去尊重与利用环境。根据酒店区域内景观现状，考虑到所处的地理位置、建筑风格、庭院空间以及业主的意愿等，将酒店建筑本身的定位、体量以及空间与功能组织，结合当地的自然风光、风土人情、趣味特色，做恰当的处理与把握。特别是将本土的水、石和植物引入酒店内，宛如自然生成的富有野趣的溪流和山石，来与整个风景区巧妙融为一体，浑然天成。

通过合理的规划和设计，实现度假酒店与环境的一体化，自然景色、人文环境与地域特色，经营与消费活动的室外化，充分利用自身的特性来满足并引导消费者的需求，以实现建筑与周边环境的协调与统一，为其长期良好的运营创造有利的条件，实现酒店独特的主题风格。

## （二）自然景观

在充分了解当地气候、地貌、水文及环境特征的前提下，作好酒店与配套的会议中心、高尔夫球场、别

**图9-1**　深圳南海酒店

**图9-2**　澳门威尼斯人酒店水城景色

**图9-3**　希腊度假别墅前的宽阔海景

**图9-4**　松山湖畔的东莞凯悦酒店

**图9-5**　奥兰岛的路易斯酒店选择意大利渔村建筑风格，重构观光休闲渔港

**图9-6**　瑞士Viznau度假村融入自然环境中

**图9-7**　塞舌尔渔夫谷艾美酒店天边泳池

墅区的景观设计，实现建筑与周边环境的协调与统一。

景观设计中要把保护生态环境放在首位。天然的地形地貌和自然植被应尽力加以保护。海滩湖畔、悬岩孤石、果树山林、溶洞溪流、孤岛湿地以及温泉矿泥都需设法利用，以成为酒店最好的自然景观。

如何将酒店内园林景观与当地美丽的自然风光和地方文化特色有机融合，成为酒店园林设计关键的节点所在。要将原有的园林景观，融入到酒店设计中以保持当地的固有的特色，为酒店创造出尽可能多的自然景观。但仅仅通过种植一些常有植物和草皮是达不到绿化效果的，一定把文化内涵充分释放出来。

例如在高尔夫球场的景观设计中，应充分考虑了该基地的地形地貌及植被现状，利用原有的地形起伏，在工程量最小的情况下，创造引人入胜的高尔夫球场景观。

以某度假别墅的景观设计为例，设计将度假别墅的园林景观与美丽的湖面自然风光和地方文化特色相融合（图9-8~图9-10）。

图9-8　湖滨度假别墅1

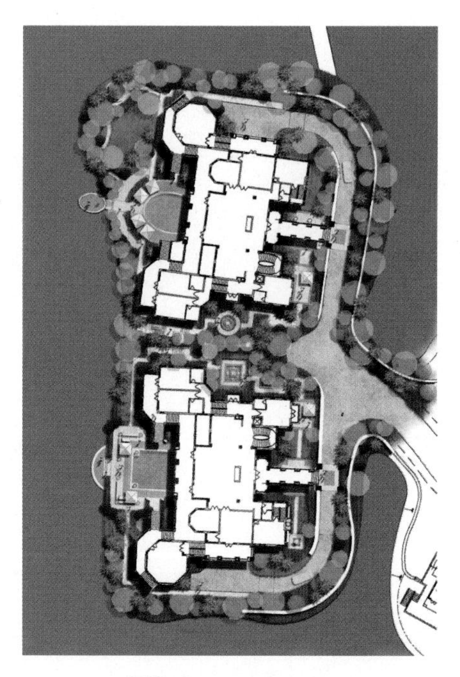

图9-9　湖滨度假别墅2

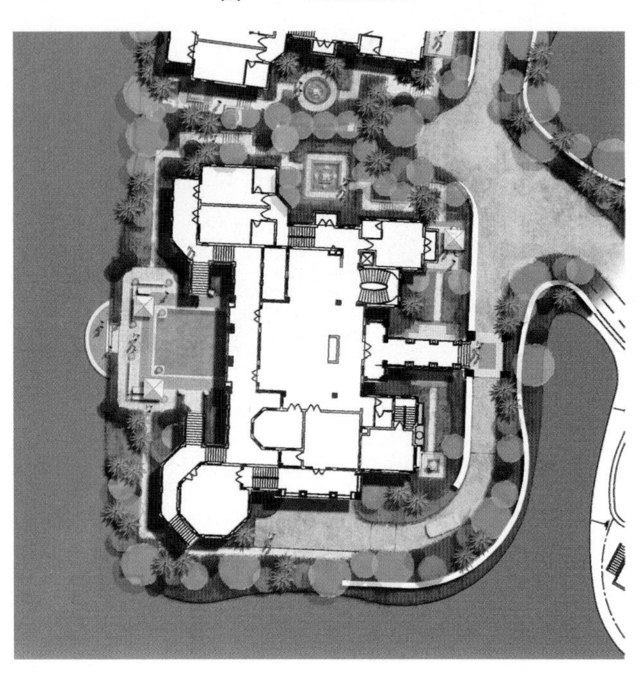

图9-10　湖滨度假别墅3

## （三）造景手法

景观设计师通过造景的手法，将美丽的自然风景引入室内，作为景观补充、延续和提升，使室内外景观融为一体，为酒店和度假村创造怡人的休息空间和新鲜的度假体验。通过对当地民俗及民居建造手法的吸收与再创造，并充分考虑利用本土材料，采用新颖的处理手法，通过景观工程来创造出卓越的酒店环境质量，做到与自然环境和谐协调，形成亲和的整体环境效果（图9-11、图9-12）。

**1、酒店主入口的景观设计：**

1）酒店主轴线上的景观应该是重点布置的区域，面对道路，建议以起坡的草地及低矮的灌木，如设置高大的树木必须合理定位，避免影响视线。酒店裙房应结合建筑立面、廊架和小品设计成更突出的景观效果。

2）酒店标志指示是最重要的设计。标志设计应富于创意，容易辨认，引人注目。酒店标志必须配合灯光照明，投光、反射光或者自发光，同时配以景观设计。

**2、内庭花园设计：**

设计应该以植物、花圃、绿地为主，结合硬景铺地，创造出供酒店客人活动的小环境。在软景设计中要考虑到四季植物景观和色彩，植物的立体景观，错落的布局，避免出现景观断层（图9-11～图9-15）。

通过水池、溪流、园艺、花草、树木、亭台、山石和石雕等景观元素，以及园林小品等造园手法，再辅以现代背景音乐系统、光电照明系统，有机地整合到酒店的环境之中，使酒店园林体现出特有的韵味与现代气息，自然山水与人文特色合二为一的美好境界。

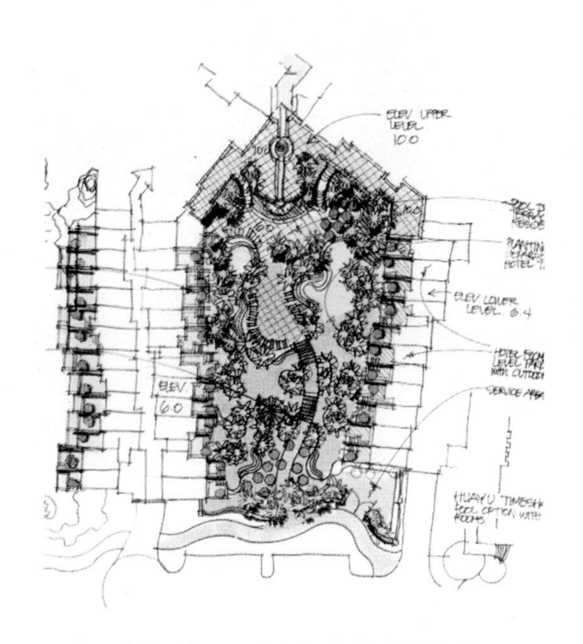


**图9–11**　三亚华宇皇冠假日酒店庭院设计

**图9–12**　印尼巴厘岛威斯丁大酒店

**图9–13**　珠海海泉湾主酒店门廊内庭

**图9–14**　三亚金茂丽思卡尔顿酒店内院

**图9–15**　马尔代夫梦之岛度假村木屋别墅内院泳池

每个建筑院落透过四季景观特征的表现，充分展现各个庭园空间不同的园林意境和韵味，从而让宾客充分享受远离喧嚣城市，亲近自然的愉悦心情，以达到休闲酒店生活的终极目的。度假酒店的设计尤其注意要与自然环境相协调，而且尽可能做到环保和实用。

一般来说，内庭花园没有固定的酒店经营功能，但放置休闲座椅；同样可以给客人提供了一个充满自然活力和生气的环境。

**3、屋顶花园设计：**

酒店的屋面凡是能利用作为花园的一定要设计合理精致，给顾客提供了一个观赏、休闲、个性化的场所，而且屋顶的景观设计应能让客人感觉到一定的私密性和舒适性。

1）屋顶花园要实现休闲功能，植物位置与搭配必须体现变化；

2）屋顶花园要做好防风雨的准备，所用的家具需具备防雨措施；

3）屋面可以为客人的临时要求提供简单的餐饮服务。可以将花园划分若干空间，如草坪或硬覆盖，为客人在屋顶花园提供活动的空间；

4）屋顶花园的灯光避免对室内顾客产生眩光，光源宜低不宜高，灯光要兼顾人行及植物，可以有少量颜色变化，以柔和为主。

**4、水景设计：**

酒店中水景是不可缺少的，可选择喷泉、瀑布、滴水、水池，还可以用水结合本地植物、山、石、溪流为素材，造出更多的景色（图9-16～图9-18）。

1、充分利用空间高差进行合理设置和景观布局，在酒店内营造一条贯穿整个酒店的潺潺溪流，溪流

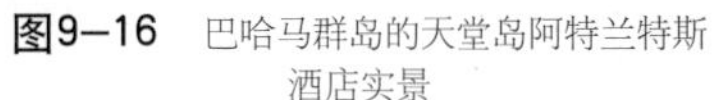
图9-16　巴哈马群岛的天堂岛阿特兰特斯酒店实景

图9-17　深圳东部华侨城

图9-18　三亚喜来登度假酒店

流经的每个院落都有相应的景观主题。

2、水质澄清透明，跌宕多姿。不可有死水区域，保证全部水体流动。尤其在水体边缘及各个区间末端必须要有出水口或回水口。

3、水体深度不宜过深，一般深300~500mm，要方便清洁，避免杂物积存。

4、水景小品尽可能靠近人员出入口，宜放置在视线中心上，形成主题效果以体现水景的最佳环境效果。

5、水景、溪流尽量效仿自然效果，蜿蜒曲折，若隐若现，淡化人工痕迹。

6、选择适当的水景面积，过多人造景观尤其是水景会造成对资源的浪费，并加大维护成本。

## （四）酒店道路景观设计

客人进入酒店首先通过一段景观大道，这是一段令人印象深刻的体验，同样酒店内部道路尤其是湖畔池旁的林荫休闲道路，正是通过景观设计来提升酒店的品质与价值。

图9-19～图9-22为某度假酒店的道路景观设计。其在主入口大道上设有一个景观圆盘，道路的交叉口作为景观设计的集中节点。

图9-19　酒店主入口大道上的景观圆盘

图9-20　大道上的景观圆盘立面图

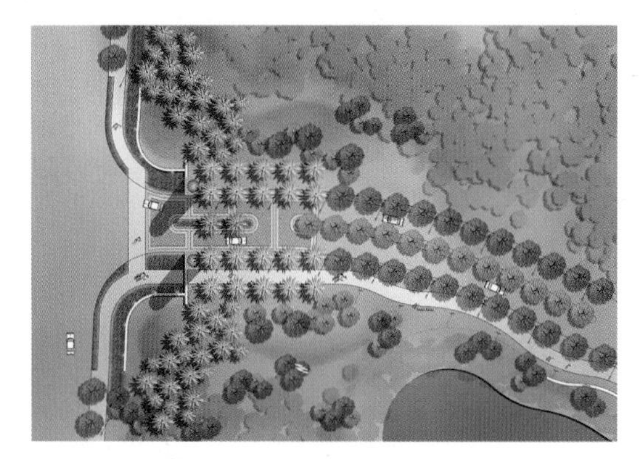

图9-21　区域入口道路景观设计

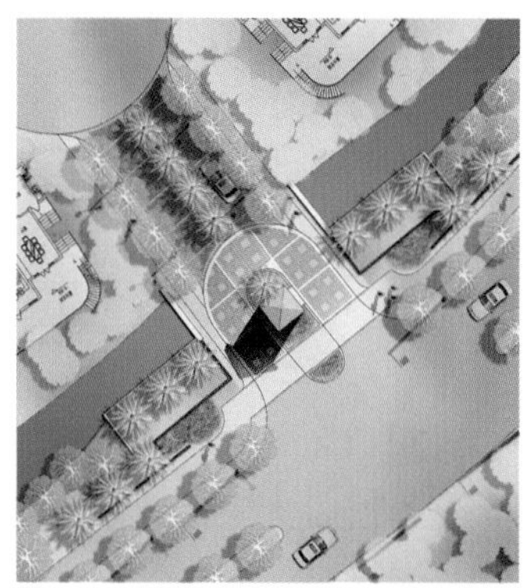

图9-22　区域进口道路交叉口景观设计

# 十、酒店的声学设计

## （一）声学设计标准及名词术语

**1**、酒店应按照中华人民共和国国家标准进行声学设计包括：

《民用建筑隔声设计规范》GBJ 118—88

《建筑隔声评价标准》GB/T 50121—2005

《剧场、电影院和多用途厅堂建筑声学设计规范》GB/T 50356—2005

《声环境质量标准》GB 3096—2008

《城市区域环境振动标准》GB 10070—1988

《社会生活环境噪声排放标准》GB 22337—2008

还要符合国家行业标准《厅堂扩声系统声学特性指标》GYJ 25—86，以及国家建筑标准设计图集08J931《建筑隔声与吸声构造》的相关要求。

**2**、根据国家标准《剧场、电影院和多用途厅堂建筑声学设计规范》，对于多功能厅、宴会厅（相当于国标中的多用途礼堂）等公共空间，其混响时间，是指稳态声源停止发声后声音衰减60dB所需要的时间，它的长短与容积成反方向变化，是厅堂音质设计的重要指标。其计算公式为：

$$T_{60}=\frac{0.161V}{-Sln(1-\alpha)+4mV}$$

其中：室内平均吸声系数 $x=\frac{(\sum S_i\alpha_i+\sum N_j\alpha_j)}{S}$

式中：$V$——房间容积（$m^3$）；　$S$——室内总表面积（$m^2$）；

$\alpha$——室内平均吸声系数；　$m$——空气中声衰减系数（$m^{-1}$）；

$S_i$——室内各部分的表面积（$m^2$）；$\alpha_i$——与表面 $S_i$ 对应的吸声系数；$N_j$——人或物体的数量（$m^2$）；$\alpha_j$——与 $N_j$ 对应的吸声系数。

混响时间设计指标：对中频（500~1000Hz）混响时间设计指标范围可按其容积确定，如图10-1所示。

对其他频率（低频125~250Hz、高频2000~4000 Hz）相对于中频混响时间的比值，详见表10-1所示。

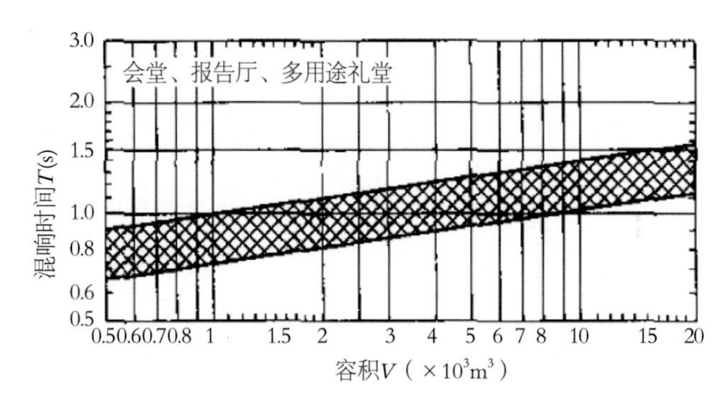


**图10–1**　不同容积的多功能厅、宴会厅、会议厅混响时间指标范围

混响时间比值表　　10–1

| 频率（Hz） | 混响时间比值 |
|---|---|
| 125 | 1.0~1.3 |
| 250 | 1.0~1.15 |
| 2000 | 0.9~1.0 |
| 4000 | 0.8~1.0 |

### 3、厅堂内噪声限值

多功能厅、宴会厅内无人使用时，在通风、空调设备正常运转条件下，室内噪声限值不宜超过表10-2、表10-3中噪声评价曲线 *NR* 值的规定。

功能性厅堂噪声评价值　　表10–2

| 观众厅类型 | 自然声 | 采用扩声系统 |
|---|---|---|
| 多功能厅、会堂、报告厅、 | *NR*–30 | *NR*–35 |

注：本章得到广东启源建筑工程设计院有限公司声学分公司设计总监罗钦平先生的大力支持，敬表谢意！

表10-3

各*NR*值的倍频带声压级表

| 频率中心Hz / *NR* | 倍频带声压级（dB） | | | | | | | |
|---|---|---|---|---|---|---|---|---|
| | 63 | 125 | 250 | 500 | 1000 | 2000 | 4000 | 8000 |
| 30 | 59.2 | 48.1 | 39.9 | 34.0 | 30 | 27.0 | 24.7 | 22.8 |
| 35 | 63.2 | 52.5 | 44.6 | 38.9 | 35 | 32.0 | 29.8 | 28.0 |

**4、名词术语：**

1）背景噪声：即所测房间或厅堂无人占用时，在通风、空调设备和电器系统等所用设备均正常运转条件下的噪声值。背景噪声的评价既可以采用噪声评价曲线（*NR* 曲线）表示，也可以采用 LA（房间内最大允许噪声 A 计权声级，单位 dB（A））表示。

2）允许噪声级：为保证某区域所需的安静程度而规定的用声级表示的噪声限值。

3）空气声：室外声音通过空气透过房间围护结构（墙、门、窗、屋顶、楼板），传至室内并被接收后产生的声音。

4）撞击声：建筑物中声源（机械设备的振动、走路时鞋底和地板的撞击声、家具移动的撞击声等）撞击透过房间的围护结构（特别是楼板），而被接收后在室内听到的声音。

5）隔声量：墙或间壁一面的入射声功率级与另一面的透射声功率级之差，是表征构件（墙、间壁或楼板）隔声性能的物理量。

6）计权撞击声压级：根据楼板在 1/3 倍频程的规范化撞击声压级而确定的撞击声隔声的单值评价量，单位为 dB（分贝）。表示当采用标准打击器打击楼板发声时，在楼下相邻房间测量并经吸声修正后的声压级。

## （二）客房的声学设计

**1、客房的声学设计标准：**

1）客房室内区域最大允许噪声级

按照国家标准要求，确定客房室内最大允许噪声级，如表 10-4 所示。

客房区域室内最大允许噪声级　　表10-4

| 序号 | 房间（或区域）名称 | 最大允许背景噪声级 | | 备注 |
|---|---|---|---|---|
| | | 空调中速运行时 | 空调低速运行时 | |
| 1 | 各种客房和套房 | ≤35dB（A） | ≤30 dB（A） | 测试指标 |
| 2 | 总统套房 | ≤30 dB（A） | ≤25 dB（A） | 建议指标 |

注：1）客房最大允许背景噪声级指床头位置噪声级的测量值。
2）测试指标为工程完毕后，作为工程验收测试的评价指标。
3）建议指标为尽可能达到的指标。

2）客房的墙体隔声要求

按照国家标准要求，确定客房墙体隔声性能至少要达到表 10-5 所示数据。

3）客房楼板的隔声要求

按照国家标准要求，确定客房楼板空气声和撞击声隔声性能要满足表 10-6 所示要求。

4）客房的门窗隔声要求

按照国家标准要求，确定客房门窗隔声性能要满足表 10-7 所示要求。

5）客房的音质设计指标

按照国家标准要求和房间容积，确定客房的音质设计指标要满足表 10-8 所示要求。

**2、客房的声学设计：**

1）客房卧室的音质设计：对普通客房一般不进

客房墙体隔声标准　表10-5

| 序号 | 墙体部位 | 墙体隔声标准 |
|---|---|---|
| 1 | 客房与客房之间 | Rw －50 |
| 2 | 客房与走廊之间 | Rw －45 |
| 3 | 客房与管道井之间 | Rw －45 |
| 4 | 客房与电梯井之间 | Rw －55 |
| 5 | 外墙 | Rw －45 |

注：以上标准值均为测试指标，即工程完毕后作为工程验收测试的评价指标。

客房楼板空气声和撞击声隔声标准　表10-6

| 序号 | 楼板部位 | 空气声隔声标准 | 撞击声隔声标准评价量 |
|---|---|---|---|
| 1 | 客房与客房之间 | Rw －50 | L ' n,w － 55 dB |

注：以上标准值均为测试指标，即工程完毕后作为工程验收测试的评价指标。

客房门窗的隔声标准　表10-7

| 序号 | 部位 | 隔声标准 |
|---|---|---|
| 1 | 客房与走廊之间的门 | Rw ≥35 |
| 2 | 外窗 | Rw ≥35 |

注：以上标准值均为测试指标，即工程完毕后作为工程验收测试的评价指标。

客房的音质设计指标　表10-8

| 序号 | 房间（或区域）名称 | 混响时间 T60/s |
|---|---|---|
| 1 | 普通客房与各种套房 | 全频0.5~0.8 |
| 2 | 总统套房 | 全频0.6~0.9 |

注：以上标准值均为建议指标，即工程完工后尽可能达到的指标。

行严格的音质设计，而是通过地毯、客床、软座椅、织物装修、窗帘、植物等对室内音质进行改善，以保证室内有一个良好的声环境。

由于室内一般不安装吸声板，如果不用地毯，室内音质将会有些浑浊，听音将会含糊不清时，就要设法寻找改善措施。

2）客房门应采用隔声门，其隔声值 Rw ≥ 35dB。隔声门必须由专业生产厂家提供，且供货商必须提供隔声门的隔声性能检测报告给声学顾问确认。

3）房间通往阳台门一般采用推拉玻璃门。由于推拉玻璃门的隔声量较低，预计（推测）其隔声量 Rw ≤ 22dB，不能满足室内背景噪声的设计指标要求。

当建筑室外环境不好时，就要设法改善，解决的办法有两个：

（1）再增加一层推拉玻璃门，双层推拉玻璃门的整体结构的隔声量增加大约 10dB。

（2）还可安装电动多功能窗帘，可使推拉玻璃门整体（含窗帘）的隔声量增加 8~10dB；该电动隔声窗帘除遮光和装饰等普通窗帘功能外，还具备隔热保温功能。

4）客房外窗一般采用平开窗，其隔声量为 30~32dB，尚不能满足客房外窗需 35dB 的隔声要求。

尤其当酒店位于交通干线一侧，紧邻道路的酒店外窗，若安装多功能窗帘以提高窗户的隔声量，整体隔声量可以达到 40dB。

5）卫生间采取隔声吊顶，消除塑料排水管的空气传声，但是隔声吊顶的龙骨不能与排水管及吊挂件接触。卫生间采用普通门，其隔声值 $Rw \geq 15$dB，门上避免开启通风百叶。

## （三）多功能厅、宴会厅和大堂等公共空间的声学设计

多功能厅、会议厅、宴会厅和大堂是酒店的公共空间，有精湛的建筑设计和室内装修设计，还需要严格的音质设计和噪声控制设计，使这些公共空间在使用时没有噪声干扰，厅内具有合适的背景噪声，听音清晰、音质优良，具有安静优雅的声环境。

**1、公共空间的声学设计标准：**

1）公共空间室内最大允许噪声级

按照相关标准，确定公共空间室内最大允许噪声级如表 10-9 所示。

2）公共空间室内的音质设计指标

按照相关标准，公共空间室内的音质设计需要满足表 10-10 的指标。

混响时间指标：中频混响时间（秒）$f$=500~1000Hz、$RT$=0.90±0.1 秒；其他频率与中频的比值见表 10-11。

**2、多功能厅的声学设计：**

以下就某酒店多功能厅实例来说明厅堂的声学设计。其建筑平面为长方形，长 55.2m、宽 28.5m，装修后高度按 7m 计，其平面、剖面图如图 10-2、图 10-3。

公共空间室内最大允许噪声级　　表10-9

| 序号 | 房间（或区域）名称 | 最大允许背景噪声级 | 备注 |
|---|---|---|---|
| 1 | 多功能厅、会议厅 | *NR*-35 | 测试指标 |
| 2 | 大堂、过厅、前厅 | 45 dB(A) | 测试指标 |
| 3 | 餐厅 | 45 dB(A) | 测试指标 |
| 4 | 餐厅包房 | 40 dB(A) | 测试指标 |
| 5 | 酒吧 | 45 dB(A) | 建议指标 |
| 6 | 行政酒廊 | 45 dB(A) | 测试指标 |
| 7 | 电梯厅 | 45 dB(A) | 测试指标 |
| 8 | 接待室 | 45 dB(A) | 测试指标 |
| 9 | 办公室 | 45 dB(A) | 建议指标 |
| 10 | SPA | 45 dB(A) | 测试指标 |
| 11 | 员工活动室 | 45 dB(A) | 测试指标 |
| 12 | 厨房 | 75 dB(A) | 建议指标 |

注：1）测试指标为工程完毕后，作为工程验收测试的评价指标。
　　2）建议指标，即工程完工后尽可能达到的指标。

公共空间室内音质指标　　表10-10

| 房间 | 房间容积（$m^3$） | 中频满场混响时间$T60$/s | 背景噪声 | 声场分布不均匀度$\Delta Lp$ dB |
|---|---|---|---|---|
| 多功能厅 | 8000 | 1.20±0.10 | *NR*-35 | ≤±3 |
| 宴会厅 | 7600 | 1.10±0.10 | *NR*-35 | ≤±3 |
| 大堂 | 7200 | 2.00±0.10 | *NR*-40 | ≤±3 |
| 餐厅 | 3000 | 1.20±0.10 | *NR*-40 | ≤±3 |

注：1）以上指标为工程完毕后作为工程验收测试的评价指标。
　　2）厅堂的容积不同时，混响时间指标需做相应调整。

混响时间比值指标　　表10–11

| 项目名称 | 倍频程中心频率（Hz） | | | | | |
|---|---|---|---|---|---|---|
| | 125 | 250 | 500 | 1000 | 2000 | 4000 |
| 混响时间比值 | 1:1~1.3 | 1:1~1.15 | 1:1 | 1:1 | 1:0.9~1.0 | 1:0.8~1.0 |

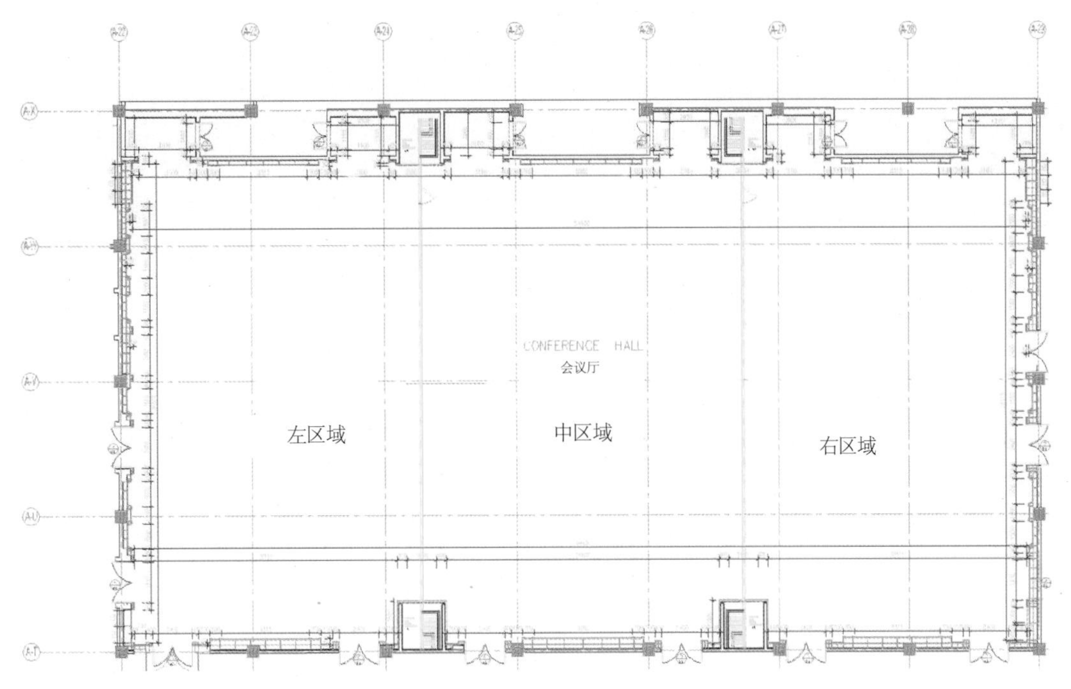


图10–2　多功能厅平面图

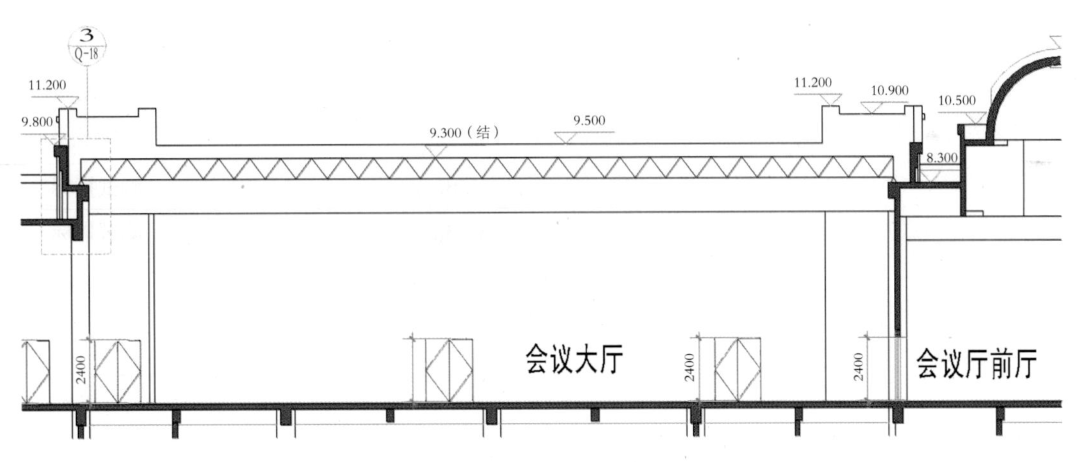


图10–3　多功能厅剖面图

**1）厅堂的音质设计**

（1）要求厅堂内的语音清晰度要高，就必须使厅内的混响时间较短，背景噪声较低，没有声聚焦、回声、颤动回声、驻波、声染色等声学缺陷。厅堂一般需要具备同声传译的声学要求，

（2）厅内的全频混响时间指标和室内背景噪声指标均达到设计要求，厅内听音环境良好。

（3）音质设计的改善措施

• 顶棚使用12mm厚石膏板或类似材料做吊顶。

• 地面尽可能铺设厚地毯，室内尽可能多摆放一些植物，座椅建议使用吸声系数较高（尤其是低频吸声系数要较高）的软椅。这样可以留出较多的墙面和顶棚等面积，供室内设计师对厅堂进行装饰设计。

• 四周围墙面尽可能使用50mm厚功能性吸声板

（大体均匀分布），安装后空腔≥ 100mm。具体吸声板的用量按座椅、地面地毯等条件通过计算确定。

• 墙面尽可能不安装大面积的玻璃、石材、金属等对声音具有强反射的材料。墙表面即使要少部分木板，也设计成凸面异型，以利于声音的扩散，而不让其形成颤动回声。

• 活动隔断的两侧贴满 25mm 厚功能性吸声板（贴实安装）。

**2）厅堂的隔声设计**

（1）厅堂隔墙的隔声设计

厅堂与前厅、走廊相邻，不应与噪声严重的机房相邻。按照有关国家标准，内隔墙要达到隔声量 *R*w–50 的设计指标。

（2）厅堂活动隔断的隔声设计

酒店多功能厅空间一般比较大，建筑设计将大厅采用活动隔断分成左、中、右三个区域，以满足有时会分区使用。分区后同样要求区域之间互不干扰，因此对大厅内活动隔断的隔声要求，与墙体的隔声指标相匹配，选择活动隔断的隔声量为 *R*w–50。

（3）厅堂顶棚的隔声设计

多功能厅、宴会厅空间大，一般采用大跨度钢结构轻型屋面。这种屋面的缺陷是隔声较差，其隔声量在 35dB 以下，在下大雨或暴雨时，室内的雨噪声非常严重，甚至达到 60dB（A）以上，严重影响使用时的声环境，远不能满足顶棚隔声量 *R*w–45 的要求，必须做好轻型屋面的减振隔声处理。

雨跌落至钢结构轻型屋面产生的撞击声噪声，包括撞击辐射噪声和振动传递（固体传声）。当室内无相应的吸声处理时会引起回声噪声，未经任何处理时如图 10–4 所示。

为解决钢结构轻型屋面雨噪声问题，将屋面设计成减振隔声结构构造，能将雨跌落屋面时产生的撞击噪声大大减弱，并有效控制了混响噪声，如图 10–5 所示。

（4）厅堂地面的隔声设计

按照有关国家标准，地板空气隔声量的指标采用 *R*w–50。若厅堂楼板混凝土厚度为 120mm，其空气隔声量 *R*w–44，不能满足 *R*w–50 的指标要求。如果要达到该指标，则混凝土厚度至少需要增加到 240mm 厚，当然这不是一个好办法。

若厅堂楼面下方是办公室、会议厅、SPA 等声敏感区域，而建筑结构混凝土地面厚度为 120mm，其地板的撞击声指标为≥ 78dB，远远不能满足地板撞击声的隔声指标。由于办公室、会议厅的楼板撞击声要求比客房稍低，所以厅堂地板可采用 B 型浮筑地板结构。

B 型浮筑地板结构是在原设计 120mm 厚混凝土楼板上，设置 5mm 厚减振垫，再采用 C20 混凝土 40mm 厚（内配筋 Φ4@200），随后完成地面装饰层。地板经过浮筑处理后，不仅可大幅度提高地板的撞击声隔声量，其标准撞击声声压级≤ 60dB，还可以使地板的空气隔声量增加 7~8dB（实验室值），使地板的空气隔声量 *R*w ＞ 50dB，满足楼板空气声隔声设计要求。

（5）厅堂门的隔声设计

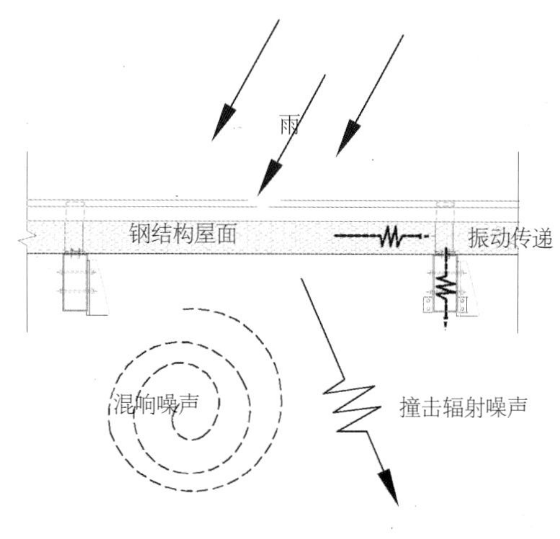


**图10–4**　钢结构轻型屋面噪声问题示意图

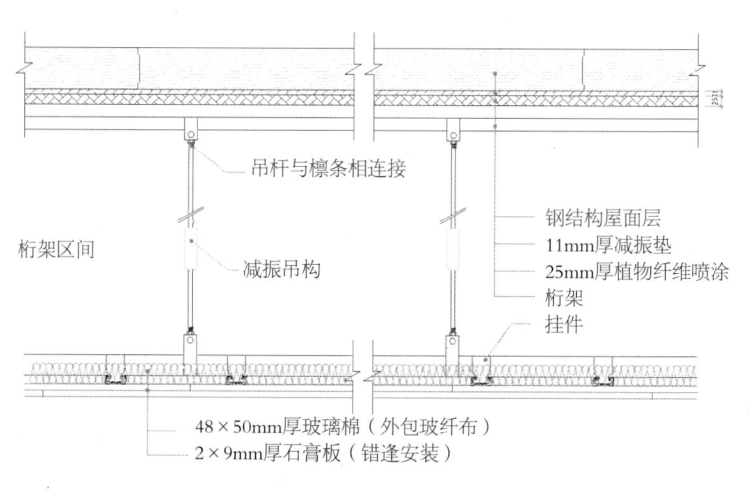


**图10–5**　钢结构屋面的减振隔声处理实例

厅堂门是隔声最薄弱的环节，如果采用隔声量达到 50dB 的隔声门，当然能够满足厅堂的隔声要求，但是这种门使用时比较笨重，开关不方便。最好还是将大厅的每一个入口都设置声闸室。声闸室使用两重隔声门，两张隔声门之间的间距要求大于 1m 以上，声闸室内的墙壁和顶棚全部安装吸声材料（布艺吸声板、穿孔吸声结构均可）进行强吸声处理。两张隔声门的隔声量 Rw ＞ 35dB，这样可以使声闸室的整体隔声量≥ 50dB。

假如没有设置声闸只使用单层隔声门，其隔声量 Rw ＞ 40dB，因此还要依据具体项目而定。

**3）酒店大堂的声学设计**

酒店大堂的装饰材料多选用石材、玻璃、石膏板等强反射材料，形成酒店大堂的声学特点是空间大，容易形成较大的回声，造成听音模糊不清。

尤其许多大堂采用穹顶结构，这种穹顶会形成强烈的声聚焦，在穹顶下部区域将造成音质环境恶劣。

大堂的声学处理主要是对大堂的音质进行处理，消除回声和声聚焦，而采用隔声措施对大堂的音质影响不大。

（1）建议在 20% 左右的墙面（或柱面）安装 50mm 厚装饰布艺吸声板或 65mm 厚木质槽孔吸声结构，或者平均吸声系数超过 0.6 的其他种类的装饰吸声材料。墙面尽可能少用平面石材、玻璃、金属板等对声音强反射的材料。这样可以大幅度缩短大堂内的混响时间，消除回声，提升听音的清晰度。

（2）若有可能在大堂内尽可能多摆放有吸声功能的植物和软椅。这样可以减少吸声材料的直接使用，既可以提高大堂内的装饰效果，又可以有效降低大堂内的混响时间，消除回声。大堂内设置一些立体造型装饰或浮雕装饰，还可以起到声扩散作用，也会对大堂内的声环境有帮助。

（3）若有可能在穹顶内设置大型吊灯或其他艺术品装饰物，既有很好的装饰效果，又可以起到部分消除声聚焦的作用。在穹顶内部顶高 1/3*H* 左右区域的表面喷涂一层约 20mm 厚植物纤维，或者贴 25mm 厚功能性吸声板，以基本消除穹顶声聚焦对地面的影响，改善穹顶区域的声环境。穹顶声学处理示意见图 10-6。

另外为减少干扰，酒店的机房布置尽可能远离客房、宴会厅、会议室等声环境敏感的区域。但不论建在哪里，需根据机房内设备的噪声情况与周围环境的背景噪声要求，进行机房与整个机电系统的吸声、隔声和减振降噪设计。

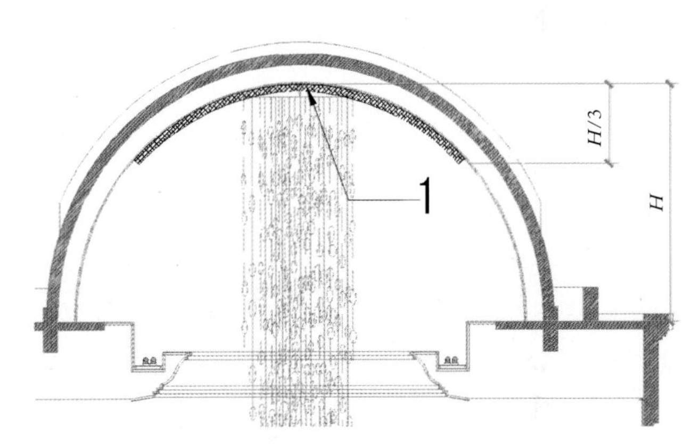


**图10–6**　穹顶声学处理示意图
1——20mm厚进口植物纤维或25mm厚功能性吸声板

# 十一、绿色环保型酒店

## ——酒店的生态设计

20世纪60年代，美籍意大利建筑师保罗·索勒瑞将生态学（Ecology）与建筑学（Architecture）相结合,提出了著名的“生态建筑(Arology)”新概念。生态建筑，也被称为绿色建筑、可持续发展的建筑。

在中国对“绿色建筑”的定义为：在建筑的全寿命周期内，最大限度地节约资源（节能、节地、节水、节材）、保护环境和减少污染，为人们提供健康、适用和高效的使用空间，与自然和谐共生的建筑。为此制定了国家标准《绿色建筑评价标准》，并于2006年6月开始实施。酒店建筑也不例外，应该严格遵照此国家标准，作为酒店建设、设计与运营的法则。

目前全球对绿色建筑的评估标准中除我国已颁布的《绿色建筑评价标准》GB/T 50378—2006，美国绿色建筑委员会（USGBC）制定的LEED标准体系使用较广泛。

### （一）创建绿色环保型酒店

长期以来，酒店给人的印象总是高级而奢华的建筑，全天灯火通明的大堂，用完即换的生活品，清理和保洁工作使用强化学品，凡此种种都为酒店业蒙上了一层奢侈浪费的阴影。

随着地球“温室效应”的日益恶化，生态进一步失衡，近几年“绿色酒店”悄然兴起。创建绿色酒店不论对酒店、对客人、对社会环保都有非常重大的积极作用。酒店早日实施绿色战略，不仅能节约运营成本，而且利于酒店实现可持续发展，迎合现代顾客“绿色”需求。

绿色环保型酒店的其含义为：能源和环境设计的领先地位，符合要求的酒店建筑需尽可能地控制水和能源的使用，改善空气质量，并减少有毒、有害物质的使用。

近年来低碳、保护地球绿色消费成为酒店业最重要的话题之一。通常星级酒店将旅客日用品的牙刷、牙膏、拖鞋、梳子、洗发水、沐浴液、香皂、浴帽称为“8小件”直接配送到每间客房。据悉，中国星级酒店每天消耗一次性日用品120万套，年消耗高达440亿元以上，而且一次性用品无法回收，还面临着二次处理所带来的浪费。从20世纪90年代，马来西亚就不再提供被称为“6小件”的牙刷、牙膏、梳子、洗发水、沐浴液、香皂等一次性日用品，同时韩国也如此实行。这一举措花费10年时间才被游客所接受。

为了减少一次性用品的使用，许多酒店将洗发水、沐浴露改装为大瓶形式，现也在逐步取消提供一次性日用品。为方便旅客，当客人有需要提供时，由客房服务中心或服务台配送，这样既满足了顾客需求，又实现了低碳环保。

酒店鼓励客人共创绿色环境，向住客提出要节约用水和省电，客人进入或离开客房时，系统会自动启动或断开电源；酒店将空置房间持续断电降低耗电量，将装有污染环境的传统日光灯管换成了环保型灯管；床单和毛巾尽量循环使用而不提供每天更换；酒店还装有低用水量的厕所和淋浴设备；使用无毒的清洁工具以及用大豆油墨水和再生纸为客人打印账单等。

喜达屋酒店集团调查结果显示，大多数表示在离家外出旅游时，不太会考虑节约用水用电，63%的人表示比起在自己家时，住酒店更有可能不关灯就离开；近70%的人说在酒店淋浴时，每次都会打开全新的装有洗发精和沐浴露迷你瓶；而约75%的人表示，对酒店客房服务来说每天更换床单是必要的，这是酒店应当提供的服务。因此，绿色环保措施往往与奢侈的高级酒店经营准则有冲突。

几乎每家酒店都希望说自己是绿色环保的，但是是否会真正落实到每个环保举措，还有待努力。随着生态学意识渐渐融入消费主流，消费者心中的环保意识日愈增强，就酒店业来看，人们为环保做出的努力会日益明显增多，愈来愈普及。

### （二）保护环境的宗旨

绿色环保型酒店是以保护环境和减少污染为宗

旨，其主要体现在以下诸方面：

1、在建设过程中尽可能维持原有场地的地形、地貌、水系、植被和有价值的树木等环境状况，它们不但具有较高的生态价值，而且是传承场地所在区域历史文脉的重要载体，也是该区域重要的景观标志。这样既可以减少用于场地平整所要的建设投资，减少施工工程量，也不致对原有生态环境的破坏。

2、项目建设不对整体环境产生影响，是绿色建筑的基本原则。避免其建筑布局或体形对周围环境产生不利影响，特别需要避免对周围环境的光污染，以及对周围居住建筑的日照遮挡。

3、环境噪声应满足国家《城市区域环境噪声标准》CG 3096规定。尤其对于交通干线两侧区域，尽管满足了区域环境噪声的要求，白天 $L_{aeq} \leq 70dB(A)$，夜间 $L_{aeq} \leq 55dB(A)$，而这还并不意味着临街的建筑室内就安静了，仍需要在围护结构如临街外窗等部位采取隔声措施。

4、高层建筑和超高层建筑的出现使得再生风和环境二次风环境问题逐渐凸现出来。在鳞次栉比的高低层建筑中，由于建筑布局不当而有可能导致行人举步艰难或强风卷刮物体、撞碎玻璃等事故。

研究结果表明，建筑物周围人行区1.5m高处风速宜低于5m/s，以保证人们在室外的正常活动。此外，通风不畅还会严重地阻碍风的流动，在某些区域形成无风区或涡旋区，不利于室外散热和污染物消散，因此也应尽量避免。

夏季、过渡季自然通风对于建筑节能十分重要，还涉及室外环境的舒适度。当环境的热舒适度超过极限值时，长时间停留还会引发生理不适直至中暑。

5、绿化是改善生态环境和提高生活质量的重要内容。应避免大面积的纯草地，草坪不但维护费用高，生态效果也不及复层绿化，应尽量减少使用。

植物的配置应能体现本地区植物资源和特色植物景观等特点，以保证绿化植物的地方特色。同时，要采用包含乔、灌木的复层绿化，形成富有层次的绿化体系，为人们提供遮阳、游憩的良好条件，还可以吸引各种动物和鸟类筑巢，改善建筑周边的生态环境。

可采用屋顶绿化和墙面绿化等方式，以增加绿化面积，提高绿化在二氧化碳固定方面的作用，改善屋顶和墙壁的保温隔热效果，还可以节约土地。

6、为减少区域气温逐渐升高和气候干燥状况，降低热岛效应并调节微气候，要增加场地雨水与地下水涵养，改善生态环境及强化天然降水的地下渗透能力。

透水地面界定为自然裸露地、公共绿地、绿化地面和镂空铺地（如植草砖）。透水地面面积比是指以上透水地面面积占室外地面总面积的比例要达到大于或等于40%。

7、施工期间必须提出行之有效的控制扬尘的方案，以减少施工活动对大气环境的污染，以及减少施工过程对土壤环境的破坏。施工工地污水一般含沙量和酸碱值较高，必须严格执行国家标准《污水综合排放标准》GB 8978的要求。

建筑施工噪声，是指在建筑施工过程中产生的干扰周围生活环境的声音。施工现场应制定降噪措施，使噪声排放达到或优于《建筑施工场界噪声限值》GB 12523的要求。

施工场地电焊操作以及夜间作业时所使用的强照明灯光等所产生的眩光是施工过程光污染的主要来源。施工现场还应设置围挡，采取措施保障施工场地周边人群和设施的安全。

## （三）酒店建筑的节能设计

要严格按《公共建筑节能设计标准》（GB 50189—2005）国家规范执行，实现节约能源和保护环境。

1、建筑总平面设计的原则是冬季能获得足够的日照并避开主导风向，夏季则能利用自然通风并防止太阳辐射与暴风雨的袭击。建筑总平面设计应考虑多方面的因素，以优化建筑规划设计，尽可能提高建筑物在夏天的自然通风和冬季的日照效果。

2、围护结构的热工性能（如体形系数、外墙传热系数、窗墙比、幕墙遮阳系数、遮阳方式等），以及各类指标（通风换气次数、室内发热量等）应按照国家《公共建筑节能设计标准》的要求进行设定。

根据当地具体气候条件，外墙选择容重轻、保温隔热好、隔声性能强的材料，并选择优质屋面防水保温材料，精心围护结构热工计算，以满足节能报建要求，符合公共建筑节能设计标准。

酒店的全年能耗中，大约50% ~ 60%消耗于空调制冷与采暖系统，20% ~ 30%用于照明。而在空调采暖这部分能耗中，大约20% ~ 50%由外围护结构传热所消耗（夏热冬暖地区约20%，夏热冬冷地区约35%，寒冷地区约40%，严寒地区约50%）。

调查与实测结果表明，通过建筑外窗的能耗损失是建筑能源消耗的主要途径。北方地区，外窗的传热系数与气密性对建筑采暖能耗影响很大；南方地区，外窗的综合遮阳系数则对建筑空调能耗具有明显的影响。因此要采用优良的围护结构、先进的建筑构造和节能技术，来提高节能效果。

3、保证房间有良好、合理的自然通风，一是可以显著地降低夏季房间自然室温，改善室内热环境，提高热舒适；二是可充分利用过渡季节温度适宜的室外空气，减少房间空调设备的运行时间，以节约能源。

建筑外窗可开启面积不小于外窗总面积的30%，即外窗的可开启面积不小于所在房间地面面积的8%。为了提高室内的舒适性，建筑幕墙应有可开启部分或设有通风换气设备。

4、为了保证建筑的节能，抵御夏季和冬季室外空气过多地向室内渗漏，外窗的气密性不低于现行国家标准《建筑外窗气密性分级及其检测方法》GB/T 7107规定的4级要求，即在10Pa压差下，每小时每米缝隙的空气渗透量在0.5 ~ 1.5$m^3$之间，以及每小时每平方米面积的空气渗透量在1.5 ~ 4.5$m^3$之间。

5、空调系统设计时不仅要考虑到设计工况，而且应考虑全年运行模式。在过渡季，空调系统采用全新风或增大新风比运行，应该大力推广应用。

《公共建筑节能设计标准》GB 50189—2005对锅炉额定热效率以及冷热源机组能效比的规定；利用排风对新风进行预热（或预冷）处理，降低新风负荷；建筑物处于部分冷热负荷时和仅部分空间使用时，采取有效措施节约通风空调系统能耗；选用余热或废热利用等方式提供建筑所需蒸汽或生活热水等，都是节能的好措施。

6、合理利用能源、提高能源利用率、节约能源是我国的基本国策。严格限制高质低用的能源转换利用方式，采用太阳能供热的建筑，夜间利用低谷电进行蓄热补充，蓄热式电锅炉不在日间用电高峰时间启用，这些做法有利于减小昼夜峰谷，平衡能源利用。

7、应选用发光效率高、显色性好、使用寿命长、色温适宜并符合环保要求的光源。在满足眩光限制和配光要求条件下，应采用效率高的灯具，灯具效率满足《建筑照明设计标准》GB 50034的规定。

在保证照明质量的前提下尽量减小照明功率密度（LPD），采用室外天然光的变化自动调节人工照明照度，采用人体感应或动静感应等方式自动开关灯，采用夜间定时降低照度的自动调光装置，采用集中或集散的，多功能或单一功能的照明自动控制系统，都是节约电能的有效措施。

8、绿色建筑的特征之一是合理使用可再生能源与新能源技术。可再生能源是指风能、太阳能、水能、生物质能、地热能、海洋能等非化石能源。

根据当地气候和自然资源条件，首先充分利用太阳能、地热能等可再生能源。太阳能热水器的技术已趋成熟，太阳光电转换技术中太阳电池的生产和光伏发电系统的应用水平也在不断提高。地热的利用方式目前主要有两种：一是采用地源热泵系统加以利用。二是以地道风的形式加以利用。

9、停车场尽量采取开敞式设计，自然通风自然采光，使其具有良好的生态环境，又节约能源。

### （四）酒店建筑的节水设计

1、在规划水系统方案时，合理确定用水定额、用水量估算以及水量平衡，做好给水排水系统设计，优选节水器具，开发非传统水源利用等。

给水系统的供水尽量利用市政水压，水压不足时再考虑加压供水，既环保又节能。酒店采用设总水表计量，按每单位分部门设分户计量水表。

2、雨水、再生水等利用是重要的节水措施。多雨地区应加强雨水利用，沿海缺水地区加强海水利用，内陆缺水地区加强再生水利用，而淡水资源丰富地区就不宜强制实施污水再生利用。

雨水根据当地暴雨公式计算，暴雨设计重现期拟采用一年。基地经路面雨水口收集后，通过室外雨水井及管道排出。水景用水优先考虑采用雨水。

3、要优先采用节能的供水系统，如采用变频供水、叠压供水（利用市政余压）系统，局部楼层可利用楼层高差采用重力供水等。

高层建筑给水系统分区合理，低区充分利用市政水压，高区采用减压分区时不多于一区，每区供水压力不大于0.45MPa；支管水压过高要设减压限流的节水措施，供水压力不大于0.2MPa；并且选用高效低耗的设备如变频供水设备、高效水泵等。

4、卫生洁具及五金配件采用节水型产品：水龙头、节水便器、节水淋浴装置等，所有器具均应满足《节水型生活用水器具》的要求，坐便器的水箱均采用≤6L。

客房可选用陶瓷阀芯，停水自动关闭水龙头、两档式节水型坐便器、水温调节器、节水型淋浴头等节水淋浴装置；厨房可选用加气式节水龙头、节水型洗碗机等节水器具；洗衣房可选用高效节水洗衣机。

5、为节约用水，游泳池采用循环过滤系统补水工艺，使池水循环使用。

6、雨水、再生水等非传统水源在储存、输配等过程中要有足够的消毒杀菌能力，保护水质不会被污染，保障水质安全。其回用系统要有明显的标识，以免误饮误用。

## （五）防止污染——酒店建筑的环保设计

### 1、酒店建筑的环保设计

1）设计中控制应用单纯为追求标志性效果，没有功能作用的装饰构件，主要指不具备遮阳、导光、导风、载物、辅助绿化等作用的飘板、格栅和构架等，在屋顶等处设立的大型塔、球、曲面等异形构件。

2）在绿色建筑中，合理采用耐久性和节材效果好的建筑结构材料：高性能混凝土、高强度钢等结构材料，提倡和推广使用预拌混凝土。

3）实施土建和装修一体化设计施工，避免了在装修施工阶段对已有建筑构件的打凿、穿孔，既保证结构安全，又减少了建筑垃圾；最大限度地使用整料装修面层材料，减少边角部分的材料浪费，节约材料，又减少装修施工中的噪声污染。

4）在装修时应选用有害物质含量达标的装饰装修材料，防止由于选材不当造成室内空气污染。甲醛、挥发性有机物（VOC）、苯、甲苯和二甲苯以及游离甲苯二异氰酸酯及放射性核素等有害物质含量必须符合国家标准。

### 2、给排水的环保设计

1）管材、管道附件及设备等选用在供水中不致造成二次污染的国家推荐材料，不使用镀锌管材。

2）室外设洒水龙头浇洒绿地及道路，该部分可尽量利用回用水，或采用节水型浇灌方式。

3）室内采用污、废水分流制，并设有通气立管伸顶出屋面。室内排水附件如地漏、存水弯均采用高水封型。

污水经污水管道分片汇集后，分别排入埋地式二级污水处理设备后，再排入市政污水道。污水净化达标后可作为酒店绿化用水。

4）厨房废水经隔油处理后排至二级生化处理设备。而汽车库地面冲洗水经沉砂隔油处理后，排入雨水管道。

5）地下室的生活、消防水池上的人孔盖板，均采用防臭型密封盖板，并设置通气管，水泵房内设有机械通风。污水集水池上的人孔盖板也要采用防臭型密封盖板，并设置通气管与室内排水系统的通气管相连。卫生间排水管均设置通气管，将废气高空排放。

6）水泵基础均设隔震垫进行隔震，水泵进出水管加可曲挠橡胶接头防震。水泵房内的各种管道均采用防震型吊架和支架。

### 3、固体废物的利用

可直接再利用的材料在建筑中重新利用，不可直接再利用的材料通过回收、再生加工，最大限度地避免废弃物污染、随意遗弃。

废弃物主要包括建筑废弃物、工业废物和生活废弃物，可作为原材料用于生产绿色建材产品。在满足使用性能的前提下，鼓励使用利用废弃物和再生骨料制作的混凝土砌块、水泥制品，回收利用废弃物。

作为绿色建筑要求：废弃物生产的建筑材料的重量占同类建筑材料的总重量比例不低于30%。

### 4、垃圾站的设置

酒店和度假村的后勤区域内设有垃圾站，收集生活垃圾，分干和湿两种：干式垃圾包括酒店和度假村的废纸、纸箱、玻璃、塑料包装物、瓶、罐等；湿式垃圾包括：果壳、厨房废油、泔脚等食品废弃物。

生活垃圾量的计算：客房按每人每天0.25kg计，餐厅每人次1kg计，别墅酒店按每人每天0.25kg计。

在垃圾站经分拣分类后分别进行湿垃圾冷冻、粉碎、回收再生、清洗，打包、暂存后集中运出，或由城市环卫部门环卫垃圾车从酒店后勤通道运出。

**5、施工期间环境保护**

为在施工期间最大限度地保护环境，防止污染，维护生态环境，建议在施工期间尽量保留现存绿化，将施工堆料地选择在相对隐蔽的地方。绿化植树与施工同步，及时种草皮等绿化，以保持原有的生态景观。

## （六）保证室内环境质量

生态设计的最终目的就是要保证生活环境质量，包括能源环境、气环境、水环境、声环境、光环境、热环境等质量。除上章介绍的控制噪声和声环境设计外，室内环境质量因素还有：

1、室内热环境是指影响人体冷热感觉的环境因素。“热舒适”度是指人体对热环境的主观反应，是人们对周围热环境感到满意的一种主观感觉，舒适的室内环境有助于人的身心健康。室内温度、湿度和气流速度对人体热舒适感产生的影响最为显著，这三个参数应符合《公共建筑节能设计标准》中的设计要求。

2、冬季采暖期间防止因热桥内外表面温差大，内表面温度容易低于室内空气露点温度，造成围护结构内表面结露，而产生霉菌。

为确保引入室内的室外新鲜空气，新风采气口上风向不能有污染源，应缩短新风风管的长度，减少途径污染。最小新风量应符合国家标准《旅游旅馆建筑热工与空气调节节能设计标准》GB 50189与《室内空气质量标准》GB/T 18883等标准要求。

3、天然光环境是人们长期习惯和喜爱的环境，自然采光不仅在于照明节能，而且为室内的提供舒适、健康的光环境，因此，在建筑上可以采取天窗、高窗、反光窗，以将更多的自然光线引入室内。

4、室内照明质量是影响室内环境质量的重要因素之一，良好的照明可以创造出舒适、健康的光环境气氛，而强烈的眩光会使室内光线不和谐，使人感到不舒适，容易致使人体疲劳。

人工光源对物体真实颜色的呈现程度称为光源的显色性，室内外光源的显色性相差过大也会引起人眼疲劳，室内照度、统一眩光值、一般显色指数要满足《建筑照明设计标准》GB 50034中有关规定。

总之，创建绿色环保型酒店，为人们提供健康、适用和高效的使用空间，与自然和谐共生，给客人既环保又时尚的体验。因此，在创建绿色环保型酒店的设计过程中，就是实现环境保护、酒店功能与建筑美学充分结合，将环保、居住与舒适性融为一体，要舒适更要环保。

# 十二、酒店的最佳规模

## （一）酒店的规模

如前所述酒店规模一般以客房数来表示。管理经验表明，200间客房是一个基数，当在200间以内，能最大限度发挥员工工作效率，组织管理比较容易到位，经营管理费用也比较少。尽管没有大酒店的市场营销和规模优势，但是能抗市场风险，投资小建设快，一般容易获得较高的利润。

对拥有200~500间客房的酒店属中等规模。由于酒店面积大，服务人员多，设备亦多些，对管理要求就更高些。但若为度假酒店的位置优越，市场接受度良好，客源渠道有保证，只要做好经营管理，还是容易获得成功。

超过500间，甚至拥有1000间的大酒店，一定要有强有力的项目支撑，例如与游览胜地、会展中心、城市商务中心、主题公园、温泉中心等同步建设，还需要酒店管理的知名品牌等等，这样才能有稳定的客源支持。

而一些几十间客房的小酒店，规模不大，更容易办得很有特点，温馨的生活氛围让住店客人乐在其中，吸引许多客人慕名而来，满意而归，提高再次入住的几率。

## （二）确定酒店规模

确定酒店规模首先要通过深入细致的市场调查与分析，而决定酒店的最佳规模的主要因素为：

· 酒店地点——客房数量的市场要求。

· 酒店设计——富有创意和独特的设计。

· 酒店设施——娱乐场、健身房、SPA的配套。

· 酒店餐饮——民以食为先。

· 酒店环境——观赏性、舒适性。

· 酒店品牌与服务精神。

依照以上市场调查与分析来确定酒店规模，其步骤是：

1、确定酒店总体规模就是要确定酒店的定位、客房数和资金这三个基本要素。具体地说，明确酒店的目标客源（主要客源和其他客源）开发什么性质的酒店，有多少客房，什么档次和星级，投入多少资金等。对这些基本问题要有一个明智的抉择。最终是以资金保证为前提，落实到资金投入、筹资融资方式、现金流以及投资回报周期上，还有规避风险的措施。

这些看似简单的确定，决定着酒店的命运。抉择正确与否，在很大程度上证明酒店策划的正确性和合理性，直接关系到酒店的经营和持续发展。

2、确定酒店的功能规模。当总规模明确后，要对酒店的客房、公共和后勤等各部分规模进一步细化。在深入研究分析各个功能部位的市场需要、主要客户和经营方式后，来确定各部位的功能规模。例如客房的面积大小、餐厅的种类和座位数、健身方式、配置哪些娱乐休闲设施以及服务与员工用房规模等，从而计算出各功能部位的面积规模，以及后勤经营、服务、设备以及交通等面积要求。综合调整后就能确定酒店的总建筑面积，以及各功能部位的合理比例。

3、寻求酒店的特色规模，酒店要有自身特点，在策划设计中要寻找酒店经营效率的增长点。一方面寻找市场需求，让酒店能满足社会需要。例如邻近旅游景区的酒店要尽最大可能争取旅游客人来住宿和消费，区域内缺少高档餐厅就要把酒店餐饮质量的功能提升，或者加强SPA功能和市场的婚礼喜庆等其他有特色的服务功能。

而另一方面区域内已经有较多的不同档次餐馆，就要缩减餐饮功能，如同经济型酒店一样只供早餐和自助餐，甚至不设餐厅。酒店如在城市商业城附近，酒店也就不需要过多的商店。

## （三）控制酒店规模

要使酒店获得更好的效率，必须在规划设计时合理规划，精心设计：

1、对于城市酒店，土地费用投入大，酒店的每一个面积都要充分利用，设备房、洗衣房、厨房、总仓等后勤用房，以及员工用房都可以放在地下层。甚至酒店办公、健身中心、娱乐设施都尽量放在夹层和地下，让更多的空间用来建造客房或增加营业性用房。

2、许多业主投资酒店时，总希望酒店豪华和气派，希望能达到五星级标准。于是配置一些没有市场需求的经营项目，过大的餐厅规模或过多娱乐休闲的配置，使公共部分过分膨胀，加大了非营业面积的比例，加大成本，从而给酒店带来致命的伤害。

3、有人偏爱面积较大的客房，实际上客房增加开间宽度，床与电视机之间也无法放进其他更多家具，而如能加大面积让房间进深长度增加，就可能添放沙发、写字台，为客人更好的服务。以建筑结构来分析，增大开间要比增加进深成本要高些。

4、不少酒店建在海边河畔和风景区，为使更多客房都可以欣赏到美丽的景色，更为有效地将建筑垂直于景观线布置，走廊两侧的客房有90°比较均衡的视觉效果，这种布置方式要比平行于景观线节省得多。

5、后勤用房与员工用房，在保证服务质量的前提下，尽量压缩“后方”面积，虽然酒店不像通常建筑设计那样有容积率、出房率和K值的要求，但是作为酒店经营者和设计师需要共同控制辅助面积，不宜过大。

6、许多工程实践证明，当酒店管理筹备人员到达岗位后，总要提出设计方案中这个面积小了，那个面积不够。有些是合理要求，设计师需要调整，但是更需要严格按酒店管理规范要求进行核实，不致因盲目扩大辅助面积，而牺牲营业面积。

### （四）赢得酒店回报

作为酒店设计的目标是确立最佳规模，寻求形式和功能的最佳结合，最大限度地优化酒店管理、美学和科技因素的结合，其最终就是要为酒店获得回报。不能盈利的酒店就无法生存下去。

不盈利的因素可能很多，但是不外乎是投资失误，定位失误，设计失误或是经营失误。因此酒店设计要承担起责任，以优化的设计来为投资者盈利，同时还要为城市规划和发展担负起责任。

再者，酒店设计和酒店管理是相辅相成，密不可分的。在设计的全过程中按酒店管理的要求，精确地布局各个部位，满足客人和酒店管理的要求。

事实证明好的酒店设计，寻求恰当的酒店规模，可以给酒店带来持续的经济效益。同时一个好的酒店设计，酒店的内部交通流线便捷，管理集中，可以使员工的工作效率得到最大的发挥，那么成本就会比较易于控制。即使在开发建设期间，专业管理更为重要，把握好整个酒店投资和实施，会使建设成本进一步减低。

1982年开业的北京建国饭店是由美籍华人陈宣远先生投资，首先他抓住时机，成为中国第一个外方投资和管理的酒店。在开放改革初期，迎来走进刚刚打开中国大门的外国投资者和游客，正好赶上市场的需要。

当初投资700多万美元（按当时汇率计算约3000万元人民币），占49%股份，北京市的投资方占51%股份，合作期为10年，后又续签6年，在第17年时合作期满，中方以1美元买回全部股权。

营业当年就盈利150万元，4年多后连本带息还清了全部贷款。在合资经营16年期间，按当时汇率分别计算，以美元计算已赚回了9个建国饭店，以人民币计算已赚回了22个建国饭店。

由于陈先生身为职业建筑师，酒店的设计十分出色，当酒店新颖的建筑造型出现在北京宽广的长安街上，引起国人刮目相看；同时对酒店的功能布局、材料、设备、装修和家具的选用都特别专业，就连客房门采用的冲压成形的钢板门，都是自美国订制，价廉耐久，又不易变形。

酒店西餐厅的室内装修都在美国设计并制作完成，运到北京组装，因此现场装修只用了18天时间。这完全改变了传统的装修做法，现场不再有一道道工序和湿作业。更主要的是避免喷涂所带来的异味，使建设工期成本会大大节省。

正因为陈先生作为投资者又是设计师，把握整个酒店规模和投资控制十分精明，才能获得前所未有的投资回报。

# 十三、酒店的星级标准

中国酒店星级标准制定于1987年，1988年开始执行，从此中国酒店业开始了一个新的起程。经过1993年、1997年、2003年和2010年的修订，形成现行的《旅游饭店星级的划分与评定》。

## （一）中国的星级酒店标准

中国酒店星级标准明文指出：

1）酒店是能够以夜为时间单位向客人提供配有餐饮及相关服务的住宿设施。

2）用星的数量和设色表示酒店的等级。星级分为五个等级，即一星级、二星级、三星级、四星级、五星级（含白金五星级）。星级以镀金五角星为符号。星级越高，表示酒店的档次越高。

3）评定标准中，酒店星级的划分以酒店的建筑、装饰、设施设备及管理、服务水平为依据。对酒店的布局、冷暖设备的配备、标志和服务有基本要求外，对前厅、客房、餐饮、公共区域的设施提出不同星级详细要求。

4）评定标准对服务质量，包括服务基本原则，以及仪容仪表、言行举止、语言、业务能力与技能等基本要求都作明确规定。

5）酒店要编制各项管理制度：包括员工手册、组织机构图、质量控制、市场营销、物资采购、运作规范、岗位工作说明、标准等管理制度。

6）具体的评定办法按照《旅游饭店星级的划分与评定》附录A“必备项目检查表”，规定各星级必须具备的硬件设施和服务项目。要求相应星级的每个项目都必须达标，缺一不可；附录B“设施设备评分表”（硬件表，共600分），主要对饭店硬件设施的档次进行评价打分，三、四、五星级规定最低得分线：三星220分、四星320分、五星420分，一、二星级不作要求；同时按附录C“饭店运营质量评价表”（软件表，共600分），主要评价酒店的“软件”，包括对饭店各项服务的基本流程、设施维护保养和清洁卫生方面的评价，三、四、五星级规定最低得分率：三星70%、四星80%、五星85%，一、二星级不作要求。

## （二）中国星级酒店的现状

据国家旅游局统计，到2008年底，中国共有星级酒店14099家，其中白金五星3家，五星级432家客房15.69万间占客房总数的9.9%，四星级1821家客房36.96万间占客房总数的23.2%，三星级5712家客房64.70万间占客房总数的40.7%，二星级5616家客房39.15万间占客房总数的24.6%，一星级518家客房2.64万间占客房总数的1.7%。其中北京中国大饭店、上海波特曼丽嘉酒店、广州花园酒店三家酒店，2007年8月被正式批准为白金五星级酒店。

全国星级酒店客房数达到159.14万间，其中客房数在500间以上的酒店129家，共有客房8.84万间占5.6%，客房数在300~499间的酒店558家，共有客房20.48万间，占12.9%，客房数在200~299间的酒店1135家，共有客房27.17万间，占17.1%，客房数在100~199间的酒店4206家，共有客房57.04万间，占35.8%，客房数在100间以下的酒店8071家，共有客房45.59万间占28.6%。全国共有酒店及旅游住宿单位超过30万个，从业人员超过500万人。

除此，全国待评、在建、待建的星级酒店还有许多，目前全国已经兴起开发建设酒店的新高潮。

## （三）星级标准化管理

星级的实质就是标准化。在过去的年代里，中国酒店业在星级标准的引导下进行建设和经营，星级酒店已经成为中国酒店市场上的主体。星级酒店标准通过对不同星级的产品和服务的要求，来确保酒店产品和服务的质量，由此规范了酒店业的经营与管理，提升了酒店业规范化发展的局面，为今天中国酒店业持续向前发展奠定了基础。

中国的酒店星级标准在世界范围内尚处于前列，受到国际上的认可。世界标准化委员会也认为中国的酒店星级标准在世界上开创了一个新局面。国际客人到中国来，选择酒店首先询问星级，因为星级代表着它的设备、价格、服务和产品的质量和档次。作为中国酒店业的共同品牌，酒店星级标准能形成如此强大的国际影响，定会推动酒店业更大的发展，促进城市和社会经济的进步。

酒店星级评定办法实施后，星级饭店不再实行终身制，而是采取五年一审方式进行评定性复核。国家旅游局最近公布对全国一至四星级酒店2008年复核结果，全国共有928家星级酒店受到不同类型的处理，其中取消星级有554家、限期整改有241家、暂缓复核有101家。被处理的星级酒店中，大部分是低星级的老旧酒店，在经济不景气的背景下，中低档酒店腹背受敌，经济型酒店吸纳了绝大多数的中低档客源，而高星级酒店又在降价，抢走了大部分中高端客源，加之设备陈旧，可以说低星级酒店经营每况愈下。

## （四）酒店专业化发展

由于城市经济发展和人民生活的提高，标准化的产品难以满足人们的需求，市场就出现了多元化、特色化产品和个性化服务。有了五星级酒店也有三星级酒店，有了度假酒店也有商务酒店，还出现了主题酒店、精品酒店、时尚酒店等特色酒店。但是还需要有一个统一的酒店标准，这并不影响中国酒店业走向个性化发展的道路。

一个行业成熟的重要标志，是市场细分和专业化。应该说，酒店行业经过长期的培育，尤其是不断引进国际先进经验，借鉴国际惯例，总体来看，现在酒店分工体系已经大体形成。

这种分工体系如果从地域上来说，东部地区、中部地区和西部地区都形成了一个垂直分工体系。在一个城市内部，随着星级酒店体系的建立，也形成了一个垂直分工体系，大体上是高星级酒店占据了高端市场，中档酒店占据中端市场，而低档酒店占据低端市场。

同时在每一个垂直面上，又形成了一个水平分工体系。这个垂直和水平相结合的分工体系现在已经大体形成，但很不健全，最重要的是还没有完全的专业化。国际上酒店基本上是两极分化，档次好的极好，一般的非常一般，这种区别是很明显的，各就其位，各得其所。

现在酒店行业大体的分工体系已经具备。大型酒店、高星级酒店已经基本找准自己的位置。但是中小型酒店，尤其是一些单打独斗的中小型酒店，在市场上随波逐流。多数酒店对自己的市场定位不是很清楚，找不准自己的位置，也很难形成自己的核心竞争力。

让上千间客房的酒店可以接待所有的客人，包括商务客人、团队客人、会议客人，可是一二百间客房的酒店也认为自己可以接待所有的客人是不可能的。比如，现在有一些酒店打出这样的口号，所谓三星酒店、五星服务、一星价格，这实际上是定位的错误，是误导。

因此必须强调专业分工。首先，酒店要明确自己的主要功能，在明确了自己的功能定位之后，再研究自己的空间定位，在空间定位的基础上，再研究在垂直分工体系和水平分工体系上所在的位置。

# 十四、酒店的面积配置

如前所述，酒店设计的目标是确立最佳规模，寻求形式和功能的最佳结合，最大限度地优化酒店管理、美学和科技因素的结合。具体反映在寻求客房和各功能区各部门的最佳面积组合，最大限度发挥每平方米面积的作用，让它满足客人和酒店管理的要求，以获取最大经济效益。

本章具体举例说明不同级别的酒店各功能区各部门各房间的面积指标和大小，以及恰当地配置，寻求最优化的面积组合，来实现酒店设计的目标。

但是由于具体项目的差异性很大，这些指数与比例可作为酒店开发测算用。不同的项目需根据各自的情况，按投资和酒店管理要求进行核实，进行合理地调整，最终实现最佳面积配置。

## （一）五星级酒店建筑面积配置的建议（以500套客房为例），见表14-1。

表14-1

| 序号 | 项目 | 规模 | 单间指标（m²/间） | 建筑面积（m²） | 占总建筑面积的百分比（%） |
|---|---|---|---|---|---|
| 1 | 客房部分 | 500套 | 71 | 35500 | 53.8 |
| 2 | 公共部分 | | 27.4 | 13700 | 20.8 |
| | 1) 大堂 | | 2.4 | 1200 | |
| | 2) 管理 | | 1.0 | 500 | |
| | 3) 餐饮 | 920座 | 7.0 | 3500 | |
| | 4) 功能房 | 1640座 | 10.0 | 5000 | |
| | 5) 娱乐设施 | | 6.5 | 3250 | |
| | 6) 商店 | | 0.5 | 250 | |
| 3-1 | 后勤部分 | | 9.0 | 4500 | 6.8 |
| 3-2 | 机房部分 | | 4.6 | 2300 | 3.5 |
| 4 | 停车库 | 300辆 | 20.0 | 10000 | 15.1 |
| | 合计 | | 132.0 | 66000 | 100 |

因此，一个500套客房的五星级酒店，建议按66000m² 来安排和设计。总体而言，酒店约总建筑面积的一半（或以上）为客房部分面积，四分之一为后勤、机房与停车所占面积，而其他的四分之一（或五分之一）是酒店公共部分。

**1、客房部分35500，占总建筑面积53.8%**（详见表14-2）。

客房面积包括：

1）客房 45×582=26190m²;

2）交通面积 8700m²;

3）服务间 500m²;

4）其他 110m²;

合计 35500m²。

**2、公共部分13700m²，占总建筑面积20.8%**，包括：

1）大堂1200m²、其中：大堂632m²、总台63m²、接待33m²（7个标准登记台）、贵重物品

15m²、收银结算17m²、接待经理11m²、团体接待24m²、商务中心139m²、行李房50m²、礼宾47m²、公用电话10m²、男女卫32m²+32m²、服务间20m²、清洁18m²、交通57m²。

2）管理500m²，其中：总经理20m²、秘书10m²、接待16m²、值班经理14m²、会议30m²、财务部189m²、市场部68m²、销售部40m²、茶室8m²、卫生间10m²、库房14m²、文档26m²、交通55m²。

3）餐饮部分：3500m²，详见表14-3。

4）功能房：5000m²，详见表14-4。

表14-2

| 房型 | 房间面积（m²） | 套数 | 间数 | 百分比例(%) |
|---|---|---|---|---|
| 标准房(豪华房) | 45 | 227 | 227 | 45 |
| 标准房(双人房) | 45 | 218 | 218 | 44 |
| 无障碍客房 | 45 | 5 | 5 | 1 |
| 行政套房 | 90 | 30 | 60 | 6 |
| 豪华套房 | 135 | 19 | 57 | 3.8 |
| 总统房 | 270 | 1 | 6 | 0.2 |
| 总经理室 | 180 | | 4 | |
| 主管休息室 | 225 | | 5 | |
| 合计 | | 500 | 582 | 100 |

表14-3

| | | 座位数 | 面积(m²) | 各部面积（m²） | | | | |
|---|---|---|---|---|---|---|---|---|
| | | | | 餐位 | 小卖 | 吧台 | 交通 | 男女卫 |
| 餐厅 | 全日餐厅 | 220 | 680 | 495 | 66 | 10 | 62 | 18+18 |
| | 中餐厅 | 320 | 1500 | 散座220<br>包间100 | 96 | | 127 | 26+26 |
| | 风味餐厅 | 80 | 356 | 265 | 24 | 20 | 28 | 6+6 |
| | 露天餐厅 | 60 | 254 | 175 | 18 | 30 | 21 | 5+5 |
| | 合　计 | 680 | 2790 | 2155 | 204 | 60 | 238 | 110 |
| 酒吧 | 大堂吧 | 80 | 248 | 180 | | 22 | 23 | 8+10 |
| | 主题吧 | 100 | 310 | 225 | | 28 | 28 | 11+11 |
| | 茶　室 | 60 | 152 | 110 | | 14 | 14 | 7+7 |
| | 合　计 | 240 | 710 | 515 | | 64 | 65 | 54 |
| | 总　计 | 920 | 3500 | 2670 | 204 | 124 | 303 | 164 |

表14-4

| | 宴会厅 | 多功能厅 | 会议室 | | | | 合计 |
|---|---|---|---|---|---|---|---|
| 座位（人） | 750 | 200 | 4×80 | 4×50 | 3×30 | 4×20 | 1640 |
| 面积（m²） | 1500 | 300 | 4×120 | 4×75 | 3×45 | 4×30 | 2835 |

功能房的配套服务用房有：

（1）前厅 1234m²，其中：前厅 945m²（包括贵宾厅、化妆间）、衣帽间 71m²、电话亭 17m²、男卫 94m²、女卫 108m²。

（2）管理用房 82m²，其中：宴会部经理 12m²、主管 16m²、值班 12m²、接待 15m²、会议 12m²、储存 15m²。

（3）后勤用房 849m²，其中：指挥 21m²、家具库 284m²、设备储存 28m²、设备房 84m²、服务通道 390m²、男女更衣 21+21m²。

5）健身娱乐设施 3500m²，包括：

（1）室内娱乐 1518m²、其中：泳池 500m²、男女更衣 100+100m²、水疗冲浪浴 20m²、游艺 100m²、桌球 80m²、儿童游戏 200m²、毛巾发放 20m²、健身 250m²、交通 198m²。

（2）水疗俱乐部（SPA）1870m²。

（3）室外娱乐 2500m²（不计入面积）其中：网球场 2×650m²=1300m²、室外泳池 800m²、泳池休息 400m²、男女更衣 100+100m²。

另有选择项目：沙滩排球、高尔夫练习道、烧烤场、攀岩、射击或射箭场……

6）商店 250m²，其中：报刊 20m²、花店 30m²、美容美发 50m²、各式商店 100m²、柜员机 5m²、交通 45m²。

**3-1、后勤部分 4500m²，占总建筑面积 6.8%，** 包括：

1）员工 1366m²，其中：员工入口 10m²、保安 20m²、男女更衣 300+300m²、员工餐厅 360m²、急救 12m²、人力资源主管 14m²、助理 12m2、接待 20m²、培训经理 12m²、培训室 55m²、档案室 12m²。

2）工程部 295m²，其中：办公 40m²、仓库 40m²、木工工场 40m²、电工 22m²、机修 12m²、油漆 35m²、杂务 12m²、水工 42m²、园艺器材 25m²、交通 27m²。

3）客房部 660m²，其中：办公 34m²、工具库 18m²、洗衣房 300m²、洗涤主管 10m²、制服发放 67m²、干净被单库 100m²、清洁用品库 22m²、化学药品库 11m²、地毯库 33m²、失物招领 5m²。

4）卸货 387m²，其中：卸货平台 50m²、卸货区 25m²、收发 13m²、采购 14m²、总仓 150m²、库管办公 14m²、垃圾站 85m²（包括堆放区 35m²、湿垃圾冷藏 15m²、空瓶存放 13m²、回收区 19m²）。

5）厨房 1067m²，其中：主厨房 517m²、宴会厨房 312m²、客房服务 40m²、面包房 50m²、冷餐准备 78m²、厨师休息 18m²、设备库 52m²。

6）食品供应 574m²，其中：食品库 150m²、食品冷库 100m²、饮料冷库 50m²、饮料库 75m²、蔬菜准备 18m²、银器库 m²、餐具库 30m²、设备库房 15m²、男女更衣 4+4m²、花店 15m²、冰雕厨艺 20m²、办公 9m²、交通 75m²。

**3-2、机房部分 2300m²，占总建筑面积 3.5%，** 包括：

1）消防监控中心 100m²；

2）配电间：高压配电间、变电间、低压配电间、发电机房与日用油箱等共 400m²；

3）生活水池及水泵房、消防水池与水泵房 400m²；

4）中水水池与泵房 200m²；

5）制冷机房 350m²；

6）锅炉房 250m²；

7）热交换站 150m²；

8）电讯机房 80m²；

9）网络机房 40m²；

10）电视接收机房 40m²；

11）宴会厅光控、声控间 100m²；

12）电梯机房；

13）污水处理站（占地 600m²）；

14）排灌站（占地 300m²）。

**4、停车库 10000m²，占总建筑面积 15.1%。**

地下车库可停放轿车 300 辆、单车摩托车 300 辆，地面停放大巴士 4 辆。

**5、员工的配置：**

1）员工人数：单间指标 1.6 人/间 500×1.6=800 人。

2）员工宿舍：3500m²，其中高管 10 间（1 人/间）210m²、中层 25 间（2 人/间）525m²、员工 73 间（4 人/间）1533m²、盥洗、淋浴 235m²、公共用房 175m²、洗衣房 58m²、设备房 58m²、交通面积 706m²。

员工宿舍另址租购或建造，不计入酒店总建筑面积内。

## （二）四星级酒店建筑面积配置的建议（以300套客房为例），见表14-5。

表14—5

| 序号 | 项目 | 规模 | 单间指标（m²/间） | 建筑面积（m²） | 占总建筑面积的百分比（%） |
|---|---|---|---|---|---|
| 1 | 客房部分 | 300套 | 57.1 | 18000 | 60.0 |
| 2 | 公共部分 | | 13.8 | 4360 | 14.5 |
| | 1）大堂 | | 2.4 | 750 | |
| | 2）管理 | | 0.7 | 230 | |
| | 3）餐饮 | 450座 | 3.5 | 1120 | |
| | 4）功能房 | 500座 | 4.0 | 1260 | |
| | 5）健身娱乐 | | 3.2 | 1000 | |
| 3-1 | 后勤部分 | | 5.3 | 1660 | 5.5 |
| 3-2 | 机房部分 | | 4.7 | 1480 | 5.0 |
| 4 | 停车库 | 120辆 | 14.3 | 4500 | 15.0 |
| | 合计 | | 95.2 | 30000 | 100.0 |

因此，一个300套客房的四星级酒店，建议最少按30000m²配置和设计。若要设总统房和更多套房，或要更豪华更大型的餐厅、健身、会议等公共用房，将相应增加面积。

### 1、客房部分18000m²，占总建筑面积60.0%（详表14-6）。

表14-6

| 房型 | 房间面积（m²） | 间数 | 套数 | 占客房总数的百分比（%） |
|---|---|---|---|---|
| 标准间（单人房） | 40 | 135 | 135 | 45 |
| 标准间（双人房） | 40 | 150 | 150 | 50 |
| 无障碍客房 | 40 | 3 | 3 | 1 |
| 普通套房 | 80 | 18 | 9 | 3 |
| 豪华套房 | 120 | 9 | 3 | 1 |
| 合计 | | 315 | 300 | 100 |

据上表计算出客房部分的建筑面积：40m²×315间×1.4≌18000m²。

**2、公共部分4360m²，占总建筑面积14.5%**，包括：

1）大堂750m²，其中：大堂300m²、总台70m²、贵重物品9m²、收银结算11m²、接待经理11m²、商务中心150m²、行李房30m²、礼宾15m²、商店30m²、公用电话6m²、男女卫23m²+23m²、服务间10m²、清洁5m²、交通57m²。

2）管理230m²，其中：总经理20m²、值班经理11m²、会议20m²、财务部30m²、市场部25m²、销售部20m²、接线生25m²、卫生间10m²、库房14m²、文档15m²、交通40m²。

3）餐饮部分1120m²，详见表14-7。

表14-7

| | | 座位数 | 建筑面积($m^2$) | 各部面积（㎡） | | | | |
|---|---|---|---|---|---|---|---|---|
| | | | | 餐位 | 小卖 | 吧台 | 交通 | 男女卫 |
| 餐厅 | 全日餐厅 | 220 | 470 | 374 | 10 | 10 | 50 | 13+13 |
| | 中餐厅 | 100 | 292 | 散座70<br>包间150 | 16 | | 36 | 10+10 |
| | 风味餐厅 | 80 | 214 | 165 | 15 | | 22 | 6+6 |
| | 合 计 | 400 | 976 | 759 | 41 | 10 | 108 | 58 |
| 酒吧 | 大堂吧 | 50 | 144 | 96 | | 16 | 16 | 8+8 |
| | 合 计 | 50 | 144 | 96 | | 16 | 16 | 16 |
| | 总 计 | 450 | 1120 | 855 | 41 | 26 | 124 | 74 |

4）功能房1260m²，详见表14-8。

表14-8

| | 宴会厅 | 会议室 | | | | 合计 |
|---|---|---|---|---|---|---|
| 座位（人） | 300 | 80 | 50 | 30 | 2×20 | 500 |
| 面积（$M^2$） | 460 | 120 | 75 | 45 | 2×30 | 760 |

功能房的配套服务用房有：

（1）前厅180m²,其中：前厅120m²(包括贵宾厅、化妆间)，衣帽间18m²、男卫18m²、女卫24m²。

（2）管理用房60m²，其中：宴会部主管12m²、值班6m²、接待15m²、会议12m²、储存15m²。

（3）后勤用房270m²，其中：声电室20m²、家具库84m²、设备储存28m²、设备房24m²、服务通道90m²、男女更衣12+12m²。

5）健身娱乐设施1000m²,

（1）室内娱乐1000m²，其中：泳池300m²、男女更衣50+50m²、水疗200m²、游艺100m²、桌球80m²、儿童游戏20m²、毛巾发放20m²、健身100m²、交通80m²。

（2）室外娱乐2500m²（不计面积）其中：网球场2×650=1300m²。

**3-1、后勤部分1660m²，占总建筑面积5.5%**,包括：

1）员工263m²，其中：员工入口8m²、保安12m²、男女更衣40+50m²、员工餐厅60m²、人力资源30m²、培训室35m²、档案室10m²、交通18m²。

2）工程部138m²，其中：办公12m²、仓库24m²、木工工场12m²、电工12m²、机修12m²、油漆12m²、杂务12m²、水工12m²、园艺器材12m²、交通18m²。

3）客房部315m²，其中：办公16m²、工具库10m²、洗衣房180m²、洗衣主管10m²、制服发放25m²、干净被单库40m²、清洁用品库10m²、化学药品库11m²、地毯库13m²。

4）卸货251m²，其中：卸货平台25m²、卸货区15m²、收发8m²、采购8m²、总仓140m²、库管办公8m²、垃圾站47m²(包括堆放区20m²、湿垃圾冷藏8m²、空瓶存放8m²、回收区11m²)。

5）厨房385m²，其中主厨房153m²、宴会厨房130m²、客房服务18m²、面包房30m²、冷餐准备18m²、厨师休息8m²、设备库12m²、交通16m²。

6）食品供应308m²，其中：食品库90m²、食品冷库40m²、饮料冷库30m²、饮料库35m²、蔬菜准备11m²、银器库、餐具库10m²、设备库房15m²、男女更衣4+4m²、花店10m²、冰雕厨艺15m²、办公9m²、交通35m²。

**3-2、机房部分1640m²，占总建筑面积5.0%，**其中：

1）消防监控中心40m²；

2）配电间：高压配电间、变电间、低压配电间、发电机房与日用油箱300m²；

3）生活水池及水泵房、消防水池与水泵房350m²；

4）中水水池与泵房 150m$^2$；
5）制冷机房 220m$^2$；
6）锅炉房 200m$^2$；
7）热交换站 120m$^2$；
8）电讯机房 30m$^2$；
9）网络机房 15m$^2$；
10）电视接收机房 15m$^2$；
11）宴会厅光控、声控间 30m$^2$。

**4、停车库 4500m$^2$，占总建筑面积 15.0%**

地下车库可停放轿车 120 辆、单车摩托车 100 辆，地面停放大巴士 2 辆。

**5、员工的配置：**

1）员工人数：单间指标0.8人/间，300×0.8=240人。
2）员工宿舍另址建造，不计入酒店总建筑面积内。

### （三）三星级酒店建筑面积配置的建议（以 80 套客房为例）

**1、客房部分 2640m$^2$，占总建筑面积 63.0%**（详见表 14-9）。

按建筑设计平面计算出客房部分的建筑面积：2640m$^2$。

**2、建筑面积的配置　总建筑建筑面积为 4200m$^2$**（详见表 14-10）

因此，一个 80 套客房的三星级酒店，建议按 4200m$^2$ 来配置。

表14-9

| 房型 | 房间面积（m$^2$） | 间数 | 套数 | 占客房总数的百分比（%） |
|---|---|---|---|---|
| 标准间（单人房） | 14.0 | 30 | 30 | 37.5 |
| 标准间（双人房） | 19.6 | 44 | 44 | 55.0 |
| 无障碍客房 | 19.6 | 1 | 1 | 1.25 |
| 普通套房 | 38.0 | 10 | 5 | 6.25 |
| 合计 | | 85 | 80 | 100 |

表14-10

| 序号 | 项 目 | 规模 | 单间指标（㎡/间） | 建筑面积（㎡） | 占总建筑面积的百分比（%） |
|---|---|---|---|---|---|
| 1 | 客房部分 | 80套 | 33.0 | 2640 | 63.0 |
| 2 | 公共部分 | | 8.55 | 684 | 16.3 |
| 3.3-1 | 后勤部分 | | 3.25 | 260 | 6.2 |
| 3-2 | 机房部分 | | 4.5 | 360 | 8.5 |
| 4 | 停车库 | 120辆 | 3.2 | 256 | 6.0 |
| | 合计 | | 52.5 | 4200 | 100 |

### （四）经济型酒店建筑面积配置的建议（以 60 套客房为例）

**1、客房部分 1323m$^2$，占总建筑面积 63.0%**（详见表 14-11）。

表14-11

| 房 型 | 房间面积（m$^2$） | 间数 | 套数 | 占客房总数的百分比（%） |
|---|---|---|---|---|
| 标准间（单人房） | 15.0 | 28 | 28 | 46.7 |
| 标准间（双人房） | 15.0 | 28 | 28 | 46.7 |
| 无障碍客房 | 15.0 | 1 | 1 | 1.6 |
| 普通套房 | 30.0 | 6 | 3 | 5.0 |
| 合计 | | 63 | 60 | 100.0 |

计算出客房部分的建筑面积：$15m^2 \times 63$ 间 $\times 1.4 \cong 1323m^2$

**2、建筑面积的配置　总建筑面积为 $1800m^2$**（详见表 14-12）。

表14-12

| 序号 | 项目 | 规模 | 单间指标（㎡/间） | 建筑面积（㎡） | 占总建筑面积的百分比（%） |
|---|---|---|---|---|---|
| 1 | 客房部分 | 60套 | 22.0 | 1323 | 73.5 |
| 2 | 公共部分 | | 3.8 | 230 | 12.8 |
| 3-1 | 后勤部分 | | 2.2 | 127 | 7.0 |
| 3-2 | 机房部分 | | 2.0 | 120 | 6.7 |
| | 合计 | | 30.0 | 1800 | 100 |

因此，一个 60 套客房的经济型酒店，建议按 $1800m^2$ 来配置。

经验表明，一般四星级以上的酒店客房部分占建筑面积的一半，约为 45%~55%，而建筑面积的另一半由公共部分和后勤机房部分各分占 50%。因此，酒店客房、公共、后勤与机房三大部分的建筑面积比例约为 2 ：1 ：1。

而在三星级以下的酒店或经济型酒店，客房比例将扩大到 60%~75%，大约占三分之二，甚至占到四分之三，而公共部分和后勤部分的功能规模就会减少，只占三分之一到四分之一的比例。

因此，不同类型酒店的后勤与机房部分所占的比例大约相同，只是客房与公共功能部分的面积比例有所差别，表 14-13 所列可供参考。

表14-13

| 酒店类型 | 客房部分（%） | 公共部分（%） | 后勤与其他（%） |
|---|---|---|---|
| 城市酒店 | 50 | 25 | 25 |
| 会议型酒店 | 44 | 32 | 24 |
| 度假型酒店 | 45 | 30 | 25 |
| 商务型酒店 | 62 | 14 | 24 |
| 娱乐型酒店 | 45 | 30 | 25 |
| 经济型酒店 | 75 | 10 | 15 |

## （五）实例一：西安阿房宫凯酒店的实际面积指标

这是 20 世纪 80 年代设计建造的酒店，位于城市黄金地段，基地面积较小，但是酒店的功能达到凯悦酒店集团要求，酒店的面积得以合理利用，使建筑面积配置趋于完善，下面列出这一实例可供参考。

**1. 建筑数据**

1）基地面积：$16330m^2$，其中代征城市道路 $2030m^2$、实际基地面积 $14300m^2$；

2）总建筑面积：$44516m^2$；

3）建筑占地面积：$7354m^2$；

4）建筑覆盖率：51.4% 、建筑容积率：3.11 ；

5）层数：地上 12 层、地下 1 层；

6）建筑高度：40.5m ；

7）客房总数：500 间（427 套），单间平均建筑面积 $89m^2$/ 间。

**2. 用地面积分析**

1）基地面积 $14300m^2$；

2）建筑占地面积 $7354m^2$；

3）道路与广场面积 $2020m^2$；

4）停车场面积 $2000m^2$、车道面积 $226m^2$；

5）网球场面积 $550m^2$；

6）临时煤场、灰场面积 $900m^2$；

7）绿化面积 $3100m^2$；

8）综合用地指标 $28.6m^2$/ 间。

**3. 酒店建筑面积分析 $44516m^2$（100%）**

1）客房部分 $21742m^2$（48.8%）

其中：客房 $15017m^2$、交通 $3868m^2$、服务 $444m^2$、管井与其他 $2413m^2$。

2）公共部分 $6220m^2$（14.0%）

（1）大堂 $3409m^2$，其中：大堂 $694m^2$、二层休息厅 $485m^2$、入口门廊 $129m^2$、中庭 $1276m^2$、中庭休息廊 $665m^2$、客用卫生间 $160m^2$；

（2）管理 $365m^2$，其中：前台办公 $163m^2$、经理 $17m^2$、接待 $15m^2$、贵重物品保管 $13m^2$、商务

中心 35m²、接待室 40m²、医疗中心 42m²、行李房 40m²；

（3）服务 688m²，其中：展览厅 149m²、旅行社 45m²、邮电 34m²、银行 27m²、商场 60m²、商场 43m²、库房 45m²、商店 235m²、零售商店 50m²；

（4）健身娱乐 1370m²，其中：夜总会 363m²、服务 32m²、游泳池与池边酒吧 380m²、更衣室 93m²、桑拿浴 75m²、美容理发 69m²、健身房 121m²、泳池机房 43m²、游戏机 23m²、桌球 68m²、观光厅 89m²、服务 14m²；

（5）交通及其他 388m²。

3）餐厅与厨房部分 6055m²（13.6%）

（1）餐厅部分 3622m²，其中：餐厅入口 30m²、西式餐厅 394m²、中式餐厅 529m²、大堂咖啡厅 475m²、宴会厅 613m²、前厅 198m²、办公 46m²、存衣 46m²、库房 17m²、休息厅 94m²、服务 30m²、多功能厅 613m²、前厅 213m²、存衣 27m²、库房 30m²、中庭咖啡座 128m²、中庭酒吧 100m²、服务 39m²；

（2）厨房面积 1634 m²，其中：蔬菜加工 92m²、冷藏、肉类加工 242m²、主厨房 240m²、烘炉间 181m²、粗加工 84m²、面点加工 50m²、食品控制 32m²、主厨师室 32m²、饮料库 46m²、餐具库 46m²、食品库 51m²；一层中餐备餐 106m²、一层西餐厨房 110m²、宴会厨房和备餐 262m²、酒吧备餐 60m²。

4）会议室 196m²、客用洗手间 180m²、电梯与通道面积 423m²。

5）后勤管理部分 5308m²（11.9%）。

（1）行政管理 1913m²，其中：行政办公 221m²、消防控制与保安监视中心 66m²、会议室 76m²、总会计师室 78m²、电脑房 30m²、职工入口 162m²、传达、打卡 26m²、男更衣 150m²、女更衣 244m²、职工食堂 132m²、厨房 66m²、职工休息室 46m²、职工医务室 40m²、过道面积 576m²；

（2）管家部 512m²，其中：洗衣部 32m²、洗衣房 169m²、洗熨与存放 175m²、管家部 32m²、床单制服贮藏 64m²、贮存 40m²；

（3）库房 2405m²，其中：大货仓库 121m²、汽车库 982m²、自行车库 940m²、卸货台 69m²、货梯大厅 38m²、除灰间 10m²、清洁间 25m²、卫生间 210m²；

（4）高级职员公寓 488m²。

6）工程机房部分 5190m²（11.7%）

其中：工程部 334m²、总工程师室 31m²、电工房 22m²、综合修理 61m²、水工房 30m²、电视修理 31m²、木工房 53m²、油漆 30m²、锁店 13m²、零件贮藏 63m²；变配电间 671m²、开闭所 64m²、高压配电 130m²、变压器室 69m²、低压配电 149m²、值班室 24m²、地下室电房 10m²、一层电房 25m²、二层电房 20m²、客房层电房 180m²；水设备间 783m²、蓄水池 274m²、泵房 136m²、热交换站 129m²、屋顶热交换 1353m²、东塔水箱间 37m²、西塔水箱间 44m²、B.T.M 15m²、1.2 层管道井 23m²、3-12 层管道井 72m²；空调设备间 1126m²、制冷机房 326m²、控制室 65m²、热交换间 174m²、阀门室 16m²、空调机房（地下室）87m²、空调机房（夹层）30m²、空调机房（一层）134m²、空调机房（二层）140m²、通风室（屋顶）11m²、新风机房（客房层）143m²；电梯机房 325m²、电梯机房 128m²、电梯机房 20m²、电梯机房 144m²、货梯机房 33m²；弱电设备间 91m²、电话总机房 48m²、电池室 15m²、公共电视控制室 28m²；过道面积与其他 1245m²；锅炉房 589m²；液化气瓶库 27m²。

### （六）实例二：赣州锦江国际酒店的设计面积的指标

这是 2006 年设计的酒店，由于酒店管理早期进驻和深入配合，设计可以按酒店管理提出的意见（详表 14－14）修改并及时调整，将酒店面积配置符合酒店管理的要求，使酒店设计趋于完善，下面列出这一实例，附有面积配置说明一并可供参考。

**赣州锦江国际酒店的面积指标**　表14–14

| | 基本指标 | 说明 |
|---|---|---|
| 建筑自然间 | 346间 | 套间以10%计 |
| 酒店钥匙房 | 312套 | 客人数468人（大床房按50%计） |
| 员工数 | 468人 | 员工/客房比以 1：1.5计 |
| 前台面积指标 | | |
| 部位 | 面积（㎡） | 说明 |
| 1F餐饮 | | |
| 一层咖啡厅 | 420 | 早餐、自助餐（按客人数30%×2.5㎡计） |
| 咖啡厅厨房 | 250 | 按餐厅面积的0.6计 |
| 一层中餐厅 | 1772 | 现设计面积 |
| 中餐厨房 | 900 | 应保证餐厅面积的50% |
| 2F总台 | | |
| 总服务台 | | 4~5人站立，深度不小于1.5m，每人宽度大于1.5m |
| 总台办公区 | 50 | 前台经理、排房、收银、夜审等 |
| 贵重物品存放 | 5 | |
| 行李房 | 20~30 | 应设在大堂至服务电梯附近 |
| 总台辅助 | | 应接、车童、辅理、休息、团队、电话厅安排在大堂区域 |
| 大堂吧<br>备餐间 | 180~200 | 按客人数的15%×2.5㎡计 |
| 2F会议 | | |
| 多功能宴会厅 | 960 | 根据现有设置 |
| 多功能宴会厅前庭 | 320 | 应有装饰或景观设计过度 |
| 宴会厅厨房 | 350–400 | 按餐饮面积的40%计 |
| AV控制 | 30~50 | 应设置在3层长边一侧 |
| 后台面积指标 | | |
| 部位 | 面积（$m^2$） | 说明 |
| 卸货平台 | 25~30 | 提升的平台，用于卡车卸货，提供橡胶防撞带 |
| 收货区 | 10 | 提供过磅的地秤 |
| 收货办公室 | 5 | |
| 粗加工 | 150 | 带切配及加工冷库 |
| 垃圾桶清洗 | 3 | 提供高压冲洗龙头，用于清洗容器 |
| 湿垃圾冷藏 | 6 | 提供冷藏存放间 |
| 垃圾库 | 20 | |
| 卡车停卸处 | 15—18 | 外部区域，提供2–3个车位 |
| 高低温冷藏食品库 | 30 ~50 | 嵌置在混凝土墙体内 |
| 饮料库 | 30 | 便于餐车水平进出 |
| 干货库 | 30 | 食品干货 |
| 器皿库 | 50 | 餐饮各类器皿 |
| 管事部库房 | 20 | 存储清洁设备和用品 |
| 房务用品库 | 150 | 客房用品，布草、地毯、易耗品等 |

续 表

| | 基本指标 | 说明 |
|---|---|---|
| 房务中心 | 40 | 房务部办公、值班、物品临时存放 |
| 值班工程师 | 12 | |
| 钳工车间 | 30 | 提供木面长凳和储存架 |
| 木工 | 12 | 提供木面长凳和储存架 |
| 油漆工 | 12 | 提供排气系统 |
| 油漆库 | 8 | 防爆照明和排气系统 |
| 杂工\KPI | 10 | |
| 总库 | 30 | 提供易耗品储存架 |
| 工程办公室 | 15 | |
| 员工出入口 | 6 | 入口使用员工出入安全系统 |
| 制服发放 | 30~40 | 提供员工通道开放口 |
| 综合洗衣 | 250 | 湿洗、干洗、熨烫、折叠、干衣、平烫 |
| 洗衣房经理 | 10 | 位于洗衣房区域 |
| 消防控制中心 | 50 | 火灾报警系统主机、闭路监控系统、防盗安保等 |
| 电脑及通信机房 | 60 | 酒店电脑管理系统主机、程控交换机、上网宽带、POS机及计费系统、不间断电源、配线架等 |
| 话务房 | 15 | |
| 闭路电视室 | 30 | 闭路电视、卫星接收系统，背景音响 |
| 员工食堂厨房 | 150 | 按食堂面积的0.7计 |
| 员工食堂 | 220 | 按员工数÷3×1.3m²计 |
| 男更衣室/淋浴/厕所 | 180 | 按员工数的0.8计 |
| 女更衣室/淋浴/厕所 | 180 | 按员工数的0.8计 |

注：以上面积不包含酒店总经理办公、人事、财务、培训、销售等办公场所和酒店自用会议室

对表14—14指标酒店管理方面提出的意见。

以上酒店各功能区的面积指标，总体来讲已接近或达到锦江提供的面积指标，还有一些意见：

一层：

1、餐饮部分（餐厅1941m²，厨房878m²）餐厨配比为1：4.5，稍偏小，但考虑到餐饮面积大，有一定余地，尚可调整。

2、咖啡厅804m²（锦江指标420m²）面积太大，咖啡厅厨房209m²（根据420m²咖啡厅已足够）。

3、总统套房区——应设单独的接待位置，提供登记、行李、结账、问讯等服务，总统套房的用餐的备餐间适当考虑相应的厨房设备。

4、康体、水疗、办公部分的面积基本符合。

5、员工餐厅200m²（锦江指标220m²）厨房128m²（锦江指标150m²）稍偏小，员工更衣360m²已满足。

6、工程、洗衣、制服、等后台面积均已可以，消防、电脑机房也已满足，但卫星闭路电视及背景音响需30m²的机房。

二层：

1、大堂吧408m²（锦江指标200m²）面积太大，而且无厨房支持，须有咖啡、酒水、西点加工地方；多功能区也无厨房，今后会有问题。建议在二层增加厨房，提供大堂吧和宴会厅的支持。

2、客房面积无疑义。建议客房宽度不应小于4.2m，长度（进门至窗）不应小于8.5m。

以上问题，只要不影响结构的，可与室内装修设计进行深入探讨和调整。

# 十五、酒店 度假村的投资估算

任何一个酒店在前期必须进行专业策划，包括设计策划和经营策划，以求得酒店的最佳规模和经营模式，最终落实到资金的投入和运作，起先要有一个投资估算。

## （一）酒店的投资估算

1、据文献资料，酒店成本专家Frank F·Homiah 提出酒店成本的典型预算，以500间客房的普通型酒店为例，投资估算总成本为5400万美元，计算出每间客房单位成本为5400÷500=10.8万美元。由于国情和地区的不同，以下估算仅供参考。

1）土地325万美元，占6.02%；

2）建筑工程3200万美元，占59.26%；

3）设备与家具费用1005万美元，占18.61%；

4）技术费用254万美元，占4.70%

包括咨询费、实地测量、地质勘察、土地管理、设计费、模型费、建筑许可、可行性研究、赔偿费用以及各种杂费；

5）法律、金融、行政费用6800万美元，占1.26%

包括贷款、拥金、评估费、房地产税、保险、许可证、执照费以及杂费；

6）营销及试营业费127万美元，占2.36%

包括：广告、招聘员工、培训、试营业等费用；

7）流动资金25万美元，占0.46%；

8）建造期利息 261万美元，占4.83%；

9）临时费用 135万美元，占2.50%。

Frank F·Homiah 还提出：由于不同类型不同档次的酒店有不同的酒店成本系数。以上述普通型酒店作为典型，乘以成本系数，就能估算出酒店的成本和每间客房的平均单位成本（表15-1）。

2、20世纪80年代，深圳南海酒店投资20800万港币（按当时汇率计算约2800万美元），西安阿房宫凯悦酒店银行贷款3000万美元，计算出这两家酒店每间客房的成本为6.0~6.6万美元/间。

据实践资料总结，当前一般五星级酒店的投资可以按人民币10000元/$m^2$作为早期估算。由于经济形势以及市场的变化，具体视酒店建设时间、性质、定位、规模、位置和地形来确定。而对于一般酒店和经济型酒店，都可以参照当地公建和公寓成本来估算，但是酒店的室内装修装饰以及洗衣房等设备费用要另计。

不同的项目有不同的情况，例如有一个度假村，土地费虽然不高，但是由于是一块临海的滩涂地，有一层很厚的淤泥层，需要投资1.7亿元进行地基处理和海堤加固，这是投资之初所没料到的。

当今中国每年新增1500家酒店，年投资额超过3000亿元，酒店业成为国内投资的热点之一。以三亚某五星级酒店为例，从2002年立项拿到地，包括土地费、建安费在内共投入5亿元，于2004年建成开业，业内人士认为，现在三亚已成为旅游热点，要建同样规模，460间客房的酒店投资额至少要翻一倍甚至更多。

因此需要有经验的专家顾问参与酒店前期工作。按投资者要求进行反复比较分析研究，再作合理地调整，最终总会得到正确的投资估算，来指导

酒店成本系数表 表15-1

| 酒店类型 | 豪华型 | 高级型 | 普通型 | 经济型 |
|---|---|---|---|---|
| 成本系数 | 1.33 | 1.20 | 1.00 | 0.80 |
| 成本/间（万美元） | 14.364 | 12.96 | 10.8 | 8.64 |
| 总成本（500间） | 7182 | 6480 | 5400 | 4320 |

酒店的实践。

3、按通常的建筑工程规律，方案设计阶段先作估算，初步设计阶段提供概算，施工图时编制预算。在酒店设计方案阶段时，可以就酒店项目进行工程造价估算。下面提供一个酒店的工程估算实例以供参考，详表15-2。

表15-2

| 序号 | 项目及费用名称 | 建筑面积（$m^2$） | 建安工程造价（万元） | 单位造价指标（元/$m^2$） | 备注 |
|---|---|---|---|---|---|
| 一 | 土建工程 | 65800 | 39786 | 6047 | |
| （一） | 主体工程 | 65800 | 16826 | 2557 | |
| 1 | 地下部分 | 7524 | 2257 | 3000 | |
| 2 | 地上部分 | 58276 | 14569 | 2500 | |
| （二） | 室内装修工程 | 58276 | 22960 | 3940 | |
| 1 | 会议酒店客房 | 15120 | 4007 | 2650 | |
| 2 | 豪华酒店客房 | 10014 | 3505 | 3500 | |
| 3 | 酒店公共部分 | 25925 | 14907 | 5750 | |
| 4 | 后勤与机房 | 7217 | 541 | 750 | |
| 二 | 给排水工程 | 65800 | 2566 | 390 | |
| 三 | 喷淋、消防工程 | 65800 | 855 | 130 | |
| 四 | 空调、通风、防排烟工程 | 65800 | 5132 | 780 | |
| 五 | 强电工程 | 65800 | 3422 | 520 | |
| 六 | 弱电工程 | 65800 | 2213 | 336 | |
| 1 | 通讯及宽带网络系统 | 65800 | 329 | 50 | |
| 2 | 有线电视系统 | 65800 | 118 | 18 | |
| 3 | 广播音响工程 | 65800 | 66 | 10 | |
| 4 | 停车场管理系统 | 7524 | 45 | 60 | |
| 5 | 对讲及保安监控系统 | 65800 | 263 | 40 | |
| 6 | 火灾自动报警及联动系统 | 65800 | 316 | 48 | |
| 7 | BAS楼宇自控系统 | 65800 | 461 | 70 | |
| 8 | 酒店管理系统 | 58276 | 233 | 40 | |
| 9 | 智能化调光系统 | 65800 | 382 | 58 | |
| 七 | 电梯 | 65800 | 1974 | 300 | |
| 八 | 燃气 | 65800 | 118 | 18 | |
| 九 | 泛光照明 | 58276 | 245 | 42 | |
| 十 | 标识系统 | 65800 | 165 | 25 | |
| 十一 | 厨房设备 | 58276 | 2040 | 350 | |
| 十二 | VCD点播设备 | 58276 | 175 | 30 | |
| 十三 | 游泳池设备 | 58276 | 221 | 38 | |
| 十四 | 康体设备 | 58276 | 350 | 60 | |
| 十五 | 室外工程 | 59984 | 3032 | 506 | 室外总体面积 |
| 1 | 室外游泳池 | 1500 | 225 | 1500 | |
| 2 | 室外网球场 | 1300 | 62 | 4800 | |

续 表

| 序号 | 项目及费用名称 | 建筑面积（$m^2$） | 建安工程造价（万元） | 单位造价指标（元/$m^2$） | 备注 |
|---|---|---|---|---|---|
| 3 | 景观工程 | 57184 | 1315 | 230 | 室外总体面积 |
| 4 | 其他室外工程（道路、管网等） | 57184 | 1430 | 250 | 室外总体面积 |
| 十六 | 小计 | 65800 | 62294 | 9467 | |
| 十七 | 预备费5%（设计、施工变更、施工措施费） | 65800 | 3115 | 473 | |
| | 估算造价 | 65800 | 65409 | 9941 | |

注：

1）本项目用地面积80234$m^2$、建筑物占地面积20250$m^2$、总建筑面积65800$m^2$。

2）本项目建安工程估算造价为65409万元，单位造价9941元/$m^2$。本造价是指本项目建安工程费用，具体内容包括建筑、结构、给排水、强电、弱电、通风、空调、厨房设备、视频设备、游泳池设备、康体设备和室外管网、绿化、道路、景观、游泳池、网球场等费用。

3）本估算不包括工程建设其他费用，如征地、拆迁费、勘察设计费、监理费、建设单位管理费及市政配套费用。

4）本估算参照已完工的类似工程造价指标及本项目方案设计综合测算。

## （二）酒店的投资管理

1、总承包方式管理：西安阿房宫凯悦酒店是国内试行按国际工程总承包方式进行投资管理的。酒店总投资3000万美元，其中工程费用2250万美元，投资是按土建工程930万美元，机电设备安装工程710万美元，室内装修和不可预见费507万美元三大项加以控制。

其中建筑工程930万美元，包括土建工程395万美元，结构480万美元和室外工程（包括锅炉房）55万美元。

而机电工程710万美元，包括给排水87万美元、电气148万美元、空调87万美元、电梯104.04万美元、铝合金门窗67.8万美元、小五金15.3万美元。

室内装修费407.45万美元，包括固定和活动式家具各60万美元、健身设施60.4万美元、擦窗机39.5万美元，还有总包服务费91.2万美元。

总承包合同规定，建筑工程、机电设备安装工程、总图工程以及总包管理费和总包服务费共计1743万美元（未含保险费），由总包一次包死，不随材料、人工、汇率和定额及各项费用的变化而调整。总工期为25个日历月。

总承包合同规定，由于设计修改而引起的工程量、超出和减少用钢量4426.8吨100吨以外的费用，再共同议定。此后在实施中，不可预见费共实际发生101.7万美元和人民币318.5万元。

实施结果表明这一总承包方式保证了工程质量和进度，投资得以控制，从而酒店如期建成开业。

2、按项目承包方式管理：按酒店项目实行招标投标方式，再按分项分部实行分包是当前常用的方式。这里列举珠海海泉湾旅游度假城实例（表15-3），和其他建设项目一样按设计概算实行项目的招标投标。

综合以上所说的投资管理是为了进一步了解酒店的投资构成，因为建筑工程造价占总投资的80%以上，表15-3所列实例可供参考。

珠海海泉湾旅游度假城设计概算总表（按施工图编制）　表15-3

| 序号 | 项目名称 | 建筑面积（$m^2$） | 建筑工程(万元) | 设备安装(万元) | 其他工程(万元) | 其他费用(万元) | 合计(万元) | 单位指标（元/$m^2$） | 备注 |
|---|---|---|---|---|---|---|---|---|---|
| 一 | 建筑安装工程 | 160834 | 70653.93 | 35522.65 | 3903.00 | | 110079.59 | 6844.30 | |
| 1 | 别墅酒店 | 11107 | 5292.84 | 228.28 | | | 5521.12 | 4970.85 | |
| 2 | 主酒店 | 49261 | 21987.07 | 5538.48 | | | 27525.55 | 5587.70 | |
| 3 | 私人会所 | 4033 | 1841.00 | 151.52 | | | 1992.53 | 4940.56 | |
| 4 | 蜜月套房 | 595 | 251.84 | 25.64 | | | 277.48 | 4663.53 | |
| 5 | 温泉中心 | 13050 | 7150.46 | 893.78 | | | 8044.24 | 6164.17 | |

续 表

| 序号 | 项目名称 | 建筑面积（$m^2$） | 建筑工程（万元） | 设备安装（万元） | 其他工程（万元） | 其他费用（万元） | 合计（万元） | 单位指标（元/$m^2$） | 备注 |
|---|---|---|---|---|---|---|---|---|---|
| 6 | 会议酒店 | 51528 | 23527.43 | 2965.14 | | | 26492.57 | 5141.39 | |
| 7 | 渔人码头 | 11894 | 4734.56 | 361.83 | | | 5096.40 | 4284.85 | |
| 8 | 康体中心 | 7005 | 2722.15 | 575.99 | | | 3298.14 | 4708.27 | |
| 9 | 行政中心 | 12361 | 3079.35 | 605.10 | | | 3684.45 | 2980.70 | |
| 10 | 燃气工程 | 160834 | | 128.60 | | | 128.60 | 8.00 | |
| 11 | 室外工程费 | 475000 | | | 3903.00 | | 3903.00 | 82.17 | |
| 12 | 中水处理工程 | 160834 | 34.78 | 90.64 | | | 125.42 | 7.80 | |
| 13 | 污水处理工程 | 160834 | 32.45 | 57.65 | | | 90.10 | 5.60 | |
| 14 | 酒店设备工程 | | | 11950.00 | | | 11950.00 | | |
| 15 | 洗衣机房 | | | 500.00 | | | 500.00 | | |
| 16 | 停车场设备 | | | 50.00 | | | 50.00 | | |
| 17 | 温泉水疗设备 | | | 10000.00 | | | 10000.00 | | |
| 18 | 康（游）乐健身器械 | | | 1000.00 | | | 1000.00 | | |
| 19 | 厨房设备 | | | 400.00 | | | 400.00 | | |
| 二 | 景观工程 | | | | 11803.84 | | 11803.84 | | |
| 三 | 工程其他费用 | 160834 | | | | 33932.09 | 33932.09 | 2109.76 | |
| 1 | 土地征用费 | | | | | 1337.00 | 1337.00 | | |
| 2 | 地基处理费 | | | | | 15000.00 | 15000.00 | | |
| 3 | 海堤加固费 | | | | | 2000.00 | 2000.00 | | |
| 4 | 三通一平工程费 | | | | | 60.00 | 60.00 | | |
| 5 | 市政工程配套费 | | | | | 530.00 | 530.00 | | |
| 6 | 勘察设计费 | | | | | 7100.00 | 7100.00 | | |
| 7 | 建设单位1% | | | | | 1218.83 | 1218.83 | | |
| 8 | 工程监理费1% | | | | | 1218.83 | 1218.83 | | |
| 9 | 工程保险费0.3% | | | | | 365.65 | 365.65 | | |
| 10 | 研究试验费0.2% | | | | | 243.77 | 243.77 | | |
| 11 | 临时设施费 | | | | | 300.00 | 300.00 | | |
| 12 | 酒店开办费 | | | | | 4000.00 | 4000.00 | | |
| 13 | 职工培训费 | | | | | 400.00 | 400.00 | | |
| 14 | 其他费用 | | | | | 158.00 | 158.00 | | |
| 四 | 预备费5% | 160834 | | | | 6094.17 | 6094.17 | 378.91 | |
| 五 | 建设期贷款利息 | 160834 | | | | 5000.00 | 5000.00 | 310.88 | |
| 六 | 合计（一～五） | 160834 | 70653.93 | 35522.65 | 15706.84 | 45026.26 | 166909.68 | 10377.76 | |
| 七 | 铺底流动资金 | 160834 | | | | 2500.00 | 2500.00 | 155.44 | |
| 八 | 总投资 | 160834 | 70653.93 | 35522.65 | 15706.84 | 47526.26 | 169409.68 | 10533.20 | |

注：建设过程中规模不断扩大，实际建筑面积增到199947$m^2$，总投资也达到21亿元。

### （三）酒店经营收益预测

在投资估算的同时，还要对酒店未来十年经营收益做出预测：

1、客房入住率与平均房价；

2、营业收入，包括客房、餐饮、健身、娱乐休闲和其他收入；

3、部门成本，包括客房、餐饮、健身、娱乐休闲和其他收入；

4、经营成本，包括管理费、营销费、能源费、维修费；

5、固定费用，包括财产税、保险、重置费。

在此以香港一个五星级酒店为例，对酒店未来10年经营收益进行测算，详见表15-4。该酒店拥有245间客房，全日提供客房和餐饮服务，设有中式餐饮、酒吧、3间会议厅以及400m$^2$的宴会厅。

在测算时，按香港旅游局公布的2008年客房房价为$2227数据计算，通胀率为3.5%，计算出开业时（2013年）平均日房价为：2227×0.75×1.035×1.035×1.035×1.035×1.035×1.1= $2182，其中0.75为入住率，房价中还要包括10%服务费，但不含早餐。这样开业的第1年（2013年）的房价为$2182×0.85=$1855；第2年（2014年）的房价为$2182×1.035×0.95=$2145，开业前两年折扣价分别为85%与95%；从第3年（2015年）起进入正常经营，房价为2182×1.035×1.035=$2337。从表15-4得知酒店经营10年可获得税前利润85000万港元，以证实投资估算的正确与否。

酒店的实际经营收入并不一定和预测完全一致。如前面提及的投资5亿元的三亚某酒店为例，由于酒店地段好又拥有几百米长海滩，该酒店2009年收入2.3亿元，其中客房与餐饮就占了2.1亿多元，全年客房住房率达65％，而餐饮收入6000万元，国际管理集团甚至将全年用餐人数锁定为18万人次。

酒店开支分为营业成本、行政成本、管理费用、固定资产折旧等几大项。其中营业成本包括：员工（750人）薪酬福利、食品、电视收视、预定系统、驻店乐队、鲜花及植物租摆、电话、杀虫、墙体清洗、植物养护、客房机器养护等费用；而行政成本费用包括：律师咨询、电脑系统维护、信用卡佣金、经理培训、保险、市场推广、能源消耗等；管理费用为国际酒店管理品牌的收费项目，包括基本管理费、奖励管理费等，国际酒店管理公司每年要从酒店经营收入中提取的各项费用高达1500万元。

财务分析表明该酒店年毛利润为54％。三亚高星级酒店一般年利润都能在45％～65％之间，因此一般认为只要经营状况良好的酒店，其投资回报期短的只需三年，长的也只有五年，这样的投资回报也是可预测期许的。

但是大多数酒店的经营状况就不会那么好，并且还会有风险，包括宏观环境、市场环境和自然灾害，倘若决策失误、管理不善、财务疏漏等任何问题，都会给酒店经营与投资回报造成影响。

注：本例由香港四通酒店开发与投资咨询公司石家璐先生提供。

**一个香港五星级酒店未来10年经营收益预测表**

表15–4

| | 第1年 | | 第2年 | | 第3年 | | 第4年 | | 第5年 | | 第6年 | | 第7年 | | 第8年 | | 第9年 | | 第10年 | | 总计 | |
|---|---|---|---|---|---|---|---|---|---|---|---|---|---|---|---|---|---|---|---|---|---|---|
| 客房数 245 | 245 | | 245 | | 245 | | 245 | | 245 | | 245 | | 245 | | 245 | | 245 | | 245 | | 245 | |
| 平均日房价 2182 | 1855 | | 2145 | | 2337 | | 2419 | | 2504 | | 2592 | | 2682 | | 2776 | | 2873 | | 2974 | | 2516 | |
| 入住率 75.00% | 67.50% | | 75.00% | | 75.00% | | 75.00% | | 75.00% | | 75.00% | | 75.00% | | 75.00% | | 75.00% | | 75.00% | | 74.25% | |
| **总收入(以HKD1,000为单位)** | | | | | | | | | | | | | | | | | | | | | | |
| 客房 | 111953 | 68.97% | 143893 | 68.97% | 156767 | 68.97% | 162254 | 68.97% | 167933 | 68.97% | 173811 | 68.97% | 179894 | 68.97% | 186190 | 68.97% | 192707 | 68.97% | 199452 | 68.97% | 1674855 | 68.97% |
| 餐饮 | 39184 | 24.14% | 50362 | 24.14% | 54869 | 24.14% | 56789 | 24.14% | 58777 | 24.14% | 60834 | 24.14% | 62963 | 24.14% | 65167 | 24.14% | 67447 | 24.14% | 69808 | 24.14% | 586199 | 24.14% |
| 其他 | 11195 | 6.90% | 14389 | 6.90% | 15677 | 6.90% | 16225 | 6.90% | 16793 | 6.90% | 17381 | 6.90% | 17989 | 6.90% | 18619 | 6.90% | 19271 | 6.90% | 19945 | 6.90% | 167486 | 6.90% |
| 合计 | 162332 | 100% | 208644 | 100% | 227313 | 100% | 235269 | 100% | 243503 | 100% | 252026 | 100% | 260847 | 100% | 269976 | 100% | 279425 | 100.00% | 289205 | 100.00% | 2428540 | 100.00% |
| **分项成本** | | | | | | | | | | | | | | | | | | | | | | |
| 客房 | 17913 | 16.00% | 21584 | 15.00% | 21947 | 14.00% | 22716 | 14.00% | 23511 | 14.00% | 24334 | 14.00% | 25185 | 14.00% | 26067 | 14.00% | 26979 | 14.00% | 0 | | 210234 | 12.55% |
| 餐饮 | 31347 | 80.00% | 37772 | 75.00% | 38408 | 70.00% | 39752 | 70.00% | 41144 | 70.00% | 42584 | 70.00% | 44074 | 70.00% | 45617 | 70.00% | 47213 | 70.00% | 48866 | 70.00% | 416776 | 71.10% |
| 其他 | 10076 | 90% | 12950 | 90% | 14109 | 90% | 14603 | 90% | 15114 | 90% | 15643 | 90% | 16190 | 90% | 16757 | 90% | 17344 | 90% | 17951 | 90% | 150737 | 90.00% |
| 合计 | 59335 | 36.55% | 72306 | 34.66% | 74464 | 32.76% | 77071 | 32.76% | 79768 | 32.76% | 82560 | 32.76% | 85450 | 32.76% | 88440 | 32.76% | 91536 | 32.76% | 66816 | 23.10% | 777747 | 32.03% |
| **其他成本** | | | | | | | | | | | | | | | | | | | | | | |
| 行政管理 | 17857 | 11.00% | 20864 | 10.00% | 22731 | 10.00% | 23527 | 10.00% | 24350 | 10.00% | 25203 | 10.00% | 26085 | 10.00% | 26998 | 10.00% | 27943 | 10.00% | 28921 | 10.00% | 244477 | 10.07% |
| 市场和营销 | 6493 | 4.00% | 7303 | 3.50% | 7956 | 3.50% | 8234 | 3.50% | 8523 | 3.50% | 8821 | 3.50% | 9130 | 3.50% | 9449 | 3.50% | 9780 | 3.50% | 10122 | 3.50% | 85811 | 3.53% |
| 能源和水电费 | 6493 | 4.00% | 7303 | 3.50% | 7956 | 3.50% | 8234 | 3.50% | 8523 | 3.50% | 8821 | 3.50% | 9130 | 3.50% | 9449 | 3.50% | 9780 | 3.50% | 10122 | 3.50% | 85811 | 3.53% |
| 管理费 | 4870 | 3.00% | 6259 | 3.00% | 6819 | 3.00% | 7058 | 3.00% | 7305 | 3.00% | 7561 | 3.00% | 7825 | 3.00% | 8099 | 3.00% | 8383 | 3.00% | 8676 | 3.00% | 72856 | 3.00% |
| 特许经营加盟费 | 1679 | 1.50% | 2158 | 1.50% | 2352 | 1.50% | 2434 | 1.50% | 2519 | 1.50% | 2607 | 1.50% | 2698 | 1.50% | 2793 | 1.50% | 2891 | 1.50% | 2992 | 1.50% | 25123 | 1.03% |
| 国际市场费 | 1120 | 1.00% | 1439 | 1.00% | 1568 | 1.00% | 1623 | 1.00% | 1679 | 1.00% | 1738 | 1.00% | 1799 | 1.00% | 1862 | 1.00% | 1927 | 1.00% | 1995 | 1.00% | 16749 | 0.69% |
| 维护 | 4870 | 3.00% | 6259 | 3.00% | 6819 | 3.00% | 7058 | 3.00% | 7305 | 3.00% | 7561 | 3.00% | 7825 | 3.00% | 8099 | 3.00% | 8383 | 3.00% | 8676 | 3.00% | 72856 | 3.00% |
| 合计 | 43382 | 26.72% | 51586 | 24.72% | 56201 | 24.72% | 58168 | 24.72% | 60204 | 24.72% | 62311 | 24.72% | 64492 | 24.72% | 66749 | 24.72% | 69086 | 24.72% | 71503 | 24.72% | 603682 | 24.86% |
| | | | | | | | | | | | | | | | | | | | | | | |
| **营业毛利** | 59615 | 36.72% | 84753 | 40.62% | 96647 | 42.52% | 100030 | 42.52% | 103531 | 42.52% | 107154 | 42.52% | 110905 | 42.52% | 114786 | 42.52% | 118804 | 42.52% | 150885 | 52.17% | 1047110 | 43.12% |
| 激励管理费 7% | 4173 | 2.57% | 5933 | 2.84% | 6765 | 2.98% | 7002 | 2.98% | 7247 | 2.98% | 7501 | 2.98% | 7763 | 2.98% | 8035 | 2.98% | 8316 | 2.98% | 10562 | 3.65% | 73298 | 3.02% |
| | | | | | | | | | | | | | | | | | | | | | | |
| **业主成本** | | | | | | | | | | | | | | | | | | | | | | |
| 设备家具储备金 3% | 4870 | | 6259 | | 6819 | | 7058 | | 7305 | | 7561 | | 7825 | | 8099 | | 8383 | | 8676 | | 72856 | |
| 保险 2% | 3247 | | 4173 | | 4546 | | 4705 | | 4870 | | 5041 | | 5217 | | 5400 | | 5589 | | 5784 | | 48571 | |
| | | | | | | | | | | | | | | | | | | | | | | |
| **税项及摊销前之盈利** | 47325 | | 68388 | | 78516 | | 81264 | | 84108 | | 87052 | | 90099 | | 93253 | | 96516 | | 125863 | | 852386 | |

# 十六、酒店 度假村的设计流程

## （一）前期策划

开发一个酒店和度假村是一个非常复杂，又充满风险的工程建设和投资过程。

作为开发者来说，为了实现开发酒店的设想，首先要成立一个筹备小组，集结有酒店开发、策划和资金运作的资深的专业顾问进行前期策划。在整个策划过程中需要不断调整，开发新思路，譬如当发现资金不足就要减小规模，餐饮市场社会需求大就要增添餐厅面积，目的就是寻求一个适应当地市场状况，可持续发展的一个酒店建设实施规划，这也是一次科学发展观的实践。

### 1、选择一个可持续发展的建设地点

当有几个地点选择方案时，首先对各地点进行环境评估，包括环境资源、水资源、电资源、交通设施以及文化资源，分析这一城市或地区的经济状况，食宿市场和需求量，以及可持续发展的前景。当确定地点后，并征得当地政府批准，划出建设用地的红线范围，并取得土地证书，由此才使酒店度假村有了立足之地。

### 2、提供一份可行性研究报告

根据建设地点的特征，在调查研究当地的市场状况前提下，提出一份可行性报告，这项工作通常由筹备小组来完成，或是再委托顾问公司进行，进而由投资者和管理公司决策，而这一过程往往需经多次调整再议定，报告一般包括两个重要方面：

1）分析当地经济发展，把握现时和将来对酒店服务业的需求，对客房、会议、餐饮与娱乐供应类型与数量作出初步计划；

2）对建设酒店度假村的投资计划，以及对开业10年间的营业收入与成本的估算。

进行可行性研究的目的就在于让项目开发符合科学发展观，对建设地点、市场需求、设施组合、资金流量和专业管理等各种因素，通过调查研究分析，提出评估报告，从而保证开发的成功，增强投资的信心，有利于获得可靠的融资。

当酒店选择在政府重点开发区域能得到政府的扶持，或许还有低廉土地价等优厚的政策鼓励，就会大大减小开发难度。

开发酒店并没有一个固定的模式，只有认真的可行性研究就会回避不利因素，发挥有利条件，明确的融资计划，正确的供需分析，来指导整个开发进程。

### 3、编制一个设计任务书

在可行性研究报告的基础上，开始实施酒店开发计划，提出设计任务书，明确一下酒店的规模、设施以及星级标准作为设计的指引。下面列出几种类型的酒店设计要求（表16-1），可供参考。

表16-1

| | | 星级酒店 | 经济酒店 | | 会议酒店 |
|---|---|---|---|---|---|
| 1 | 客房数 | 200 | 500 | 150 | 250 |
| | 其中高级房（间） | 90 | 250 | 55 | 100 |
| | 双人房（间） | 100 | 195 | 90 | 138 |
| | 无障碍房（间） | 2 | 5 | 1 | 2 |
| | 套房（套） | 8 | 20 | 4 | 10 |
| | 行政套房（套） | | 30 | | |

续表

| | | 星级酒店 | 经济酒店 | | 会议酒店 |
|---|---|---|---|---|---|
| 2 | 餐饮<br>全日餐厅（座） | 60 | 180 | 50 | 80 |
| | 中餐厅（座） | 60 | 120 | | 70 |
| | 风味餐厅（座） | | 50 | | |
| | 咖啡厅、酒吧（座） | 30 | 150 | | 30 |
| 3 | 多功能厅（座） | | 500 | | 200 |
| | 会议室（间） | 3 | 8 | | 8 |
| 4 | 健身房 | √ | √ | | √ |
| | 游泳池 | √ | √ | | |
| | 零售商店 | √ | √ | √ | √ |

## （二）设计团队

酒店建筑功能既丰富、复杂又多样，有人说一个酒店如同把公寓、会场、餐馆、商场、娱乐甚至更多的功能集成一个综合体。正因为酒店的复杂程度和特殊要求，使酒店设计就需要一批资深的专业设计师来完成，并且还要在设计全过程中密切配合，形成和推行建筑师、室内装饰设计师与酒店顾问之间的默契合作，来共同完成酒店设计。

### 1、酒店管理公司

随着酒店发展规划的实施，业主需要聘请酒店管理者对酒店的基本功能、运作流程、建筑设计、内部设计、餐饮服务与后勤布局等各个领域提出要求，提供技术数据与资料，从而保证酒店管理经营成功。因此，项目一开始，酒店管理公司应参与酒店设计，它是业主的第一个专家顾问。

在与酒店管理公司的技术服务协议中，应提出酒店的规模和等级，客房数目与种类、宴会厅的座位、会议室的数目与要求，餐饮种类与座位、零售店、停车位等资料作为服务指南，并协助业主完成设计任务书的编制。还要对后勤区域布置、厨房、洗衣房、员工用房以及机电系统、计算机系统等提出具体要求，尤其要提出和酒店设计和预算有直接影响的需求，从而保证估算建设成本的正确性，保证经营计划的实现。

### 2、建筑设计师

酒店建筑设计通常包括五个阶段：

1）概念设计阶段，约占设计总工作量10%；

2）方案设计阶段，约占设计总工作量15%；

3）初步设计阶段，约占设计总设计工作量20%；

4）施工图设计阶段，约占设计总设计工作量40%；

5）设计配合阶段，约占设计总设计工作量15%。

和一般建筑工程一样，酒店的前四个设计阶段是必需的，而设计配合阶段，除了工程建造阶段的施工配合外，还要与室内设计、景观设计和厨房洗衣房顾问、灯光顾问、机电顾问、餐饮顾问、SPA顾问、视听顾问、计算机等顾问的设计和工程加以配合，这是酒店建筑设计中十分独特又十分重要的，在总协调过程中实现酒店设计的完整、完美和完善。

### 3、室内设计师

酒店的室内设计愈来愈被人重视，与其他建筑不同，为了创造一个有特色、舒适、美观的酒店内部环境，需要聘请优秀的室内设计师，实现与建筑师及其他顾问的通力合作。室内设计师工作可分成六个阶段：

1）概念设计阶段：根据业主设计任务书（包括运营和设计主题），建筑设计平面图、酒店管理者的要求提出室内设计的概念设计，包括平面布局、公共区域空间设想、客房家具布局以及效果图。初选材料的样板、家具设备的参考照片和费用预算。

2）方案设计阶段：依据被业主接受的概念设计方案，进一步展开方案设计，包括公共部分空间设计、客房与套房家具浴卫和设备的布局、天棚、墙（柱）面、灯光和艺术品方案设计，与此同时还需提供演示文件、效果图、材料样板与参考图片，并提交一份室内家具设备预算。

3）样板房设计阶段：选择最大量的又有代表性的客房类型作为样板房，提供一套设计图，包括平面图、立面图、顶棚图，灯具、电源、电视、电话插头位置，还要选择窗帘、床上用品、装饰艺术品等，经过审图通过后搭建样板房，样板房可选在现场或其他有足够空间的位置。实践说明样板房建成前后，还会有不停的修改，直到业主和酒店管理共同最终认可。

4）初步设计阶段：应完成室内设计图，包括地面、天棚平面图、剖面图、墙面立面图，全部家具、浴卫、灯具、壁柜、地毯、织物、室内陈列品的布置，以及特殊装饰清单和说明书。

5）施工图设计阶段：在深化初步设计的图纸基础上，编制详图、节点大样和制造技术要求，每项设计都需要有全部资料，说明它的质地、颜色、细部并提供样板，监督制造商、供应商提供的多种进货渠道。

酒店的标志设计是很有意义的一项设计，包括图片、制服、桌面设计与标志的设计，设计师应提供标志图案、指引路牌、室内标牌、桌面陈设品（包括客房、餐桌和各个功能区）。这项设计还可以由其他专业公司进行，由室内设计师协助业主审查设计。

6）配合装修阶段：在室内设计进入施工实施时，室内设计师应跟进设计配合，及时调整与完善设计，补充细部节点图，审查制造商、供应商提供的家具、设备是否达到设计要求，确定装饰材料、艺术品、陈列品的位置。

以上各设计阶段工作量因项目不同会有些差别，一般可按下列比例控制：

1）概念设计阶段，约占设计总工作量的10%；

2）方案设计阶段，约占设计总工作量的15%；

3）样板房设计阶段，约占设计总工作量的10%；

4）初步设计阶段，约占设计总工作量的25%；

5）施工图设计阶段，约占设计总工作量的30%；

6）配合装修阶段，约占设计总工作量的10%。

室内设计费用取决于酒店规模、等级与复杂程度，国际上一般被认可的室内装修费用为工程总概算的6%~10%，最高不超过12%，国内则根据行业标准具体协商议定。

**4、厨房与洗衣房设计公司**

由于酒店的餐饮经营需要，宴会和多功能厅的重要性日益提高，酒店的餐饮厨房设计就显得更为重要。在建筑方案设计阶段完成前，就要选聘厨房设计公司，其工作范围自食品进货开始，包括粗加工、储藏、中心厨房制作加工，直到各个餐厅厨房的烹调和备餐的全过程设计，一般分成四个阶段：

1）概念方案设计阶段：根据酒店设计要求文件，提出工艺流程、平面规划和面积要求，并与建筑师和室内设计师协调。

2）平面设计阶段：在概念方案设计获得业主和酒店管理公司认可，与建筑师、室内设计师协调后，开展平面设计。可以分两阶段进行：

①布置厨房设备，制定技术文件，提出厨房设备、器具清单，包括名称、型号、外形尺寸、材料要求。

②绘制厨房平面布置图，表明设备位置和工作台面，以及提供所需水管、电气、燃气、蒸汽和排气排污口的位置。

3）设备招标阶段：厨房设计公司可以推荐至少三家厨房设备制造商，协助业主完成招标、评标工作，待评标完成后，根据厨房设备商的要求进行深化设计，并按实际设备状况完成调整设计工作。

4）施工配合阶段：厨房设计公司审查设备制造商供应设备的完好合格，检查设备和管线的安装，验收与调试，直到试营业。

四个阶段工程量一般为概念方案设计占30%、平面设计阶段占30%，设备招标阶段占30%和施工配合阶段占10%，会因具体项目状况而有变化。有些小型项目直接选择厨房设备供应商，从提供设备到安装调试完毕，但是作为大中型酒店的厨房设计，则与设备供应分开比较合适，避免内在的瓜葛。

洗衣房的设计则一般委托厨房设计公司一并设计，同样也经历上述的四个阶段。

**5、照明顾问公司**

为经营需要，酒店的形象工程备受重视，需要专门聘请有经验的照明顾问公司担负如下工作：

1）大堂、多功能厅、餐厅和咖啡厅的照明方式、灯具选择和光影效果。

2）建筑物的外墙灯饰效果。

3）节日灯光照明和建筑的泛光照明。

4）路灯、园林灯等景观照明。

5）水景和游泳池的灯光配合。

其设计阶段需要和建筑设计、电气设计、室内设计以及景观设计同步协同进行。

**6、专业顾问**

1）根据酒店经营项目不同，在设计阶段还会聘请一些专业顾问，如高尔夫球场顾问、SPA顾问、健身设施顾问、娱乐设施顾问等。

2）在建设过程中还会遇到二次专业设计，在建筑设计师的综合与协调下，由分包工程专业厂商来完成，如电梯工程、门窗工程、幕墙工程、污水处理工程、消防工程、燃气工程、自动控制工程、电讯工程、网络工程和交通标志工程等。

## （三）设计程序

往常一个酒店项目，从建筑设计开始，经历方案、初步与施工图三阶段设计就急于开工建设，土建完工后室内装修进场，室外也开始整治，园林公司进来种植，工程验收后酒店经营管理公司接受进驻，收拾房间、陈设布置、厨房里筑灶点火、开餐供应，就此开始营业。

而实践的经验与教训告诉我们，必须改变以往的一般工程设计程序，建立起一个兼容、合作而且更严谨的设计程序。从酒店设计一开始，就应建立起由业主组织的一个完整的设计团队，包括规划师、建筑师、景观设计师、室内设计师和酒店管理专家的密切协同设计，并聘请厨房与洗衣房、灯光、SPA等专业顾问参与，这种多学科多专业的沟通和互补，避免反复与修改，加快了设计进度，并确保一个更理性的酒店设计的实现。

## （四）设计总协调

作为一个大型酒店和度假村项目，往往包含子项多，技术又复杂，设计团队中需要有一个设计总协调人，负起设计总协调的重任，其包括有八个方面工作：

1. 向业主推荐国内外有经验的设计单位，并参与选择设计单位的过程。

2. 协助业主对各类设计合同在正式签订前进行初审，就设计范围、设计成果的质量及深度、设计进度及取费等向业主提供书面意见，避免项目设计不协调、漏项等情形。

3. 与各设计单位保持必要的工作联络，协助业主协调及跟进各设计单位的设计进度，并制定及根据需要调整设计进度表。若发现可能影响项目进度的问题，须及时通知业主，并就应变办法提出相应建议。

4. 协调和制定设计工作和图纸统一的有关规定。

5. 主动向业主建议召开并参加与其他设计单位的单方或多方会议，认真听取并综合各方意见，并及时向业主提出书面协调建议。

6. 参与业主对各设计单位的工作进度、质量、深度等进行检查，并向业主提出书面意见。

7. 配合施工要求向业主提出分期出图的书面意见和计划，协助业主确保项目能按时完成，见表16-2，通过这一实际工程可以看到总协调的工作内容。

8. 及时向业主指出其他可能影响项目的问题，如设计和工程质量、进度问题并提出书面建议。

与室内设计的协调往往是一件棘手的事，十分复杂，室内设计从方案到施工图应和建筑图一致，按照消防规范要求，进行消防分区和疏散，消防水电与自控系统等消防设计。因此对原室内设计的改动，都要通过建筑、结构、消防专业核实，有的已经施工要设法寻求实现室内设计的可能，进行配合室内设计的修改，再完成消防和设备专业配合。当室内设计师的有些改动不合适时，会通过协商与室内设计师沟通，寻求合适的室内设计方案。尤其到土建施工已经不能再改时，将及时报告业主，任何修改必须以不改动桩基和结构为前提条件。

此外酒店客房的室内设计工作量最大，多种类型单、双床客房涉及水电空调及电讯设施，影响到室内每个部位，也是协调的重要内容。

## （五）酒店和度假村的设计流程

图16-1为一个酒店和度假村的设计流程图，说明设计程序和各专业的协同关系，表16-2为设计阶段控制表可供参用。

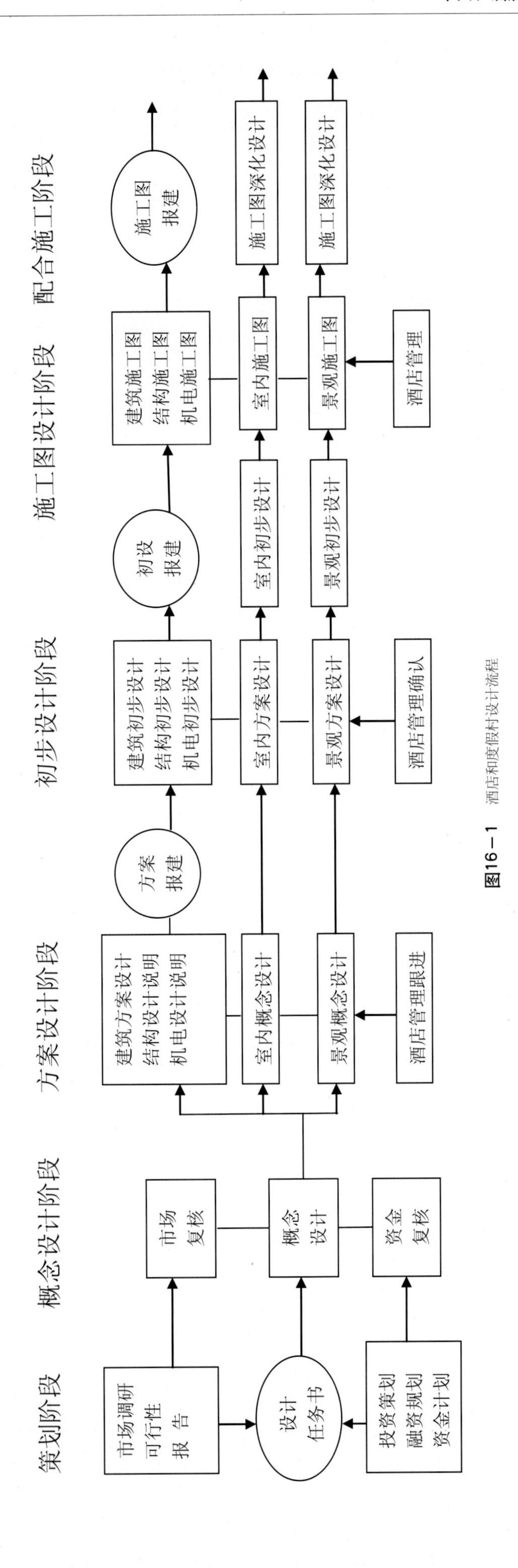


图16－1　酒店和度假村设计流程

## 设计阶段控制表

(设计期限2003.03.16—2004.04.30)

表16-2

| 阶段 | 设计内容 | | 设计进度 | | 设计角色 | | | 注明 |
|---|---|---|---|---|---|---|---|---|
| | | | 时间控制 | 天数 | 景观设计 | 建筑方案 | 设计主体 | |
| 第一阶段 | 调整规划设计 | 概念性规划调整方案 | 16/3—30/3 | 15 | ● | | ○ | |
| 第二阶段 | 建筑方案设计 | 单体建筑方案设计 | 17/4—30/6 | 74 | ○ | ● | ○ | |
| | | 总体规划方案 | 1/6—30/6 | 30 | ● | ○ | ○ | |
| | | 补充建筑设计说明<br>编制结构机电设计说明<br>检查有关规范执行情况 | 1/6—30/6 | 30 | | ○ | ● | |
| | | 完成报建方案设计 | 30/6前 | 75 | ● | ● | ● | |
| | | 模型制作 | 1/6—30/6 | 30 | ○ | ● | ○ | |
| | | 建筑方案报建 | 1/7—15/7 | 15 | ○ | ○ | ○ | |
| 第三阶段 | 初步设计 | 单体建筑初步设计<br>建筑风格设计 | 16/7—15/9 | 60 | ○ | ● | ● | |
| | | 景观园林初步设计 | 16/7—15/9 | 60 | ● | ○ | ○ | |
| | | 结构机电及部分建筑初步设计及设计说明<br>检查有关规范执行情况 | 16/7—15/9 | 60 | ○ | ○ | ● | |
| | | 完成初步设计 | 15/9前 | 60 | ● | ● | ● | |
| | | 初步设计报建 | 16/9—30/9 | 15 | ○ | ○ | ○ | |
| 第四阶段 | 施工图设计 | 主要单体建筑施工图设计<br>外立面与重要部位详图控制 | 1/10—30/12 | 90 | ○ | ○ | ● | 一个半月出基础施工图 |
| | | 景观园林施工图设计 | 1/10—31/1—04 | 120 | ● | ○ | ○ | |
| | | 配合景观施工图设计 | 1/10—31/1—04 | 120 | ● | ○ | ● | |
| | | 完成总平面图 | 31/1—04前 | | ○ | | ● | 以不影响施工为原则 |
| | | 管道综合 | 31/1—04前 | | ○ | | ● | 以不影响施工为原则 |

注：1）以上时间安排按2003.04.17设计会议决定为起始点。

2）温泉中心、游乐园、总平面及市政设施等设计条件正在落实，随后再配合本控制表，再安排实施。

3）总平面图与管道综合，因综合性强，影响因素较多，出图可能会推迟，但以不影响施工为原则。

4）●表示主要设计责任人，○表示设计配合。

# 专题篇

# 一、度假村

度假村首先出现在希腊和古罗马的海滨温泉胜地，现在度假村已经遍布全球，给人们生活带来快乐和美好。

世界经济发展规律表明，国民人均GDP超过1000美元时，就会出现观光旅游需求；当人均GDP达到2000美元时，观光旅游需求向度假需求转变；当人均GDP达到3000美元时，度假需求进入高速增长阶段；当人均GDP达到5000美元时，旅游经济逐渐向度假经济转变，并进入成熟期。

2008年中国GDP总量300670亿人民币，按照2008年平均汇率6.948：1美元，折合43274亿美元。按照人口数13.2465亿计算，人均GDP为3266.8美元，已经登上了3000美元的新台阶。2009年中国GDP总值335353亿元，人均GDP为3603美元，有报道说广东省人均已接近6000美元。这意味着中国城镇化、工业化进程正在快速发展，居民消费类型和行为已发生重大转变，说明中国已进入旅游度假经济的转型期。

随着度假经济的迅速发展，带来度假村和度假酒店的巨大需求，全国各地纷纷兴起建设热潮，因此更需要我们认识了解度假村，研究度假村和度假酒店的设计。

图1—1　夏威夷的太平洋海景

图1—2　夏威夷酒店与海滩

## （一）度假村的选址

度假村一般建在优美的自然环境中，如能选择在旅游观光风景区是最理想的。海滨、湖畔、森林、山溪、温泉、高尔夫、果园、湿地……在这些地方有原生态天然环境，能创造更多地亲近大自然的机会，还可以借助当地乡土风情来丰富假日生活。

美国夏威夷具有无际的太平洋海景和奇特的熔岩地质构造的天然条件，从20世纪中叶起始，逐步建起了世界上最大规模的度假村和度假酒店群。形形色色的酒店建筑构成了这座旅游城市的亮丽景色。

夏威夷丽思·卡尔登（Ritz-Carlton）度假村建在太平洋岸边凤梨种植地上，一面朝海，三面被冠军

图1—3　夏威夷丽思卡尔顿度假村

高尔夫球场所环绕，六栋4层的酒店建筑一直延伸到海边，2800m$^2$的会议厅、10间会议室，165座的剧场和10个网球场，结合自然环境，并融合了地方特色，成为度假观光的好去处（图1-1～图1-3）。

中国三亚是一个热带海滨城市，位于海南岛的最南端。20世纪90年代开发的亚龙湾，规划面积为18.6km$^2$，现在已具有功能齐全、配置完整的度假设施，密集了国际酒店集团万豪、喜来登、凯悦、洲际、希尔顿等酒店和度假村，享受得天独厚的自然环境，已经成为以热带风情为特色的国际旅游度假区（图1-4～图1-6）。新开发的海棠湾将有15家五星级酒店在近2年将陆续开业，整体提升三亚成为国际旅游度假胜地。

三亚目前集中了172家星级酒店，其中已授牌的五星级酒店有10家，四星级酒店21家，三星级25家，二星级16家，还有108家待评的四、五星级饭店。三亚共有客房31847间、56788床位（不包括家庭酒店），迎来了来自全世界100多个国家和地区游客，也成为富裕起来的国人首选度假旅游地，最理想的避寒过冬、消暑度夏和度假休闲胜地，年接待总量超过1000万人次。

美国内华达州的拉斯韦加斯原来是一片荒芜的沙漠，不靠海，不临水，没有风景，根本谈不上文化。

图1-4　金茂三亚丽思卡尔顿酒店

图1-5　三亚凯宾斯基酒店

图1-6　三亚亚龙湾酒店布点现状图

但是，半个多世纪以来建起一大批风格迥异的度假酒店，有的酒店成了纽约曼哈顿的缩影，有的酒店把法国的埃菲尔铁塔和凯旋门“搬”过来了，有的酒店从阿拉伯神话中得到灵感，形色各具的度假酒店构成了奇特的旅游城市的国际化文化特征，成为世界著名的度假旅游胜地（图1-7～图1-9）。

南非的太阳城也是在一片荒芜的土地上建起的大型度假村，美国WATG设计师以最精确的设计，创造了一座失落城宫殿，成为当代著名的度假村设计范例（图1-10～图1-12）。

图1-7　拉斯韦加斯纽约·纽约酒店

图1-8　拉斯韦加斯蒙特卡洛酒店

图1-9　拉斯韦加斯美丽湖酒店

图1-10　南非太阳城全景

图1-11　南非太阳城酒店

图1-12　南非太阳城

## （二）度假村的类型

度假村一般由度假酒店或若干栋度假别墅为主体，并结合美食、健身、SPA和儿童游艺设施等组合而成，与优美的自然环境融合于一体，形成旅游休闲的度假村。

而综合型度假村是以度假酒店为主体，与会议中心、高尔夫球场、温泉中心、主题公园、游艇俱乐部、滑雪场、马术俱乐部、健身俱乐部，以不同功能的组合形成不同类型的度假村。

**1、温泉度假村：**温泉度假村是由温泉中心与度假酒店综合而成。研究表明，有一半人泡温泉是为了缓解压力，休闲和享受，而另一半则是为了增进健康与治疗疾病。无论出于什么目的，大多数人洗完温泉后都会感到身心舒畅。中国天然温泉资源十分丰富，开发温泉度假村深受休闲旅游者的欢迎（图1-13～图1-15）。

**图1—13**　昆明温泉酒店

**图1—14**　威尔士加地夫温泉酒店

**图1—15**　日本箱根小田原希尔顿温泉酒店

例如珠海海泉湾就是利用温度高达87.3℃海底温泉资源，建成了全国最大规模温泉旅游度假城。度假城地处远离珠海市区的平沙镇，原来是南海的一片浅海滩涂地，卓有远见的投资开发者，在度假城中心位置建设一个大规模的温泉中心，内设置70多个异国风情的温泉池，从此这个发现于20世纪40年代的罕见的“含硅酸和氡的氯化钠”海泉终于得到了利用。

度假城拥有两座五星级度假酒店、海滨度假别墅和蜜月套房，还有主题公园、渔人码头、剧场，为游客提供购物、餐饮、休闲的场所，配备先进的亚健康体验设备和健身器材的康体中心。这样巨大规模、综合性强、配套完善的度假村在国内尚不多见。开业的第一年就接待301万人次，带动了珠海市的旅游业和城市发展。

**2、主题公园度假村：**主题公园包括游乐园、水上公园、海洋公园、森林公园、生态公园、湿地公园等，与度假酒店组合成度假村，是一种常见的类型。

香港迪斯尼乐园位于大屿山，山峦环抱，与南中国海遥遥相望，作为一座迪斯尼乐园特色的主题公园，包括四个主题区：美国小镇大街、探险世界、幻想世界和明日世界（图1-16、图1-17）。

乐园拥有两间主题特色的酒店。距乐园只是数分钟步程的香港迪斯尼乐园酒店，临海而建，以维多利

图1-16　香港迪斯尼乐园

图1-17　某海洋公园

亚式建筑为主题，6层高的豪华酒店拥有400个房间，庭院环境清幽、流水淙淙，成为以米奇老鼠为设计灵感的花园迷宫。而另一间迪斯尼好莱坞酒店则取材自装饰派建筑艺术风格。好莱坞酒店楼高8层，有客房600间，酒店是一个星光灿烂的电影世界，结合装饰艺术和迪斯尼童话色彩的情景，上演了精彩完美的梦想片段，使游客沉醉在电影的历史和魅力之中。

**3、高尔夫度假村**：高尔夫是一个运动项目，对于多数人来说高尔夫更是一种高尚的健身活动体验（图1-18～图1-19）。

高尔夫度假村往往以“高尔夫球场＋度假酒店”为主体，同时可以设置国际会议中心、剧场、健身房和SPA来丰富度假生活内容。

美国纽约蒙蒂塞罗的萨克特湖度假村，占地面积128km$^2$，一座500间客房的会议酒店建在湖畔，在景区内还建了50个小木屋，沿着湖岸还布置散步区和廊道式建筑，充分让人们享受秀美的湖景。

这度假村内原有一片低洼的池塘和沼泽地，不仅设计有1500座的会议用的影剧院，并以公园树林作为隔声，还在山谷浅低地利用原有9个洞，增加新的球路、洞穴和草坪，重建了一个18洞的高尔夫球场，并利用公路入口的高地建成高尔夫俱乐部。总之这一

图1-18　澳大利亚皇冠酒店集团猎人谷高尔夫休闲度假村鸟瞰

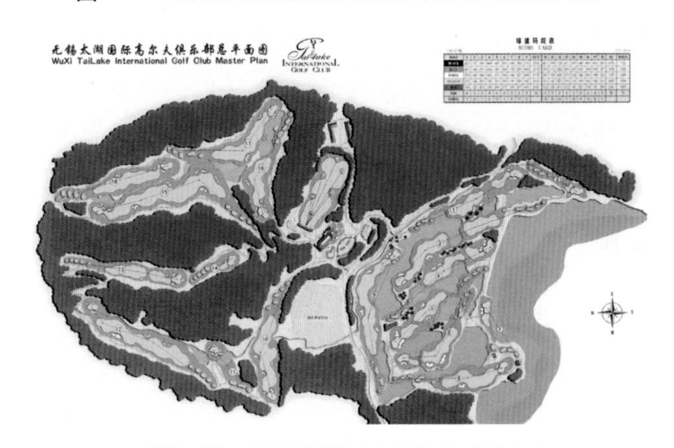


图1-19　无锡太湖国际高尔夫俱乐部总平面

切，通过建筑师和景观设计师共同努力，将许多自然环境元素融入度假村设计，尽显自然本色。

**4、乡村度假村**：在美丽富饶的农村，有秀丽的自然风光，有一望无际的农地，有果园菜圃和新鲜的空气，无疑这都是修建开发度假村的最优选择。

图1-20所示的印尼巴厘岛安缦达利度假村就是一例。度假村深藏在歌德瓦丹村落尽头，酒店黄色泥墙和茅草屋顶土著风格与整个乡村相得益彰，开放式大堂、餐厅、咖啡吧一应俱全，以青石方砖铺成的小路通往独立式院落，视野之内尽是纯天然的田园风光。

深圳市的国家级农业高科技园区是集生产科研、科学普及、营养卫生知识、旅游观光为一体的高科技农业产业区。它紧紧依托于地区良好的生态环境、优美的自然风光，大力发展旅游观光业。

这里的奶牛直接从加拿大、美国、德国、丹麦、新西兰等国家引进先进品种，用当地无污染的水、草料及科学配制的营养饲料进行饲养；从挤奶、输送、冷藏、运输到加工全部采用最先进的全密封式生产，

**图1-20a**　印尼巴厘岛安缦达利度假村

**图1-20b**　印尼巴厘岛安缦达利度假村套房

**图1-20c**　印尼巴厘岛安缦达利度假村田园风光

整个过程全部实行电脑化、智能化、自动化管理，以确保新鲜卫生。示范场内有人工挤奶表演和全自动化挤奶过程展示。还有展示自然、生物、动物、奶牛、营养卫生等科学知识的科普长廊，让旅游者亲眼目睹每天喝的牛奶是怎样生产出来的，引起游客们的兴趣，适应了假日周末农家游的需要。

**5、滑雪场度假村**：建设滑雪场度假村最理想的选择是有一个符合国际标准的滑雪场地。这样的度假村滑雪场雪道数量多，可以把竞技滑雪与群众滑雪相结合，适合专业滑雪人士与旅游者滑雪活动，也成了家庭度假的好场所（图1-21 ~图1-23）。

**图1-21**　美国科罗拉多阿尔派滑雪旅游度假村里兹·卡尔顿酒店

**图1-22**　黑龙江亚布力滑雪场度假村

**图1-23**　欧洲某滑雪场酒店

并开发建设一个规模适当的度假酒店，有配套的住宿餐饮服务，再能提供更多的山上度假活动。

为满足不同级别滑雪爱好者及儿童滑雪的乐趣，还可以开辟兴致盎然的雪上运动：滑圈道、马拉雪橇、狗拉雪橇，尤其是冰雕、冰瀑、冰柱等奇观观赏等。

滑雪场一般是在山的阴面，不被阳光照射能有利保留积雪，而度假酒店正好面向滑雪场，拥有充足的阳光，举目观赏美丽的雪景，二者之间在视觉环境还可加以联系。

为了提高滑雪场度假村效益，根据地域条件，要将滑雪场建成全年性高山旅游度假场地，将摆脱现有的单一滑雪功能，不仅提供滑雪，滑冰场地，还可提供会议中心，山地娱乐和森林活动。可在全年不同时间进行登山、攀岩、山地车、网球、马术、露营、篝火晚会、驾驶训练学校等运动项目，在不同季节都能为游客提供服务，与人们的户外活动、野外趣味、回归大自然的活动融为一体，最终形成全年开放的旅游点。

总之，度假村可概括为"冬季滑雪、春季踏青、夏季戏水、秋季采摘"，成为人们四季的健身休闲的好去处，使人们能在空气清新、视野开阔的"绿色环境"中，尽情地去享受大自然赋予的无穷快乐。

**6、游艇度假村：** 由度假酒店和游艇码头及其配套设施所组成。住在海滨湖畔的一座度假酒店里，随时坐上游艇在湖海江河游弋，尽情享受游艇生活的乐趣。在游艇上流连海景湖光山色，呼吸大自然的新鲜空气，享受灿烂的阳光，可垂钓、游泳、戏水（图 1-24、图 1-25）。

例如苏州太湖的水星俱乐部共有144个游艇泊位，已有400多名会员，由美国宾士域集团和苏州太湖国

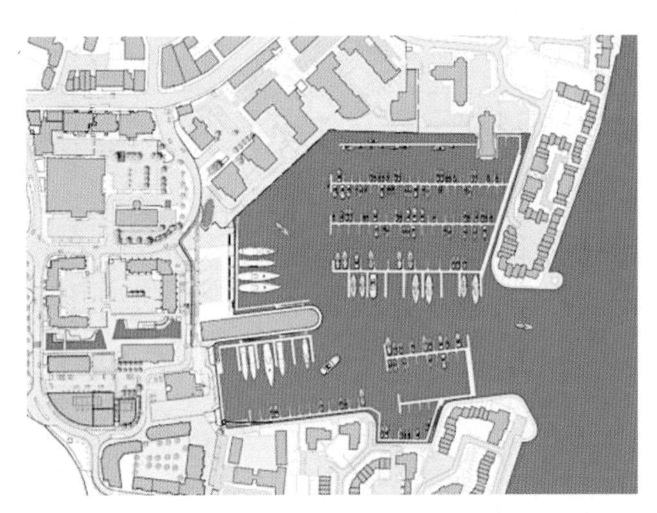

图1－24　英国南安普顿 海上游艇度假村

图1－25　游艇度假村的设计

图1－26　巴哈马群岛的天堂岛亚特兰蒂斯酒店

图1－27　澳大利亚海曼岛度假村

图1－28　马尔代夫库塔瑚拉岛四季度假村

家旅游度假区发展集团公司合资建立，俱乐部拥有中西餐厅、多功能会议厅、酒吧、阅览室、游艺室、桌球室、健身房、桑拿、室内外游泳池、网球场等酒店设施。它还拥有自行生产著名品牌游艇的能力，提供众多自行设计制造的豪华游艇，并有船艇配套物品商店、维修和保养中心、船艇展示厅、船艇驾驶培训中心。

**7、岛屿度假村**：世界上有许多天然小岛，利用这些岛屿规划成为一个度假村，是近年来兴起的一种模式（图 1-26 ~图 1-28）。

加勒比海上巴哈马群岛有 3000 多个岛屿，其中可住人的只有 30 个。1492 年 10 月 12 日哥伦布首先到达这里，被描绘成“人间的伊甸园”。今天这里天堂岛上有全世界最大的岛上酒店——亚特兰蒂斯酒店，其附设的水族馆 The Dig 犹如一个淹没在水底的古代帝国，坍塌的宫殿，斑驳的阶梯，里面栖息着 5.5 万只海洋生物，令人震撼。

酒店共有 3500 多间客房、35 个餐厅、11 个游泳池、SPA 以及高尔夫球场。酒店豪华总统套房好像一座桥，跨越在两幢粉红色巨大建筑之间，每晚 25000 美元租金，尽管费用不菲却天天爆满。

如今每年前往巴哈马旅游人数超过 500 万，而岛上还有许多几十间甚至十几间客房的小型酒店，私密、情趣、最细致贴心的服务成为其特色。

马尔代夫位于印度洋中，由 19 组环礁、1200 个小岛组成，珊瑚礁构成一个个美丽光环，可谓是大自然的奇迹。也许就是专为人类度假而设，旅游在这里几乎意味着一切，马尔代夫岛屿度假村是典型的赤道风情：充足阳光，碧蓝海水。

中国热带滨海旅游城市三亚的凤凰岛（图 1-29），是以天然礁盘为基础围海填石而成的人工岛，全长 1250m，宽 365m，占地面积约 36.5 万 $m^2$，通过 394m 长的观光跨海大桥与三亚市相连。建成后的凤凰岛将成为国际邮轮港口，星级酒店、国际会议中心、养生度假中心、商务会所、国际游艇会、海上热带风情商业街、火凤凰奥运主题广场等于一体的旅游休闲度假海岛，成为最具魅力的旅游胜地之一。

现凤凰岛已经建成了中国首座可停靠 10 万吨级豪华邮轮的专用码头，预计 25 万吨级泊位码头在 2010 年可建成，届时将成为亚洲最大邮轮港口之一，成为欧、美、东南亚等地的国际高端游客的云集之地。

**图1-29**　三亚凤凰岛规划设计方案

**图1-30**　印尼巴厘岛安缦奇拉度假村

**图1-31**　印尼巴厘岛阿里拉度假村客房

**8、森林度假村：**在森林环境中的度假酒店依山就势，就地取材，有的酒店大堂就是用当地的石头木材搭建的架空的大棚，似乎很简陋，但是让人领略到天然度假的意义（图 1-30）。

印度尼西亚的巴厘岛有一家岛上酒店——阿里拉（Alila）度假村建在一座小山峰上，只有 56 间客房，隐居在茂密的山林间。为了宁静，所有客房都不设电视，远离城市生活中的电视电脑，脱离浮尘，酒店里的无边际泳池被称之为全球第一，那种水天相接的景象实在非常迷人。这一非常有创意的设计，让酒店具有非常的魅力（图 1-31）。

## （三）度假别墅

别墅作为居住建筑的顶端产品，注重建筑风格和外观设计、讲究品味、完美与自然环境亲密融合，对配套服务等有着更高的要求。

调查显示，购买别墅的人群中，长期居住的占 74.1％，旅游度假的占 12.66％，投资理财的占 3.38％；虽然作为长期居住的比率仍占主导地位，但是在人们越来越崇尚自然的今天，“5＋2”的生活逐渐被人们所接受，作为第二居所——私人度假别墅日愈流行，度假别墅作为一种生活方式，成为高端生活品质的反映。

而度假别墅的另一种业态是依附于酒店，成为度假别墅＋酒店的组合，这是最多见的度假酒店形式（图 1-32）。20 世纪 80 年代初，在珠海拱北口岸建起的拱北宾馆就是酒店＋别墅的形式，多为港澳同胞和海外友人来此下榻。

还有一种依附于景区，多个度假别墅组合在一起，形成了度假村，像马尔代夫库塔瑚拉岛四季度假村、邦克岛度假村的水上别墅和山中别墅都成了世界著名的度假村。

度假别墅根据旅游市场的需要，有适合家庭度假用的多房型，也有适合情侣度蜜月的浪漫型，还有豪华型、精品型、艺术型等形式。一般采用独栋独院设计，而带内院私家游泳池的度假别墅最为时尚，客人可以从淋浴间直接下泳池，给度假生活带来更多的欢乐（图 1-33～图 1-38）。

**图1－32**　三亚金茂丽思卡尔顿酒店总图

图1-33　三亚金茂丽思卡尔顿酒店海边豪华别墅

图1-36　马尔代夫度假村方案

图1-34　马来西亚邦克岛度假村海上别墅

图1-37　三亚铂尔曼酒店别墅

图1-35　马尔代夫梦之岛度假村水上木屋

图1-38　三亚金茂丽思卡尔顿酒店别墅

# 二、度假酒店的特征

## （一）度假酒店的地域特征

正如前所述，度假酒店一般建在优美的自然环境中，选择在旅游观光风景区（图 2-1 ~图 2-6）。

**图2—1**　三亚瑞吉度假酒店

**图2—2**　四面临水的度假村

**图2—3**　新加坡圣淘沙度假村

**图2—4**　迪拜广场酒店（效果图）

**图2—5**　波多黎各法加度Wyndham El Conquistador度假酒店

**图2—6**　希尔顿夏威夷度假村

现代交通尤其是航空业的发展和出入境签证的便利，让人们能够快捷地到达更远的地方，那些陆路或水运难以到达的地方。尽管如此，邻近城市的度假酒店，虽不如闻名的旅游胜地，仍以其便利和设施的优越而吸引人们来这里度假、会议、休闲和度周末。

如广东东莞地处经济迅速崛起的珠江三角洲，毗邻港澳，虽无著名的山水名胜，但因应当地外向型经济而产生的市场需要，21 世纪初一批度假酒店成群隆起，每个镇都有了五星级酒店。截止 2008 年 4 月东莞已有星级酒店 99 家，其中五星级酒店就有 18 家，位居全国第三，仅次于北京和上海，被称之为“东莞奇迹”（图 2-7～图 2-9）。酒店具有会议、餐饮、休闲和娱乐等特色，近两年即使客房入住率不足 60%，仍然保证酒店经营的良好状况。

**图2-7**　东莞嘉华大酒店

**图2-8**　东莞凯悦酒店

**图2-9**　东莞丰泰花园酒店

我国地域辽阔历史悠久，自然和人文景观资源十分丰富。众多景观资源有待挖掘和开发，因此建设度假酒店的前景是十分宽阔的。

## （二）度假酒店的客房特征

客房是酒店的经营主体，一般占酒店总建筑面积一半以上。按星级要求，客房虽然有不同面积标准，但是客房布置要最大限度地与当地的自然景观结合。作为度假酒店，客人一走进客房展现在眼前的是优美的自然风景，这是度假酒店客房的特点所在。

1、在总体设计中应使客房朝向最好的景观，常见有如下两种布置方式：

1）客房建筑正面平行于景观面布置，让多数客房拥有 180° 的观赏角度，获得良好景观，而将楼电梯间和服务辅助房间放在另一侧，这种单廊式布置适用于豪华酒店，在同样规模下会占用更多土地和空间，结构与机电成本一般也要多出 15% 以上。因此有些酒店将另一侧朝向山景、花园和内湖，同样拥有相对较好的景观，也是比较实用的设计方案。

这种布置还可将客房层分段以一个开放空间相间隔，使客人时时与大自然交流的机会，当然这样会花费更多的土地，要视项目的条件而定。

2）客房垂直于景观面布置，使走廊两侧的客房都拥有近 90° 的良好观景角度。

2、度假酒店一般客房都设有阳台，并放设海滩椅或摇篮椅，供客人休闲观景。

3、走廊端头常以景观客房代替建筑山墙，以充分发挥景观的价值，这种方法已应用在许多度假酒店中收到较好效果，见图 2-14。

4、有些酒店为了避免内走廊冗长、呆板的感觉，将内走廊放宽，布置成内庭院，获得绿树成荫、花坛与水景组合的内部景观空间。印尼巴厘岛上的康拉德酒店就是这种设计方法的成功实例。

5、有些度假酒店还配套建设一些别墅和花园公寓，这种独立客房为满足家庭、亲朋好友的需要，带来更温馨的家居氛围。有些酒店还专门设计了独立的蜜月套房，深受新婚情侣的喜爱。

一些客房的平面布置及实景效果见图 2-10～图 2-29。

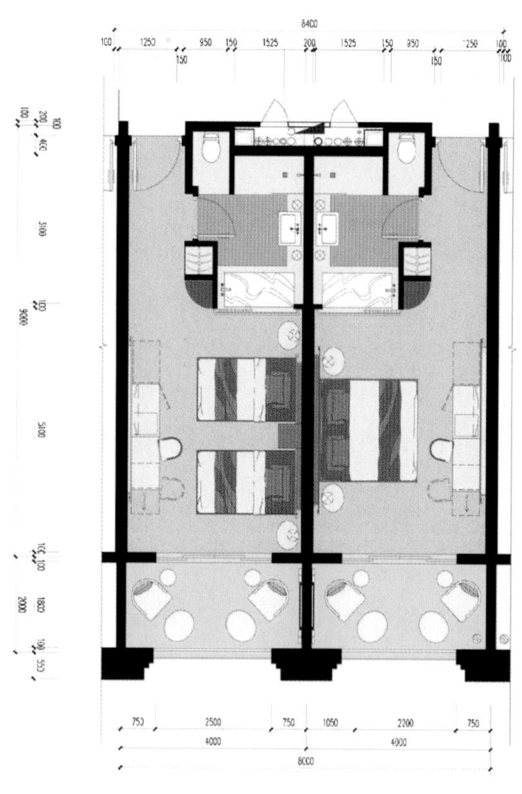


图2—10　度假酒店标准客房实例1

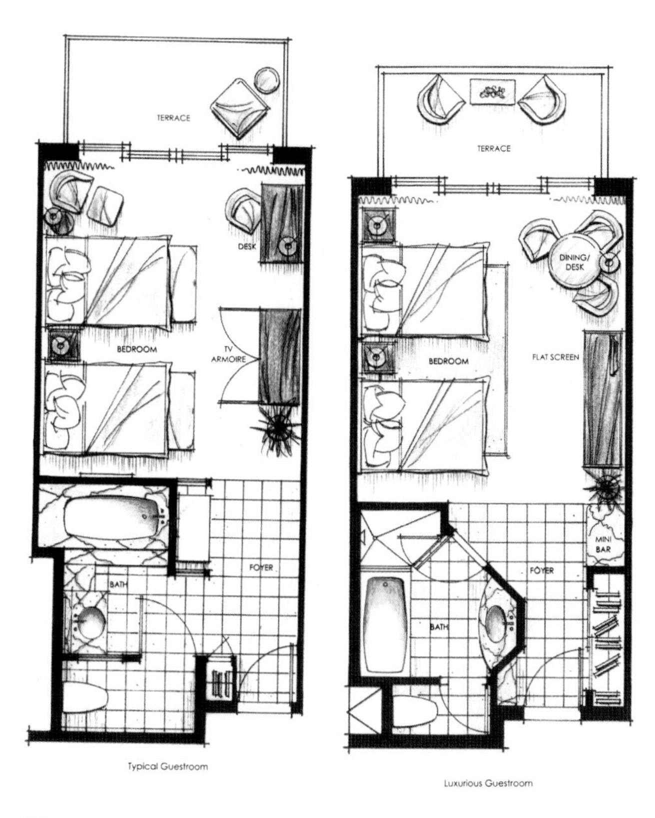


图2—11　度假酒店标准客房实例2　图2—12　度假酒店标准客房实例3

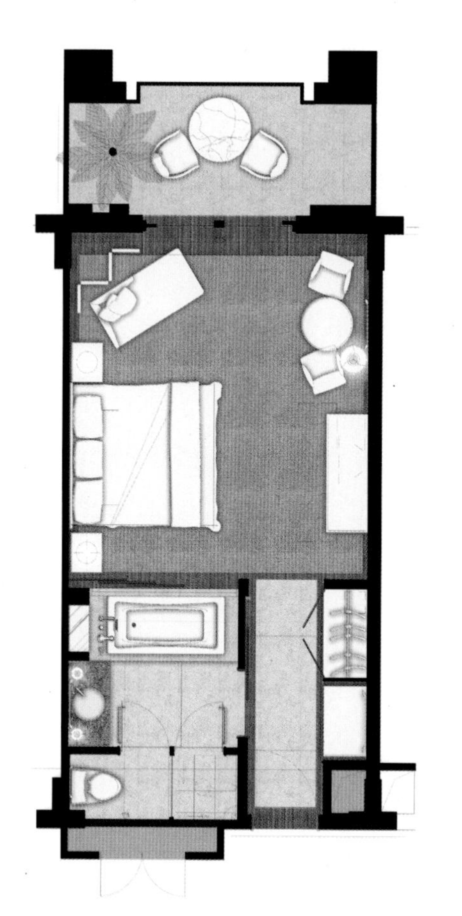

图2—13　度假酒店标准客房实例4

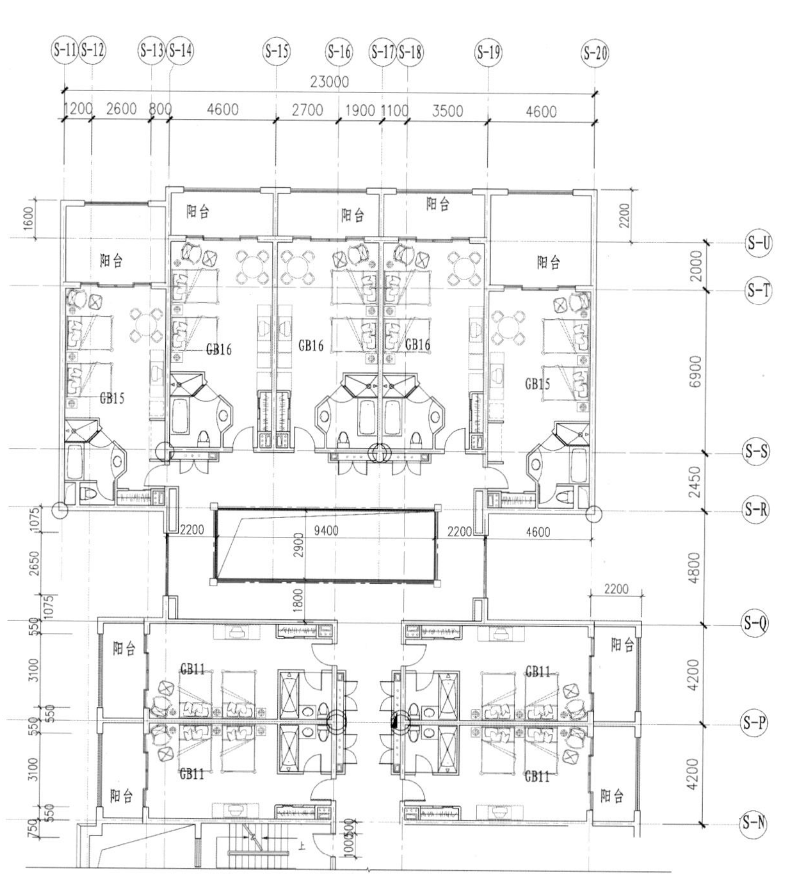


图2—14　走廊端头的景观客房平面布置

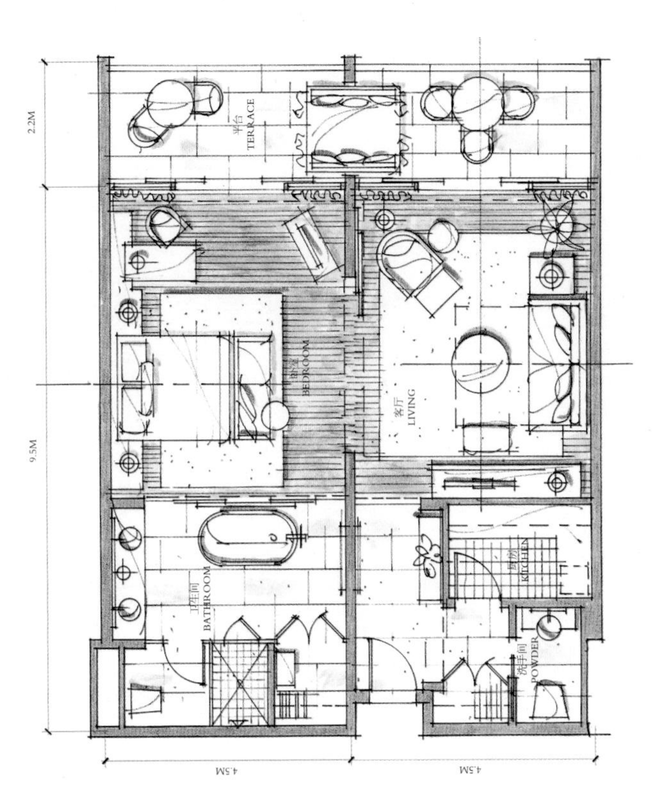


图2—15　度假酒店带厨房套房实例

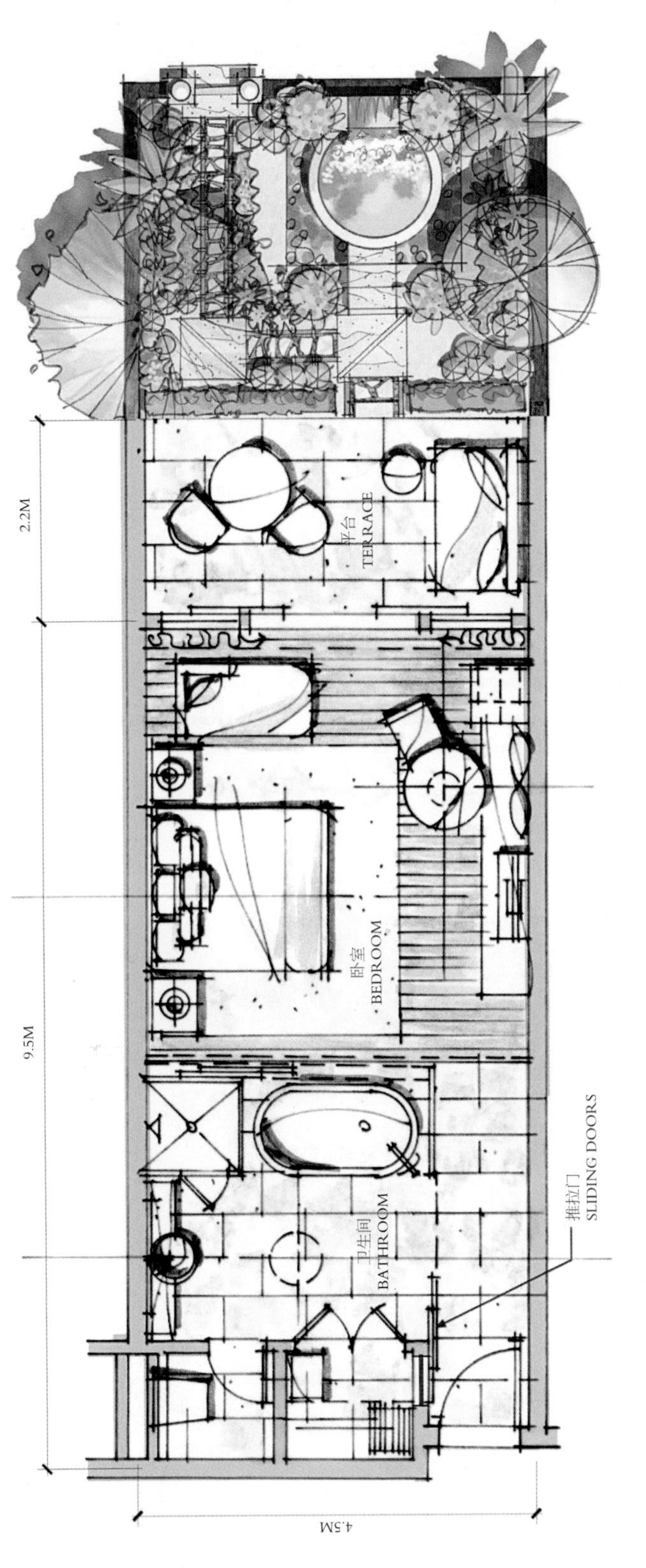


图2—16　度假酒店花园客房实例

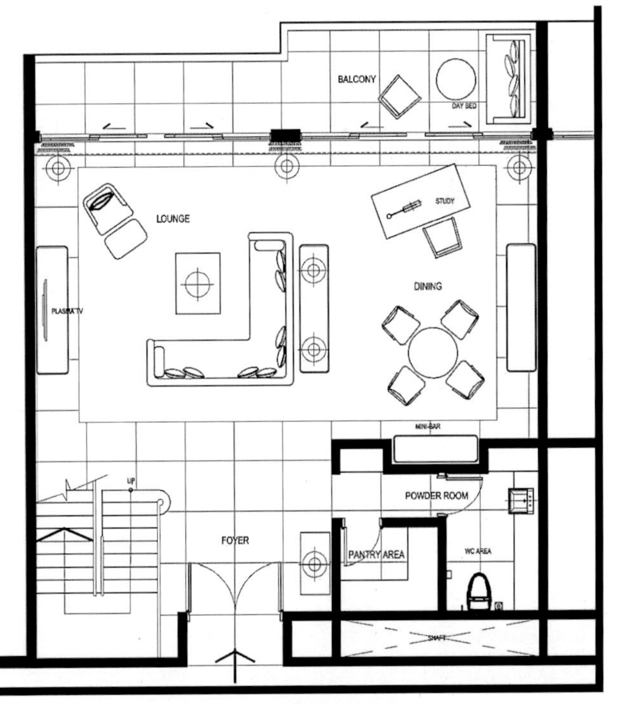


图2—17　度假酒店豪华客房实例1

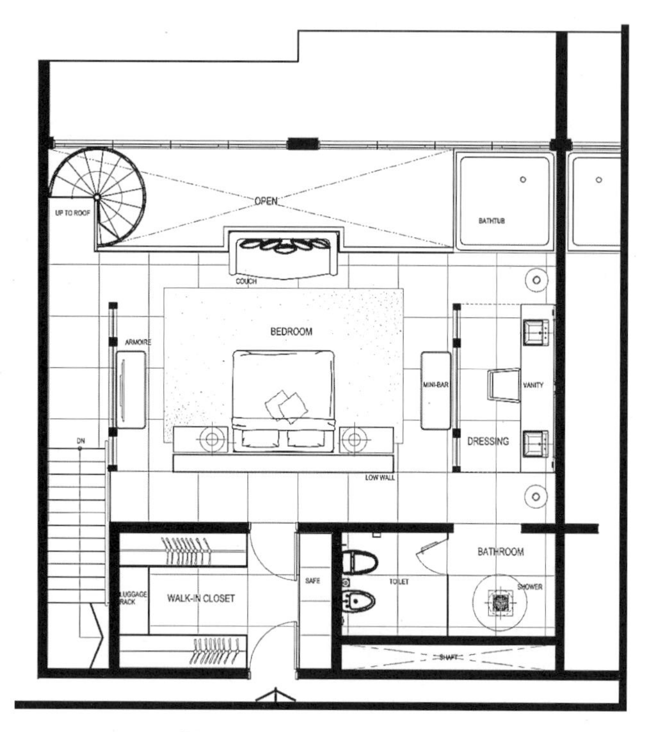


**图2—18**　度假酒店豪华客房实例2

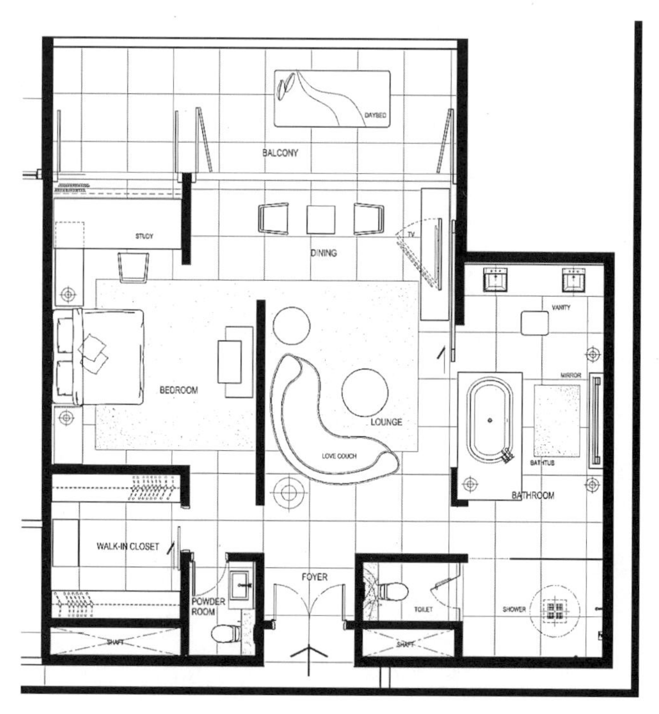


**图2—20**　度假酒店豪华客房实例4

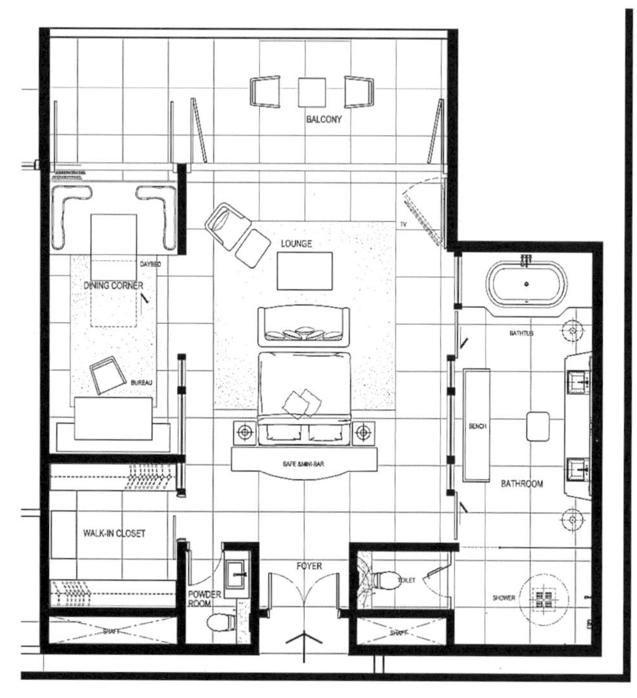


**图2—19**　度假酒店豪华客房实例3

**图2—21**　印尼巴厘岛阿里拉度假村客房

图2-22　东京文华东方酒店观景客房

图2-23　印尼巴厘岛阿里拉乌鲁瓦图别墅客房

图2-24　树屋泳池别墅

图2-25　泰国清迈香格里拉大酒店客房泳池

图2-26　露台上的浴缸

图2-27　马尔代夫梦之岛度假村浴缸

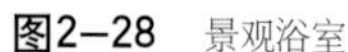

图2–28　景观浴室

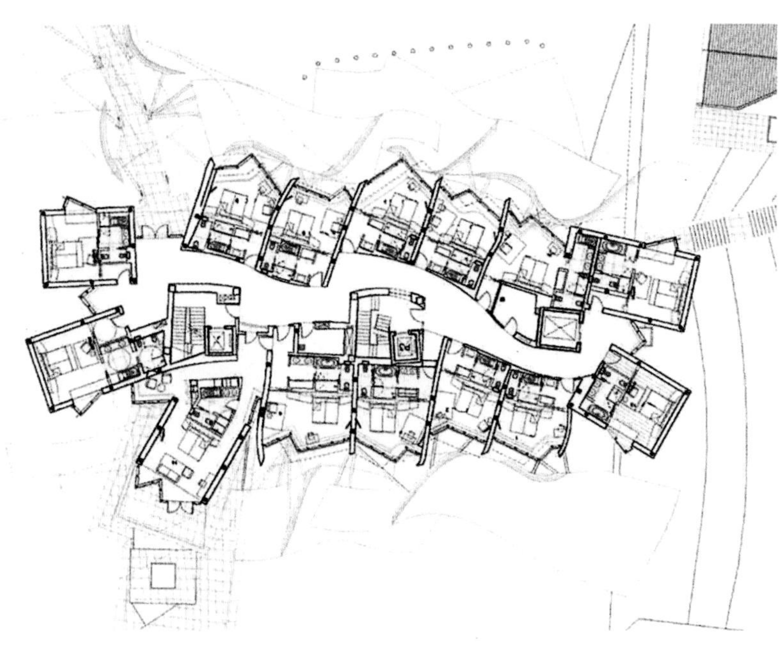

图2–29　某酒店客房层方案

## （三）度假酒店的景观特征

对于度假酒店设计而言，景观设计尤为重要。当然首先要充分利用当地自然风景资源，将其作为设计概念的切入点（图 2-30 ~ 图 2-33）。

1、度假酒店一般采用景观大堂，一进酒店时就可以看到很优美的风景，似一幅画卷呈现在眼前，欢迎客人的到来。

即使是在一片平地上，往往把大堂抬高布置在二、三层，以登高远望，而大堂下方则布置餐饮、健身、休闲等场所，让客人更贴近自然，这样可谓是美景远近兼收。

2、景观设计中，要把保护生态环境放在首位，天然的地形地貌和自然植被都应尽力保护，使其成为度假酒店的最好自然景观。

3、除借景之外，造景也是必不可少的，通过景观工程来创造优越的环境质量，作为景观补充、延续和提升，做到与自然环境协调，形成相辅相成的整体环境效果。

图2–30　印尼巴厘岛威斯丁大酒店

## （四）度假酒店的外部特征

度假酒店推崇采用自然的建筑风格，朴实简洁，尽量使用天然材料和当地材料，色彩质地与大自然和谐协调，寻求一种融合于地域自然景观的建筑形态是度假酒店设计的重点（图 2-34 ~ 图 2-43）。

很多游客喜爱到海滨度假，无垠的海洋、海滩和

图2–31　新加坡莱佛士酒店棕榈庭院

图2—32　三亚假日酒店

图2—33　英属 西印度群岛总督安圭拉度假酒店

图2—34　深圳大梅沙京基喜来登酒店

海岸为他们提供宽广的胸怀、激荡的心情和富有想象力的愿景；而又有许多游客喜爱到幽静的山林度假，远离喧闹的城市生活，解脱各方面的压力和烦恼，超脱世俗的环境促使人们安静下来，让身心得到宽松；还有许多游客喜爱到湖畔水上活动，顺流而下的漂流；当然有小孩的家庭常选择迪斯尼、欢乐谷等主题公园去度假，总之“到大自然中去”是共同的选择。

图2—35　突尼斯南哈马迈特 艾尔莫拉蒂度假村

图2—36　阿联酋迪拜朱美莱海滨酒店

图2—37　印度巴厘岛凯悦度假村

图2-38　惠州金海岸喜来登度假酒店

图2-39　美国加州达纳点市圣里吉斯海岸度假酒店

图2-40　夏威夷费尔蒙特兰花酒店

图2-41　印度班加罗尔里拉皇宫凯宾斯基酒店

图2-42　法属 波利尼西亚塔西堤Bora Bora酒店

图2-43　拉斯韦加斯米高梅豪华大酒店

就这个意义而言，酒店建筑形体退缩到从属地位，不必像城市酒店那样突出。恰到好处的建筑风格，地方建筑材料的应用，柔和的色彩和自然风景的融合，反而增强风景区里度假酒店的亲和力，给人们更多的自然美感。

在强调自然美景的同时，度假酒店内部的奢华与舒适感还是很重要的，要为客人提供高品质的休闲设施服务。

### （五）度假酒店的文化特征

世界上许多著名酒店经历过时代的洗礼，发生过许多动人的故事，好的酒店并不在于采用昂贵的装饰，而是要有一种文化内涵，一个主题文化，可以将地域风情与本土文化相结合，挖掘地域文化特征，让建筑具有有形无形的力量，体现出的主题成为度假酒店的灵魂。

巴黎的柏悦·万多姆酒店，位于著名的万多姆广场，著名的方尖碑就在其前方，卢佛尔宫、奥塞博物馆、歌剧院仅几分钟步行距离。每个人走进酒店的第一印象是：难道我到了美术馆？匀称的空间、笔直的柱廊、高仰的屋顶，以及位于酒店中央典雅的室内花园，所有一切都由传统的法式古典建筑材料建成的，完美地体现出一座法式情趣的艺术酒店。酒店里布置一些传统的巴黎雕塑作品，而且还收藏了350件艺术品，酒店的187间客房装修典雅精致，柏悦一贯的浅褐色和暗黄色的色调，低调却雅致。超大的浴室、宽敞的空间、暖色调的木地板和大理石墙面营造出舒适的轻松感觉，让每一位来到这里度假休养的人，都享受到法国古典艺术的魅力。

著名的北京的北京饭店和上海的锦江饭店，在历史长河中有过珍贵的兴盛，有过痛苦的磨难，创造着酒店的传奇，书写着酒店的历史，已经被拍成电影、电视连续剧成了一个广为流传的故事，其已成为远超出酒店意义的酒店。

## （六）度假酒店的建筑技术特征

### 1、度假酒店的结构设计

度假酒店比较多采用多层建筑，更易与自然形态相融合，构筑在风景区中。酒店可以采用异形柱结构体系，结构柱的宽度采用250、200㎜与墙体完全吻合，这样的结构体系科学合理，经济实用，施工便利，更好的是使得客房内不露梁、不露柱，给室内布置更为合用。

在酒店大堂上方不布置客房，可使大堂空间更灵活。如在酒店大堂上方布置了客房，这样首层大堂就形成柱廊，如处理得当也同样获得良好的室内设计效果。

### 2、度假酒店的消防设计

度假酒店一般采取多层建筑，假若建筑高度不超过24m，正好控制在多层建筑消防规范设计区间内，可以减少了消防工程投资。为了满足客房数量，度假酒店的建筑长度往往比较长，超过了消防规范建筑长度不超过150m的规定时，在不影响酒店使用功能前提下，可设置穿过建筑的消防车道，兼作为后勤运输通道也是可行的。

另外在度假酒店区域内，在建筑与主景观面之间寻找一条环形消防通道是比较困难的，这时可以结合景观道路和硬质铺地，或者做成隐形消防通道，即花丛草坪的底部有一层能承受消防车重量的硬质基层，并在不小于4m的宽度范围内不种树木，让应急消防车能够通行，从而满足消防安全要求。

### 3、度假酒店的机房设计

度假酒店一般布置比较分散，其机电房要放在适中位置，从机房铺设到客房的管线不宜过长，以避免热能损失、电力衰减和水压损失。若机房位置不是布置在负荷中心，不仅影响到管线敷设长度，直接影响工程造价，而更主要的影响到酒店运作的长年成本。

从机房输送出管线的管井位置应与酒店客房统一布置，让管线以最短距离连接到走廊，沿着走廊输送到各用点。

# 三、会议中心与会议酒店

## （一）会议中心

北京人民大会堂和各省市、地区的会堂，以及联合国大会和各国议会会堂都是用来举行重大会议的场所。城市广场、体育场馆和剧场也可以作为举办大型集会的场地。

随着世界经济发展的需要，会议经济的发展速度很快，全球范围内每年有超过100万个形形色色的会议，与会人数超过1亿人次。除了大型会议外，更多的会议形式是企业团体会议、产品营销会议、专家研讨会议、技术培训会议、信息交流会议等。

全世界任何一个国际化城市，如巴黎、香港、东京、柏林、米兰等都有著名的会展中心，因此，会议展览是现代城市的经济发展的一个重要标志，也是城市经济发展的拉动点。中国也不例外，一些大中城市出现会议展览中心和国际会议中心，成为城市经济发展的重要标志。

会议的参会者来自四面八方，还有来自世界各地，因此必须为参会者提供相应水平的食宿服务，作为会议中心解决参会者的食宿有如下两种方式：

1、利用城市酒店：例如上海国际会议中心地处陆家嘴金融贸易中心，总建筑面积11万m²，拥有可容纳3000人会议厅和28个大小会议厅；而陆家嘴也正是金茂君悦大酒店等国际酒店集中处。

厦门国际会展中心是总部设在巴黎的国际展览联盟（UF1）的成员，位于厦门岛东部黄金海岸，占地47万m²，总建筑面积16万m²（图3-1），而北京国家会议中心是2008年北京奥运会工程之一，紧邻鸟巢、水立方和国家体育馆，总建筑面积达53.4万m²，作为一个单体建筑可称得上中国甚至世界上最大规模的会议中心，这些会议中心就是利用当地城市酒店资源，为参会者提供食宿服务，而北京的盘古酒店拥有234间客房（包含140个套房），其面积为45～488m²，就是与国家会议中心相配套。

**图3-1**　厦门会展中心

又例如北京的国贸展览中心（图3-2），并把临近的酒店作为配套和支持，临近的中国大饭店和国贸饭店，共有客房1286间。同样香港中环的国际会展中心与君悦酒店、海景酒店的紧密联合，用这种与城市酒店组合的方式来满足大型会展经济发展的需要。

**图3-2**　北京的国贸展览中心

2、建设配套酒店：例如广州白云国际会议中心坐落在著名的白云山风景区，其世纪大会堂可容纳2500人，530m²的主席台可以就坐180人，还有25间321m²的大型会议厅、30间121m²的中型会议室、80座的剧场型会议厅和露天剧场。同时配套建设的酒店拥有1112间客房，成为广州市最大的会议场所。

## （二）会议酒店

以酒店为主体，并与会议中心组合在一起被称为“会议酒店”，有时还同时具有展览功能又称为“会展酒店”，而更多的是许多酒店配置会议中心，以多种经营满足市场需要。会议酒店有如下的设计特征：

1、会议酒店兼有会议和食宿双重功能，一般把会议中心与客房、餐饮、休闲等功能区域分离布置，保证会议环境质量，避免影响会议与住宿间的相互干扰，会议人流交通线路与住宿客人流应适当分流。

2、会议中心一般包括会议厅、报告厅、中小会议室和休息厅，其规模和数量应根据地区市场状况来确定，为各种不同要求提供灵活的会议空间（图3-3～图3-7）。

**图3-5**　阿联酋的酋长宫酒店1100座会议厅

**图3-3**　北京中国大酒店会议室

**图3-6**　深圳观栏高尔夫会所多功能厅

**图3-4**　海口喜来登酒店会议厅

**图3-7**　宁波索菲特万达大酒店大会议室

许多酒店把会议厅设计成多功能厅，如在基本篇“酒店的公共部分”中所述的，除大型会议外还可以作为宴会、展览和小型演出用，有时还以活动隔断，间隔成两个或三个厅堂使用。报告厅有采用剧场式布置，也有按阶梯式布置。

**图3–8**　上海世茂佘山艾美酒店会议厅

**图3–9**　泰国清迈香格里拉大酒店会堂

**图3–10**　博鳌索菲特大酒店亚洲论坛会场

**图3–11**　博鳌索菲特大酒店会议厅

中小型会议室一般都采用圆桌和长条桌布置，有时采取接见厅布置，以适合各种会议的需求。多数是采用 1.5m×0.6m 可折叠桌组合成大小不同的会议桌，每间会议室的装备都自成一体。在会议室的正面墙上安装电动升降式屏幕，有条件时安装悬挂式投影仪以及灯光调光设施。40$m^2$ 或以下的会议室净高应不低于 2.7m，40$m^2$ 以上的会议室净高应不低于 3.3m，100$m^2$ 以上的会议室净高应不低于 3.6m。

有的酒店根据市场的需要设董事会会议室，会议室中摆放固定会议桌和 10 ~ 12 把高级扶手座椅，以营造顶级会议的环境氛围。

3、会议中心应设有商务中心，也可以同时享用酒店的商务中心，提供文件、秘书、翻译、出行、票务等服务。还需配置会务组、衣帽间和记者站等服务设施，具备可调控亮度的照明，并提供视听设备和投影展示装置，以及同声传译设施和视频会议系统。

4、会议中心除了提供饮料和水果外，根据需要在休息厅里可安排茶点、咖啡与酒吧，还可以提供酒会宴会和招待会安排服务。

### （三）会议度假村

中国海南博鳌亚洲论坛与美国佛罗里达州的奥兰多世界中心的万豪会议酒店都是一种“度假村 + 会议中心”的组合（图 3-8 ~ 图 3-11）；泰国芭提雅的皇泉山崖海滨酒店，有 1072 间客房，多功能厅面积达 4850$m^2$，可同时接待 5800 人的大型会议和举办 2000 人的大型宴会，让会议增添了自然环境和度假的内容是举办会议新的趋势。

在许多度假村和旅游观光区的酒店也通过设置会议中心来填补淡季的空闲，以充分利用酒店的客房、餐饮和娱乐设施。现在度假村里举办国际会议和各种会议已经是司空见惯的事，优美的景色不仅让参会者有一个愉快心情，而且有利于创造会间会后的宽松交往休闲活动。当今企业团体也偏爱到度假酒店和景区进行商务聚会，在轻松的气氛中有利于促进团队工作，增加人与人之间的沟通。

# 四、温泉中心与SPA

## （一）温泉

地下水自然涌出地面，统称为“泉”，自山体涌出的为山泉，自海底涌出的为海泉。水温超过20℃的泉定义为温泉。

其实温泉就是含有矿物质的地下水。雨水渗透进地面而形成地下水，再经过地层深处，接受地热而提高了温度，同时在岩层间隙流动时吸附许多矿物质和混合气体而形成温泉。尤其在高温高压的地质环境下，更容易与岩层中矿物质发生化学反应，溶解固体和气体物质，或和岩层中液态物质混合，而形成不同类型的温泉。

1、温泉根据泉水温度分为：低温温泉（低于40°C）、中温温泉（40°C～75°C）和高温温泉（高于75°C）三种。按《中国旅游经济地理》分类分为：普通泉（水温低于25°C）、微温泉（水温在26°C～33°C）、温泉（34°C～37°C）、热泉（38°C～42°C）、高温泉（43°C～99°C）和沸泉（100°C以上）等六种。

2、温泉根据所在地质构造类型或生成的地质环境分为：火山岩型温泉和非火山岩型温泉两种，而非火山岩型包括深成岩温泉、变质岩温泉和沉积岩温泉。

3、温泉按其化学成分特征可分为：氯化物温泉、碳酸氢盐温泉、硫酸盐温泉和混合温泉。

4、温泉按其涌出方式通常可分为：普通泉、间歇泉、沸泉、喷泉、喷气泉和热泥泉。

5、温泉按其酸碱度（pH值）分为：pH值在3以下为酸性温泉；如果pH值为1就属于强酸温泉；pH值在3～6间为弱酸性温泉；pH值在6～7.5间为中性温泉；pH值在7.5～8.5间为弱碱性温泉；pH值在8.5以上为碱性温泉。

温泉若要有治病和保健功能，须满足以下三个条件：一是含有一定浓度的矿物质，每升水中含有固体成分在1g以上；二是含有一定量的气体，如二氧化碳、硫化氢、氡等；三是含有一定量的微量元素，如铁、碘、溴、氟等。只有具备了以上条件的温泉，才有被开发利用的价值。

## （二）温泉中心

利用温泉资源建起的酒店和度假村，往往被冠名为温泉酒店和温泉度假村。在温泉酒店的公共部分中，专门设置有一个温泉区，而在温泉度假村中，有一栋或一组建筑具有一定规模，是以天然温泉水强身健体、治病疗伤和休闲娱乐的场所，被称为温泉中心，或称为温泉俱乐部等其他名称（图4-1）。

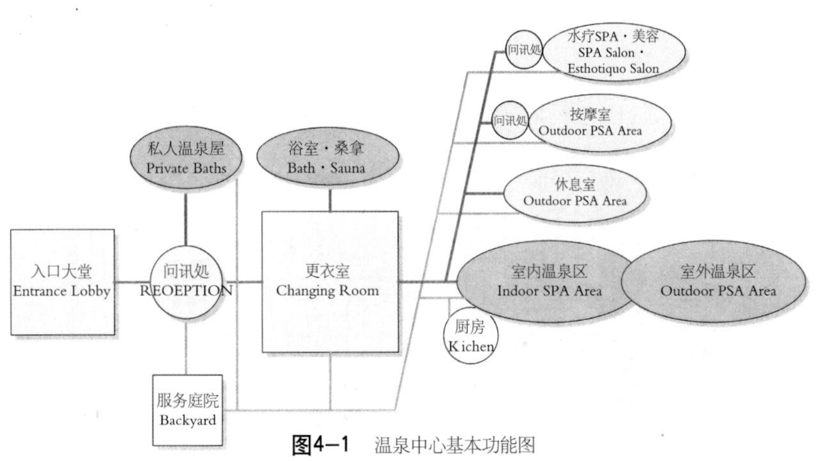

**图4—1** 温泉中心基本功能图

温泉中心一般要经过接待—更衣—淋浴—二次更衣—温泉洗浴、浸泡、水力按摩—休闲、餐饮、娱乐—净身—结账等基本流程。其主要功能是用温泉沐浴、浸泡和水力按摩，通过冷水、热水和冷热水的交替，以促进肌体松弛，活络神经，促进血液循环，加速新陈代谢，排除细毛孔污垢。并且让温泉含有的矿物质和气体透过表皮渗入人体。据科学实测在42°C的温泉水中浸泡20 min，就可消耗300大卡热量，能达到瘦身健体的功效。

温泉中心一般设有多种温泉池，利用设备把温泉水形成强烈的漩涡水流、压力涌流、密集水流和瀑布水流，冲击人体的头、肩、背、腰部、脚底等各个部位，做柔性拍打、强力冲击、刺激穴位、强化身体各器官。还把温泉水中充满大小气泡、微细气泡，多种花式的温泉池，由于温泉池中含有丰富的氧分子，能振奋精神，治疗酸痛、风湿与麻木等疾病。因此，温泉主要有化学疗效，物理疗效和心理疗效，温泉工艺图与实例可见图4-2～图4-8。

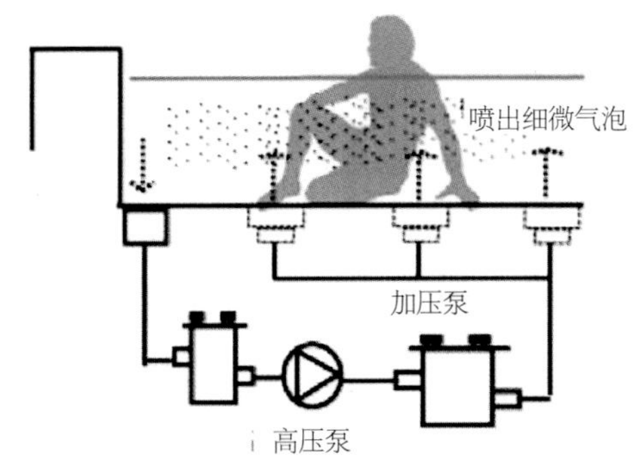

图4—2　微气泡乳状浴池

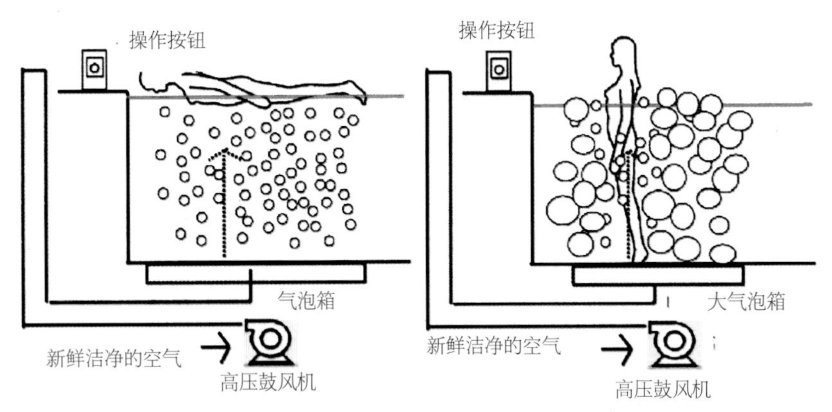

图4—3　漂浮浴池与大气泡浴池

图4—6　喷射式水力按摩

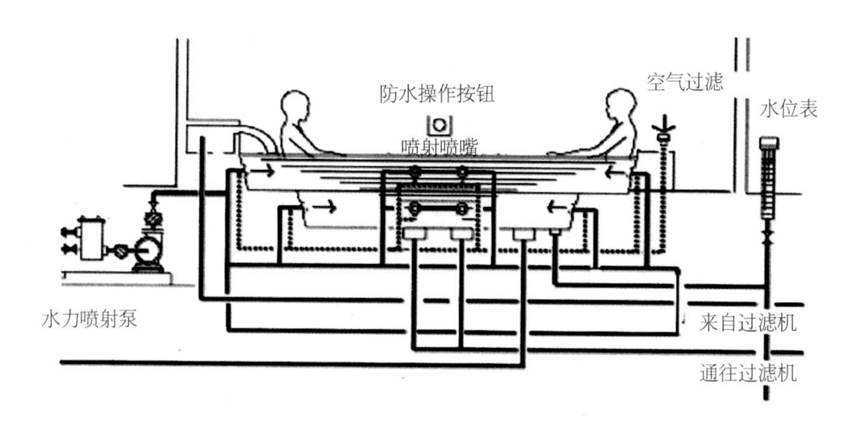

图4—4　喷射式水力按摩浴池

图4—7　强力喷射式水力按摩

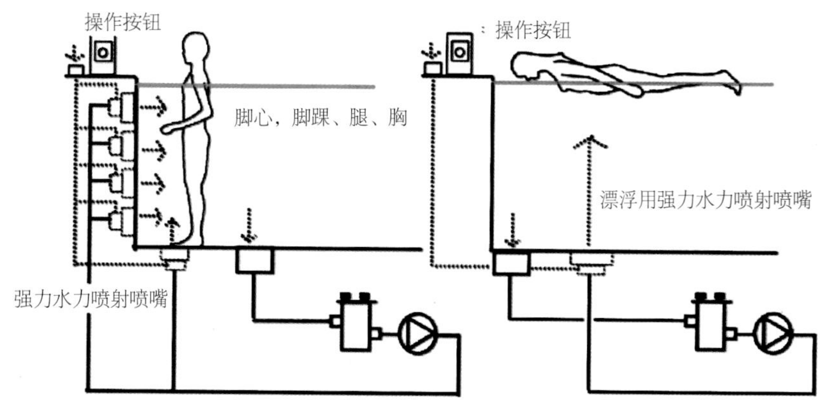

图4—5　强力喷射水力按摩浴池与漂浮浴池

图4—8　强力喷射式水力按摩

在没有温泉水资源的地方，许多城镇设“洗浴中心”，是采用普通水净身、沐浴、浸泡和水力按摩，也可以达到相同的功效，只是缺少天然泉水所含矿物质和微量元素对人体的疗效。

## （三）中国著名的古温泉胜地

中国有着5000年温泉利用史。唐代著名诗人白居易的“春寒赐浴华清池，温泉水滑洗凝脂”诗句，可谓之千古绝唱。因此有人将西安华清池等历史悠久的温泉胜地列为中国著名古温泉。

1、西安华清池温泉（图4-9），早在周朝周幽王就在骊山脚下建造骊宫，后世的秦始皇、汉武帝也在此建行宫。盛唐时期更是大兴土木，唐玄宗天宝年间修建的宫殿楼阁更为豪华，命名为“华清宫”。宫内的华清池，至今还保留御汤遗址，有莲花汤、海棠汤、太子汤、尚食汤、星辰汤等。

如今华清池温泉获得更大规模开发，成为闻名中外的旅游温泉胜地。郭沫若先生称赞道“华清池水色青苍，此日规模越胜唐。”

2、汤池温泉，位于安徽庐江县汤池镇，泉水自然涌流，喷洒而出，昼夜不息，雾笼云蒸，日出水量有1000t左右，常年水温63℃，含有多种矿物成分。

据史料记载，公元前164年汉文帝始建庐江国，就有汤池记载。宋代诗人王安石谪贬舒州时，曾入池沐浴，留有咏东坑泉诗一首，“寒泉时听咏，独此沸如蒸”。

3、南京汤山温泉（图4-10），也是中国著名古温泉之一，积存千古神韵，传承六朝遗风。1000多年前，南北朝肖梁时期，曾被御封为“圣泉”。孙中山先生在《建国方略》中赞誉为“美善之地”。

汤山温泉来自地下2000m处，水温常年65℃～67℃，内含30多种微量元素。这里的温泉度假村，以汤山温泉文化，融入疗养、旅游、度假和主题公园等概念，成为江南地区的AAAA标准的温泉健康休闲养生基地。

4、北京昌平的小汤山温泉，从元代起就被开辟成的皇家园林，一直延续到明清年代，被历代帝王所专用，成为历史悠久的著名的温泉胜地。古典庭院式度假别墅和四合院，户户通上温泉，并拥有温泉药浴、泥浴等多种洗浴方式，同时配套还有中医保健按摩等服务。

5、鞍山汤岗子温泉（图4-11）也是历史悠久著名温泉之一，起始于唐朝。20世纪20年代，奉系军阀张作霖在此建起“龙泉别墅”，设有浴池多处。日伪统治时期又修建了对翠阁旅馆，设龙宫温泉。

这里拥有温泉18穴，无色无味，温度高达72℃，并含有30多种微量元素。还有一处全国最大的天然热矿泥区，长110m宽约100m，系花岗岩经过长年风化而成的矿泥，又经受下面的温泉水的浸泡、滋养而形成，对风湿、痉挛和疼痛等症状有显著疗效。

这些著名的温泉胜地，都有着深厚的文化底蕴，地处灵秀的山水美景之中，地下孕育着丰富的天然温泉，天地交融，谱写出优秀的中华温泉文化。

**图4–9**　西安华清池温泉胜地

**图4–10**　南京汤山温泉

**图4–11**　鞍山汤岗子温泉

## （四）中国温泉资源的开发

中国是一个具有丰富温泉资源的国家。据资料介绍，云南拥有温泉1240处，约占全国总数的三分之一，居全国之冠；西藏有306处、四川305处，并列第二，广东有282处、福建172处、湖南130处、台湾105处，分别列3～6位，其他地区也有许多温泉资源被开发。

国土资源部和中国矿业联合会，对全国地热资源好、资源管理规范、开发效益显著的地区，授予“中国温泉之乡”的称号。从2002年至今已有20多处被命名，有广东恩平、黑龙江林甸、海南琼海、北京小汤山、湖南郴州、广东清远、河北雄县、湖北咸宁、山东威海、重庆巴南、河北霸州、河北固安等。

广东旅游业发展较快，又临近港澳，温泉业获得捷足先登的大好发展局面。已有著名的粤北南雄的龙华山温泉、珠海的海泉湾和御温泉、清远的聚龙湾、从化的碧水湾、惠州南昆山和海滨温泉、恩平的锦江温泉、台山的喜运来温泉、河源的御临门和广东仙沐园等处温泉度假村，都是旅游度假的好去处。

## （五）温泉中心的设计及实例

首先要确定温泉中心的规模，即在一定时间段内能接待的人数，而这是根据市场提供的客户人群的需要来确定的。

### 1、接待能力的计算

每人在温泉区内平均停留3小时，每天接待批数一般按2.5计算，这样可以计算出不同的项目每天接待人数以及年接待能力，见表4-1。

表4-1

| 接待能力（人） | 500 | 1100 | 1500 | 2000 | 2200 |
|---|---|---|---|---|---|
| 日接待人数 | 1250 | 2750 | 3750 | 5000 | 5500 |
| 年接待能力(万人次) | 45 | 100 | 135 | 180 | 200 |

而高峰日接待人数可按日接待人数的1.1倍计算，例如日接待人数为500人，高峰日接待人数为500×1.1=550人。

### 2、更衣淋浴间的计算

1）根据同一时间段内能接待的人数，计算出需要提供更衣人数，其中一般男性按60%计，女性按40%计。为满足实际需要，男女更衣室中间设计成套间，以能灵活调整男女比例。还可预留灵活间隔位置，一旦需要就可以在使用时予以实施。更衣室面积指标按0.5m²/人计算，但梳妆间、卫生间不计在内，应另行布置。在一些温泉中心设有VIP房区，在计算中还应扣除这部分客人数。

2）淋浴间数的确定：

（1）在温泉区内按每人平均停留时间为3h计算。

（2）男淋浴时间平均按4min计算，每淋浴间可供15人/h使用，这样男淋浴间数为：日接待人数×60%÷3h÷15人/h。

（3）女淋浴时间平均按6min计算，每淋浴间可供10人/h使用。这样女淋浴间数为：日接待人数×40%÷3h÷10人/h。一般情况下，女性淋浴时间可能会长些，如有可能适当增多一些淋浴间。

### 3、温泉池（设备）的配置

按温泉中心的规模，提出温泉池的类型和数量，配备非洗浴设备的大小，这是十分重要的设计，必须综合考虑诸多因素，分析比较，最终才能确定既满足需求，又经济合理的方案。

室内温泉池配置表详见表4-3，而室外温泉池配置表详见表4-4，不同的温泉池容纳人数和所需面积可按表4-2计算出。

温泉中心还需要配备一定数量的餐饮位，其数量一般可按同一时间段内接待人数的5%～8%计算，其建筑面积指标可按2.0～2.5m²/位计算；同时为休闲和私密区提供更多的饮品和茶点服务。

### 4、世界温泉文化的底蕴

温泉中心设计时配置形态不一的温泉池，可荟萃世界温泉文化的精华，以简练的手法在建筑造型、柱、壁面、浴池形状和内部装饰来体现特征，反映世界各地具有代表性的浴场形式和洗浴文化（图4-12～图4-14）。

1）东方温泉文化的精华

（1）中国优秀的温泉文化有着深厚的文化底蕴，以中国唐宫华清池为代表，唐玄宗和杨贵妃专用的莲花池和海棠池成为古代温泉浴池的经典。而国药的发展和中医经络学的应用开发出的中草药蒸汽浴、各种配方的药浴、泥浴等多种洗浴方式，同时配套中医保健和经络按摩等，对健身、防病、治病有显著疗效更具民族特色。

（2）日本拥有丰富的温泉资源，创造出独具特色的洗浴文化，具有代表性温泉形式——草津“温泉田”，将高温的温泉水引入木质沟栏自然冷却。日式的丝柏浴池（用天然树木做成的）以及露台木桶浴、躺池、击打水流浴等都是具有特色的（图4-15～图4-16）。

（3）韩国的热石板浴也是一种特别的理疗浴（图4-17～图4-19）。

温泉池容纳人数和面积计算表　表4-2

| 种类 | 温泉池尺寸与面积 | | | | 容纳人数（人/h） | 人均面积（㎡/人） |
|---|---|---|---|---|---|---|
| | 宽度（m） | 长度（m） | 面积（㎡） | 水深（m） | | |
| 环流池 | 5.0~10 | 200~400 | 1000~4000 | 0.8~1.2 | 920 | 2.3 |
| 冲浪池 | 15~20 | 40~60 | 600~1200 | 0~1.6 | 380 | 2.0 |
| 游泳池 | 15 | 25 | 375 | 1.2~1.5 | 150 | 2.5 |
| 儿童池 | | | 不限 | 0.2 | 100 | 2.5 |
| 儿童池 | | | 不限 | 0.7 | 120 | 4.0 |
| 游乐池 | | | 不限 | | 100 | 4.0 |
| 滑梯泳池（按3道计） | | 40m以上 | 200 | 0.4~0.5 | 90 | 2.2 |
| | | 滑梯25-35m | 160 | 0.4~0.5 | 120 | 1.3 |

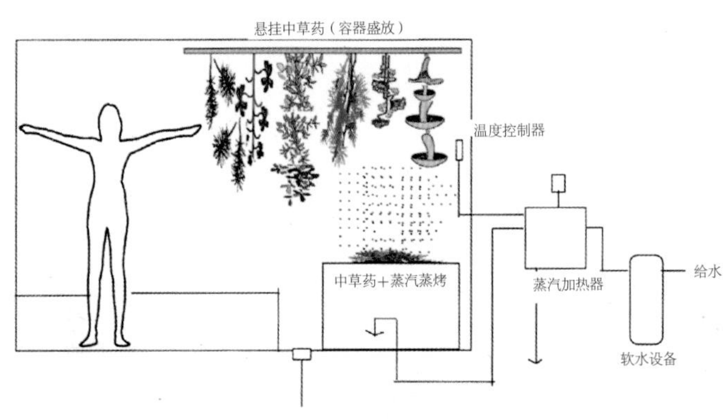

图4-12　中草药蒸汽室工艺图

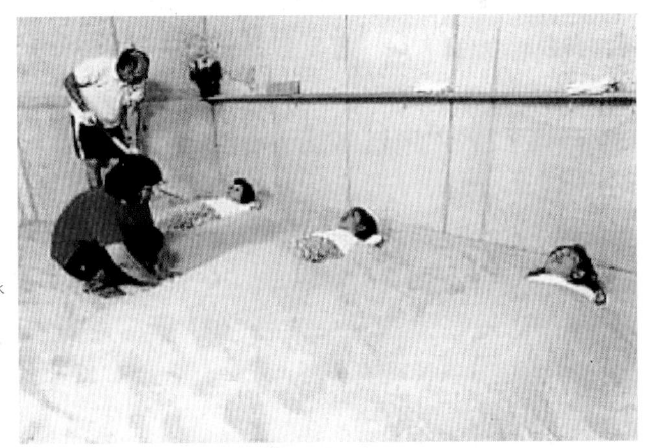
图4-14　热砂浴

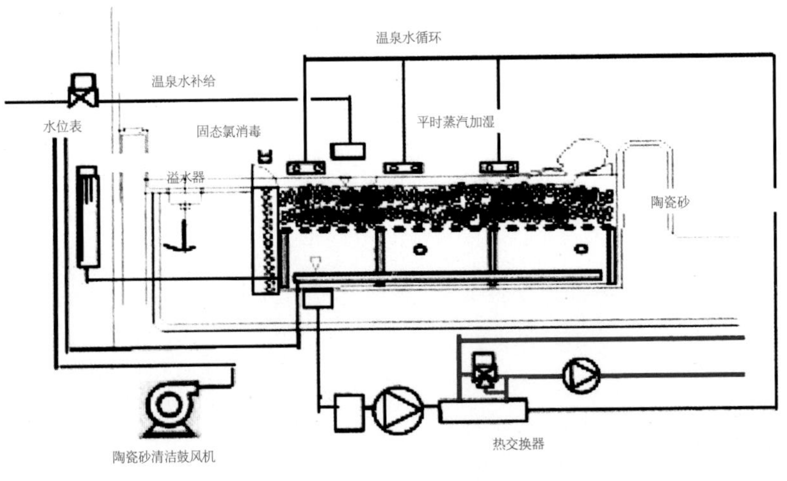

图4-13　热砂浴工艺图

图4-15　日本丝柏温泉池

图4—16　温泉池

图4—17　自然石头池

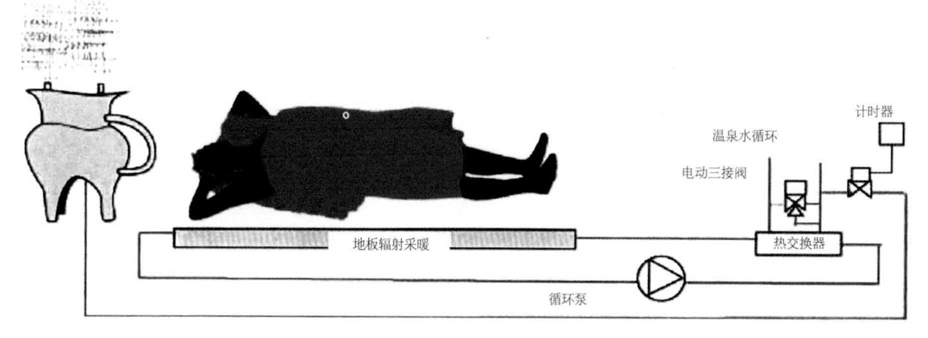


图4—18　热石板浴工艺图

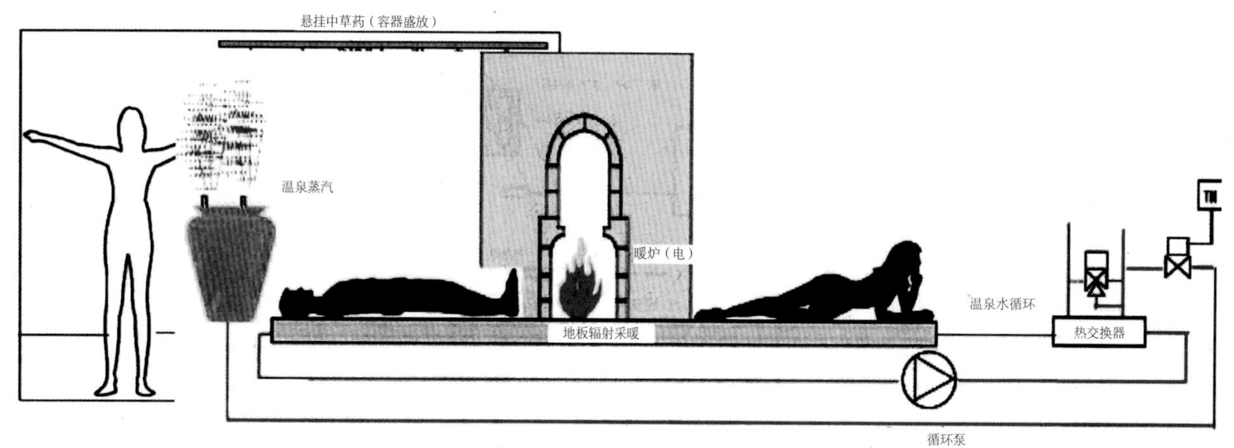


图4—19　中草药蒸气室热石板浴工艺图

2）欧洲温泉文化的特色

（1）芬兰浴是最能代表西方的洗浴方式，领略欧洲桑拿房洗浴风情。图4-20是一个欧式温泉中心的设计实例，配上以喷泉雕塑为中轴线的欧式古典柱廊，充分反映欧洲地域的文化特色。

（2）古罗马浴是以庞贝遗址为代表，充分体现古罗马浴场风格，尤其通过高温浴池和低温浴池中交替入浴，体验古罗马式的洗浴文化。

（3）土耳其浴是以热石板浴最具特色，热石板的表面温度加热到42℃，以土耳其托普卡普皇宫浴场情景为代表。

（4）莫尼卡浴是一种俄罗斯风情的洗浴形式的代表。

（5）死海浴、汗蒸、桑拿、锅式穹顶桑拿、岩盐

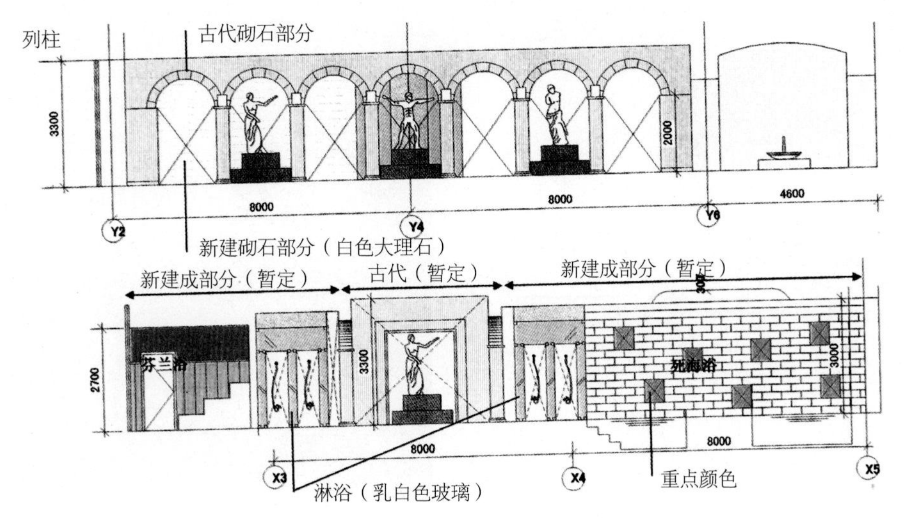


**图4—20**　一个欧式温泉中心设计实例

桑拿以及按摩浴等不同的洗浴方式，也都充分体现欧洲温泉文化的特征（图 4-21 ～图 4-26）。

**5、室外温泉娱乐园的设计**

室外温泉娱乐园是以温泉为主题，通过洗浴形式和科技文化手段，展现出与自然景色融成一体的欢乐场面，从而获得娱乐、健身和休闲的目的（图 4-27）。

（1）海滩式温泉泳池，沿滩设有休息躺椅，可晒日光浴，可休闲静躺，享受海边的情趣，体验海风、阳光伴浴的奢华（图 4-28 ～图 4-29）。

（2）山体溶洞可结合沙滩泳池一同布置，温泉水面一直延伸到溶洞里，在洞口有瀑布垂帘，穿过水幕进入溶洞温泉池，洞内同样将温泉水有时形成漩涡水流，有时形成压力涌流和密集水流，冲击人体各个部位以强身健体。

溶洞似迷宫般引人入胜地向深处伸展，脚踏凸凹不

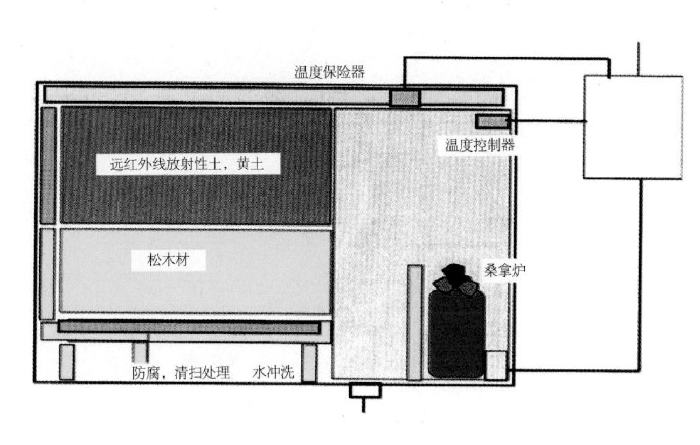


**图4—21**　桑拿房工艺图

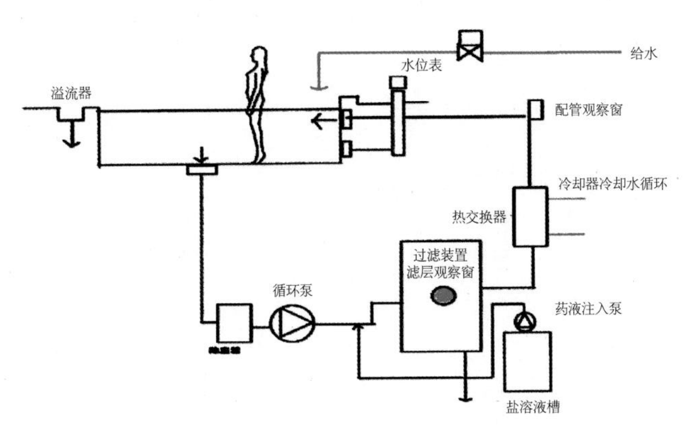


**图4—23**　死海浴室系统概念图

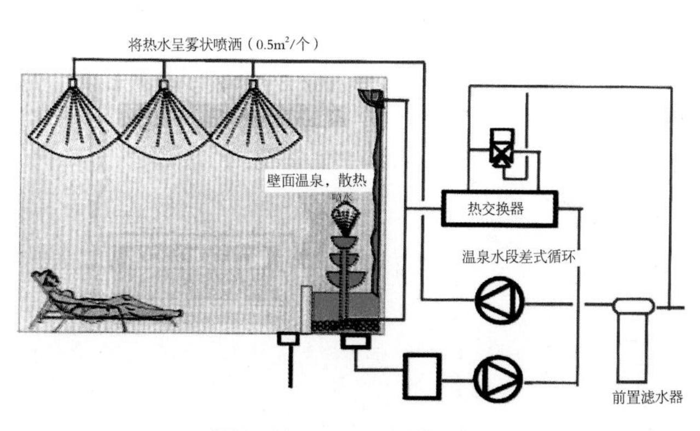


**图4—22**　桑拿房系统概念图

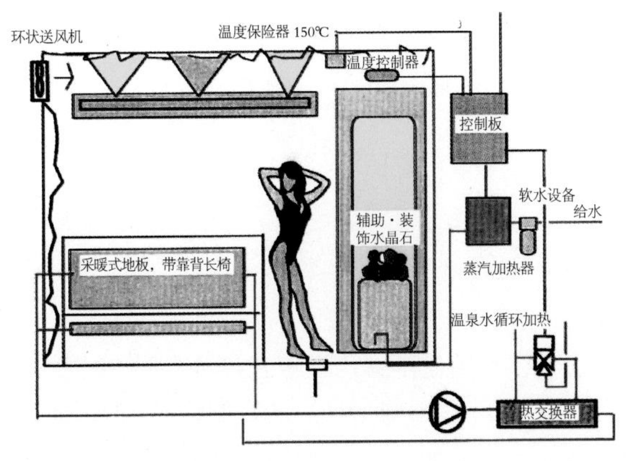


**图4—24**　热幅射浴室系统概念图

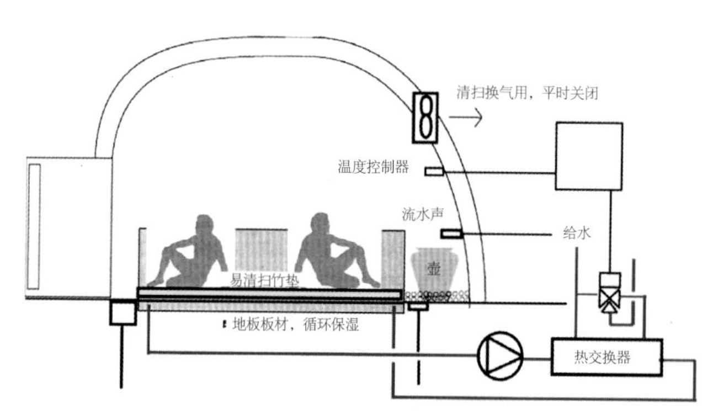


图4-25　锅形穹顶桑拿室系统概念图

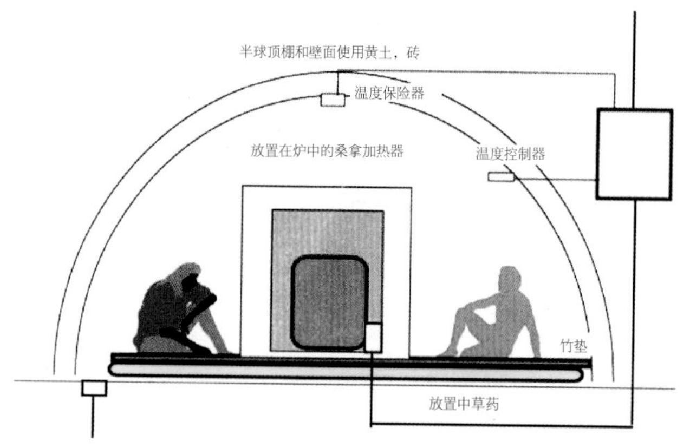


图4-26　汗蒸幕桑拿室系统概念图

图4-27　室外温泉娱乐园实例

图4-28　室外温泉娱乐园实景

图4-29　温泉中心溶洞山体水景实景

平的卵石池底摸索着前进，摸抚着光怪陆离的洞壁，不时有温泉跳跃地喷涌而出，也有从岩缝中突然袭来，还要经历水雾缭绕，在奇妙的回声中，仿佛走进超越现实的时空。

山体溶洞除了丰富洗浴功能和创造奇妙空间外，主要是把许多设备房隐藏在山体内，包括水泵房、热交换站、过滤设备、水处理设备和控制室，让游客看不到它们。

（3）山体顶可设计成山顶泳池和间歇泉，自山顶泳池可以设有水滑道，底宽600mm，两侧壁500～700 mm高，分别为花式滑道、障碍滑道、快速滑道和跳跃式滑道四种（图4-30～图4-33），自山顶顺水滑下，很受年轻人和儿童的喜爱。

（4）温泉鱼池，也称为亲亲鱼池。这种小鱼能生活在温泉水中，学名叫墨子鱼Gana Rufa，早在100多年前在土耳其中亚北部河谷里被发现，当时池温在37℃以上。

最奇特的是当人体一进入温泉时，亲亲鱼不会躲闪而逃，而一拥而上，主动与人亲密接触，专门啄食表皮上死去的皮质，和一些只能在显微镜下才能看得到的细菌和微生物，具有治疗皮肤病功效。

而特别有趣的是温泉鱼并没有牙齿，用它吸盘状的唇部亲啃，吮吮力特强而不伤人体。当小鱼

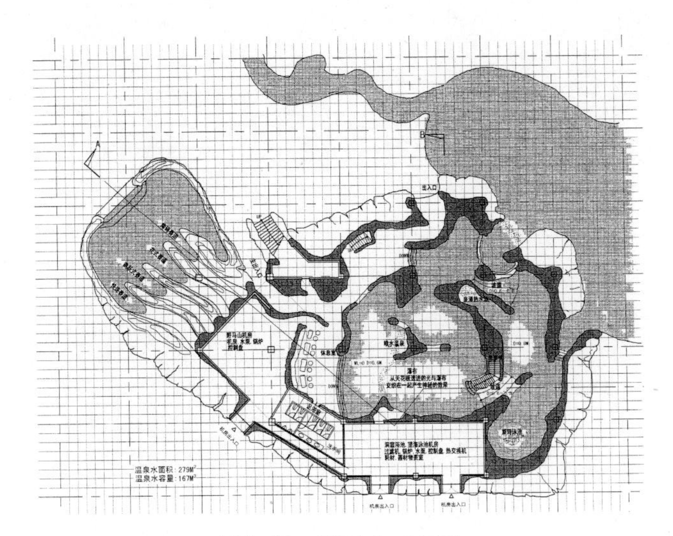

图4—30　溶洞山体一层平面

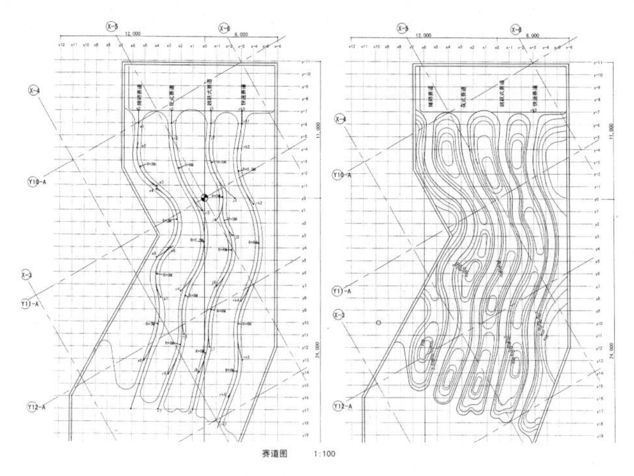


图4—32　水滑泳道平面

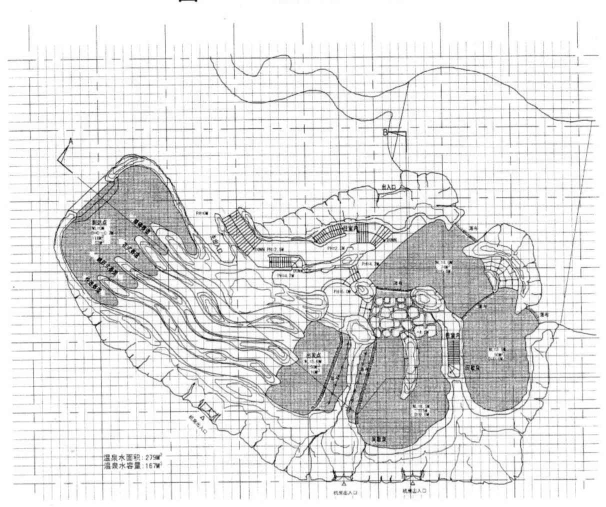

图4—31　溶洞山体二层平面

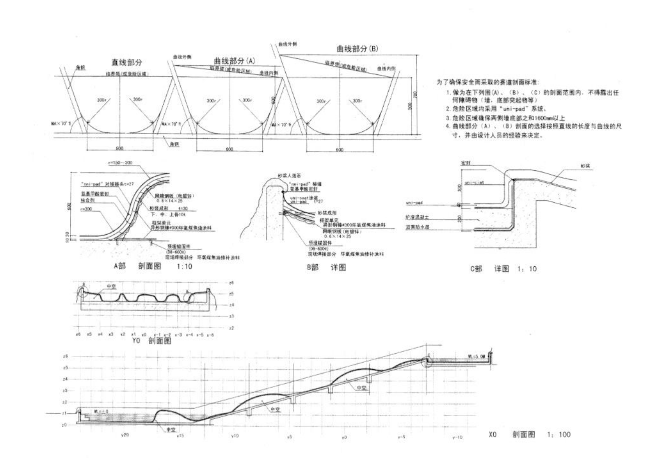


图4—33　水滑泳道剖面及节点详图

吸吮人体时，一种酥酥痒痒的感觉立刻传遍全身，既奇趣又舒坦。一般用于足疗池，人体腿上脚底死皮较多，可以想像全身浸泡时，一般人承受不了那种酥麻感。

（5）在温泉娱乐园里还应布置情侣池、淌水池、儿童戏水池、步行池、浸蛋池和服务亭，以满足不同人群的爱好，带给人们喜悦轻松的生活情趣（图 4-34）。

**6、温泉中心的设计计算实例**

有个大型的温泉中心，年接待能力为 200 万人数，这里就设计计算与配置说明如下：

设计能力按 2200 人计算，分别配置各种不同的室内外温泉池（设备），其容纳人数以达到设计规模，见表 4-3、表 4-4。

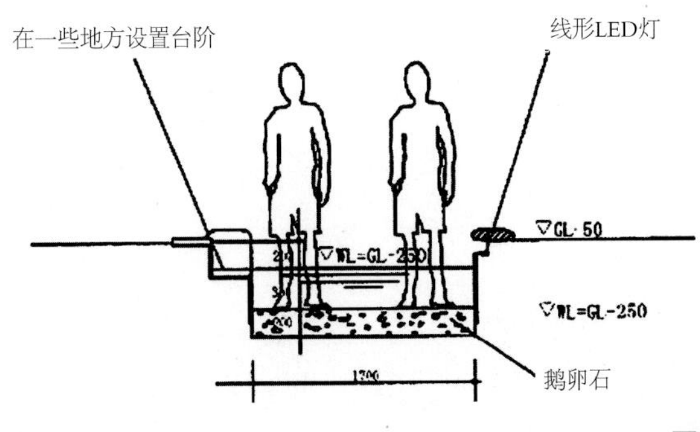


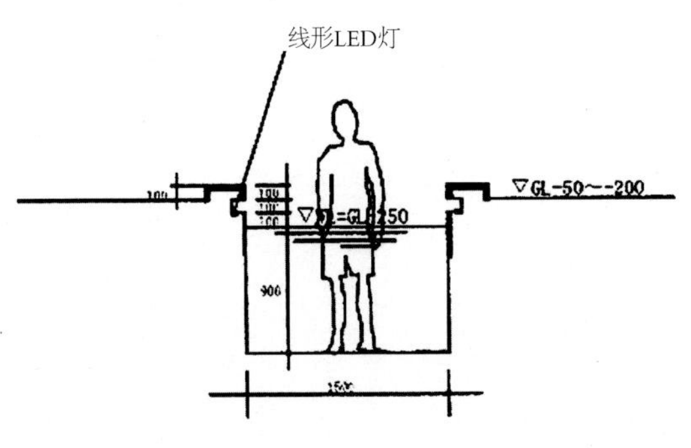


图4—34　步行池

室内温泉池配置表　　表4-3

| 区域 | 温泉池名称 | | 面积 | 室内设计温度 | | 非洗浴设施 | | 温泉池 | | | | 面积指标（m²/人） | 说明 |
|---|---|---|---|---|---|---|---|---|---|---|---|---|---|
| | | | | 夏季 | 冬季 | 设施面积 | 利用温度 | 水面积 | 深度 | 容积 | 利用温度 | | |
| | | | m² | ℃ | ℃ | m² | ℃ | m² | m | m³ | ℃ | | |
| 男女浴室 | 男 | 室内浴池 | 24 | 30 | 30 | — | — | 24 | 0.6 | 14.4 | 40 | 1.5 | |
| | | 丝柏浴池 | 4 | 30 | 30 | — | — | 4 | 0.6 | 2.4 | 40 | 1.5 | |
| | | 露台浴池 | 28 | 38 | 6 | — | — | 28 | 0.6 | 16.8 | 40 | 1.5 | |
| | | 露台击打水流浴 | 10 | 38 | 6 | — | — | 10 | 0.6 | 6.0 | 40 | | |
| | | 露台躺浴 | 6 | 38 | 6 | — | — | 6 | 0.5 | 3.0 | | 2 | |
| | 女 | 室内浴池 | 24 | 30 | 30 | — | — | 24 | 0.6 | 14.4 | 40 | 1.5 | |
| | | 丝柏浴池 | 4 | 30 | 30 | — | — | 4 | 0.6 | 2.4 | 40 | 1.5 | |
| | | 露天浴池 | 28 | 38 | 6 | — | — | 28 | 0.6 | 16.8 | 40 | 1.5 | |
| | | 露天击打水流浴 | 10 | 38 | 6 | — | — | 10 | 0.6 | 6.0 | 40 | 1.5 | |
| | | 露天躺浴 | 6 | 38 | 6 | — | — | 6 | 0.5 | 3.0 | | 1.5 | |
| | 小计 | | 144 | — | — | — | — | 144 | — | 85.2 | — | | |
| 大厅水力按摩浴区 | 戏水池(室外） | | 95 | 38 | 6 | — | — | 95 | 0.9 | 85.5 | 33 | 1.5 | |
| | 戏水池（室内） | | 370 | 28 | 28 | — | — | 370 | 0.9 | 333.0 | 33 | 1.5 | |
| | 强力水流浴 | | 10 | 28 | 28 | — | — | 10 | 0.9 | 9.0 | 33 | 1.5 | |
| | 漂浮浴 | | 18 | — | — | — | — | 18 | 0.9 | — | — | 1.5 | |
| | 强力水流浴 | | 10 | 28 | 28 | — | — | 10 | 0.9 | 9.0 | 33 | 1.5 | |
| | 气泡浴 | | 18 | 28 | 28 | — | — | 18 | 0.9 | 16.2 | 33 | 1.5 | |
| | 家庭气泡浴 | | 18 | 28 | 28 | — | — | 18 | 0.9 | 16.2 | 33 | 1.5 | |
| | 微细气泡浴 | | 20 | 28 | 28 | — | — | 20 | 0.9 | 18.0 | 39 | 1.5 | |
| | 大气泡浴 | | 20 | 28 | 28 | — | — | 20 | 0.9 | 18.0 | 39 | 1.5 | |
| | 小计 | | 579 | — | — | — | — | 579 | — | 505 | — | | |
| 东方区 | 温泉池 | | 6 | 28 | 28 | — | — | 6 | 0.6 | 3.6 | 16 | 1.5 | |
| | 穹顶汗蒸幕浴室 | | 10 | 28 | 28 | 10 | 50 | — | — | — | — | 1.5 | |
| | 韩式石板桑拿浴 | | 74 | 28 | 28 | 74 | 43 | — | — | — | — | 1.5 | |
| | 热石浴 | | 20 | 28 | 28 | 20 | 33 | — | — | — | — | 1.5 | |
| | 热沙浴 | | 20 | 28 | 28 | 20 | 33 | 20 | 0.4 | 8.0 | 33 | 1.5 | |
| | 露台气泡浴 | | 10 | 38 | 6 | — | — | 10 | 0.6 | 6.0 | 38 | 1.5 | |
| | 小计 | | 140 | — | — | 124 | — | 36 | — | 17.6 | — | | |
| 欧洲区 | 足汤、喷水 | | 6 | 28 | 28 | — | — | 6 | 0.3 | 1.8 | 33 | 1.5 | |
| | 死海浴池 | | 42 | 28 | 28 | — | — | 42 | 0.8 | 33.6 | 38 | 1.5 | |
| | 冷水浴池 | | 5 | 28 | 28 | — | — | 5 | 0.6 | 3.0 | 16 | 1.5 | |
| | 露台浴池 | | 7.0 | 38 | 6 | — | — | 7 | 0.6 | 4.2 | | 1.5 | |
| | 露台气泡浴 | | 56 | 38 | 6 | — | — | 56 | 0.4 | 22.4 | 38 | 1.5 | |
| | 小计 | | 116 | — | — | — | — | 116 | — | 65 | — | | |
| 合计 | | | 979 | — | — | 124 | — | 875 | — | 673 | — | | |

**室外温泉池配置表**　　表4-4

| 区域 | 温泉池名称 | 面积 | 室内设计温度 | | 非洗浴设施 | | 温泉池 | | | | 面积指标 | 说明 |
|---|---|---|---|---|---|---|---|---|---|---|---|---|
| | | | 夏季 | 冬季 | 设施面积 | 利用温度 | 水面积 | 深度 | 容积 | 利用温度 | | |
| | | m² | ℃ | ℃ | m² | ℃ | m² | m | m³ | ℃ | m²/人 | |
| 娱乐园 | 戏水泳池（滑梯等） | 340 | 38 | 6 | – | – | 340 | 0.9 | 306.0 | 33 | 1.5 | |
| | 戏水泳池（瀑布2水箱） | 270 | 38 | 6 | – | – | 270 | 0.9 | 243.0 | 33 | 1 | |
| | 戏水泳池（瀑布下方） | 850 | 38 | 6 | – | – | 850 | 0.9 | 765.0 | 33 | 1.01 | |
| | 沙滩泳池 | 670 | 38 | 6 | – | – | 670 | 0.9 | 603.0 | 33 | 1.5 | |
| | 采暖室 | 24 | 38 | 6 | 24 | 43 | | | | — | 1.0 | |
| | 儿童泳池 | 410 | 38 | 6 | — | — | 410 | 0.4 | 164.0 | 33 | 2.0 | |
| | 小计 | 2564 | — | — | 24 | — | 2540 | — | 2081.0 | — | | |
| 世界文化园 | 采暖室 | 24 | 38 | 6 | 24 | 43 | | | | — | 1.0 | |
| | 亲亲鱼池 | 70 | 38 | 6 | — | — | 70 | 0.9 | 63.0 | 33 | 1.0 | |
| | 海棠浴 | 16 | 38 | 6 | — | — | 16 | 0.6 | 9.6 | 40 | 1.5 | |
| | 莲花浴 | 18 | 38 | 6 | — | — | 18 | 0.6 | 10.8 | 40 | 1.5 | |
| | 热石板 | 7 | 38 | 6 | 7 | 43 | — | — | — | — | 1.5 | |
| | 热水池 | 13 | 38 | 6 | — | — | 13 | 0.6 | 7.8 | 42 | 1.5 | |
| | 热石板 | 7 | 38 | 6 | 7 | 43 | — | — | — | — | 1.5 | |
| | 冷水浴池 | 10 | 38 | 6 | — | — | 10 | 0.6 | 6.0 | 16 | 1.5 | |
| | 庞贝浴池 | 11 | 38 | 6 | — | — | 11 | 0.6 | 6.6 | 38 | 1.5 | |
| | 古罗马浴池 | 10 | 38 | 6 | — | — | 10 | — | — | 38 | 1.5 | |
| | 步行浴 | 170 | 38 | 6 | — | — | 170 | 0.4 | 68.0 | 38 | 1.5 | |
| | 日式岩盐浴池 | 75 | 38 | 6 | — | — | 75 | 0.6 | 45.0 | 40 | 1.5 | |
| | 气泡浴 | 2 | 38 | 6 | — | — | 2 | 0.45 | 0.9 | 38 | 1.5 | |
| | 气泡浴 | 2 | 38 | 6 | — | — | 2 | 0.45 | 0.9 | 38 | 1.5 | |
| | 气泡浴 | 2 | 38 | 6 | — | — | 2 | 0.45 | 0.9 | 38 | 1.5 | |
| | 气泡浴 | 2 | 38 | 6 | — | — | 2 | 0.45 | 0.9 | 38 | 1.5 | |
| | 气泡浴 | 2 | 38 | 6 | — | — | 2 | 0.45 | 0.9 | 38 | 1.5 | |
| | 气泡浴 | 2 | 38 | 6 | — | — | 2 | 0.45 | 0.9 | 38 | 1.5 | |
| | 气泡浴 | 2 | 38 | 6 | — | — | 2 | 0.45 | 0.9 | 38 | 1.5 | |
| | 气泡浴 | 1.2 | 38 | 6 | — | — | 1.2 | 0.45 | 0.54 | 38 | 1.5 | |
| | 气泡浴 | 1.2 | 38 | 6 | — | — | 1.2 | 0.45 | 0.54 | 38 | 1.5 | |
| | 气泡浴 | 1.2 | 38 | 6 | — | — | 1.2 | 0.45 | 0.54 | 38 | 1.5 | |
| | 气泡浴 | 1.2 | 38 | 6 | — | — | 1.2 | 0.45 | 0.54 | 38 | 1.5 | |
| | 气泡浴 | 1.2 | 38 | 6 | — | — | 1.2 | 0.45 | 0.54 | 38 | 1.5 | |
| | 小计 | 451 | — | — | 38 | — | 413 | — | 219.2 | — | | |
| 合计 | | 3015 | — | — | 62 | — | 2953 | — | 2,300 | — | | |

1）室内温泉池可容纳人数详见表4-5室内温泉池（设备）配置表。

表4-5

| 大厅区 | 东方区 | 欧洲区 | 男浴室 | 女浴室 | 休息区 | 合计 |
|---|---|---|---|---|---|---|
| 316 | 125 | 108 | 132 | 132 | 72 | 885 |

2）室外温泉池可容纳人数详见表4-6。

表4-6

| 娱乐园 | 溶洞瀑布 | 世界文化园 | 合计 |
|---|---|---|---|
| 499 | 165 | 339 | 1003 |

3）休闲区可容纳人数详见表4-7。

表4-7

| 东方厅 | 欧式厅 | 日式（男） | 日式（女） | VIP区 | 合计 |
|---|---|---|---|---|---|
| 86 | 86 | 92 | 92 | 64 | 420 |

4）SPA区可容纳人数详见表4-8。

表4-8

| 房型 | 按摩 | SPA | 4人间 | 3人间 | 2人间 | 合计 |
|---|---|---|---|---|---|---|
| 间数 | 18 | 4 | 10 | 2 | 3 | 37 |
| 人数 | 18 | 4 | 40 | 6 | 6 | 74 |

## （六）SPA（水疗）

水是人体重要的组成部分，是人体不可缺少的生命元素，因此水是身体健康与否的决定性因素之一。

### 1、什么是SPA（水疗）

SPA也被称之为水疗，就是通过水的作用，治疗及愈合人的肌体和身心的过程（图4-35～图4-42）。

SPA一词源于拉丁文（Solus Par Aqua），Solus是健康，Par为经由，Aqua是水。所以SPA简单地说用水来健身。也可以诠释为：运用天然水的物理特性、所含矿物质与温度对人体器官的作用，来达到养生、健身与治疗的功效。

比利时的烈日市有个小镇叫SPAU，人们发现此处涌出的泉水盐分低，饮用或沐浴对人身体都有益处，而且以这种泉水还可以治疗疾病，这便当作是SPA的发源地。遂于17、18世纪欧洲开始流行，当今已风靡全世界。

温泉中心、洗浴中心与SPA（水疗），实质上都基于同一概念。但是前者更大众化，以洗浴、休闲、健身为目的，而SPA主要为水疗，还包括芳香按摩、沐浴、去死角等。

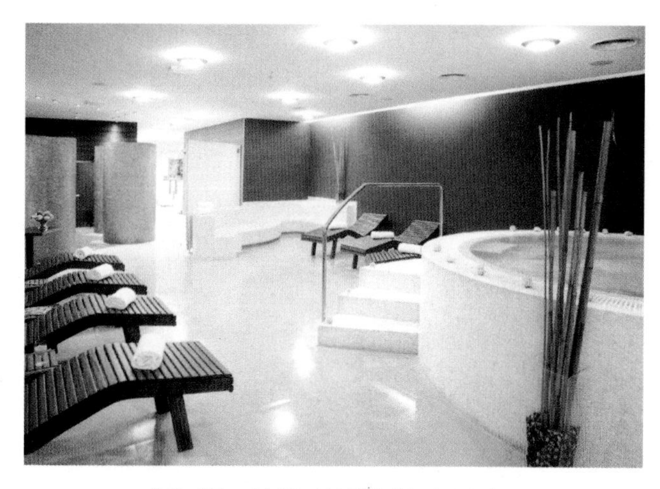

图4-35　克罗地亚布里斯托尔酒店水疗中心

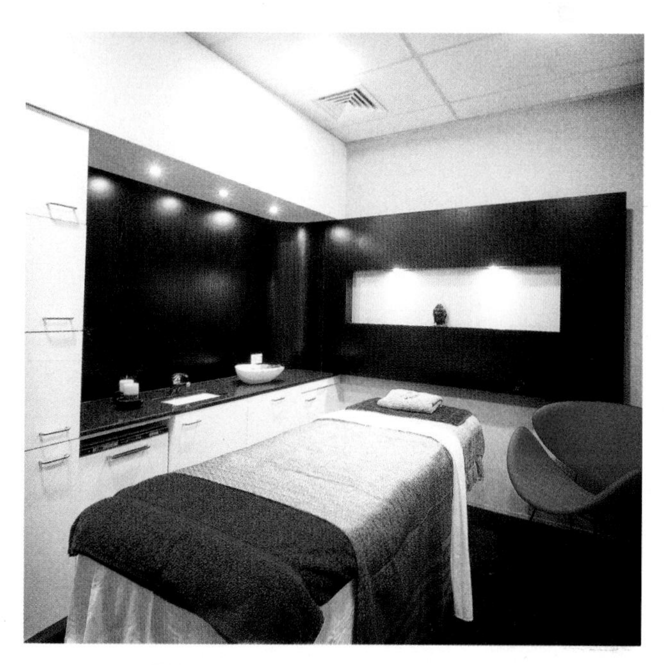

图4-36　新西兰奥克兰某SPA俱乐部理疗室

图4-37　泰国某SPA

图4-40　马来西亚绿中海温泉村

图4-38　香港半岛酒店SPA套房

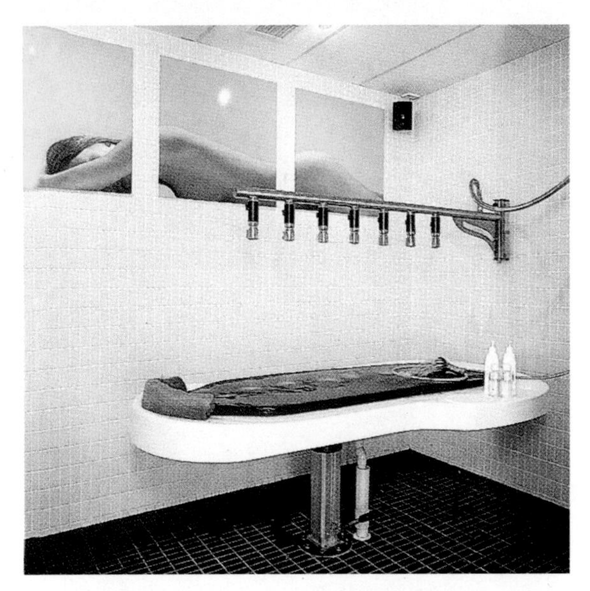

图4-41　新西兰奥克兰某SPA俱乐部淋浴水疗室

图4-39　海滨SPA

图4-42　"泉"SPA

现代SPA主要透过人体的五大感官功能，即听觉（疗效音乐）、味觉（花草茶、健康饮食）、触觉（按摩、接触）、嗅觉（天然芳香精油）、视觉（自然或仿自然景观、人文环境）等达到全方位的放松，将精、气、神三者合一，实现身、心、灵的放松，达到一种身心畅快的享受。

随着时代的发展，除把水疗、健身操、瑜伽、桑拿等全方位特色服务的融合，还要探求不同的水疗设施，人们不断赋予SPA更新的方式和更丰富的内涵，融合了传统文化和现代高科技的水疗方法，逐渐成为现代人回归自然、消除身心疲惫，集解压、休闲、美容、美体、健康于一体的时尚健康概念，既迎合客人的私密要求，又让客人完全沉浸在轻松的氛围当中。

**2、SPA的种类**

依照SPA的不同用途来区分可分为：自然型、酒店/度假村型、都市型、美容型、俱乐部型。

1）自然型SPA：充分利用自然景观资源，整个SPA过程融入大自然之中，或在海滩湖畔、森林田间、泳池边花园中。SPA除了清洁皮肤和身体的按摩功能之外，更强调人与周边环境的互动与契合。

因此SPA所需的环境要求，也需要在建筑设计、室内设计与景观设计中予以实现（图4-43）。

2）酒店/度假村型SPA（Hotel/Resort SPA）：让住客在商务公事之余及时地解除疲惫、享受完全放松的另一种新感受。

3）都市型SPA（City SPA）：通常位于或邻近繁华城市区域中心、购物中心或城市综合体，人们不需花费太多行程，能够在短时间里消除疲劳，讲究有效率的休闲方式。

4）美容型SPA（Beauty SPA）：这类SPA多以女性为主，以护理肌肤、塑身美体及以保养为诉求，目前国内不少是由美容沙龙转型而成。

5）俱乐部型SPA（Club SPA）：所提供各类SPA以会员制为主，成为结合健身、按摩、美容、水疗的复合式休闲中心。

无论何种类型的SPA，都要有温泉理疗室、专业美疗师和宁静优雅的环境。所有的疗程都离不开水疗，经由水的触摸后，专业美疗师再配合芳香精油进行各种身体按摩，达到通体舒畅的效果。

**3、SPA的设计**

SPA一般由更衣沐浴间、健身设施、温水泳池、桑拿房、冷热水池、理疗室、按摩房、休闲室等组成。为了增添特色，可以设置中草药蒸汽房、香料桑拿房、情侣房和贵宾房等。这里的泳池以浸泡为主，不宜过大。一般要设置10间或更多的理疗室，每个理疗室内有淋浴、浴池和卫生间，还要有小型服务间和布草柜。

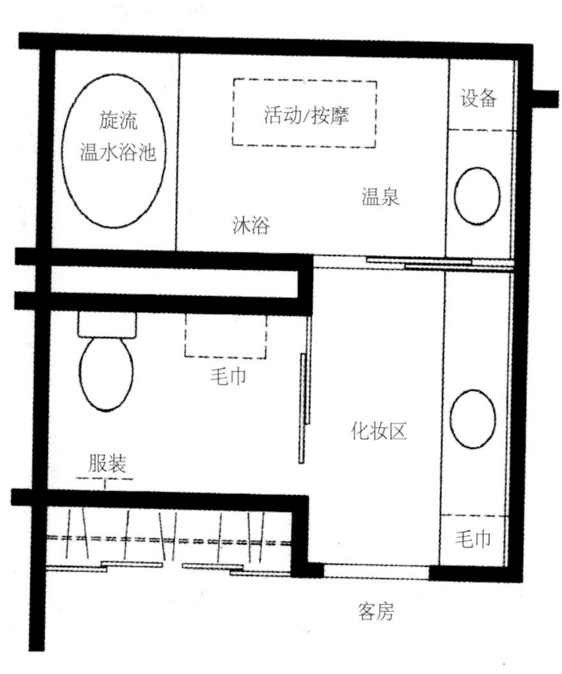


**图4-43**　SPA房布置示意

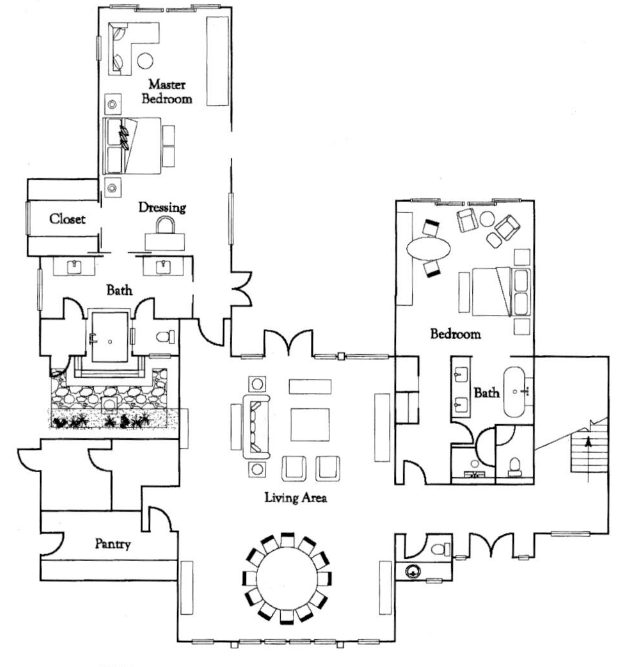


**图4-44**　三亚金茂丽思卡尔顿酒店单人理疗室

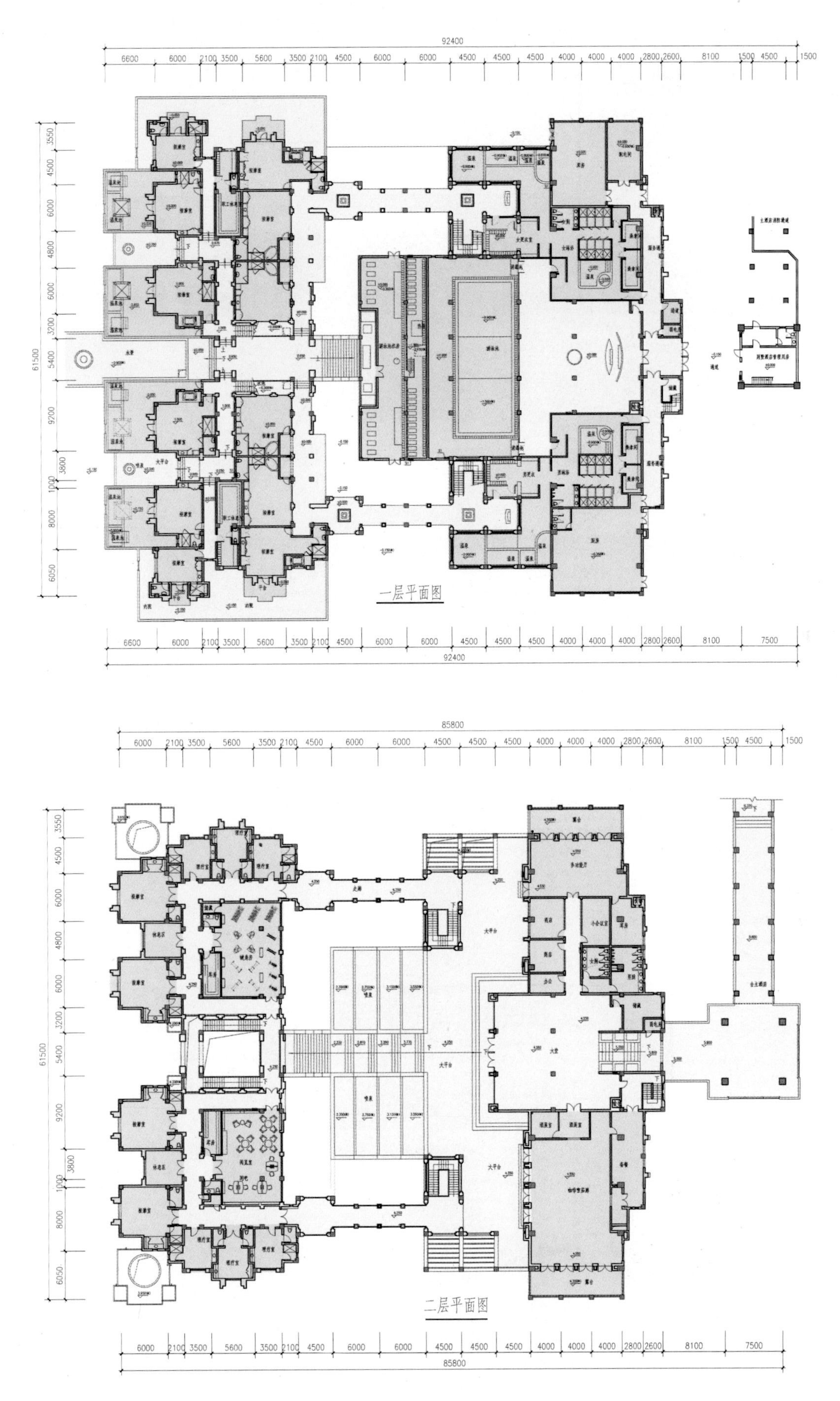


图4—45　珠海海泉湾SPA会所平面（上）一层平面（下）二层平面

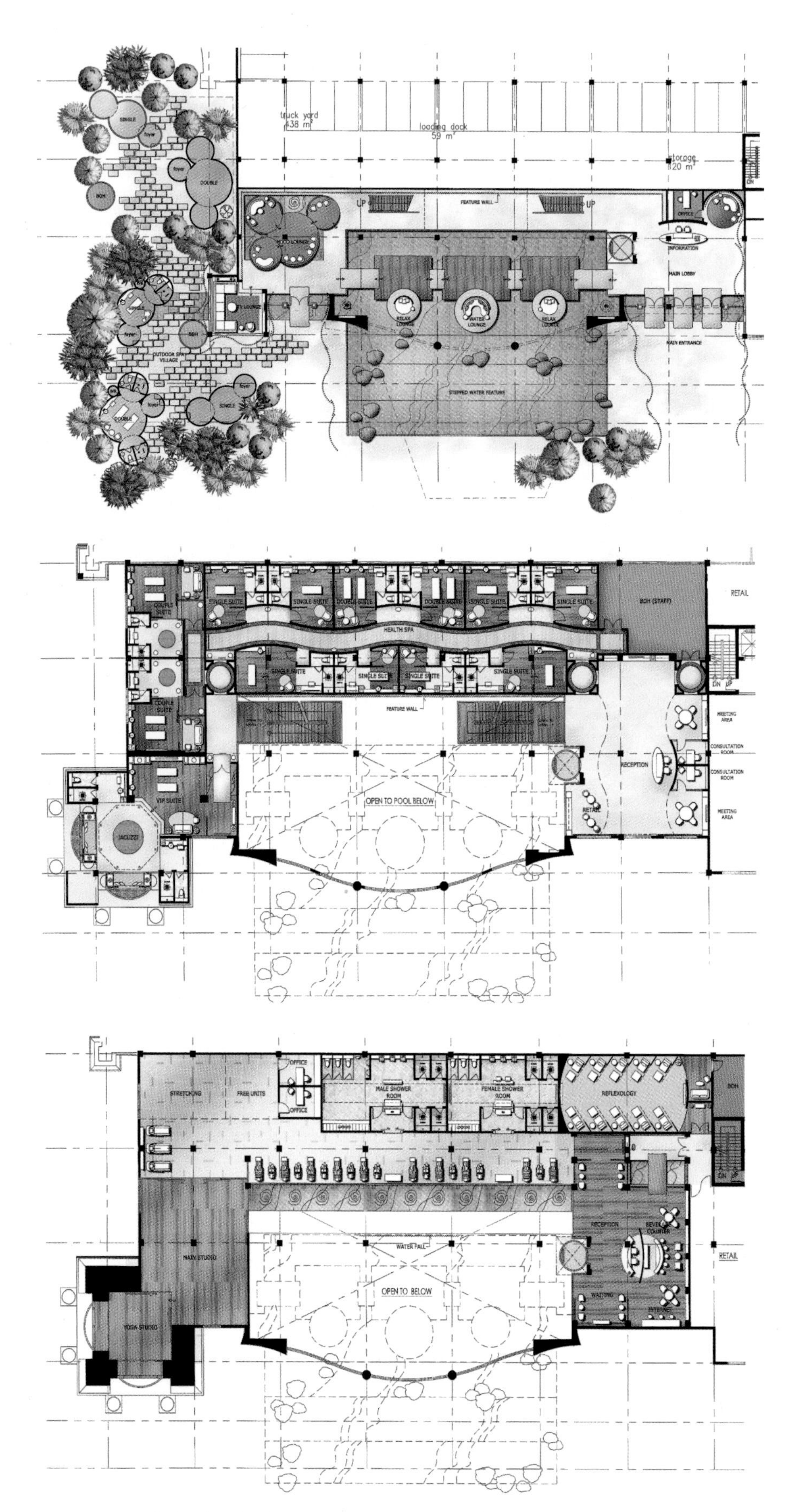

图4—46　某酒店SPA平面一层平面（上）二层平面（中）三层平面（下）

如北京金融街丽思·卡尔顿酒店SPA面积达1500m²，拥有11间美疗室及休闲室，其中有1间配备顶级温泉水疗套房和一间双人浴缸的情侣套房，4间全身护理疗室，2间泰式桑拿房及3间面部护理室，结合传统中医和香薰精油按摩，以中药热敷穴位，达到缓解肌体紧张、舒缓神经的功效。

曼谷半岛酒店的SPA，拥有14间理疗室、4间套房，都配备最先进的淋浴、桑拿和治疗设施。透过套房落地大玻璃窗一边享受SPA，一边观赏河岸风光；马尔代夫兰加丽岛希尔顿度假水疗酒店的“水上SPA”，3间理疗房中装有透明的观景地板，客人在享受SPA的同时，可以欣赏到印度洋多姿多彩的海洋生物（图4-44）。

## （七）SPA会所设计实例

**实例一**

由著名的美国WATG建筑师、HBA室内设计师和华森公司合作设计的SPA会所，是珠海海泉湾度假城的一个子项。它是一幢独立的两层建筑，有连廊通往主酒店，并与别墅酒店整体规划布置，建筑面积为5712m²。该会所功能齐全，流程清晰，拥有理疗室4间和SPA房16间，并配备健身房、阅览网吧，温泉泳池以及小餐厅（图4-45）。

**实例二**

这是著名的新加坡WILSON公司为一个酒店所作的方案（图4-46）。该会所设计为三层，主入口在三层，有接待大厅、更衣、健身、瑜伽以及足浴，客人可以乘观景电梯前往一、二层。一、二层则是泳池和室内外SPA房，而且特别引人注目的室外泳池和室外SPA与酒店庭院相融合，创造出完美的SPA环境。

**实例三**

由华森公司与美国WATG建筑师和新加坡WILSON室内设计师合作的广东清远狮子湖喜来登度假酒店的SPA会所。会所由湖岸边的建筑物底层SPA和湖中贵宾SPA所组成，两处以桥相连，把碧波荡漾的湖面美景，充分融入SPA环境中（图4-47）。

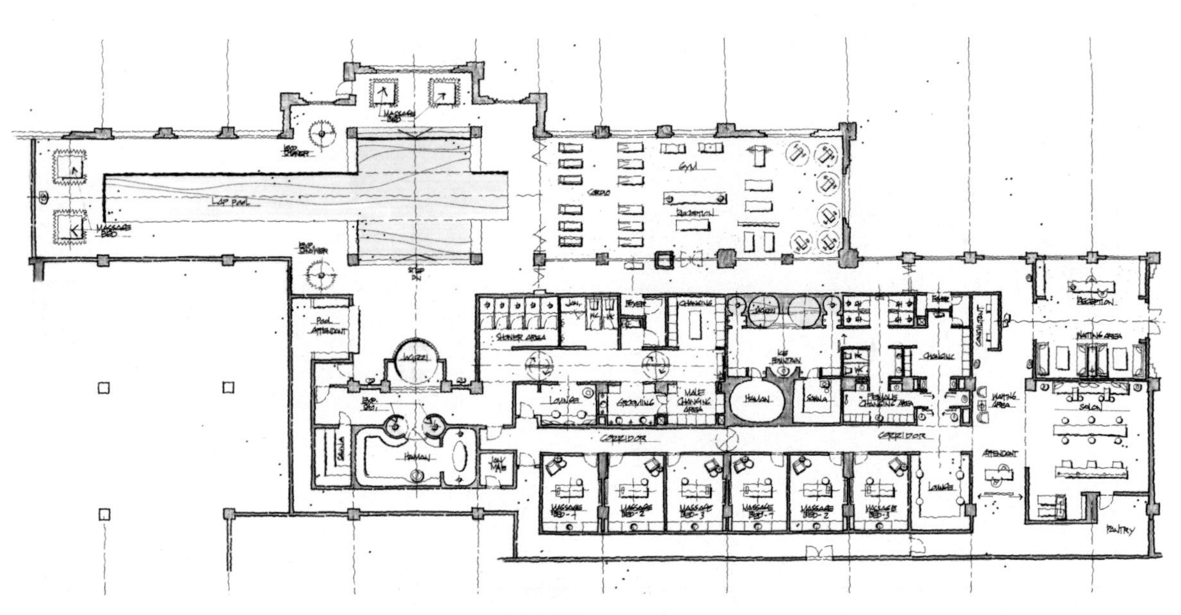


图4-47　清远狮子湖喜来登度假酒店SPA平面布置

# 五、游泳池与健身房

## （一）游泳池

对于四星级以上的酒店，游泳池是必不可少的，尤其在度假酒店里游泳池成了酒店的主要功能区，直接影响客人度假的情趣和对酒店的总体印象（图5-1 ~图5-8）。

**图5—3**　印尼巴厘岛乌鲁瓦图蓝点湾别墅无边泳池

**图5—1**　香港半岛酒店泳池

**图5—4**　上海外滩中心威斯汀大饭店泳池

**图5—2**　阿曼马斯喀特香格里拉艾尔吉莎度假酒店泳池

**图5—5**　塞舌尔渔夫谷艾美酒店无边泳池

**图5-6**　印尼巴厘岛日航度假村海边泳池

**图5-7**　印尼巴厘岛宝格丽酒店泳池

**图5-8**　娱乐型泳池

1、度假酒店游泳池的设计是十分有创意的。海滨度假酒店总是把酒店建筑与海滩之间布置游泳池，提供一个壮丽的海景游泳环境，又成为酒店的主景观区。

游泳池的形状和尺度可以结合当地自然环境来决定，通过亭桥．跌水、瀑布、岛屿、洞穴，冲沟等布置，为客人提供宜人的景观，又满足健身、嬉水、浸泡或漂流的享受。

2、游泳池不一定采用国际标准的游泳池，但要有25m、20m的泳道直线长度，面积应大于200m$^2$为宜，以满足游泳者的健身需求，池的形状多数采用长方形、圆形、椭圆形等几何形状或者略有变化。而度假酒店一般结合地形布置，形体比较随意。

3、酒店游泳池水深一般采取1.0~1.5m，池底斜坡有结构放坡和建筑放坡两种做法，而一般游泳池底板采用结构坡板做法，最大的坡度为1：12。深水区不应超过1.8m，出于安全原因应提醒儿童禁入，而浅水区适合一家人在一起游泳嬉戏，共享度假生活的天伦之乐，又可以满足初学者的需要。

为儿童专门提供嬉水池、涉水池，根据年龄不同泳池的水深参见表5-1。

**表5-1**

| 年龄 | 2~4岁 | 4~6岁 | 5~8岁 | 6~12岁 |
|---|---|---|---|---|
| 水深（m） | 0.15~0.30 | 0.30~0.45 | 0.45~0.60 | 0.60~1.00 |
| 游泳能力 | 喷、淋、嬉 | 想学游泳 | 稍懂游泳 | 初会游泳 |

4、酒店游泳池毕竟不是专业训练和比赛场所，水不宜过深，不要安置跳板、跳台，以免发生意外。

5、游泳池必须阳光充足，尤其北方地区不应终日被建筑阴影所遮蔽，而在南方地区，包括夏热冬冷地区还要考虑有遮阳的地方供休息用。

6、从我国地域状况来看，大部分地区的酒店需要设计室内恒温泳池，但是恒温泳池运行费用较高，游泳池的尺度就要适中。

很多酒店把游泳池建在主楼或裙房屋面上，这样泳池尺度不致受结构柱网限制。有时还可以设计成可开启的玻璃棚顶下，接受自然阳光和空气，到气温低时再送暖，以保证全年不中断服务。

7、游泳池还可与健身房、阳光室一并布置，或与SPA统一综合布置，不仅做到互补功能，而且可以有利于集中经营管理。

8、不少度假酒店可以从底层客房阳台直接进入游泳池，以提高底层客房的品质，与酒店园林景观统一综合布置。

## （二）健身房

1、健身房有三种形式。第一种是酒店内的健身房，一般都设有游泳池，有一定规模的健身器械，主要面向酒店客人。另一种是会员制健身房，这里有先进的健身器械，辅助设施也较为齐全，还有周全的课程设置和强大的教练员班底，主要面向中上层收入人群。第三种是大众健身俱乐部，硬件和软件水平相对较低，但由于费用便宜，故受到多数健美健身爱好者的青睐（图 5-9 ~ 图 5-17）。

2、由于传统观念的影响，到健身房的人群以 20~45 岁的年龄段为主，明显呈中青年化的趋势。其原因一方面是因为健身房中针对老人、小孩的健身项目较少，而中青年把它作为一种生活方式，也有足够的经济能力来承担价格不菲的费用。其中以女士为多，她们不仅讲究饮食的搭配，而且注重健身锻炼，如瑜伽、游泳、羽毛球、形体、健身操、舞蹈……，而不少健身房也正是瞄准了这一拨消费群体。

3、健身房的面积指标：地上场所人均活动面积不少于 $3m^2$，地下（半地下）人均活动面积不少于 $4m^2$。健身房的场地空间净高度不应低于 2.6m。器械练习区场地应平坦，地面材料常选用地毯、塑胶材料或木地板，集体练习区地面材料为木地板或地毯，且地面也应平坦，要有一定弹性。

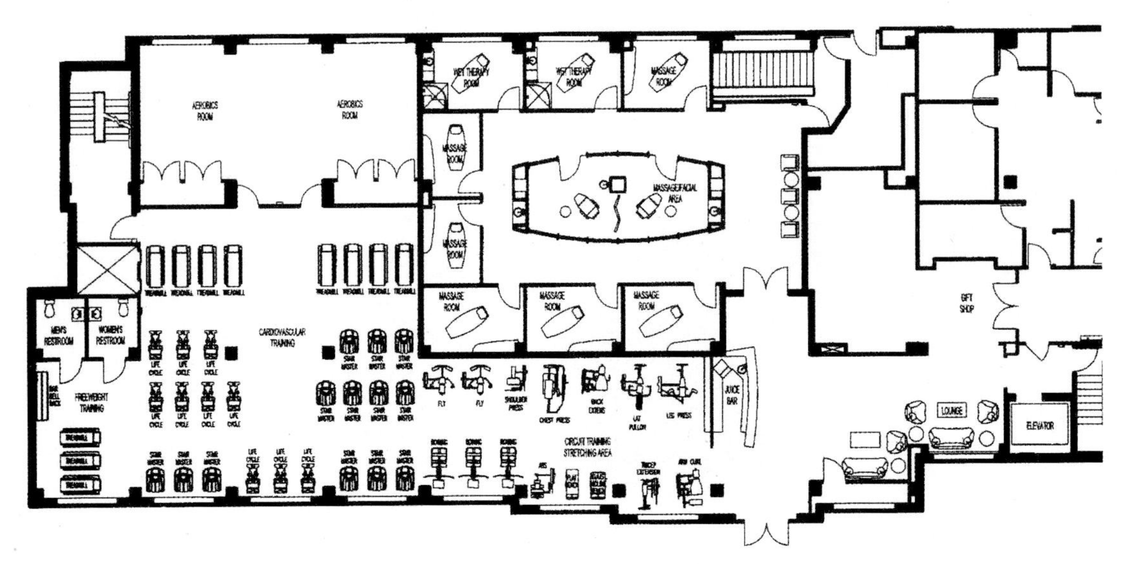


**图5–9**　美国新泽西州希尔顿酒店健身中心

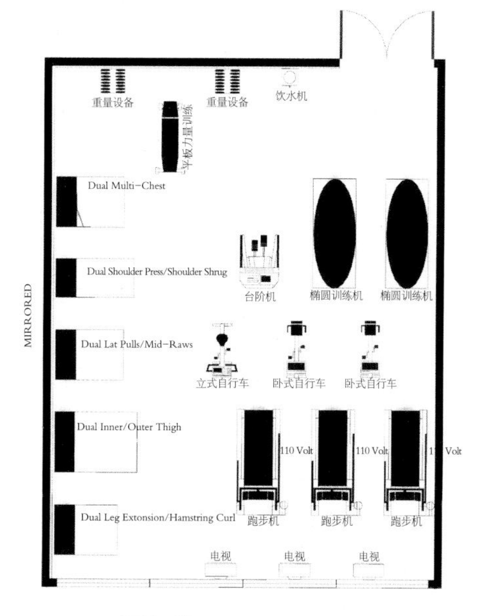


**图5–10**　健身器械布置范图

**图5–11**　酒店健身房实例1

图5–12　酒店健身房实例2

图5–14　加拿大多伦多的健身中心

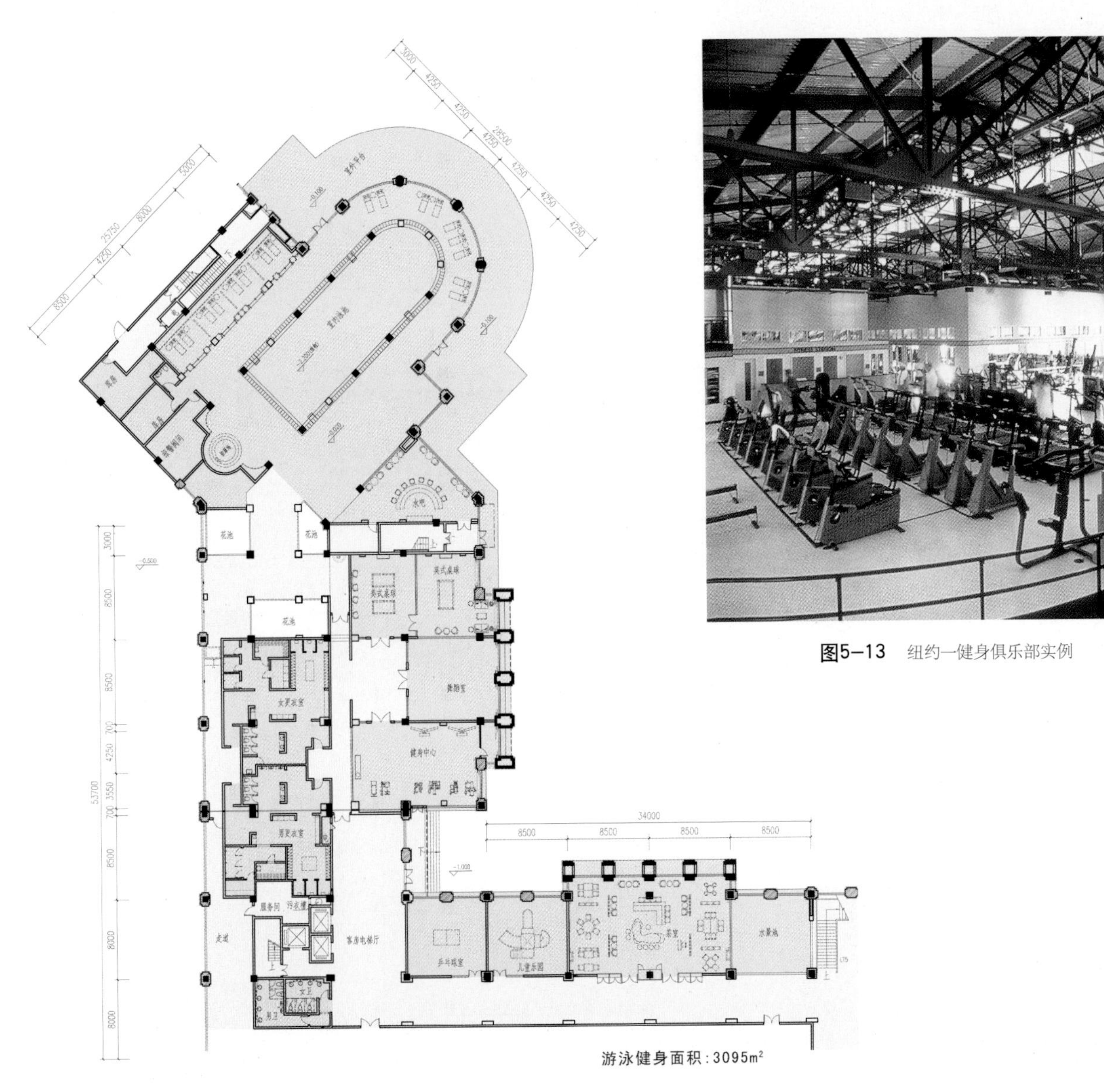


图5–13　纽约一健身俱乐部实例

图5–15　酒店游泳池健身房平面布置实例1

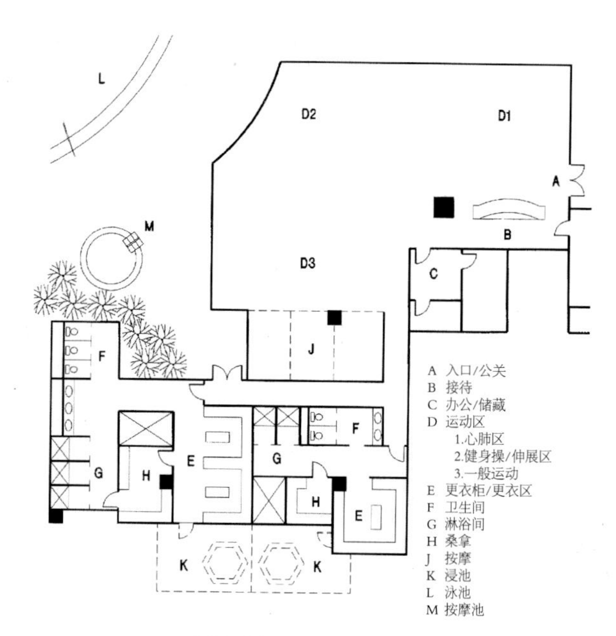


**图5–16**　酒店健身房范图

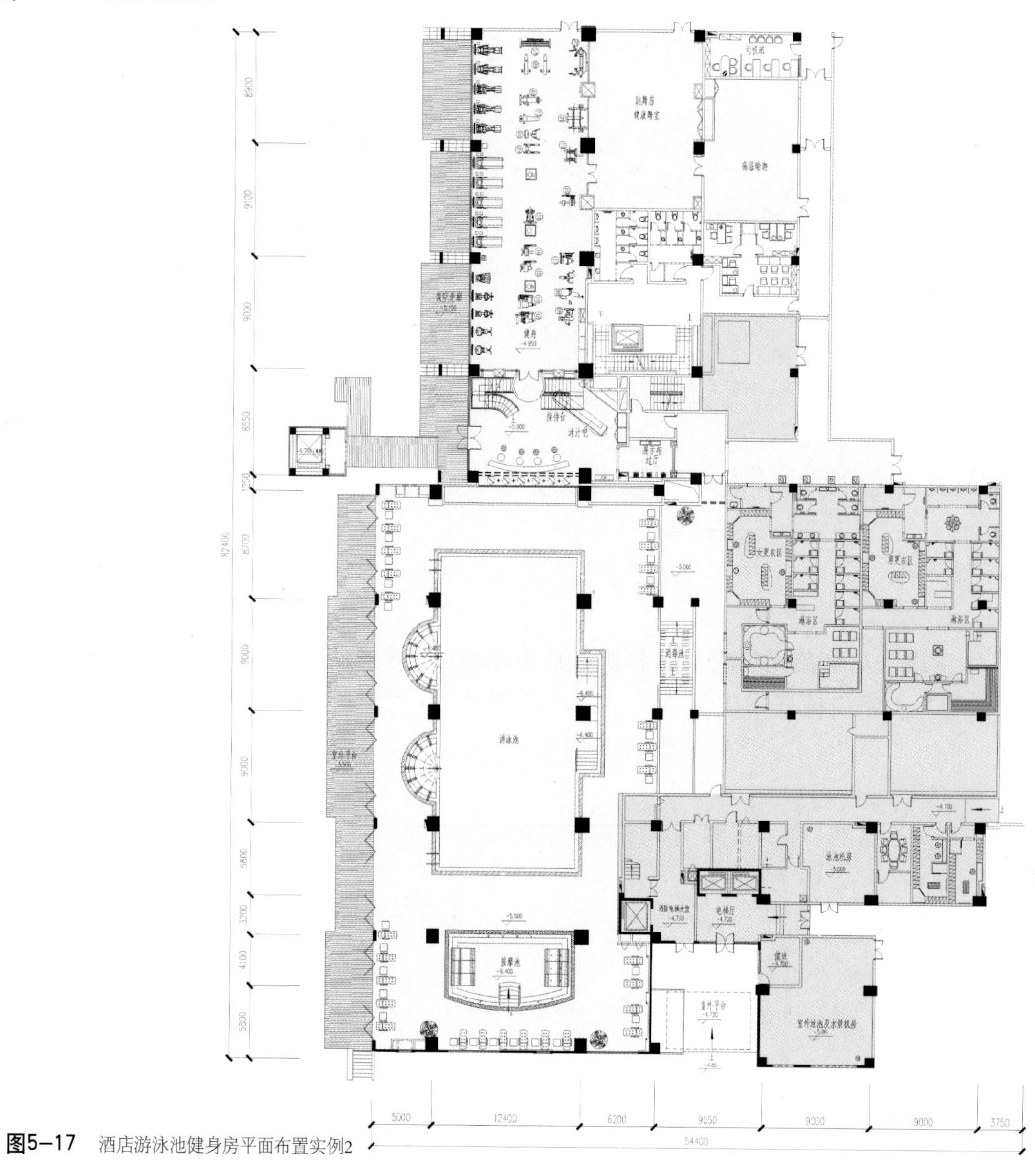


**图5–17**　酒店游泳池健身房平面布置实例2

# 六、 娱乐休闲设施

为了满足客人娱乐休闲的需要，酒店与度假村一般要设置桌球房、棋牌室、清吧、茶室、乒乓球室和游戏室，这些娱乐休闲设施项目以及规模，视具体项目确定。

## （一）桌球

桌球也叫台球、弹子球，最早传入中国是在19世纪清朝末年，只有大使馆和租界地才有几张球台。20世纪初在十里洋场的上海，就有人开办起弹子球房，成为富豪和洋人游玩的地方。

据考证世界第一张桌球台出现在1400年，距今已有600多年。最初的球桌没有网状袋，只有拱门或柱门，后来人们在桌中心开了一个圆洞，继而又在桌的四角开了四个洞；洞的增加激发了人们的玩球兴趣，直到在桌面开了六个圆洞，才演变成了今天的落袋式桌球。

现在伴随着经济发展和人民生活不断提高，桌球也和其他运动一样得到普及发展，大中城市许多体育场馆、俱乐部、娱乐中心、宾馆、酒店都设有桌球室，就连许多村镇的大街小巷也遍布桌球摊位。

**1、桌球的种类** 世界流行的主要分为英式桌球、美式桌球、法式桌球和开伦式球，顾名思义这是按照桌球起源划分的（图6-1 ～图6-4）。

1）英式桌球有英式比例桌球和斯诺克桌球两大类，主要流行于英国和欧洲大陆。英式比例桌球又称为三球落袋式桌球，属基础型的桌球，是世界上正式桌球比赛项目之一。英式比例桌球出现较早，要求具有较全面的技术打法，即便是世界许多著名斯诺克桌球运动员，比例桌球的基本功也都相当扎实。

而斯诺克桌球更是世界桌球大赛的主要项目。“斯诺克”为障碍之意，来自英文“snooker”译音。斯诺克桌球不仅自己要击球入袋得分，还可以有意识地打出让对方无法施展技术的障碍球，从而使对方受阻，因此，斯诺克桌球竞争激烈，趣味无穷，吸引起大家的喜爱。

斯诺克桌球桌尺寸为3820mm×2035mm×850mm，其内沿长3500mm，内沿宽1750mm，高850mm，球台面长宽比应为2：1；斯诺克有22个彩球，共分8种颜色有红球15个（1分球），黄球1个（2分球），绿球1个（3分球），棕球1个（4分球），蓝球1个（5分球），粉球1个（6分球），黑球1个（7分球），白球1个为主球。

2）美式桌球又称美式普尔（鲁尔）球是桌球的一个重要流派，是在法式和英式后形成的，它广泛流行于西半球和亚洲东部。有人认为，美式桌球仅仅是属于酒吧、街头巷尾的“下里巴人”式的游戏而已。

美式桌球包括八球制桌球、九球制桌球、芝加哥桌球、普尔桌球和保龄桌球等种类。美式落袋桌球桌台尺寸为2810mm×1530mm×850mm，而花式九球桌球尺寸为2850mm×1580mm×850mm。

3）法式桌球也称为卡罗姆桌球，其含义是连续撞击两个球，即用主球连续触及两个球，这是法式桌球最基本的要求，与英式和美式桌球的最主要区别是没有网袋。

4）开伦式桌球也起源于法国，后来在日本盛行，有“日本撞击式桌球”之称，成为国际大赛项目之一。开伦式桌球所用的球台也没有球袋，它是以球杆击打主球，直接碰撞两个球或两个以上目标球得分的一种桌球打法。虽然开伦式桌球台要比落袋式桌球台面小些，由于球的体积大，容易得分，但这并不意味着开伦桌球是一种简单的、乏味的打法。相反，它的打法不仅花样多，而且从某种意义上说，它是其他桌球打法的基础。

开伦桌球打法分为颗星开伦、三星开伦、四球开伦、直线开伦、台线开伦等等，但最流行的要算四球开伦打法。在我国很少能见到这种桌球打法（图6-1 ～图6-4）。

**图6–1**　美国北卡罗来纳洲的英式桌球室

**图6–2**　珠海海泉湾桌球室

**图6–3**　美国北卡罗来纳州康科德的美式桌球俱乐部

## 2、桌球的设备

1）虽然桌球种类不同，球台一般都是用坚硬的木材制成，特别是球台的四边采用上好硬质木材，如柚木、橡木、樱木、楸木、菲律宾木等高级木材制作，这样边框弹性大，耐撞击，在

**图6–4**　加拿大多伦多戴夫酒吧的桌球房

木质边框上还要镶一条三角形橡胶边，以增加边框的弹性，在橡胶台边上还包裹一层呢绒。

台面一般由3~4块石板铺成，石板经过磨制，表面光滑，石板接缝严密，无孔隙，石板台面上再铺一层绿色的呢绒，使台面有一定的摩擦力。

2）桌球直径为52.5mm，重量154.5g，是用硬质材料制成的。最初桌球是用木料制成的，以后出现了用象牙制造的。据说，一颗象牙只能制5个球，英国仅制作桌球每年就需要上万头大象，制造好的象牙球还要经过严格挑选，重量必须相同，因此价格非常昂贵，所以当时的象牙球仅适合宫廷贵族们玩乐。

随着塑料工业的发展，研制出一种用硝化纤维素、樟脑、酒精等化工原料混合制成的桌球，它大大降低了球的成本。后在1920年又研制成功了一种石碳酸酯铸成的桌球，再一次使桌球的制造费用降低。这种塑料球的弹性和韧性都比较好，表面光滑，质地均匀，重心位置准确，圆度精确，不易变形。

3）球杆是击球工具，用优质木材做成。

杆体：呈圆形，前细后粗，笔直，长度在1.3~1.5m之间，杆头（细端）直径在9~12mm左右。

杆头：一般用硬制金属或塑料制成，套在球杆前端，皮头粘在杆头之上，起保护作用。

皮头（又名枪头）：位于球杆的最前部，皮头的质量好坏直接影响到击球，皮头是用优质皮革制成，富有弹性，可以控制击球时的撞击力，同时防止打滑，一般在击三四次球后在皮头上擦涂涩粉。要时常修整打磨皮头，以使之处于最佳状态。

4）杆架、壳粉、手粉、球筐等设备和器具起辅助作用，在不同的场合不同的环境要求下，也是必不可少的东西。

5）场地要求平坦、干净、无灰尘、明亮及通风条件良好。照明灯要装在较大的灯罩内，在球台上方75cm的地方，避免散射，避免刺眼，需要300W的白炽灯。

**3、桌球的特点**

桌球是一种高雅的活动，深受人们的喜爱。它有下列优点：

1、桌球球台形似长方形会议桌，对场地面积不要求很大。桌球的四周（站在开球区）分别为底台边、顶台边、左台边、右台边。周边一般留出不小于1.5m的打球区域就可以了。

2、桌球是室内运动，不受季节、天气、时间等因素影响。

3、桌球的运动量不大，参加人数灵活，老少皆宜。在娱乐业中，真正是一种大众性的娱乐方式。

4、桌球运动是一种脑力与体力相结合的室内球类运动项目，不仅健身，而且益智。

在酒店度假村里，不仅要设置豪华讲究的桌球间，还须有一个优良的室内环境。而且在进行打球活动时，还有相应的礼仪要求。如在打球时，客人进来必须轻轻开门入室，不得高声谈话和喧哗。在打球时，不允许随便挥舞球杆等不文明的举动等。

## （二）棋牌室

棋类活动最早出自于民间，下棋简单地从几块小石子，几根树枝，摆设在地上就形成一场颇富趣味的竞赛游戏，这就是棋类活动的萌芽。下棋，在古代被名为“博弈”，是一种十分普及的娱乐活动，不论城市乡镇，还是街坊家庭，随处可见下棋的局面。它还是一项竞技体育运动，是一种脑力与体力相结合的运动项目（图6-5）。

棋类包括象棋、国际象棋、围棋（包括五子棋）、军棋、跳棋等很多种。尤其中国象棋和围棋，作为带有中国古典色彩的文化艺术，有着独特的魅力，扑克牌和麻将牌是最受普罗大众欢迎的。

棋牌室一般安放多台方形棋牌桌，对阵下棋或四方打牌，许多人参与或围观已经成了一种休闲娱乐活动，男女老幼皆宜。因此棋牌室多采取开放式布置，其面积规模视酒店度假村项目而定。

**图6-5** 下棋

而扑克牌和麻将牌往往采取单间布置，简易的也有采用隔断间隔，以保证相对安静的环境，少些围观者。一个酒店拥有8~10间麻将室（具体间数因需要而配置）集中成为特别的区域，以减少对周边房间的噪声干扰。对于豪华酒店的棋牌室（图6-6），除棋牌桌外还布置休息座椅和洗手间，再增

**图6-6** 棋牌室

添艺术品的陈设，创造高雅的氛围，并提供酒品咖啡茶点等服务。

## （三）游戏室

酒店度假村一般设有游戏室，现在视频游戏已成为老少皆宜的游戏活动，有些酒店还把上网搜索与阅览书吧组合在一起，以丰富度假休闲的生活。

儿童娱乐室和户外儿童园地是酒店与度假村必不可少的。对于家庭旅游客户群，必须确保小客人们能在这里玩得尽兴，这样才能称得上全家人真正的放松休闲。孩子们十分喜爱户外活动，五颜六色的攀登架、索桥、管洞和秋千等大型组合式儿童玩具，备有儿童车、碰碰车甚至战车的驾驶区，还有沙坑等，都是适合不同年龄段的儿童和少年游戏区。

为了遮阳避雨，在室外园地适当布置些乔木和雨篷敞廊，做成半露天的，即使天气不好，也不影响游戏活动的进行。

## （四）清吧

清吧（PUB）或称英式小餐吧，是流行于英伦三岛的一种酒吧形式。PUB 即 PUBLIC HOUSE 的简称，是大众化消费场所，在工余相聚并轻松一下，喝喝东西聊聊天。清吧往往是以轻音乐为主，比较安静，气氛无拘无束，顾客可选择在吧室或餐室进餐，并可玩棋、掷飞镖等。

近来，香港地区清吧的发展渐趋多元化，有的演变成半餐厅半酒吧形式，午间及晚间卖中西餐，饮与食兼备；有的专走高级路线，地方布置舒适豪华，还有舞池可以跳舞，有些却专搞热闹气氛，加插乐队表演等，以适应不同市场需求。露台清吧设在建筑的露台上，可凭高远眺，周围或是清新怡人的绿林青草地，或是海滨江岸为人们提供悠闲的环境。

## （五）茶室

饮茶有随性之说，符合心境，求一份清闲。茶文化包罗万象，茶室的风格有中式、日式、田园和怀旧等风格，可以依据酒店品味来选择，但同时也要注意与室内整体装饰风格协调，一般茶室设计相对简单，既轻装修又不重装饰。

中式风格的茶室适合于布置典雅的空间，以上好的红木或是仿明清的桌椅装饰，配以素雅的书法条幅，意境悠远的国画山水，渲染出古色古香的浓郁氛围。在小摆设的搭配上选用紫砂茶具或是细腻的青瓷盖碗，使气氛显得温婉和谐，情趣盎然（图 6-7）。

日式风格的茶室适用于和式风格或是现代风格的空间，一般采用简洁大方、线条流畅、色彩淡雅的设计。茶室中多采用实木地板，简单的地台或榻榻米，一张矮桌和舒适的软靠垫，桌上的红木托盘中摆放着全套茶具。日式风格的茶室经常采用格子的图案作为装饰，比如在餐桌上铺上洁净素淡的格子布的桌巾，边上放一盏简简单单、罩子同为格子花纹的白色纸灯，外加竹帘，形成清新典雅的日式格调。

田园式风格的茶室完全采用朴实自然的材质，例如用原色的树皮竹节装饰一面墙，用天然的原木作桌子，再放几个木墩子作凳。弄一些小的水景或流水装置，更加自然舒适。桌上摆的粗瓷的茶壶茶碗，空间显得朴素无华，使人仿佛闻到了田园气息。

休闲式风格的茶室讲究现代人生活品位和氛围，没有固定的模式，也可以不用刻意的装饰，只要觉得轻松自然就是最好的布置。放几件别致的小饰物，不必拘于材质，在小小的茶室中品茗，得到彻底的放松。

**图6–7**　中式风格的茶室实例

# 七、KTV与娱乐场

KTV全名是Karaok TV，Karaok是个日文英文混杂名，Kara是日文“空”的意思，OK是“无人伴奏乐队”的英文缩写。KTV的娱乐方式传入中国已有几十年的历史，在中国还有了“卡拉OK”的新名称。

## （一）量贩式KTV

现今量贩式的KTV比较受到好评。量贩一词，源于1963年法国的一家大卖场，它类似超大型的超级市场，后来日本把这种经营业态叫做量贩，就是大量批发的意思。

量贩式的KTV强调的是薄利多销，其中最能体现的是其附设的食品超市，酒水、零食的价格和外面超市差不多，就是大家信赖的透明、自助和平价的消费方式。量贩式KTV的特征：

1、规模大，就是说整个VOD系统的同时播放的点多，并发流就很大，有一个整体KTV的专业形象。

VOD（Video On Demand）即交互式视频点播，是随着计算机技术和网络通信技术的发展，综合了计算机、通讯、电视技术而迅速新兴的一门综合性技术。它利用了网络和视频技术的发展趋势，彻底改变了过去收看节目的被动方式，实现了节目的按需收看和任意播放，集动态影视图像、静态图变、声音、文字等信息为一体，为用户提供实时、交互、按需点播服务。

2、营业时间长，就要求整个VOD系统非常稳定，基本要能达到一周七天，一天24小时的不间断运行。

3、价格灵活多变，收银部分有比较灵活的打折，收费时段设置等特殊的模块，把方便和实惠让给客人。

4、消费人群多样化的特征，就要求VOD系统的歌库歌曲必须全、新、好，软件的界面多样化，个性化；否则如果客人来了找不到自己想唱的歌曲，或者是感觉点歌的界面受到限制，将会影响到生意。

量贩式KTV这个充满异族色彩的词汇，面对的消费群体是时尚的人群，在这里成为他们聚会、商务应酬的场所，他们年轻、追求个性，对生活充满激情，一班人来唱歌娱乐，而且不用担心最低消费的陷阱，也不会被昂贵的酒水单所欺骗。

## （二）RTV

最近又出现一种“RTV”新名词，由R-RELAX 放松＝悠闲，T-TELL 告诉＝传播，V-VOGUE 时尚＝潮流三个字组成。它与传统KTV不同，RTV成为传播时尚潮流、悠闲轻松的娱乐场所，汇集当前一些时尚元素，集音乐、网络、影视、棋牌、游戏以及餐饮等各种休闲娱乐形式于一体。

因此，RTV是一种新的消费观念。简而言之：Restaurant（餐厅）＋KTV，创建一个让大众既可享受到餐饮美食，又可放松地娱乐一番。

而且RTV是指安装有实时视频点播系统（Real-Time VOD）的歌舞娱乐场所，与传统的KTV相比，RTV是数字化的视听娱乐系统。

例如有一家大型的RTV，场地达6000多$m^2$，拥有90间悠闲K房，都是采用包厢制，包厢分成大、中、小、PARTY房以及VIP房五种，不同时段价格不一样。配备250$m^2$的超大型自助餐区，不间断地提供中西美食；并设有茶座、专业录音棚、自助露天聊天酒吧、休闲吧等功能设施，让人充分感受到时代的气息。

## （三）娱乐场

有的酒店度假村，按投资人和经营者的意愿，主要还是根据市场需要创办娱乐场或夜总会。不但在中国澳门，还是美国的拉斯韦加斯，就是在中国不少市镇都有这样的实例，它们成了酒店业的重要支撑（图7-1～图7-5）。

娱乐场的主体是歌舞厅和表演场，闪烁着瑰丽夺目的光华，绚烂华美的歌舞表演，尤其配备大型豪华镭射电脑灯光设备和环绕音响系统，让每个人都惊讶不已，常常吸引本地和周边地区的消费群体以及旅游客人，有的再配备迪斯科、酒吧和KTV，成

图7-1　加勒比海雅典娜女神剧场

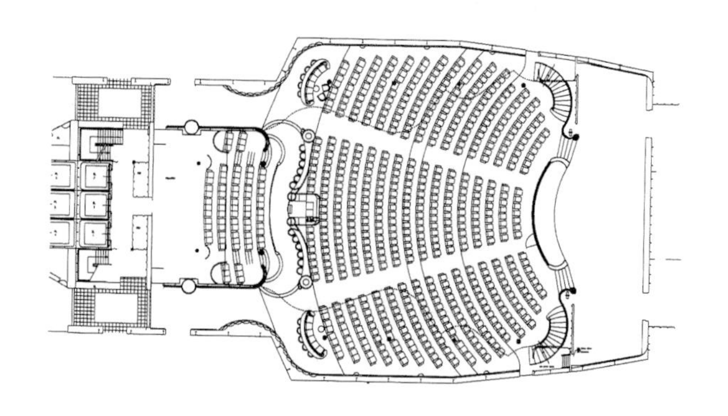

图7-4　加勒比海雅典娜女神剧场平面

图7-2　加勒比海演出厅实例

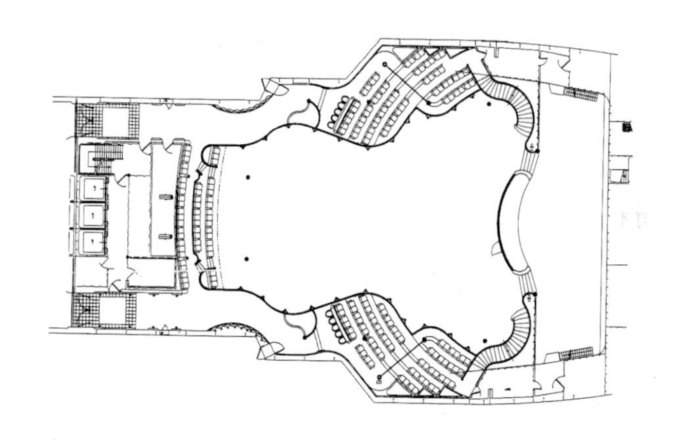

图7-5　加勒比海雅典娜女神剧场楼座平面

图7-3　深圳娱乐厅实例

了会议、聚会的休闲场所。

但是许多酒店包括一些国际酒店集团，总希望娱乐场和夜总会不要干扰酒店的正常经营，并希望从经营、交通人流组织要分得开，有各自的进出口，专用电梯，以实现娱乐场能独立经营。

同样度假村的娱乐场也要和客房有一定距离，保证客房的安静环境。例如珠海海泉湾供演出用的温泉剧场（图7-6）地处内湖的另一侧，与渔人码头组合在一起，聚集成一个休闲、欢乐的场所，形成一种独具特色的轻松生活氛围。

图7-6　珠海海泉湾温泉剧场

# 八、渔人码头

意大利渔民习惯地把可停泊船的码头称为“渔人码头”。谈起渔人码头，不得不提到闻名遐迩的美国旧金山的渔人码头，追溯到19世纪50年代，一位商人为做木材生意建起的码头，没想到码头刚一建成就引来了一些意大利移民，在他们淘金美梦破灭后，为了生计从事捕鱼，把出海捕获的蝦蟹、鲍鱼、海胆等就地设摊贩卖，后来码头逐渐成了海鲜市场。在浓浓的海鲜产品带动下，成了当地平民聚集充满欢乐、休闲的地方。杰费逊街和泰勒街的路口的巨蟹标志成了渔人码头的象征（图8-1、图8-2）。

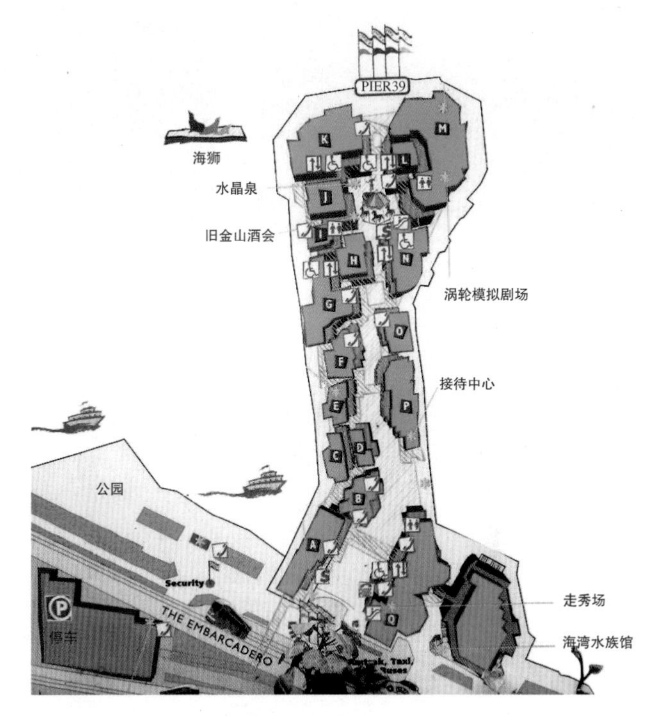


**图8–1**　渔人码头总平面

当地的城市规划也跟进建起了海洋公园、水底世界、蜡像馆、博物馆等旅游场所。各国旅游观光客都喜欢到这里品尝一下海鲜美味，终年热闹非凡。从以下一组照片（图8-3～图8-7）可看出旧金山渔人码头是由多种风情餐馆、酒吧间、小商店和演艺场组成，平面格局自由，空间组合随意，建筑形体丰富多彩，充分体现出宽松活泼的氛围。实际上渔人码头不只是停靠渔船，已渐渐成了小商品市场，街头表演和观光旅游的代名词，它代表着一种港埠特有的市井文化。加拿大蒙特利尔、英国的利物浦等世界各地也相继出现不少渔人码头，近来澳门也正在建造渔人码头。

酒店设计借助“渔人码头”的概念，把临水环

**图8–2**　渔人码头1

**图8–3**　渔人码头2

**图8–4**　渔人码头3

图8-5　渔人码头4

图8-6　渔人码头5

图8-7　渔人码头6

境打造成餐饮、小商店、娱乐和休闲的场地，创造轻松的氛围，形成一种独具特色的夜生活环境，也称为渔人码头，作为酒店配套设施和重要组成。

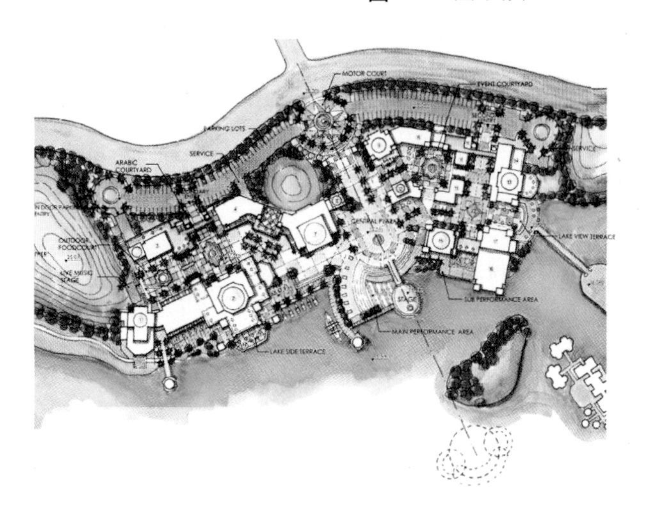


图8-8　渔人码头总体平面

## 渔人码头设计实例

这是一个酒店渔人码头设计，与清远狮子湖喜来登度假酒店一并开发建设，临湖两栋建筑相互辉映（图8-8～图8-15）。

图8-9　渔人码头总体效果图

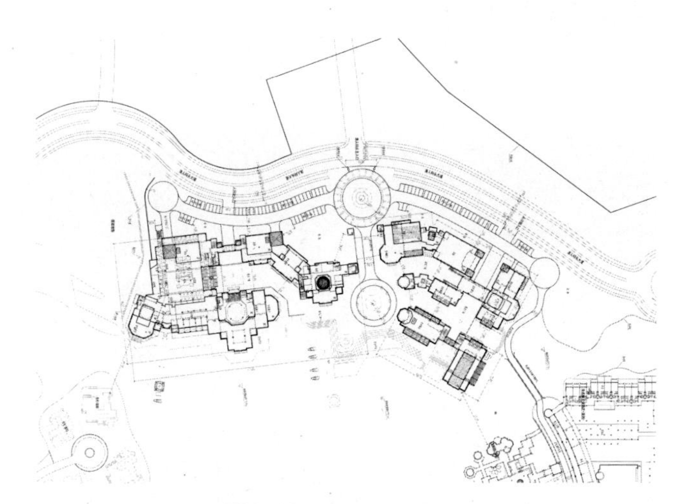

**图8–10**　渔人码头总平面图

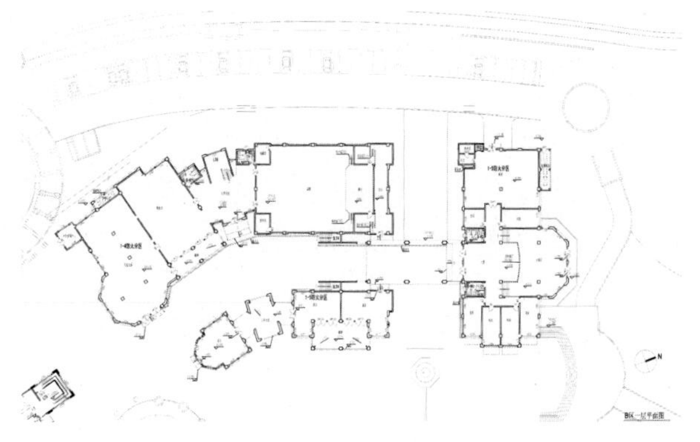

**图8–13**　B区1层平面图（儿童乐园、小剧场、淮扬餐厅）

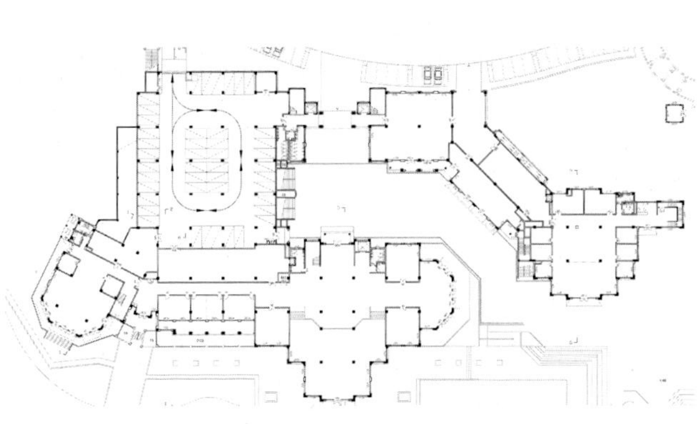

**图8–11**　A区1层平面图

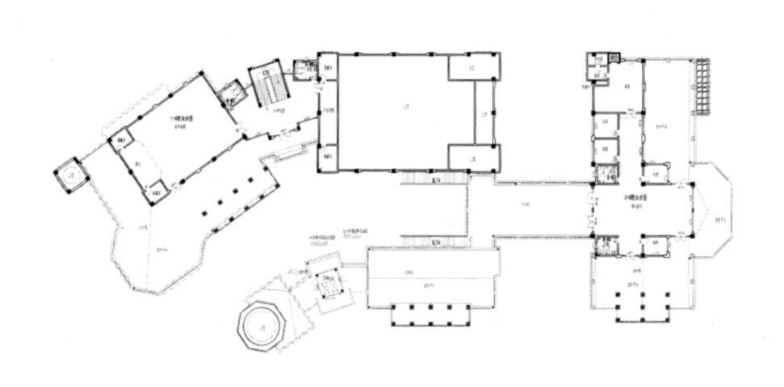

**图8–14**　B区2层平面图

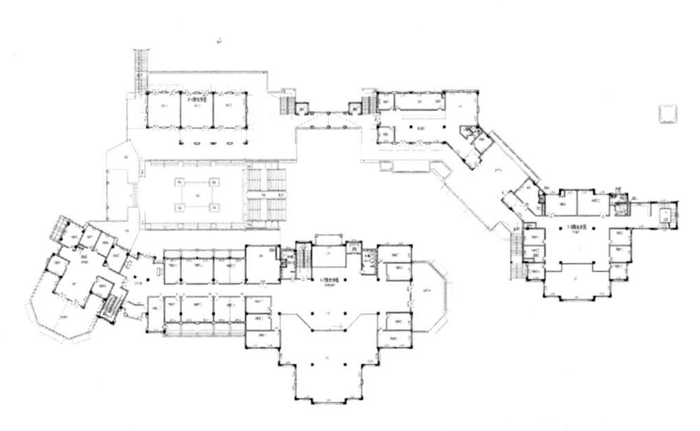

**图8–12**　A区2层平面图（中式、韩式、本地餐馆）

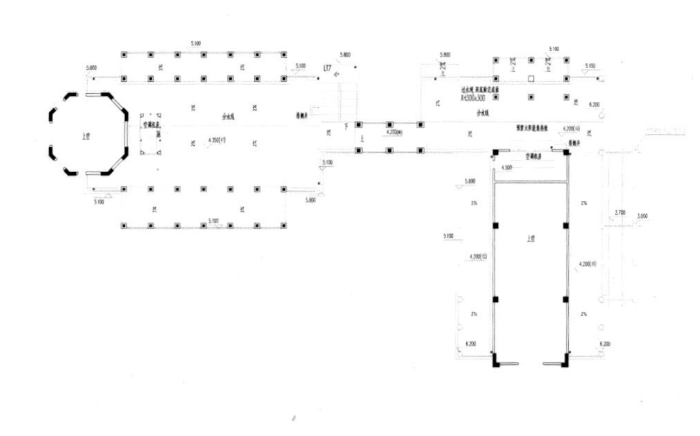

**图8–15**　C区2层平面图

# 九、高尔夫球与网球

高尔夫球和网球是一种亲近大自然的健身休闲运动。高尔夫与桌球、马术、滑雪并称为四大贵族运动，现在已经被愈来愈多的人所喜爱。

## （一）高尔夫球

高尔夫球起源于苏格兰，形成在14、15世纪。高尔夫球的名称golf便来自苏格兰的方言，其意为“击、打”。1744年，世界上第一家高尔夫球俱乐部就设立在苏格兰的爱丁堡。

早在苏格兰打高尔夫球之前，在中国和古罗马都曾流行过类似高尔夫球的以杆击球的球戏。公元前二三百年时，中国有种被形象地称为“捶丸”的球戏，而公元前27年至公元395年的古罗马有一种以木杆击打用羽毛充塞制成球的游戏。

1、高尔夫球场一般建在风景优美地区和公园的草地上，球场既要有平坦的沙滩和葱绿的草皮，又要有一定的起伏和沟壑水流，中间需要有一些天然或人工设置的障碍，如高地、沙地、树木、灌丛、水坑、小溪等（图9-1、图9-2）。

球场的形状和大小没有统一的标准，面积约45~64km$^2$。据有9个或18个洞穴，球洞直径10cm，深约10.5cm。每个球洞的旁边插一面小旗，球洞处设一个发球点，各个球洞之间为首尾衔接的球道，长度为200~500m不等。每个洞穴的起点到终点之间有开球区、通路、障碍物和平坦的草坪。

**图9—2**　深圳聚豪会高尔夫球场

高尔夫球是用橡胶制成的实心球，表面包一层胶皮线，涂上一层白漆。球的直径42mm，重46g。球棍长约1m，棍的末端可以是木制的，也可以包一层铁皮。

高尔夫比赛一般分为单打、双打、1对2、循环赛等。比赛如为72个洞穴时，在18个洞穴的球场上需循环4次。高尔夫球的计分方法有两种：一为比赛所有洞穴的总击球数，少者为胜；一为比赛每个洞穴的击球数，包括相等数，以击球次数少、洞穴多者为胜（图9-3、图9-4）。

**图9—1**　昆明阳光高尔夫球场

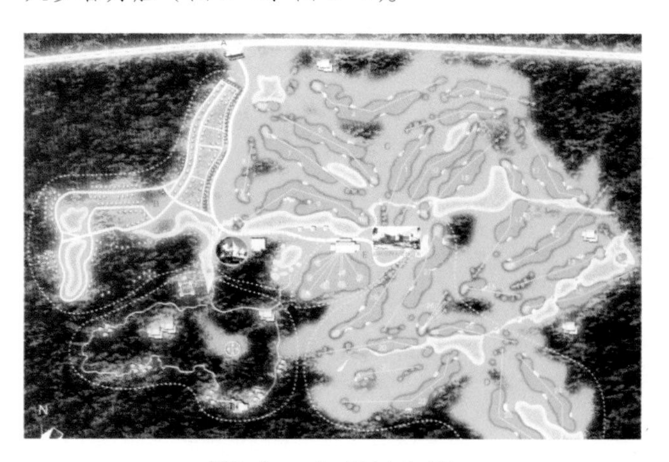

**图9—3**　一个27洞高尔夫球场

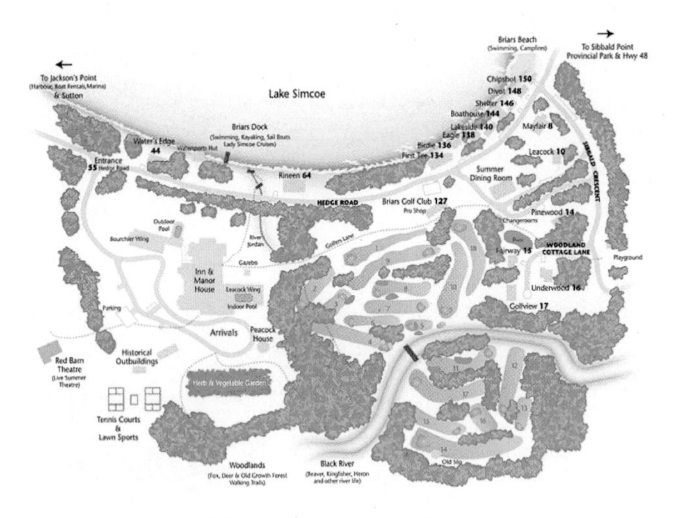


**图9–4**　一个高尔夫球场示意图

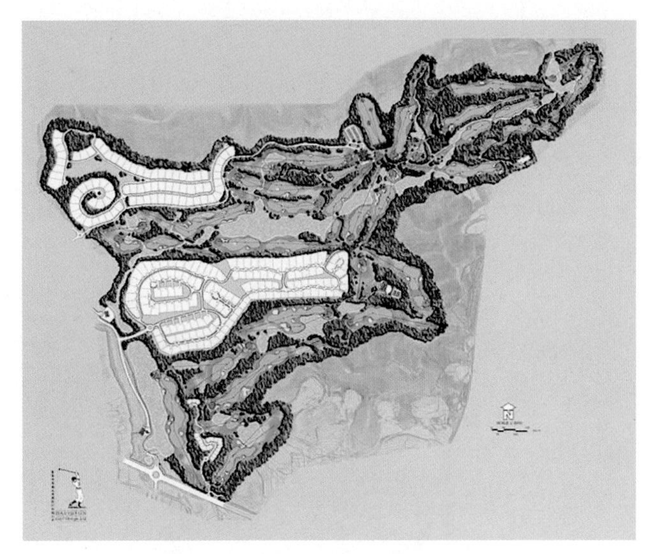

**图9–6**　广州九龙湖高尔夫球场总平面图

高尔夫作为一项运动，选手可以参加球会、地区和国际组织的各种比赛，对于多数人来说高尔夫更是一种体验，是一种高尚的健身活动。在美国约有16000个高尔夫球场地，并以每年增建300个的速度增长。

2、高尔夫首次传入中国是在1916年，次年上海虹桥高尔夫总会开始投入运营，这家球场是一个9洞的球场。1931年中国、英国和美国商人合办高尔夫球俱乐部，在南京陵园中央体育场附近开辟了高尔夫球场地。

高尔夫球运动是以步行为主的体育运动。 中国真正发展始于1984年，早期建立的高尔夫球俱乐部有北京、天津、上海以及广东的中山、深圳、珠海等地。1985年5月24日，中国高尔夫协会正式在北京成立，这是一家全国性的群众体育组织，从此以后高尔夫以惊人的速度发展起来。由于高尔夫球场占用土地大，在中国是采用的有限制地发展（图9–5～

**图9–5**　海口凤凰谷国际高尔夫球场

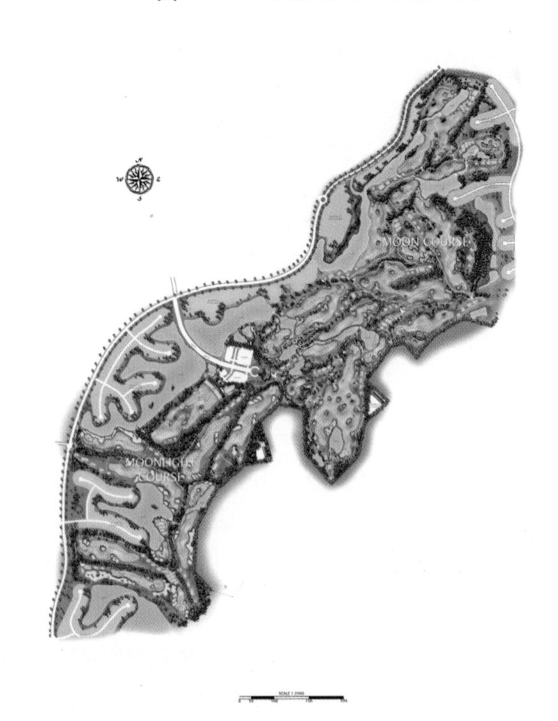

**图9–7**　清远狮子湖高尔夫球场

图9–8）。

3、从历史渊源和国际惯例看，高尔夫和商务活动的联姻可谓是“天作之合”。首先，高尔夫球是最贴近自然、放松身心的运动。其次，高尔夫是一项挑战自我的运动，有一套严谨的球场规则，最能培养“君子”之风，迎接挑战的意志品质。第三，高尔夫球场是最好的商业平台，高尔夫除了自身直接效益外，主要是带来了健身活动方式和度假经济的发展。

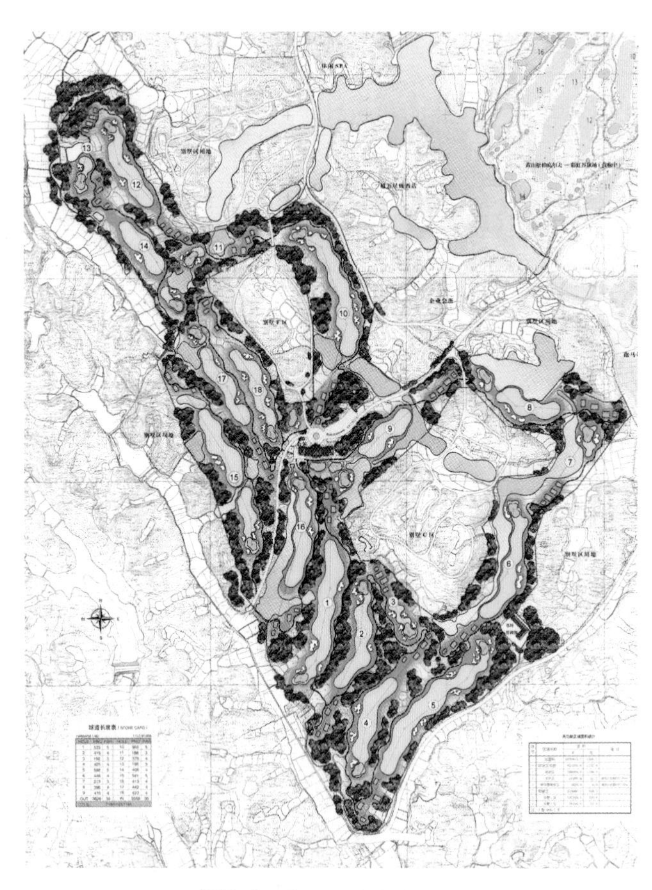

图9-8　黄山松柏高尔夫俱乐部

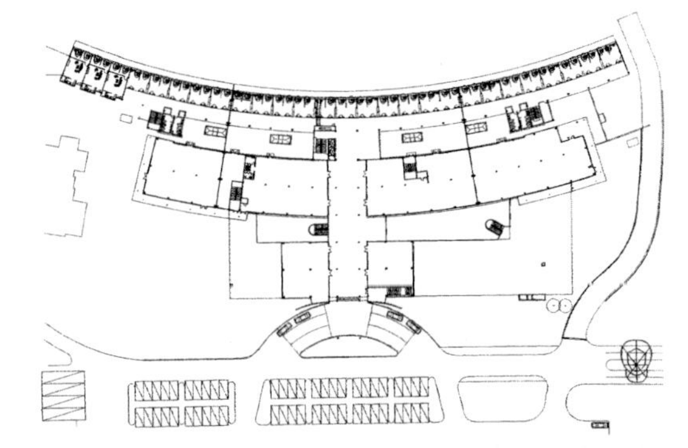

图9-10　深圳沙河高尔夫练习场平面（上）实景（下）

4、高尔夫练习球场：独具健康休闲魅力的高尔夫球日愈被更多的人所接受，为了满足初学者的需要，可以利用一块不太大的城市绿地作为练习场，即使是高尔夫球场也会专设练习场，甚至在高尔夫会所里也设推杆练习场（图9-9～图9-11）。

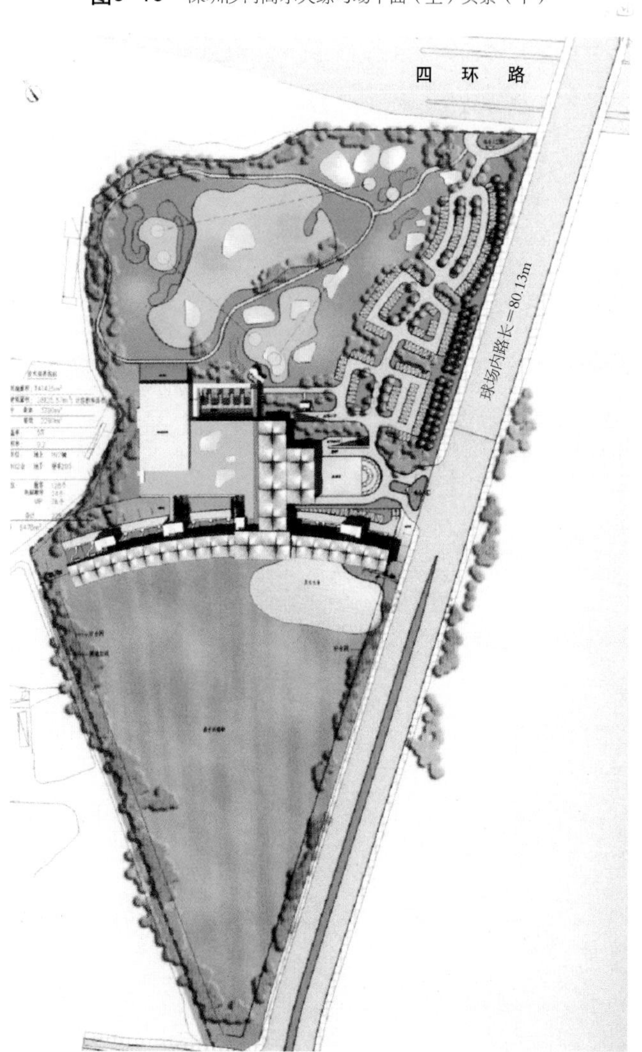

图9-9　深圳观栏会所室内推杆练习场

图9-11　北京顺峰高尔夫练习场平面

## （二）网球

### 1、网球运动起源

早在12~13世纪，法国的传教士常常在教堂的回廊里，用手掌击打一种类似小球的物体，来调剂刻板的教堂生活。传入法国宫廷很快成为一种娱乐游戏,并把这种游戏叫“掌球戏”。后来又移向室外，在一块开阔的空地上，将一条绳子架在中间，两边各站一人，双方用手来回击打布球。

14世纪中叶，法国王储将这种游戏用球赠送给英皇亨利五世，这种游戏传入英国后，在球的表面使用斜纹法兰绒制作，直到现在我们使用的球还保留着一层柔软的绒面，英国人将这种球称为“Tennis”（网球）。

15世纪，这种游戏改为用拍板打球，并很快出现了一种用羊皮制作的椭圆形球拍，同时场地中央也改用网。16~17世纪这种活动更加兴盛，由于这种活动只是在法国和英国的宫廷中流行，所以被称为“宫廷网球”和“皇家网球”，逐渐形成一种比赛项目。

1873年，英国的温菲尔德少校改革了早期网球的打法，并将场地移向草坪地，提出了一套接近于现代网球的打法，同年出版了《草地网球》一书，1877年7月举办了第一届温布尔登草地网球锦标赛。至此现代网球正式形成，很快成为一项深受欢迎的球类运动，盛行全世界。中国的网球运动是在19世纪后期由英、美、法等国商人、传教士和士兵相继传入。

### 2、网球场地

1）草地网球场：这是历史最悠久、最具传统的一种场地。由于对草的特质、规格要求极高，而适宜的草籽又不具备普遍的适应性，加之气候的限制以及其需要周到细致的保养与维护，维护费用昂贵。

2）人造草地网球场：这是天然草地的仿效物，其结构有点像地毯，只不过底层是尼龙编制物，其上栽植的是束状尼龙短纤维，纤维之间以细砂为填充物。这种场地需要平整、坚固的基底，并附设有良好的排水系统；造价相对较高，但维护使用方便。

3）软性场地——土地网球场：此种场地不是非常坚硬，地表铺有一层细沙或砖粉末，造价比较低，但保养和维护却非常麻烦，平时它需要浇水、拉平、划线、扫线，雨天过后需要平整，滚压等。在欧洲盛行的红土球场即属此类，通常作为法国公开赛的球场。

4）合成塑胶场地：其材质与塑胶田径跑道的材质属于同类，它以钢筋混凝土或其他类似的材质结构为基底，表面铺撒的是合成塑胶颗粒，其间以专用胶水相粘。这种场地的弹性及硬度以塑胶颗粒的大小、铺撒的紧密程度及其本身的特质而定。塑胶场地颜色艳丽、管理方便，室内外皆可铺设，是可供大量选择的理想的球场材料。

5）丙烯酸硬地网球场：它一般是水泥或沥青基底，上面面层由网球场专用Tennislife材料摊铺而成的，颜色可以多种选择，是目前专业赛事使用的专业球场，较其他类型的球场，球的弹跳平衡，球员场上跑动舒服。需注意的是此种类型的球场场地弹性差，球速稍快，初学者在其上练习时应加强自我保护。

6）丙烯酸弹性网球场：一般是水泥或沥青基底，表面铺撒的是合成塑胶颗粒，之间以Tennislife丙烯酸粘合剂粘和而成，且有较强的弹性，能减轻对运动员脚部关节的震荡，此种场地是比较流行。这种场地的弹性及硬度依塑胶颗粒的大小，铺撒的紧密程度及其本身的特质而定，塑胶场地的颜色艳丽，管理方便，室内外皆可铺设。

### 3、网球场地的标准规格

国际网联颁布的《网球竞赛规则》中规定，双打场地的标准尺寸是:23.77m（长）×10.97m（宽），单打场地的标准尺寸是:23.77m（长）×8.23m（宽）。在端线、边线后应分别留有不小于6.40m、3.66m的空余地。不同等级的比赛对于场地两侧和后面的空余地有不同的要求。在球场安装网柱，两个网柱间距离是12.80m。网柱顶端距地平面是1.07m，球网中心上沿距地平面是0.914m。如果是两片或两片以上相邻而建的并行网球场地，相邻场地的边线之间距离不小于4m（图9-12、图9-13）。

网球场走向应为南北走向。室外场地的散水坡为横向，坡度不大于8‰。室外网球场地的四周围挡网高度一般在4～6m之间，视球场周围环境与建筑物

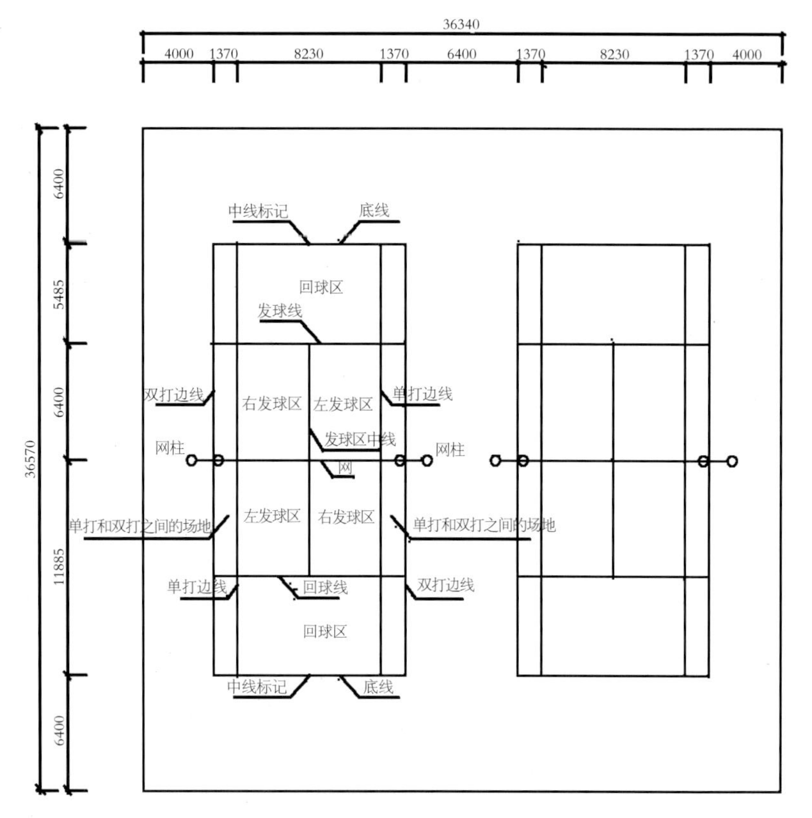


图9-12　网球场标准场地

高度，也可适量增减。

需要安装照明灯光的网球场，室外球场上空和端线两侧不应设置灯具。室外球场灯具应设置在边线两侧围挡网距地面高7.60m以上，灯光从球场两侧向场地均匀照射。每片网球场的平均照明度，一般的国际比赛要求达到500lx，根据比赛的级别不同对灯光要求也不一样。

**4、短式网球**

它是晚些时候才出现的并引起了国际网球组织的高度重视。1990年，首先是国际草地网球协会正式认可并接纳这项运动为发展规划项目。1995年，国际网球联合会正式决定并颁发了短式网球推广计划，公认它是儿童训练的最理想方法。

短式网球场地占地面积只有正规网球的三分之一大小（含球场侧后应留的空地）。标准短式网球球场长13.4m，宽6.1m，端线至挡网不少于4m，场地之间的间隔2m。室外场地置南北向，国际草地网球协会制定的球场布局是网与同中线于中点相交，场地呈长方形“田”字形。端线后挡网3.5m高，侧挡网2m高，网柱高是0.85m，网长7m，球网中央高度是0.8m，网柱之间的距离是7m，场地面质不限，可以使用沙土，沥青，木板，塑胶等，地表面平整即可。

图9-13　网球场实例

短式网球一般是在防风条件较好的室内训练，场地最好建在明亮度好，造价便宜的棚状建筑物内，屋脊不低于8m。策划设计时可以充分考虑现有体育设施的综合利用。

实践证明，不设专门发球区域的球场有碍于儿童提高发球、接发球能力和比赛水平。中国现行的标准球场增设了形似正规网球场的发球区，每片发球区长3.7m。

**5、对网球和网球拍的要求**

网球的外表是用纺织材料统一制成的，颜色应该是白色或黄色。如果有接缝，应该没有缝线。球的质量应该大于56.6991g（相当于2盎司）、小于61.4239g（相当于2又1/6盎司）。当球从2.54m（相当于100英寸）的高度落在混凝土地上时，它的弹跳范围应该是高于134.62cm（相当于53英寸）而低于147.32cm（相当于58英寸）。当在球上施加8.1647kg（相当于18磅）的压力时，向内压缩变形范围应该在5.588mm和7.366mm（相当于0.220英寸和0.290英寸）之间；压缩后反弹形变的范围应该在8.0mm到10.8mm(相当于0.315英寸到0.425英寸）之间。

网球拍总长度不得超过81.28cm，总宽不得超过31.75cm；拍框内沿总长不得超过39.37cm，总宽不超过29.21 cm。

**6、网球馆的设计要求**

1）墙：应坚固、平整，无凸起部分，门和门框与墙齐平，门从场内向外打开。球场两端的墙应最少有3.65m高为绿色或其他沉稳的色彩，或悬挂帆布或织物，以防球反弹。侧墙1.82～2.74m应涂饰与端墙一样的颜色，墙的上部和顶棚应采用浅颜色，网球馆后墙和地面反射率小于0.2，顶棚和侧墙在0.6～0.8之间。

2）室内场馆地面：可参考室外场地的做法。图9-14为北京饭店网球馆，在北方寒冷地区，由于室内一般有采暖空调，因此其基础深度可不必考虑室外冰冻层的深层。地面材料可酌情采用土地地面、聚氨酯地面、丙烯酸地面或移动式塑胶地面。

3）室内场馆的高度：根据国际网联的最新规定：网球馆的高度为12.5m。一般球网以上再加10.67m（最低7m），高水平比赛可为9~11m。围墙及球场外围高度不低于3m。

网球馆的馆顶可以设计成平顶，也可以根据球的抛物线运动轨迹设计成拱形，外露的钢材都要用

**图9–14**　北京饭店网球馆

泡沫塑料等材料包装起来。

4）供暖和通风：场馆内温度应保持在12℃～18℃，计算室内温度为+15℃。若需要快速反应系统(fast-reactirg),则宜选择热空气供暖(hot-air),但噪声不应超过45dB。良好的通风也很关键。

5）噪音：打网球需精力集中，噪音应被控制在最低限度。场馆内建议混响时间为1.6s，频率为500～1000Hz间。

6）室内球场的采光与照明：对室内球场的视觉要求与室外比赛一样，甚至整个球场地区都需照明。

（1）自然采光通常是室内体育馆的推荐作法。

（2）人工照明一般采取沿场地两侧边线平行布置，如果馆的高度达12m以上，可以在场地顶部布置照明灯具，但最好布置一些侧向照明，以增加垂直照度。所有照明装置都要用铁丝网等加以保护。灯泡（光源）应在它们寿命差不多时同时更换。

照明以不妨碍运动员比赛时的正常视线为标准。如果难以避免其耀眼的强光，也可使用由浅色屋顶反射的间接照明。照度应执行国家制定的网球场照度标准。

# 十、保龄球与射箭

## （一）保龄球的由来与发展

保龄是英文“Bowling”的译音，这种在木板球道上用球滚击木瓶的室内体育运动，在中国有了一个吉祥的名字——保龄球。

1920年，英国考古学家在埃及的墓道发现了9个石瓶及1个石球，这个游戏的玩法是用石球投向石瓶将石瓶击倒，这与现代保龄球的用具与玩法十分相似。这样按考证推断可以追溯到距今7200年前。因此，保龄球运动被誉为人类历史上最古老的运动之一。

一般来说，公元3~4世纪德国的“九柱戏”被认为是现代保龄球运动的前身。“九柱戏”是当时欧洲贵族间一种颇为盛行的高尚游戏。不过，它先是作为教会宗教仪式活动之一，在教堂的走廊里放置9根柱子（象征着叛教徒与邪恶），然后人们用球滚地击它们，叫做打击“魔鬼”，以为自己消灾赎罪。不过，这项充满的趣味性活动让人们感到，与其说它是一项宗教仪式，倒不如说它是一种令人愉快的游戏。

宗教革命时期，宗教改革之父马丁·路德对这种运动的玩法，球和瓶的大小作了统一的规定。规定将9个瓶子排列成菱形，用大软球投击，一直投到瓶子被全部击倒，谁投球的次数少谁就得胜。从此，9瓶式保龄球开始风行欧洲，特别是在德国和荷兰。而英国的贵族及上流人士与欧洲大陆所不同的是，他们的比赛是在室外草坪上进行的。

后来荷兰移民将保龄球带入美国，18世纪末美国人进行了改进，增加了一只瓶，并形成了延续至今的十瓶制保龄球。1841年在纽约州的古利尼吉镇上，设立最早的保龄球馆。1895年9月，美国保龄球协会（ABC）成立，决定将保龄球排列的钻石形改为倒三角形，并制定了标准的保龄球用具及其他有关规则，从此，保龄球运动成为一项正式的体育运动。

1984年，中国国家体委将10瓶制保龄球列为正式开展的体育项目。1985年5月26日中国保龄球协会成立，并随后加入亚洲和国际保龄球组织。1992年，第25届巴塞罗那奥运会首次将保龄球列为奥运正式比赛项目。

保龄球对人体的心肺、四肢功能的健身功效是显而易见的，它可以锻炼身体各部位的协调性，打保龄球只要姿势正确，全身200多块肌肉都能得到锻炼，更重要的是玩保龄球有一种竞技的快感，充分显示了现代人休闲观念的一种变化，从感官娱乐转向体育文化的身心锻炼。

## （二）保龄球及其球场设计要求

1）保龄球是由复合材料制成，不含有金属成分。球的直径必须保证一致，圆周长为68.5cm，重量不超过16磅，有6、7、8、9、10、11、12、13、14、15、16磅等多个规格，分别适合于不同年龄的健身者和专业运动员。

2）球场设施要求

（1）球道设计应平坦、光滑、细长，要以枫木或松木等硬质木料铺成。

（2）一个球道长度为23.42m，实际上自犯规线距1号瓶的中心距离为18.288m（即60英尺），球道宽度为1.041~1.067m（即41~42英寸）。

（3）在每两个球道之间有一个自动回球设施，它的前半段为回球机，后半段为置球台，摆放10个木瓶柱成倒三角形。

（4）投球区又叫助走道，从犯规线到助走道底线长4.27m以上，宽为1.52m以上。投球区是提供球员行进并做投球摆动的走道。

下面介绍一个实例：深圳华侨城保龄球馆是一座按国际标准新建的场馆，占地约6200m$^2$，建筑面积为12000m$^2$（图10-1、图10-2）。

一层拥有40条球道，配备球手等候休息、更衣、热身、换鞋以及咖啡厅等，二层为具有接待尊贵客人的8条贵宾球道，独立分隔，互不干扰，侧面为

**图10–1**　深圳华侨城保龄球馆主入口

**图10–2**　保龄球大厅

屋顶花园，地下一层为停车库。

它区别于许多由原来厂房结构改建的保龄球馆，有一个宏大空间，更能创造一个现代健身休闲场所浓郁的热烈气氛，裸露着的结构、明黄色的风管、自由穿插的霓虹灯管与悬挂的金属罩灯具交相辉映。球馆由一道绿色的斜墙横亘其中，既分隔了动静，又把建筑空间作适当的划分，强烈的视觉效果夸张又恰到好处。

## （三）射箭

射箭在中国有着悠久的历史，虽然考古发现早在旧石器时代晚期就发明了弓箭，但是现代射箭运动却开展较晚。早在三百多年前在英格兰约克郡1673年起就举行的方斯科顿银箭赛，延续至今，1787年英国成立皇家射箭协会，成为世界上最早的射箭组织。

### 1、射箭运动

以助弓的弹力将箭射出，在一定的距离内比赛准确性的体育运动项目，称为射箭运动。射箭运动是一项健身娱乐项目，不但能提高人们神经系统灵敏性，培养坚韧不拔的意志，而且使视、听、触觉受到良好的训练，从而使身心得到舒展和松弛。

作为体育运动有室外射箭运动场和室内射箭运动馆，分别提供运动员训练与不同的比赛场地。在度假村和城市的健身俱乐部中，到室内射箭房活动的人也越来越多。

### 2、射箭道的要求

1）国际标准室内专业箭道规格为18m，宽为1.2m。靶纸直径300mm。每3只箭为一组，12只箭为一局。

2）娱乐型箭道长为7~20m，宽为1.1~1.5m。靶纸直径600mm。12只箭为一局，箭道越短(7~10m)客人射得越准，射箭区应保证有$1m^2$的活动空间。

3）为了经营需要，客人在射箭时需要相互鼓励、交流，因此射箭区之间除了以操作台隔开之外，可以不再作其他隔断（图10-3～图10-5）。

**图10–3**　某酒店射箭馆实例1

**图10–4**　某酒店射箭馆实例2

图10—5　某酒店射箭馆实例3

### 3、射箭馆场地要求

场地应能满足人们进行射箭运动训练、竞赛、健身娱乐等活动的需要。

1）标准射箭馆通常分为休息等候区、射箭区、靶车行驶区和靶位区四个区。当场地受到限制时，有的场馆只设射箭区、靶车行驶区、靶位区三个区。室内场地不少于250m²，其中射箭区不少于180m²，休息区不少于70m²。

2）标准射箭馆至少设10条射箭道，每道箭道长15~20m，宽1.5~2.0m。但是酒店的健身娱乐性射箭馆通常设4条射箭道，一般射程不短于10m即可，起射线处箭道的宽度不小于0.8m 。

3）场馆净高不得低于2.5m，射箭前方禁止悬挂任何东西。

4）室内射箭馆靶位后及靶墙两侧应有墙或挡板封闭，并有防穿透设施。室外射箭场靶位后的空间及最边缘靶位外侧应设有明显标识并有防护设施。

5）射箭馆照明要求：靶位区照度不少于200lx，范围为距射箭区前方墙身4m内，光源设为带格栅日光灯，以防直射光。而休息等候区、射箭区、靶车行驶区照度为50~100lx，光源为日光灯或筒灯。

### 4、室外射箭场地要求

场地要求平整，一般不少于500m²，射箭区不少于360m²，休息区不少于140m²，至少设20条射箭道，每道箭道长20~30m，宽1.5~2.0m。作为奥运会排名赛应设22个箭靶，长度至少120m，宽度应在150m左右，同时还应提供一定数量的10m热身靶位。男、女比赛场地的间隔至少10m。比赛场地附近要有一个与赛场同方向的训练场地，训练场地要根据比赛的需要放置不同距离的靶。但是一般场地长宽度可以根据实际项目而定。

射箭运动是一种危险性的运动，为加强危险性体育经营活动的监督和管理，有些地区对射箭、弓弩经营场所场地作出规定，以确保经营者和消费者的权益。

# 十一、马术俱乐部

## （一）中国的马术活动

中国的马术具有悠久的历史，兴于周代盛于唐。元代时蒙古人定都北京以后，便把他们最喜爱的跑马比赛带来了，并逐渐在京城盛行。明代的北京每到春季都要进行走马和骑射活动。清代以后，因为满族也是善于骑射的民族，赛马活动更是盛行，尤其是乾隆年间，在北京修建了很多赛马场，并在各种民俗节日里举行赛马活动，上自王公贵族下至一般的旗兵都热衷于这种活动，渐渐推展至民间，一直持续下来（图 11-1）。

老北京的赛马方式多种多样，一般有走马、跑马、颠马三种。走马是看马跑时马步的稳健、美观，跑马是比赛速度和耐力，颠马是在比赛时马的颠簸姿势要优美，花样多。比赛时多以鸣枪为号，众骑士精神抖擞，扬鞭催马，只见一匹匹赛马连跑带颠，时而高跳，时而摇摆，奔腾向前。围观者无不高声喝彩，兴奋、紧张、激动之情，难以言表。

清末时北京出现了一种叫“赛马会”的活动，已不是传统的赛马，而是马术比赛。赛马场内设有看台、票房、彩房、马圈和赛手休息室等。每逢比赛之日，京城各界爱好者（包括一些在京的外国人）纷纷前往，马场内外，万头攒动。每一售票及发彩票窗口，均分别标明骑士和赛马的号码，购买马票，以求获得重彩。

老上海有一座跑马场，坐落在当今南京西路 325 号的上海美术馆，就是当年的跑马总会大楼。它是上海市中心一座著名的钟楼，这座英式风格的楼宇建成于 1933 年，高 53.3m，坡形屋顶盖罩着直径 3.3m 的大钟。

1956 年，当年跑马场的北部改建为人民公园，南部改建为人民广场，呈弧形的武胜路是当年跑马场留下的痕迹。而跑马场的看台的所在地先改成上海体育宫，现在建成了上海大剧院。昔日的跑马总会见证了老上海博弈娱乐业的兴衰，如今成为艺术的殿堂，也是最好的历史归宿。

1997 年香港回归后“马照跑”，跑马地和沙田赛马场的赛马活动可谓是家喻户晓。除了赌马以外，马术也是不少香港人热衷的体育运动。不仅如此，在全国越来越多的人在马术运动和骑马休闲娱乐中获得快乐。

图11-1 2008年奥运马术标志

## （二）马球（Polo）运动

马球运动被称之为“王者运动”，要求人、马、杆三者合一，技巧至上的运动。

它源于公元前六世纪的波斯帝国，至今马球运动仍然是皇室贵族、领袖人物的挚爱。马球赛场长 275m×146m（长 300 码 × 宽 160 码），相当于 9 个足球场大小，两边各有一扇球门。两队各有四名队员，1 号为前锋，2、3 号为中锋，4 号为后卫，不设守门员。

比赛结束哨声吹响后，球迷们纷纷走进球场，把被马蹄掘出的草皮放回原处，尽情用力踩踏草皮，以使整个球场恢复平整。作为观众，有义务踏平草皮，这时一场紧张激烈的球赛气氛，被人们踩踏草皮的欢声笑语所取代，这是一种古老而有趣的风尚，又成了马球运动中又一重要的风景线。

在中国古代马球被称为击鞠、击球或打球，始于东汉盛于唐，上至帝王下到文武百官，连宫娥彩女也参与打球，都以此为乐。唐代宫城禁苑里，就有正规的马球场地，如长安京城内的球场亭，大明宫的东内苑、龙首池；北京白云观前也是骑马击球的地点。

马球被认为是一项贵族运动，是一种上流社会人士享受乐趣的运动，当今马球成了新贵族们的平民运动。这种古老的马球运动在绝迹多年后又出现在中华大地上。

### （三）马术度假村

如前所述，以度假酒店为主体，与马术俱乐部和其他休闲健身活动组合成马术度假村，成为人们旅游的好去处。

马术和马球作为一种时尚高雅的体育娱乐活动，已经风靡世界。然而由于马的价格非常昂贵，骑马的费用也就很高，在一定程度上制约了马术运动的大众化。据不完全统计，北京有60多家马术俱乐部，广州有8家，上海浦东等地也有马术俱乐部。

骑马是一项对身体有益的运动，是主动与被动运动的最佳结合（图11-2）。在骑马运动中，全身的所有骨骼和肌肉以及内脏各器官全都不由自主地处于运动状态，多余的脂肪能够得以消耗，各部位的肌肉得以强健，对胸部、腹部、臀部和大腿等部位尤其明显。据有关资料，骑马十分钟相当于按摩一万次，骑马半小时，相当于打一场激烈的篮球赛所消耗的体能。只要坚持锻炼，不仅可以收到健身美体的最佳效果，在精神和心灵上也得到陶冶和升华。

由于骑马没有年龄、性别界限，不受季节、气候限制，在欧洲越来越多的医疗康复机构与马术俱乐部联动，进行骑马康复治疗，甚至出现了不少专门的医疗马术馆。

### （四）香港马术场馆的实例

马术比赛分为盛装舞步赛、障碍赛和三日赛三项：

（1）盛装舞步赛又称花样骑术赛，比赛时，马和骑手要在长60m宽20m的场地（图11-3）内用12min的时间完成一系列规定和自选动作。以骑手完成动作的姿势、风度、难度等技巧和艺术水平评分，得分高者名次列前。

（2）三日赛又称综合全能马术赛。骑手在3日内连续参加3项比赛，第一天花样骑术赛，第二天越野赛，第三天障碍赛。以3项总分评定名次，分个人和团体两个项目。

（3）障碍赛场地至少2500m²（图11-4），一般情况是12道障碍物，15跳。包含一道双重和一道三重组合障碍物，或是三道双重组合障碍物。障碍物高度可设为业余选手0.60~1.10m；职业选手1.40~1.60m高不等。必须有两道达到本级别最高高度的垂直障碍物。运动员骑马必须按规定的路线、顺序跳越全部障碍。超过规定时间、马匹拒跳以及运动员从马上跌落等都要罚分。罚分是负分，最好成绩为零分，罚分少者名次列前，也有个人和团体两个项目。

图11-2　深圳民俗文化村马术场

图11-4　香港奥运会障碍赛场

图11-3　香港奥运会盛装舞步赛场

香港为2008年奥运会马术比赛准备了两个场地：沙田主赛场和双鱼河赛场。作为主赛场的沙田由彭福公园以及香港体育大学的场地改建而成，主场的比赛场地为长105m，宽75m，三面观众席可容纳1.8万名观众。比赛盛装舞步或场地障碍的马匹将从贵宾席的下方入场。观众席与比赛场地间隔5m左右。而三项赛越野部分的赛事则在由乡村高尔夫球场改建而成的双鱼河马场举行。

香港赛马场不是泥地、不是草地，竟然是一片布地，是由沙、天然纤维和涤纶、腈纶等各种布纤维按一定的比例混合而成的。在沙田马场，包括主赛场和13个50m×100m的训练场都最先以这种特殊的材料铺就而成。当马匹在奔跑跳跃时不会扬起一点尘土，场地更加平整，更重要的是这种场地极富弹性，能极有效地减少马匹在跑跳时腿部关节受到的冲击，将运动伤害减少到最低，这不仅能提高马匹的表现，还能提供观众更好的视觉享受。

8月奥运马术比赛期间正逢香港台风季节，为了解决暴雨对场地的影响，还采用一种特别的多层结构建设场地，以加强场地的排水功能。在人们都能看到的白色多种纤维混合场地下方，铺设了包括一层大颗粒砂石、一层橡胶、一层小颗粒砂石、一层水管，这样的设计不仅能使场地更富弹性，更重要的是能将场地的渗水性提高到每小时 100mm。

在奥运马术比赛场上，参加奥运比赛的多数马价值都在四五百万元人民币，有的可达几千万元人民币。为了这些千百万身价的名马，新建的沙田马房不但宽敞、洁净、采光通风良好，而且终日保持23℃的恒温中央空调并配备冷、热水淋浴设备。

马房的地板用废旧轮胎铺设而成，以防止马匹不慎滑倒；马厩的隔板以竹子为原材料加工而成，饮用水槽采用自动补水的设计，只当马将头凑上喝水时水龙头才会自动打开放水。每个马房都设有几处冷、热水冲凉房，所有淋浴设备的把手都是内置的，这样才不会刮伤马；冲凉房隔壁则是一间堆满黄沙的小房间，那是因为马最爱躺在沙堆上滚来滚去放松；冲凉房的外面则有一个小型圆形场地，是给马打圈做热身运动。

为了缓解马匹在高温下室外运动的压力，马场多处都装置了降温大帐篷，两边装有大型的鼓风扇，大量的冰水将像喷雾般从两边袭来，顿时清凉不少。据悉在比赛和训练后，每匹马都要先到降温帐篷再进入空调房，同时兽医也会测量马匹的体温和心跳，以随时观察马的身体状态。

2000 年悉尼奥运会马术场馆建设花费了 4 亿美元；2004 年雅典奥运会马术场馆建设花费 4 亿欧元；而北京奥运会在马术场馆仅花了 12 亿港币，2 年时间完成，应该说我们建设了最具有经济效益的奥运马术场馆。本次奥运比赛的场馆由香港赛马会负责建造，沙田马场由原来的彭福公园以及香港体育大学改建，奥运结束后，体育大学部分的场馆归还大学，拆除的马场设施将运往各马术学校；而彭福公园部分则将建立以马术为主题的公园。

## （五）马术度假村的设计实例

为了发展地方生态旅游项目，某旅游度假村充分利用丘陵地形的山清水秀的自然环境，把总面积 78hm$^2$ 的土地设计打造成度假村示范区。度假村由度假酒店、马术俱乐部、高尔夫练习场、儿童游乐园、农家乐以及度假屋组成（图 11-5）。

设计方案将马术俱乐部放在公路旁一块平坦地带，在现已征用 10hm$^2$ 内设国际标准的马术赛场，可以举行比赛、表演和游乐。与占地 8.24hm$^2$ 的游乐园共用入口广场。俱乐部场地设施有：

1、宽 13m 的 500m 跑道；

2、带看台的马术障碍赛场 90m×60m；

3、练习场 90m×60m 两块；

4、马房；

5、马术俱乐部与会所；

6、远期征（借）用与公路间土地，形成 1000m 直线速度跑马场地。

**图11–5**　某旅游度假村总平面布置设计方案

# 十二、游艇俱乐部

游艇是指仅限于游艇所有人自身用于游览观光、休闲娱乐等活动的具备机械推进动力装置的船舶。游艇俱乐部是指为加入游艇俱乐部的会员提供游艇保管、维护及使用服务的依法成立的组织。游艇俱乐部也被称为游艇会。

## （一）游艇会的来历

1660年，英国查尔斯二世继承王位时，受赠一艘名叫“YACHT”狩猎用船，从此才开始有了游乐用帆船。18世纪以来，英国及欧洲的达官显贵竞相以游艇来炫耀自我，成为一种风尚。后来伴随着工业经济的发展，游艇已经是配有马达的现代游艇，不光设施逐渐完备，而且功能也在增加，满足了休闲、娱乐和社交的需要，于是早期为提供船只停泊、修缮、补给的小船坞成了一种专门的组织——游艇会。

游艇会经过近300年的发展，现已遍布世界各地，特别是欧美国家，加入游艇会是很时尚的休闲娱乐方式。游艇会的专业化设施和高尚服务显示出加入游艇会是一种享受，也是一种身份的象征。当今世界游艇产业的产值每年已达500亿美元以上（图12-1）。

## （二）游艇的类型与泊位

**1、按尺寸大小分类：**游艇长度按国际上习惯使用英尺衡量。一般情况下，游艇的长度能够反映出游艇的等级和品质标准（图12-2～图12-7）：

国际标准游艇的规格分为四种：小型游艇：20英尺以下（6m以下）；中型游艇：30～50英尺（9～15m之间）；大型游艇：50～60英尺（15～18m之间）；豪华游艇：60英尺以上（18m以上）。而再大型游艇又分为35～40m、41～44m、45～49m、50～54m和55～60m五个等级。

**2、按功能分类：**有速度型游艇、休闲型游艇、商务型游艇、帆船、缉私艇、公安巡逻艇、港监艇等。严格地讲，后三种不属于游艇，但从建造

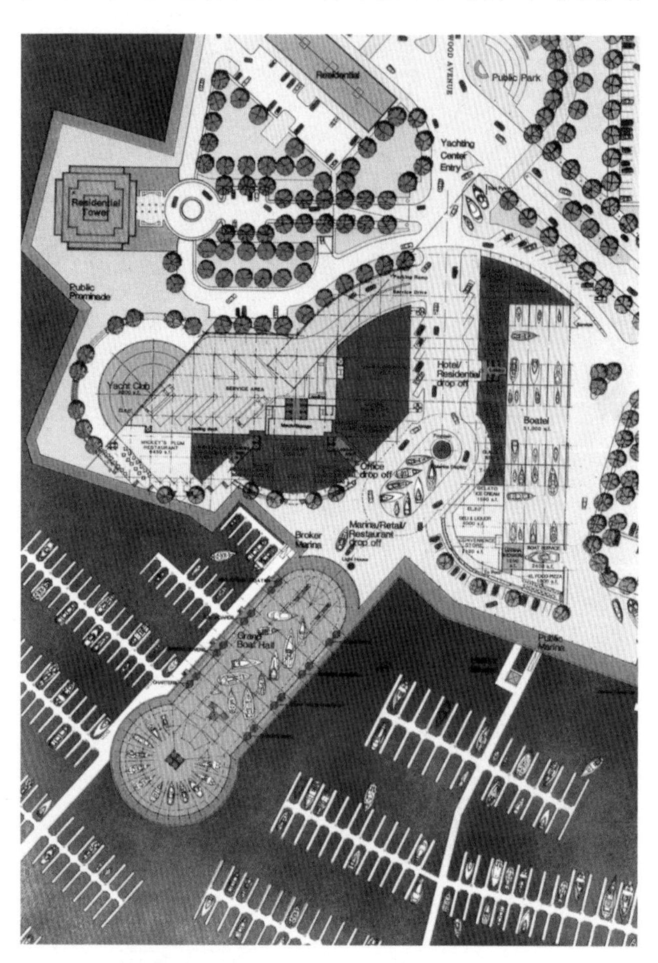


图12-1　美国马里兰州巴尔的摩国际游艇中心总平面

图12-2　小型游艇

图12-3　休闲型游艇

图12-4　帆船

图12-5　橡皮艇

图12-6　豪华游艇

图12-7　游艇码头

规模、技术上讲与游艇相同，有人也把它们归入游艇类。

1）速度型游艇，包括竞速艇、快艇和喷射艇，具有简洁的流线型船型，强大的动力以追求速度的极致。

2）休闲型游艇，主要为家庭休闲度假或朋友聚会用，有较高的船体，艇长一般在30到45英尺之间，分两层有主人房、客房、卫生间、厨房，甚至还有露天中庭等，以烘托家庭氛围为主。

3）商务型游艇，是一种工艺精致、选材精良、装潢豪华、舒适高贵的游艇。这类游艇一般为45英尺以上，设有卧室、会议室、客厅和基本的娱乐设施。一般被大型企业集团购买，用于商务会议、公司聚会等。

4）古老而又现代的帆船，集娱乐性、观赏性、探险性、竞技性于一体，是竞速和休闲的一项水上活动。

帆船是一种古老的水上交通运输工具。作为娱乐活动的帆船起源于16～17世纪的荷兰，19世纪英美等国纷纷成立帆船俱乐部，现在帆船运动已经成为世界最为普及而喜闻乐见的体育活动之一，1900年第2届奥运会开始将其列为正式比赛项目。

5）橡皮艇系小型艇，配有船桨及打气筒，一般用于漂流或海上泛舟活动。溪流泛舟因为落差大，橡皮艇在急速的水流中横冲直撞，可以满足人们追求刺激和挑战心理、体能极限的梦想。

6）钓鱼艇，根据适用的区域设计略有不同，有适用于江河湖泊的浅水区，有适用于海洋及较深湖泊。通常钓鱼艇上均设有储鱼池、钓竿支架、饵料箱、滑轮等装置。大型拖钓艇还装有分线架、鱼群追踪器等钓鱼设施。

**3、按设计类型分：** 常见设计类型为“B”和“C”。“B”型即其可以航行于风速不大于8级、有效浪高不超过4m的海域，而“C”型属于近岸船，一般为中小游艇，可以航行于风速不大于6级、有效浪高不超过2m的水域。

**4、按动力类型划分：** 分为无动力艇和机动艇，帆船也分为无辅助动力帆船和有辅助动力帆船。机动艇又分为舷外挂机艇、艇内装机艇。艇内装机艇还可分为小汽艇和豪华艇两个档次。

**5、按材质划分：** 有木质艇、玻璃钢艇、凯芙拉纤维增强的复合材料艇、铝质艇和钢质艇。目前，玻璃钢艇占绝大比例，赛艇、帆艇、豪华艇使用凯芙拉增强材料的较多；铝质艇在舷外挂机艇和大型豪华游艇中占一定比例；钢质艇长度在35m以上远洋大型豪华游艇中占比例较多。

**6、按船艇结构划分：** 有小型敞开艇、小汽艇、滑水艇、半舱棚游艇、住舱游艇、帆艇和个人用小艇（又称水上摩托）等，其舱位、装备、艇长都不相同，可乘坐人数也有不同。

**7、游艇泊位：** 由于游艇大小、长宽相差很大，其泊位也有很大的差异。市场上以休闲型游艇为多，例如乘员定额为12人的游艇，长13.91m宽3.97m，吃水深度0.65m；普通型游艇，长7.38m宽2.46m，艇重1870kg，最大吃水0.50m；以及卧机型游艇，长5.68m宽2.16m，艇重970kg，最大吃水深度0.41m。因此停靠游艇的泊位设计只能根据游艇实际规格来确定（图12-8～图12-11）。

**图12-8**　土耳其哥萨克水手湾游艇俱乐部

**图12-9**　游艇俱乐部

**图12-10**　印尼贝克西游艇俱乐部

**图12-11**　游艇停泊港

## （三）中国游艇业的发展

20世纪90年代，游艇开始进入中国，在深圳、苏州、珠海、青岛、大连、上海、东莞、南京等地已有十几家的游艇俱乐部，并且全国范围内还有不少游艇俱乐部正在筹建、规划或建设之中。

中国内地最早投资开发经营的游艇会是深圳市浪骑游艇会，成立于1998年5月27日，是按国际标准建成的大型游艇会。游艇会位于深圳东部海畔，背倚深圳第二高峰七娘山，面临风景秀丽的大亚湾生态海域，占地和占海面积34万$m^2$。

游艇会拥有餐厅、客房、多功能会议室、KTV房、海天茶座、露天烧烤场等酒店设施，还设有275个游艇泊位、400个船舱、游艇维护车间、游艇驾驶培训中心、海钓中心、潜水中心等，为会员提供了全方位的配套服务。

珠海九州港的游艇码头，地处珠海市中心地带，占地3.8万$m^2$，规划将配备近百个游艇泊位，将成为一定规模的专业游艇码头。并根据市场需求，发展售卖、出租游艇等多元服务项目，将与平沙游艇工业区紧密联系，形成与完善珠海游艇产业链。

上海大都会游艇俱乐部位于淀山湖，一期的150个泊位于2006年3月建成投入使用。

青岛银海国际游艇俱乐部，2005年6月25日举行了揭牌仪式。它具有366个游艇泊位。

由此可见，现阶段中国游艇业还在起步阶段，尚有待于长足的发展。

## （四）中国香港游艇会

香港游艇会（图12-12）的前身是维多利亚赛舟会，于1849年10月首次举办赛事，是世界上最大的游艇俱乐部之一，目前已有1万余名会员，皆属航海或划艇爱好者。

香港政府早在20世纪60年代初，划定东部西

**图12-12**　香港游艇会

贡一片半岛、岛屿和海域划为发展旅游观光业，安置了5000多个泊位，有10多个水上活动和5个游艇会俱乐部。

香港竟然有那么多个游艇，还举办2008年冬季香港国际游艇会展览会，展出超过一百艘豪华游艇，分别来自中、英、美、法、意、澳等国家地区，总市值超过六亿元港币，包括超级豪华游艇、高速赛艇、钓鱼艇、房船游艇（住家艇）及水陆两用车船等。

## （五）游艇俱乐部的设计实例

厦门香山国际游艇俱乐部位于厦门岛东部的香山避风坞（图12-13），与小金门岛隔海相望。其用地西面为国际会议中心、国际网球中心，南临厦门国际会展中心。项目总用海面积逾70万$m^2$，填海陆域面积为23万$m^2$。项目规划有五星级酒店和甲级写字楼、滨海商业街，游艇俱乐部（包括约450个游艇泊位及120个独具特色的VIP泊位）及游轮商务中心。项目建成后，将成为目前亚洲最大的游艇码头，成为厦门市休闲、健身、旅游、办公、购物为一体的高档综合旅游地产项目，预计总投资约为3亿美元。整个项目分两期进行开发建设，一期工程为游艇俱乐部码头、商业街、及游艇配套设施；二期工程为酒店、写字楼。

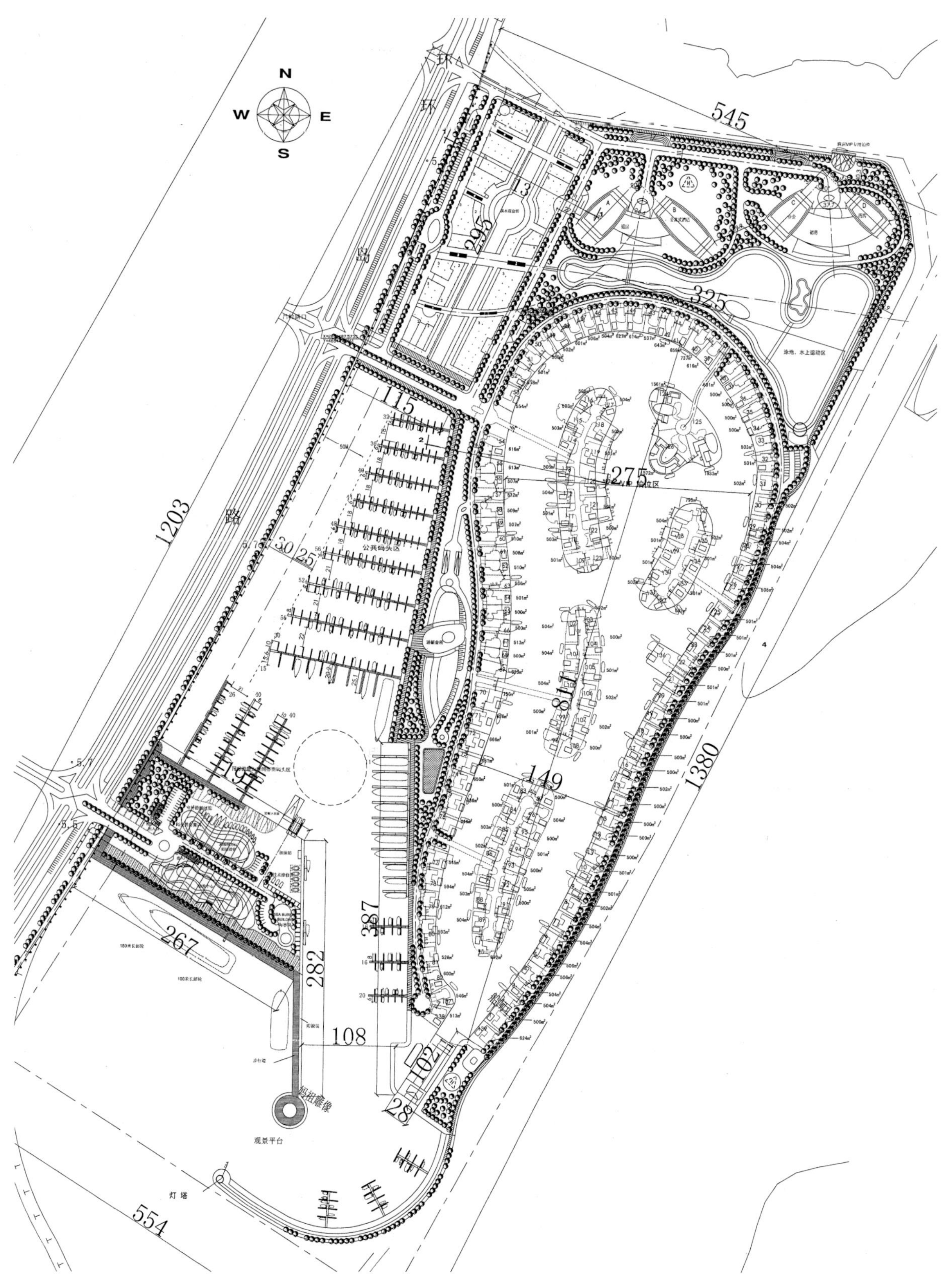

**图12－13** 厦门国际游艇俱乐部总平面布置图

# 十三、滑雪场与滑草场

滑雪是当今世界上最为流行的冬季旅游项目，是在冬季亲近大自然的一种运动休闲方式，如前所述它与高尔夫、马术、桌球并称为四大“贵族运动”（图 13-1 ~图 13-6）。

**图13–1**　北京密云云佛山滑雪场

**图13–4**　滑雪场的欢乐场面

**图13–2**　黑龙江亚布力滑雪场

**图13–5**　吉林北大湖滑雪场

**图13–3**　欧洲一滑雪场

**图13–6**　韩国首尔度假村滑雪场

## （一）滑雪场的分类

**1、竞技滑雪场，**要有符合国际标准竞技滑雪运动场地，分为高山滑雪场、越野滑雪场、跳台滑雪场、自由式滑雪场、冬季两项滑雪场、单板滑雪场等。各项中包括的小项，场地要求也不相同，如高山滑雪中的滑降、超级大回转、大回转、回转、全能等对场地的要求也有明显的差异。另外性别不同，成年、青年、少年组别不同，比赛的规格、水平不同，对场地的难度要求也不相同，各有不同的具体参数要求和标准。

**2、中型滑雪场，**一般配有几条索道、造雪机、雪上摩托等。这种雪场虽然不需承担高水平正式比赛的条件，但要能适合专业滑雪人士与初学者参加，向不同滑雪水平的游客提供滑行条件，能承办一般性地区性群众比赛。

**3、小型滑雪场，**配有拖牵索道及一般的滑雪场设备，可供初级滑雪的条件，这种雪场以健身、休闲、娱乐为主，把滑雪、赏雪、嬉雪融为一体，尤其适合青年学生和家庭成员。

**4、滑雪娱乐场，**这种雪场规模小、投资少，有较短的拖牵索道和其他简易的设备，雪场以娱乐为主，带有家庭作坊式经营性质。

**5、滑雪道，**滑雪场系某一滑雪区域或某一个大项目区域的全称，而滑雪道一般指某一具体的滑行道，如高山滑雪道，中级技术水平滑雪道，大回转滑雪道，越野滑雪 5 公里、20 公里滑雪道等；滑雪线路（滑行线路）一般指高山滑雪旗门设计完毕后的有限制性的滑行道，如回转第二次滑行线路，女子滑降线路等。

滑雪道总长度应大于 2000m，单道长度至少一条大于 1000m，初级滑雪道平均宽度大于 60m，平均坡度 5 ~ 8 度。有中、初级滑雪道，滑雪道应平整无障碍物，要有足够的停止区，同时夏季要有养护措施。

表 13-1 为一滑雪场度假村设有 6 条高级滑雪道的规格尺寸。

**表13–1**

| 雪道编号 | 雪道等级 | 雪道长度（m） | 雪道宽度（m） | 最大坡度（度） | 平均坡度（度） |
|---|---|---|---|---|---|
| A1 | 高 | 3517 | 40 | 32 | 21 |
| A2 | 高 | 3024 | 30 | 32 | 20 |
| A3 | 高 | 2736 | 30 | 28 | 22 |
| A4 | 高 | 2700 | 35 | 32 | 19 |
| A5 | 高 | 3168 | 20 | 26 | 18 |
| A6 | 高 | 1950 | 25 | 30 | 18 |

## （二）开发滑雪场的最基本条件

开发某一地区的滑雪场，要结合国情和当地的经济、地理、气候及客源情况。开发滑雪场地应至少具备下列条件：

1、具有最基本的滑雪气候条件和自然环境，以及安全、顺畅的交通条件，还要有休息和避寒的场所。

2、有一条在自然山坡上修成的滑雪道，宽度至少有30m，平均坡度不大于8°，面积大于5000m²，停止区应平缓开阔，以保证使滑行自然停止。

3、雪道没有任何障碍物，不得有裸露的土石、树桩。积雪要经过修整压实，达到平坦，实雪厚度至少10cm。在危险地段应设保护设施。

4、至少设有一条客运索道，索道总长度大于150m。要备有100套以上的滑雪器具，器具安全性能良好。不准儿童使用成年人的器材。

5、滑雪场管理到位，要有持等级证书的教练执教。

6、滑雪场上应将安全放在第一位，滑雪人员密度要适当，保证每位滑雪者都能安全、流畅滑行。安全与救护措施周全，旅客要有意外伤害保险，各种提示、指示标志齐全、无误、醒目，无安全隐患。

7、滑雪场在开发过程中要特别注意保护生态环境，尽量不破坏场地植被。滑雪道应顺山坡就势，必须进行的破土石方工程，应在次年绿化覆盖。

## （三）滑雪场设备

滑雪场常用的设备，包括造雪机、压雪机、索道、雪地摩托车等。对于雪场就是要好的雪道、好的造雪机、好的压雪机，这样才能建成好的雪场。

1、造雪机（俗称“雪炮”）：滑雪场离不开雪，造雪机的主要功能就是为滑雪场提供大量、低成本的人造雪。在一定的温度和湿度条件下，造雪机把高压水经过喷嘴喷出后形成微小水雾，同时由空气压缩机产生的高压空气同高压水混合后经核子器喷嘴喷出种子雪粒，由于大马力风扇的作用，这些种子雪粒与喷嘴喷出的微小水雾在抛射过程中相结合，形成雪场所需的雪粒。

造雪机分为固定式和可移动式两类。固定式造雪机主要用于高山雪场的大型滑雪道，需要中央空气压缩机和中央供水系统，造雪量大，但成本相对较高。移动式造雪机装有车轮，除可以移动外，仅需简单的空气压缩机的和供水系统，因此成本较低，其适用于造雪量要求不大的一般山地雪场。造雪车根据雪场大小而定。一般长1000m的雪道至少就需要一台造雪机。造雪机有不同的品牌，价格大概在2~3万人民币一台。

天然雪具有松、软、湿、黏的特点，但在阳光下容易融化，而人造雪比较硬。因此，大多数雪场的雪道均采用天然雪和人造雪混合的方式，就是在天然雪上面造一层人造雪，遇降雪后，再在其上造一层人造雪。

2、压雪机：其外形酷似履带式拖拉机，它的主要用途是将雪道压平和整理，具有压雪、平雪、推雪和打碎硬雪等功能。压雪机按照使用的坡度由低到高分为越野压雪机、高山压雪机和绕盘式压雪机三类。压雪车价格以品牌而定，中等的压雪车大约要40~50万元人民币。

3、索道：索道是雪场主要的运载工具，也是评定雪场等级的重要指标之一。索道分缆车和拖牵两大类，其中缆车分为吊椅式和箱式两种，拖牵分为大拖牵和小拖牵（大拖牵的把手夹在两腿之间，

滑雪场设备及其技术参数　　表13-2

| 序号 | 设备名称 | 最低技术指标要求 | 数量 |
| --- | --- | --- | --- |
| 1 | 双人高空吊椅索道 | 小时运量大于500人 | 1条 |
| 2 | 拖牵索道 | 小时运量大于500人 | 1条 |
| 3 | 备用电源 | 250kW | 1处 |
| 4 | 雪板 | 符合国际标准 | 200 |
| 5 | 雪鞋 | 超保温 | 250 |
| 6 | 雪仗 | 铝合金或碳纤维 | 250 |
| 7 | 服装 | 超薄、超保温，样式设计新颖，加雪场标识 | 200 |
| 8 | 护具 |  | 50 |
| 9 | 雪圈 | 直径94英寸，材料：高密度聚乙烯 | 50 |
| 10 | 造雪机 | 电加热系统，在保证−30℃时可正常工作，在−15℃时，小时出雪量180 m³（两台） | 2台 |
| 11 | 压雪机 | 爬坡能力≥30°，钢质履带。 | 1台 |

小拖牵的把手用手拉)。

4、雪地摩托：它是雪场用途最广泛、便捷的交通工具。它的主要用途包括管理、查线、救护、娱乐、运输等等。

此外，滑雪场还可以选择包括滑道、封闭性载客履带、山地车、蹦极、溜索、滑雪圈、热气球等众多的娱乐设施。表13-2为有关滑雪场设备及其技术参数。

## （四）世界四大著名滑雪场

1、瑞士圣莫里茨滑雪场位于阿尔卑斯山脉，1830年之前，圣莫里茨还只是个无名的小镇，现已成为浪漫的“香槟小镇”，是欧洲贵族名流热衷的滑雪“圣地”(图13-7)。

碧蓝的圣莫里茨湖水结冰后泛着淡绿的光泽，像一大片被磨得光亮的大理石，童话世界中的城堡似的建筑依山而建。

这里有Badrutt官殿酒店，是1856年建造的世界上第一家被称作“宫殿”的酒店，已经有150年的历史。还有很多的豪华舒适酒店，例如Monopol Swiss Q酒店位于圣莫里茨繁忙的主大街上，酒店向来以典雅高贵的家具而著名，17间客房宽敞舒适，大部分以路易十五及路易十六时期的古董家具布置。

2、法国里昂拉普拉涅滑雪区，位于阿尔卑斯山下素有“滑雪者的天堂”之称的拉普拉涅，并不是一个小镇，也不是一个度假村，而是一个由6个高海拔的滑雪场和4个乡村风格的滑雪场组成的滑雪胜地。抬眼便可以欣赏到阿尔卑斯山最高峰——勃朗峰的美景(图13-8)。

拉普拉涅别具韵味，沿着山坡在鹅卵石街道上依次排开小木屋，依然保持着浓郁的中世纪风格的乡村风貌。

3、美国加州旧金山　太浩湖滑雪场

太浩湖(Lake Tahoe)位于美国内华达山脉的北段，海拔1897m，湖岸线全长115km，一直是北美著名的风景区之一，这里一年四季都是度假胜地(图13-9)。

在冬天更成为全美最著名的滑雪胜地。这里星罗棋布地坐落着大大小小几十个滑雪场，其中以天堂滑雪场最为著名，有一条缆车线路直接从2629m爬升到3060m的山顶。天堂滑雪场位于太浩湖南岸是整个沿岸落差最大、设施最好，同时价格也是最贵的滑雪场。因为这里可以俯视整个太浩湖，是沿岸景色最漂亮的滑雪场。

4、日本北海道札幌二世谷滑雪区

北海道被称为“雪国”，二世谷滑雪区是北海道的第一大滑雪地区，由于受到海洋性季风气候影响，那里的雪质非常的好，雪片大而密，即便摔在地上也不会疼(图13-10)。

滑雪场附近只需步行4～5min就有正宗的日式温泉——“泡汤”，门口的幌子上都写着一个大大的“汤”字，让滑完雪的人由心底升起一片暖意。泡在蒸汽缭绕的温泉池中，看着远处从天而降的片片雪花。

## （五）目前中国滑雪场的基本状况

中国落雪地区有滑雪的天然资源，势必可以推进滑雪场的开发与发展。同时中国也有丰富的人文旅游资源，与滑雪相结合来扩大滑雪客源。但是由于中国地处北半球大陆性季风气候带，冬季寒冷、干燥、风大，形成冬季雪量不大，雪不易固定，雪期不长的特点。而且中国目前雪山条件差，严重影响滑雪产业开发和总体效益。

目前中国有滑雪场100多处，主要集中在天然滑雪条件较好的地区，如黑龙江省有大小滑雪场50

**图13-7**　瑞士圣莫里茨滑雪场

**图13-8**　法国里昂拉普拉涅滑雪区

**图13-9**　美国加州旧金山太浩湖滑雪场

**图13-10**　日本北海道札幌二世谷滑雪区

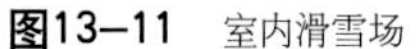
图13–11　室内滑雪场

图13–12　滑草车

图13–13　滑草靴

多处，约占全国总数的二分之一；其他分布在北京、吉林、辽宁、新疆等地。这些滑雪场，除原来供竞技用的滑雪场外，绝大部分都是20世纪90年代中期以来开发的，雪场的规模、设备水平参差不齐。

中国南方地区经济和旅游业发展很快，室内滑雪场成了当今时尚的休闲运动。例如上海银七星室内滑雪场是国内首家大型室内化学雪场（图13-11），占地100800m$^2$，滑雪道长380m，宽80m，滑道最高点离地高度42m，其规模居世界室内滑雪场第二位，并拥有温泉泳池、桑拿、中西餐厅、酒吧、健身房、棋牌室、影视歌舞厅、VIP休息室及商品专卖店等多项休闲配套设施。二楼观光厅可观看雪场全景，四楼为豪华会所。但从总体来讲，中国的滑雪活动无论是室外、室内都有很大的开发与提升空间。

## （六）滑草场

滑草是最近几年在国内兴起的休闲健身运动。它起源于20世纪60年代的奥地利，当地的人们酷爱滑雪，但因为季节关系夏天无雪可滑，于是人们就尝试着滑草，逐渐受到了欧洲白领阶层的欢迎而风靡一时。

滑草时需要的场地较大，甚至占据整个山坡。草地又厚又软，是一种抗践踏性强的马尼拉草。滑草器材包括滑草靴、滑草板、滑草杖、草地自行车和电动车以及拖牵系统（图13-12、图13-13）。

滑草场根据游客的不同熟练程度划分为不同难度的坡度区域。滑草的玩法有两种，一种是穿上滑草鞋，即鞋底有履带的专用鞋，用双滑杆在草坡上撑滑，所用器具主要就是履带鞋和双滑杆；另一种滑法是坐在滑草车（又叫滑橇）上，从草坡上滑下既刺激又省劲。

滑草近年来受到越来越多的人的喜爱。滑草场还可以引进射箭、秋千、攀岩以及体验飞行的超级热气球和速度滑翔等趣味性娱乐项目，为广大游客倾力打造一个旅游、休闲、健身的理想场所。

# 十四、主题公园

主题公园是以特定的文化内容为主题，以游乐为目标，以现代科技和文化手段来设计创造景观和活动设施，使游客获得游乐体验和休闲娱乐的现代人工景点或景区。它有文化情景型、自然生态型、历史故事型、惊险体验型、童话虚拟型、未来科幻型等不同类型。

图14-1　游乐园是主题公园的前身

## （一）主题公园的演变

主题公园是现代人创造的一种娱乐形式，从其概念的确定至今，已有50多年的历史。游乐园是主题公园的前身，最早可追溯到古希腊、罗马时代的集市杂耍，逐渐演变成专门的户外游乐场地。17世纪初，欧洲兴起了以绿地、广场、花园与设施组合再配以背景音乐、表演和展览活动的娱乐花园，这是游乐园的雏形（图14-1～图14-3）。

图14-3　主题公园是现代人创造的娱乐形式

随着乘驰设备及多种机械游乐设施的出现，追求

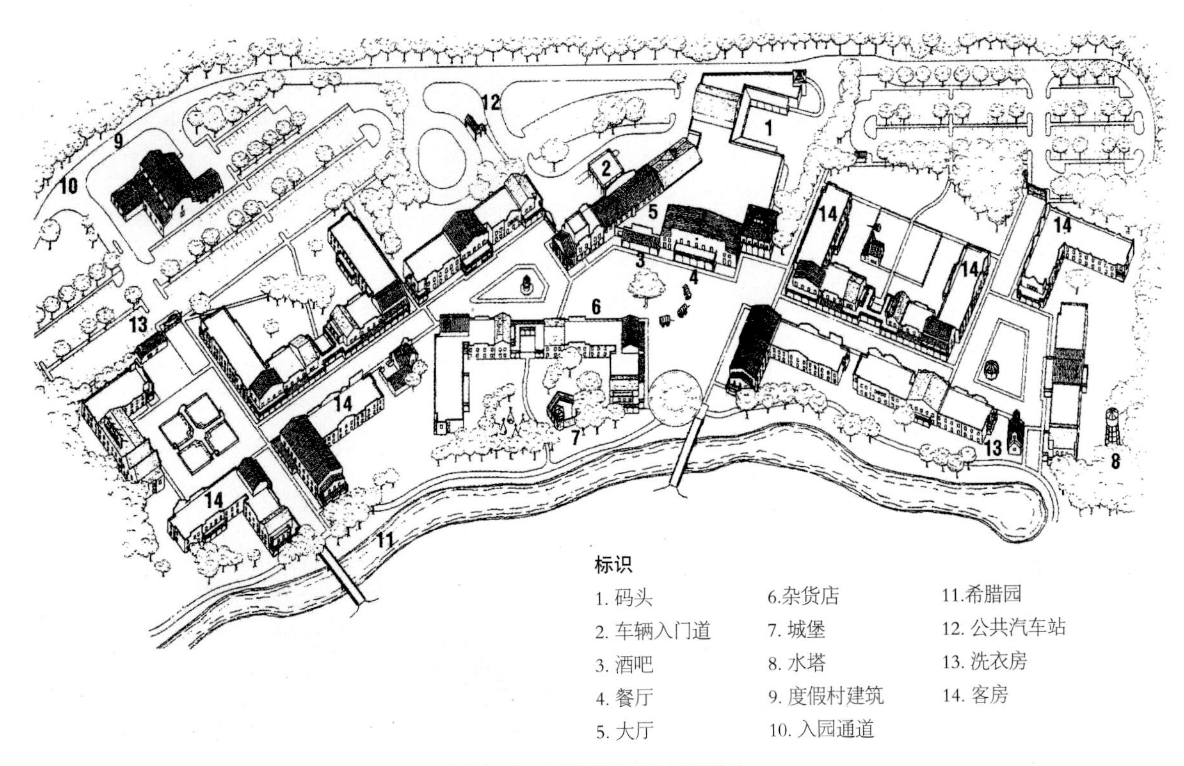


图14-2　狂野西部主题公园总平面

惊险刺激的游艺园很快由欧洲传至美国。1845年在纽约市Vauxhau Gardel成了美国游乐园建设的起点。因此，美国将主题公园定义为"乘骑设施、吸引物、表演和建筑，围绕一个或一组主题而建的娱乐公园"。

顺应时代潮流，1955年电影动画师沃尔特·迪斯尼（Walt disney）成功地在加利福尼亚州建成了第一个主题公园——迪斯尼乐园，他将以往制作动画电影所运用的色彩、魔幻、刺激、娱乐、惊奇和游乐园的特性相融合，使游乐形态以一种戏剧性、舞台化的方式表现出来，用主题情节贯穿各个游乐项目。迪斯尼乐园一出现就引起了巨大的轰动，并很快风靡全世界。

美国到20世纪70年代初已完成业态的体系化并且有很大发展，建成112个主题公园。2000年时实现2.26亿人次接待量，收入68亿美元，占全球主题公园年总收入的49%。

20世纪80年代初日本才有了首家大型主题公园，18年后形成年接待游客量百万人次以上的大型主题公园29家、50万人次的中型主题公园30家的产业体系，合计年接待总量7500万人次。2001年东京迪斯尼乐园以超过1700万人次的游客接待量居全球第一。

研究表明，发达国家与地区的人均GDP超过1万美元时，就需要也有能力建设自已的主题公园来满足人们的需求。

英国旅游局为主题公园确定两项原则，一是区域内（1.5h车程范围内）有较高消费能力的居民规模占该公园年游客量80%；二是辐射区域（2h车程内）居民总规模达到1200万人以上。

中国是个人口大国，较高收入区域如北京、上海、广东等省市人均GDP已接近或达到1万美元，尚有众多流动人口和国外游客，因此，这一切表明中国已经进入一个主题公园发展的新时期。

## （二）中国主题公园历史悠久

中国历代王朝的苑囿是以园林为主的皇家离宫，拥有广大的面积和优越的自然景观，通过人工精心布景造园，并结合地形巧妙地布置游览路线；还要建造供举行朝拜、接见和处理政务的宫殿，以及皇帝、后妃和服务人员的居住建筑和生活服务建筑。

1702年（清康熙四十一年），将北京西山的自然风景名胜建为行宫，续而乾隆年代大兴土木，于1750年建成颐和园的前身清漪园，占地290km$^2$，以佛香阁排云殿为主体的北山建筑被称为万寿山，反映着当时的建园的主题思想（图14-4）。

这个经历1860年战争浩劫，1866年重建的皇家花园，现在真正成为规模宏大的主题公园，已经成为世界著名的游览胜地。

承德的避暑山庄（图14-5），是京城外的皇家苑囿，受到江南名胜和私家园林的影响，有些直接

**图14-4**　北京颐和园

**图14-5**　承德避暑山庄

**图14-6**　北京圆明园遗址

仿造成了“北国江南”，这个孕育深厚中华文化因素的主题公园,现在真正成了大众休闲娱乐的景区。

被称为“万园之园”的圆明园，由圆明园、万春园、长春园三园组成，故又称“圆明三园”（图14-6），占地350km²，1709年开始营建，1809基本建成，是各种主题公园的大汇集。圆明园继承了中国历代优秀的造园艺术，汇集了全国的名园胜景，也大胆地吸收了西方的建筑形式，出现了一组中西合壁的“西洋楼”建筑群，以欧洲文艺复兴时代艺术为主题的苑圃。它的建筑面积有16万m²，相当于北京皇宫的建筑面积。三园内有100多个风景点，无数的楼台、殿阁、廊榭、馆轩尽在山环水抱之中。令人痛惜的是清咸丰十年（1860年）被英、法侵略军所焚毁。

在南方，明清年间江浙一带的苏州、杭州、松江、嘉兴四府兴建一批私家园林，专供富商、贵族和豪绅游乐和会友的场所，而且成为建筑、园艺、家具、雕刻、书法、绘画等多种艺术的汇集。如1798年建起的苏州寒碧庄，清光绪年间（1876年）扩建后改名成留园可为其代表（图14-7）。

因此，中国的主题公园以深厚的文化主题，在为世界创造了宝贵的财富的同时也创造了主题公园的悠久历史。

图4-7　苏州留园

### （三）世界十大主题公园

**1）奥兰多迪斯尼乐园**（图14-8）位于美国佛罗里达州，是世界上最大的游乐场，总面积达124 km²，投资4亿美元，也是迪斯尼的总部所在，它拥有4座超大型主题乐园、3座水上乐园、5座18洞的国际标准高尔夫球场以及32家度假酒店，每年接待游客约1200万人。

**2）东京迪斯尼乐园**（图14-9）于1983年开业，是一座以灰姑娘城堡为中心，占地46万m²的童话世界，分为世界市集、探险乐园、西部乐园、新生物区、梦幻乐园、卡通城及未来乐园7个区。

**3）巴黎迪斯尼乐园**（图14-10）面积达65 km²，于1992年4月启用。乐园共有5个主题园区：

图14-8　奥兰多迪斯尼乐园

充满旧日美国牛仔时代的小镇风光，以及边界乐园、冒险乐园、幻想乐园和发现乐园，48个景点及游乐项目新颖有趣，令人乐而忘返。

**4）韩国龙仁爱宝乐园**（图14-11）是首尔近郊的综合性的游乐场所——爱宝乐园，

图14-9　东京迪斯尼乐园

图14—10　巴黎迪斯尼乐园

图14—12　英国的黑池欢乐海滩

图14—11　韩国的龙仁爱宝乐园

图14—13　丹麦哥本哈根蒂沃利公园

图14—14　香港海洋公园

1985年开业。它具备40多种游乐设施，由五个主题：缤纷花节、水上乐园、童年世界、尖端游乐设施和野生动物园等构成，它是一个休闲、娱乐、教育与文化的国际性度假胜地。

**5）英国黑池欢乐海滩**（图14-12）在英格兰西北部海滨城市黑池，有7～8km长的美丽海滩边，精致典雅的旅馆、霓虹闪烁的游艺厅、奇形怪状的酒吧临海而立，被称为欧洲的游艺之都、英国的拉斯韦加斯。

**6）丹麦哥本哈根蒂沃利公园**位于哥本哈根闹市中心，占地8.1km$^2$，是丹麦著名的游乐园，有"童话之城"之称（图14-13）。

1843年开始接待游客，最初只是群众集会、跳舞，看表演和听音乐的场所，几经改造，逐渐形成一个老少皆宜的游乐场所。

**7）香港海洋公园**创建于1969年，1977年建成，是世界最大的海洋公园之一，分山上和山下两大部分，有空中缆车沟通。山下为水上乐园，是亚洲第一个水上游乐中心。山上是主题部分，有海洋馆、海涛馆、海洋剧场、百鸟居等（图14-14）。

其中海洋馆是世界最大的水族馆之一，水体宽22m、长38m、水深7m，分四层供游客在玻璃通道里参观。该馆按珊瑚礁布局，有深湖和泻湖两部分，湖内有400多种5000多条各种鱼类，其中有最长3m的豹纹鲨。海洋剧场可容纳4000名观众，其精彩表演吸引着世界各地的游客。

**8）德国鲁斯特欧洲主题公园**（图14-15）坐落于湖边森林里，1975年建成以一座中世纪风格的古堡为标志性建筑，由12个欧洲国家为主题的微缩景区组成。公园内安装银星过山车，是欧洲最高最大的过山车，高73m，时速达130 km 。还有一台室内过山车，在28 m高度以80 km时速跌下，整个游戏惊险刺激。

**图14—15**　德国鲁斯特欧洲主题公园

**图14—16**　加拿大的奇幻乐园

**图14—17**　西班牙萨鲁冒险家乐园

**9）加拿大奇幻乐园**（图 14-16）位于安大略的枫叶市，以 6 个主题游乐区为特色，包括加拿大境内唯一的站立式圈状云霄飞车在内的多种游乐设备。

**10）西班牙萨鲁冒险家乐园**（图 14-17）建于1995 年的冒险港，拥有 33 座游乐设施，超过 3 万种不同种类的植物，分为墨西哥、玻利尼西亚、中国、地中海沿岸以及美国西部五部分景区。

## （四）主题公园在中国的发展

### 1、深圳三大主题公园的成功

1989 年 11 月 22 日在深圳，中国现代第一个主题公园——锦绣中华（图 14-18）正式开放，这座把中国各著名的旅游景点，按比例真实地微缩在面积仅 31 万 m$^2$ 的一个公园里；随后以民族文化形态为主题的民俗文化村（图 14-19），与把世界建筑与旅游胜地微缩的世界之窗（图 14-20）也相邻建成，成了中国最具规模的三大主题公园，常年人潮如湧，20 年来已接待游客 1.2 亿人次。

据世界主题公园权威机构——美国主题公园协会（TEA）联同美国行业经济研究会(ERA)，共同

**图14—18**　深圳锦绣中华

**图14—19**　深圳中国民俗文化村

**图14—20**　欢乐的深圳世界之窗

公布了“2008年度全球主题公园入场人次报告”，拥有这三大主题公园和欢乐谷、东部华侨城品牌的华侨城集团公司，首次登上“世界十大主题公园连锁品牌”排行榜，以1340万的年接待量居全球第八位。

**2、欢乐谷映辉东西南北**

1998年10月1日深圳欢乐谷开放了，成为华侨城建造的第四家主题公园（图14-21）。欢乐谷是中国人自己设计、创造、自主创新的一个民族品牌，“用智慧创造欢乐”，体现出中国人的智慧和创造力。

欢乐谷是一个以参与欢乐为主的主题公园，与世界的科技进步、文化多元化以及生活消费理念的更新同步。它的受众面非常宽，特别吸引了正在成长的年青一代，少年儿童、大中小学生这样一个从六七岁到二十来岁最活跃的人群。

据美国主题公园协会（TEA）联同美国行业经济研究会(ERA),共同公布的“2008年度全球主题公园入场人次报告”中，深圳欢乐谷以318万的年入园人数第三次成为亚太地区十大主题公园之一。

欢乐谷实现了由观赏性向参与性体验性的成功转型，并不断引进国际高科技游乐设施，强化满足游客参与、体验的需求。同时选择了北京、上海、成都，实现了中国东南西北的布局，进一步推动连锁发展，成为第一家实现了连锁的旅游景区。并且采用文化的手段把现代的娱乐设备包装融合到一起，寻找在文化上的一种连锁，比如说，深圳的玛雅狂欢节、国际魔术节、时尚文化节和流行音乐节已经成为一个品牌活动，现在也把它连锁移植到其他城市的欢乐谷中。

北京欢乐谷占地面积56万$m^2$，于2006年7月落成开放。该景区分为峡湾森林、亚特兰蒂斯、爱琴港、失落玛雅、香格里拉、蚂蚁王国六大主题区，设置了50多项主题景观和10余项主题表演、30多项主题游乐设施和20余项主题游戏及商业辅助设施，营造成一个神秘、梦幻的世界。这里成为客流量仅次于故宫博物院的北京第二大旅游景区。

图14-21　深圳欢乐谷广场俯视图

成都欢乐谷占地面积47万$m^2$，由阳光港、欢乐时光、加勒比旋风、巴蜀迷情、欢乐森林、魔幻城堡、飞跃地中海七大主题区域组成，设置了130余项体验观赏项目，包括中国第一台Mega过山车、第一套双龙过山车、最长双提升矿山车、第一个顶仓旋转式飞行岛、第一台双塔太空梭等16套国际国内顶尖的大型游艺设施设施，于2008年年底开业。

上海欢乐谷位于上海松江佘山国家旅游度假区，园区占地面积90万$m^2$，拥有七大主题分区，12套顶尖级大型游艺设施和百余项观赏体验设备，总投资达40亿元，已于2009年9月建成开业。

经过11年的发展，欢乐谷实现全国连锁，四大主题公园映辉在中国的东西南北。

## （五）设计实例——珠海海泉湾神秘岛

神秘岛主题公园是珠海海泉湾度假城的重要组成部分，最大限度地发挥当地三虎山自然风貌以及自然天成的湖面，将多种精彩刺激的高科技游乐设施与游乐风格的建筑巧妙地融合，打造成一个体验型、情趣型、娱乐型的大型现代主题公园（图14-22）。

设计将湖面环绕的24m高的小山丘打扮成一个神秘岛，使其成为主题公园的中心景点，游客

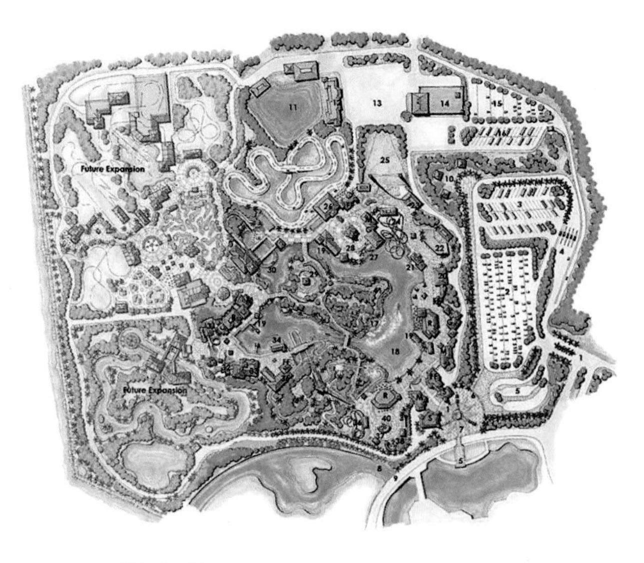


图14-22　珠海海泉湾度假城神秘岛主题公园

从主题公园的各个区域向中心岛看去，都会发现岛上经过特别设计的景物，反映出公园的主题。

岛的周围环绕着热带环礁湖石，其形态设计与各区的园林风景相辅相成。环礁湖的设计既突出了水在主题公园各区的主导地位，又可以水为本，为各种机械载人装置和娱乐点提供平台。

环礁湖和中心岛成为主题公园的两大自然景观，同时也为我们提供了“框架”。在这个框架之上设置许多人造景点，机械载人装置、餐馆、零售商店、花园、步行小道等。这一切将使本主题公园成为独具一格的娱乐场所。

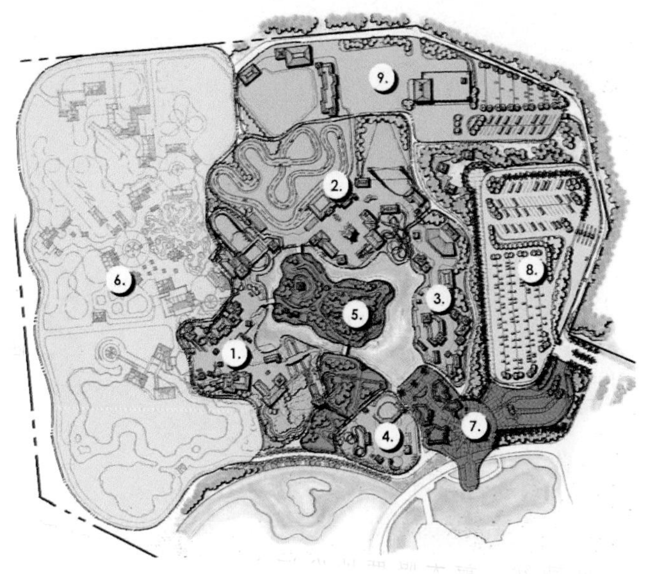

**图14—23**　神秘岛区平面

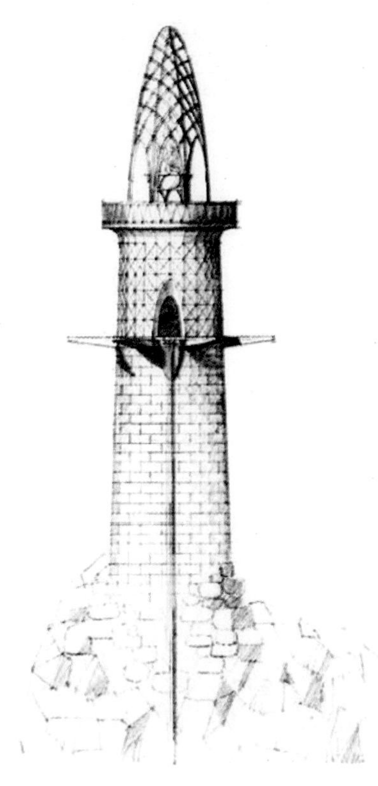
**图14—24**　海泉神塔

**1、神秘岛区**（图 14-23）

加拿大 Anthony van Dam 和 Terry Brown 为首的 FORREC 设计师独特创意，正是利用自然的三虎山精心打造出来，把奇异的自然山体孤石和高高耸立的灯塔作为主题公园的中心景点。夜幕降临灯塔光芒，激光闪烁，映照八方。

以两座威严的石雕像，紧拉住连接公园和中心岛的主要桥梁的吊索。岛上有纵横交错的小径，沿途布置神秘的景物，诸如：无名怪物的巨大的石雕头、色彩鲜艳的图腾柱、硕大无朋的沙石宫殿、平地而生的形状古怪的石笋、树瘤上刻有人脸的古树、一组受惊之后恐怖的怪脸、一连串迷宫似的隧洞，洞内回荡着令人毛骨悚然的声音，隧洞的墙壁上不仅有耳朵，而且还有眼镜和牙齿（图 14-24 ~ 图 14-28）。

**图14—25**　神秘区景点1

**图14—27**　神秘区景点3

**图14—26**　神秘区景点2

**图14—28**　神秘区景点4

**2、海盗湾区**（图 14-29）

表现一个海岛上的渔村，这里一度曾是海盗出没频繁的地方，有重演海盗特技表演，快速直闯 28m 高坡，盘旋翻转、再翻转；“E 型战车”重演当年与海盗作战的场面，海盗战败后，企图乘“疯狂逃生船”逃跑，但滔天巨浪将船从 18m 高空抛下，巨浪又从背后袭来，让人措手不及，而“闪灵鬼屋”创造一种魔鬼与惊怵所罩笼的场景。还设置一个动人心弦的水上船形载人装置，顺着水流弯弯曲曲地从山丘顶向下冲游，引发出欢乐和激动（图 14-30 ~ 图 14-33）。

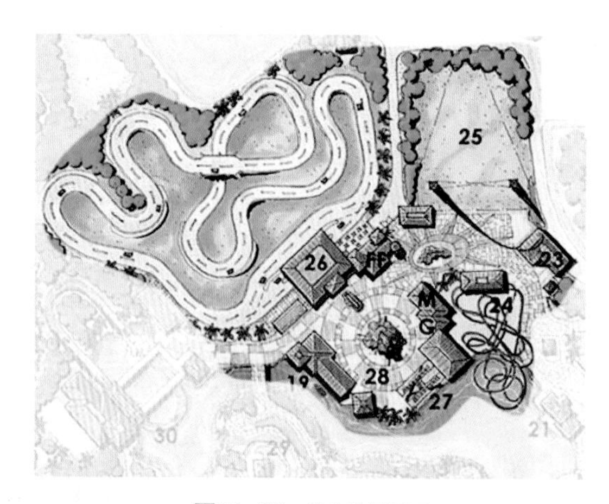


图14—29　海盗湾区平面

图14—30　海盗湾区实景1

图14—31　海盗湾区实景3

**3、欢乐渔村区**

表现一个沐浴在阳光下的岛上的寂静渔村的恬静之美。撵走海盗后，如今却是人间的天堂、商店、餐厅以及娱乐点井然有序地坐落在神秘岛的三虎山和另一个小的山丘之间的空地上，有花样游泳地、造浪池、儿童戏水池、水上表演 T 台、攀爬区以及沙滩和椰风吧，反映在亲水世界里的海滨风情（图 14-34、图 14-35）。

图14—32　海盗湾区实景2

图14—33　海盗湾区实景4

图14—34　欢乐渔村区平面

景点1

景点2

景点3

景点4

**图14—35** 欢乐渔村景点

**4、美人鱼湖区**

本区专为年幼的小游客而设计，其主题着重表现想象中的海底游乐园，斑斓的海底世界：海藻路灯、贝壳座椅、自由游弋的水母。湖区里鲜艳的色彩、卡通雕像、风格怪诞的建筑和儿童规格的机械载人装置，"青蛙跳"、"转转马"等，园内的一切都以海洋为主题（图14-36、图14-37）。

**5、野外冒险区**

主题拟为条件严酷的野外冒险游戏场，专为那些寻求消耗体力更大的游客所设计。隐藏惊人秘密的原始丛林，谜一样的石像，诡异的符号，阴森的荒废茅屋，人间蒸发的居民，史前猛兽入侵以及超自然魔力作怪。

野外冒险区还装配令人激动的机械载人装置，其中"惊涛骇浪"载人带到高空，然后不断旋转、摇摆，在大地间翻转再翻转；"坠落塔"是感受一下突然从高空坠下，失重带来的快乐；弹射式"云霄飞车"是将送上34m高塔，惊魂未定时再来一个垂直360°环转，极速直上。还有岩石攀登、蹦极跳、微型竞赛汽车以及其他培养团体精神的野外冒险活动。在经营使用中，将部分项目专门组建成一个拓展训练营地，很受市场上的欢迎。

**图14—36** 美人鱼湖区平面

**6、游艺公园**

是把美国主题公园黄金时代的辉煌代表作"科尼岛公园"和"帕利萨德斯主题公园"作为样板。因为岛上有座老式的灯塔，本区定名为灯塔公园。园内充满了夏日里新英格兰州的主题公园所特有的精彩歌舞节目表演和许多欢乐设施：幸运彩鸟、年年有鱼、步步为赢、红心有礼、飞镖、对对碰、大力士、魔法师过关等有奖游戏。还设有游客服务中心，餐厅与茶室，以及棉花糖、热狗等热卖（图14-38、图14-39）。

神秘岛占地35.3 km$^2$，首期投资3.5亿元人民币。2004年4月由加拿大FORREC担纲方案设计，与温泉度假村酒店等项目同步由华森公司完成初步设计。为管理需要，与海泉湾分开建设与经营，深化设计与施工图则由深圳大学建筑设计研究院完成，并于2006年1月开业，迎宾接纳八方宾客。

景点1

景点3

景点2

景点4

**图14—37**　美人鱼湖区景点

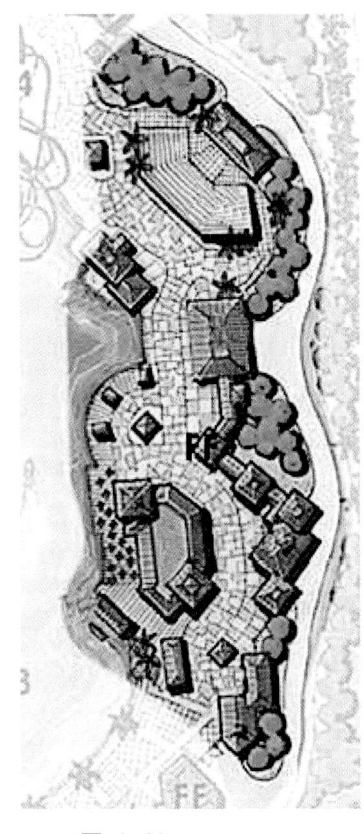

**图14—38**　游艺公园平面

景点1

景点3

景点2

景点4

**图14—39**　游艺公园景点

# 业态篇

# 一、中国特色的酒店业

在绪言中已经阐述，中国是世界上最早出现酒店的国家之一，从古代酒店业的形成到近代酒店的发展，中国的酒店业经历了几千年的历史演变。自20世纪70年代末，中国走进了新时代，创造了前所未有的现代酒店业的成就，并逐步创立成中国特色的酒店业。

## （一）中国民族品牌的酒店集团

由中国旅游饭店业协会主办的杭州“2006年中国饭店集团化发展论坛”上，首先评选出中国民族品牌酒店集团（管理公司）20强，续而2007年6月在南京第四届和2008年6月在长沙第五届“中国饭店集团化发展论坛”上，评选出中国民族品牌30强，它们是中国民族品牌酒店集团的代表。下面将简介中国民族品牌20强的酒店集团（管理公司）。

### 1、锦江国际酒店集团

它是当今中国最有实力的酒店集团，锦江国际集团投资和管理了540多家酒店，82700间客房，分布在中国31个省137个城市，在2009年美国《Hotels》杂志全球酒店业300强排名中，以2008年底统计的酒店465座、客房80164间，已升至第13位，列亚洲第一成为排名最前的非欧美酒店集团。它拥有豪华型“锦江”和经济型“锦江之星”两大酒店品牌，最近还推出商务酒店品牌“商悦”，定位针对中青年商务人士，作为未来重要发展战略之一。

#### 1）豪华型“锦江”酒店品牌

上海锦江饭店是一家70多年历史的花园式酒店，1929年开业，地处在上海市中心淮海中路茂名南路上，占地3万余$m^2$，三座欧式建筑共拥有515间客房套房，在1万多$m^2$花园的环境中尽显高贵典雅，曾接待过400多位国家元首和政府首脑（图1-1）。

楼高42层的新锦江大酒店坐落于上海市中心，1988年开业1999年重新装修，共有房间645套。

除了上海锦江和新锦江外，北京的昆仑饭店，

**图1-1**　上海新锦江大酒店

武汉锦江、昆明锦江大酒店和成都锦江饭店成为各大区域的旗舰店。还有北京鑫海锦江大酒店、蚌埠锦江大酒店、奉化溪口银凤锦江旅游度假村、呼和浩特锦江大酒店、上海东锦江索菲特大酒店、上海锦江汤臣洲际大酒店、太仓锦江大酒店、深圳深航锦江国际酒店、天津瑞湾锦江酒店和烟台锦江国际大酒店等，都是当地最好的五星级酒店之一。

#### 2）经济型“锦江之星”品牌

1996年锦江集团创建“锦江之星”品牌，成为中国第一个经济型连锁酒店，其以“清洁质优、经济舒适、安全便捷”为服务宗旨，深受广大旅游和商务人士的喜爱。2009年7月中国经济型酒店排名榜上，锦江之星以拥有酒店279家客房38074间排名第2位。

锦江集团与美国德尔集团合资成立了锦江德尔互动有限公司，引进先进的GenaRes订房系统，开

发中央预订系统（CRS），并开通了具有中、英、法、日四种语言和实时预订功能的电子商务网站，提升了销售市场的竞争力。

在激烈的竞争中的锦江集团具有广阔的发展空间，其原因在于一是锦江酒店旗下的老酒店的历史，文化积淀长达近百年，构成了锦江独特的文化底蕴；二是通过实施酒店全国布局战略，锦江酒店已在全国31个省市布点；三是客源层次以中国文化的“家”的理念，给上至国宾、下至工薪商旅人士难以忘怀的品牌体验；四是立足中国文化和中国特色的同时，学习接纳国际化理念，努力营造国际发展所必需的多元文化氛围，通过实施“国际化、品牌化、市场化”的发展战略，来做响“锦江”品牌。

**2、北京首旅建国酒店集团**

1982年，北京建国饭店成为中国酒店行业第一个引进外资和国际品牌管理的酒店（图1-2）。当今依托首旅集团庞大的资本和品牌优势，已成为中国最具影响力的酒店管理集团之一。在2009年美国《Hotels》杂志全球酒店企业300强排名中，以经营和管理酒店68家，拥有客房数量20853间的业绩，已升至第38名，就职员工超过万人。

首旅建国以委托管理、特许经营和顾问咨询的方式，在北京、上海、重庆、山东、河南、陕西、四川、云南、宁夏、青海和海南等地管理酒店60多家，例如郑州兴亚建国饭店，拥有342间客房，所有客房均使用地下200m的天然温泉水，2004年荣膺为五星级酒店；而另一家郑州新华建国饭店是四星级酒店，拥有159间豪华套房，建筑面积有26000m$^2$。

近两年，首旅建国以每年签约10多家酒店速度

图1—2　北京建国饭店

图1—3　广州建国饭店

迅速扩展，2008年12月广州建国饭店在广州天河区开业，它是收购原天伦万怡大酒店改造成为华南地区的旗舰店（图1-3）。2009年3月西安建国饭店经过装修改造，以五星级酒店的新面貌，成为西北地区的旗舰店。走国际化路，创民族品牌成为首旅建国的责任和使命。

**3、粤海（国际）酒店管理集团**

它是广东省政府的粤海控股集团全资拥有的酒店管理集团，下属酒店主要分布于港澳、珠江三角洲、长江三角洲，并辐射至其他地区。粤海集团在行业内依靠领先的地位和影响力，“国际标准、中国特色”的经营管理模式，以及强大的中央支撑系统，以酒店51家客房计14342间的业绩，列于世界酒店集团300强第60位、中国民族酒店品牌第3位。

它拥有“粤海国际酒店”、“粤海酒店”和“粤海商务快捷酒店（粤海之星）”三个品牌系列。旗下有深圳粤海酒店、上海粤海酒店、香港粤海酒店、香港华美酒店、珠海粤海酒店、澳门富华粤海酒店、广州华师粤海酒店河南天地粤海酒店、惠州翡翠国际大酒店、三亚金凤凰海景酒店等，以及广州、深

圳等地的粤海之星等。如1988年开业的深圳粤海酒店以“德诚于中、礼形于外”为服务宗旨，为客人提供个性化优质特色服务，至今经营22年，已经赚回了6个粤海酒店。广州、深圳等地的粤海之星等。

**4、河南中州国际集团酒店管理公司**

它是中州国际集团投资管理酒店的专业化公司，拥有“中州国际酒店”、“中州商务酒店”、“中州度假酒店”等著名酒店管理品牌，是中西部地区规模大、实力强、从事酒店管理、培训、咨询的专业化公司。其为河南、河北、山西、江苏、江西、安徽等省87家星级酒店提供了多种形式的委托管理，位居中国民族酒店品牌的第4位。

**5、南京金陵饭店集团**

1983年10月4日建成开业的南京金陵饭店是中国最早的现代化大型酒店之一。在南京金陵饭店基础上，1993年成立南京金陵饭店集团管理公司，通过20多年经营管理打造出独具中国文化特色和国际声誉的酒店品牌，成为发展旅游业的一面旗帜，中国现代酒店的先行者。

在2009年公布的全球酒店业300强排名榜中，以2008年底统计的管理酒店74家，客房18175间的业绩名列全球第48位。目前在国内发展到酒店81家，客房超过21000间，在中国民族品牌酒店中名列第三。

**6、海航国际酒店管理公司**

海航酒店集团是海航集团旗下的酒店产业集团，在中国民族酒店品牌中排名第6位。在国内主要城市如北京、上海、广州、深圳、杭州、西安、太原、南昌、黄山、昆明、哈尔滨等，布局了46家酒店，总客房数13628间，列为世界酒店集团300强的第64位。

海航酒店集团的发展目标是以创建中华民族优秀的酒店集团和连锁酒店管理品牌为目标，以“诚信、业绩、创新”理念为指导，努力创造国际知名的“海航酒店”品牌。

**7、广州岭南花园酒店管理集团**

岭南国际集团是在广州花园酒店管理有限公司的基础上，于2006年4月组建，旗下品牌有：五星级豪华酒店系列、商务酒店系列、岭南酒店及度假村系列。目前受托管理的酒店共15家，拥有6784间客房，包括著名的四家酒店：广州

**图1—4**　广州花园酒店

花园酒店、流花宾馆、广州宾馆以及爱群大酒店以及广州金桥酒店、广东河源御临门温泉度假村、广州帽峰沁园酒店、广东三水花园酒店、湖南张家界花园酒店、湖南衡阳花园酒店、新疆库尔勒花园酒店、湖北武汉木兰园酒店、广州沙面翠州酒店、山西晋商国际大酒店。

以广州花园酒店的优良品牌为依托，凭借广州花园酒店20年的五星级酒店管理模式、经验、人才优势以及市场网络和相关资源的优势，开展酒店的受托管理、顾问服务、品牌特许经营、集团订房服务等项目，在同行中享有盛誉（图1–4），确立了华南地区酒店行业的领先地位，进而成为具有国际竞争力的、中国旅游饭店业著名的一流酒店管理集团。

**8、浙江开元酒店管理有限公司**

旗下拥有“开元名都”（五星级豪华型酒店）和“开元大酒店”（四星级酒店）两大品牌。自1988年开元萧山宾馆开业以来，逐步发展至今已分布到北京、

上海、杭州、千岛湖、宁波、台州、丽水、衢州、诸暨、徐州、开封等商务和旅游城市，酒店有33家客房总数为11017间，2009年列为世界酒店集团300强的第83位。

2004年开元开始进入豪华酒店市场，推出“开元名都”品牌，在2010年将拥有多家高星级酒店，成为中国民族酒店业的代表品牌之一。

**9、浙江世贸君澜酒店管理有限公司**

浙江世贸饭店管理有限公司成立于1998年，总部设在杭州，主要管理四、五星级商务、度假酒店、酒店式公寓、商务写字楼，如浙江世界贸易中心大饭店、三亚银泰度假酒店、三亚金棕榈度假酒店、浙江天台宾馆、良渚国际度假酒店、金华国贸宾馆、宁波凯洲大酒店、宁波象山港国际大酒店、温州华侨饭店、义乌锦都大酒店和海南天上人间热带雨林度假酒店等近20家高星级酒店。

名列美国《Hotels》杂志2005年7月全球酒店管理公司排名第174位。浙江世贸饭店管理有限公司因卓越的成就而得到业界的认可，成为中国民族品牌饭店的先锋。2001年更名为浙江世贸君澜酒店管理公司，以浙江、海南为基地，至2009年8月，旗下管理酒店数达31家,总客房数约8500间（套）。

**10、北京东方嘉柏酒店管理有限公司**

成立于1997年，管理20余家四、五星级酒店，客房总数达5000多间，覆盖了华北、华南、西北、东北、华中等地区，有大连丽景（嘉柏）大酒店、海口国际金融（嘉柏）大酒店、保定中银大厦（嘉柏）酒店、深圳金晖（嘉柏）大酒店、汕头金海湾（嘉柏）大酒店、珠海银都（嘉柏）酒店、桂林桂山（嘉柏）大酒店等。

其编制的《东方嘉柏酒店管理模式》于2005年出版，分成10个篇章，全面系统地叙述各职能管理部门各岗位的职责、工作程序、服务规范及各项管理制度，概括出东方嘉柏酒店组织机构设置特点。

**11、泰达国际酒店集团有限公司**

该公司成立于1994年，是天津经济技术开发区投资控股的专业化公司，泰达已拥有天津泰达度假公司、新加坡华夏国际酒店管理有限公司、上海宝锦酒店管理有限公司和TEDA（北京）酒店管理有限公司等营运子公司，并接管了26家酒店，客房总数4100间。其中天津地区的泰达国际酒店暨会所和天津泰达国际会馆两家五星级酒店，均为封闭式豪华会员制俱乐部的五星级酒店。2010年发展目标是管理酒店达100家，房间数达25000间，管理资产规模300亿元人民币。

**12、湖南华天国际酒店管理有限公司**

华天大酒店是湖南省首家享有盛誉的超豪华五星级酒店，1988年5月8日开业，2002年5月扩建了华天B座，是由3栋31层楼镶嵌成“V”字形，象征着胜利。华天以超前设计理念，尽显时尚元素与湘楚文化风情，具有强烈的时代气息，体现出智能化、环保化和人性化的特点。

1995年成立华天国际酒店管理公司，开始了酒店集团化连锁发展，目前已拥有连锁店18家。2007年3月又成立了华天之星酒店管理有限公司，它是一个经济型酒店专业管理公司，拥有三个品牌：华天之星酒店、华天假日酒店和华天商务酒店。已在北京、长沙、上海、南昌、郑州、武汉、呼和浩特以及湖南省内湘潭衡阳等地发展开业达到50家。2010年将发展到300家直营店和加盟店，定位客房数为100~130间。

**13、凯莱国际酒店集团**

它是由中国粮油食品集团（香港）有限公司投资建立的酒店管理集团公司，于1992年成立。旗下有17家酒店，客房4682间，分布在北京等地。如三亚凯莱度假酒店、海南华运凯莱大酒店、南昌凯莱大酒店、湖南吉首凯莱大酒店、北京凯莱酒店、上海康桥凯莱酒店等。伴随其壮大和发展，计划在未来五年内将发展25～30家酒店（图1-5）。在全球酒店业300强排名榜中，名列第188位。

**14、香港中旅维景国际酒店管理有限公司**

它是香港中旅集团的全资子公司，1985年在香港注册成立，2006年初正式启用“维景”名，旗下拥有“维景国际”（五星）、“维景”（四星）、“旅居”（商务）和“旅居快捷”（经济型）等品牌。目前公司已有58家酒店，其中港、澳两地有5家，内地分布在北京、上海、珠海、深圳、重庆、大连、苏州、杭州、济南、南京、太原、三亚、厦门等地，客房数为19268间，名列美国《Hotels》杂志2009年全球管理公司300强中位居第43位（图1-6、图1-7）。

图1－5　青岛凯莱酒店设计方案

图1－6　北京中旅维景大酒店

#### 15、安徽古井酒店管理有限责任公司

它是安徽瑞景商旅（集团）有限公司旗下公司，于2000年11月成立。拥有"古井酒店"、"君莱"和"城市之家"三大品牌，"古井酒店"和"君莱"是以国内四星级商务酒店、度假酒店定位，"城市之家"是经济型酒店连锁品牌。

图1－7　苏州维景国际大酒店

#### 16、北京天伦国际酒店管理公司

天伦国际酒店管理公司于2001年在香港注册成立，以振兴民族酒店品牌为己任，本着务实、高效、科学、严谨的经营管理理念，开展酒店承包租赁、委托管理、顾问咨询、特许经营等服务，在全国拥有北京王朝饭店、北京康源瑞延酒店、北京伯豪瑞廷酒店、沈阳黎明国际酒店、北京纳帕会所（酒店）、北京龙熙温泉度假酒店、北京东方文化酒店和三亚亚龙湾环球城大酒店等酒店23座，客房总数达5613间，在全球酒店业300强排名榜中，名列第159位。公司拥有北京天伦悦成旅游服务咨询有限公司和北京天伦世纪物资商贸有限公司两家子公司，建立了自己的酒店管理学院，已初步形成全国性的战略格局。

#### 17、北京国宾友谊国际酒店管理公司

成立于2002年9月，由北京中实集团和友谊宾馆集团共同组建。在首都北京有两家旗舰式酒店：国宾酒店和北京友谊宾馆，并在全国各大城市拥有连锁酒店达20余家。

#### 18、上海市衡山（集团）公司

麾下的上海衡山集团饭店管理公司，1994年经国家旅游局批准为全国首批18家专业饭店管理公司，目前全资酒店有：上海大厦（四星）、衡山宾馆（四星）、扬子饭店（三星）、浦江饭店（中华老字号）、

马勒别墅饭店（五星）、朗廷扬子精品酒店和衡山度假村（三星）等50多家星级酒店。

在酒店管理中不断汲取国内外现代酒店管理理念，逐步积累了适应中国国情的酒店管理经验，并在此基础上2002年10月编辑出版了《上海衡山集团饭店管理模式》一书。

**19、中国航空集团旅业有限公司**

其归属于中国航空集团公司，是一家经营管理连锁酒店的专业化酒店管理公司，目前管理全国16个省市的20家酒店，其中全资控股酒店8家，委托管理酒店12家，客房近3000间，被评为中国酒店民族先锋品牌。

已经形成"中航凤凰"和"中国航旅"两个酒店品牌。如坐落在三亚湾畔的凤凰大酒店（客房128间）就是所属的海滨休闲度假酒店，而民航大酒店是其麾下的经济型商务酒店。

**20、青岛海天酒店管理集团**

成立于1998年，是国家级专业饭店管理公司，属下的旗舰店青岛海天大酒店于1988年1月开业，是当地最早规模最大的五星级酒店，2003年1月重新装修开业后被授予国际服务最高奖项"五星钻石奖"。该集团管理50多家酒店，遍及上海、辽宁、河北、山西、江西、安徽等省市。

随着中国酒店业迅速发展，市场竞争越来越激烈，国际著名的酒店集团公司纷纷进入中国市场，抢占了大城市和旅游胜地的最好位置，仅占全国酒店总数的20%的国际品牌酒店，获取了全国酒店利润总额的80%。因此中国民族品牌酒店必须加大品牌建设，加快集团化、国际化的步伐，打破行业和地区的界限，才能与国际酒店集团相抗衡，在站稳本土地位的同时，保持和提升酒店的民族品牌特色。

## （二）中国香港的酒店业

香港酒店业是以半岛和文华东方为代表的港式酒店与越洋而来的希尔顿、喜来登、凯悦等国际酒店，多年来二者各占半壁江山。

**1、半岛酒店集团**

半岛酒店集团的母公司是香港上海大酒店有限公司。1923年，将香港酒店公司（1866年3月成立）与上海酒店有限公司合并，成为香港上海大酒店有限公司，旗下包括香港酒店、山顶酒店、浅水湾酒店，还包括上海酒店有限公司拥有的礼查饭店（现为浦江饭店）、汇中饭店（现为和平饭店南楼）和大华酒店。

1928年开幕的香港半岛酒店遂成为集团旗舰酒店（图1-8、图1-9）。集团至今已拥有9家半岛酒店，它们是马尼拉半岛酒店（1976年开业）、纽约半岛酒店（1988年开业）、北京王府半岛酒店（1989年开业）、比华利山半岛酒店（1991年开业）、曼谷半岛酒店（1999年开业）、芝加哥半岛酒店（2001年开业）、东京半岛酒店（2007年开业），以及上海半岛酒店（2009年开业）共拥有客房2781间。

**图1–8**　香港半岛酒店老照片

**图1–9**　香港半岛酒店全景

集团自创办至今，一直推出豪华舒适、现代化设备以及先进客房设施的原则，配合半岛酒店享誉国际的细致服务。在2009年世界酒店业权威杂志《Hotels》公布全球酒店业300强排名榜中，名列全球第267位。

香港半岛酒店处在九龙尖沙咀，身为香港历史最为悠久的酒店，其近140年来的发展轨迹和辉煌历史，见证了亚洲的酒店发展史，屡次入选世界十大酒店之列。

它拥有300间客房，每间客房平均服务人员有2.5名，如今依然是全球一流酒店的典范。使用劳斯莱斯接送客人已有35年历史。新建30层的酒店新楼特设两部直升机停机坪，为宾客提供便捷的服务。

上海半岛酒店作为第九家半岛酒店于2009年开始营业，具有235间客房套间和5间餐厅，设施十分齐全。酒店大楼的古典建筑与上海外滩的历史建筑群和谐融合，交相辉映，室内设计蕴含20世纪20～30年代风行一时的装饰艺术精华，打造成一座既能够传承经典，又属于21世纪的标志性建筑。

**2、文华东方酒店**

坐落于中环的香港文华东方酒店，1963年9月正式创立，是香港历史悠久的一间经典酒店。20世纪60年代，香港的经济及旅游业迅速发展，为满足当时来港商旅对国际级酒店的迫切需求，香港置业耗资超过1亿港元，并请Leigh & Orange建筑公司的名建筑师John Howarth及好莱坞经典电影“桂河桥”的美术指导Don Ashton为室内设计师，务求把西方最先进的设备，融合独有的东方传统服务，建成一间富于东方特色的豪华酒店。建成后一直被国际誉为世界最佳酒店之一。续而走向世界创建一些独具东方特色的酒店（图1-10、图1-11）在2009年世界酒店业权威杂志《Hotels》公布全球酒店业300强排名榜中，以拥有酒店22家、客房6712间，名列全球第132位。

文华东方酒店位处中环商业金融中心的心脏地带，拥有541间客房套房，7间各具特色的餐厅及酒吧，其中位于25层的Vong是驰名国际的时尚法

**图1-10**　东京文华东方酒店

**图1-11**　拉斯韦加斯文华东方酒店

国餐厅，而充满时代气息的Vong酒吧，则是各地时尚人士的聚集地。

**3、香格里拉酒店集团（图1–16）**

“香格里拉”总部设在香港，该酒店集团隶属于马来西亚著名福建籍华商“糖王”郭鹤年的郭氏集团。香格里拉一向注重酒店的豪华舒适，加上亚洲人的殷勤好客之道，成为适合亚洲人的知名酒店品牌。

从1971年新加坡第一间香格里拉酒店开始，今日香格里拉已是亚洲区最大的豪华酒店集团，而且被视为世界最佳的酒店管理集团之一，拥有五星级香格里拉大酒店和四星级商贸饭店两个酒店品牌（图1–12～图1–17）。

香格里拉从1984年在杭州开设第一家香格里拉饭店开始，它已将1956年建成的杭州饭店，实行带资管理，这一曾经是当年毛泽东主席到访杭州下榻的酒店，现在经过重新装修全新亮相。

随后1987年北京香格里拉饭店落成，成为当时京城最高端、最豪华的五星级饭店之一。香格里拉的设计一向以清新的园林美景、富有浓厚亚洲文化气息的大堂特征闻名于世。

随后郭鹤年与国家经贸委合作，斥资3.8亿美元，兴建北京国际贸易中心（第154页图3–2）。国贸中心是包括酒店、写字楼、商场、高档国际公寓在内的综合建筑群，至今仍是北京CBD的代表性建筑。1989年开业的国贸饭店和1990年开业中国大饭店是其重要组成部分。

1995年，郭氏旗下的嘉里集团在北京CBD地区和北奥公司兴建了高级写字楼嘉里中心，其中包括北京嘉里中心饭店。

中国大饭店装修和设计更为豪华，颇具帝王风范，适合许多跨国公司的全球CEO等高级商务人士下榻；而国贸饭店则满足商务客人的需要，以四星级商贸酒店定位；嘉里饭店针对的是相对年轻的商务人士。至此，香格里拉在北京已拥有四家酒店。

20世纪90年代，香格里拉以迅猛的速度进行了在中国的拓展行动，1993年接管西安金花酒店，1996年北海香格里拉大酒店、长春香格里拉大酒店、沈阳商贸饭店开业，1997年青岛、大连香格里拉大酒店开业，1998年上海浦东香格里拉大酒店开业，1999年武汉、哈尔滨香格里拉大酒店开业，短短几年共开放了9家酒店。2001年又接管了南京丁山饭店，中山、深圳香格里拉大酒店、常州富都商贸饭店亦相继开业。

香格里拉酒店现已发展到澳大利亚、斐济、印尼、马来西亚、缅甸、菲律宾、新加坡、泰国和阿联酋等地，而分布在中国、加拿大、印度、英国、蒙古、马来西亚、马尔代夫、阿曼、卡塔尔和泰国等地的20多个新酒店项目正在筹措中。

香格里拉全球酒店数量达到100家，其中在中国

**图1–12**　上海浦东香格里拉大酒店

**图1–13**　阿布扎比香格里拉大酒店

图1—14　伦顿桥香格里拉大酒店

图1—16　上海静安寺香格里拉大酒店(效果图)

图1—15　深圳福田香格里拉大酒店前厅

图1—17　北京香格里拉大酒店宴会厅

就有58家，并计划在整个中国2010年之前将增加到59家、占全球总数的一半，共拥有客房27987间。在2009年世界酒店业权威杂志《Hotels》公布全球酒店业300强排名榜中，名列全球第34位。

**4、尖东酒店群**

1979年，吕志和以6800万港元买下尖东海边一块土地，在香港汇丰银行支持下，花了3亿多港元建成了海景假日酒店。在吕氏带动下，引来了众多的酒店落户尖东地区，形成一片繁荣景象，酒店也身价倍增。

1987年，吕氏的嘉华集团上市，由海景假日酒店入手，在旺角及尖沙咀又拥有两座酒店，并先后在美国的旧金山、凤凰城及新加坡、马来西亚购买酒店，大举进军国际酒店业。

**5、马哥孛罗酒店集团**

它是1886年创立的香港九龙仓（集团）有限公司的全资附属公司，它拥有10多家酒店，分别为香港的马哥孛罗香港酒店、马哥孛罗太子酒店和马哥孛罗港威酒店，厦门马哥孛罗东方大酒店、北京中奥马哥孛罗大酒店、北京马哥孛罗西单酒店、成都马哥孛罗酒店 、深圳马哥孛罗好日子酒店、武汉马哥孛罗酒店 、无锡马哥孛罗酒店和菲律宾的宿雾马哥孛罗酒店、达沃的马哥孛罗酒店、越南胡志明市的奥丽西贡酒店等，都位于亚太区主要城市。共有客房3468间。在2009年世界酒店业权威杂志《Hotels》公布全球酒店业300强排名榜中，名列第231位。

**6、海逸国际酒店集团**

由李嘉诚集团的和记黄埔有限公司与长江实业(集团)有限公司合资所有，并由和记黄埔地产集团经营。

它是亚洲酒店业的重要成员，拥有香港海逸酒店（554间）、嘉湖海逸酒店（1102间）、北角海逸酒店（669间）、都会海逸酒店（819间）、九龙酒店（734间）等。还管理着香港华逸酒店（800间）、清逸酒店(822间)以及内地的重庆海逸酒店(388间)、昆明海逸酒店（299间）、青岛海逸大酒店（76间），其舒适优雅、物超所值的享受与便利的完美融合，成为海逸酒店的显著特色。港岛海逸君绰酒店，41层高的建筑位于港岛核心地带，于2009年春季开业，进一步提升酒店品牌形象。

**7、香港会展酒店业**

在2009年世界酒店业权威杂志《Hotels》公布全球酒店业300强排名榜中，君廷国际酒店集团以56家酒店16369间客房，名列全球第50位，瑞雅国际酒店集团以50家酒店8481间客房排名第111位。而著名的朗廷国际酒店集团拥有8家酒店3542间客房列为全球第225位，这些都是香港酒店业的杰出代表。

为适应香港会议展览业的快速发展，不少酒店纷纷展开翻新及扩建工程，甚至转型为商务酒店，成为当前香港酒店业的一大特点。

有50年历史的尖沙咀美丽华酒店投资3亿港元进行翻新，翻新的宴会厅成为香港面积最大的酒店宴会厅之一，可容纳60桌酒席或千人鸡尾酒会。

拥有7家酒店的富豪国际酒店集团，共有客房5500间，在2009年全球酒店业300强中排名第164位，也斥资近5亿港元进行扩建及翻新，为机场富豪酒店加建了67间豪华客房和复式房间，增设水疗中心，还有3间会议室，及容纳1500人的宴会厅，以满足香港会议展览业发展的需要。

## （三）中国澳门的酒店业

澳门，这座被葡萄牙殖民统治了150年的城市，成为近代历史上著名的城市，尤其回归后的澳门获得蓬勃发展，成为国际著名的旅游城市。

**1、独特的酒店业**

澳门由于博彩业的合法化和专营化，博彩业在旅游业中占主导地位，博彩业的发展为酒店业提供了客源。这样，酒店就只能依附于博彩业，只有来澳门赌博的赌客增多，入住酒店的客人才有保证。

2009年澳门入境旅客超过2175万人次，其中中国内地1098万人次，香港特区673万人次，以及其他来自中国台湾、马来西亚、日本等地旅客是三大客源。与2007、2008年相比有所下降，接近2006年2200万人次，但与十年前1999年澳门回归祖国时750万人次相比增长近两倍。澳门现有52间酒店及30间公寓，客房总数为16152间。

根据澳门特区政府土地工务运输局公布的统计资料，澳门施工中的酒店项目有23个，审批中的酒店项目33个，可提供超过38000间客房以及16000个停车位。

**2、澳门酒店类型**

根据澳门政府1996年4月1日核准，澳门酒店场所分为四种类别：

1）酒店为具备食宿等主要服务及娱购等辅助服务的场所。等级分为五星级、四星级、三星级、二星级的4个等级。

2）公寓式酒店为位于专用楼宇内备有家具的公寓，并以酒店制度经营的场所。等级分为两级，分别为四星级、三星级。

3）旅游综合体由一系列以整体旅游经营为目的，相辅相成并相邻的设施组成，旨在向旅游者提供食宿及辅助服务，并设有娱乐及运动设备的场所，有时也称度假村（Resort）。等级分为两级，分别为五星级、四星级。

4）公寓为设施设备不符合酒店的规定，但符合规定的酒店最低要求的场所。分为三星和二星两个等级。

400多年中西文化交汇融合形成了澳门独具特色的文化氛围，当地人戏称为“咸淡文化”。这种文化及其思想观念在酒店建筑设计上和管理上都得到了充分体现，包容中西方的观念。同时，澳门酒店在管理和服务上注重突出和体现了东方式的热情、周到，让客人感到舒适和愉快（图1-18～图1-20）。

**图1-18**　澳门葡京酒店

**图1-19**　澳门永利酒店

**图1-20**　澳门新葡京大酒店

### 3、澳门酒店业的现状与发展

1999年澳门回归祖国之后，仍实行现行的经济和社会制度，因此“赌场照开，舞照跳，马照跑”，博彩业仍将继续存在和发展。但澳门酒店业已经开始努力增加文化含量，走多元化发展的道路。通过增建文化旅游项目如博物馆、海洋公园、旅游中心等，这些项目将为澳门带来大量游客。澳门——文化之都，通往中国之门已成为澳门提倡的旅游新口号。

1）新建成的威尼斯人酒店占地98万$m^2$，拥有容纳万人的场馆、千人的剧院、水疗中心等。最吸引人的是人造蓝天下的10万$m^2$大运河购物区，在这个梦幻一般的世界里，运河上漂浮着意大利贡多拉船，人们在运河边购物就餐和休闲。威尼斯人酒店试图打造成会展、体育赛事、音乐会和高档购物区在内的综合性娱乐中心，以吸引怀有商务、家庭旅游等目的的人士，因此非博彩收入将占到威尼斯人酒店收入的一半（图1-21～图1-23）。

**图1-21**　澳门威尼斯人酒店

**图1-22**　尽显威尼斯水城风情

**图1-23**　澳门威尼斯人酒店内景

2）当新酒店不断涌现时，以博彩为特色的老葡京酒店请来了七星级迪拜帆船酒店的设计师，新建起新葡京酒店，新老酒店以隧道及天桥相连。老葡京以博彩为主，而新葡京的客源将更多元化。新葡京将大笔资金投在客房里，标房一律采用高科技产品及设施，每个房间的家电与装潢耗资100万港币。最让人称奇的是洗手间的电视，乍看只是一面镜子，当开启开关后，“镜子”则会播放电视节目，而关掉后，又恢复成一面镜子。

3）旅游娱乐业发展蓬勃的澳门，吸引世界知名的娱乐、酒店及度假村集团进驻澳门，新建起永利（600间）、美高梅（600间）、四季（360间）、希尔顿（1200间）、康拉德（300间）、喜来登（4067间）、香格里拉（600间）等娱乐型度假酒店。尤其喜来登酒店开幕后，将成为全澳门拥有客房数目最多的酒店，亦是喜达屋酒店集团全球规模最大的酒店。

## （四）中国台湾的酒店业

台湾酒店业也采取等级制，只是用梅花分等定级，五颗梅花大体相当于大陆的五星级酒店。当然，同大陆一样，某些未评等级的酒店在接待设施和服务质量上仍是很出色的。

总体来说台湾酒店的规模并不大，硬件水平也并不太高，但是比较追求各自的风格与特色，内部布置比较精致，同时强调酒店与外部环境的融合，比如日月潭涵碧楼酒店，每个房间都可以看到日月潭的景观。

台湾著名酒店是圆山大饭店，位于台北的剑潭山上。二次世界大战后，将原日治时的台湾神宫改建为台湾大饭店，现在酒店14层主楼是一座中国宫殿式建筑，由建筑师杨卓成设计，1973年10月建成。由于经历1995年屋顶火灾，1998年重新装修开业。它独特的中国传统建筑古色古香风格，雄伟壮丽的气势，成为台北永远的地标之一。

圆山大饭店占有8个客房层，分别以商、周、汉、唐、宋、明、清等不同朝代风格装修，以故宫名画和工艺品电脑扫描的复制品布置，七彩画栋、丹珠圆柱、金碧辉煌，悬挂名家字画和浮雕，由于采用相当多的龙形雕刻，有人称圆山大饭店为“龙宫”（图1-24~图1-26）。

图1-24　台湾圆山大酒店正立面

图1-25　台湾圆山大酒店大堂

图1-26　台湾圆山大酒店游泳池

台湾的旅游业很长一段时间非常低迷，除每年不到100万人次的日本游客，少量来自香港和新加坡的游客外，每年来这里度假的人较少。旅游业低迷也让台湾的酒店业发展落后，台湾国际级酒店大多数是1980年前后兴建的，新酒店很少，所看到的都是有几十年历史的旧酒店。在1994年远东集团引进香格里拉台北国际远东大酒店之后，就没有其他的酒店赴台湾拓点，直到2008年香格里拉台南国际远东大酒店开业，现在台湾五星级酒店约有9168间客房（图1-27~图1-29）。

2007年赴台有370万人次，其中游客只占一半。这无法和赴港游客总数的2800万人次，以及赴泰国游客的1500万人次相比。但是随着内地居民赴台旅游开放，加上两岸直航，这将为台湾酒店业带来可观的经济效益，将会使酒店业入住率的大幅度地提升。

## （五）当前中国酒店业的发展

在全球中国酒店业特色鲜明，发展最快。2009年7月，世界酒店业权威杂志美国《Hotels》公布2008年度全球酒店业300强排名，其中入选的中国酒店集团（包括中国香港的公司10家）19家，这说明中国的酒店业正在走向世界，在国际酒店业大家庭中发挥越来越大的作用。

当前中国的酒店业蓬勃发展的形势，但是必须看到在繁荣的背后也就存在许多不稳定因素，只有看清市场、熟悉市场、紧跟市场的变化，才能立于不败之地。

2008年的金融危机对酒店业势必造成影响，高星级酒店比低星级酒店影响严重，东部地区酒店比西部地区影响严重；一线城市酒店（京、沪）比二线城市酒店影响严重，高星级酒店所受影响尤其严重，但通过努力能及时应对，宏观调控，使受影响程度趋于最小。有资料表明：2009年全国星级酒店的平均入住率还保持在62.5%。因此在促进中国酒店业的发展中，需要做如下的努力。

1、大力发展中国民族酒店品牌。通过多年的积累与资源整合，创造具有世界级实力的中国民族酒店品牌，除了具备很好的潜力和管理能力外，更要与国际资本市场接轨，强强联手，打造酒店网络，

图1—27　香格里拉台北远东国际大酒店

图1—28　香格里拉台南远东国际大酒店

图1—29　台湾花莲理想大地度假酒店

实现酒店产品多元化发展。

2、加强融资，做强做大。从融资渠道上来看，投资酒店的资金来源呈现多元化趋势，既有大的基金财团，也有社会集资和企业投资，还有外商资本和民营资本。万达集团一直重视开发酒店地产，计划在2010年投资建设20家五星级酒店，投资规模达200亿元。在金融风暴导致金融资本投资意愿降低等情况下，7天连锁酒店集团于2008年10月16日成功融资6500万美元来抵御风险。

3、酒店作为一个传统的经营谋利产业，已经逐步变为投资交易的工具，作为投资者来说，盈利更多的是通过酒店的交易买卖来实现，现在酒店交易已经初现端倪，今后势必将会进一步加剧，推动中国酒店业集团化的进程。交易发展的趋势已从单体酒店交易向大宗整体方面。如2007年下半年，香港卓越金融收购原中国邮政系统下属16家酒店就是一个典型的例子。

4、调整产品结构，应对危机。例如汉庭酒店集团通过发展豪华经济型、汉庭快捷、汉庭酒店等多种品牌的酒店业态，来解决单一业态应对金融危机的风险。

5、加强合作，应对危机。这种合作可以是酒店企业之间的战略合作，也可以是不同行业间的战略联盟。例如2008年7月28日国内成立了首个低星级非连锁酒店的跨区域联盟——“星程酒店”。

6、转变客源市场的战略。由于在金融海啸的影响下，以国外客人为主的高端酒店比以国内客人为主的中低端酒店对金融危机的敏感度更高。因此，要改变高端酒店长期忽视国内市场的理念，调整客源，同时适应国内外两个市场。此外，在国内市场上，也要注重从一线城市向二、三线城市的推进。

6、注重市场的多元化细分。由于专一市场应对金融风暴的能力较弱，酒店集团应加强市场的细分，例如重视商务会议市场、观光旅游市场、休闲度假市场等多种细分市场，以增强抗风险能力，并灵活采用多种酒店经营运作方式。

如前所述，2008年底全国统计在册的星级酒店共14099家，其他住宿机构更多，保守估计达30万家以上。酒店业本身特有的脆弱性和资产的专有性，决定了酒店经营极易受到外部环境的干扰，而且在经营风险发生时难以进行退出市场后的转化。因此，有能力的酒店集团应实施多元化经营战略，灵活运用各种租赁经营、收购兼并、委托管理、特许经营等方式，按照科学发展观，推动中国有特色的酒店业持续地发展。

# 二、国际酒店集团

随着时代进步和酒店行业日新月异的发展，酒店实行专业化管理的要求愈来愈高，而实现集团化国际化是发展的必然趋势。

酒店集团采取“全球订房系统”构建强大的现代化营销网络，并通过特许经营的方式进行扩展，使酒店遍布全世界每一个角落。同时根据各个国家地区的实际情况，来确定建设不同等级的酒店，形成不同的酒店品牌。

图2–2　日本横滨洲际酒店

## （一）十大国际酒店集团及其品牌

这里介绍的是按全球酒店的客房数排名前十位的酒店集团及其品牌：

**1、洲际酒店集团**

Inter Continental Hotels Group（英国），成立于1946年，拥有遍布世界100多个国家3800家酒店563000多间客房，每年接待量超过1.5亿人次。该集团拥有洲际（Inter-Continental）、皇冠假日（CrownePlaza）、假日（HolidayInn）、快捷假日（HolidayInn Express）四大酒店名牌，还有驻桥公寓（Staybridge Suites）、蜡木公寓（Candlewood）和靛蓝（Hotel Indigo）等酒店公寓品牌（图2-1 ~图2-4）。

图2–3　印度巴厘岛洲际度假酒店内院

图2–1　新加坡洲际酒店

图2–4　芝加哥洲际酒店

**2、胜腾集团** Cendant（美国），是一家全球旅游和房地产服务的集团公司，

为《财富》杂志全球 500 强企业中排名 282 位。胜腾酒店集团是胜腾集团的子公司，总部在美国新泽西州的帕西帕尼。在全球拥有 6640 个酒店 54 多万间房间。所有酒店都有胜腾集团的特许及管理协议，并独自经营运作。胜腾品牌包括：

1）速 8（Super 8）。自 1993 年胜腾收购超级汽车饭店，形成“速 8”品牌，现在已经成为世界最大的经济型酒店集团之一，拥有 2100 家酒店 12 万间客房。第一家速 8 在美国南达科他州阿拉丁市开业，以每天 8.88 美元房价，为所有住客提供干净的房间和友好的服务，从而赢得市场的认同。

2）戴斯 / 天天（Days Inn）是胜腾最大的酒店名牌，1970 年地产商塞西尔戴创立了天天饭店集团，并在泰比岛上建成第一家饭店，逐步发展到现在全球 16 个国家 16 万间客房的规模。其中 Days Hotel & Suites 为五星级，Days Hotel 为四星级，而 Days Inn 为三星级，其以“天下最划算的地方！”作为广告语而闻名。

3）华美达（Ramada）有下列的品牌（图 2–5）：

· 华美达酒店（Ramada Hotel）为四、五星级
· 华美达度假酒店（Ramada Resort）为四星级
· 华美达广场（Ramada Plaza）为四星级
· 华美达安可（Ramada Encore）为三星级

**图2–5**　泰安东尊华美达酒店

4）豪生 / 豪廷（Howard Johnson）国际酒店管理集团，1925 年注册于美国麻省，已有 80 余年历史，在全球 22 个国家拥有 500 多家酒店。

· 豪廷大酒店为白金五星级，如北京珠江帝景豪廷大酒店（第 66 页图 6–11）；
· 豪生大酒店为五星级，如上海棕榈滩海景酒店；
· 豪生酒店为四星级，如北京宝辰酒店。

其宣传口号为：不管您去哪里，请在这里停留。

5）Travelodge 成立于 1946 年，是迎合当时美国市场对家庭式住宿的需要而发展起来，如今拥有 565 家分店 46000 间客房，分成两个品牌：中低档酒店（Travelodge）和经济型酒店（Thriftlodge），以较低价位 60~70 美元，和舒适的家居式服务吸引大众消费者。

6）Wingate 于 1996 年创立的，在美国已有 100 家，尚有 150 家正在建设中。所有酒店都按统一标准设计。房间为 3.6m × 8.4m=30.24m$^2$，装饰典雅，设备齐全，主要服务于商务旅行者。酒店设有 24h 商务中心，配有 ATM 自动取款机，房间内配备高速接入网络端口，中高价位房费在 70 ~ 100 美元之间。

7）Village 成立于 1996 年，现有酒店 175 家 13500 间客房，是公认的长期住宿品牌，它又分成两个品牌：

Village Lodge 有迷你厨房（冰箱、微波炉和储藏室）、洗衣房、低廉的电话费，免费的有线电视频道，提供 24h 信息服务，按天或周数收费。

Villager Premier 则有更好的在线商务和健身房，给客人一种居家的感觉。

8）Knights Inn 是节约型连锁酒店，其定位略低于一般经济型酒店，目标客户群是家庭、商务旅行、货车司机等中低收入人群。以低廉价位提供简洁舒适的服务。如今已拥有 230 家以上的分店，超过 18 万间客房。

9）温德姆（Wynd–ham）是 2005 年胜腾通过收购方式拥有这一品牌，该品牌创立于 1981 年，全球已有 100 家酒店，定位为豪华五星级，与丽晶、丽嘉、柏悦等属于同级别的品牌。

**3、万豪国际集团** Marriott（美国）创建于 1927 年，总部位于美国华盛顿，是世界上著名的酒店管理公司和入选财富全

Marriott.
HOTELS & RESORTS

万怡

JW 万豪酒店

丽思·卡尔顿

万豪费尔菲得

万豪唐普雷斯

万丽

万豪商务中心

度假酒店

万豪行政公寓

总统套房

**图2–6**　万豪国际集团的著名品牌标志

球500强名录的企业，经营酒店超过2700家有49万间客房，年营业额近200亿美元。万豪品牌有：万豪（Marriott）、万怡（Courtyard）、JW万豪、万豪居家（Residence Inn）、万豪费尔菲得（Fairfeild Inn）、万豪套房(Marriott Suites)、万豪唐普雷斯（Towneplace）、万豪春丘（Spring Hill Suites）、丽思·卡尔顿（Ritz-Carlton）、万丽（Renaissance）、华美达（Ramada International）、新世界（New World）、行政公寓（Executive Apartments）、万豪度假俱乐部（Marriontt Vacation Club International）、万豪会议中心（Marriott Conference Center）等18个著名酒店品牌（图2-6）。

1）万豪（Marriott）首家酒店于1957年在美国华盛顿市开业，在公司的核心经营思想指导下，加之早期成功经营的经验为基础，万豪酒店很快得以迅速成长，并取得了长足的发展。新加盟的酒店从一开始就能以其设施豪华，稳定的产品质量和出色的服务在酒店业享有盛誉。

到1981年万豪酒店的数量已超过100家，并拥有4万多间高标准的客房，创下了全年高达20亿美元的销售额。

2）万豪根据市场的发展和特定需求，精心设计并创立了万怡（Courtyard）酒店，1983年第一家万怡酒店在美国正式开业，推出了中等价位并保持高水准的服务。万怡酒店一问世即获成功，很快便成为其他同业中的佼佼者。

3）以公司创办者的名字命名的J.W.万豪（J.W.Marriott）酒店，1984年在美国华盛顿市开业。J.W.万豪酒店品牌是在万豪酒店标准的基础上升级后的超豪华酒店品牌，向客人提供更为华贵舒适的设施和极有特色的高水准服务。

4）万豪居家（Residence Inn），是1987年万豪收购了“旅居”连锁酒店而形成的，其特点是酒店房间全部为套房设施，主要为长住客人提供方便实用的套房及相应服务，同年万豪又推出了经济型的万豪费尔菲得（Fairfield Inn）和万豪套房酒店（Marriott Suites）两个新品牌酒店。至1989年末，已发展到拥有539家酒店134000间客房的大型酒店集团。

5）丽思·卡尔顿（Ritz-Carlton），万豪于1995年收购了全球首屈一指的顶级豪华连锁酒店公司——丽嘉酒店，形成最高档的丽思·卡尔顿（Ritz-Carlton）品牌，这一举措使万豪成为首家拥有各类不同档次优质品牌的酒店集团。

6）在1997年，相继完成了对万丽酒店公司（Renaissance）及其下属的新世界连锁酒店（New World），以及华美达国际连锁酒店（Ramada International）的收购。此举使万豪国际集团在全球的酒店数量实现了大幅增长，特别在亚太地区，一跃成为规模领先的酒店集团。

7）行政公寓（Executive Apartments）是酒店公寓的品牌。

万豪国际集团以其出色的服务水准、先进的设施和技术，以及优异的服务居于世界酒店集团之首，赢得了公众的广泛赞誉和客户的高度信任及拥戴（图2-7~图2-9）。

图2–7　吉隆坡万丽酒店

图2–9　东京丽思·卡尔顿酒店

图2–8　泰国普吉岛JW万豪度假村

**4、雅高** Accor（法国）成立于1967年，是欧洲最大的旅游和酒店管理集团，总部设在巴黎。“Accor”在法语中是“和谐”的意思。酒店分布在92个国家和地区，合资经营的更广泛分布在140个国家和地区，拥有4065家酒店475433间客房（不完全统计）。

1）索菲特(Sofitel)为具有国际一流水准的豪华型酒店，为客人提供环境舒适、服务优良、环境高雅的商务与休闲场所。

2）诺富特（Novotel）为高级商务型，具有国际一流水准的合乎时尚的现代酒店。

3）美居（Mercure）是相当于四星级世纪酒店品牌的翻版，为中级市场品牌。

4）宜必思（Ibis）为经济型，宜必思是一种水鸟的名字。其以简朴风格、优质服务、经济实惠而享誉世界。

5）一级方程式 Formule I 为经济大众化型酒店。

索菲特

诺富特

美居

美居

宜必思

铂尔曼

**图2–10**　雅高的品牌标志

**图2–12**　三亚铂尔曼度假酒店

**图2–11**　上海东锦江索菲特大酒店

**图2–13**　美国芝加哥索菲特大酒店

6）美爵是雅高集团除以上五大品牌外新近发展的品牌，现在亚太地区已有23家美爵酒店，另有9家正在建设中。

7）铂尔曼（Pullman）也是新近推出的高档豪华型品牌，目前全球只开设了13家，不久将在亚太、中东和拉丁美洲有50家酒店开业，预计到2015年将发展到300家。铂尔曼品牌在欧洲有深厚的文脉，1864年摩提梅·铂尔曼设计出第一台卧铺车厢，让旅客在舒适环境中旅行。雅高凭借铂尔曼品牌，赋予酒店经营全新的活力（图2–11~图2–13）。

**5、精品国际酒店集团**

Choice Hotel International（美国），成立于1939年，总部设在美国马里兰州，目前在36个国家拥有酒店、小旅馆、全套间酒店和度假村5132家酒店42万间客房。它从品质客栈连锁经营起家，成了中等价格高质量服务的酒店先驱，具有如下七个品牌：

1）Clarion Hotels是一个提供全面服务的酒店品

牌，其中 80% 是三星级饭店，宣传口号是“精益求精”。

2）Econo Lodge 以大众可以接受的中等价格，提供整洁、经济的服务，带给顾客超值的享受，其中 75% 是二星级的，而它的名声在世界相同档次的酒店中是最大的。

3）Comfort Inn & Quality Suites（舒适客栈）是精品所辖的七个品牌中规模最大、投资回报率最高的品牌，同时也是美国发展最快的酒店连锁，其中 30% 是三星级酒店，宣传口号是：拥有 Comfort，享受一份舒适。

4）Sleep Inn 是现代酒店业中最为创新的设计，它以其一贯的适中服务、中等的价位使整个酒店显出浓厚的艺术氛围，但又去除了任何修饰的东西，其宣传口号是：“本身就是一流”。

5）Rodeway Inn 主要面向城市或大小城镇的高级旅游市场提供中等价格的房间，宣传口号是：“温馨的家园”，其特色房间是：“精品房间”。

6）品质 Quality Inns，Hotel & Suites 50 年来以中等价格向旅游者提供全面服务，并以其盛情待客闻名于世界，其中 60% 是三星级。

7）MainStay Suites 是精品的最新住宿概念。它在住宿业中第一次引入了适合自由职业者长期居住的设施，尤其方便的是向顾客提供了一个 24h 有效的自动登记入住、退房的系统，同时还拥有门房服务，其宣传口号是：“长久入住，超值享受”。

**6、希尔顿国际酒店集团**

Hilton（美国），是 1949 年从总部设在英国的希尔顿公司拆分出来的一个独立的子公司。现在全球 76 个国家有 2747 多家酒店 472720 间客房（不完全统计）。

希尔顿在国际旅游者中认同度很高，每天要接待数十万的客人，年利润雄居世界酒店之首。希尔顿品牌有：

1）康拉德，又称国际港丽（Conrad）为顶级豪华型品牌，仅在全球 13 个国家有 18 家酒店。

2）希尔顿（Hilton）为高档豪华型品牌，全球有 261 家酒店。

3）双树（Double Tree）。

4）大使套房酒店（Embassay Suite Hotels）。

5）汉普顿（Hampton Inn、Hamption Inn & Suites）为经济型旅馆。

6）希尔顿花园客栈（Hilton Garden Inn）为经济型旅馆。

7）傢木套房酒店（Home Wood Suite）为酒店公寓型品牌。

8）斯堪的克（Scandic）是针对中档市场的经济型酒店，全球有 142 家酒店。

未来，希尔顿将使酒店数目上升至 5700 家，公司拥有、管理或特许经营许多声誉卓著的品牌组合。希尔顿酒店创办人 Conrad Hilton 的理念是：“我们的责任是，并将一直是让地球充满由酒店业散发出来的光芒和温暖。”希尔顿所有酒店品牌都秉持这个理念，成为关爱与宽容等重要信息的灵感来源（图 2-14~ 图 2-16）。

**图2-14**　新加坡希尔顿酒店

**图2-15**　东京康拉德酒店

图2-16　印尼巴厘岛港丽酒店

图2-17　罗马威斯汀酒店

**7、最佳西方国际酒店集团**

Best Western International(美国)，成立于1946年，是全球单一品牌下最大的酒店连锁集团，也是排名前十位的唯一单一酒店品牌。在全球拥有酒店4200余家，总客房数达到33万间，广泛分布于80多个国家和地区，尤其在美国、加拿大及欧洲的许多国家具有广泛影响。

**8、喜达屋饭店及度假村国际集团** Starwood Hotels & Resorts（美国），拥有900家酒店26万多间客房，分布在世界100多个国家，为美国最大私营集团公司之一。

喜达屋品牌包括：圣·瑞吉斯(ST·Regis)、至尊精选(The Luxury Colle Ction)、威斯汀(Westin)、喜来登（Sheraton)、福朋（Four Points）和W饭店（W Hotels）(图2-17～图2-20)。

1）喜来登成立于1937年，直到1957年在美国麻赛诸塞州才建造了第一家饭店。

2）1995年福朋喜来登成立，将当时规模较小的酒店都改为福朋。

3）1998年，喜达屋饭店及度假村国际集团从资金管理公司，购并了威斯汀饭店和国际电话电报公司（ITT）集团，又拥有了喜来登集团。

图2-18　新加坡瑞吉酒店

4）喜达屋的最顶端品牌第一家圣·瑞吉斯酒店于1904年在纽约开业，其以贵族显赫的地位，成为全球酒店业的经典。

5）2005年8月25日成功收购法国航空公司下

图2-19　曼谷苏昆威喜来登大酒店

图2-20　美国夏威夷凯悦海滩度假村

属的艾美（Le Meridien）之后，喜达屋酒店正在亚洲寻找发展业绩不凡的高端品牌的酒店。

6）2008 年 4 月新品牌爱丽曼（Element Hotels）问世，这不仅仅标志步入公寓式酒店的开发，更是对绿色环保型酒店的尝试，到 2010 年将有 22 家爱丽曼酒店相继开业。

喜达屋集团在全球的主要市场中有着很强的品牌知名度，喜达屋都有良好的选址，主要分布在大城市和度假区。喜达屋酒店在把重点放在豪华高档细分市场同时，其各种品牌分别侧重于该市场中不同的二级市场。

**9、凯悦酒店及度假村集团**

Global Hyatt（美国），创立于芝加哥的普里茨科（Pritzker）家族公司，1957 年创办了洛杉矶国际机场第一家饭店，1967 年建起了世界第一家中庭酒店，21 层的中庭颠覆了传统的酒店格局，给酒店设计带来了新的创意（图 2-21～图 2-23）。

凯悦包括凯悦酒店集团和凯悦国际酒店集团两家独立的集团公司，拥有知名的凯悦、君悦和柏悦三大高端品牌，还吸纳了诸如 Summerfield Suites、Hyatt Place、Amerl Suites 和 Microtel Inns 等新品牌。

1）凯悦(Hyatt Regency) 是广为知晓的核心品牌，作为高星级豪华商务酒店遍布全球各地，以充满现代感的设计，融合西方与本土建筑特色，以最新细节诠释典雅、时尚与功能完美结合。

2）君悦（Grand Hyatt）是商务豪华型品牌，以气势非凡、雍容华贵的风格而著称，从辉煌富丽的大堂，气势宏伟的建筑，宽敞豪华的客房，完善的会议、餐饮、水疗及健身等设施，到先进的商务科技，满足顾客全方位的需求。

3）柏悦（Park Hyatt）是顶级至尊的精品型酒

图2-21　印尼巴厘岛凯悦度假村

**图2—22**　亚特兰大凯悦酒店中庭

店，尊贵、高雅、极致，它在世界一些重要城市都占据最佳的地理位置，以卓越的建筑设计，独特的室内设计，考究而细腻的客房布置以及顶级的餐饮设施，提供全面体贴入微的管家服务。

4）凯悦度假村(Hyatt Summerfield Suites)，自1980年在夏威夷毛伊岛建起凯悦酒店后，成了度假村建造和运营的领头人。通过选择著名度假胜地，结合当地乡土文化，设置高尔夫球场、水疗SPA、水上活动、滑雪、登山远足等，提供休闲设施和服务，给顾客焕然一新的体验。

5）2006年3月凯悦集团又推出凯悦居所(HYATT PLACE）品牌，迅速占领北美各地，以崭新的酒店理念成了酒店业品牌的"新秀"。2008年预计有20多家开业，尚有100多家新建项目正在推进。

**10、卡尔森酒店集团**

Carlson（美国），65年前由柯蒂斯·卡尔森创办的卡尔森集团是美国最大私营公司之一，总部设在美国明尼苏达州明尼阿波利斯市，业务遍及145个国家，员工总数在19万人以上。卡尔森酒店集团在82个国家拥有1700多家酒店、度假村、餐厅与游轮。

丽笙酒店标志

丽亭酒店及度假村标志

丽怡酒店标志

丽柏酒店标志

丽晶酒店标志

**图2—23**　酒店品牌标志

卡尔森运营五个酒店品牌（图2-23）：

1）丽晶（Regent）为白星五星级，是酒店业最受推崇的高端品牌之一，当前全球共有8家，都以突出的城市位置，独树一帜的建筑形象，营造出富有个性和关爱的宾至如归的感受。

2）丽笙（Radisson）为五星级，是全球领先的高档酒店品牌之一，它遍布63个国家410家酒店，同样均坐落在各个重要城市。

丽笙世嘉（Radisson Plaza）是丽笙的精品品牌的延伸，它带来全新概念的服务和更高享受的宾客体验，以更大更舒适的客房、更为宽敞的浴室和盥洗空间、高贵华丽的装饰最大限度地满足宾客需求。

3）丽亭酒店及度假村(Park Plaza)是一个中高档全套服务的酒店品牌，现已在10个国家有38家酒店。其以友好休闲的服务风格为特色，凭借丰富多样的风味餐厅、方便灵活的会议与功能厅以及各种娱乐设施，以适合商务、会议和休闲度假的需要（图2-24）。

4）丽怡酒店（Country Inns & Suites）是一个中档酒店品牌，在世界各地有380多家酒店，以鲜明特色的建筑与典雅精致的室内设计，提供超值的服务，实现"绝对宾客满意"的承诺。

5）丽柏酒店（PARK INN）是一个新型的中档酒店品牌，通过实现卓越的客户服务，舒适的设施，成为度假旅行者理想居所。

以上十大酒店集团都是集中在美、英、法三国，占据了酒店业的领先地位，囊括了全球酒店的主要品牌，而其中70%的优势品牌集中在美国。

图2—24　北京紫金丽亭酒店

## （二）国际酒店集团组织形态及经营特点

国际酒店经营模式比较复杂，体现在规模、所有权、管理和从属关系上，各种模式界限模糊而且互相混合，归纳起来大致有单体酒店、品牌酒店、酒店管理公司、酒店集团、酒店联盟、战略联盟等几种形态。

1、单体酒店是由投资者自己管理。

2、品牌酒店，是由多家在同一品牌下集合运作的单体酒店，以资产、特许经营协议或委托管理合同联结，如假日酒店、万豪酒店、索菲特酒店等。

3、酒店管理公司。一类是依托于品牌酒店存在的管理公司，它们拥有品牌同时提供管理服务。如万豪酒店管理公司、假日酒店管理公司等。而另一类是不依存任何品牌酒店而独立存在的管理公司，即独立酒店管理公司，仅提供单纯的管理服务，不能向酒店提供品牌及与品牌相关的营销和预订服务。如美国洲际酒店公司管理着100多家酒店，就是通过特许协议使用万豪、希尔顿、假日品牌的。

4、酒店集团。拥有一个或多个品牌酒店的大型酒店组织。如万豪酒店集团、洲际酒店集团等。

5、酒店联盟。成员加入该类联盟后保持自身品牌，成为自身品牌＋联盟名号形式，在获得联盟有限的营销服务的同时，自己承担较多营销，如世界一流酒店组织、世界小型豪华酒店、超国界酒店联盟等。

另一类是提供信息技术资源支持的酒店联盟，更加注重与销售有关的信息技术服务的提供，将各酒店预定系统连接到全球分销系统。

6、战略联盟。其属是互补型酒店组织，目前都是在大型酒店组织之间形成的，通过共同投资或利用对方优势资源促进相互发展。如四季—丽晶酒店集团。

## （三）国际酒店集团的体制

国际酒店管理团在酒店管理时实行现代企业管理制度，所有权与经营权分离，资本运作与经营运作分离，以及董事会领导下的总经理负责制。

1）所有权与经营权分离。国际酒店管理集团通过酒店经理受聘于管理集团的方式，以业主与管理集团签订的管理合同中的规定为业主工作，同时代表管理集团的合法权益。而如果酒店经理受聘于业主，则容易放弃经营者原则而倾向于业主利益。

2）资本运作与经营运作分离。其更有利于明确经营者责任和经营效益，国际酒店管理公司的酒店经理只负责企业的经营运作，而不为企业的资本运作负责，至于酒店业主对因投资酒店所负的债务是否有偿还能力，与经营无关，这样较容易判断经营者的成果。而如果酒店总经理既是资产所有者代表又是经营者，会造成两者职能没有明确分工。

3）董事会领导下的总经理负责制。在酒店实行一长制，副总经理、经理都是总经理的助手，管理体系上实行一条线制度，各级管理人员向上只有一个领导。总经理只向管理集团和代表集团的业主公司董事会负责。

4）管理控制。在制度上，管理集团业主重点控制对市场营销计划和经营费用预算计划的审批、执行和监督，可随时进入酒店了解财务账目。酒店财务总监由管理集团任命，有权直接向管理集团汇报工作。总经理无权任免财务总监。

# 三、国际酒店集团在中国的发展

中国是酒店增长最快的国家，据不完全统计，现有782个酒店项目待建，客房数为222591间，还有598个在建的酒店项目，客房数已达到173080间，居世界首位。而澳门博彩业收入已超过拉斯韦加斯，香港每年要接待1200多万游客，中国的酒店业已经走进了一个史无前例的发展阶段。

随着中国经济贸易迅速增长，文化往来增多，航空业的兴盛，旅游业的快速发展，使众多国际酒店集团纷纷走进中国。

**图3–1**　香港洲际大酒店

## （一）主要国际酒店集团在中国的发展

**1、洲际酒店集团**（IHG）作为全球最大的酒店管理集团，1984年进入北京。2008年底，在中国25个省市已经拥有111家酒店、38505间客房，成为2009年中国最大的酒店管理集团10强榜上名列第3名，成为在中国非本土的最大的酒店管理集团。

其中香港洲际大酒店被选为最佳商务酒店，还有上海锦江汤臣洲际国际酒店、南京侨鸿皇冠假日酒店、三亚华宇皇冠假日酒店、三亚亚龙湾假日酒店、厦门海景皇冠假日酒店、重庆洲际酒店、沈阳假日酒店、香港铜锣湾快捷假日酒店、上海广场长城假日酒店、北京中成天坛假日酒店、惠州大亚湾假日酒店、呼和浩特假日酒店、深圳华侨城洲际大酒店、威尼斯皇冠假日酒店，以及北京金融街洲际酒店和上海浦东皇冠假日酒店等，仅在上海就有8家酒店（图3-1 ~图3-3）。

**图3–2**　深圳华侨城洲际大酒店

随着洲际酒店集团在中国市场大规模扩展业务，需要吸纳大量的酒店业人才，以保证各品牌酒店高质量地运营。为了充分储备人才资源，2006年6月，洲际酒店集团与上海大学高等技术学院，以及两家著名的澳大利亚旅游管理院校（威廉安格力斯学院和BoxHill学院）签约，正式成立洲际酒店集团英才培养学院，推出专业酒店管理课程以弥补目前酒店业在人才培养的空缺。

**图3–3**　三亚亚龙湾皇冠假日酒店

**2、胜腾** 的速8酒店在北美用20年时间发展了1000家加盟店,又用了10年时间发展到现在2100家，前后共30年时间。而胜腾自2004年4月进入中国，在北京王府井开了第一间酒店后计划用15年时间内在中国发展到相同的规模(图3-4～图3-6)。

为了实现这个目标，在中国推行全球直营酒店，速8酒店客房一般为80~100间规格，房价为168~268元/天，加盟费40万元左右，改造成本是450万元，五年内可以收回全部投入。现在每半个月就有一家新店开业。

图3–4　上海古象豪生大酒店

图3–5　上海枫叶南站速8酒店

图3–6　诸暨美佳速8酒店

2005年胜腾通过收购方式拥有温德姆Wynd-ham豪华五星酒店品牌，该品牌始创于1981年，目前在全球拥有100间。这次温德姆豪华五星酒店品牌登陆上海宝山和厦门，定位为白金五星级，从而使胜腾适应并满足了中国对高端品牌的市场要求。

**3、万豪国际集团** 1989年在亚太地区开设第一家酒店——香港JW万豪酒店，1997年进入中国内地酒店业市场并开始快速发展。目前，万豪国际集团旗下的丽思·卡尔顿酒店、JW万豪酒店、万丽酒店、万怡酒店和华美达酒店共6个酒店品牌，在中国经营的酒店达42家，客房17651间，到2010年末将在华拥有50家酒店管理权。在2009年中国最大的酒店管理集团10强榜上名列第10名。

丽思·卡尔顿是世界上最负盛名的超豪华品牌，先前在香港和上海拥有酒店，北京金融街丽思·卡尔顿酒店成了在中国的第三家，2007年12月金茂三亚丽思·卡尔顿酒店(拥有451间客房)开业，由深圳星河集团投资10亿元的丽思·卡尔顿酒店(拥有282间客房)已经建成开业(图3-7～图3-12)。

无论在中国还是全球，万豪国际集团以其出色的服务水准、先进的设施和技术，居世界酒店集团之首，赢得公众的广泛赞誉和高度信任。

**4、雅高** 自1985年进入中国市场以来，管理的酒店已超过50家，其中索菲特酒店就有22家，包括石家庄索菲特大酒店、杭州索菲特西湖大酒店、鞍山索菲特国际大酒店、博鳌索菲特大酒店，成都索菲特万达酒店、西安索菲特人民大厦、苏州索菲

图3-7　北京金融丽思·卡尔顿酒店

图3-8　天津滨江万丽酒店

图3-9　三亚家化万豪度假酒店

图3-10　三亚丽思·卡尔顿酒店

图3-11　广州富力丽思·卡尔顿酒店

**图3–12**　深圳星河丽思·卡尔顿酒店

**图3–13**　三亚铂尔曼度假别墅

**图3–14**　三亚铂尔曼度假酒店

**图3–15**　深圳博林诺富特酒店

特玄妙大酒店、厦门索菲特大酒店、索菲特安亭镇酒店、沈阳索菲特金穗大酒店和宁波万达索菲特大酒店等（图 3-13 ~ 图 3-15）。

而另一品牌诺富特酒店已有 12 家，包括北京诺富特燕苑国际度假村、南京诺富特世贸饭店、北京诺富特海润酒店、广州诺富特白云机场酒店等。

世纪是雅高收购的四星级品牌，翻版后成为三星级的美居。亚太地区共有 10 多家世纪品牌，中国就占有两家，第一家是上海海湾世纪阁，另一家为 2005 开业的西安美居酒店。

享有盛誉的铂尔曼品牌，在 2010 年前已有 5 家全新的酒店开业：广东东莞旗峰山的铂尔曼酒店于 2008 年 3 月 15 日首先开业，三亚亚龙湾铂尔曼也在 4 月 20 日迎宾纳客，而后 2009 年呼和浩特奈伦铂尔曼酒店、2010 年天津滨海奈伦铂尔曼酒店和滨海奈伦美居也将陆续建成开业。

包括深圳东方银座美爵（481 间客房）、北京西单美爵（296 间客房）、上海虹桥美爵（496 间客房）和大连泰达美爵（200 间客房），每家美爵酒店都与当地特色相融合，从设计、装修、餐饮到服务，都反映出当地最独特的风格。

雅高从 2007 年起，每年计划有 12 家以上宜必思开业，这样计划 2010 年内推出三星级“美居”酒店 20 家，“宜必思”经济型酒店 50 家，成为在中国发展最快的国际酒店集团之一。在 2009 年中国最大的酒店管理集团10强榜上，以74家酒店21284间客房数名列第6名。

**5、希尔顿** 中国开放改革初期希尔顿就走进中国。在上海市华山路段建造了一座43层的上海静安希尔顿酒店，拥有800间客房，建筑面积为69244m²，成了国际酒店集团的先驱者，在中国 -举成名。

继后在北京、三亚、合肥、重庆又有4家开业，总共有2514间客房，而三亚希尔顿是在中国的第一个度假酒店（图3-16～图3-18）。

2006年3月，希尔顿与拉斯韦加斯金沙集团签署在澳门建设两个酒店，一座1200套房间的希尔顿酒店，另一座是300套客房的康拉德酒店。

2007年，拥有410间客房的厦门希尔顿开业，2008年前后又有北京王府井希尔顿酒店（266间客房）、上海港丽酒店、北京希尔顿双树酒店、昆山希尔顿双树酒店、重庆南山希尔顿度假温泉酒店；还有由希尔顿管理的北京广安门的朗琴国际酒店，下一步发展计划是太原、重庆、石家庄、东莞、武汉、海口等将在2010年前开业，还有正在洽谈中的40多个项目。由此反映出希尔顿在中国通过其品牌，实施从豪华、高档、中档到经济型酒店全面扩大服务的策略。

**6、最佳西方** 虽于2002年才进入中国，但目前在香港、澳门、北京、上海、杭州、武汉、深圳及厦门等城市有成员酒店32家，其中深圳富临酒店、大连海景酒店、浦东圣沙大酒店、武汉五月花大酒

**图3–16** 上海希尔顿酒店

**图3–17** 金茂三亚希尔顿大酒店

**图3–18** 北京王府井希尔顿酒店

店和禧邦大酒店、上海丽晟酒店、义乌海洋酒店为五星级酒店，还有四星级酒店11家，并计划2009年发展到60家酒店，合计1万间客房。

最佳西方从2006年成功地进入名胜风景区，在黄山、张家界、大理等地进驻国际品牌酒店。按五星级标准建造的黄山温泉度假酒店（338套客房）已于2007年5月营业。

**7、喜达屋国际集团** 1985年北京喜来登长城饭店历史性地开张，喜达屋成为首个进入中国的国际酒店集团。如今，喜达屋已成为中国最大的国际高档酒店集团，并持续在中国各地积极扩张，旗下各酒店品牌，包括：喜来登、威斯汀、艾美、圣·瑞吉斯、至尊精选、雅乐轩、福朋以及W酒店等，都已进驻中国众多城市及旅游胜地（图3-19～图3-24）。

2000年3月1日坐落在北京建国门外大街的国际俱乐部饭店，正式以喜达屋酒店集团的"圣·瑞吉斯北京（ST. Regis Beijing）"品牌命名。圣·瑞吉斯是最高档酒店的标志，按照绝对私人的高水准服务的模式运作，成为在亚太地区的第一家酒店。它拥有273间客房、5间餐厅、4个酒吧以及1500m$^2$的SPA可以享受纯天然温泉浴。

坐落在上海外滩的上海威斯汀大酒店（331间客房）于2002年5月开业，26层高的北京金融街威斯汀大酒店（486间客房）于2006年10月18日开业，而北京第二家威斯汀—金茂威斯汀大酒店（550间客房）于29届北京奥运会前夕2008年6月21日开业。在南方的广州天誉威斯汀酒店已经建成开业，2008年底威斯汀首次登陆深圳深南大道的益田假日广场。

喜达屋还在中国推出全新精品服务品牌—雅乐轩（Aloft），2008年9月北京海淀雅乐轩开业，传承了W酒店精髓的雅乐轩，将锁定更加年轻、注重品位的消费群体。

目前，喜达屋在中国运营47家酒店，此外还有57家新店等待开张，包括22家喜来登、12家福朋酒店（喜来登集团管理）、8家威斯汀、5家W酒店、4家圣·瑞吉斯酒店、3家艾美、2家雅乐轩以及1家至尊精选。2008年8月，北京东城喜来登酒店（470间客房）成了喜达屋在中国签约的第100酒店。喜达屋在中国迅猛发展的步伐，在2009年中国最大的酒店管理集团10强榜上，以19005间客房数名列第8名。

**8、凯悦**在中国最早是1969年开业的香港君悦酒店（549间客房），20世纪80年代进入中国内地，

**图3–19** 三亚喜来登度假酒店

**图3–20** 深圳大梅沙京基喜来登酒店

**图3–21** 上海世茂佘山艾美酒店

**图3–22**　北京金茂威斯汀大酒店餐厅

**图3–23**　上海W酒店效果图

**图3–24**　佛山南海雅乐轩酒店

1986年开办了天津凯悦酒店（353间客房），1989年西安凯悦（阿房宫）酒店（404间客房）后，续而获得了大规模发展，凯悦、君悦、柏悦品牌全部亮相（图3–25、图3–26）。

**图3–25**　东莞松山湖凯悦酒店

**图3–26**　杭州西湖畔的凯悦酒店

北京CBD核心段国际贸易中心对面的249 m高63层的银泰中心内柏悦酒店（237间客房），以及上海外滩的茂悦大酒店（631间客房）、北京君悦酒店（360间客房）、北京东方君悦大酒店（825间客房）、天津新城凯悦酒店（793间客房）、台北君悦酒店（549间客房）、杭州凯悦酒店（390间客房）、广州富力君悦酒店（375间客房）、宁波柏悦酒店（350客房）、重庆浪高凯悦酒店（250间客房）、成都群光凯悦酒店（2005年开业）、南京世茂凯悦酒店（317间客房）、三亚凯悦酒店（350间客房）、澳门君悦酒店（260间客房）、东莞松山湖凯悦酒店（350间客房）等，凯悦在内地酒店总数达到16家，成为除北美之外的最大市场。

**9、卡尔森酒店集团** 20世纪70年代因香港丽晶开业而轰动一时，成了当时香港最豪华的酒店。卡尔森进入中国内地时间不长，2005年11月上海龙之梦丽晶大酒店、2006年北京丽晶国际大酒店、宁波丽晶大酒店建成开业，2007年6月上海新世界丽笙大酒店和上海宏泉丽笙酒店开业，7月天津的丽笙世嘉酒店，还有柳州丽笙酒店等相继开业。中国首家丽亭酒店建在上海虹桥机场，拥有313间客房在 2009 年 6 月开业，这样三大品牌都占据了中国市场（图 3-27 ~ 图 3-29）。

2007 年 10 月卡尔森与英国莲花酒店投资基金组成战略联盟，以 10 亿美元投资基金共同开发中国、印度、泰国和越南等亚太地区，迅速开发酒店项目，其中 35% 投向中国。

2008 年 1 月 16 日卡尔森与阳光 100 置业集团达成协议，未来 3 ~ 5 年内在天津、重庆、沈阳、烟台、长沙、南宁和桂林等城市建设 10 家酒店。

### （二）国际酒店集团在中国的经营模式

早期的国际酒店集团多是通过投资酒店，购买不动产方式达到扩张品牌。自 20 世纪 50 年代起，希尔顿酒店集团和假日酒店集团以委托管理和特许经营的方式扩张，到了 20 世纪 90 年代，越来越多的酒店集团也通过特许经营和委托管理模式发展，直到目前发展更加壮大。另外，近年一些新兴的以强有力的技术资源支撑的酒店联盟以及联销经营又迅速崛起。在发展进程中逐步形成如下几种经营模式。

1、委托管理：通过酒店业主与管理集团签署管理合同来约定双方的权利，义务和责任，以确保管理集团能以自己的管理风格、服务规范、质量标准和运营方式，向被管理的酒店输出专业技术、管理人才和管理模式，并向被管理酒店收取一定比例的“基本管理费”（约占营业额的 2% 至 5%）和“奖励管理费”（约占毛利润的 3%~6%）的管理方式。

2、特许经营：是以特许经营权的转让为核心的一种经营方式，利用管理集团的专有技术与品牌，与酒店业主的资本相结合来扩张经营规模的一种商业发展模式。通过认购特许经营权和方式将管理集团所拥有的品牌名称、注册商标、定型技术、经营方式、操作程序、预订系统及采购网络等无形资产的使用权转让给受许酒店，并一次性收取特许经营权转让费或初始费，以及每月根据营业收入而浮动的特许经营服务费的管理方式。

3、带资管理：通过独资、控股或参股等直接或间接投资方式来获取酒店经营管理权，并对酒店实行

**图3–27**　北京丽晶酒店

**图3–28**　上海南京路上的新世界丽笙大酒店

**图3–29**　北京丽嘉酒店

相同的品牌、标识、服务程序、预订网络、采购系统、组织结构、财务制度、政策标准、企业文化以及经营理念的管理方式。

4、联销经营：近年来，伴随着全球分销系统的（GDS）普及和互联网实时预订功能的实现，国外的“联销经营集团”应运而生，并且发展迅猛。酒店联销集团是由众多的单体经营管理的酒店自愿付费参加，并通过分享联合采购、联合促销、联合预订、联合培训、联合市场开发、联合技术开发等资源共享服务项目而形成的互助联合体。

### （三）国际酒店集团在中国发展新趋势

众多国际酒店集团逐渐加强中国市场的战略地位，有些集团已把中国区域作为战略重心，近年来其有以下发展趋势：

1、从选择经济发达的中心城市或旅游资源丰富的城市开始，加紧向二线城市扩张。

2、由单一品牌向多品牌发展。如洲际集团已陆续推出皇冠假日、洲际、假日等品牌；万豪集团推出全品牌发展战略，既有高档的丽思·卡尔顿、万豪、万丽，又有中高档的万怡、新世纪、华美达；雅高集团在中国市场拓展了索菲特、诺富特等品牌后，又将三星级“美居”品牌引入中国。

3、由个别超豪华品牌酒店向批量超豪华品牌酒店发展。著名酒店集团纷纷推出超豪华品牌酒店，在中国打造自己的旗舰酒店。

4、向经济型酒店发展。在国际酒店集团积极扩大在中国的中高档酒店市场份额的时候，已开始关注经济型酒店，在拓展豪华品牌酒店的同时，也将经济型酒店品牌携入中国市场。

5、一些个性化高端品牌从传统品牌的旧模式里破茧而出，以创新设计的概念，注入风格和时尚的设计元素，以充满生活情趣的氛围，经济实惠的价格，逐渐模糊四、五星级的界限，使越来越多的人享受豪华而新异的居住体验，掀起酒店设计的新潮流，将会对中国市场有更深远的影响。

随着全球2008年金融危机，其影响逐渐蔓延到旅游酒店业。目前，很多新建酒店因受到危机影响，资金链断裂而推迟了开业时间甚至是停建歇业，但是酒店属于中长期投资，投资者看好的是酒店未来的长远收益。

# 四、特色酒店

在酒店业迅速发展和日愈激烈竞争中，主题酒店、精品酒店和时尚酒店相继出现，从而推动了酒店业的发展。这些酒店以其区别一般酒店的鲜明特色，被统称为“特色酒店”。

## （一）主题酒店

主题酒店是特色酒店的一种，是以某一特定的主题来体现酒店的建筑风格和装饰艺术，以及特定的文化氛围，让顾客获得富有个性的文化感受。主题酒店具有文化性、独特性、新颖性：

1）鲜明的文化性。通过引入人类文明的某些基因，把酒店从外显的建筑符号、装饰艺术到内涵的产品组合，以及服务品位都能够与传统酒店产生差异，通过文化的力量，形成酒店的特色。

2）张扬的独特性。个性特征是主题酒店追求的一种效果，力求在酒店建设、产品设计与服务提供各方面创新、出奇，因而突破了传统格局，形成个性。

3）突出的新颖性。由于具有鲜明的文化特色与个性特征，在众多酒店市场中自然脱颖而出，吸引更多的顾客，尤其对生活有较高品位的客人前来体验特色，感受氛围成为他们选择酒店的重要动机。

中国旅游文化资源促进会将主题酒店概括为：主题酒店是主题与酒店两者的结合，所谓主题，是以文化为主题，以酒店为载体，以客人的体验为本质。

“以文化为主题”强调主题酒店的核心是文化，文化是主题酒店的灵魂；“以酒店为载体”强调在关注文化的同时，必须明确主题酒店其功能的实现，功能是文化的基础；“以客人的体验为本质”强调不论是酒店的文化与功能还是要服务于客人，酒店最终目的是为客人创造一种体验（图4-1～图4-3）。

### 1、主题酒店的兴起

主题酒店的推出在国外已有50多年的历史。1958年，美国加利福尼亚的麦当娜旅馆（Madonna Inn）就是以《美国丽人》电影为背景，率先推出丽

图4-1 美国拉斯韦加斯的法国主题酒店

图4-2 南非太阳城主题酒店

图4-3 深圳威尼斯酒店

人玫瑰房12间，（现在已经拥有109个主题客房），成为美国最早、最具有代表性的主题酒店，在世界上兴起一股风潮。

美国内华达州的拉斯韦加斯是在一片沙漠上建起的度假休闲城市。它们借来世界各个著名景点，鲜明的城市形象与历史背景来打造的酒店的主题。这里可以看到古罗马风格和古埃及金字塔形象；可以看到美洲热带雨林；可以看到从纽约搬来的高楼大厦成了纽约·纽约酒店；可以看到法国的凯旋门和埃菲尔铁塔的身影；可以看到照搬意大利佛罗伦萨那座著名的老桥作为主题的老桥丽思·卡尔顿酒店，……这里竟然成了世界级的主题酒店的博览会，具有规模大、层次多、变化快的特点，它们充分利用空间和高科技的手段，配以大型的演出，使酒店增色不小。拉斯韦加斯是酒店之都，更是主题酒店之都。美国人就是通过酒店资本运作，构建了一个新型的城市，吸引了来自世界各地的客人。

**2、主题酒店的类型**

**1）自然风光酒店**

以自然风光作为主题，把富有特色的自然景观搬进酒店，营造一个身临其境的场景，让人们赢得回归自然的体验。

如巴哈马的伊柳塞拉岛海神酒店，是海下60m处的酒店，人们在房间里就能欣赏到奇特的珊瑚、海草、鲨鱼、艳丽的热带鱼等，海底风景令客人喜出望外，美丽纯朴的自然风光散发出一种独特魅力。而位于野象谷原始热带雨林深处的西双版纳树上旅馆，它的主题创意来源于科学考察队为了更深入的观察野象的生活环境。德国撒克逊州也有一家树上旅馆，5间客房悬挂在9m高一棵黑色的槐树上，客房之间有狭窄走廊相连。生活在树上是孩童的梦想，许多成年人也从未丧失这一欲望。

**2）历史文化酒店**

在酒店里建筑了一个古代世界，创造一种历史文化的浓郁氛围，以时光倒流般的心理感受来吸引顾客。如玛利亚酒店推出史前的山顶洞人房，利用天然的岩石做成地板、墙壁和天花板，连浴缸也是天然石材制成的。

**3）城市特色酒店**

酒店以历史悠久、具有浓厚的文化特点的城市为蓝本，以局部模拟的形式和微缩仿造的方法再现城市的风采。如威尼斯酒店就是利用了众多可反映威尼斯文化的建筑元素，充分展现地中海风情和威尼斯水城文化。

**4）名人文化酒店**

以人们熟悉的政要或文艺界名人的经历为主题来打造名人文化酒店。如杭州西子宾馆，由于毛泽东27次下榻，陈云从1979年到1990年每年来此休养，巴金也在此长期休养，推出了主席楼、陈云套房和巴金套房，房间里还保留着名人喜爱的物品摆设。

**5）艺术特色酒店**

凡属艺术领域的音乐、电影、美术、建筑特色等都可成为这类酒店的主题。如前所述Madonna Inn就是以电影《美国丽人》为背景作为主题，而位于八达岭长城脚下的公社酒店则以独特建筑取胜，展现出非同寻常的建筑美学和全新的生活方式。美国芝加哥的音乐主题酒店，即367间客房的蓝调酒店，巴厘岛硬石酒店则是以摇滚音乐为主题的酒店，酒店有418间客房，为纪念从20世纪50~90年代末的摇滚表演艺术家们，房间的墙壁饰以各种图片、纪念品和肖像。

**6）童话故事酒店**

以著名的民间传说、童话故事以及神话卡通人物为题材，甚至挖掘出动人的故事，作为酒店文化主题。从这些文化主题中提炼出许多素材、元素和艺术符号。

不论哪种类型，在表现形式上主题酒店就是文化加酒店。让主题酒店增加的功能，不是一个简单的会议功能，而是增加了一个文化体验功能。应该说，看每一个主题酒店，住每一个主题酒店，相当于在这个城市逛了一个新的景点，体验一种艺术享受，文化功能就是要产生这样的效果。主题酒店一定是一种特色酒店，但是特色酒店不一定全是主题酒店（图4-4 ~图4-6）。

**3、世界一些主题酒店的主题介绍**

南非 太阳城　以失落的宫殿为主题

维也纳 公园酒店　以历史音乐为主题

雅典 卫城酒店　以雅典卫城为主题

阿布扎比 酋长宫殿（Emirates Palace）以最

图4-4 澳洲 经度131度假村

图4-5 瑞典的尤卡斯加维村冰旅馆

图4-6 钻戒酒店

奢华为主题

拉斯韦加斯金字塔酒店（Luxor hotel）以埃及金字塔为主题

拉斯韦加斯米高梅大酒店（MGM Grand）以影城好莱坞为主题

拉斯韦加斯柏列吉欧酒店 以仿意大利北部小镇为主题

澳洲经度131度假村（Longitude 131）以国家公园帐篷生活为主题

澳大利亚 伍德华海湾度假村（Woodwark Bay）以原始又奢华为主题

伦敦布雷克斯旅馆（Blakes Hotel）以世界最早的温馨酒店为主题

纽约 图书馆酒店（Library Hotel）以最精致的图书馆为主题

美国 原始森林酒店（Wildwood Inn）以超乎想象为主题

柏林 怪异旅馆（Propeller Island City）以怪异为主题

玛拉玛拉营地（Mala Mala camp）以非洲探秘为主题

卡潘多岛度假酒店（Cayo Espanto）以孤岛幽情为主题

马尔代夫 Soneva Gili 酒店以人间天堂为主题

纽约 欧文旅馆（Inn at irving Place）以时光隧道为主题

威尼斯 鲍尔酒店（Bauer hotel） 以水城风情为主题

瑞典 冰旅馆（Ice Hotel in Sweden）以冰雪世界为主题

加拿大魁北克－冰旅馆（Quebec Ice Hotel）以冰雪世界为主题

美国 出游树屋度假旅馆（Out' N' About）以树上旅馆为主题

巴厘岛 硬石酒店（Hard Rock Hotel Bali）以摇滚音乐为主题

芭堤雅 硬石酒店（The Hard Rock Hotel Pattaya）以摇滚音乐为主题

美国野马旅游酒店（Wild Horse Pass）以印第安文化为主题

毛里求斯 酒店以最后的摩尔人都落为主题

美国麦当娜旅馆（Madonna Inn）以美国丽人为主题

**4、主题酒店在中国**

主题酒店作为一种正在兴起的酒店发展新业态，发展历史不长。中国第一家真正意义上的主题酒店，是2001年10月开业的深圳威尼斯皇冠假日酒店，这是一家以威尼斯文化为主题的酒店（详实践篇10）。

广州番禺的长隆酒店是一家以回归大自然为主题的酒店，香港的柏丽酒店则是一家以科技为主题酒店。

这些主题酒店的出现无疑为中国酒店业的发展提供了一种新的思路，拓展了发展的途径。在创建主题酒店时，应注意以下元素：

**1）引发注意力**。作为一个主题酒店，首先要在文化形式上创新，能给客人留下深刻印象，这样才能引发注意力；

**2）深化记忆力**。有文化有主题的酒店容易让人记住，可以达到深化记忆力的作用，深化记忆力就等于培育了回头客；

**3）创造文化力**。通过主题酒店的构建，创造一种文化力，这种文化力实际上是一种生产力，因为它会带来一系列的市场效益；

**4）形成品牌力**。通过主题的打造，特色化的经营，形成酒店特有的品牌，同样会带来经营效益；

**5）培育竞争力**。通过主题酒店的创建，最终目的是培育酒店在市场的竞争能力，保持良好的形象和信誉。

主题酒店与一般的酒店不同，主题酒店是酒店服务和顾客体验的融合。要客人对主题酒店营造的文化氛围产生深刻印象，可以在文化的海洋中徜徉，从精神上享受特定文化的魅力。但是这些精神上无形体验的一切，终究还是要落实到客房的舒适、设施的完善、起居的便利、优质的服务等酒店基本功能到位。

**5、主题酒店的创作**

弘扬中华文化，要全面认识祖国传统文化，取其精华，去糟粕，使之与当代社会相适应、与现代文明相协调，保持民族性，体现时代性，运用现代科技手段，开发利用民族文化丰厚资源。

**1）中华民族文化是主题酒店的丰富的文化源泉**。它包括历史文化、民族文化、饮食文化、养生文化、艺术文化、科学文化……，为主题酒店创作提供了取之不竭、用之不尽的文化源泉。这些文化融入酒店，让客人在入住酒店的同时感受到中国传统文化，这不仅可以提高酒店竞争力，更是文化表现形式的体验。

主题酒店绝不能是简单的文化包装，要把文化资源转化成文化产品，转化成客人可以体会、可以消费的产品。例如，很多酒店有温泉资源，但是温泉并不能作为一个酒店的主题。以温泉资源建立的温泉度假村，需要温泉文化的支撑，假若以盛唐文化的方式，结合地域特点，从而形成温泉产品。

**2）创新文化表现形式**。

随着高科技的发展，文化的表现形式更加多种多样，通过各种技术手段可以满足人们在视觉、听觉、嗅觉、触觉等综合性的文化体验。一方面可以加深客人的体验；另一方面也是对文化内容和传播形式创新的积极探索。

主题文化要贯穿酒店经营的每一个环节。在主题酒店创作中，重点关注主题氛围设计、主题文化展示、文化典籍收藏、主题客房、主题餐饮、主题活动、主题娱乐、主题购物以及户外主题活动，因此酒店本身就是一种产品和服务的文化。

不单是经济发达国家，就像韩国和新加坡等亚洲国家都在开发本国文化资源，创立主题酒店。因此弘扬中华文化，一定要创建更多更新的主题酒店，来带动整个酒店业的发展。

## （二）精品酒店

精品酒店 Beutique Hotel 引自璞邸的概念，璞邸（Beutique）原指时尚服饰的精品专卖店。

把那些具有浓郁的文化特色和独特历史记忆的场所，或许本身就是历史保护建筑改建成酒店。它就像一个小型博物馆，以描述与老建筑有关的传说故事为主要设计元素，入住可以说是一次充满惊喜的旅程（图 4-7）。

这个概念源于欧洲的 20 世纪 70 年代，盛行欧美。这些客房一般不超过 100 间的小型酒店，小而尊贵，小而时尚，并不拘泥于某些特定的模式，以市场需求为原则，充分发挥项目条件优势。酒店设计和装修都十分讲究，品位高雅，风格独特，特别强调文化艺术氛围。有的甚至比星级酒店房费更为昂贵，实现管家式服务，服务人员往往达到客房数的 3 ~ 4 倍。正因为有许多客人追溯它的历史背景，希望住进这样的文化艺术氛围较浓的酒店，以实现一次独特的体验。

法国巴黎有 1200 多家酒店，被誉为“世界旅游之都”。但是最有特色的，就是隐藏在老城区里建造于 17、18 世纪的老房子改造成的精品酒店。由于推行保护古建筑的严格法律，在改造中都不能改变原建筑外观和室内结构，只允许增加小电梯。

如位于香榭丽舍大街的加利福尼亚酒店只有 174 间客房，却展示着从世界各地收藏来的 4200 多件艺术品真迹，从毕加索原作到非洲原始艺术木雕。业主不仅出于爱好，实质上是为酒店不断增添文化身价，正因此声名远扬，是被公认的精品酒店。再

**图4—7**　加拿大魁北克城堡酒店

如巴黎市中心旺多姆广场北侧，有一座巴洛克建筑——利兹大饭店（Ritz Hotel）拥有客房165间、中型宴会厅2个、餐厅6个和1个不大的酒吧，还有2个精美的法式小花园，虽历经数次修缮和改造，布局依旧。它于1898年开业，百年以来接待过许多政要首脑、皇亲贵族、名人富豪，留有许多趣闻轶事（图4-8、图4-9）。1997年8月31日，英国王妃戴安娜和男友多迪就在此享用最后一餐，给世人和酒店都留下了永远的记忆。

图4-8　巴黎利兹(RITZ)酒店

酒店创办者瑞士人利兹的初衷就是要以酒店来结交权贵，他从一开始就追求豪华，如今豪华得到更高的升华，这座精品酒店已成为巴黎的经典。

纽约曼哈顿的摩根斯酒店有113间客房，就是由一个小楼改建成一座酒店，吸引好多的好莱坞明星、名模和娱乐界大亨，因此常常吸引公众社会和媒体的关注，不时传来一些新闻和轶事，这座精品酒店成为社会舆论的焦点。

图4-9　巴黎克丽伦酒店

在中国，单只上海一个城市，2007年就诞生了4家风格迥异的精品酒店，以老照片、老绘画、老古董、老服饰、老房子、老环境来营造怀旧主题。

如上海衡山马勒别墅酒店，原是陕西南路30号的富商马勒的私宅，建于1936年，建筑面积2989㎡，高低不一的攒尖顶、四坡顶、墙面凹凸多变，棱角起翘，是一座精致的独具一格的北欧挪威式建筑，被认定为上海优秀近代建筑和全国重点文物保护单位。其经过衡山集团“历史加功能”的精心改造，这座闹中取静的至尊精品酒店于2002年开业，2007年再重新装修。酒店拥有原汁原味的各类欧式豪华客房及套房共28间，装修极具特色，是奢华和文化交融的象征（图4-10）。

图4-10　上海衡山马勒别墅酒店

再如位于上海新乐路82号的首席公馆，原为旧上海滩青帮教父杜月笙公馆，是一座法租界的洋房，收藏着300多件20世纪30年代古董物件，保留了独特的老上海社交名流的情调，充满许多传奇式色彩，其室内装饰奢华精致。其中140m²的“公馆套房”一晚房价为660美金，居然还一房难求。（图4-11、图4-12）

因此，精品酒店可以选一种特殊的文化素材作为酒店设计的脉络，用于塑造出酒店的个性和品牌。主要通过陈设艺术品和文史实物，这些精心陈设的应该是酒店收藏的上乘的精品和珍贵的古董。

私密性和安全性是精品酒店核心要求。以高贵的主要特征，以喜爱精品酒店文化的高端国际商务

**图4–11**　上海首席公馆酒店1

**图4–12**　上海首席公馆酒店2

和度假客人为目标客源，房价标准不能低于相同城市里的五星级酒店的平均价格，那么设施和服务用品的配置必须达到或超出豪华城市酒店五星级的标准以满足客人的最高期望值。而在人员配置上，酒店员工与客人的比例不能少于2.5:1，必要时可以达到4:1。

## （三）时尚酒店

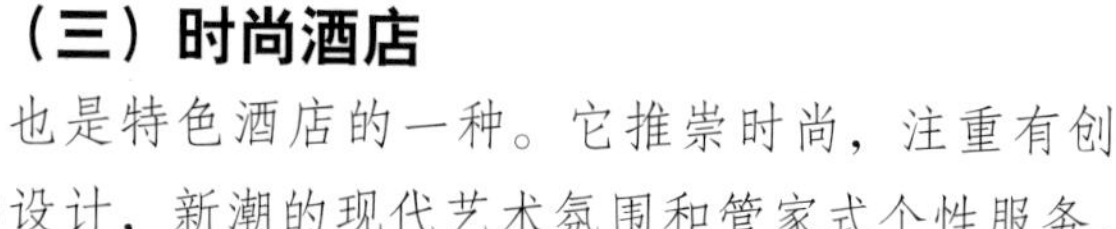

也是特色酒店的一种。它推崇时尚，注重有创意的设计，新潮的现代艺术氛围和管家式个性服务，成为酒店业的新亮点。

**1、时尚酒店的特征：**它常常强调与众不同的特点，精巧、猎奇、时髦或新潮，迎合当代时尚人士对现代艺术的追求，特殊人群对生活的向往，尤其适合年轻人对现代生活潮流的需求，以标新立异的前卫设计吸引客人。因此有的直接称为设计酒店（Design Hotel）、时髦酒店（Hip Hotel）、酷酒店（Cool Hotel）、小豪华酒店（Small Luxury Hotel）或者私人度假酒店（Escape Hotel）等。

时尚酒店为客人推出的许多设施，在超大套房里推出景观浴室、水疗房、运动房等，其服务也是量身定做的。

有的酒店还推出“宠物准入”（Pet-friendly），也是酒店招揽顾客的出奇招数。但是无论酒店怎样变化创新，其最本质的是不变的，那就是“服务”、“更好的服务”和“最好的服务”（图4-13～图4-15）。

**图4–13**　美国费雪尔靛蓝酒店

**图4–14**　巴厘岛总督酒店时尚客房

**图4–15**　美国佛罗里达州奥兰多XS娱乐城时尚餐厅

**2、时尚酒店的设计**就是追求时尚，体现新潮，必然要摆脱传统设计的束缚，采用现代风格的设计。

酒店不再是昂贵材料的堆砌，名贵饰品和家具的摆设，而把酒店改变成富有乐趣的地方，具有与时代同步的现代气息，这才是时尚酒店最富有活力，迅速风靡全球的原因所在，它带来了酒店设计新的发展趋势，开创了新的建筑美学。

希尔顿国际集团提出"建造时尚而非简约的设计，清新并有地域特色的酒店，走一条既现代化又非简约式的路线，而不跟随某种潮流，追求过于时髦和简约的设计"，——这无疑是对酒店设计的一种挑战。

希尔顿在迪拜湾大酒店的设计中，把大堂和Gordon Ramsay 餐厅采取银白色的铬合金和高雅的黑岩板为主要材质，经过合理搭配后，形成了时尚又非简约的风格，反映出迪拜这个新型城市令人炫目的现代气息。

近年来在欧洲和东南亚地区的一些度假酒店，采用现代简约主义风格取得良好效果，大面积的白色、黑灰色和木质相搭配，外墙与玻璃的虚实对比，干净利落，十分优雅耐看，给人们一种纯正之美。

**3、Fotel 酒店。** "Fotel" 是 "Feeling-Hotel" 的缩写，定义为"泛主题、体验式"酒店是时尚酒店的一种。除了传统经济型连锁酒店所应具备的便宜和便捷以外，它最大的特点是为住客提供交流和碰撞的平台。

Fotel 讲究简约、舒适，极具人文精神，提倡简洁不简陋，享受而不奢靡，丰富而积极的生活方式："尊重"、"关爱"、"信任"、"支持"是该类酒店基本的服务理念。通过文化书吧、时尚影吧、会员沙龙等配套设施，致力让客人感受"互动"、"真诚"、"友好"的体验式服务，全力营造一种"非家"以外的第三场所，在这个除家庭和办公室以外的空间内，能实现自己心底的喜好和向往，让这一族群获得归属感。

这样的消费人群，他们的心理年龄应该在 25 ~ 35 岁之间，崇尚自由、寻求刺激，是当今社会的"先锋人群"。尝试为这个人群打造专属领地，譬如针对体育迷的酒店，走廊和过道上挂满了体育明星的画像，住客还能方便地到附近的运动场所体验一把。让每位住客都能在这里找到志趣相投的人，也许身份、职业并不重要，但在心灵上，他们其实是同一类人。

2008 年 9 月在杭州保俶路上有一家名为"汉庭客栈"的经济型酒店开业，该酒店不仅全部 146 个房间统一价为 99 元，而且整个酒店充满了漫画元素，这是全国首家漫画特色酒店。酒店为客人提供的免费书吧里，也摆满了漫画书，以满足年轻学生和背包客等住店客人的需求，其意在占领经济型酒店的中低端市场（图 4-16）。

**图4-16**　杭州漫画主题酒店

**4、酒店的女性楼层：**女性专用楼层一出现就引发了激烈的争论。女性楼层最早出现在 1923 年美国纽约曼哈顿的阿莱顿酒店，当时是女性在职业领域刚刚取得平等的年代，据说这家酒店尚未开业客房就预订一空。

直到二战后女性楼层才较多出现，为保护职业女性商务旅行安全，希尔顿集团曾推出"希尔顿酒店是女性安全的保障"的服务。但是到 20 世纪 60~70 年代，女权主义者反对把女性当作"弱者"形象保护起来的做法，因此女性楼层逐渐淡出酒店市场。

20 世纪 90 年代以来到本世纪初，职业女性成为酒店日益重要的客源，在世界各地女性楼层在各大品牌酒店中有了大发展，如同行政楼层、俱乐部楼层一样，成为酒店市场细分的产物。女性楼层提供个性化的服务，是时尚酒店的一种形态。

由于宗教和历史的原因，印度许多酒店都设有女性楼层。印度最大的泰姬酒店集团在新德里泰姬玛哈酒店，有一个楼翼全是女性专用客房，客人必须用房卡刷电梯控制系统，才能进入该层，而且酒店服务人员皆为女性，在客房里放置女性时尚杂志，专门配备的化妆台，提供润肤霜、深层卸妆乳、柔软的毛巾、锦缎浴袍、真丝拖鞋，以及低热量的饮料等，推出一套成熟的服务措施。

如印尼的雅加达阿里拉酒店设有女性专用行政楼层，供客人会友和消遣。孟买的马地拉喜来登酒店为客人免费提供瑜伽指导、优惠的美容美发和SPA的服务（图4-17）。迪拜的尊雅阿联酋酒店是中东首家推行女性楼层的酒店，安排在该酒店的第40层，并与国际知名香水品牌肖邦（Copard）联手打造的。拥有女性专用楼层的酒店还有伦敦希尔顿酒店、挪威奥斯陆大酒店（图4-18）、哥伦比亚的波各大丽笙皇家酒店、沙特阿拉伯的吉达红木滨海酒店、喜达屋的上海瑞吉红塔大酒店、印度ITC新德里莫林雅酒店和孟买喜来登大酒店等。

**图4—17**　孟买马地拉喜来登酒店

女性专用楼层的初衷是为了给女性客人更为安全的承诺，只是为吸引客人的一种促销举措，因此女性楼层都要具有十分温馨的特色。

由于当今星级酒店已具备安全保障的情况下，为了有效地吸引女性客人，提供更多的女性化服务，构建女性特色楼层，男性客人也可以入住，这样让酒店运营可以灵活，机动调配，以提高酒店的入住率。拥有这样女性特色楼层的酒店，譬如有美国大瀑布市JW万豪酒店、布鲁明顿的MSP机场皇冠酒店和英国蒙太古花园酒店等。 喜达屋集团还推出“传奇女性”活动，在通过和知名女性的互动，给女性客人带来增值服务和亲切体验。

**图4—18**　挪威奥思陆大酒店女性楼层

未来酒店可能深化成一个三分天下的格局：一是以星级酒店为代表的主体格局，按照标准化、规范化操作，以质量和品牌取胜；二是单一功能型酒店，突出酒店的单一功能，不追求大而全、小而全，但是必须把一个功能做到位、做到好；三是成为特色酒店的天下，以个性化、特色化取胜。

# 五、经济型酒店

当下，没有富丽堂皇的厅堂，豪华的客房和酒吧，装修简朴的经济型酒店却吸引众多的商务旅游的中外客人。类似于“城市客栈”的经济型酒店越开越多，以适应经济发展和大众旅游业的需要，已成为酒店业整体格局的重要业态之一。

根据法国 CDC 证券公司调查结果显示，目前全球各类连锁酒店所占的比重分别为：豪华型 5%，高档 30%，中档 37%，经济型 20%，适用型 8%。虽然经济型和适用型的酒店仅占 28%，但是发展潜力仍然很大。

从全球各地区的酒店数量分布来看，北美的各类酒店分布比较均衡，经济适用型酒店占到 41%，代表着酒店业的发展方向；而南美酒店业仍不成熟，豪华和高档酒店所占比重过大，经济适用型酒店仅有 6%；对欧洲来说，豪华高档酒店所占的比重也较大，经济适用型酒店的发展机会也多；东欧、中东和非洲的大部分酒店都是高档和豪华型的，酒店档次分布十分不平衡；尤其是非洲，其酒店服务仅仅针对国际旅游者，国内居民较少享用。而对于亚太地区来说，高档和豪华型的比例较大，经济型酒店的发展空间也大。

## （一）中国国情与市场

随着民间商务活动和经济贸易往来的频繁，以及观光旅游和大众化休假的需要，异地投宿的数量日愈增大。2008 年中国国内旅游人数达到 17.12 亿人次，旅游收入达 8749 亿元，占全年旅游总收入 1.16 万亿元的 75.4%，国内旅游市场成为市场的主体。而 2008 年全年入境旅游人数为 1.3 亿人次，其中入境过夜旅游人数为 5303 万人次，旅游外汇收入达 408 亿美元，中国继续保持全球四大入境旅游接待国的地位。

而 2009 年国内旅游人数已达 19.02 亿人次，比去年同期增长 11.1%，国内旅游收入达到 1.02 万亿元，同比增长 16.4%，充分说明中国最具活力和潜力广阔的国内旅游市场，增长态势十分强劲。

具有勤俭节约优良传统的国人，并不愿意花很多钱住一晚睡一觉，因此人们出门往往首选经济型酒店，那里的清洁和舒适的住宿条件已经让他们满足。

据不完全统计，当今中国经济型酒店数量只占 20%，可是营业收入不足于 15%。近几年经济型酒店有了迅速发展，由于经济型酒店单体规模小、投资少、建设周期短、运营成本低、回报快，而且以民营为主，经营效率比较高，投资风险却相对较低，因此经济型酒店拥有更大的发展前景。

## （二）规模与功能

经济型酒店的功能要简单得多，主要满足客房和早餐两项服务，也被称之为“B & B”（Bed and Breakfast）酒店，甚至只满足住宿需要。

经济型酒店以客房为主要经营项目，客房面积要占总建筑面积的 70% ~ 80%，只要有门厅（称不上大堂），一个餐厅，连小商品店也可合并在前台的服务项目中。

经济型酒店并不希望客人在酒店公共区域里较长时间停留，以尽量减少酒店的公共部分面积，餐饮、健身和娱乐等设施基本上不予配置，这样才能降低投入和运营成本，房价才能降下来。

为此，酒店最好位于商业街市区域内，在 300 ~ 500m 范围内，有客人举步可达的餐饮、便民店、商场和娱乐设施，以及城市公交站，以作为酒店功能的社会配套和补充。（图 5-1 ~图 5-3）。

**图5–1**　深圳海上世界7天连锁酒店

**图5-2**　杭州怡莱连锁酒店

**图5-3**　美国万怡酒店

## （三）形象与特色

经济型酒店的特征就是建设投资较少，运营成本较低，但并不缺少酒店的基本服务。

著名的国际酒店集团也有自己的经济型酒店的品牌，譬如洲际集团的假日快捷，雅高集团的宜必居，万豪集团的万豪居家，而全球排名的第二的胜腾集团就是从经济型酒店“速 8”品牌发展起来的，同样全球排名第五的精品集团的 7 个品牌全是以经济型酒店为定位，为顾客提供“超值享受”。这些国际品牌的输入，给中国带来成熟的经济型酒店管理经验，同时带来了与本土酒店业的激烈竞争。

实际上，越来越多的经济型酒店投资者和经营者，并不希望被人称为“经济型酒店”，通过一番创意和包装，而拥有一个更动听的名字和更完美的形象。

正因为如此，酒店要设法办得更有特色，让客人住得舒适。比如宽 1.8m 的大床、新潮的卫生设备、高档的床上用品、时尚的室内装饰和便利宽带上网等服务，而且价格不分淡旺季，即使旅游黄金周也维持价格也不变。

一些酒店设计得漂亮、时尚也很温馨，一点都不凑合，虽然规模不大，房间不多，但舒适度标准比较高，增添文化品位的投入，风格也很抢眼，结果付经济型酒店的房费，住超值的有特色的酒店。也有本来是个经济型酒店，房价却随着名气上涨，在欧洲某经济型酒店居然要收每晚 120 欧元的房费。

近几年有些经济型酒店为了突出醒目的形象，把外墙刷得十分刺目。形象设计是高尚艺术，需要聘请专业设计，具有明显的识别元素，打造出有特色的酒店形象，品位高但成本不高（图 5-4 ~ 图 5-9）。

**图5-4**　杭州如家酒店餐厅

**图5-5**　杭州怡莱连锁酒店门厅

**图5-6**　丹东莱弗士商务快捷酒店入口

**图5-7**　美国拉斯韦加斯酒店客房

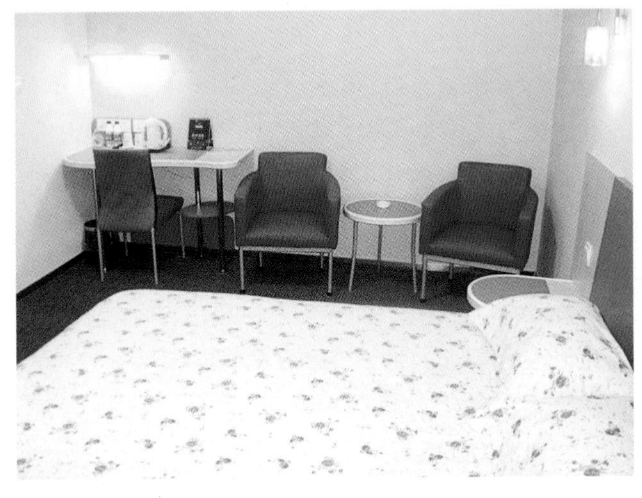

**图5-8**　莫泰168酒店客房

**图5-9**　杭州如家酒店客房

## （四）投资与选址

经济型酒店的成功与否，关键在于选址，这是由于经济型酒店的本质所决定。它的客户群主要是来往流动的顾客，因此经济落后或边远区域客源少则无法经营经济型酒店。只能选择经济发展、人口密集、交通发达的城市或地区，一旦位置适中，市内交通便利，通往旅游景点、商业区、机场车站有公交线路，那么成功的机会就大得多，接下来就是把握好投资和经营管理。投资决策时，要对建设成本和经营成本进行测算，对市场作合理的评估，对投资回报可行性作客观计算。

建设方式可以有几种选择：

1、新建，尤其是与城市配套建设的新建社区，这样可以从一开始定位并实现经济型酒店的完美目标。

2、很多采取收购或租借现有房屋进行改造，尤其是转业转产工商类建筑，建筑空间大，有益于改造，这种方式往往收效快，成本低。这时还可以将酒店首层的某些面积用来招商租售，由他人开办快餐店、小商店、洗衣店、旅行社等，既补充了酒店功能，又方便了客人。

3、今天仍有不少传统式旅店和破旧的单身宿舍，只要各方面合适，彻底整治简陋、陈旧、脏乱的现象，更新改造成一个像样的经济型酒店，是完全可能的，同样也是收效快、成本低的又一种方式。

2010新年，国内首家以“火车”为主题的酒店——茵特拉根火车酒店在深圳东部华侨城开业。酒店位于风光旖旎的茶溪谷湿地花园湖畔，蜿蜒的铁轨，“流动”的车厢，明净的站台成了酒店大堂，面对彩虹般的四季花田和11万$m^2$天然湿地公园，整体设计充满了自然与休闲的情趣。

酒店内部以中世纪欧洲火车厢为蓝本，共由9节软卧车厢组成，拥有62间客房，其中普通客房54间，豪华客房8间，床位230多个。车厢内简洁明亮，温馨舒适，并设有欧式乡村咖啡馆和手工面包作坊。这种富有创意的酒店实际上是一种经济型酒店，别出心裁的选址，就是在高端旅游景区中以满足不同消费阶层需要，其普通客房 1 个床位 200 多元，含 1 份早餐和 1 张门票，让旅客在葱郁的绿色生态环境中，经历一次特别的度假体验。

## (五)超经济型酒店

超经济型酒店是一种比经济型酒店更为经济的酒店，是经济型酒店市场细分的产物，是一种酒店最新的业态。

1、超经济型酒店客房面积仅 $12m^2$，布局更为紧凑，例如洗浴设施采用整体式卫浴，一改传统的单床、双床格局，引入高低床、榻榻米等。

2、酒店不设餐厅、健身和娱乐用房，服务人员尽量精简，一家酒店的服务人员不超过 15 人，大量服务通过住客自助方式，如通过自动售货机供应饮料食品和日用品，又如住房入住登记就付清房费，免去退房查房手续。

3、“超经济”最重要是体现在更为低廉的房价上，房价基本上在百元左右，因此具有很大的消费市场。

## (六)中国的十大经济型酒店集团

中国经济型酒店连锁品牌超过 100 家以上，已开业超过 1000 家以上，其中民族品牌占据主导地位。近几年来，一些新兴品牌出现，使得经济型酒店在业态分布和地域布局上趋于饱和，而且面临着与国外品牌的激烈竞争。

下表为根据专业部门提供的 2009 年 7 月中国经济型酒店排名榜。

中国经济型酒店概况　　表5-1

| 名称<br>数量 | 如家 | 锦江之星 | 莫泰 | 7天 | 汉庭 | 格林豪泰 | 速8 | 宜必思 | 维也纳 | 中州快捷 |
|---|---|---|---|---|---|---|---|---|---|---|
| 酒店数 | 544 | 279 | 195 | 280 | 219 | 151 | 103 | 29 | 19 | 23 |
| 客房数 | 63180 | 38074 | 34801 | 30077 | 26146 | 16426 | 9540 | 5748 | 4351 | 2950 |

**1、如家酒店集团**　创立于 2002 年 6 月，以宾至如归的“家”文化理念，为海内外八方来客提供一个安心、舒适的家。现在在全国 29 个省市近 100 多座城市，拥有连锁酒店 500 多家，已成为全国最大规模的经济型连锁酒店集团，在美国《Hotels》杂志公布 2009 年全球酒店业 300 强中，如家以 2008 年底拥有酒店 471 家，客房数 55578 间排名为第 21 名（图 5-10）。

原七斗星商旅酒店是一家以“泛主题、体验式”品牌定位的商旅连锁酒店，推出全新的“B &B”模式，即开放式卫浴和松软床铺的舒适理念，在全国 18 个城市有 26 家经济型酒店，拥有 4000 多间客房。2007 年 11 月七斗星已被如家收购，整合后形成“如家七斗星”的新品牌。

2008 年 12 月集团正式更名为“如家酒店集团”，实施多品牌战略，并推出中高端的商务酒店品牌——和颐酒店和桔子水晶酒店，采取四星级标准装修。

**2、锦江之星**　是中国最大酒店集团——上海锦江国际酒店（集团）的子公司，1997 年首创了中国第一家经济型酒店，2006~2007 年度连续荣获中国经济酒店十强榜首。

2009 年 3 月锦江新推出新一代的“超经济性酒店”百时快捷酒店，突出“资源节约型”的特点，房价基本在 100 元左右，更适合青年学生、工薪一族、平民阶层及中小型企业商务人士等，备受行业关注和消费者的喜爱。由锦江之星管理的百时快捷酒店已在北京、宁波、武汉开业，还有上海、西安、南京、南昌等 7 家正在筹备中。

**3、莫泰（Motel）**　“Motel”即“Motor-hotel”的合成词，中文为莫泰。2003 年 4 月，莫泰随着中国经济型酒店的热潮乘势而起，“莫泰”并不是国外品牌，其名字缘出于 20 世纪 30 年代末期曾在美国风靡一时的汽车旅馆“Motel”的概念。

莫泰拥有 Motel 168（平均房价￥198）、Motel 268（平均房价￥296）、驿居（平均房价￥224）和 Yotel QQ 约泰（平均房价￥122）四个品牌。

**图5–10**　杭州如家酒店

**4、7天连锁酒店集团**　于2005年创建，目前已经建立了覆盖全国的酒店网络，拥有200多家连锁酒店。在中国饭店协会最新公布的中国经济型酒店排行榜中列为第四。尤其是企业高成长率、经营和融资能力等都表现出7天锐意创新的模式，而集团管理体系、会员体系、成本控制、人才结构等在酒店业内居领先地位。

**5、汉庭酒店集团**　成立于2005年，已经完成全国主要城市的布点，2008年2月更名为酒店集团，拥有开业酒店近100家，签约酒家近200家，计划五年内将要发展到1000家。汉庭以多品牌运作为整体发展策略，现拥有“汉庭酒店”、“汉庭快捷”以及“汉庭客栈”三个品牌，汉庭酒店定位为中端商务酒店，汉庭快捷为经济型酒店，定位一夜100元以下的汉庭客栈主要面对背包客与学生族等人群。

**6、格林豪泰（Green Tree Inn）**是由美国若干跨国集团联手创办的酒店管理公司，2004年11月在中国第一家酒店开门迎客，现在已遍及北京、上海、天津、重庆、沈阳、成都、南京、武汉、杭州、南昌、深圳等城市，在2009年美国《Hotels》杂志全球酒店业300强中，以酒店131家客房数14481间，排名为第59名。

**7、速8**　——详见业态篇之国际酒店集团。

**8、宜必思**——详见业态篇之国际酒店集团。

**9、维也纳酒店集团**　总部在深圳，成立于1993年，拥有维也纳星级酒店连锁（3~5星级）和维也纳三好酒店连锁（2~3星级）两大酒店品牌；目前在深圳、北京、上海、天津、桂林等地共有33家酒店（含在建的），致力于“创世界品牌、为民族争光”。

**10、中州快捷酒店连锁**　是河南中州国际集团的子公司，是中西部最大并向全国发展的经济型酒店。

中国经济型酒店的迅速发展，急需打破行业和地区的界线，实现经济型酒店本土化集团化。如家兼并了七斗星，经历多方位的整合组建成集团，一跃超出2007年前一直领先的锦江之星。各经济型酒店需要把握时机，总结酒店管理经验，做强做大，迎接更大的挑战。

# 六、产权式酒店

20世纪60年代，在欧洲出现了一种方便家庭度假消费的简单方式，即合股购买度假住房，每年轮流分时享用，这就是“分时度假村酒店”。在世界一些著名旅游城市和地区，如美国夏威夷、加利福尼亚、佛罗里达，澳大利亚的黄金海岸等地这种方式尤为兴盛。

经过数十年的发展，在中国现也已被广泛接受，出现了“房地产＋酒店＋旅游”投资模式，成为酒店的新业态，被称之为“产权式酒店”。一般来说酒店投资大，回收周期长，开发商就采用这种集资手段，将酒店的部分产权或单间客房分割给客户，一方面有人对城市酒店投资有信心，以实现保值增值；而另一方面更多人热衷于度假旅游酒店的投资。这一方式首先从海南三亚悄然兴起，随之带动了全国的发展。

## （一）产权式酒店的特征

1、业主拥有酒店独立产权。投资者可以一次性或分期付款，或采取按揭方式获取分割的酒店产权，小业主拥有分割的产权但不参与经营。产权期限往往有15~20年，还有40年，产权式酒店的分割产权属于小业主。

2、酒店管理。产权式酒店一般委托酒店管理公司经营，提供酒店式服务，如保安、清洁、餐饮、洗衣、叫醒服务以及多形式的钟点服务，从管理中获得一定的收益。

3、兼具度假居住与投资两种功能。小业主购买酒店的分割产权，既可以用来度假与居住，也是一种投资，因此它是旅游物业的重要一类，其实质就是“分时度假＋房产投资”。

4、产权式酒店可以建在城市商务区，也可以选在景色优美的旅游区。小业主自己拥有酒店每年一定时间段的免费居住权，作为业主的第二居所或企事业单位的度假基地。

产权式酒店的回报方式有多种，一种是提供固定投资回收率，还加上部分酒店经营利润，另一种是只提供酒店经营利润，不提供其他回报。

## （二）产权式酒店的类型

### 1、时权型

这是产权式酒店最先发展的类型，由瑞士亚力士首先提出的“Timeshare Hotel”，是酒店向投资者出售在一定时间内使用酒店住宿、餐饮或娱乐设施的权利，该权利容许转让、出售或交换。

### 2、退休居住型

投资者在工作期间为退休预备的住房，退休前每年可以去居住一个时间段，其余时间交酒店管理公司出租来获得租金回报。到一定期限转为自己安度晚年的退休居所。

### 3、投资型

开发商将酒店的单间客房分割为独立产权出售给投资者，投资者成了小业主。小业主协约委托酒店管理公司统一经营，获得年度客房利润分红，同时获得酒店管理公司赠送的一定天数免费入住权益。

## （三）产权式酒店的投资回报

投资回收方式有多种，一般有三种计算方法：

1、小业主与酒店管理公司签订《委托租赁合同》，每年可以免费入住30天，并获得酒店经营的利润分红；

2、小业主与酒店管理公司签订《租赁合同》，每年还可以免费入住30天，并获得月供款1.1倍的固定回报；

3、小业主可以随时入住，不定时地将物业交给酒店管理公司代为出租，以获得出租回报。

根据国际旅游组织报告，目前全球81个国家4000个旅游项目已有35万家庭购买，预计到2008年世界产权式酒店的销售额将高达3000亿美元以上。产权式度假酒店事实上已成为风靡全球的一股强劲的投资浪潮。

产权式酒店是一种全新模式，将消费者的度假需求与投资需求进行完美嫁接，将房地产开发与消费经营相结合，符合现代经济资金共享的规则，自然能引起市场的强烈反响。但是投资产权式酒店一定要看准发展商的品牌实力和酒店业的运行经营能力，否则也不能保证投资的回报。

# 七、培训中心与企业会所

多年来，在庐山、峨嵋山、北戴河、太湖、从化温泉等风景区内，国家和政府部门兴建了不少疗养院和干休所，还有利用当地气候和温泉等优越的自然环境，建立起职业病防治所。随着市场经济的发展，有些也逐步转为类似于酒店或度假村的单位。而近二三十年，一些企业部门相继建起一批培训基地、培训中心和企业会所，这成为酒店的一种特殊业态。

**图7–1**　招商局蛇口工业区培训中心

## （一）培训中心

一般由政府、事业和企业单位投资兴建，作为业务培训和举办会议用。很多省、市和地区设立财务、税务、海关等培训中心，进行专业人员轮训和深造基地；在井冈山、延安等革命传统教育基地有许多干部培训中心，作为干部现场教学和培训的基地。

培训中心一般是以会议室、培训教室为主体，配套设置客房、餐厅以及一些文化康乐设施。其功能来说，实质是酒店新开拓的一种形式，它的地点选择和规模大小，依具体项目而定。

招商局蛇口工业区是中国开放改革的先驱者，它率先创办了培训中心，作为企业培训员工的课堂，培育企业文化的摇篮。中国第一批打工者在这里学文化增长知识，学技术跟进时代，学管理谋求发展。

招商局蛇口工业区培训中心，由培训教室、图书馆和客房三部分组成，是华森建筑与工程设计顾问有限公司的早期作品，1984年设计1985年建成，总建筑面积6528m$^2$，后来又补建起5层的客房楼。8层教学楼呈风车形，每层有教室（尺寸为6.5m×9.5m）四间，可容纳30多人听课；在底层有一间可容纳196人的报告厅和综合性图书馆。朴实素雅的现代建筑风格，配上粗石铺地、树丛花池的宁静环境，一度成为培训中心的设计范例（图7–1、图7–2）。

**图7–2**　培训中心客房楼

## （二）企业会所

企业会所是由企业（公司）投资兴建，作为企业会议、培训、接待客户用。与培训中心相比，企业会所的酒店功能更为突出，要求客房的舒适性、餐饮的质量以及环境的优越性更高些。正因为如此，有实力的企业总是在风景区建造自己的会所，可以利用会议和培训之余，成为游览、度假和消暑避寒的好去处，也成为奖励企业功勋员工、先进工作者的一种企业行为。

有的会所里还布置展览室，把企业的发展历程、光辉业绩和名人名事，通过实物实景的展示，作为本企业职工的传统教育、传播企业文化的场所，同时对招待的客人起着宣传企业的作用。

## （三）培训中心与企业会所实例

1、实例一：**招商银行培训中心**

随着招商银行的发展，于1997年设计建成了培训中心，它地处深圳市南山优越的自然环境之中，背靠龟山，面临沿江路，实际上是一座集会议、教学、培训、餐饮和休闲等综合功能的酒店，按四星级标准设计。

培训中心主体为12层海景客房楼，结合地势建筑形成围合状，并采取退台处理，将建筑体型形成有序的空间组合，与背依的山势互相呼应，做到建筑与自然环境的融合（图7-3～图7-6）。

2、实例二：**中国红十字会国际交流中心**

交流中心位于海南博鳌，由海南宝莲城公司全资捐献，并纳入“海南宝莲城酒店公寓”一并规划、设计与建设，这一举措为中国红十字事业提供了一个国际交流中心。

**图7–3**　招商银行培训中心

根据现场特定环境，将国际交流中心设计成一栋三层建筑，临市区道路布置，以突出建筑主体形象，在楼前有一个入口景观广场，凭借海南茂盛植物花卉的衬托，使建筑融于自然。

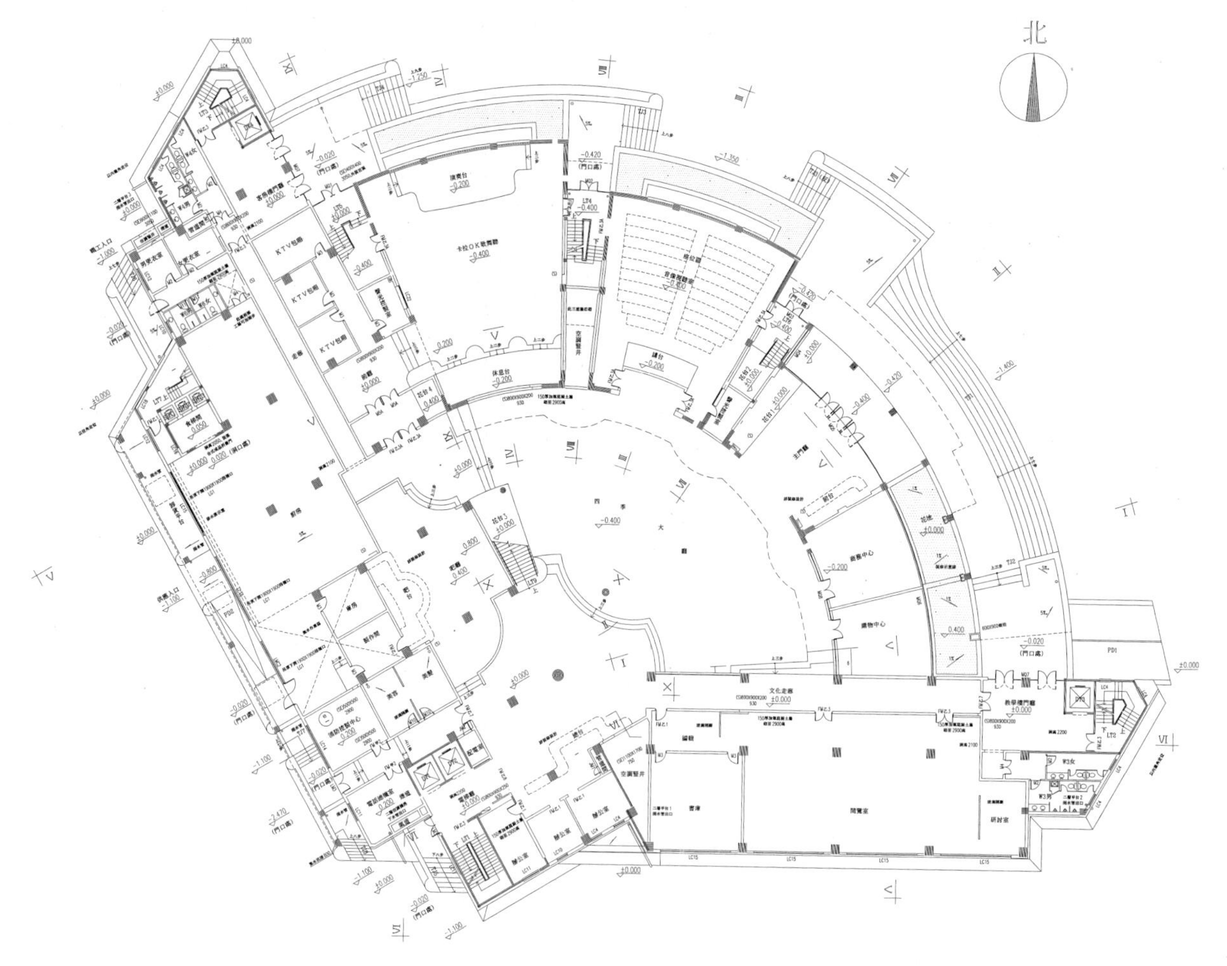


**图7–4**　招商银行培训中心一层平面

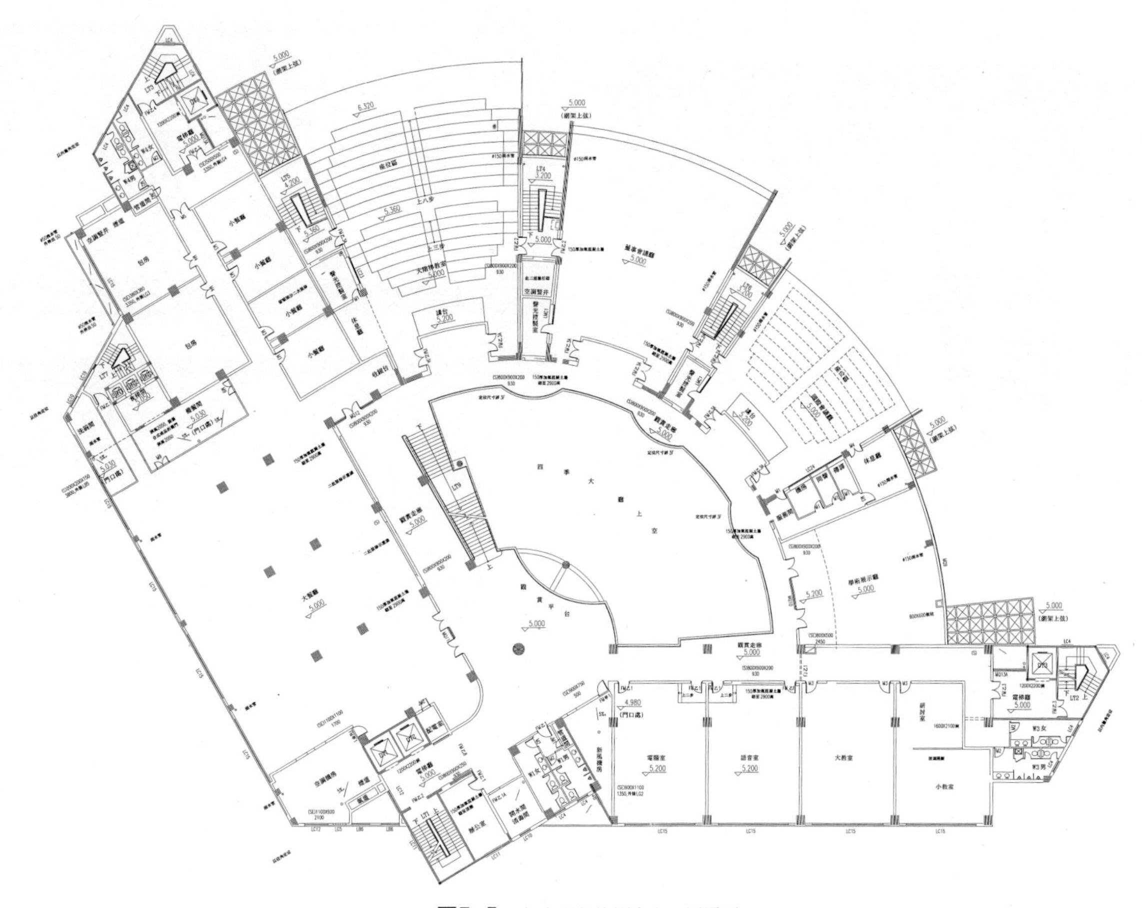

**图7–5**　招商银行培训中心二层平面

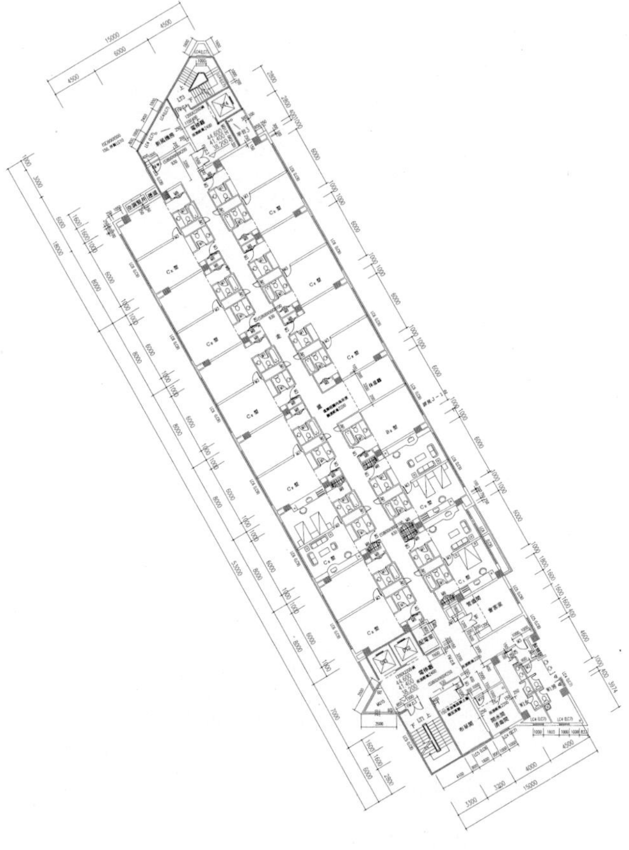

**图7–6**　招商银行培训中心客房层平面

一层为大堂、接待厅、展览厅与培训教室，二层为会议室和红十字研发中心，三层有交流人员客房 12 套。由于宝莲城本身为酒店公寓，因此交流中心不设更多的客房，可以利用宝莲城客房资源。

餐厅和厨房、员工宿舍和停车棚场等位于后方，正好围合成一个内院，既成为一个建筑空间的过渡，又能用于布置红十字事业宣传品，陈列艺术品，形成浓郁的交流氛围（图 7–7 ~ 图 7–11）。

立面方案撷取了瑞士国际红十字会总部的建筑元素，采取新古典的建筑风格，以十分鲜明的现代手法，采用艺术砖墙面和涂料相搭配，以及玻璃塔顶的整体风格，更具有现代气息和海南地域特征，强调国际交流中心的内在联系。项目总建筑面积为 2324$m^2$，占地 28.0m×66.4m，于 2009 年 4 月建成。

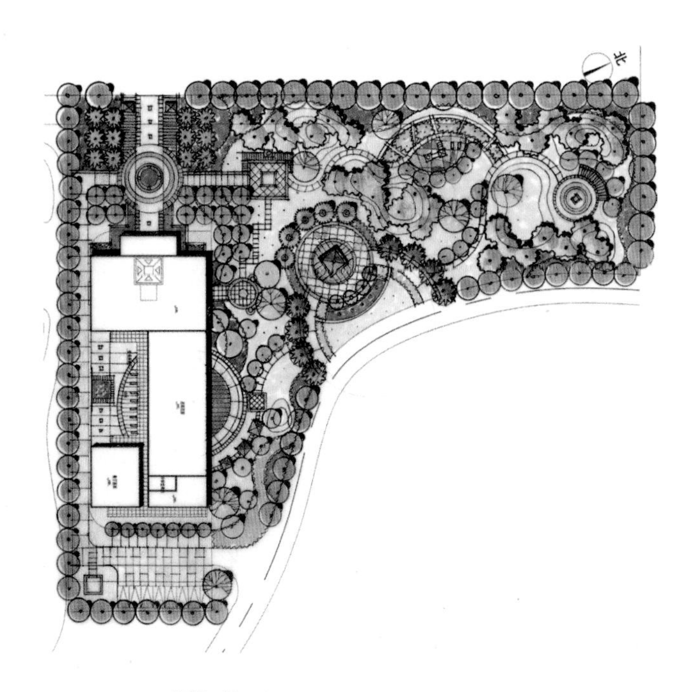

图7-7　中国红十字会国际交流中心总平面

北立面图

西立面图

图7-8　交流中心立面

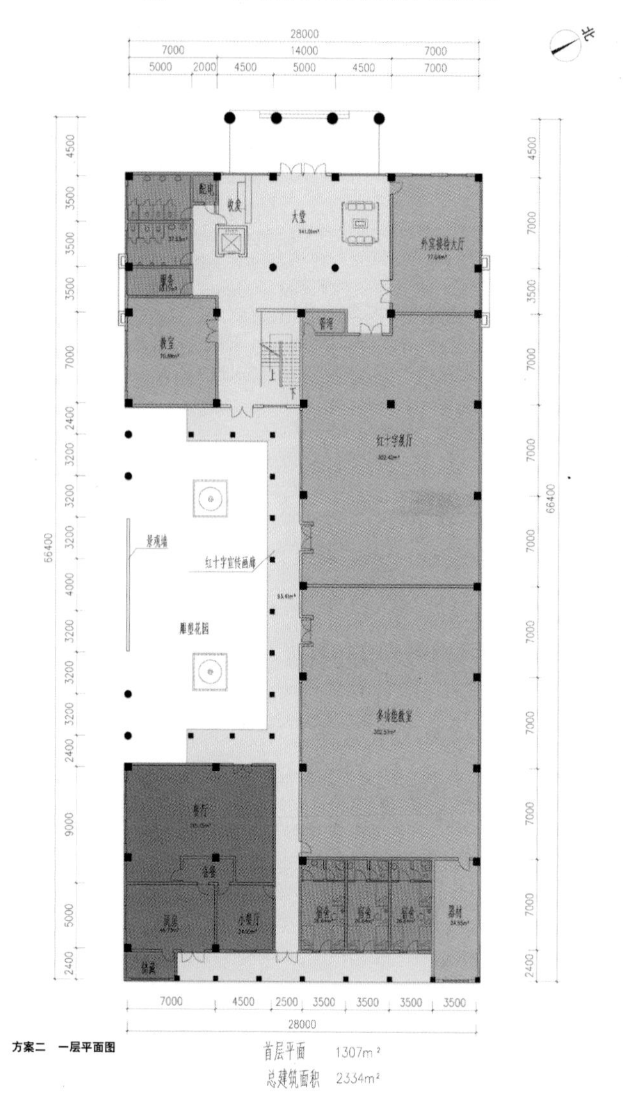

方案二　一层平面图

首层平面　1307m²
总建筑面积　2334m²

图7-9　交流中心一层平面

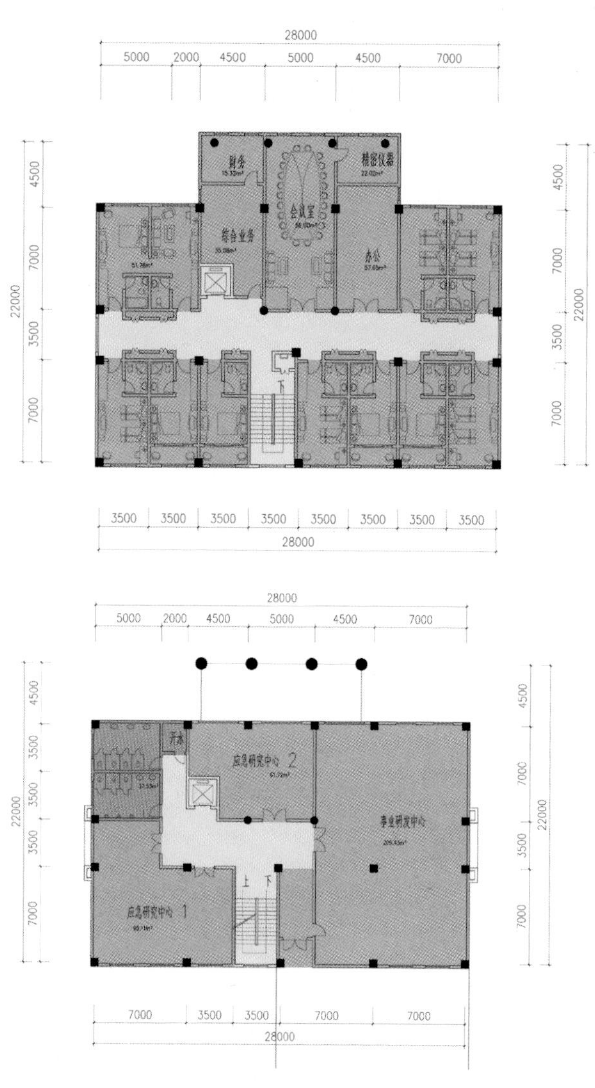

图7-10　培训中心客房层平面

**图7–11**　立面意向取自瑞士红十字会总部的元素

3、实例三：**企业会所设计方案**

作者最近为南京一山水度假村创作企业会所设计方案，是一栋依山临水的3层建筑，新中式四合院布局，试图与当地总体环境相融合。1层为公共部分2、3层拥有客房20套，建筑面积为2650㎡，并拥有房前屋后自种的花园、菜地，以增添休闲度假生活的情趣(图7–12、图7–13)。

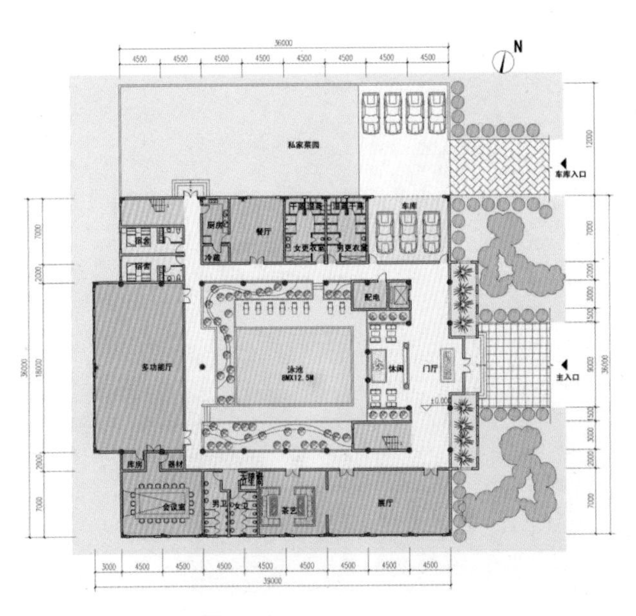


**图7–12**　企业会所一层平面

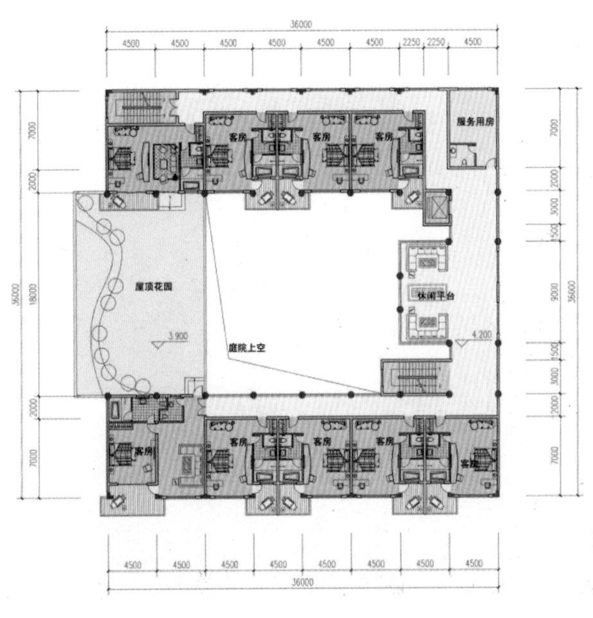


**图7–13**　企业会所二层平面

# 八、酒店公寓

酒店公寓是指提供酒店式服务的公寓。最早出现在欧洲，系将当地的住房租给游客临时居住，提供公共设施并上门服务，这就是酒店公寓的雏形。

这种形式在中国最早出现在深圳，后来又发展到上海、北京等地，1990~1997 年国家曾限制并规范酒店服务式公寓发展，随着市场需要 1998 年后才获得更大的发展（图 8-1 ~ 图 8-3）。

## （一）酒店公寓的类型

1、按用途分有居住型、度假型和商务型三种。

1）居住型酒店公寓主要适用于短期或某个时段居住，除酒店应有的客房和卫生间外，还拥有居住所需要的起居室、厨房、储物间和阳台，还要配备比较齐全的电视、音响、炉灶、冰箱、洗衣机等家用电器。房型可以有一房一厅、两房一厅、两房两厅、三房两厅等不同面积的选择。

2）度假型酒店公寓主要服务于度假和旅游者，如为短期居住配备就可以简约些，一般提供便捷炉灶，如电磁炉、微波炉和简便的餐具，客人可以自己动手做一些方便食品。

3）商务型酒店公寓主要服务于城市商务区写字楼职工。由于周边的城市服务配套可以充分被利用，公寓本身的配置就可以简约很多，商务人员带上自己行装就可以入住。其家庭化服务让商务人员工作劳累一天后，有一种居家的感觉，既可以得到普通公寓所没有的酒店服务，而且月租和各种生活服务费加起来比住酒店节省得多，因此备受外籍和外地商务人士青睐（图 8-4 ~ 图 8-6）。

2、按经营方式分有自营型、出租型和出售型等种类。

总之不管何种类型，都要提供酒店式服务，保安、餐饮（包括送餐）、洗衣熨衣、吸尘清洁，尤其要定期更换床上用品、清洁门窗和清除生活垃圾。

## （二）酒店公寓与其他公寓的区别

1、与 SOHO 的区别。SOHO 概念是将居住与办公相结合，主要满足居家办公的要求，而酒店公寓更注重酒店配套和服务，具有酒店的品质，满足多种商务和高层次人士居住的需要，尤其被短期居住者看好。

2、与单身公寓的区别。单身公寓面积一般要偏小些，在 $50m^2$ 以下，装修标准和物业配置也简单些，而且只是一般物业管理，从而使低价位更适合年青

图8-1　北京棕榈泉万豪行政公寓

图8-2　行政公寓入口

图8-3　行政公寓酒廊

图8-4　巴拿马城Trump海洋俱乐部70层高369间客房的酒店公寓楼

图8-5　印尼爪哇公寓

人的居住需求，尤其适合低收入的职工居住。

3、与商务公寓的区别。商务公寓俗称商住楼，在建筑设计上一般采用大开间布局，多数以毛坯形式出售，便于使用者结合自身商务特点作出个性化布置，作为办事处、事务所、联络站或采购站等。公共商务配套设施应需求而设，提供打印、邮寄、文件、票务、保安以及公共部分清洁等服务，但不提供酒店式管理服务。

4、与私人公寓的区别。有些在外地有第二、第三住所的所有者，并非常年居住，偶尔入住时，面对的却是“满屋的灰尘”、“难以忍受的异味”、“发霉的被褥”、“锈迹的水渍”、“家用电器受潮”等。

图8-6　深圳盛捷服务公寓

而酒店公寓可以做到无人居住时有人保安、打扫、清洁并定期通风与保养，一旦入住时提供酒店式服务，从而达到异地多彩生活享受的目的。

## （三）与公寓式酒店的区别

公寓式酒店本质上是酒店，只不过区别于一般酒店标准房型布置，而且采取公寓式布置。现在不少酒店在主体酒店建筑周边，利用优越地形建造一些公寓、花园洋房，形成“公寓式酒店”，甚至规划出一个区域创造更完美的环境，它主要服务于企业、家庭和高端客人，有的把整栋公寓设计成总统房，成为酒店经营的重要组成。

## （四）酒店公寓的设计

酒店公寓兼有酒店和公寓双重功能，有度假型、商务型和居住型等不同类型，图8-7~图8-11为酒店公寓平面布置图。在建筑设计中要注意以下几点：

1）酒店公寓首先要满足居住需要，要有良好的居住环境，客房平面布局合理，舒适便利。

2）商务型酒店公寓还要满足商务需求，应合理地将空间划分成办公和居住区域，突出商务与办公功能，同时又有24h商务服务设施，满足文件、翻译、秘书、通信、租车、会务、票务等服务。

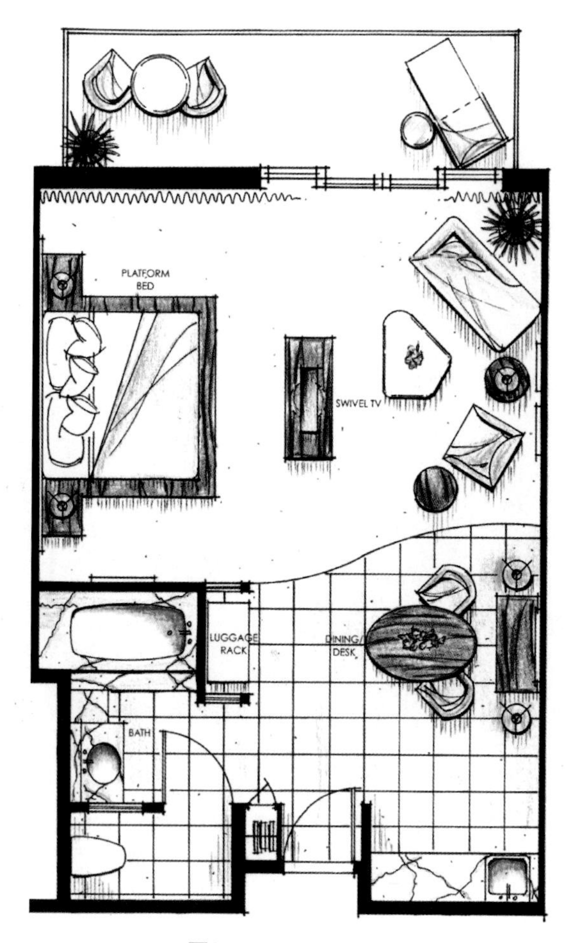


**图8–7**　酒店公寓平面图

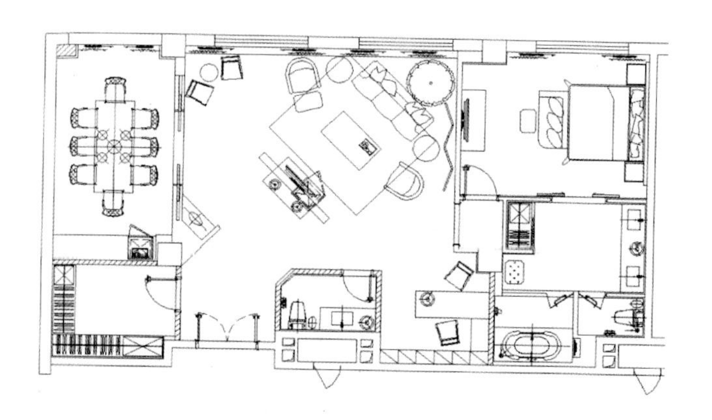

**图8–9**　豪华酒店公寓实例

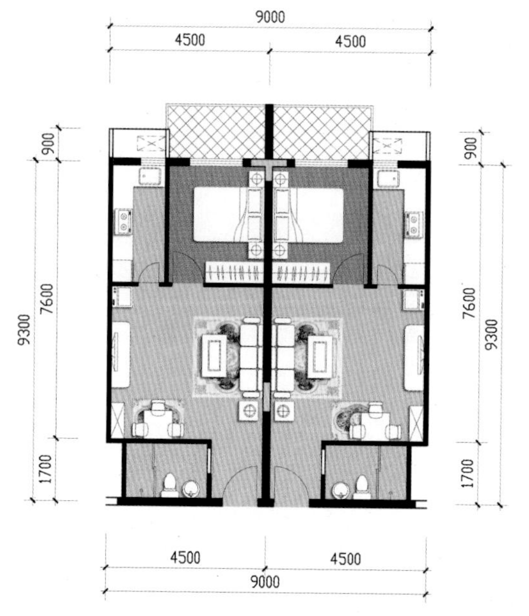


**图8–10**　酒店公寓实例

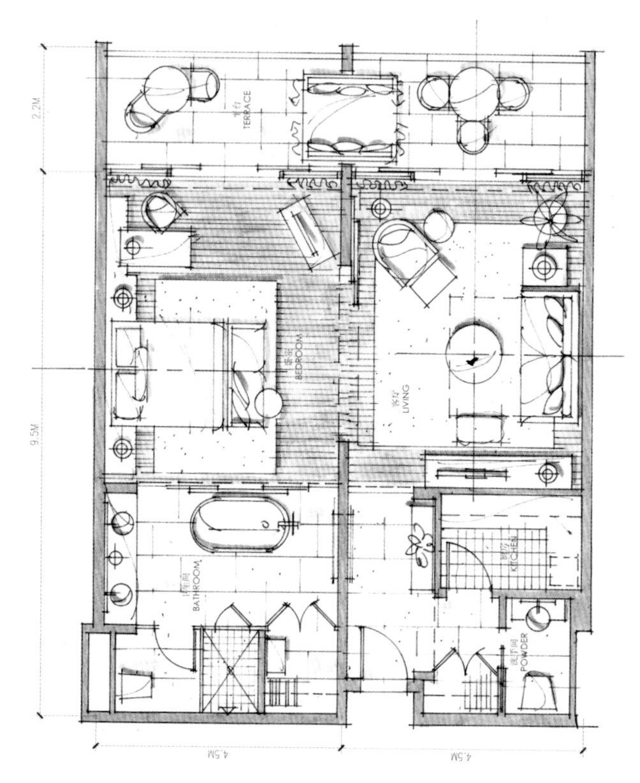


**图8–8**　度假酒店带厨房套房实例

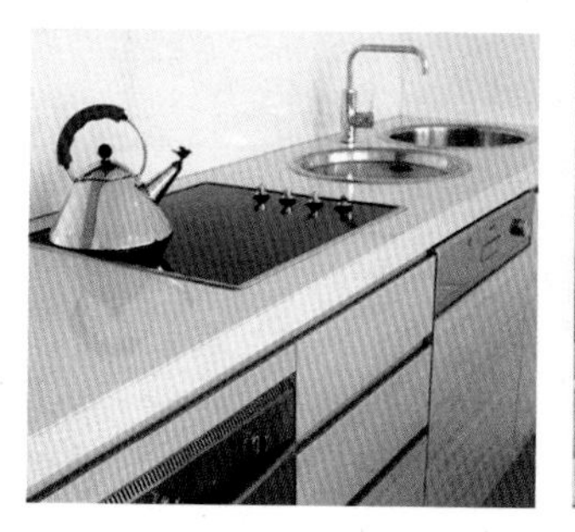

**图8–11**　酒店公寓的室内配置

3）居住型酒店公寓建筑面积从几十到几百平方米不等，以适合居住多功能要求为基本条件，既要满足个性化需求，又提倡统一精装修，以反映居住者的彰显身份，满足这一特定人群的需求。就需要提供全套家具以及床上用品，配置完善的家用电器：电视、音响、宽带上网、冰箱、洗衣机和烘干机、微波炉、烤箱和一些基本餐具（图 8-11）。

图 8-12~ 图 8-15 提供酒店公寓标准层平面实例，同时还列举一个酒店公寓项目的标准层平面设计，以及总平面和建筑效果图（图 8-16~ 图 8-17）。

图8–12　酒店公寓标准层平面实例 1

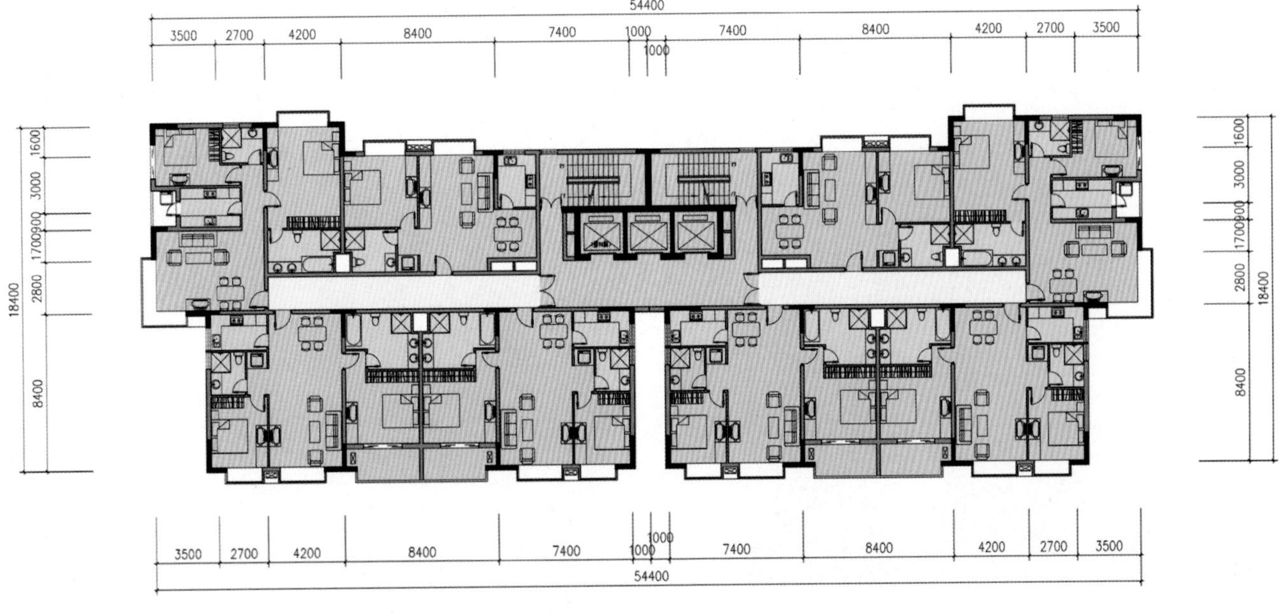


图8–13　酒店公寓标准层平面实例 2

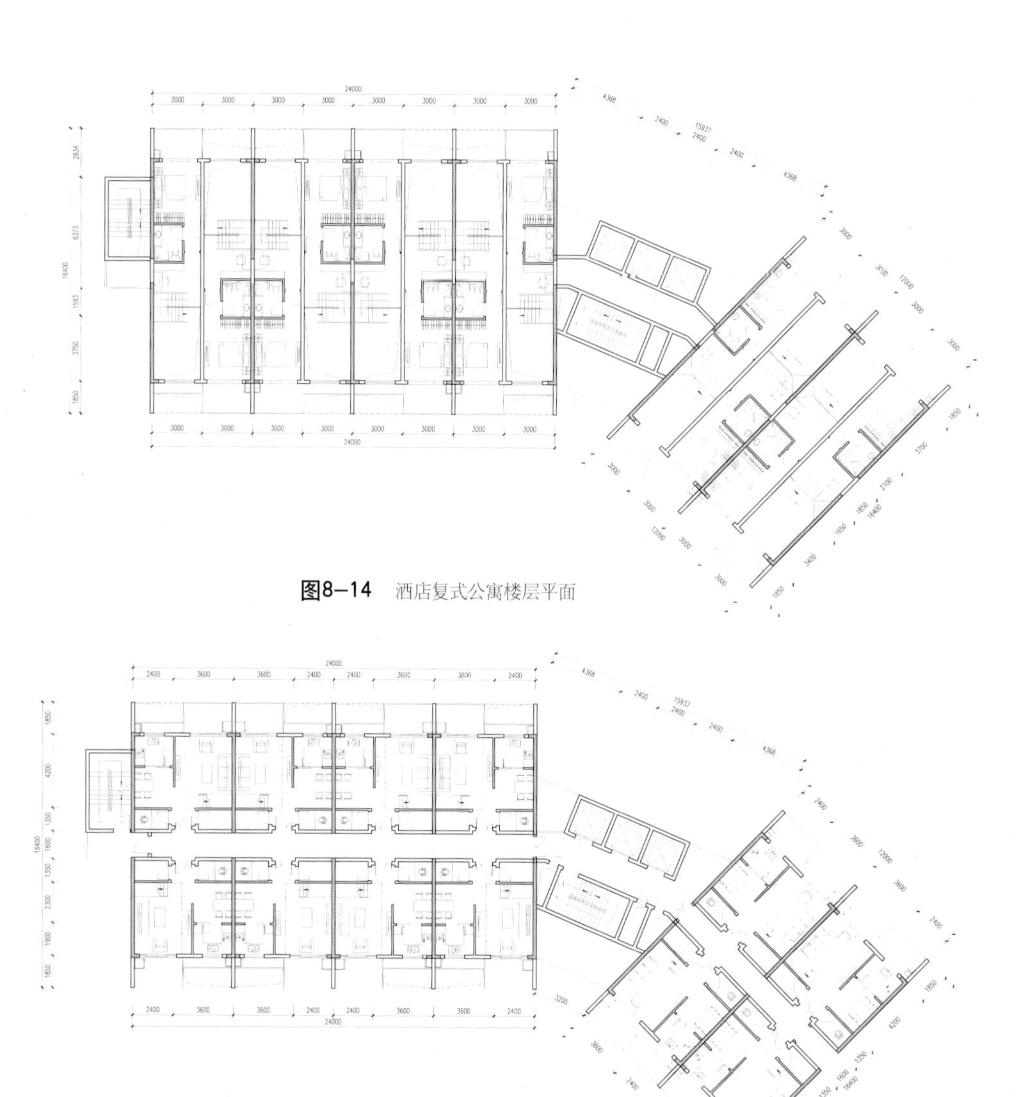

**图8-14** 酒店复式公寓楼层平面

**图8-15** 酒店复式公寓底层平面

**图8-16** 酒店公寓总体效果图

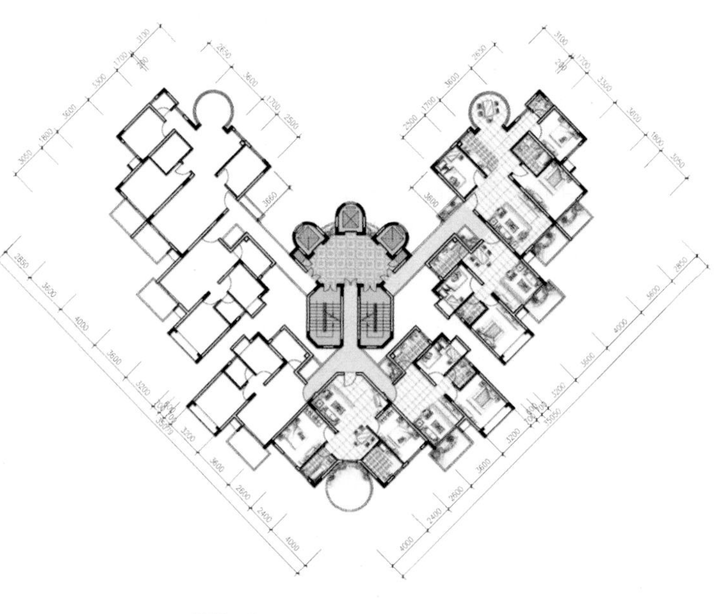

**图8-17** 酒店公寓标准层平面实例 3

# 九、家庭酒店

家庭酒店，是指以家庭为经营主体的酒店，或称家庭公寓、家庭旅馆、公寓酒店、家庭旅店。

这种酒店形式早在18世纪就在欧洲出现，盛行于欧美。家庭旅馆的英文是B & B，是“Bed and Breakfast”的英文缩写，就是“住宿和早餐”的意思，实际上是一种“自己管理自己”的小型旅馆，又分为农舍旅馆、青年旅舍、汽车旅馆、公寓式旅馆等。

在英国住宿业的主流并不是宾馆酒店，而是家庭旅馆，其中以北爱尔兰的家庭旅馆最为发达。在当今西方经济发达国家中，家庭旅馆十分兴盛和普及，早已形成了强大的产业链，其家庭旅馆数量占整个住宿业的20%~30%，经济收入也十分可观。

在中国古代远行投宿借宿，实际上这就是家庭酒店的原始形式。为适应假日旅游的需要，有许多家庭把多余住房腾出来接待宾客，还有的将闲置的商品房进行装修，配备了全套的住宿设备，当然也有的家庭作为投资行为，建家庭酒店接待自由行的旅行者和学生，这种待客如宾的家庭式服务和亲和的氛围，很受旅游者的欢迎。

## （一）家庭酒店的类型

**1、酒店型**　如同普通酒店一样的客房布置，按天数计算房费，还可以提供家常便饭一日三餐的餐饮服务，而不同于盛行于美国的“B & B”酒店，实际上是“住宿和早餐”的酒店。

**2、公寓型**　包括公寓式旅馆、日租客房、日租公寓、短租公寓、短租客房，可以采取多种形式的自助方式。这种公寓型家庭酒店为客人提供方便、舒适、快捷、安全、周到的家庭驿站，在优雅舒适的公寓中，享受家庭式温馨生活。

结构合理的公寓户型、时尚的家具、完整的厨房设备，宽敞明亮，区别于传统酒店的单一布局，为给旅途在外的人们提供一个属于自己的空间。通常房价比较便宜，特别适合临时中短期居住，居住时间越长，费用越省。

**3、人文型**　传统的北京四合院是中国建筑文化的瑰宝，许多国际友人以十分崇敬的心情注视着它。2008年北京奥运会期间，主办者特地挑选了598个“奥运人家”重新翻新后作为家庭酒店，可提供726间客房，专门招待世界各地游客，受到了热烈欢迎（图9–1）。

**图9–1**　北京四合院成了奥运人家家庭酒店

**4、农舍型**　现在时兴一种农家游，假日周末一家人到城市周边农村，或者更远的异地他乡，在观赏郊野风光的同时，参加农事活动，尽享田园风光，自然之乐。

农家办起的家庭酒店有不比一般酒店差的客房，尤其是从池塘里现捕的鱼虾，现抓获的鸡鸭，亲手摘下的瓜果，再尝一尝当地的新鲜蔬菜和野菜野味，是一次快乐的生活体验。

此外，最近又出现藏家乐与羌寨游等少数民族地区游，在那里出现了民族地区酒店，更多的民族文化特色和风俗人情会在家庭酒店中有十分精彩的反映。

**5、公益型**　2008年的5·12汶川大地震震撼了全世界，一座著名的旅游城市都江堰的房屋遭到严重摧毁。雄起的四川人民，在重建家园中得到四面八方的支援。有出资为受灾户重建家园，其中一半作为家庭生活用，而另一半作为家庭酒店，由受灾家庭日后经营，作为长期经济支援。应该说这是一种高尚的公益活动，援建的家庭酒店被之为公益型酒店。

**6、小区型**　最新出现在居住小区里办酒店，作为家庭酒店的延伸，是独立存在的酒店个体，对于这个处于萌芽状态的新生业态，还有待于市场的检验。

## （二）家庭酒店的实例

以下一个实例，虽不是很典型，但从中可以掌握一些家庭酒店的设计理念。英国格拉斯哥有一个Kelvin Hotel家庭酒店，门厅就是一个狭长的通道，靠门的桌上摆放着十几种色彩斑斓的旅游宣传册，墙上挂着一张旅游交通图，酒店标牌KELVIN被醒目地标志在图上。

客房面积不到10m$^2$，有一张单人床、一把软椅、一个茶几和一个衣橱。一个12英寸的彩电，还没有遥控器。床头柜的台面刚好是A4纸大小。但是仔细观察可以发现，旅馆虽然陈设简单，家具不多但实用整洁，完全能满足顾客基本需求。一些细微之处却体现出房东对顾客需求的精心。例如，衣橱很大可以放下大箱子，衣架充足有20个，床头柜虽小但有三层，可以放下许多杂物，有电热水器，茶几上有咖啡和三种茶供选择。

酒店共有21间客房，分单人房、双人房和家庭房。这种家庭旅馆中有的客房并不便宜，如夫妻两人入住的家庭房的价格几乎和假日酒店的标准间一样，即使这样，KELVIN的生意依然火爆，旅馆全年客房出租率平均在85%，旅游旺季总是客满，这里75%的客人为回头客。

总的说来，要比宾馆便宜得多，家庭旅馆的那种随意温馨的家居环境是吸引客人的重要因素。这里虽没有富丽堂皇的大厅，但也免去了客人在宾馆里常有的那种仪式，这里没有身穿制服的门卫和服务员，但客人有楼门和房门两把钥匙，可以在任何时间自由出入。这里的公用客厅、阅览室和家庭式的餐厅为客人提供了交往的场所，缩短了人和酒店的距离，使人感觉宾至如归。

## （三）家庭酒店的优势

家庭酒店的出现，以它的独有的温馨魅力、经济实惠、简捷便利而受到人们的青睐。更多的家庭出外旅游，已不再选择那种传统的商住旅馆，而是家庭气氛比较浓郁的家庭酒店，家庭酒店主要有下面优点：

1、省钱——在同档品质下，家庭酒店的费用将比一般酒店便宜30%~70%。

2、舒适——家庭酒店里已经备齐包括床铺被褥在内的居家必须用品，就像回到自己的家，尽享家的温馨与方便。

3、自助——您可以按自己的习惯和喜好，洗衣做饭打扫卫生，完全私密的独立空间，不受外界干扰，住在这里更像一个自己的“家”。

4、灵活——租期完全灵活，客人可随意安排自己的行程，而不必担心诸如“房租没到期”“自己添置的家具”等棘手的问题。家庭酒店可按租期长短计价，租期更灵活。

公寓式家庭酒店提倡自助服务，但是还可以灵活地提供类似酒店式的服务，比如：按商议定期打扫房间、送餐等。

5、体验——对于外国游客来说，在中国入住历史悠久的民居中，体验原汁原味的当地人的家庭生活，似乎比住在装修富丽堂皇的星级酒店里更有吸引力。

## （四）家庭酒店的管理

开办家庭酒店要向本地区公安、工商、税务和卫生部门申报，经核查符合条件后，签发营业执照、税务证书、治安证、卫生许可证、经营许可证等才能开业。

但是现在不少家庭酒店并未申报开业手续，属于无照经营，有的无需办理登记手续就可入住。诸多家庭酒店管理问题尚待完善，应当在市场中逐步规范化正常化，因此家庭酒店的发展有待进一步完善。

# 十、超级酒店

超高层酒店、超星级酒店、超大型酒店、水下酒店、太空酒店以及超时空酒店等，可以统称之为超级酒店。这些无与伦比的酒店，是一种最具影响力的酒店。由于这些酒店设计将奢华与先进发挥到极致，尤其在实现理想的高科技酒店设计研究上，成为酒店中的极品。

## （一）超高层酒店

超高层建筑是一个城市的标志，给人们带来最深刻的印象，它通常也是一个超大型建筑，集金融、酒店、办公、会展、商业等多功能的城市综合体。当今世界超高层建筑不断提升新的高度，也创造了高档酒店进驻的机会，成为超高层酒店。而一个高档酒店的进驻，自然也会给超高层建筑锦上添花。

阿联酋的迪拜哈利法塔，创造了世界建筑的第一高度 828m 高，由美国 Som 建筑设计公司设计。该大厦面积为 28 万 $m^2$，耗资 40 亿美元，低部 5~37 层为阿玛尼酒店，拥有 160 间客房套房是大厦重要的组成部分，而上部包括有 700 套的私人公寓，108 层以上全为办公楼，是一幢以酒店、商店、住宅和办公综合性多用途的摩天大楼，2004 年 9 月 21 日动工兴建，于 2010 年初完工启用。它采用连为一体的管状多塔结构组成，基座采用了当地建筑元素的几何图形——六瓣的沙漠之花（图 10-1）。建筑体态犹如一架巨型发射塔，直指太空。

香港九龙的 MTR 塔，是一栋尖塔形 102 层建筑（图 10-2），该塔被誉为最具有想象力的酒店建筑，由美国 Som 建筑师设计。低段为五星级酒店，23 层为酒店中庭，中段为办公，顶部为观光餐厅。

而正在建造 439 m 高的深圳京基金融中心（图 10-3）由京基集团开发，由华森建筑与工程设计顾问公司和英国 TFP 与 ARUP 合作设计。它地处深圳市罗湖区的金融文化中心区，占地面积为 42353.96$m^2$，总建筑面积为 584642$m^2$。金融中心共 98 层，酒店设在顶部 75 ~ 97 层，酒店面积为 35005$m^2$，拥有客房 250 套，包括标准房 176 间、行政套房 44 套、全景房 28 套和总统房 1 套，地下一层至地上四层为大型商业，是集甲级写字楼、豪华酒店、大型商业为一体的大型综合建筑。

上海超过 100m 的超高层建筑现有 400 多栋，成

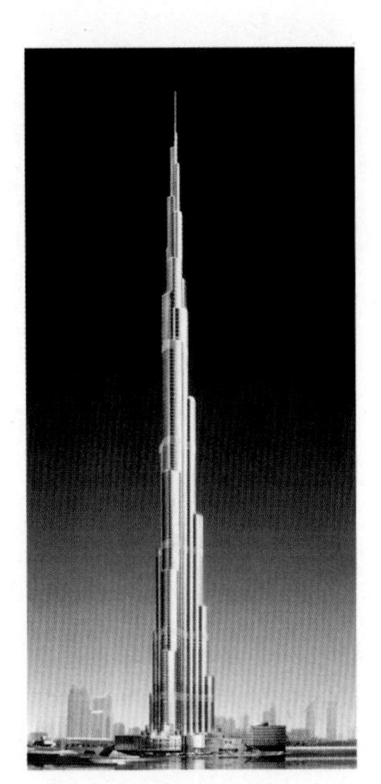

图10-1 迪拜哈利法塔阿玛尼酒店

图10-2 香港九龙MTR塔超高层酒店

图10-3 深圳京基金融中心超高层酒店

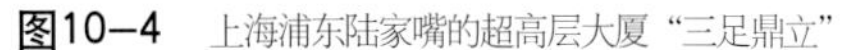

**图10-4** 上海浦东陆家嘴的超高层大厦“三足鼎立”

**图10-5** 上海金茂大厦中的君悦大酒店

**图10-6** 上海环球金融中心中的柏悦酒店

为全球超高层建筑数量最多的城市。其中超高层酒店已经有143m的希尔顿宾馆、154m的新锦江宾馆、165m的上海商城、238m的国际航运大厦、283m的明天广场和288m的恒隆广场等，也成为全球超高层酒店数量最多的城市。

还有上海浦东陆家嘴中心区的420.5m的金茂大厦，492m的环球金融中心和632m的上海中心大厦，将形成上海最高的超高层建筑“三足鼎立”，同时也演绎着超高层酒店的“三国演义”（图10-4）。

金茂大厦高88层，是由中国上海对外贸易中心股份有限公司投资，由美国SOM公司设计，耗资5.6亿美元建设的一座超高层建筑。具有优美韵律的宝塔体形，成为现代大都会上海的重要标志。君悦大酒店占据了顶部53～87层，从底层有6部高速电梯到54层酒店空中大堂，酒店拥有1200人的宴会厅、800人的宴宾厅、390人的音乐厅以及555间客房；88层为1520m$^2$的观光层，以及57层设有游泳池和健身房，成为酒店乃至整个大厦最亮丽的地方。建筑面积有28.9万m$^2$，于1998年8月28日竣工（图10-5）。

金茂大厦1～2层为宽敞明亮、气势宏伟的门厅大堂；3～50层是层高4m的大空间无柱办公区；51～52层为机电设备层；6层裙楼为金融、会展、商业、服务、康乐等多功能设施。地下有三层停车场，可停放993辆汽车。两台高速电梯以每秒9.1m的速度带给您峰速体验，仅45s就能将您平稳地从地下一层送至88层观光厅。

上海环球金融中心高101层，由美国KPF建筑事务所设计。其中79～93层是凯悦集团旗下最高档的酒店品牌“柏悦酒店”，客房有180间（套），平均面积约60m$^2$；还有顶层餐厅、SPA、健身房、会议室等设施配套。距地面472m的100层处的“观光阁”，这一高度成为当今世界最高的大楼观光厅。酒店2008年9月1日开业（图10-6），与临近的金茂君悦酒店不同的是柏悦酒店主要迎合寻求私密性、个性化服务的高贵客人。

632m的上海中心是“三足鼎立”中最高者（图10-4），将成为这座大都市中标志性建筑之一，设计采取建筑美学中比较前沿的理念，设计成一个缓缓螺旋上升的玻璃晶体，柔和的建筑形态螺旋向上，并加以适当的收分，形成了一个视觉观感多变、优雅、浪漫又简洁的建筑造型，象征着灵动与腾飞，使上海中心更具有穿越时空的魅力，成为21世纪创新建筑的楷模。而五星级酒店也将是上海中心未来功能上的一大亮点，将引入国际顶级的酒店管理公司，为全球高端客人提供个性化服务。

综上所述，超高层酒店可设在超高层建筑的顶部，也可设在低部，这时大堂一般设在酒店的起始层成了“空中大堂”。由于超高层建筑一般采用塔形核心筒结构，筒内布置电梯、楼梯、机电管井、消防设施和服务用房，筒的四周布置客房，有全方位的观光视角，参见客房标准层布置图（图10-7、图10-8）。

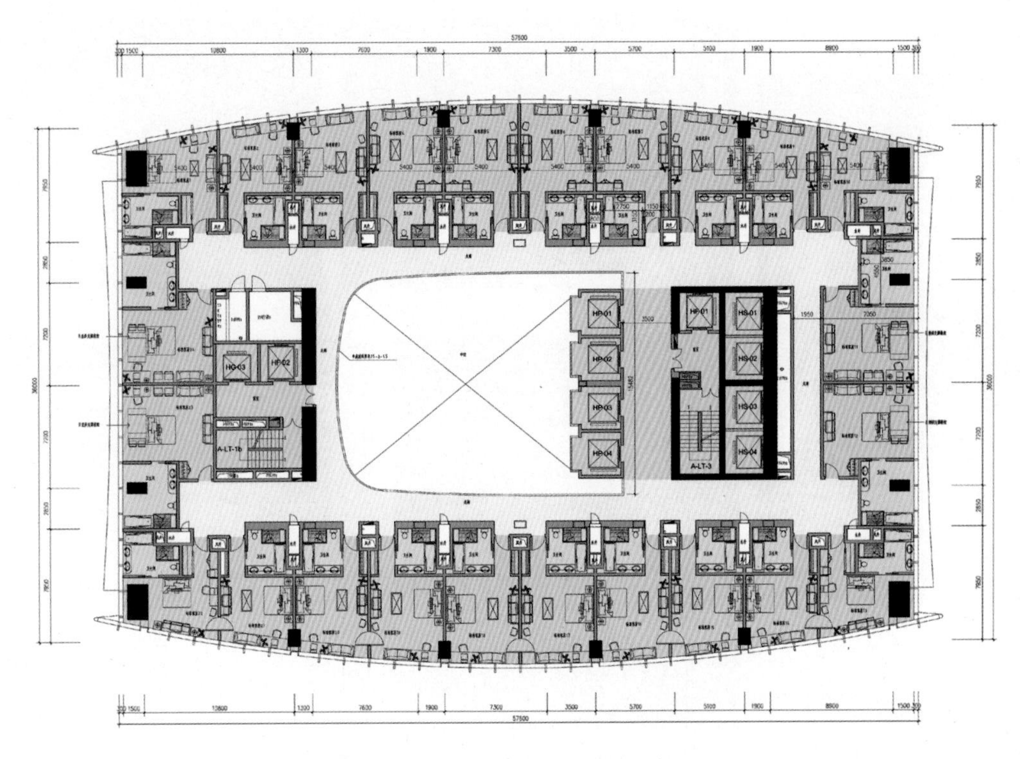

**图10-7**　深圳京基金融中心酒店客房标准层平面

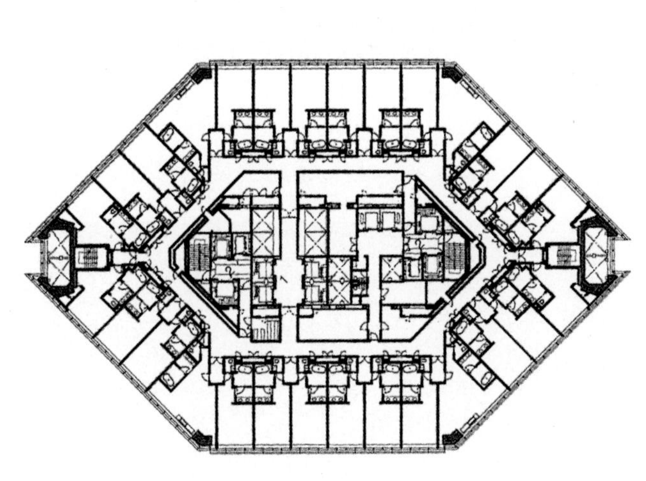

**图10-8**　上海环球金融中心酒店标准层平面

**图10-9**　阿联酋迪拜阿拉伯塔酒店

## （二）超星级酒店

为了满足对高端品牌的市场要求，提高酒店的品格和高质量地运营，常常出现"超五星级酒店"、"六星级酒店"等广告语。正因为这个原因，如人们所知，现在已出现了"七星级"和"八星级"酒店。

1、被称为七星级酒店的阿联酋迪拜阿拉伯塔酒店（Burj Al Arab），它矗立在一个离海岸280m处的人工岛上，由一条堤岸与内陆连接，那321m高的塔形建筑被公众盛赞为七星级酒店（图10-9）。它之所以得名，由于一名女记者在那儿感受到从未接受过的豪华、奢侈和优良的服务，于是在报纸上美言说"我已经找不到什么语言来形容它了，只能用七星级来给它定级。"从此这个免费广告就传遍了全世界。

该酒店由英国阿特金斯（Atkins）设计师设计。酒店为27层，实际上有56个结构层，酒店202套客房都是带落地大玻璃窗的复式结构，楼下客厅

图10—10　迪拜阿拉伯塔酒店的超前设计以及超豪华的装修

而楼上是卧室，最小的客房都有169m²，最大的有780m²，所有客房都有270L°全海景景观。在酒店的大厅里，有一个高10m多的水柱，自动扶梯两旁是10m多高的水族箱，乘电梯时就像漫游在海洋馆。从酒店顶层的al-Muntaha餐厅可以俯瞰波斯湾的全景，整个Palm Juneirah岛和世界岛。而位于酒店最底层的海底餐厅，可以选择乘坐潜水艇进入餐厅进餐，一路上观看两旁的海底生物，然后进入餐厅。

实际上酒店的超豪华装修（图10-10），才是让它名扬天下的真实原因。酒店耗资85亿美元。这里搜罗了来自世界各地的摆设。据说酒店用了40t黄金装饰，其中24K的纯金就有9t。包括酒店的门把手、水龙头，甚至有的家具等都是镀金的，可谓触目皆金。

该工程总共花费5年的时间，用2年半时间在海上填出人工岛，再用2年半时间建设酒店本体，共使用了9000t钢铁，在40m深的海中打了250根基桩。

2、被称之为八星级酒店的阿布扎比酋长宫酒店

图10—11　阿布扎比酋长宫酒店

(Emirates Palace)，它位于阿布扎比海滩，北面和西面临海，拥有1300多米长的海岸线；与阿联酋总统府仅一路之隔。这是一座古典式的阿拉伯皇宫建筑，像一个巨大的城堡（图10-11）。

起始是为迎接海湾合作委员会首脑会议而修建

1. 酒店大堂

2. 酒店卡维酒吧区

3. 酒店夜景

4. 酒店宏大的中庭

5. 酒店景观花园泳池

6. 酒店通廊

**图10—12**　酋长宫酒店超前的设计以及超豪华的装修

的会议宫，后更名为酋长宫酒店（Emirates Palace）。酒店由凯宾斯基酒店集团管理经营，由美国WATG英籍设计师约翰－艾利奥特设计，他的设计基调庄重大方，这座宫殿建筑大小穹顶突出了浓郁的阿拉伯建筑风格。酒店正门是古典式的阿拉伯拱门，汽车穿过拱门后经过一条三、四百米长的坡道，便来到了位于4层的酒店大堂。

酒店面积达242820m$^2$，酒店有一个面积达7000m$^2$多功能厅，可容纳1200人开会；一个可容纳2800人的舞厅；有12个餐厅和8个娱乐厅，配有128间厨房和餐具室，可接待2000多人同时就餐；另有40个会议室和附带12个工作间的新闻中心。

酒店只有394套客房，分为总统套间、宫殿套间、海湾豪华套间、海湾套间、钻石客房、珍珠客房、珊瑚客房和豪华客房等 8种。最小的客房面积为 55m$^2$，最大的总统套间面积近千平方米。6套宫殿套间位于饭店的六层和七层，每套面积达680m$^2$，专门接待来自海湾地区的元首或王室成员，还有专属的入口车道。每个套间有7名专门的服务员在门外24h待命随时听候客人的吩咐。

酋长宫酒店超前的设计超豪华的装修，将所有房间配备了号称22世纪的设施（图10-12）。50吋或61吋的交互式等离子电视、无线高速因特网是该酒店所有客房的最低标配；套间配备更加高级，还有先进的笔记本电脑和集打印、扫描和传真等功能于一体的办公设备。入住的顾客会领到一个价值2500美元的掌上电脑。这个小巧的电脑带有一个8in大小的彩色显示屏，装有Linux 系统，与电视、立体声音响以及其他装置相连。人们通过它可以设定叫醒电话、下载电影、录像或召唤服务员。酒店工作人员也通过类似的装置来遥控电视、灯光、声响和空调。

客人在普通客房内能通过一个专门的触摸屏来控制房间内的所有设施，如灯光、空调温度、室内游戏和娱乐节目。客人通过交互式电视，能足不出户就购买酒店商场里的东西、发出房间服务指示，或结账退房。

这座阿布扎比酋长宫酒店耗资30亿美元，历时4年，于2005年11月开业成为当今世界造价最贵的酒店。

3、迪拜阿派朗岛酒店（图10-13）仍处在设计阶段，它将成为该地区第二座自称达到七星级标准的酒店。

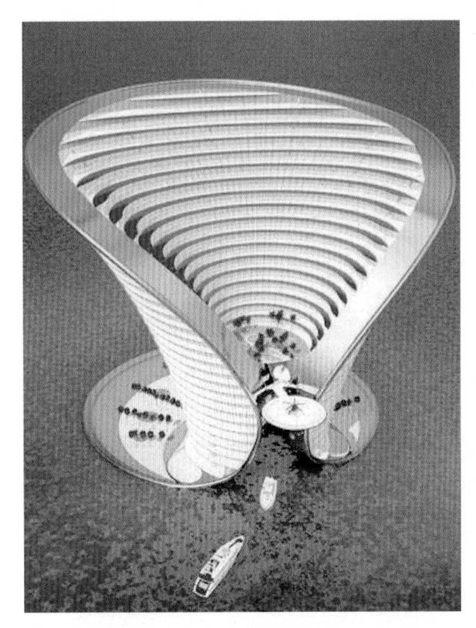

**图10-13** 迪拜阿派朗岛酒店

这酒店豪华套房数量将超过350间，这家极具未来派色彩的高科技酒店，将以丛林为主题，除了必需的餐馆、电影院、零售商店、艺术长廊、会议设施外，这家酒店还为宾客准备了私人珊瑚礁、海滩和温泉。

现在世界上尚没有超过五星级（包括白金五星级）的酒店标准，在酒店业内有某些项目超过星级酒店标准的现象还是存在的，至今全世界综合起来仍以星级标准来评估。

而上述酒店实例是从整体上超过五星级酒店标准，投资者和设计师想尽一切办法将奢侈发挥到极致，以超标准的装修和最超前的设备来实现最大化的奢华生活享受，以及通过优良的高质量贴身服务，来满足富豪贵族的需要，迎合最高端市场的需求，因此它首先出现在中东地区富裕的石油国家，给世界酒店业带来惊喜。

## （三）超大型酒店

如前所述，客房数在1000间以上的酒店为特大型酒店，而在3000间以上的酒店可以称之为超大型酒店。世界上超大型酒店屈指可数，几乎都集中在近20年崛起的美国拉斯韦加斯，由于世界各地的游客蜂拥而来，在市场冲击下产生了超大规模的酒店，带来了酒店业的独特的辉煌。

1、米高梅(MGM)大酒店是名扬世界的最大酒店。总部设在美国拉斯韦加斯的MGM Mirage是世界顶级的酒店及娱乐管理公司，总资产达80亿美元，是集旅游、娱乐、酒店于一体的管理集团之一。该酒店建于1993年（图10-14~图10-16)，位于最繁华的拉斯韦加斯大道及热带路的交汇处，正门有一只巨型的金色雄狮塑像，气势十足。翠绿色的玻璃笼罩下的酒店是由四栋主要建筑物所组成，其内部装修分别以好莱坞、南美洲风格、沙漠绿洲等为主题。

酒店共有5005套客房，设有15000m$^2$的多功能厅以及两个剧场，多功能厅可容纳9500人，其前厅就有3500m$^2$，还有30个会议室，最大的会议室可以召开350人的会议。娱乐设施包括室外游泳池、健身俱乐部、网球场、桑拿房、高尔夫等，同时还有拉斯韦加斯第一家辟有大型游乐园的赌场。

2、金字塔酒店（卢克索酒店）拥有4407间客房，于1993年10月15日开张(图10-17)。最为引人注目的是酒店前面的狮身人面像。金字塔酒店是一座黑色玻璃的金字塔楼，楼高30层底部边长171m，而位于金字塔内的客房，需要搭乘在金字塔的四角设置的电梯，而这种电梯与外墙成39°角。酒店典雅舒适，设备齐全。酒店的9个餐厅以及5个游泳池、健身房、桑拿和各式的娱乐场所，有着各自的风格，为客人提供高标准服务。

卢克索酒店以古埃及为设计主题，卢克索是古埃及的一个著名城市，存有很多遗迹，但该城市本身并无金字塔。酒店里安放许多古埃及时期的仿制品。酒店周围的人造景观有曼德勒湾、亚瑟王的神剑和众多热带的植物，是古埃及艺术和现代科技的结晶，是很

**图10-14** 米高梅(MGM)大酒店全景

**图10-15** 金色雄狮塑像

**图10-16** 翠绿色的玻璃笼罩下的酒店

图10—17　卢克索酒店

图10—18　曼德勒湾酒店

图10—19　拉斯韦加斯威尼斯人大酒店

图10—20　美国佛罗里达州朱尔斯水下酒店

图10—21　波塞冬海下度假村

图10—22　迪拜人造岛超豪华水下酒店

具创造力和想象力的建筑艺术杰作，此酒店普遍被认为是20世纪90年代后现代建筑主义的典范。

3、曼德勒湾酒店拥有3700间客房，整个酒店规模宏伟，气势非凡。酒店拥有114800m$^2$的商业中心，每一层都设有游泳池、温泉室、餐厅和室外休闲设施，并营造40000m$^2$的人工海滩，让来自世界各地的客人尽情享受沙滩阳光。此外酒店里设有一座巨大的鲨鱼水族馆，世界上仅有12只的黄金鳄鱼有5只就生活在这个水族馆内。该酒店被认为是拉斯韦加斯21世纪的杰作（图10—18）。

4、拉斯韦加斯威尼斯人大酒店（图10—19）规模巨大，一期工程拥有3036间客房，其标准客房面积60.8m$^2$，包括10.2m$^2$的洗浴间。酒店散发出浓郁的威尼斯水城风情，无论是圣马可广场还是运河上的叹息桥，甚至是一边摇着贡朵拉，一边唱着意大利情歌的船夫，都有如同身临其境的感受。酒店中还有一个46000m$^2$的购物广场，漫步其中，就如同置身意大利街头一样。

先前在“度假村”的章节中介绍的加勒比海上巴哈群岛的天堂岛亚特兰蒂斯酒店，共有3500多间客房，是除拉斯韦加斯之外的超大型酒店，为了满足每年到巴哈马旅游人数超过500万的需要。而作为其姐妹篇的阿联酋迪拜亚特兰蒂斯酒店，只有1539间客房，却同样展现出酒店设计的非凡创作想象力，成为许多旅行爱好者的梦想的天堂。

## （四）水下酒店

1986年位于美国佛罗里达州的基拉哥，出现了一家实验性的朱尔斯水下酒店，必须潜水至6.40m深处才能进入“酒店”（图10—20），可这是人们实现在水下梦幻世界生活的起步，现在已经有真实的水下酒店。

1、海神酒店是世界上第一家海底五星级酒店，地处在巴哈马的伊柳塞拉岛，耗资5亿美元。酒店设在水下60m处，拥有22个标准间和两间豪华套房。酒店与陆地间由一个隧道连接，并安装有滚梯。这一高档海底酒店将使众多新奇享受变为现实。

2、斐济波塞冬海下度假村是被面积2024hm$^2$的礁湖环绕。所有宾客要搭乘潜艇入住这家海下酒店（图10—21）。但这种海下之旅的费用相当昂贵，每人入住费高达1.5万美元，其中包含搭乘私人飞机从斐济机场到达波塞冬和坐潜艇的费用。游客还可以体验帆伞、深礁远足、洞穴探险、潜水、在海床上跋涉以及各种水上运动。

实现在水下生活（图10—22～图10—25），例如

**图10–23**　迪拜人造岛超豪华水下SPA

**图10–24**　水下餐厅

**图10–25**　迪拜人造岛超豪华水下酒店客房

上述的60m深处的海神酒店，其建造过程一定是十分艰难的，而经营酒店时内部的空调、给水排水以及消防设施的难度就更大，需要高科技建筑技术的支持。

因此一些海滨酒店只将部分用房，如一些餐厅酒吧或休闲用房设置在水中，而一些内陆酒店则采用建造大型海水池放养五彩斑斓的海洋鱼类，布置海底奇特景观，也能满足人们观赏的享受和好奇的欲望，这样的酒店建造成本，尤其是运行成本会低得多。

## （五）太空酒店

遨游太空入住太空酒店是人类的崇高愿望。

1、充气式太空酒店设定在地球上空515km遨游(图10–26)。2007年无人驾驶的试验性可充气式太空舱“起源1”号从俄罗斯发射升空，并顺利进入轨道。现充气式太空酒店由拉斯韦加斯的毕格罗宇航公司(Bigelow Aerospace)设计，计划将于2015年建造成功，建造成本计5亿美元，每人入住费用预计高达100万美元，预计可于2017年交付使用。

2、宇宙飞船酒店是一艘重400t的豪华巨型飞船，可搭载乘客250名，其内部空间及相关设施与豪华班机不相上下。它依靠39.6万$m^3$氦气、巨型氢燃料电池提供动力的推进器，以及6个涡轮喷气发动机在空中漂浮飞行，最大飞行速度为174km/h，最远可飞行6000km，飞行高度可达到2438 m（图10–27）。除了让乘客体验飞行的快乐外，还设置贵宾包房、赌场、饭馆和特等包房，让旅客尽情享受高科技带来的乐趣。

3、太空酒店银河套房届时可在距地球450km轨道上，每80min内环绕地球一周，一日目睹太阳15次升起。这座有3个分离舱“客房”的酒店，形状像一个化学分子模型。设计目的可使每个分离舱能放进一枚火箭，发射上太空。旅客还可穿上附有魔术贴的衣服，如蜘蛛侠般在分离舱“房间”内“爬行”（图10–28）。

2007年创立的银河套房公司总部设在西班牙巴塞罗那，有消息说2012年将接待首批付费的游客，在太空3天花费大约300万欧元，包括为期8周在热带岛屿的培训费。从设计和技术上讲“银河套房”和国际空间站有类似之处，太空酒店的目的是休闲，大部分空间都用于个人以及娱乐活动。整个设计还仅仅处于起步阶段，很多因素有待于研究，内部的具体设计还不为人知，无重力的卫生间和洗澡的问题，为旅客安排这些个人私隐行为，绝非易事。还需解决无重力状态下，旅客如何在水疗室享受一下半空飘浮的泡泡浴。

而更重要还有酒店内部的生命保障系统，酒店提供电力的太阳能电池板等，而最大的困难是运输系统，要把酒店发射升空需要商用航天飞机和商用发射中心，因此该银河套房顺利上天还很困难。

4、一项设计研究将一座旅游太空酒店设在200km高空的轨道上，由中央的无引力区和四周可旋转的人造引力区两大部分组成。

无引力区让客人可以在远眺我们居住的地球的同时，跳舞作三维空间运动，让客人能体验一下失重的感觉，获得在地球上无法实现的太空经历和刺激。而在有部分地球引力区，让客人能平静吃饭、喝咖啡，又能舒服的沐浴和生活。

太空酒店都是以最轻型材料建造，天棚和窗实际上是平面银幕，直播舱外的太空实景。（图10–29）。

图10-26　充气式太空酒店

图10-27　宇宙飞船

图10-28　太空酒店“银河套房”

酒店业人士反应：一家酒店无论是在地球还是在太空，没有市场需求就没有必要建设，如果太空酒店能够变成现实，以一个合理的价格将人类送入太空，才能让太空旅游成为赢利性项目。因此，太空酒店的首要难题是市场需求的问题，另外考虑到酒店和地球之间的交通工具，没有相关配套设施，太空酒店也不可能成功的。

美国马里兰州伏特龙管理顾问公司2002年针对美国一项市场调查显示，到2020年每年最少有1.2万人，情愿花10万美元（甚至逐步下跌到5万美元）

图10-29　太空酒店1

图10-30　太空酒店2

图10-31　可飞行的豪华酒店

乘坐私人飞船来一次“太空游”，享受只有短短几分钟的失重体验以及从太空俯瞰地球曲面的感觉。一旦地球亚轨道游美梦成真，也许还是有人乐意在地球轨道上度假（图10-30～图10-32）。

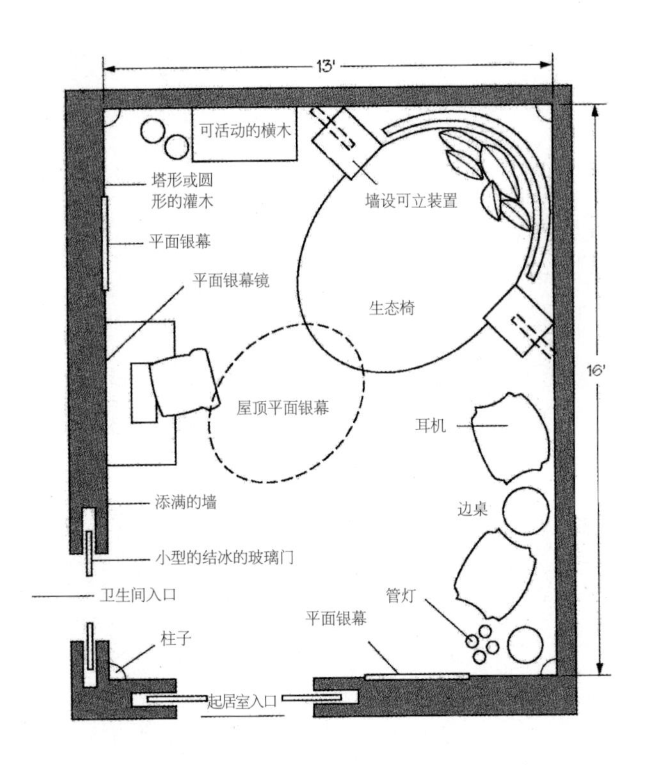


**图10—32**　太空客房新的格局

## （六）超时空酒店

当人类成功实现在地球轨道太空游后，下一个目标就是在地球以外首先在月球上建酒店。

1、月球上的酒店。荷兰鹿特丹建筑学院和美国WATG的设计师汉斯－于尔根·罗姆堡(Hans-Jurgen Rombaut)从事一项设计研究，在不远的将来由他们设计命名为“疯狂酒店”的卫星将投入建造，预计将于2050年完工(图10-33)。

很显然，向月球发射数吨钢材和水的成本仍旧是一项巨大挑战，但据罗姆堡透露，建筑用料中的相当一部分可以在月球上获得，利用月球现有的矿石。但疯狂酒店的入住费用一定是一个惊人的数字。

月球上的酒店，在两座高160m的斜塔的帮助下让游客享受失重带来的快乐。每座塔都配有泪珠形的居住舱，作为游客的太空船套房。由月球岩石制成的50cm厚的外壳以及水保护层可以让游客免受月球恶劣环境，包括超低温、宇宙射线和太阳粒子的侵害。如果这个计划能实现的话，那么月球村将最终成为现实。

2、未来酒店。未来学家认为，未来派酒店将会改变旅游业的面貌。酒店的大部分工作将由机器人完成，应用纳米技术能够让我们在分子水平下完成

**图10—33**　建在月亮上的疯狂酒店

加工和制造。未来学家设想在2025年或者2030年，可能有机会入住可自行改装直至让我们满意的客房。你可以按照自己的要求进行布局，比如选择一张超大号床加一张沙发或者一张单人床加一个桌子。

随着技术的不断进步，任何一件看似不可能的事情都会在未来成为现实，一切只不过是个时间问题。将来的太空旅游，到月球到火星都会成为可能，而超时空酒店也不会完全是梦想，目前人类走出地球进入太空的旅程已经开始。

月球酒店要比近地球轨道的太空酒店更复杂。由于月球是离地球最近的天体，人类对月球的了解以及月球上的资源的利用，将要在月球上建立一套发达而系统的太空产业。开发月球以及人类住在月球是个理想，如果这些都成为现实，建设月球酒店就是水到渠成的事，因此伴随月球开发就会出现月球酒店的设计。

# 实践篇

# 1　珠海海泉湾度假城

**图1–1**　珠海海泉湾大酒店（海王星）

**珠海海泉湾度假城**　是沿着珠海平沙的南中国海2.7km海岸，利用海底天然温泉水资源建成的大型旅游度假胜地。海泉湾所用的温泉被誉为“南海第一泉”，是罕见的天然氯化钠泉，富含30多种有利人体健康的微量元素和矿物质，清澈幼滑无异味，水温高达87.3℃，泉井自喷高度达11m。

海泉湾一期占地89.1hm$^2$，总建筑面积207276m$^2$，由温泉中心、两座五星级酒店、12栋度假别墅、5栋蜜月套房、会所、康体中心、渔人码头、行政中心和配套建设的大型游乐园——神秘岛等建筑群体组成。海泉湾总体布置自由活泼，浓郁的摩洛哥风情建筑临海而建，为人们提供丰富多彩的度假休闲生活（图1–2）。

**图1–2**　珠海海泉湾度假城总平面图

**海泉湾大酒店（海王星）** 被称之为主酒店，是一座七层高的度假酒店，拥有500间客房(436套)，建筑面积为61196m²。酒店大堂设在三层，由高架桥引到酒店门前广场，居高临海，海天一色美景尽收眼底，给客人惊喜。中央大堂两侧客房楼呈“Z”字形沿海岸布置（图1-1、图1-3～图1-12）。

**图1-3** 海泉湾主酒店主入口

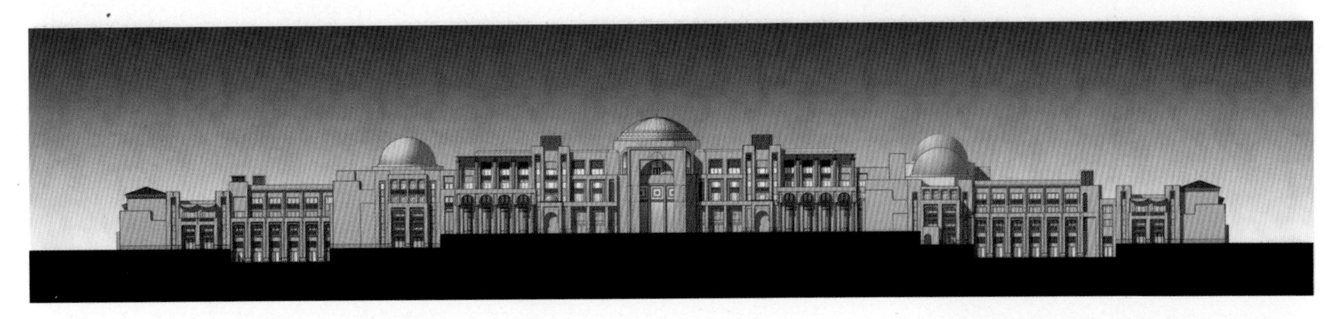

**图1-4** 海泉湾主酒店主立面设计图

**图1-9** 主酒店行政酒廊剖面设计

**图1-11** 主酒店主入口门廊

**图1-10** 主酒店大堂

**图1-12** 海泉湾主酒店海边泳池

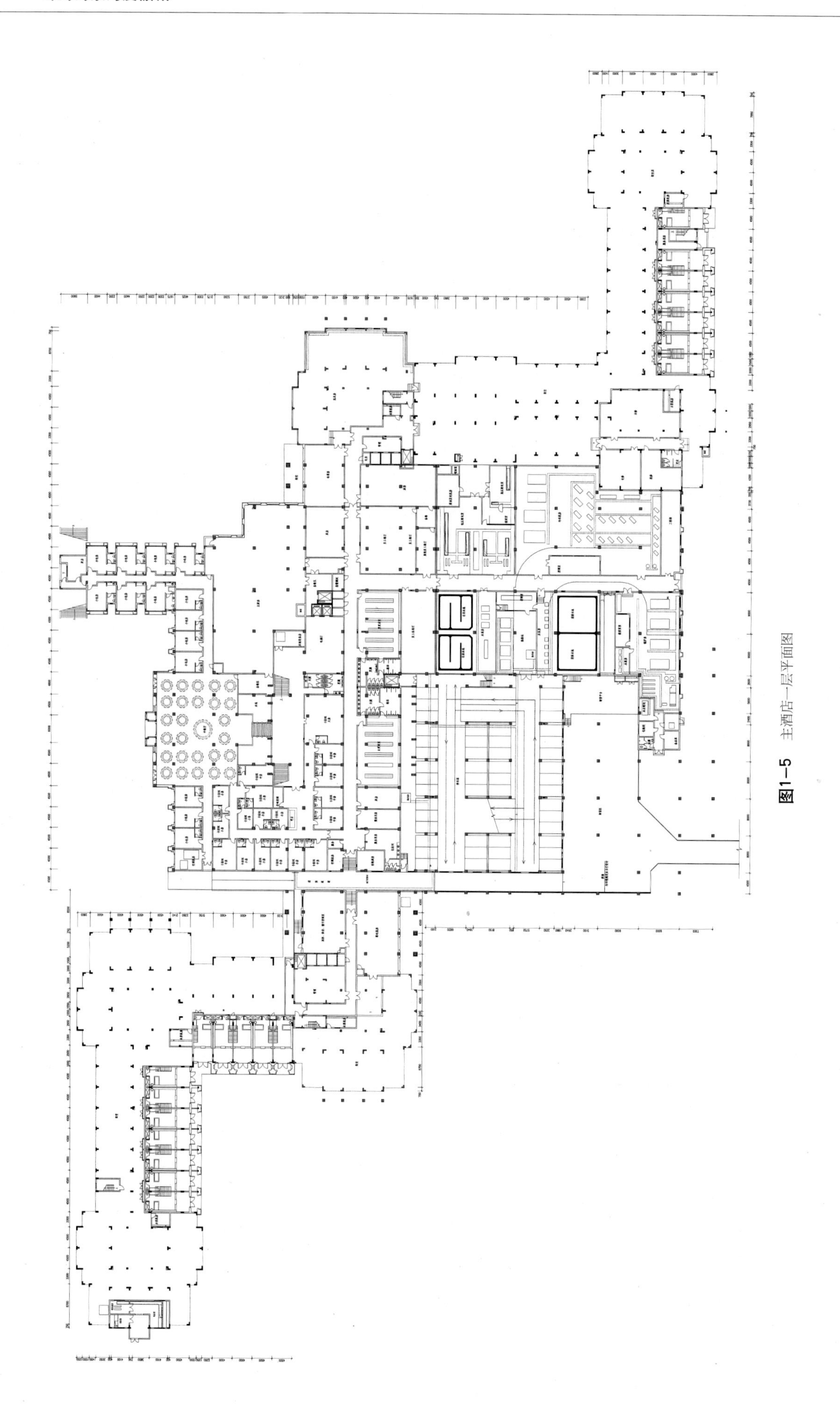

图1-5　主酒店一层平面图

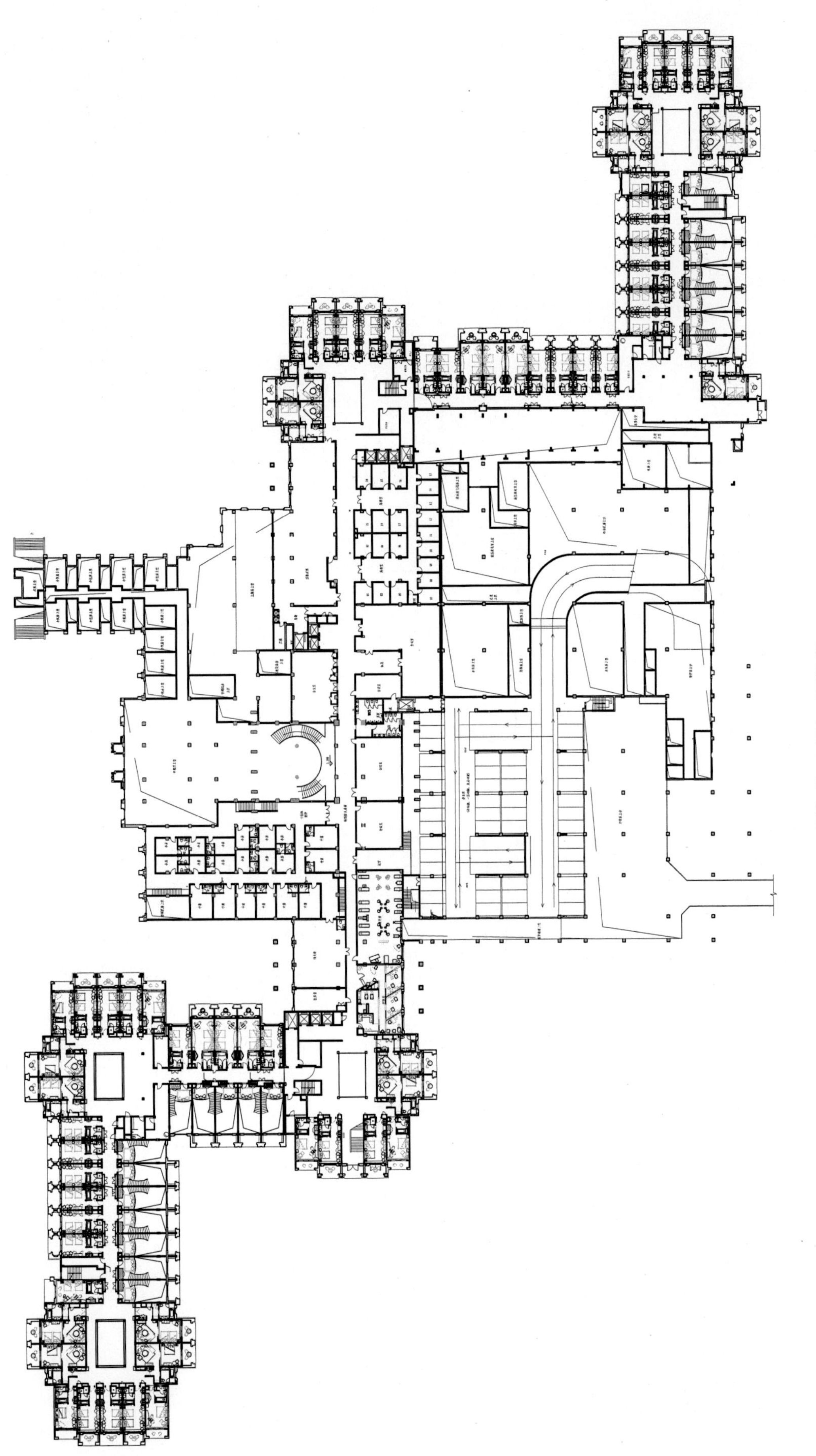

图1-6 主酒店二层平面图

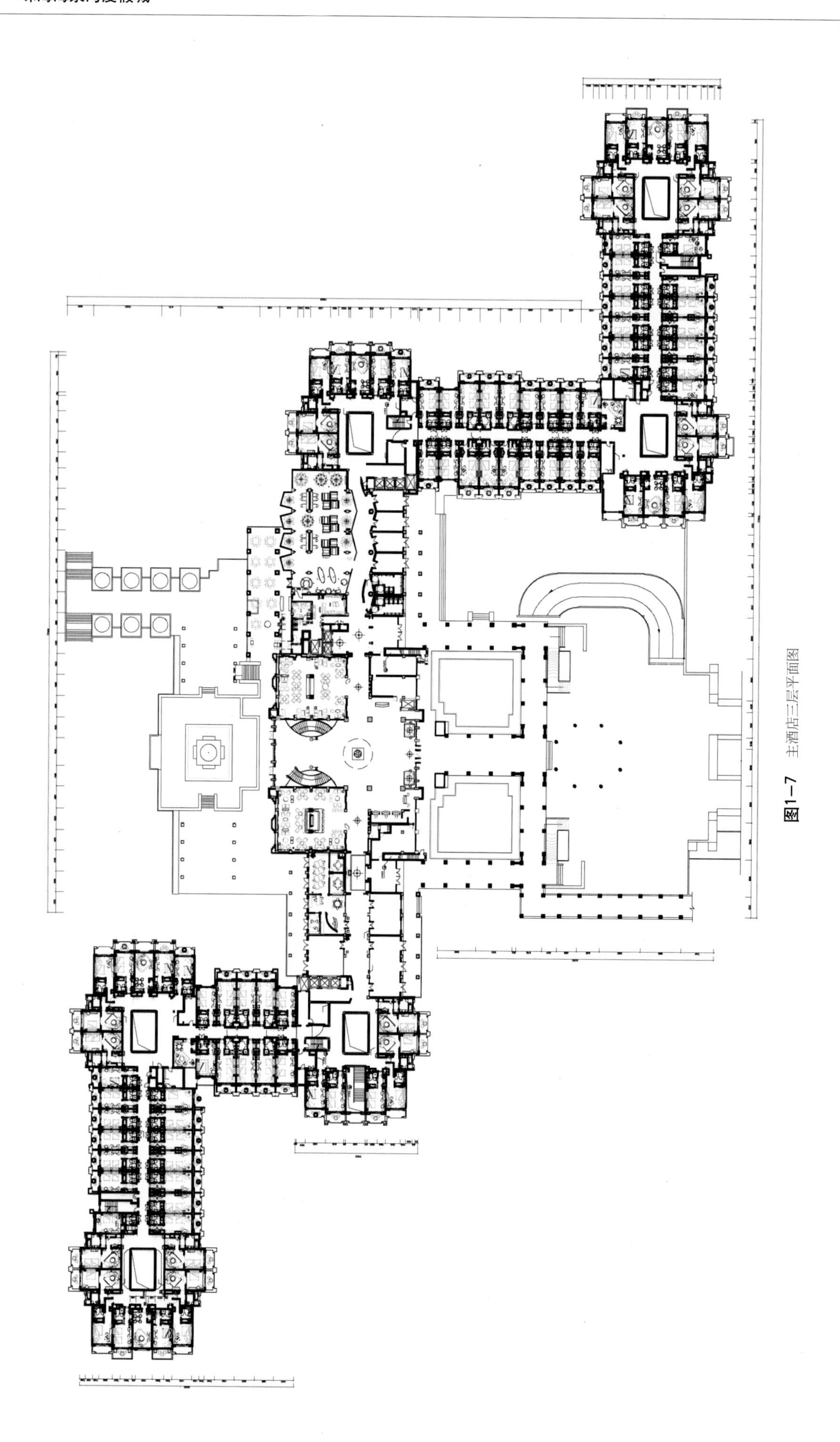

图1-7 主酒店三层平面图

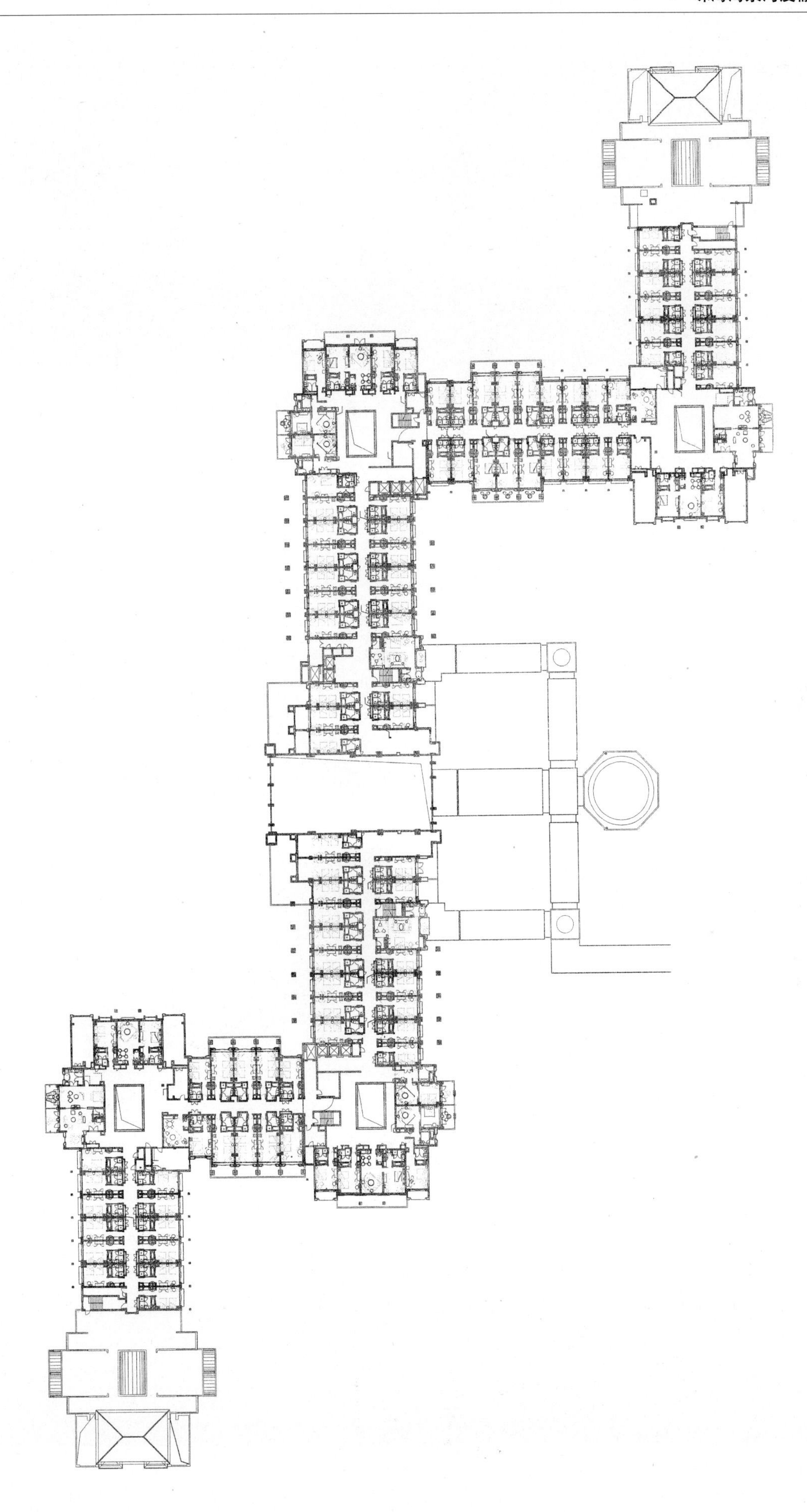

图1-8 主酒店四层平面图

图1—13　海泉湾会议酒店

**海泉湾大酒店（天王星）** 被称之为会议酒店，也是一座七层高的大型会议酒店，拥有500间客房（408套），建筑面积为61360m²。酒店主要侧重于接待会议和旅行团，配置有容纳2000人会议或1000人宴会的特大型多功能厅，还有大小会议室30多间、252座的演播厅，提供完备的会议四语同声翻译、数字化会议系统等设备（图1-13～图1-20）。

酒店大堂也设在三层，由高架桥引到酒店入口广场。当客人一到达酒店大堂，可有一个登高鸟瞰的视角，饱览海天一色的美景。中央大堂两侧客房楼呈“L”字形沿海岸布置，北端自由延伸到内湖形成独立的塔楼，打破了完全对称布局，获得丰富的立面效果，作为沿海建筑群的收笔之作。

图1—14　海泉湾会议酒店宴会厅临湖平台

两座酒店备有17种房型，平面布置自由舒展，让客房充分面海或内湖，宽大阳台上放置散发着丝竹幽香的摇椅和海滩椅，使客人时时饱览海景。

海泉湾度假城有12万m²的内湖水面和30万m²园林，绿树葱茏，碧水环绕，环境清静幽雅，让千间客房临海而栖，客人沿湖而居。尤其是位于内湖畔的5栋蜜月套房和SPA会所，营造出自然的生态环境，使客人领略尊贵浪漫的自然情调。

海泉湾拥有别墅酒店12栋（图1-21），建筑面积合计为11239m²，其中：A型3栋，建筑面积为2462m²，B型3栋，建筑面积为2703m²，C型3栋，建筑面积为2936m²，D型1栋，建筑面积为1138m²，E型1栋，建筑面积为1040m²，F型1栋，建筑面积为960m²。整个设计是通过一个基本元素，

图1—15　海泉湾会议酒店海滨花园道

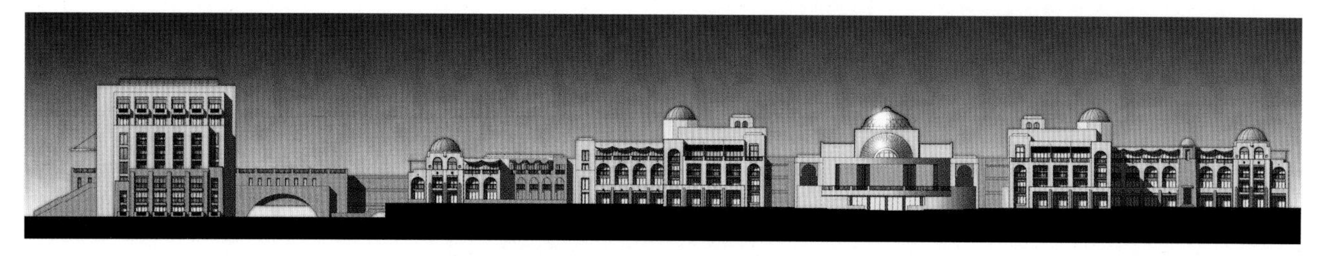

图1—16　海泉湾会议酒店主立面设计图

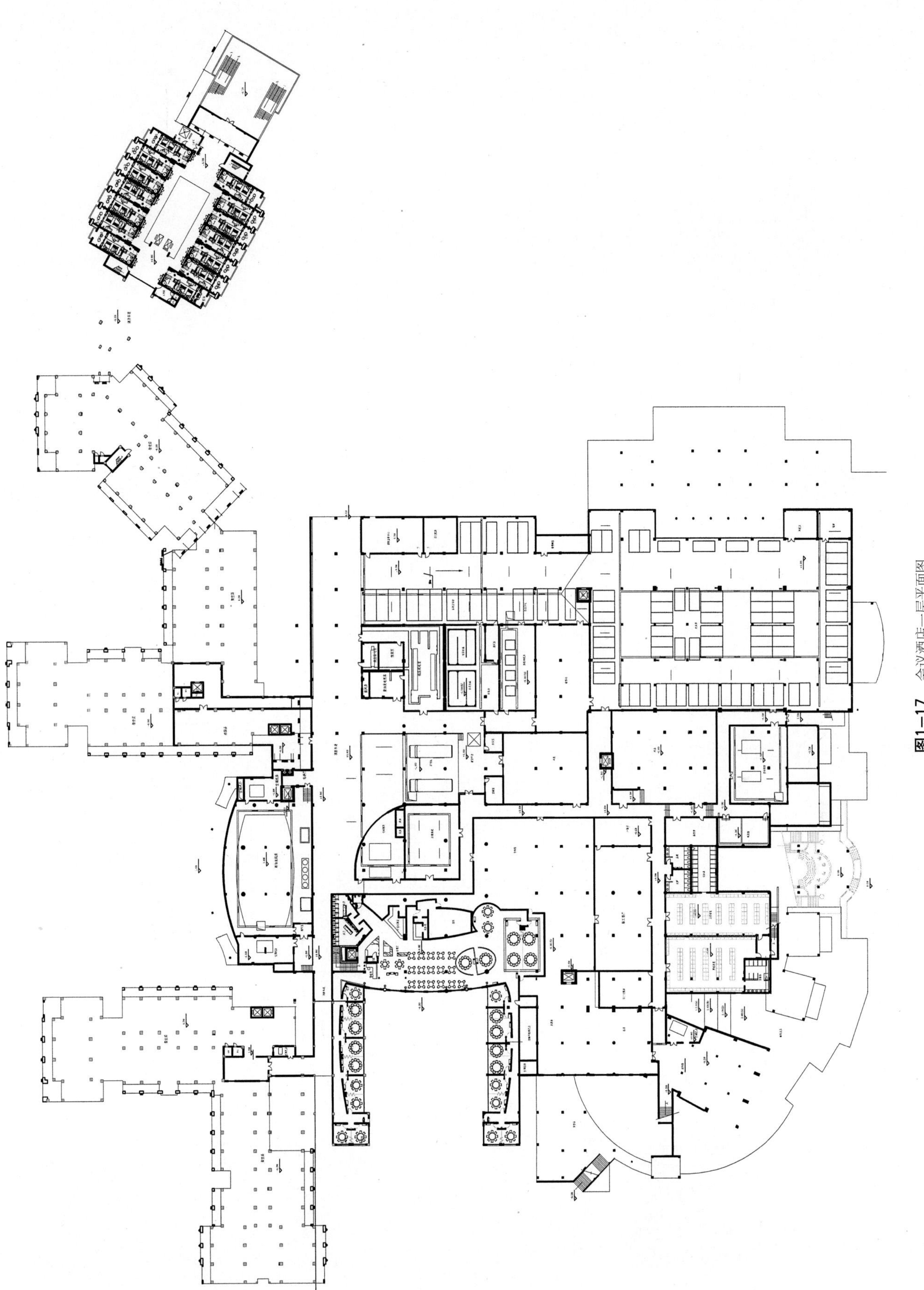

图1-17 会议酒店一层平面图

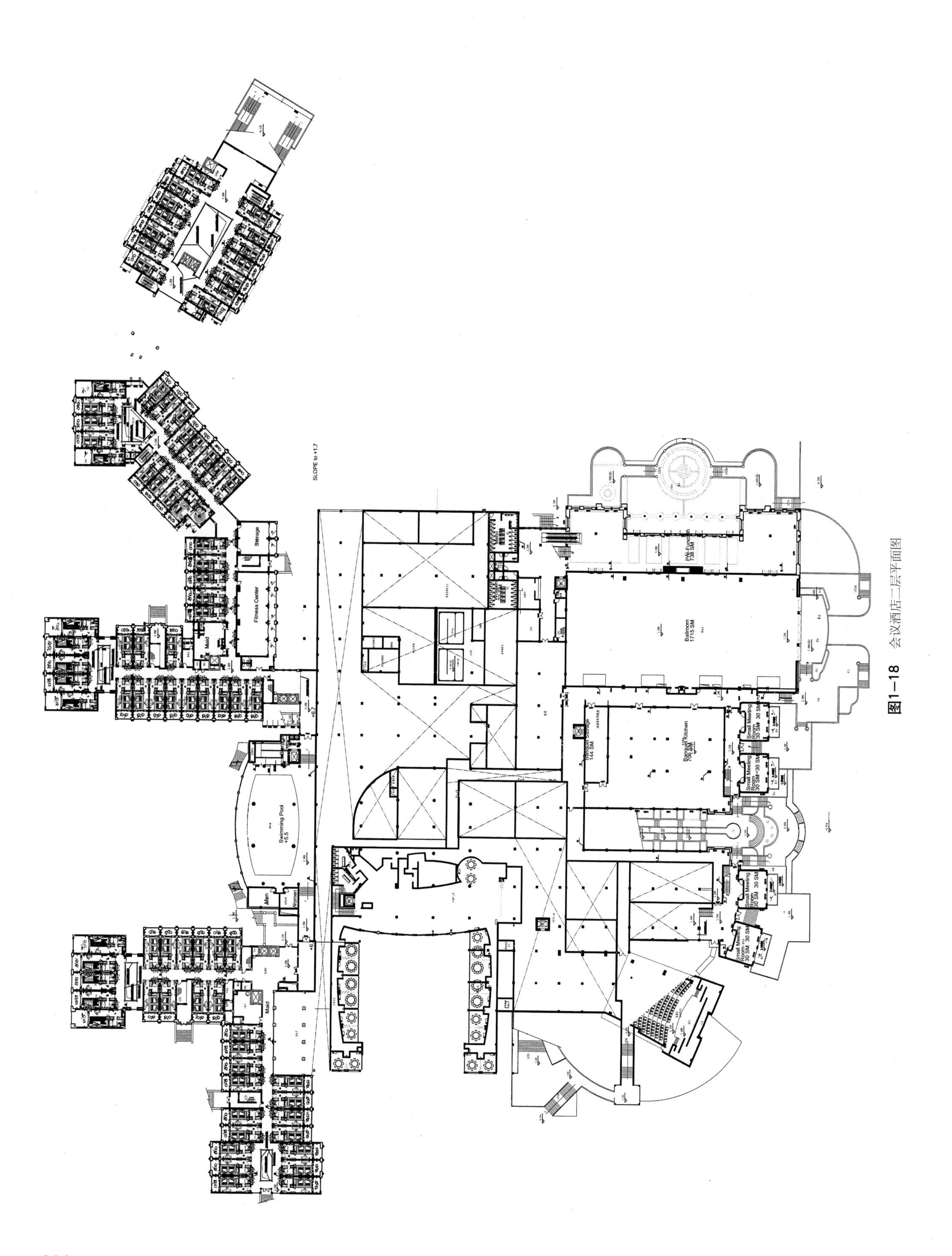


图1-18　会议酒店二层平面图

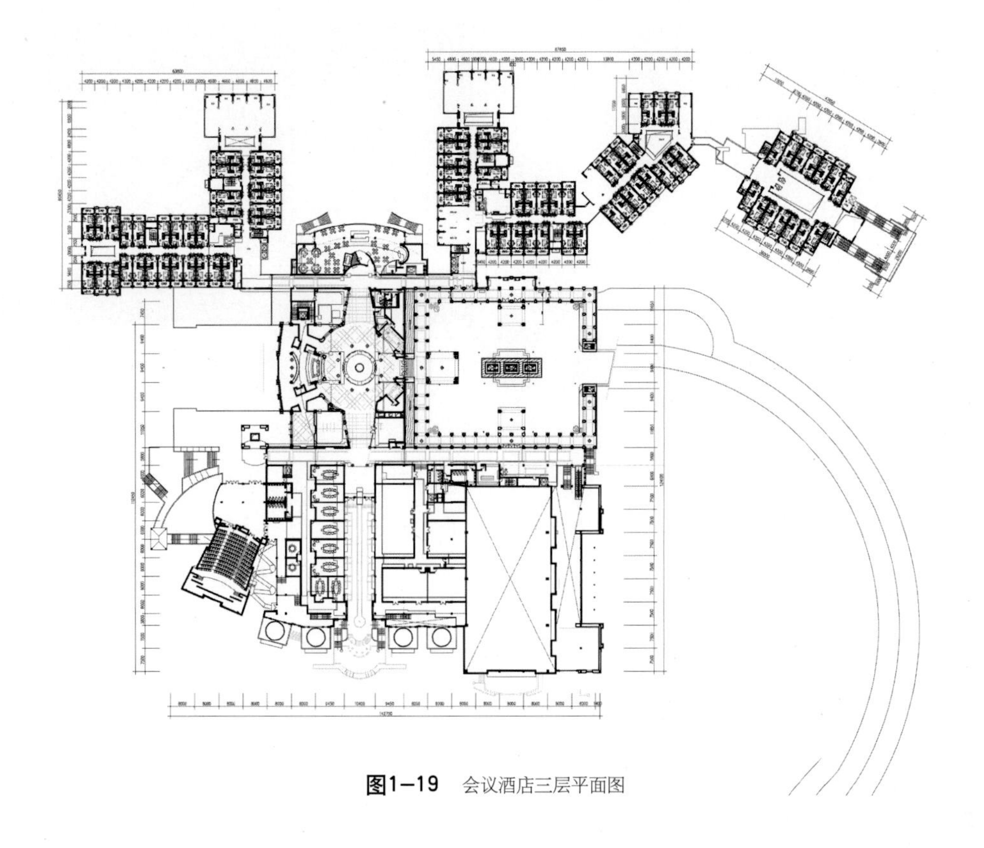

图1-19 会议酒店三层平面图

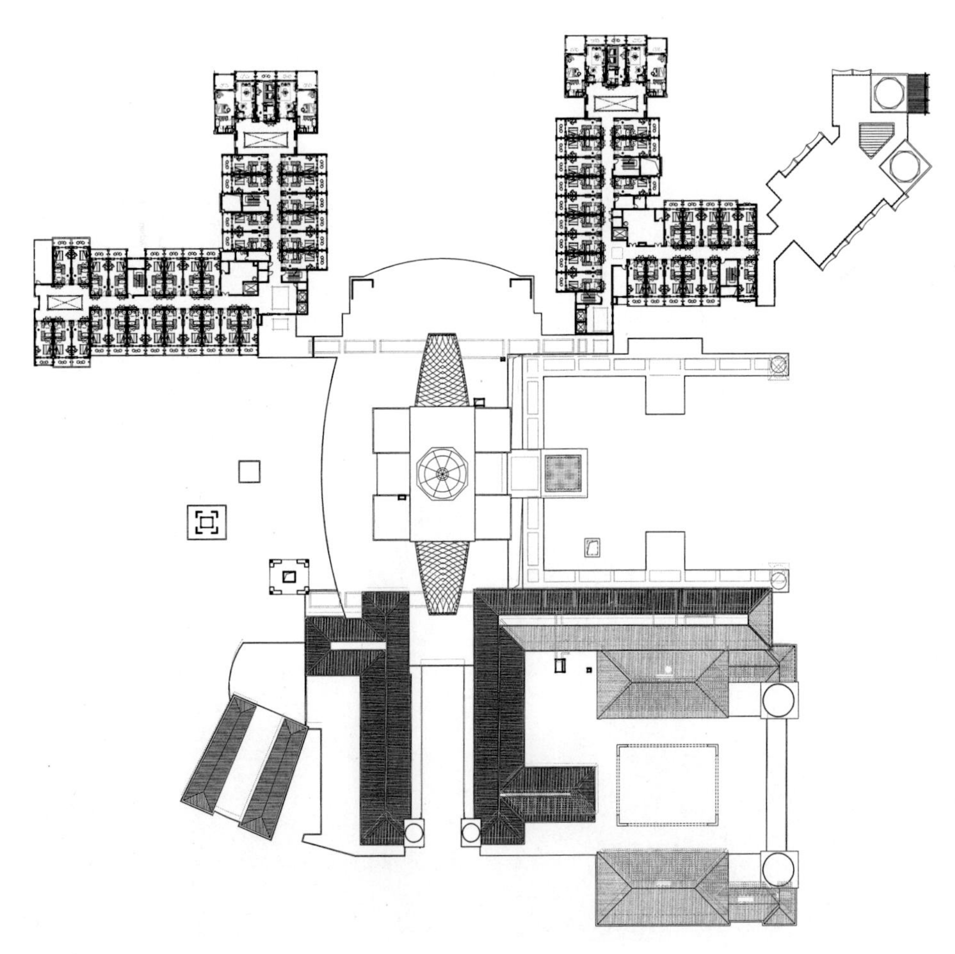

图1-20 会议酒店五层平面图

以加法或减法引伸出不同的组合，形成既统一又富有变化的别墅群（图 1-22）。

海洋温泉引至别墅和内院泳池，特别是 E、F 型是豪华型别墅，处在地域的临海最佳位置，接待酒店的最尊贵的客人（图 1-23、图 1-24）。

**温泉中心**　是海泉湾的主体建筑，在两个大型酒店烘托下，位于度假城的中央位置，毗邻大海。一个以水珠为元素的球体，高耸在碧海云天之间，突出了建筑群体的主题（图 1-25）。

**图1-21**　海泉湾别墅酒店

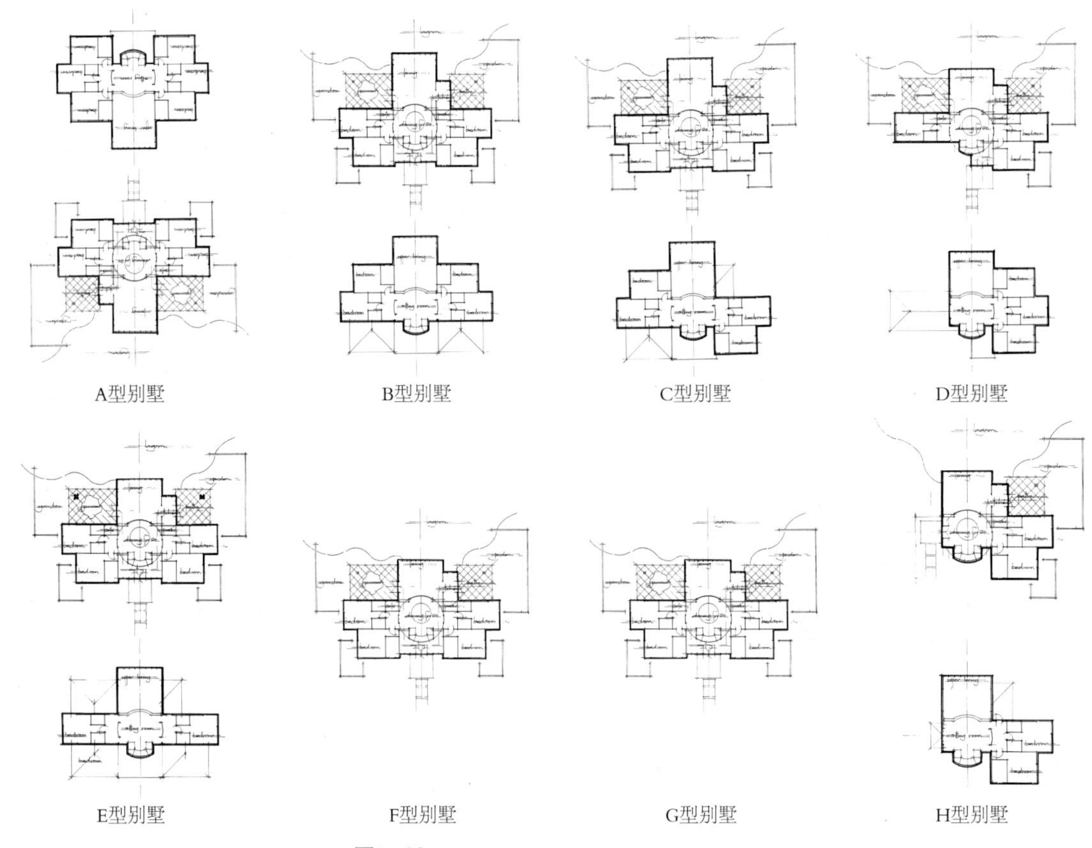


**图1-22**　海泉湾别墅酒店系列设计方案（草图）

**图1-23**　别墅酒店入口

**图1-24**　别墅酒店实景

**图1—25** 温泉中心外景

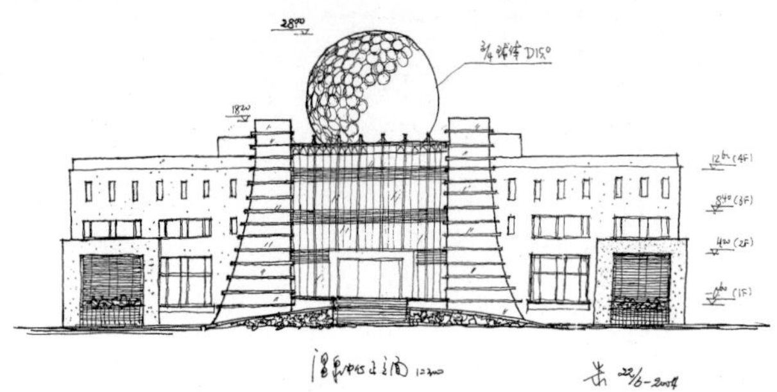

**图1—26** 温泉中心设计方案

**图1—27** 温泉中心内景

图 1-26 是该中心设计过程中的三个方案。

温泉中心建筑地上四层，地下一层，建筑面积 26642m²。以平面为“主”字形对称构图布置。三层高的大厅中有一股温泉水柱自天顶而下，引导客人进入海洋温泉世界（图 1-27）。

自一层大厅经夹层更衣沐浴后再经二次更衣，着泳衣进入揽海大厅，温泉水通过层层跌落、流淌、喷涌多种花式的水力按摩和冲压。一层两侧分别布置草药浴、石板浴、矿砂浴、汗蒸、桑拿和芬兰浴、死海浴。冰水浴等各式洗浴。二层作为水疗休闲按摩区，有不同风格的休息厅，配备健身、餐饮、酒廊、茗茶等服务，三层为贵宾包房，地下层为机房和停车库。温泉中各层平面详图 1-28 ~图 1-30。

**室外温泉文化娱乐园** 分布有 60 多种形态不一、功能各异的温泉池，荟萃了世界温泉文化的精华，其中包括古罗马浴池、莫尼卡浴池、华清池、土耳其浴池、日式浴池等，各具文化特色。娱乐园内布置有溶洞、瀑布、沙滩、淌水、滑梯、儿童游戏池、

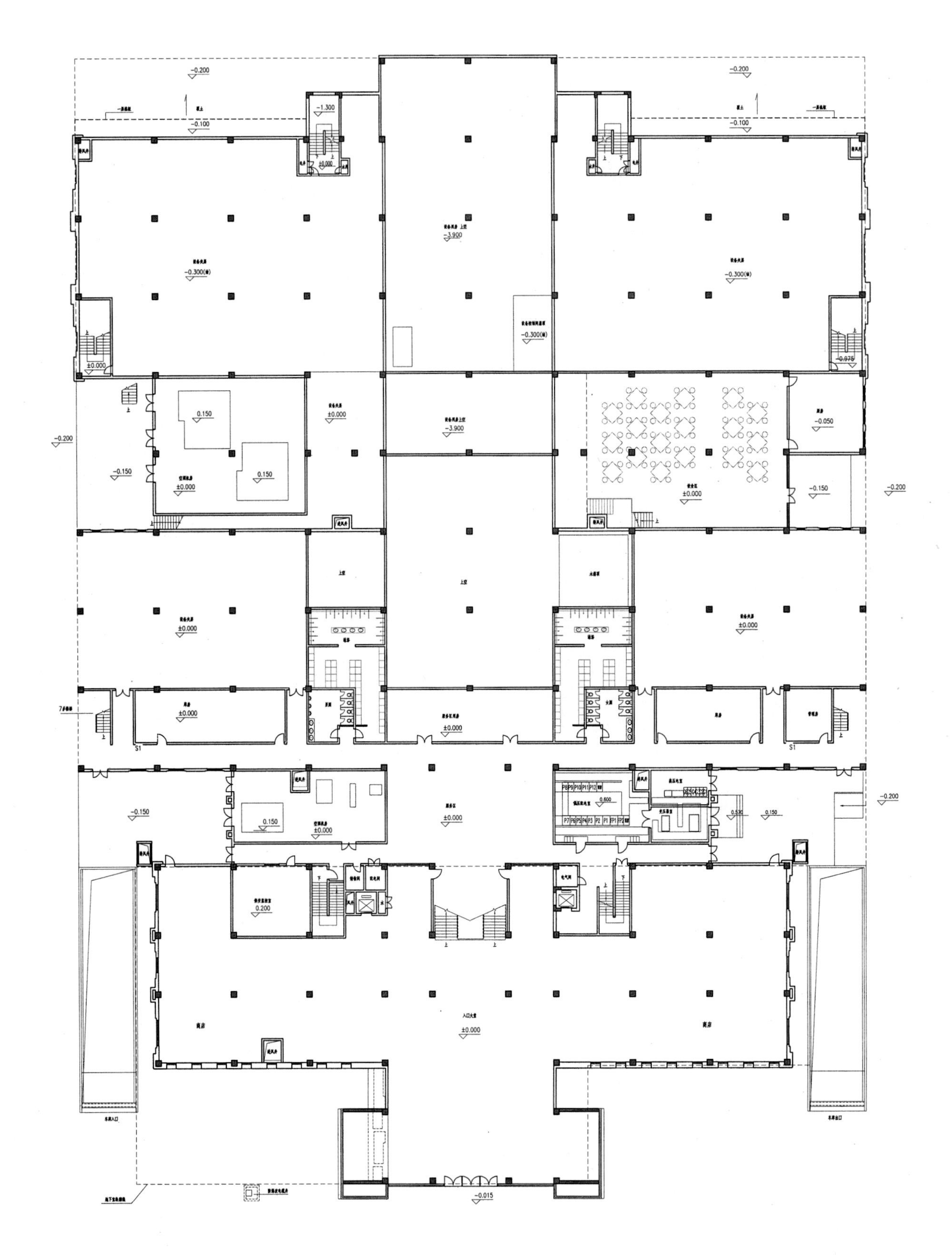

图1-28 温泉中心一层平面图

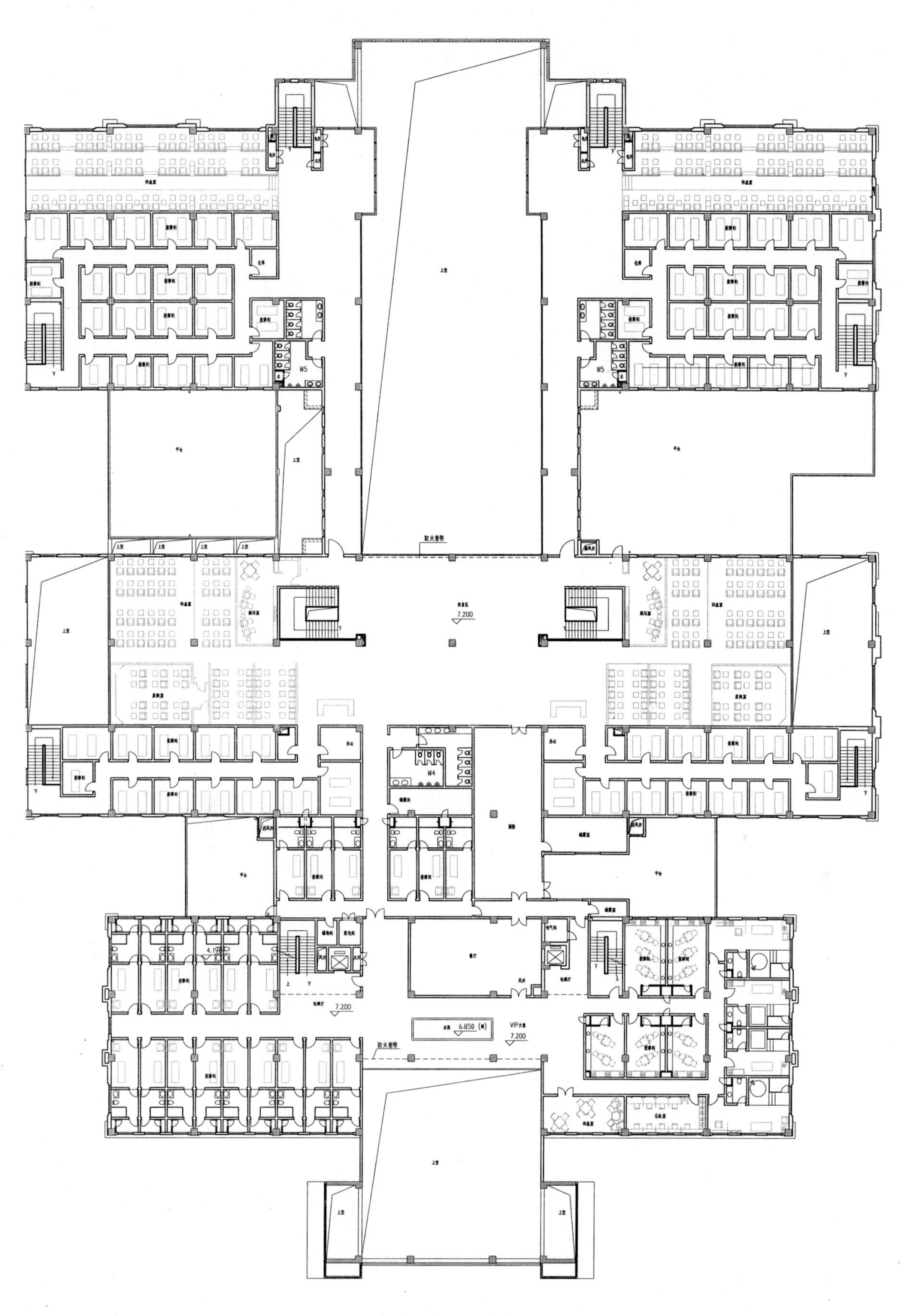

图1—29 温泉中心二层平面图

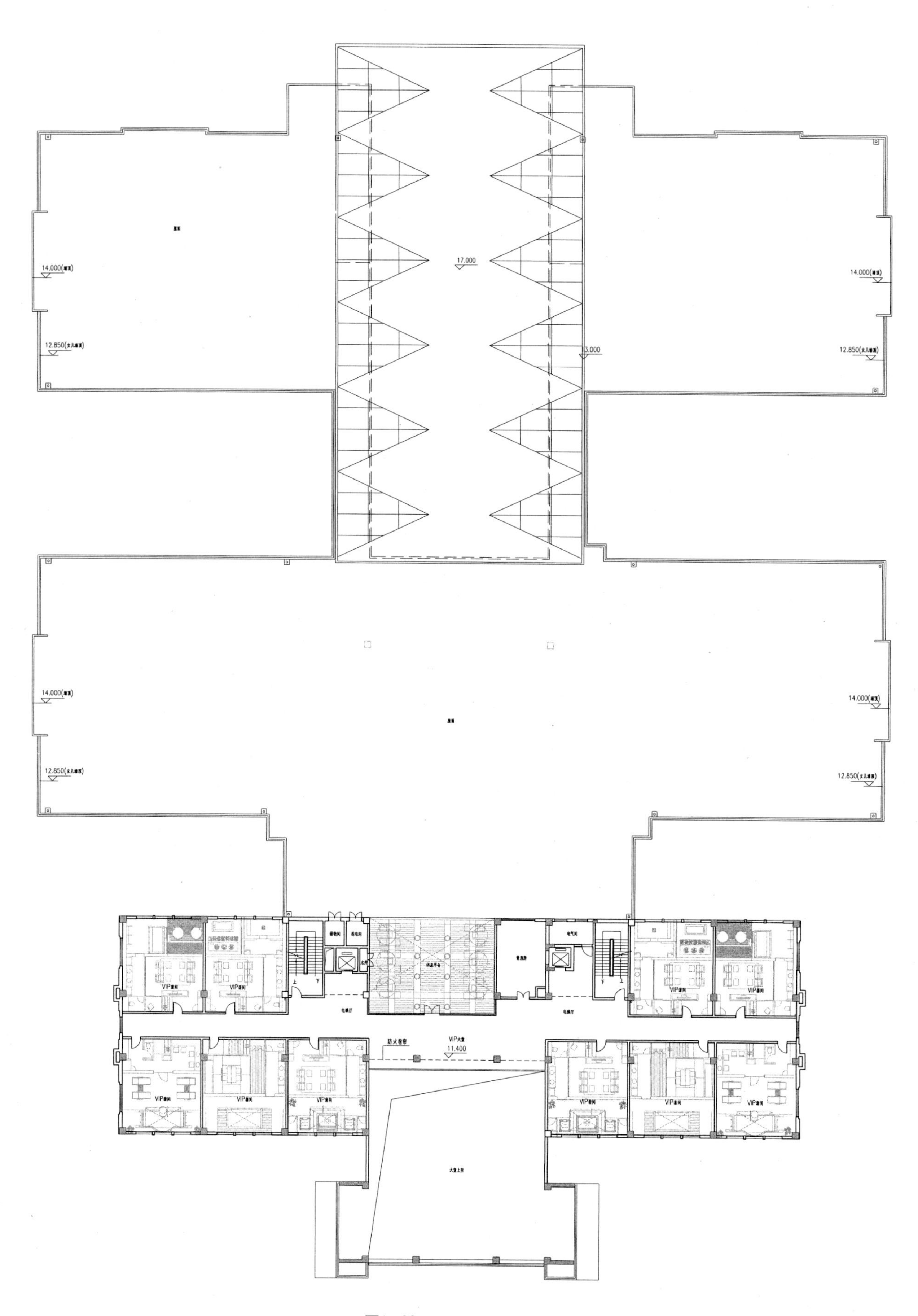

**图1-30**　温泉中心三层平面图

情侣池和亲亲鱼池等，以满足不同的人群的爱好要求带给人们喜悦轻松的生活情趣。（图 1-31、图 1-32）

**渔人码头** 是由美食广场（2594m²）、体育酒吧（2782m²）、特色餐厅（2487m²）和温泉剧场（8033m²）四栋建筑组成，为人们提供餐饮、购物、娱乐、休闲等多种服务，与其相连的是游艇码头。总建筑面积 15896m²，是整个度假村的重要组成。其临内湖而建，自由的整体布局和亲切的建筑形象，充分反映出渔人码头的鲜明特征（图 1-33 ~图 1-38）。

**图1—31** 室外温泉文化娱乐园

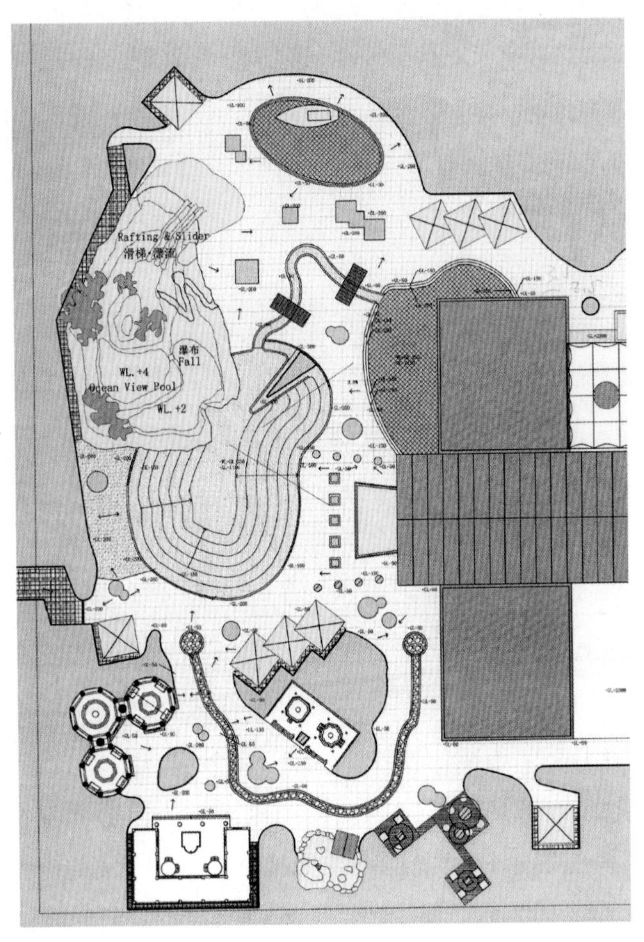


**图1—32** 室外温泉文化娱乐园平面布置图

**图1—33** 渔人码头主立面设计图

**图 1—34** 渔人码头实景

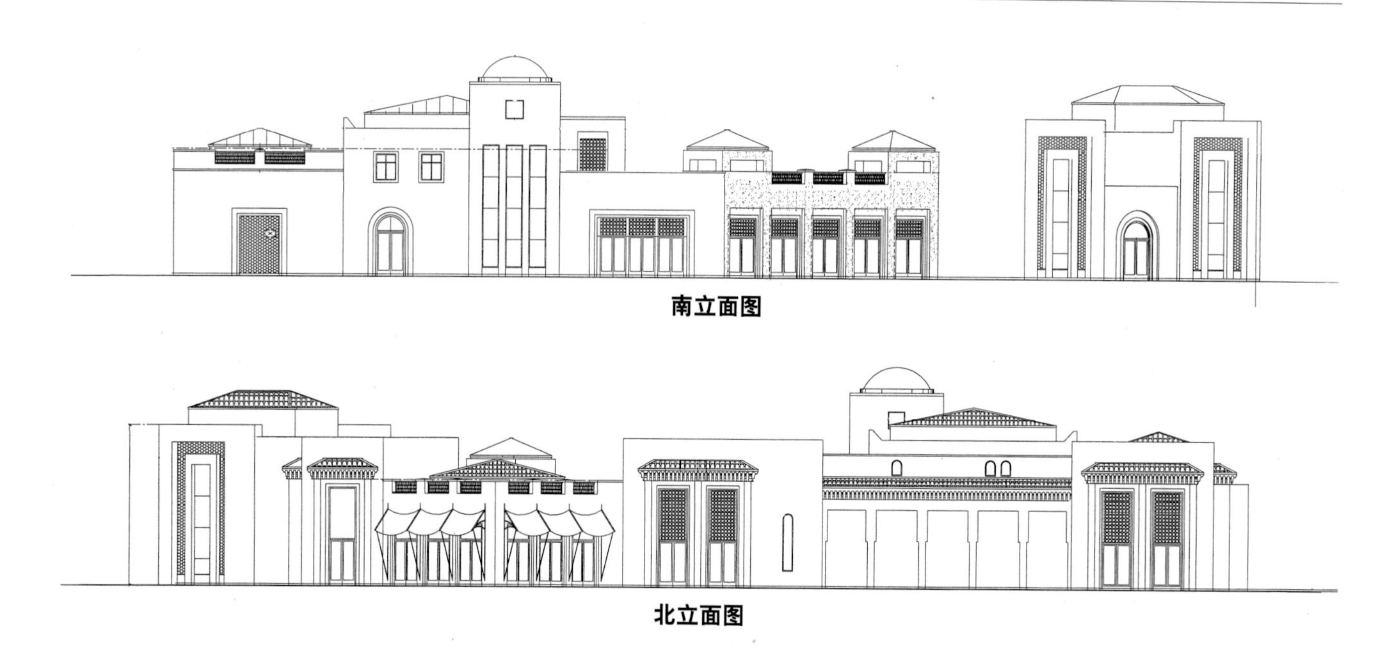

南立面图

北立面图

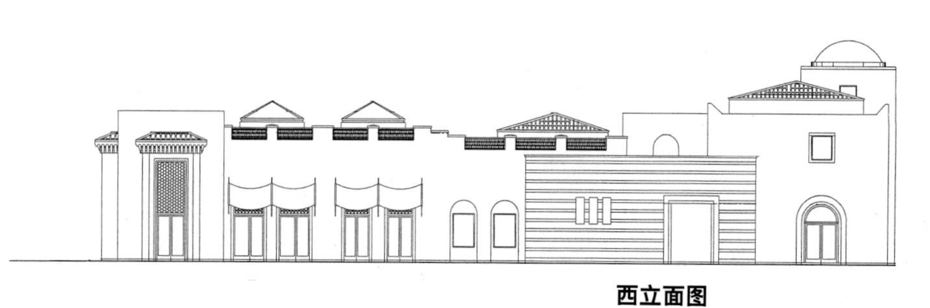

西立面图

图1-35　美食广场立面图

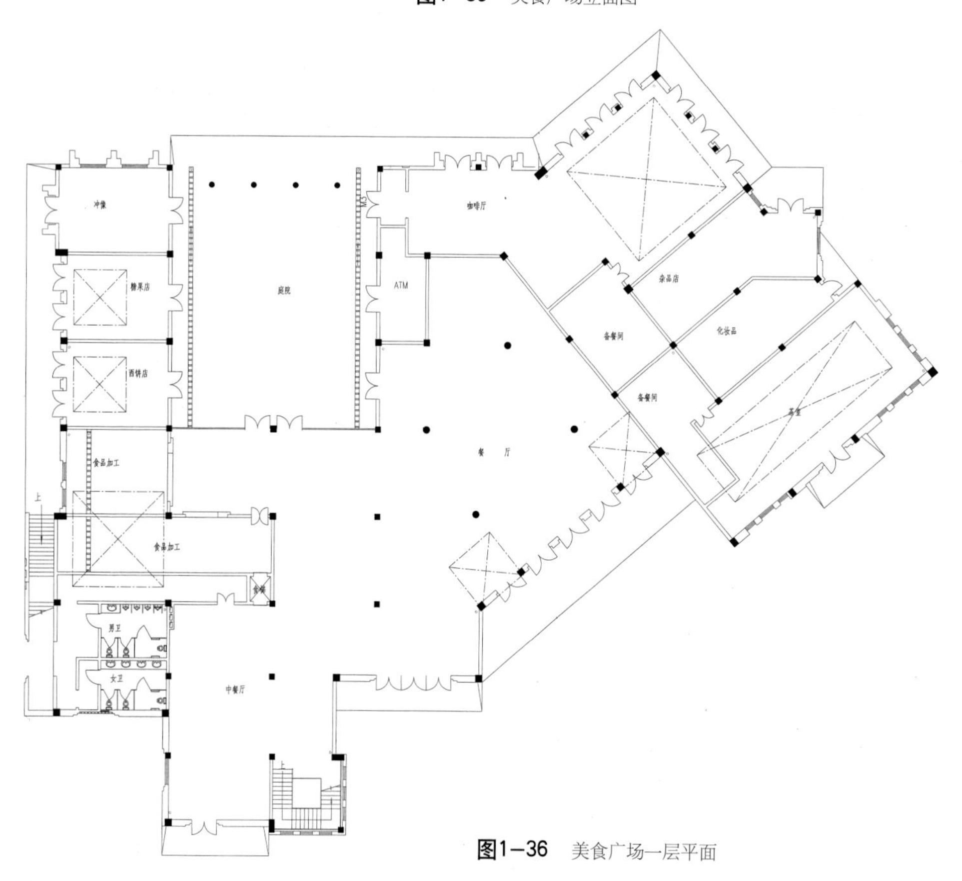


图1-36　美食广场一层平面

以体育酒吧为主体的酒吧屋，大屏幕转播精彩的体育比赛，还设有美式桌球、高尔夫推杆练习场、气垫球和电动赛车等体育设施。

每当夜幕降临，内湖中的音乐喷泉传来悠扬乐章，水幕电影盛情绽放，这一切带给人们宽松喜悦的气氛和浪漫温馨的情怀（图 1-35 ~ 图 1-40）。

在大型旅游建筑中，建造一座多功能**温泉剧场**，通过演绎大型晚会来丰富晚间的旅游生活，是成功做法。剧场建筑面积（8033$m^2$），1256 座。剧场设计不同于一般剧场，由主舞台、互动区和观众席组成。互动区内左右侧设置两层侧窗表演台、巨型鱼缸舞台，以及中央升降、翻扬、喷泉舞台，以满足多种演出的需要。随着表演变幻，四个可 360° 旋转贵宾席座位亦互动起来，这使得演员和观众之间更加亲近，灵活多变的舞台机械，顶级灯光音响，创造出独特的演出效果（图 1-39 ~ 图 1-41）。

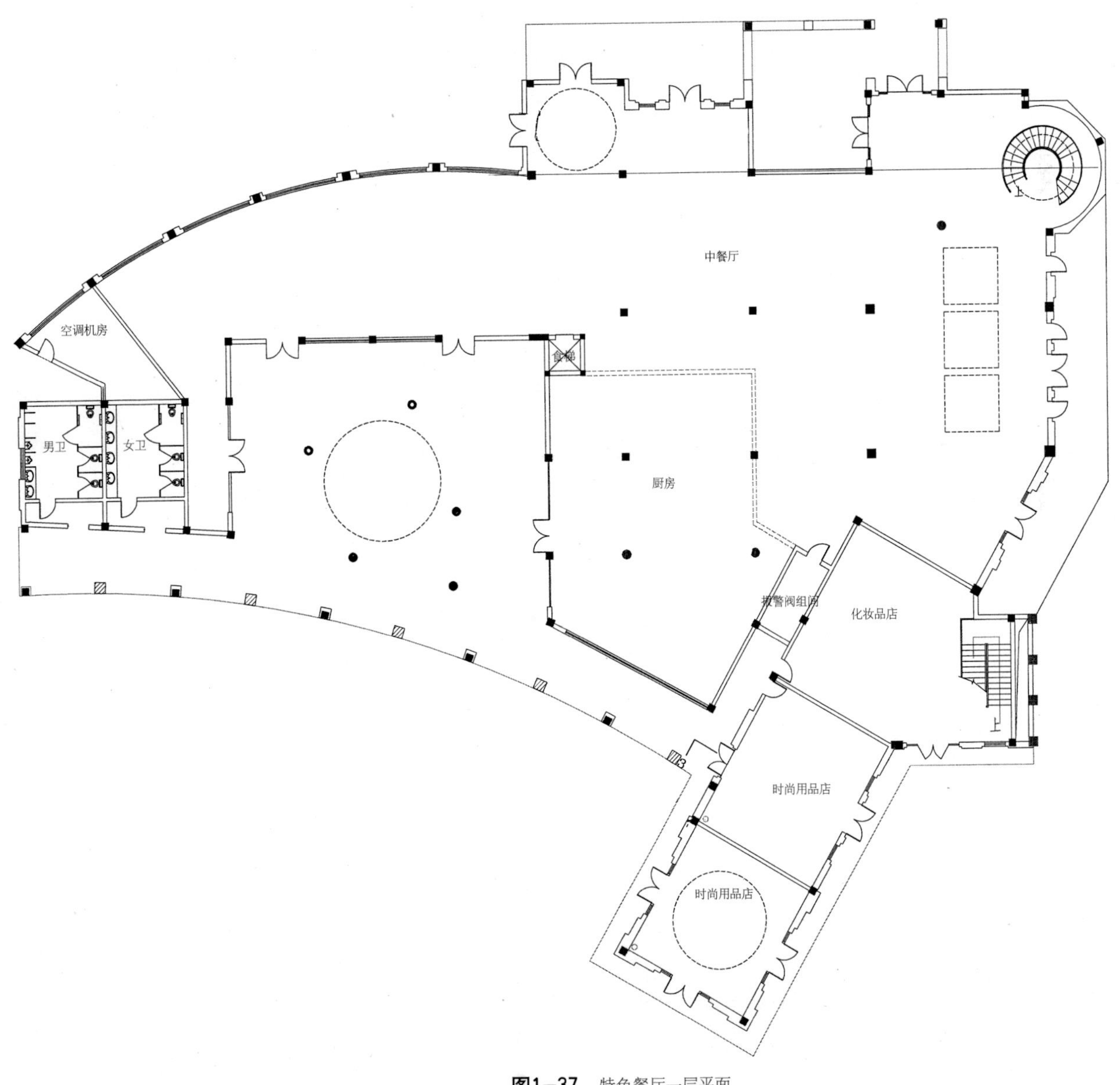


**图1-37** 特色餐厅一层平面

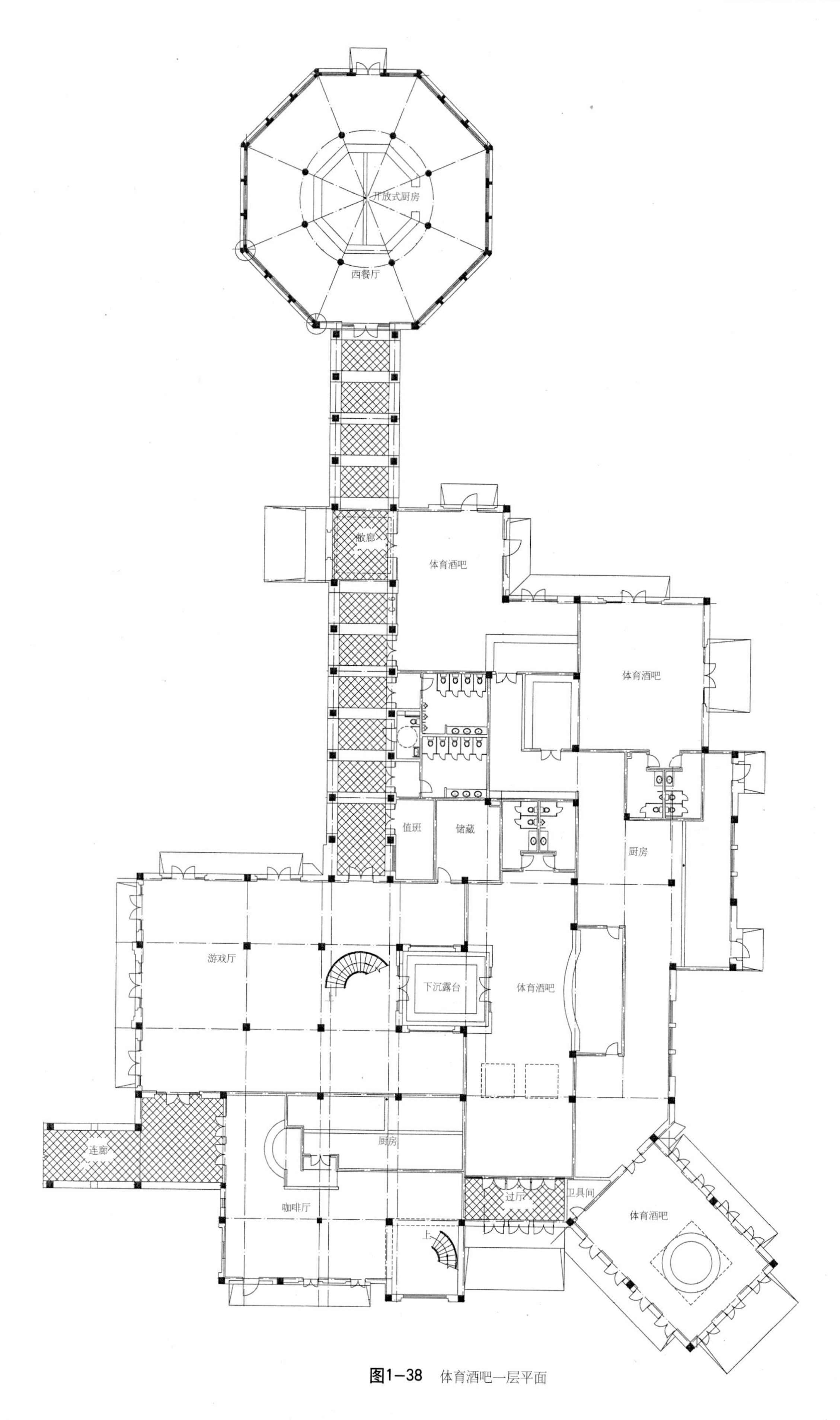


图1-38　体育酒吧一层平面

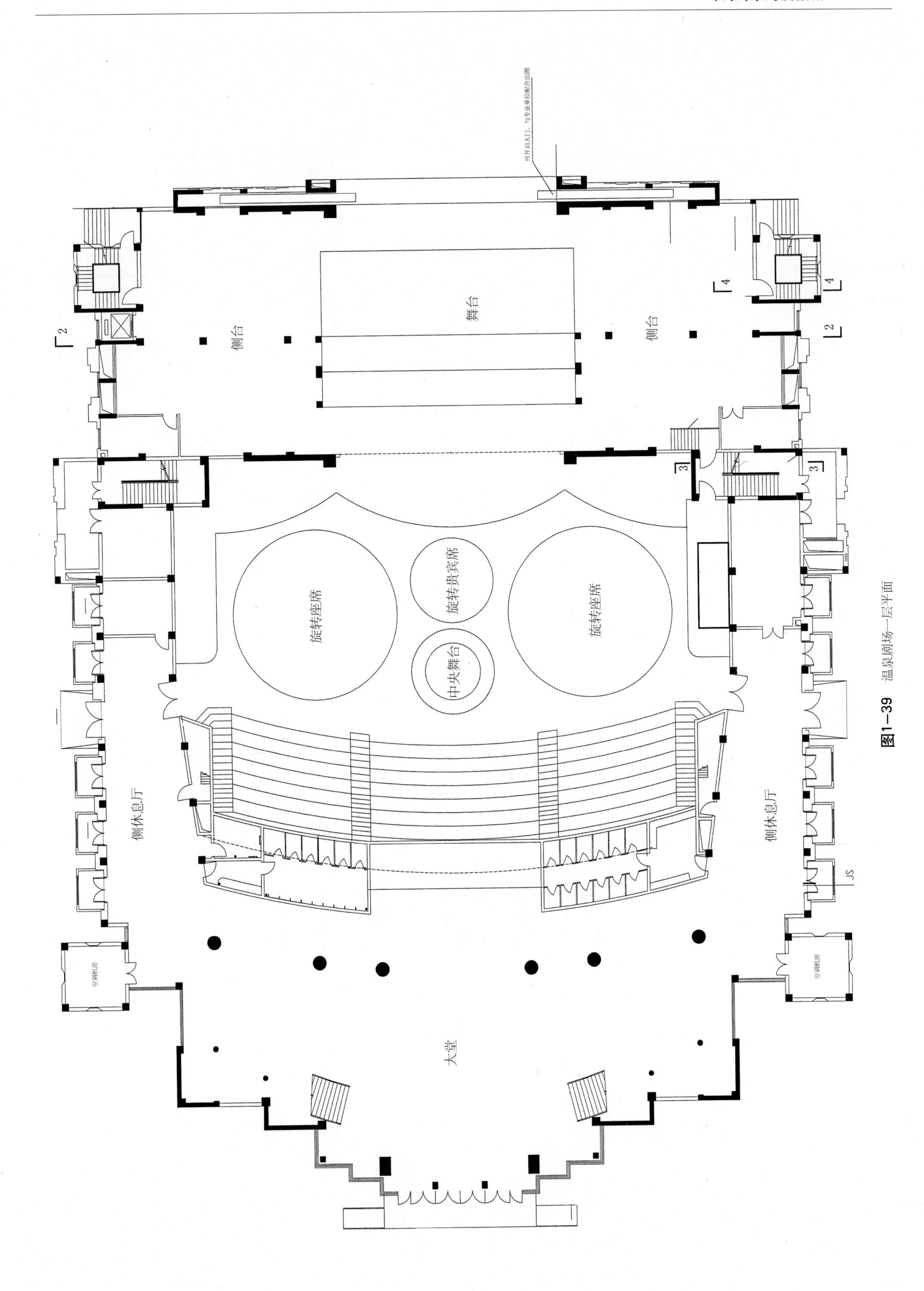


图1-39 温泉剧场一层平面

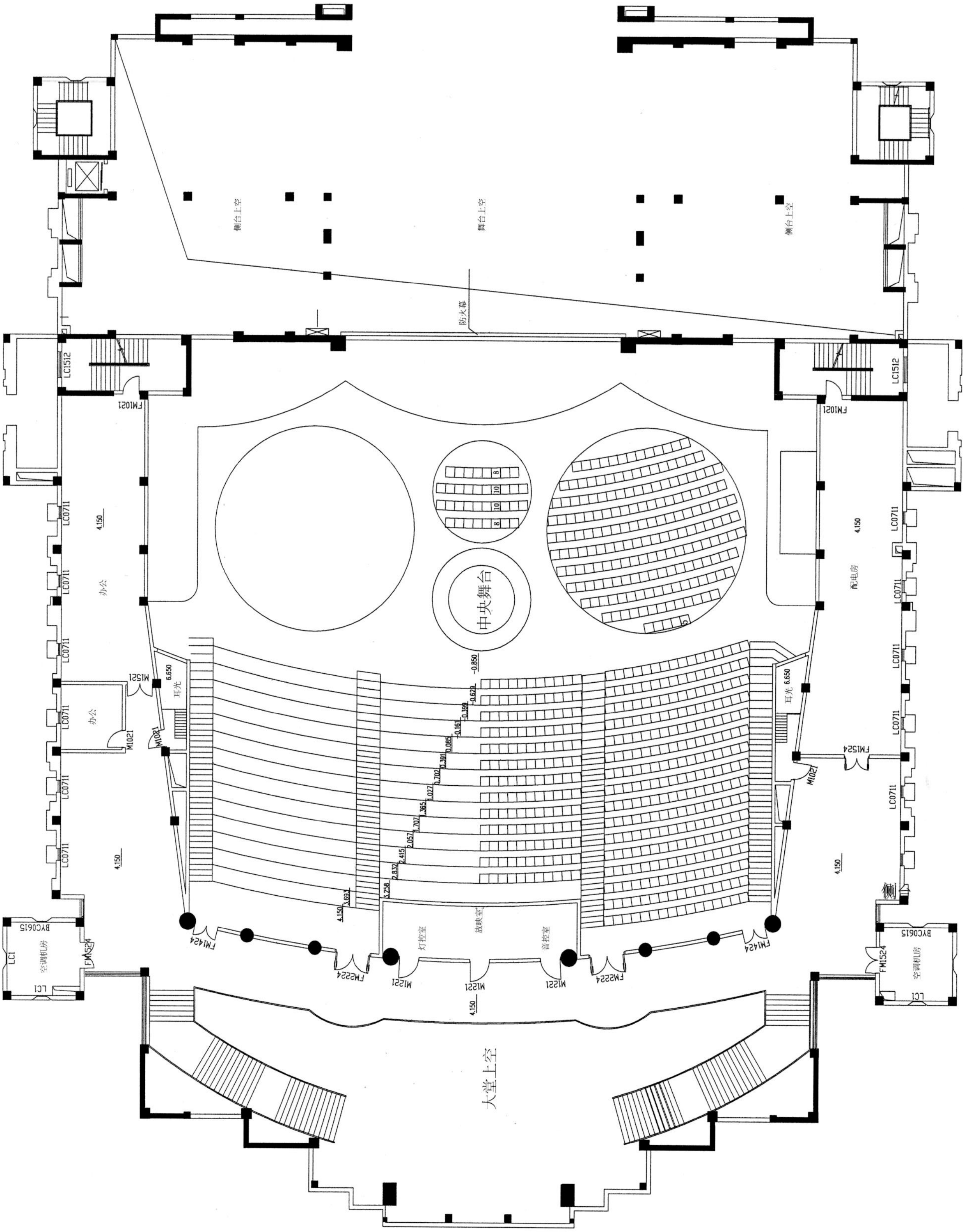

图1-40　温泉剧场二层平面

**康体中心** 由运动俱乐部和亚健康体验中心组成，建筑面积为7640m²（图1-42～图1-47）。运动俱乐部内设室内1200m²多功能球场，可进行网球、羽毛球、乒乓球的练习或比赛，以及射击、桌球、壁球、沙壶球、电子竞技、有氧舞蹈和棋牌等十多项健身休闲活动场地、室外网球场等。

体验中心是集健康体检、健康促进、健康管理于一体的健康驿站，以先进的医疗设备，能检测100多项体验项目。

图1-41 温泉剧场设计立面图

图1-42 康体中心外景

图1-43 康体中心立面设计图

图1-44 康体中心内景

图1-45 射击与桌球

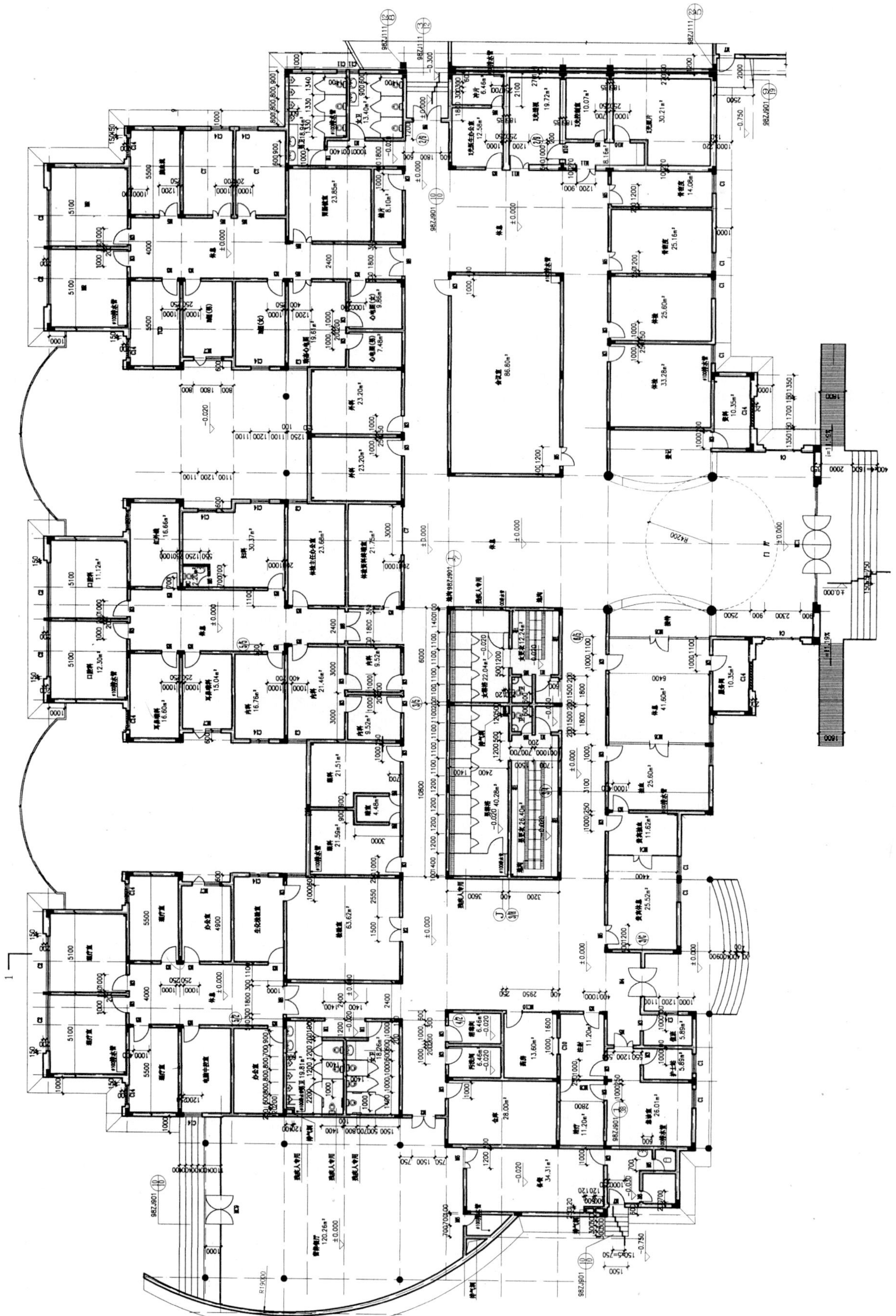

图1-46　康体中心A段平面图

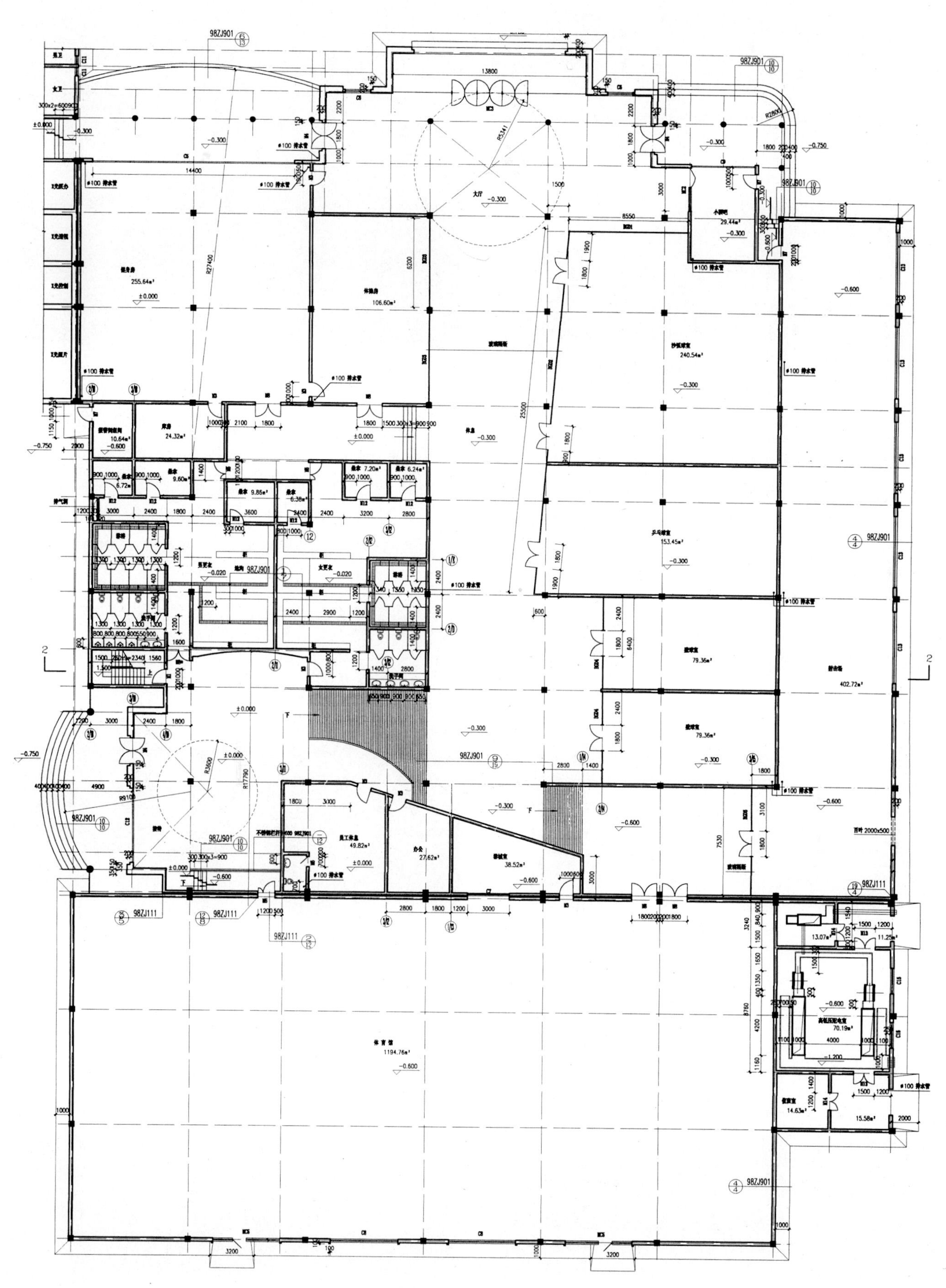

图1-47 康体中心B段平面图

**行政中心**　位于城区入口处，由管理办公、高管公寓和食堂通过连廊组合成一组庭园式建筑（图1-48～图1-52），建筑与景观环境融成一体。

**珠海海泉湾**　工程项目子项多，技术难度高，综合性强，由华森建筑与工程设计顾问公司联合美国WATG、EDSA日本设计、加拿大FORREC组成国际设计团队设计，又与美国HBA、新加坡WILSON、香港Cell Design室内设计师配合，2004年设计完成，于2006年初建成投入使用，2007年4月，珠海温泉度假城被国家旅游局授予"国家旅游休闲度假示范区"（图1-53、图1-54）。

**图1-48**　行政中心

**图1-49**　行政中心侧立面设计图

**图1-50**　行政中心主立面设计图

**图1-51**　行政中心主入口

**图1-52**　行政中心高管公寓

**图1-53**　珠海海泉湾度假城全景

**图1-54**　珠海海泉湾（航空摄影）

# 2 西安阿房宫凯悦酒店

地处古城西安黄金地段的阿房宫凯悦宾馆，是一座拥有500间客房的国际四星级酒店，占地面积为14300m²，建筑总面积为44642m²，其中主楼楼高十二层，地下一层，建筑面积43900m²，建筑高度40.50m。

设计中研究中国建筑的传统文化，继承陕西秦汉、隋唐的古建筑文化精华，重点吸取西安地方建筑特点后，又揉和现代建筑的手法，以简练手法反映到建筑的屋脊、顶檐、台座以及入口门廊梁格之中，创造出犹如秦汉时期高台建筑的再现，犹如西安古朴城楼的新生。酒店建筑与古城协调又为西安建筑文化的繁荣增添光彩，1991年被评为建设部优秀设计二等奖，2009年荣获中国建筑学会建筑创作大奖（图2-1、图2-2）。

**图2-1** 西安阿房宫凯悦酒店外景

设计从分析周围环境入手，如何打破传统的封闭式转角空间，由于主楼朝北，如何改善建筑物“阴面孔”将阳光引到北面来；同时如何避免客房直接面对街道，以减少噪声干扰，更重要的是现代化酒店如何与环境相协调。因此在深化设计中，创作出以45°角度布置的东西塔与中段相连的酒店平面，拥有12层高的中庭的东塔和西塔一高一低并适当退台。酒店外墙饰面采用浅灰色的面砖，本色铝合金窗，与蓝灰色镀膜中空玻璃，从早到晚，阳光通过建筑物的各个方位的墙面的反射，形成多层次、多方位的光影效果。

酒店一、二层为公共用房，拥有大堂、中庭、大小宴会厅、中西餐厅、咖啡座、娱乐中心、健身中心和商店等设施，满足现代化酒店的功能需要，以行为心理学、环境心理学角度，从功能分区、流线组织到一厅、一房、一墙、一物的摆放布置都反复推敲，精心设计，构成一个水平方向的自由流动空间和一个垂直方向的共享空间成为整个酒店室内

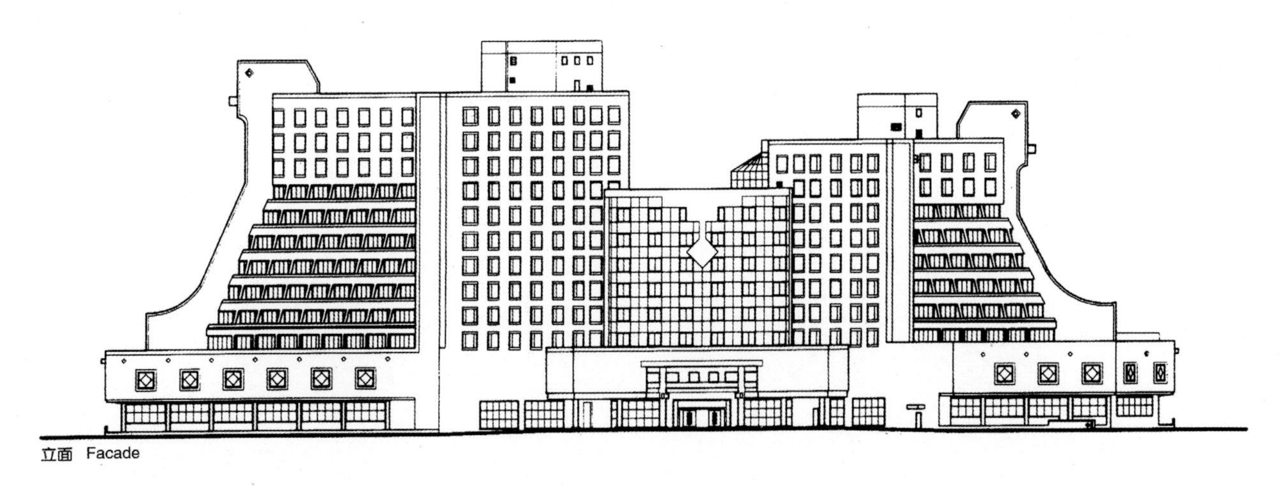


**图2-2** 主立面图

**图2—3**　继承传统建筑文化的酒店大堂设计

**图2—4**　江南庭院式的中庭设计

空间的总轴，使整个平面舒展、合理，方便使用（图2-4～图2-8）。

酒店共有客房404套，折合标准间500间。为满足宾客的不同的需要，通过建筑师的创造，即使一些异形房间，也能获得新颖的室内空间效果。

室内设计是建筑创造的延续和扩展，只有建筑师提供一个恰当的室内空间，室内设计师才能创造出体现现代化酒店的功能特征的美好室内环境。在设计中，HYATT酒店管理公司、建筑师与室内设计师全程十分精密地结合，将墙面、门窗、顶棚、隔断、灯饰、家具、书画、竹石、水景等做到尽善尽美，反映着浓郁的东方色彩（图2-3、图2-9～图2-14）。

阿房宫凯悦酒店由建设部建筑设计院与华森建筑与工程设计顾问有限公司设计，室内与美国DAK公司合作设计。其设计方案于1986年获得批准，1987年间完成初步设计与施工图设计，各专业施工图共计560多张。工程完工后运转效果良好，并已于1990年4月25日竣工验收开业，受到社会各界高度评价。

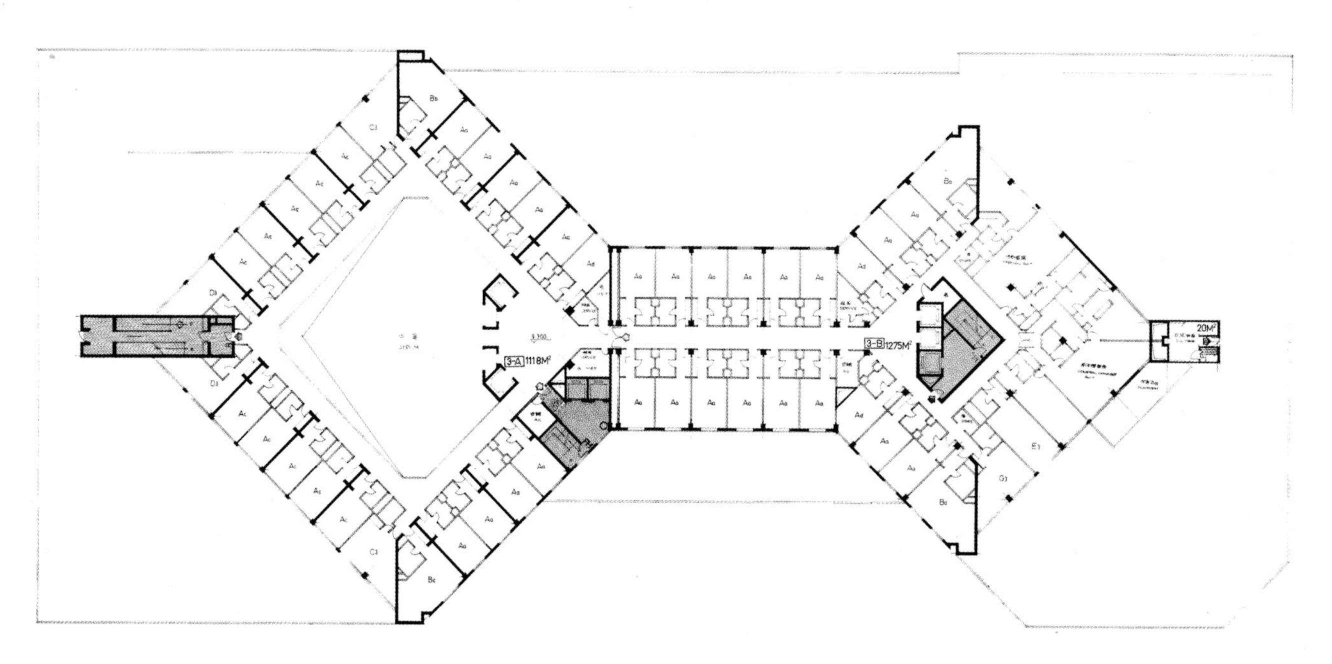

**图2—5**　三层客房层平面图

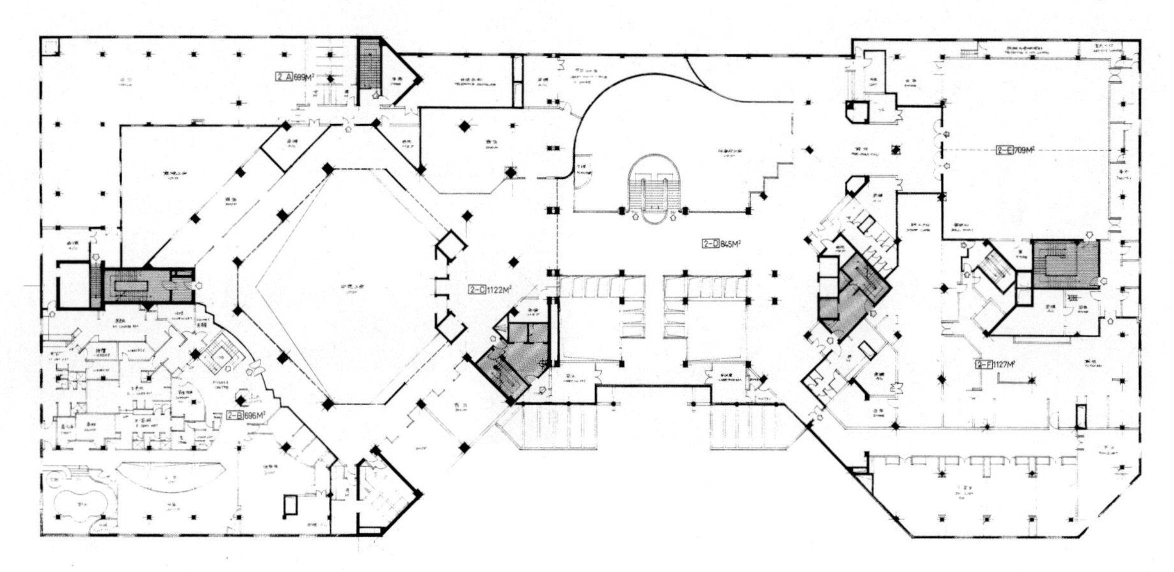

图2–6 二层平面图

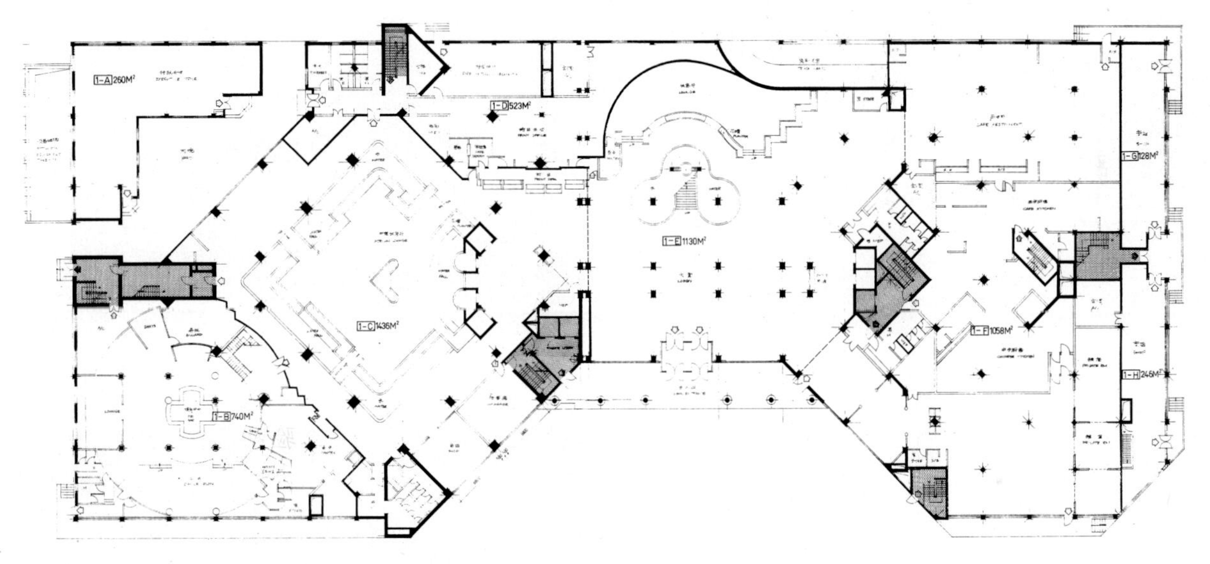

图2–7 一层平面图

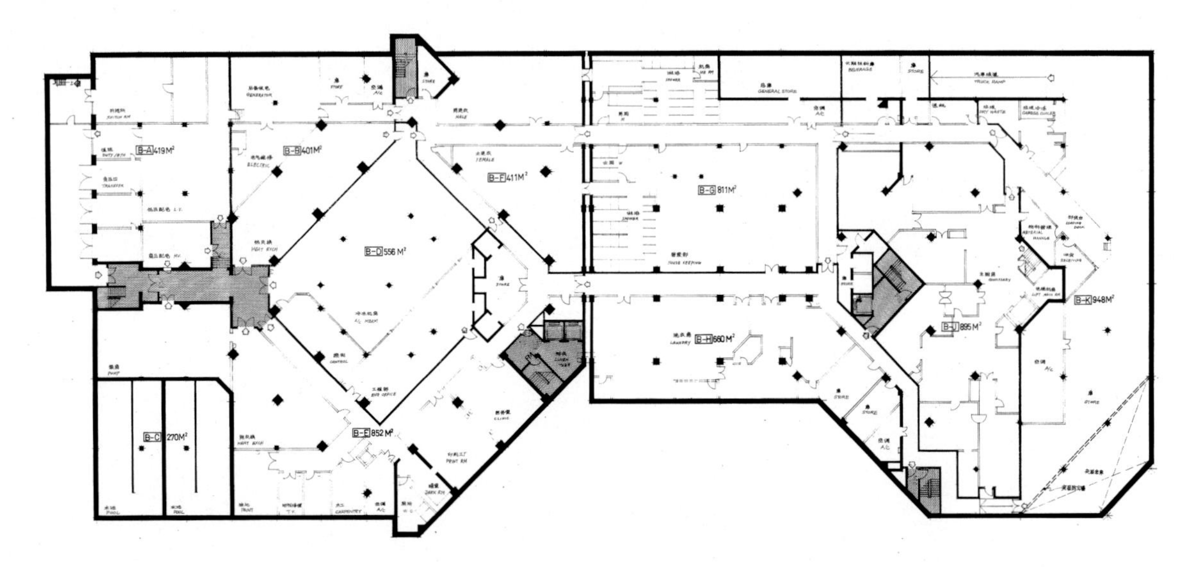

图2–8 地下层平面图

**图2-9** 酒店客房

**图2-10** 酒店套房

**图2-11** 酒店总统房

**图2-12** 酒店餐厅

**图2-13** 酒店中餐厅1

**图2-14** 酒店中餐厅2

# 3 深圳联合广场·格兰德假日酒店

**深圳联合广场**（原名为深圳经协大厦）是一座高195m的超高层大型公共建筑。地处在深圳中心区的东南，西邻会展中心，坐落在滨河大道与彩田路交汇处，坐北朝南，建筑气势宏伟。占地面积18037.6m²，总建筑面积达215620m²，1998年竣工交付使用。

**图3–2** 深圳联合广场方案透视图（设计图1）

**深圳联合广场** 由A座主楼办公、B座酒店、写字楼与商业裙房和地下辅助设施所组成。主楼的超高层部位采取退台处理，从而减少对城市干道的压迫感，在副楼陪衬下，裙房作基座，使整个建筑浑然一体，又赋予节节向上的气质（图3–1～图3–4）。

A座主楼地上61层共计98500m²。平面采用风车形，四翼呈台阶状，在16、30、45层避难层处分级收缩成方形平面；屋顶圆形平面作为城市观光和空中酒吧用，其屋顶设直升机停机坪（图3–5）

**图3–1** 格兰德假日酒店外景

**图3–3** 深圳联合广场方案透视图（设计图2）

**格兰德假日酒店** 位于B座副楼，其平面呈合掌状，用建筑设计语言表达“联合”的主题，合作的象征。北楼21层的酒店有22300m²面积315套客房，裙房屋顶布置成园林式多功能休闲场所，设有健身房、游泳池、SPA、迷你高尔夫球场、空中乐园、艺术走廊、游艺厅和酒吧。南楼18层为24500m²的景观式写字楼。

裙楼5层面积约为42000m²。首层层高5.70m，2~5层层高5.10m。大厦中央25m高的广场大厅，

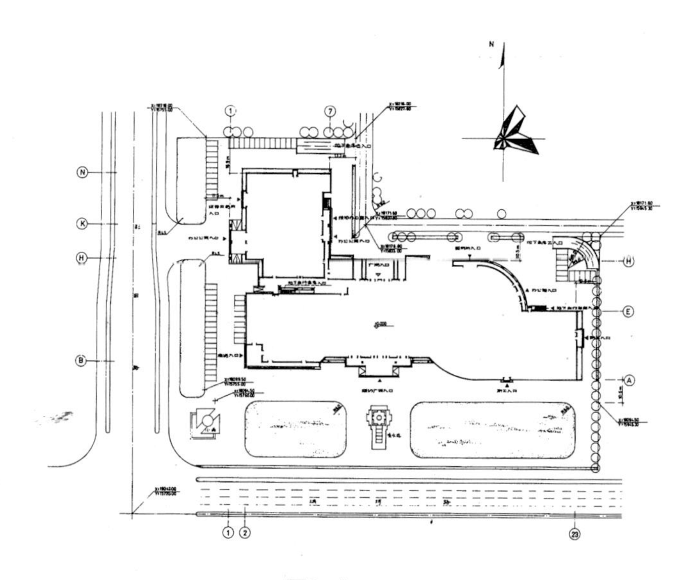
图3-4　总平面

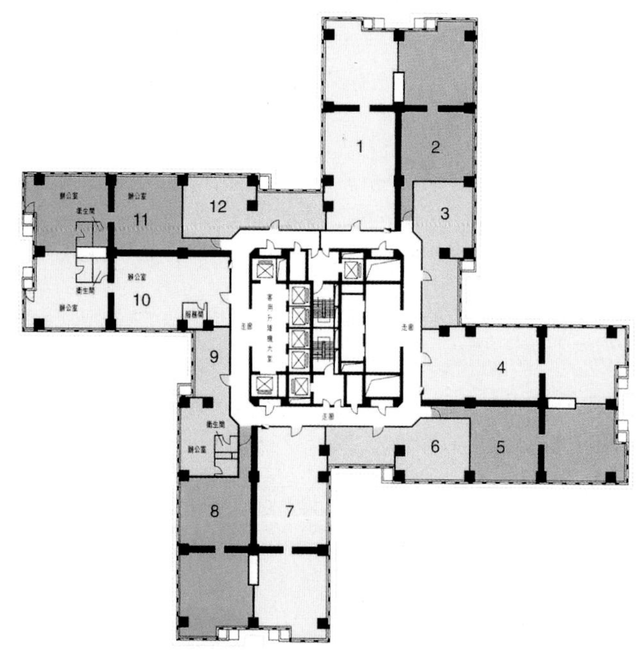

图3-5　主楼6~16层平面
注：编号1~12为酒店办公单位

被观光环廊所拥抱，正面高挂巨幅艺术挂毯与反映中西艺术的浅浮雕，两侧设有自动扶梯（图3-6、图3-7）。

地下共三层为500辆地下停车库、保龄球场、物业管理用房、设备房和其他辅用房。

**深圳联合广场**　可以容纳上万人，人流组织交通方便通畅是本设计的最大特点。主楼设有三层高的中庭作为大楼的交通中心，主楼办公从西大门进入，经导向分流到30~57层或30层以下高低层电

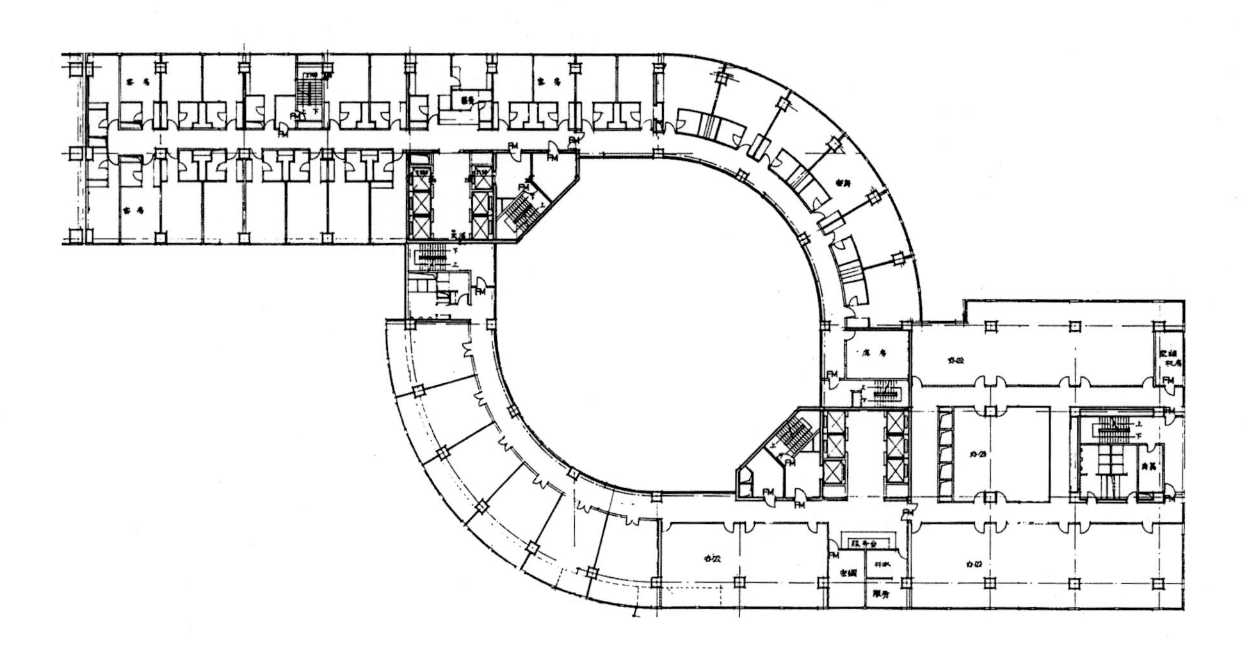
图3-6　深圳联合广场・格兰德假日酒店平面

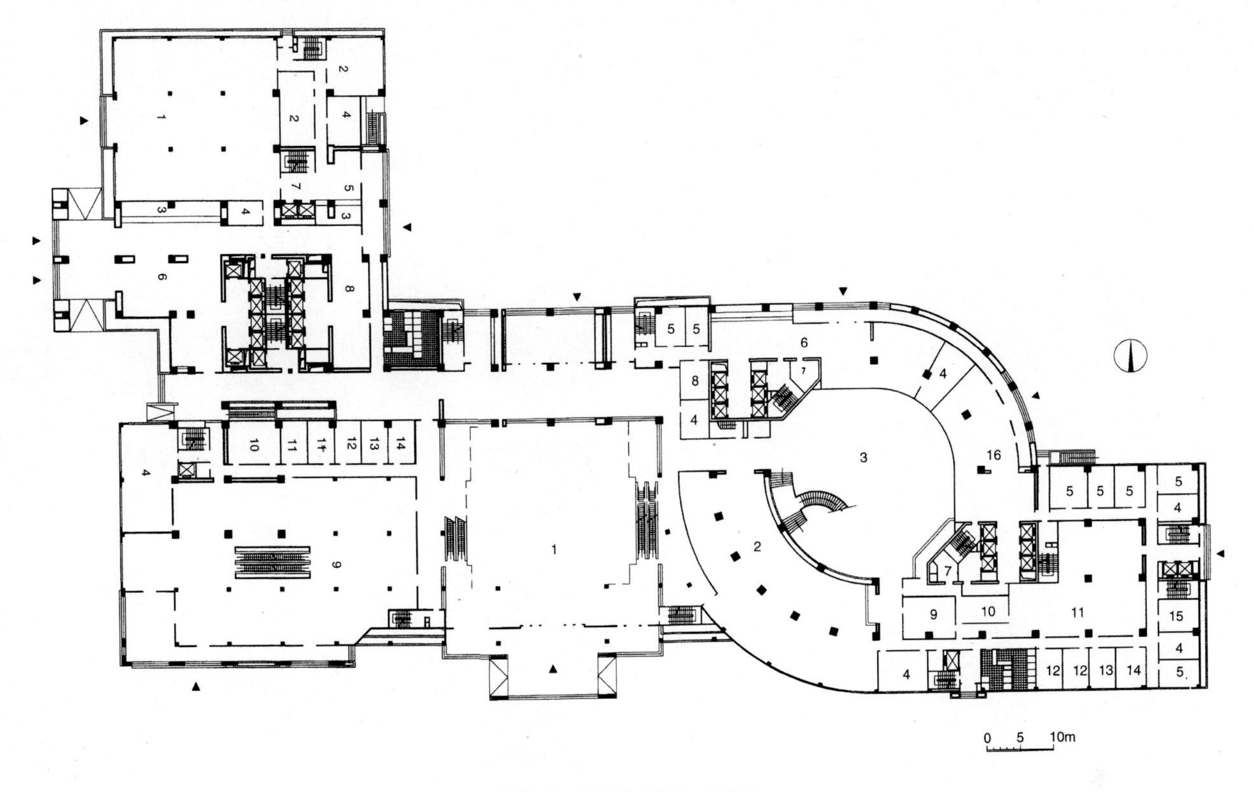


**图3–7** 深圳联合广场一层平面

梯厅上下；而酒店从北大门，景观写字楼从东侧大堂进出。大厦共配备高中速电梯30部，通过电梯效率计算，平均候机时间控制在9.5~11.6s之间。大厦还专设两部高速电梯直达屋顶观光厅(图3–8~图3–10)。

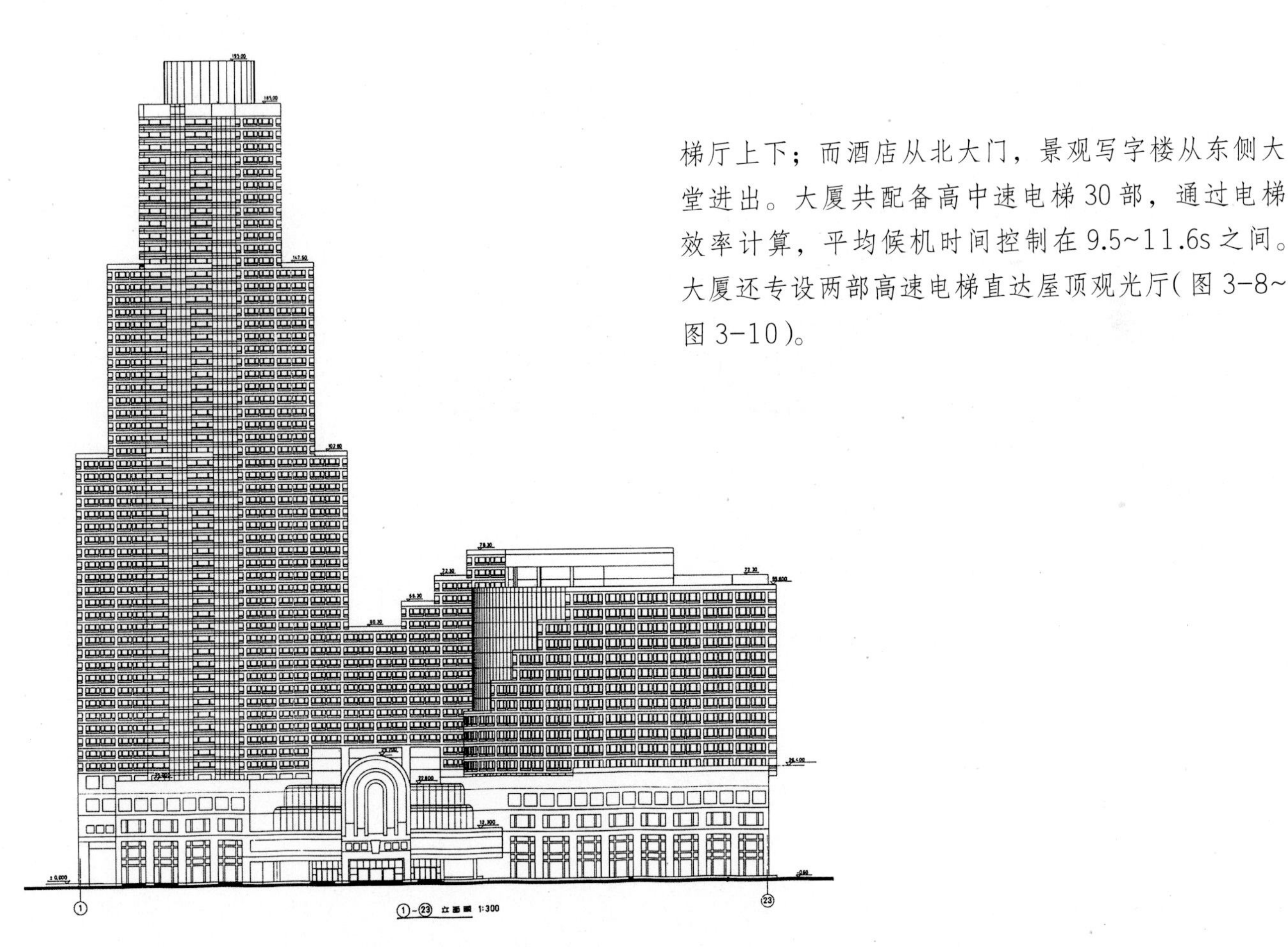

**图3–8** 深圳联合广场南立面图

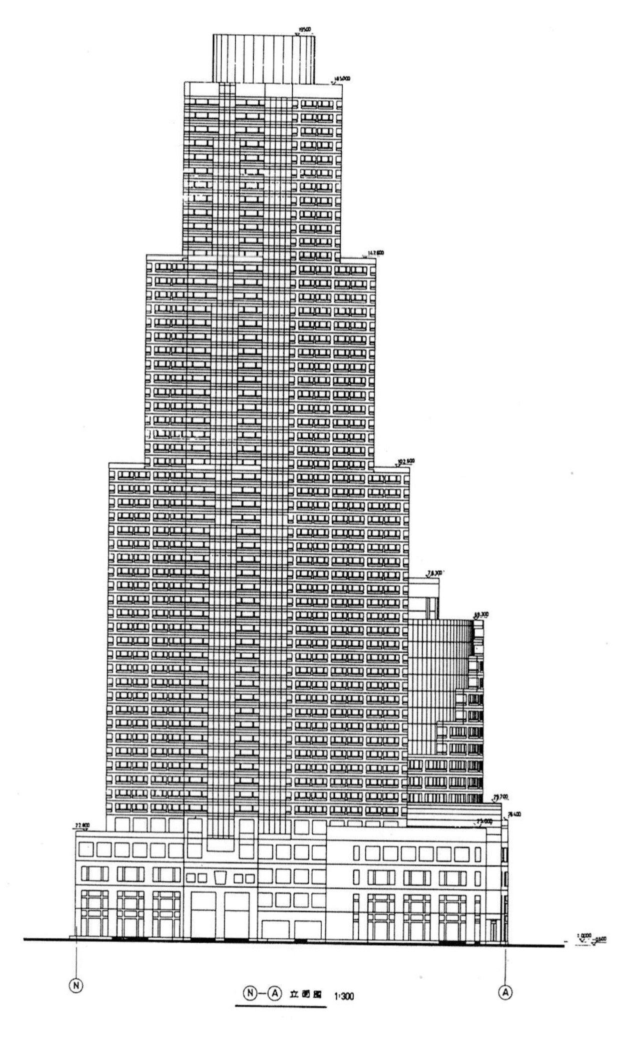

**图3—9**　西立面图

**图3—10**　大堂实景

**图3—11**　深圳联合广场（1998年建成）

**图3—12**　深圳联合广场沿滨河大道街景

**深圳联合广场·格兰德假日酒店**　这座近200m高的超高层建筑，平面呈四翼的风车型对称均衡，四翼竖向自下而上三级逐步收进，建筑体形十分有利于抗震和抗风。裙房以上建筑宽64m，高宽比为2.84∶1，刚度好，因此没有按一般常规做法采用刚度较大的多筒体结构，而是选择了刚度较适中的核心筒外接丁字形剪力墙的抗侧力结构体系，即在风车形的四翼中部利用建筑隔墙各设一组丁字形剪力墙，与电梯井筒外围的墙体联成长达32m的丁字形开洞墙，以期有效地提高结构的抗侧力能力和抗扭转能力。

深圳联合广场采用8m×8m柱网结构体系，公寓办公与酒店采用层高3m，写字楼层高3.6m，而地下一层4.8m，地下二、三层3.6m。

大厦采用当时最新研究成果高强度混凝土C60，减小了结构的截面尺寸。同时采用宽扁梁大楼板方案，平均厚度为245mm，比一般梁板平均厚度219mm仅增加26mm，自重和含钢量略有增加，但对建筑使用和施工则很有利。

建筑外立面采用灰白色复合铝板和镀膜中空玻璃，裙房采用干挂法施工的墨绿麻色磨光花岗岩石材，在底层门窗洞口采用芬兰红色磨光石材作为细部装饰，外装精致新颖，稳重大方，成为深圳城市的一个亮点（图3-11～图3-13）。该项目由华森建筑与工程设计顾问有限公司设计。

**图3-13**　深圳联合广场·格兰德假日酒店全景

# 4 赣州锦江国际酒店

酒店位于赣州市西部的黄金开发区，主入口面临西侧城市干道，南为区域道路，东临章江，隔江与老城区相望，南北为大面积自然山体的公园，中部呈低凹之势，酒店拥有良好的景观环境，占地94361m²，实际可用地面积78773m²。

**图4-1** 酒店鸟瞰（设计图）

酒店是一座以商务为主，兼顾政务、会议接待及度假休闲的五星级酒店，地上五层，地下（半地下）一层，总建筑面积51440m²。酒店采用园林式布局，与自然景观有机组合，结合对酒店的高品质要求，力求创造典雅的建筑风格。

酒店入口主轴线正对章江河道的纵深方向，远眺西江大桥（图4-1 ~ 图4-3）。在充分挖掘和展现地域的景观环境特征的同时，突出当地本土特色和项目特点。

酒店客房充分利用江景，呈近似“S”形平面布置，共有客房352套，其中标准客房339套、豪华套房8套、大使套房4套、总统套房1套。总统套房位于北侧临江地块，设有单独出入口，可远眺杨梅渡大桥。

酒店设有面积为1433m²的多功能厅、380m²的演讲影视厅以及中小型会议室6个，还配置了中西餐、酒吧、SPA、娱乐以及室外泳池、网球场和园林绿地等休闲活动设施（图4-4、图4-5）。

作为配套开发，基地南侧地块设有酒店别墅36幢，以及建筑面积为2346m²的公寓3幢。

在酒店景观设计中，充分利用基地临江面宽的优势，以江景为主导，将庭园空间与滨江绿地有机贯穿，临江畔设游人步道和休闲娱乐设施，使酒店室外环境与基地南北两侧的公园融为一体，提供更具亲和力、更人性化的休闲空间。设计运用多种空间转换手法，创造出对比层次丰富的空间环境（图4-6、图4-7）。

酒店由华森建筑与工程设计顾问有限公司与美国夏威夷DGH设计顾问公司2006年合作设计，室内由香港陈李公司设计，景观由贝尔高林国际（新加坡）私人有限公司设计，经历建设与室内装修后已于2009年底建成投入营业。

**图4-2** 酒店大堂

图4–3a 酒店客房楼

图4–3b 酒店大堂水景

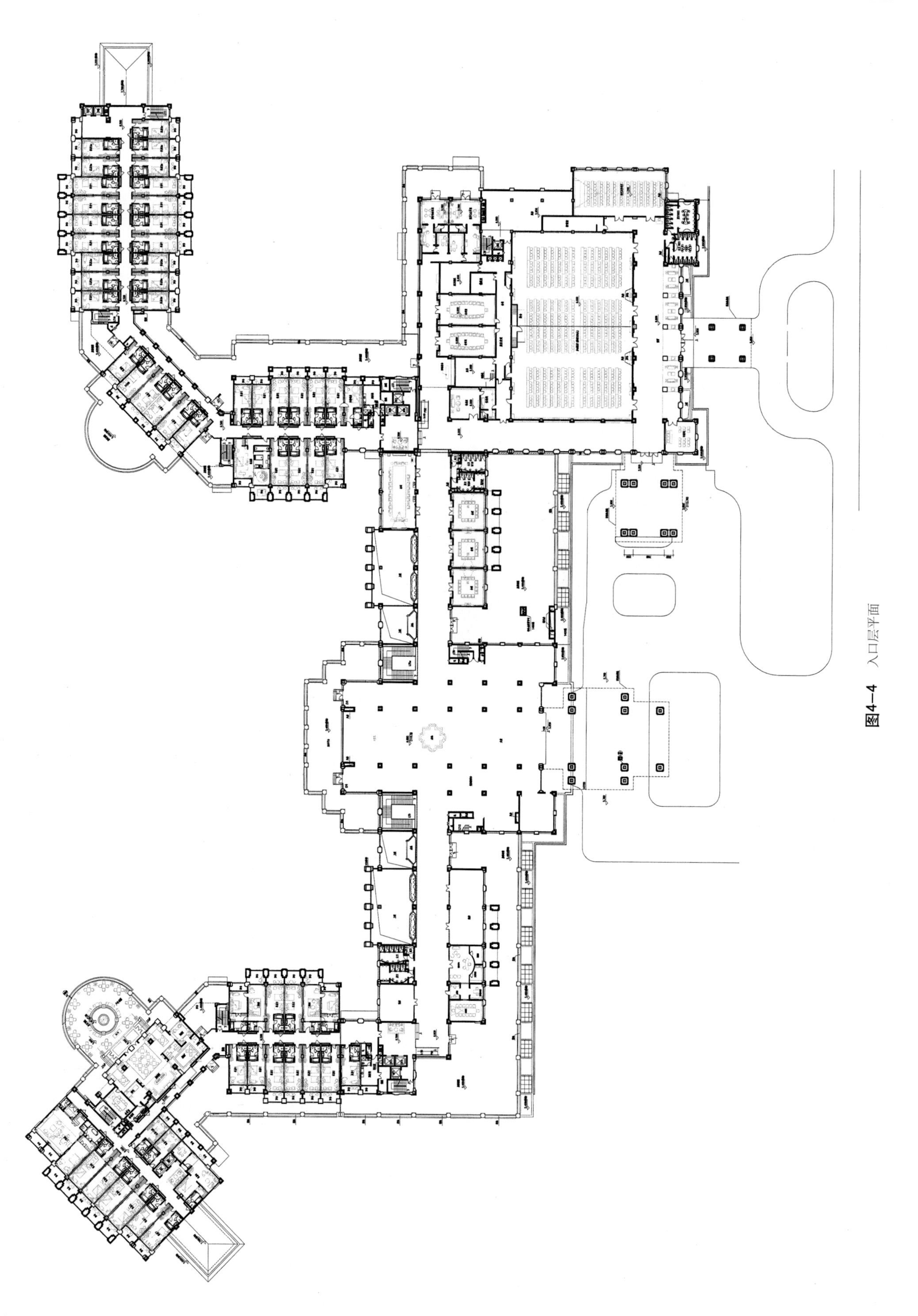

图4-4　入口层平面

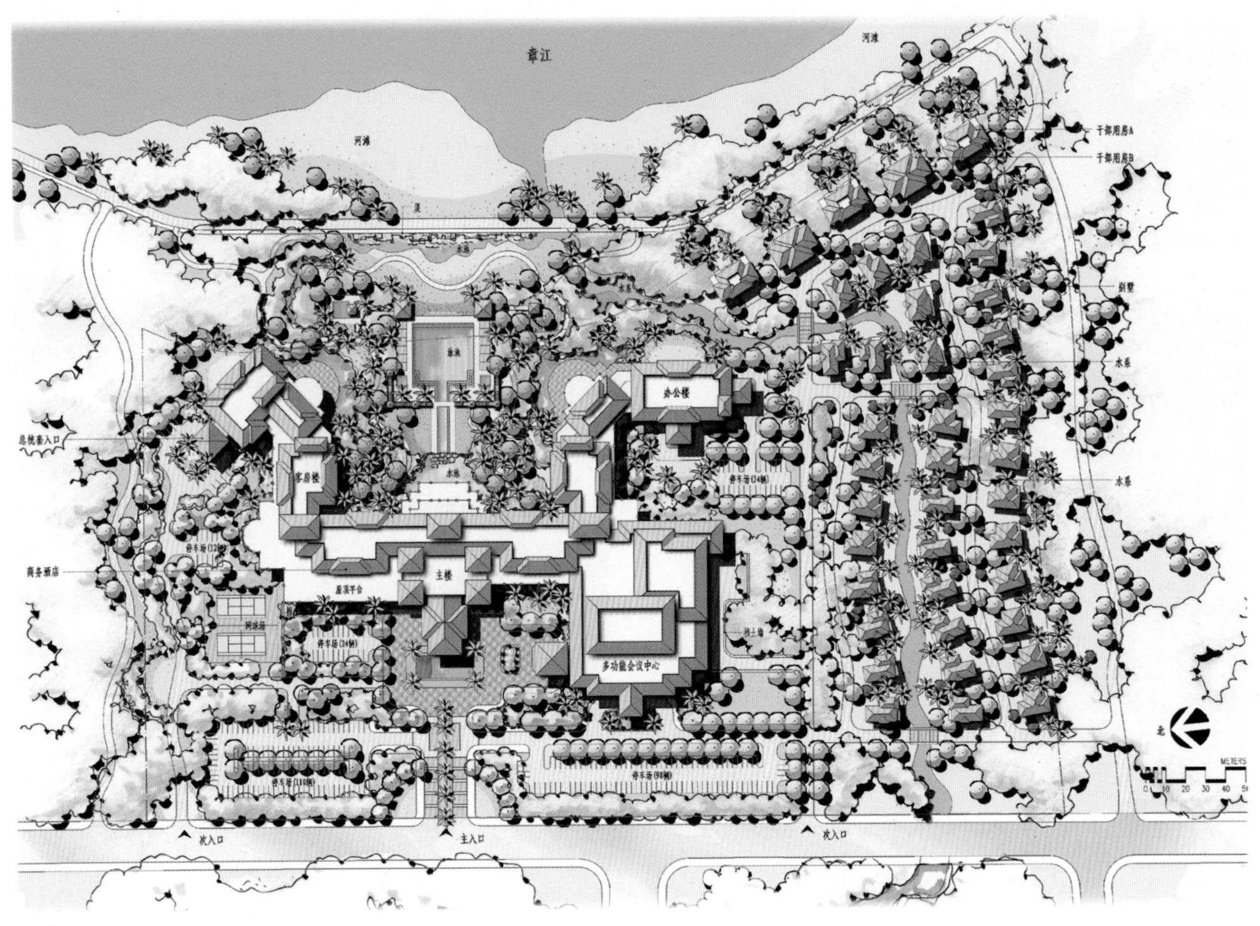


图4–5 酒店总平面（方案）

图4–6 酒店入口

图4–7 酒店沿江鸟瞰图

图4–8 酒店主入口

图4–9 酒店大堂吧

# 5　千岛湖洲际度假酒店

千岛湖洲际度假酒店位于浙江省杭州西部的淳安县境内，是处在国家级重点名胜区的羡山半岛上。

酒店是一座多层建筑（图5-1～图5-3）。利用原始地形地貌，将酒店的入口设在120.95m标高的三层处，建筑沿湖畔结合坡地地形呈丁字形布置，一、二层依附在山体作为酒店公共和后勤用房，力求减少对自然山坡的开挖，充分结合原生态的自然湖光山色条件，使建筑与周围环境融为一体。酒店总建筑面积51342m²，其3~7层为客房层，拥有348间客房（248套客房），平面布置详图，图5-4~图5-7、图5-12。

建筑采用退台以顺应山体坡地的走势，墙体的色彩贴近自然，充分体现出建筑“自然生长”的概念，以使建筑更好地和山地融合（图5-3～图5-5）。

**图5—2**　群山簇拥下的千岛湖洲际度假酒店

**图5—1**　酒店鸟瞰（设计图）

在整体规划中，在羡山半岛之端布置10栋度假别墅，风景最好的端头成为总统套房理想的地方，另一端布有别墅11栋，端头设有茶室。度假别墅如细胞状顺应地势自然延伸在酒店两端，生长在绿色的环境之中，形成一个名符其实的绿色环保型酒店。

在植物配置上尽可能保护原有绿化品种，以尽可能保持岛屿的原有风貌，同时根据季节变化配栽一些其他色彩的植物种类，形成物种多样的生态群落，使人工景观和自然景观充分融合（图5-6～图5-12）。

酒店由华森建筑与工程设计顾问有限公司与美国WATG合作设计，室内由CSL室内设计公司设计，景观由EDAW易道环境规划设计有限公司设计。

**图5—3**　度假酒店西立面图

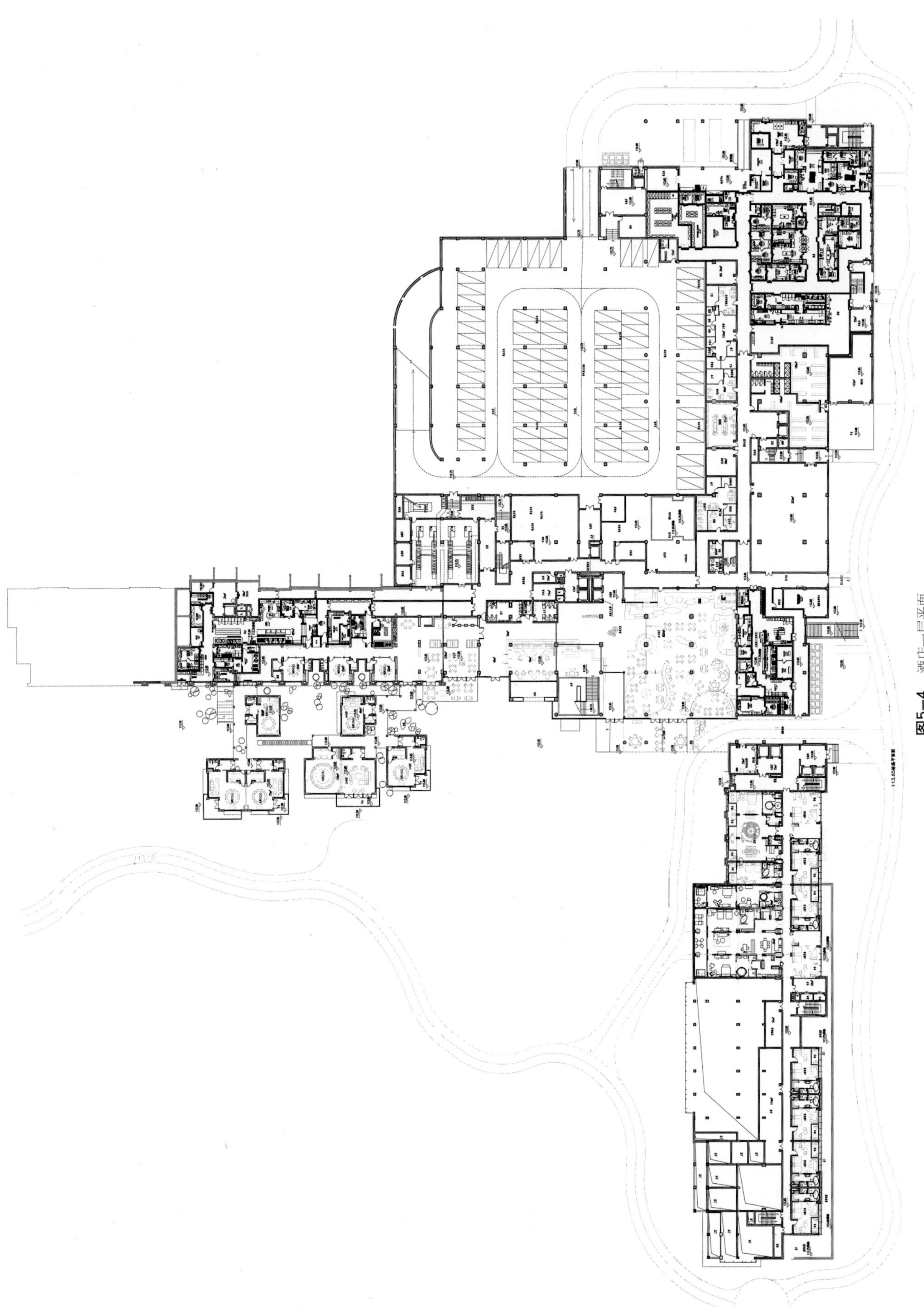

图5-4　酒店一层平面

图5-5　酒店二层平面

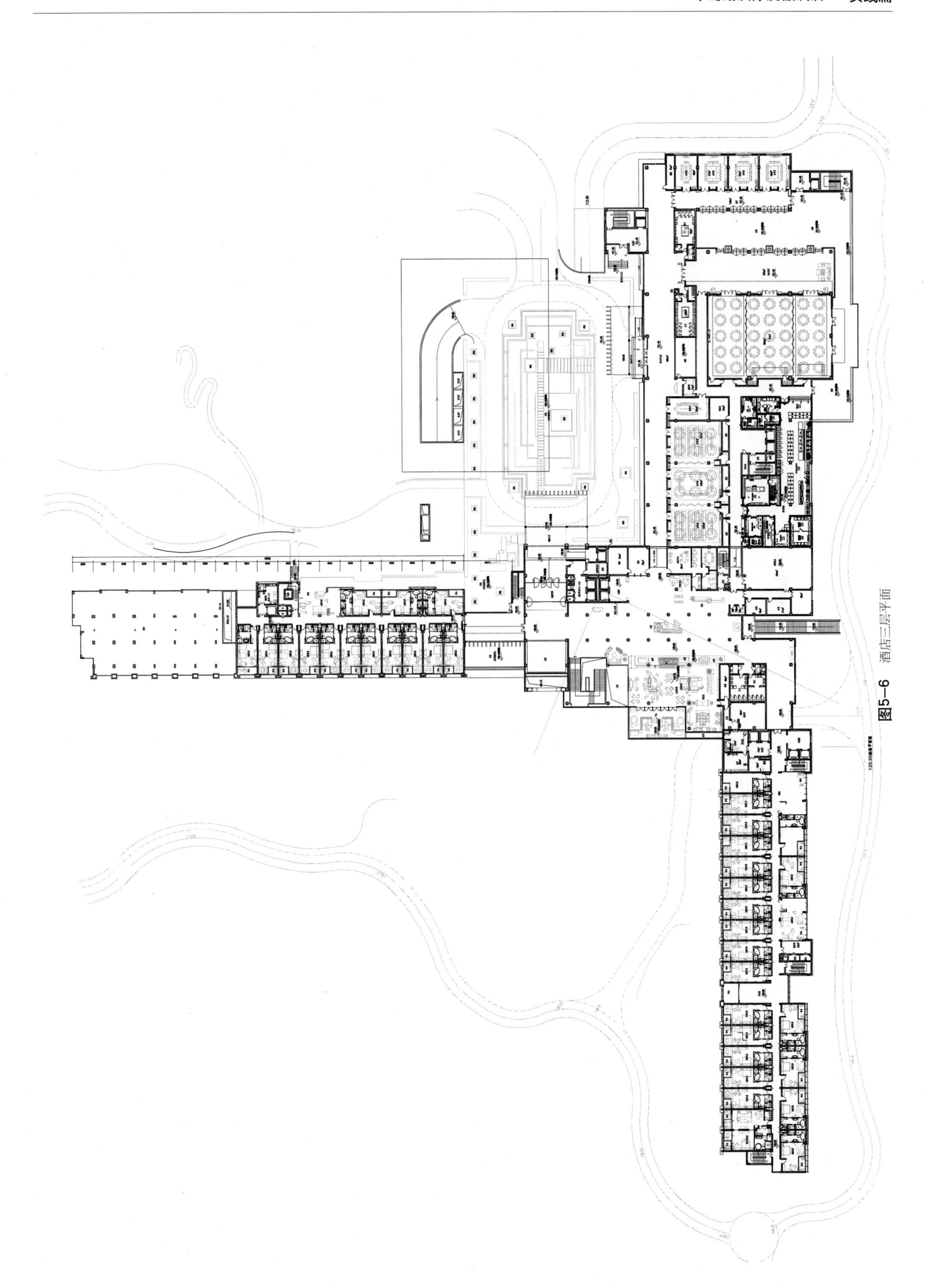

图5-6 酒店三层平面

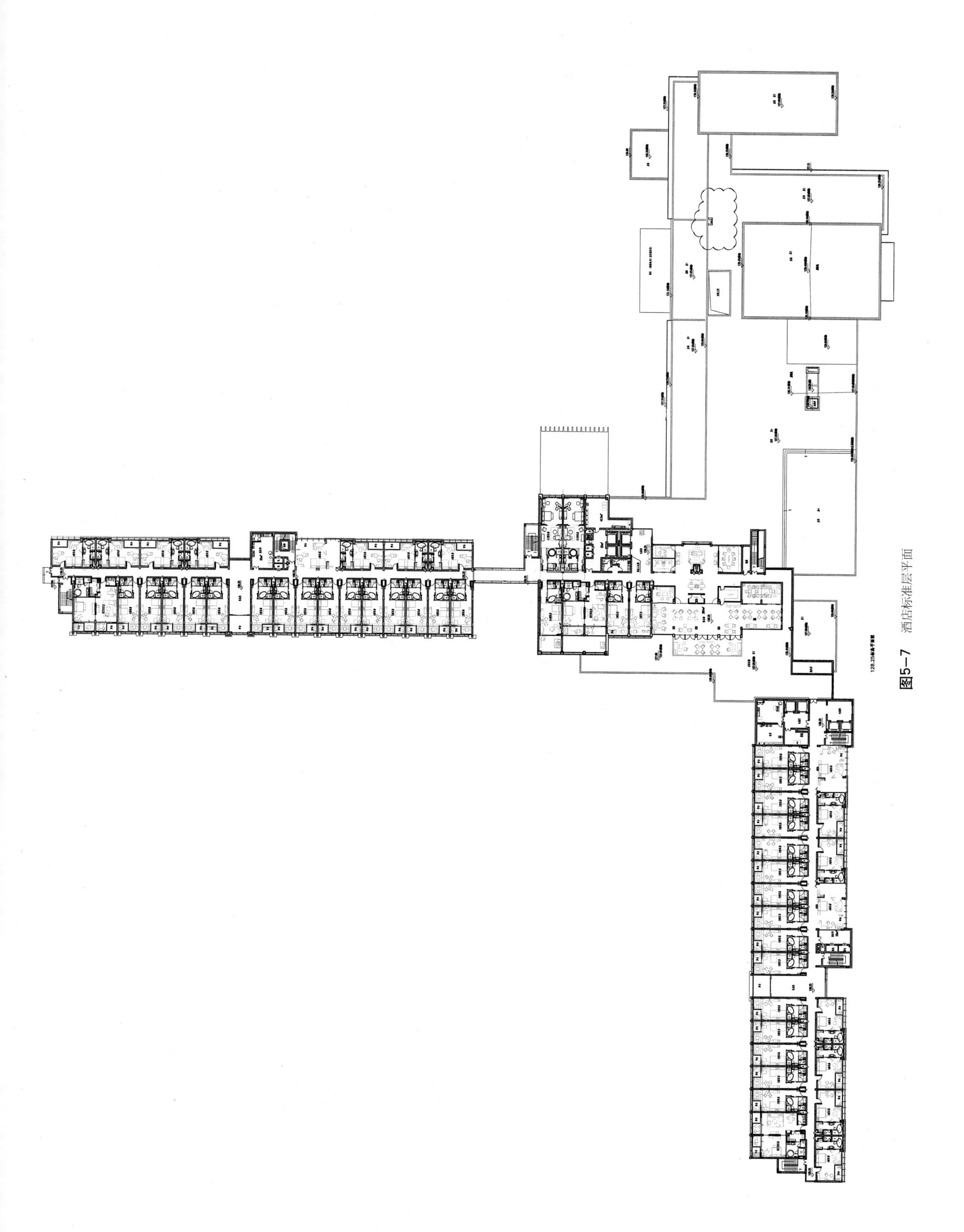

图5-7　酒店标准层平面

图5-8 在自然环境中的度假酒店

图5-9 酒店临湖客房楼

图5-10 通透的玻璃廊

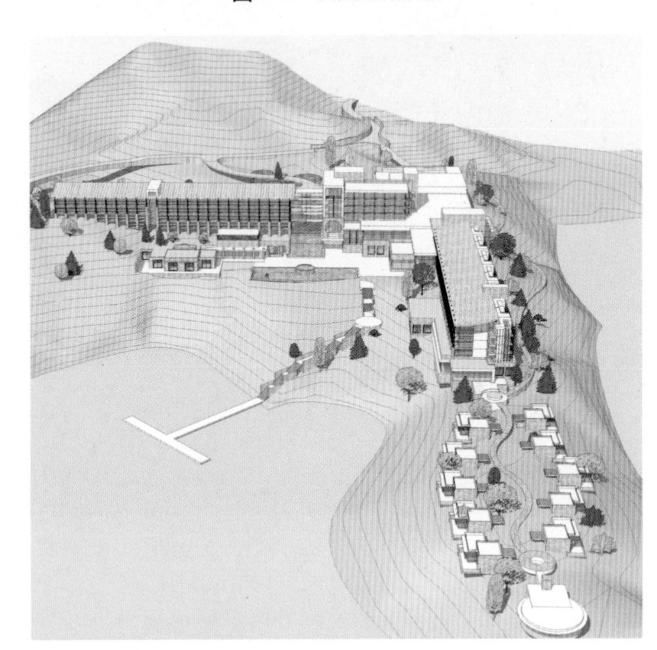

图5-11 酒店鸟瞰（电脑图）

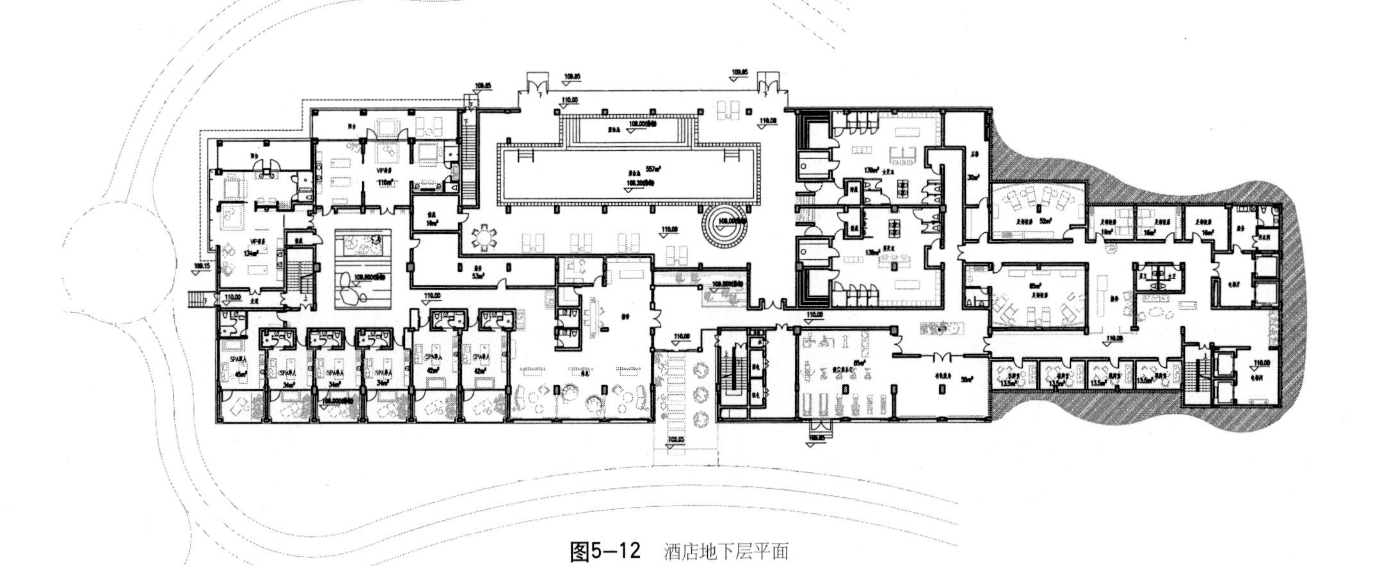

图5-12 酒店地下层平面

# 6　深圳东部华侨城·茵特拉根酒店

**图6–1**　深圳东部华侨城·茵特拉根酒店全景

深圳东部华侨城2007年7月被国家旅游局、国家环保总局共同授予“国家生态旅游示范区”。它位于深圳市东部大梅沙、三洲田片区，占地9km²，充分利用滨海山林的环境资源，汇集多元文化、多种旅游体验、多类旅游产品业态，成为一个超大型生态旅游区（图6-1、图6-2）。

东部华侨城以“让都市人回归自然”为宗旨，首先在山海间规划了茶溪谷、云海谷、大

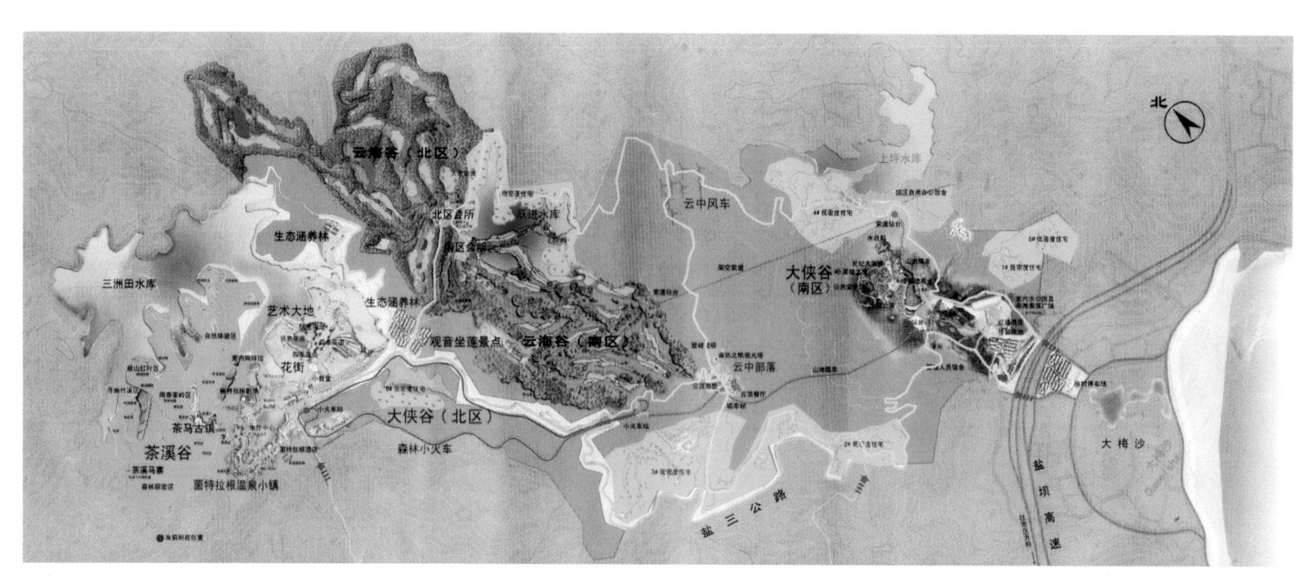


**图6–2**　深圳东部华侨城总体平面图

峡谷三大旅游区。在保护生态环境的前提下，开发一系列独具文化韵味、主题鲜明的生态旅游项目。

**茶溪谷**处于片区北部，占地 $2km^2$，由茵特拉根小镇、三洲茶园、茶翁古镇和湿地花园四个游览区组成，北面的三洲田水库湖面、群山和森林提供了天然屏障。

依照山林谷地的地形，凭借欧洲中部“茵特拉根”[茵特拉根（Interlaken）在德语中就是两湖之间的地方]概念，环绕人工湖布置酒店、小镇、教堂、矿泉SPA、多功能剧场、网球馆和水上高尔夫等。鲜明的中欧山地建筑风格和秀丽的湖光山色交相辉映，把生态环境巧妙整合，形成一个人和自然和谐共处的游览区。

**茵特拉根酒店** 就坐落在茶溪谷的山林湖畔，是一座以瑞士文化为主题，独特山地建筑风格的度假酒店，总建筑面积 $44887m^2$。

酒店拥有300间客房，其中套房35间，标准客房尺寸为5.0m×10.0m，部分客房面积 $56m^2$ 并带有浴缸的观景阳台。客房采用异形柱结构体系，不仅结构经济合理，而且便于室内装修和平时使用。

酒店拥有花园式大堂、维也纳风格的大宴会厅、哥特教堂式的酒吧、充满托斯卡尼风情的意大利餐厅、别具东瀛情趣的日本料理与清酒吧、以瑞士乡郊市集为蓝本的咖啡厅以及临湖的中餐厅六大主题餐厅。秀丽的湖泊、茂密的树林不仅为酒店营造出宝贵的生态景观，还带来终年清爽的宜人气候（图6-3～图6-10）。

酒店原建筑设计方案和总体布置由美国WATG创作（图6-11～图6-15）。后引入“茵特拉根”的概念，由香港划堃有限公司作建筑外装饰设计，在施工图阶段由华森公司综合设计完成（图6-16～图6-17c）。

**茵特拉根小镇与公寓式酒店** 是由四栋立面丰

图6–3 山地建筑风格的茵特拉根酒店

图6–4 茵特拉根华侨城酒店入口

图6–5 酒店建筑城堡式造型

图6-6　茵特拉根华侨城酒店大堂

图6-7　茵特拉根华侨城酒店前厅

图6-9　茵特拉根酒店剧场

图6-8　茵特拉根华侨城酒店临湖平台

图6-10　茵特拉根酒店船坞

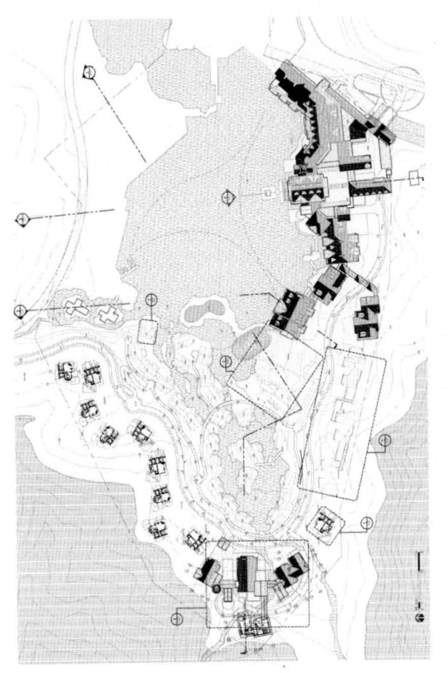
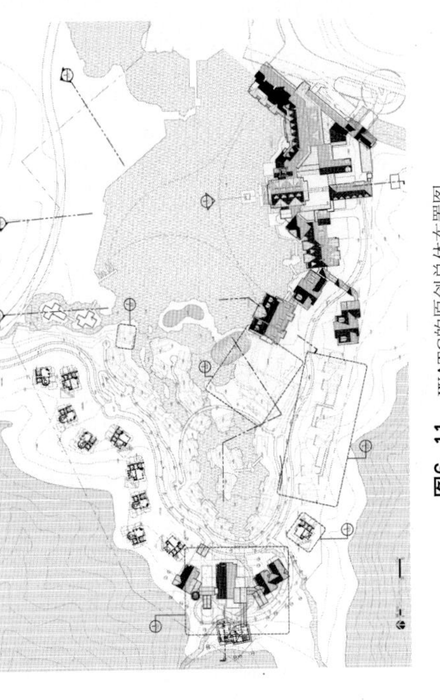

图6-11　WATG的原创总体布置图

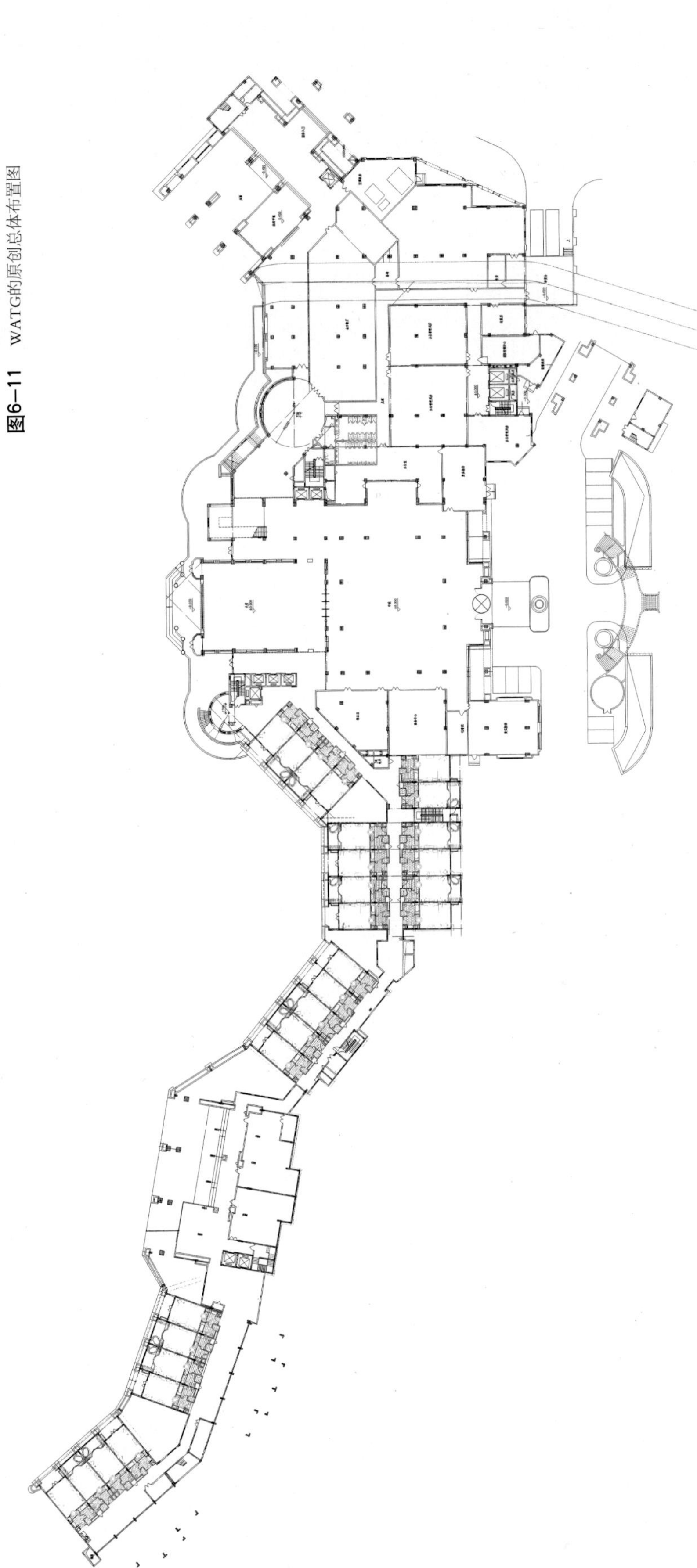

图6-12　茵特拉根酒店一层平面

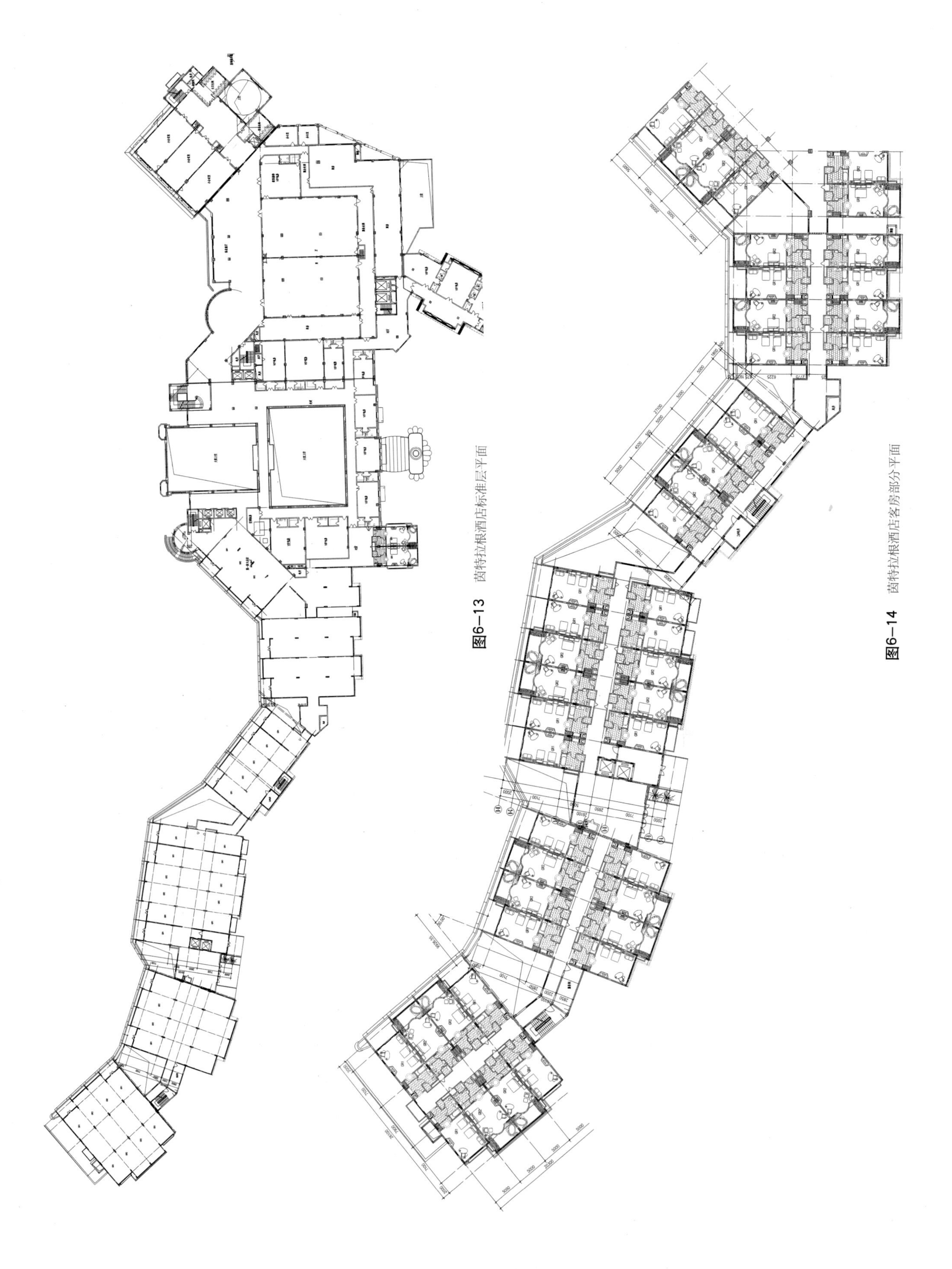

图6-13　茵特拉根酒店标准层平面

图6-14　茵特拉根酒店客房部分平面

图6–15　原建筑设计立面方案

注：为了表达清晰，建筑立面分a.b.c.d四段表示。

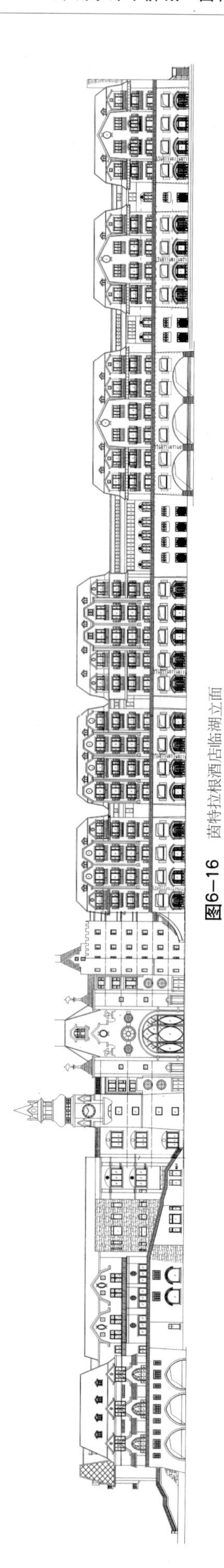

图6-16　茵特拉根酒店临湖立面

图6-17a　茵特拉根酒店中庭

图6-17b　酒店客房楼

图6-17c　酒店标志

富多彩的两层建筑所形成200m长的商业街市，底层为餐馆与商店，楼层（部分带阁楼）是公寓式酒店，建筑面积7256m$^2$。街市尚有门楼、钟塔，以人行天桥相连接。这里还有引人注目的面积为1054m$^2$两层建筑的小火车站，从这里搭乘富有童话色彩的森林小火车，沿山林缓缓而行，可穿越在各游览景点之间（图6-18～图6-30）。

**图6-18** 茵特拉根小镇景色

**图6-19** 茵特拉根小镇钟塔

**图6-20** 茵特拉根小镇·公寓式酒店全景

**图6-21** 深圳东部华侨城火车站

**图6-22** 茵特拉根小镇楼上为公寓式酒店楼下为商店

**图6-23** 茵特拉根小镇街景

**图6-24** 茵特拉根小镇，公寓式酒店与商业街结合

**图6–25**　茵特拉根小镇·公寓式酒店入口

**图6–26**　茵特拉根小镇·公寓式酒店临湖客房

**图6–27**　茵特拉根小镇·公寓式酒店楼下的商店

在海拔 330 多米的**三洲茶园**，利用当地的满山茶园，通过多座茶溪栈桥和长廊，让人们闻香茶岭，体验茶农生活。

**茶翁古镇**是建在一块坡地边，由三栋古朴的民族风情建筑形成半围合空间，建筑面积 2936m$^2$。通过观看茶叶制作，亲身体验采茶、制茶的乐趣之余，

**图6–28**　公寓式酒店入口

**图6–29**　茵特拉根小镇街景

**图6–30**　临湖的茵特拉根小镇

图6–31　茶溪谷

图6–32　茶翁古镇

品茶休憩，观赏山间茶园景色更深入了解中国传统茶文化（图6–31、图6–32）。

**云海谷**处于东部华侨城片区的中部，占地2.5km²，是以奥林匹克体育、健身、野营和拓展训练为主题的生态旅游区。它拥有两个18洞高尔夫球场和练习场、草地网球场、沙地排球场、滑轮跑道、汽步手枪训练场、自行车越野基地、野战营地、拓展训练营地等，并设有南北会所为游客提供多种服务。云海谷的开发充分利用和保护水库湖面和自然山地植被，力求原生态景观，依托湖光山色、云海奇观、悬崖飞瀑开展休闲户外运动，使人们在健身中得到最大的收益。

**大侠谷**处于片区的南部与西部窄长地带，是东部华侨城门户，人们从这里出发走进东部华侨城，开始生态之旅。进入景区，一座300m长落差42m的大型人工瀑布，在一片山林衬托下壮观的场面使人震撼（图6–33）。

图6–33　大侠谷

大侠谷以“森林、阳光、大地、河流、太空”为主题元素，以人类对自然界的未来世界，未知领域多方位探索为主线，有峡湾森林中心广场、海菲德小镇、云中部落、发现之旅、地心之旅、未来之旅和海洋之旅等八个主题游览区，带给人们新奇刺激的体验。

**海菲德小镇**设有红酒博物馆、酒窖、特色品酒区和主题商业街，是一座展现浓郁而独特的世界红酒文化的小镇。

海拔480m的**云中部落**，是东部华侨城的最高点，游客搭乘缆车可以直达，开放式的车辆，沿山体斜面缓缓平稳上升。这里视野开阔，远眺海天一色，不远处盐田港码头和深圳湾海景尽收眼底。

依山体而建的五层云中餐厅、缆车站、服务中心、云中风车和110m高的观光塔，建筑面积共为4075m²，在轻雾缭绕中美食在云端，于人以特殊的空中体验（图6–34）。

东部华侨城三大“谷”间不仅有山间景观车道环绕相通，还可以坐丛林缆车和森林小火车穿梭在景点之间，10km长的沿途观光，体验便捷的绿色旅程（图6–35）。

**图6-34**　高110m的观光塔

**图6-35**　穿越景点间的森林小火车

东部华侨城自开建伊始，就把“环境保护、可持续发展”作为规划建设的基本准则，做到尽量少扰动或者不扰动山体、水溪、林木和植被等自然环境，经营中做好对山林的保护，景区内裸露地段都进行了绿化，种植草皮、树木和观赏植物。尽量使用太阳能、风能等天然洁净能源，建立再生资源综合利用系统，华侨城集团坚持实现绿色经营，发展循环经济，不但经营业绩突出，也赢得了良好口碑。

经过六年多的建设经营，东部华侨城建成三大旅游区、七家主题酒店、两个主题公园、两个18洞高尔夫球场、大华兴寺和天麓度假住宅等，打造出休闲度假旅游基地、中西文化影视基地、生态环保示范基地、山海环境人居基地等四大基地，成为世界级度假旅游目的地。

东部华侨城作为生态旅游的品牌，其开发模式已经扩张到江苏泰州。坐落在溱湖国家4A级湿地公园西侧，占地200万$m^2$，年设计接待量达150～200万人，投资25亿元的一期工程已先行开业。另外云南华侨城已在昆明阳宗海动工兴建，项目占地1万余亩，总投资计划在40亿元以上。

# 7 宁波万达索菲特大酒店

宁波万达广场是一个大型综合性商业中心(SHOPPING MALL)，位于宁波市南部鄞州中心区，东临城市主干道天潼北路，总占地面积21.09hm²。万达索菲特大酒店位于万达广场的东部，所在地块呈矩形，南北长234m，东西宽112~180m。

**图7—1** 酒店临街实景

**图7—2** 酒店主入口

酒店（H楼）地上20层，地下2层，楼高81.5m，建筑面积44238.5m²。酒店公寓（A楼）地上48层，地下2层，楼高158.70m，建筑面积为87581m²。地下层配置机房、车库和其他配套设施，合计停车位686辆，总建筑面积为131819m²（图7-1、图7-2）。

酒店和酒店公寓两楼一高一低，形成挺拔的体形空间组合，相互辉映。建筑立面简洁、强调现代感，竖线条的玻璃幕墙，通过黑色与清色玻璃交替变化活跃了立面形象（图7-3、图7-4）。

酒店的6～18层为客房层，设有289套客房，其中标准客房254间、套房15套、行政套房17套、部长套房2套、总统套房1套。客房层高为3.5m。

酒店1层设有大堂、大堂吧、精品店、红酒吧以及酒店办公和服务后勤用房；2层设有自助餐厅、日本料理与厨房；3层设有645m²宴会厅、贵宾厅、146m²演讲报告厅、5个中小型会议室以及衣物存放间等；4层为中餐厅、包厢14间与厨房以及音控室；5层为夜总会、棋牌室、健身休闲中心、室内游泳池以及SPA，而5A层是酒店设备机房。酒店室内装修简洁、明快、新颖时尚、也充满现代感（图7-5～图7-17）。

酒店公寓楼建筑高度控制在160m以内，采用（8.9m+9.9m）双跨×9.0m柱网，两侧设电梯楼梯和管线竖井的结构核心筒，以求得最佳使用率。标准层拥有A、B、C、D不同形式的27套酒店公寓，全楼共有酒店公寓1168套。室内布置(包括家用电器）灵巧中富有生活情趣，为客户提供便捷舒适的商务生活方式（图7-18～图7-20）。

该酒店由华森建筑与工程设计顾问有限公司与澳大利亚BAU建筑与城市设计事务所、帕莱登建筑景观咨询有限公司合作设计，与室内设计LEO DESIGN INTERIOR ARCHITECTURE配合，2005、5~2007、2设计，2008、11竣工，并经营使用。

图7-3　设计比较方案

图7-4　酒店的后花园

图7-6　酒店首层电梯厅

图7-5　酒店大堂

图7-7　酒店宴会厅前厅

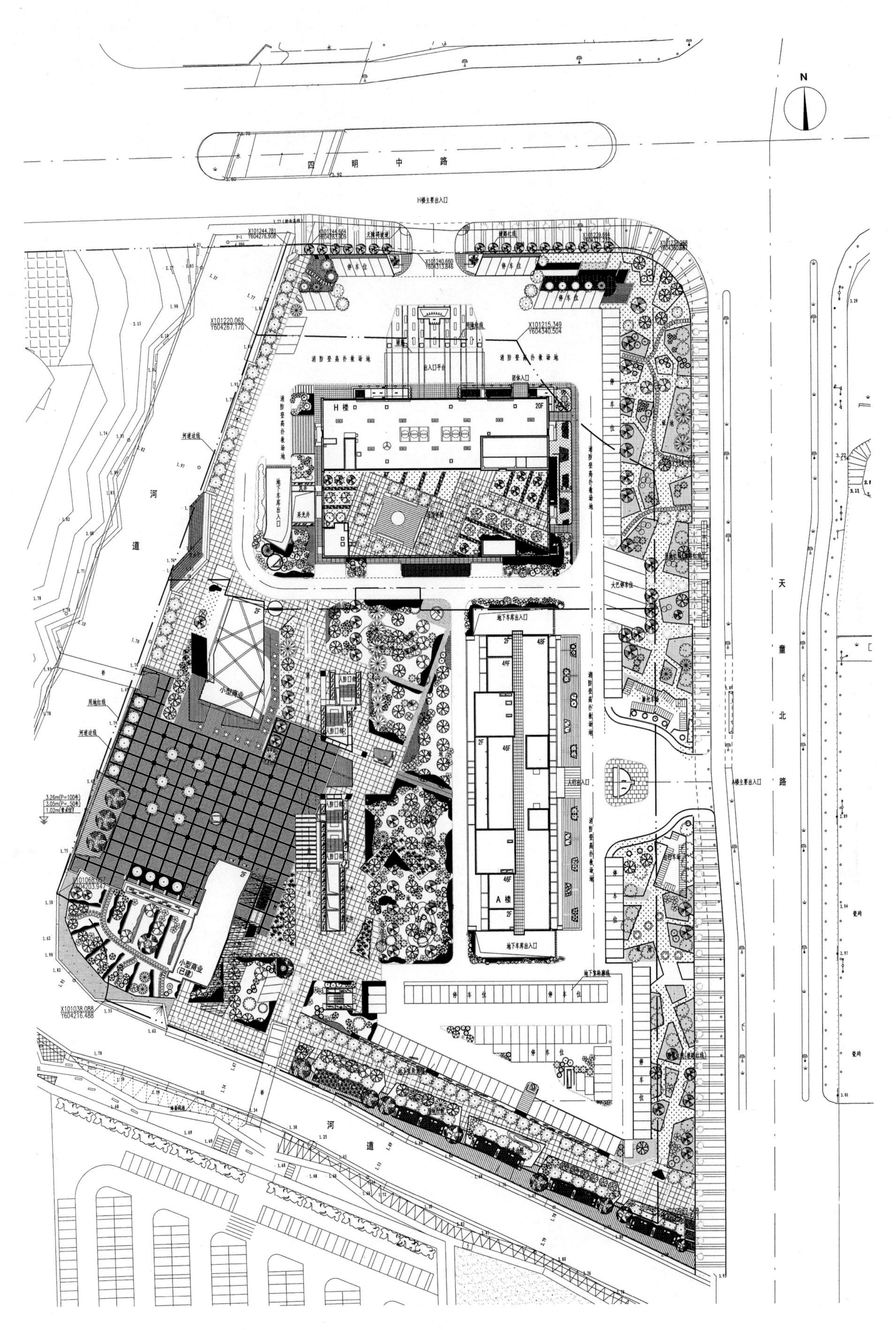
N
四 明 中 路
H楼主要出入口
H 楼
20F
小型商业
小型商业(已建)
A 楼
48F
地下车库出入口
停 车 位
河 道
天 童 北 路
大巴停车位
人行入口
A楼主要出入口

图7–8 酒店总平面

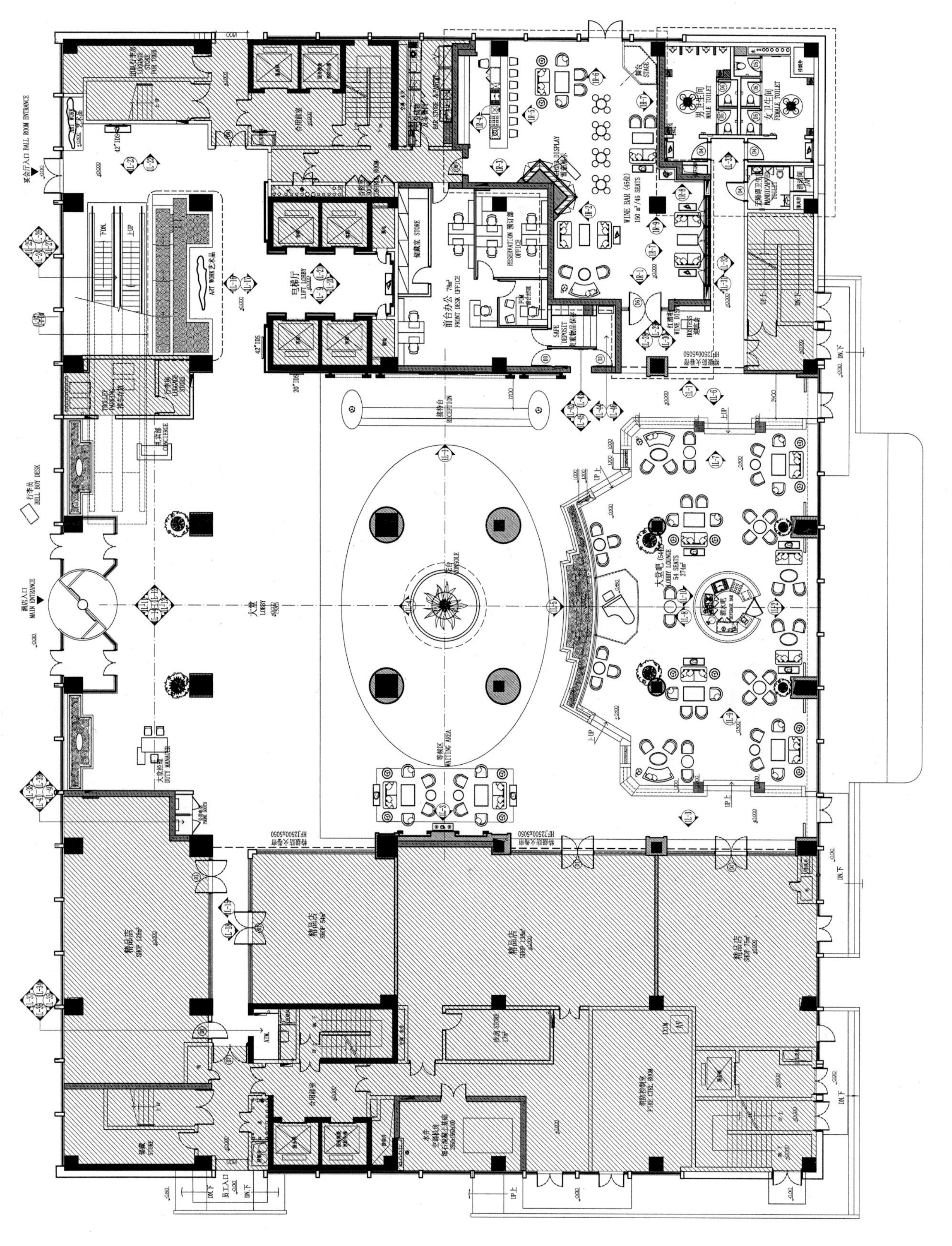
酒店入口 MAIN ENTRANCE
大堂 LOBBY
电梯厅 LIFT LOBBY
前台办公 FRONT DESK OFFICE
RECEPTION
WAITING AREA
WINE BAR
LOBBY LOUNGE
MALE TOILET
FEMALE TOILET
精品店

图7-9　酒店一层平面

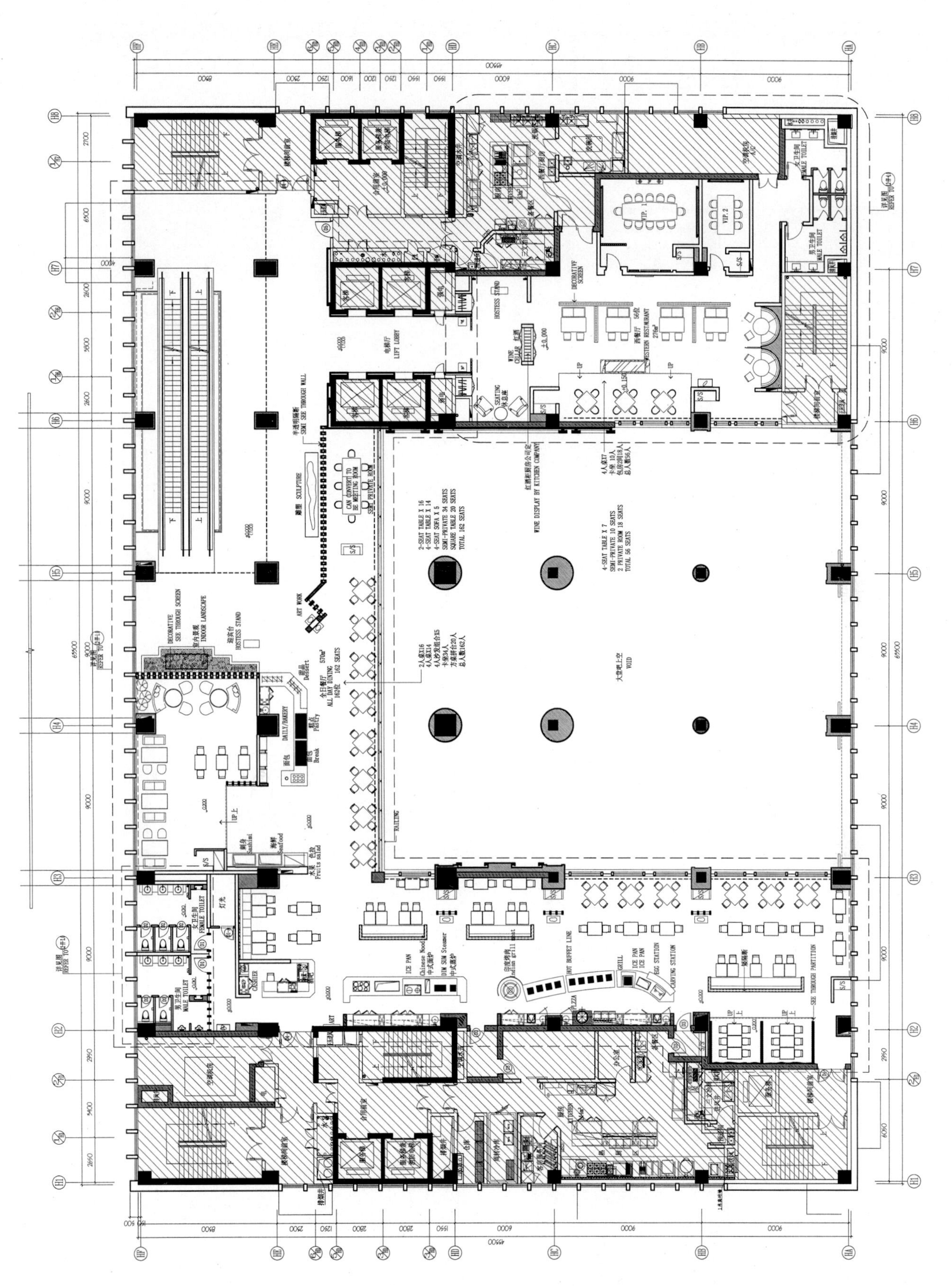

图7-10 酒店二层平面

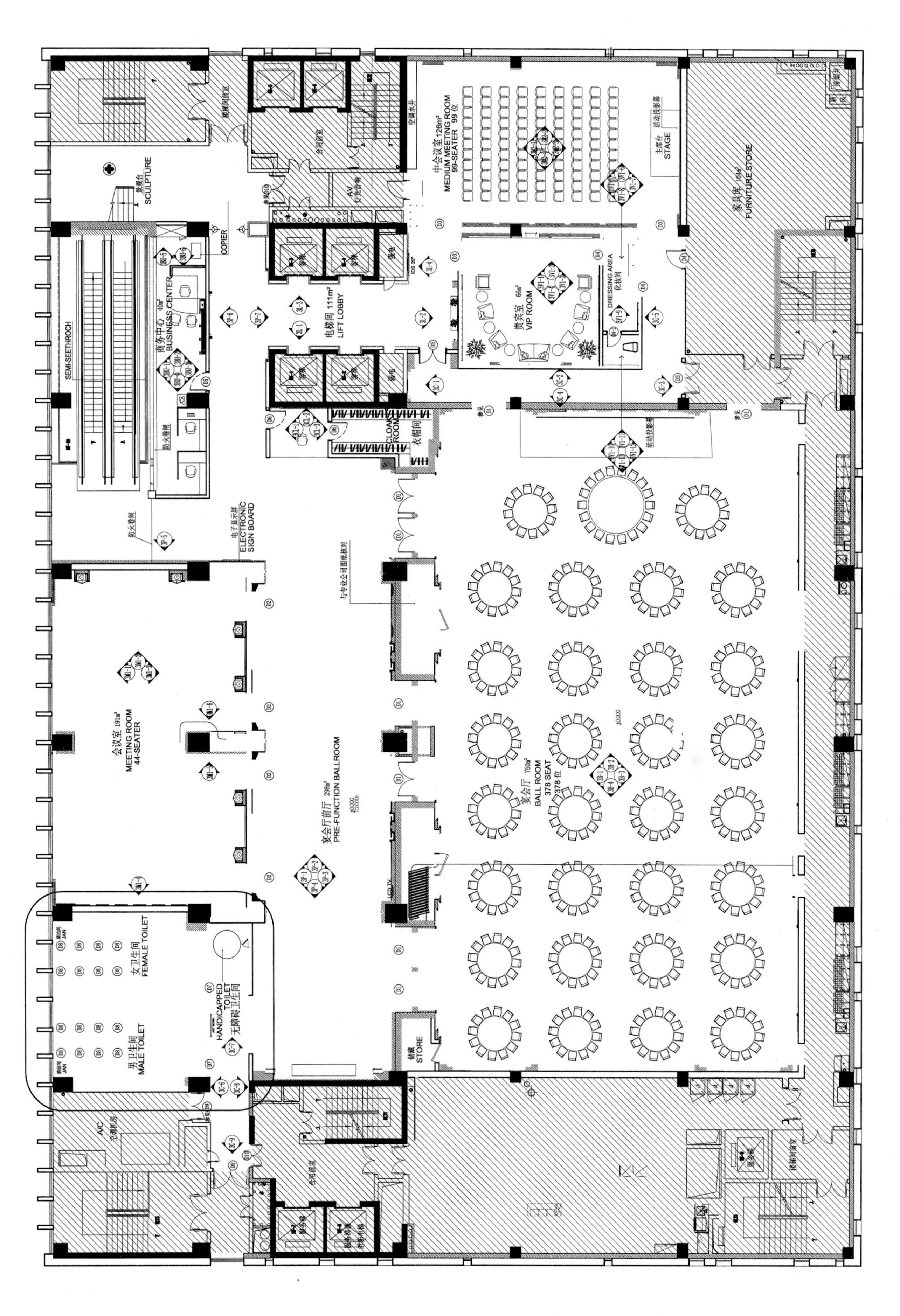

中会议室 126m²
MEDIUM MEETING ROOM
99-SEATER 99位
主席台
STAGE
家具库
FURNITURE STORE
贵宾室
VIP ROOM
DRESSING AREA
化妆间
电梯间 111m²
LIFT LOBBY
商务中心
BUSINESS CENTER
COPIER
景观台
SCULPTURE
SEMI-SEETHROCH
衣帽间
CLOAK ROOM
电子显示屏
ELECTRONIC SIGN BOARD
会议室 191m²
MEETING ROOM
44-SEATER
宴会厅前厅 298m²
PRE-FUNCTION BALLROOM
宴会厅 750m²
BALL ROOM
378 SEAT
378 位
女卫生间
FEMALE TOILET
男卫生间
MALE TOILET
HANDICAPPED TOILET
无障碍卫生间
储藏
STORE
LCD TV
A/C
空调机房


图7-11 酒店三层平面

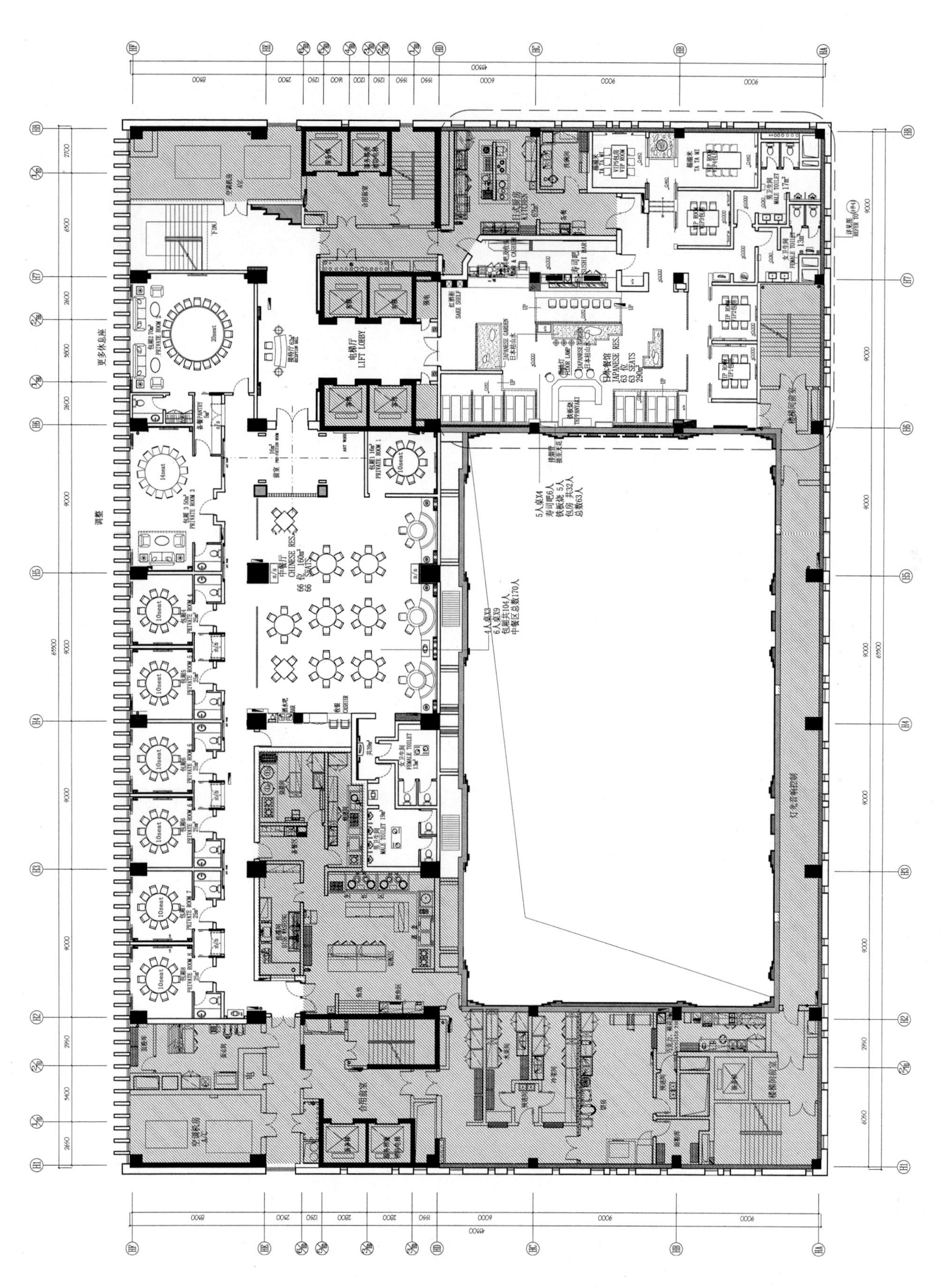

图7-12　酒店四层平面

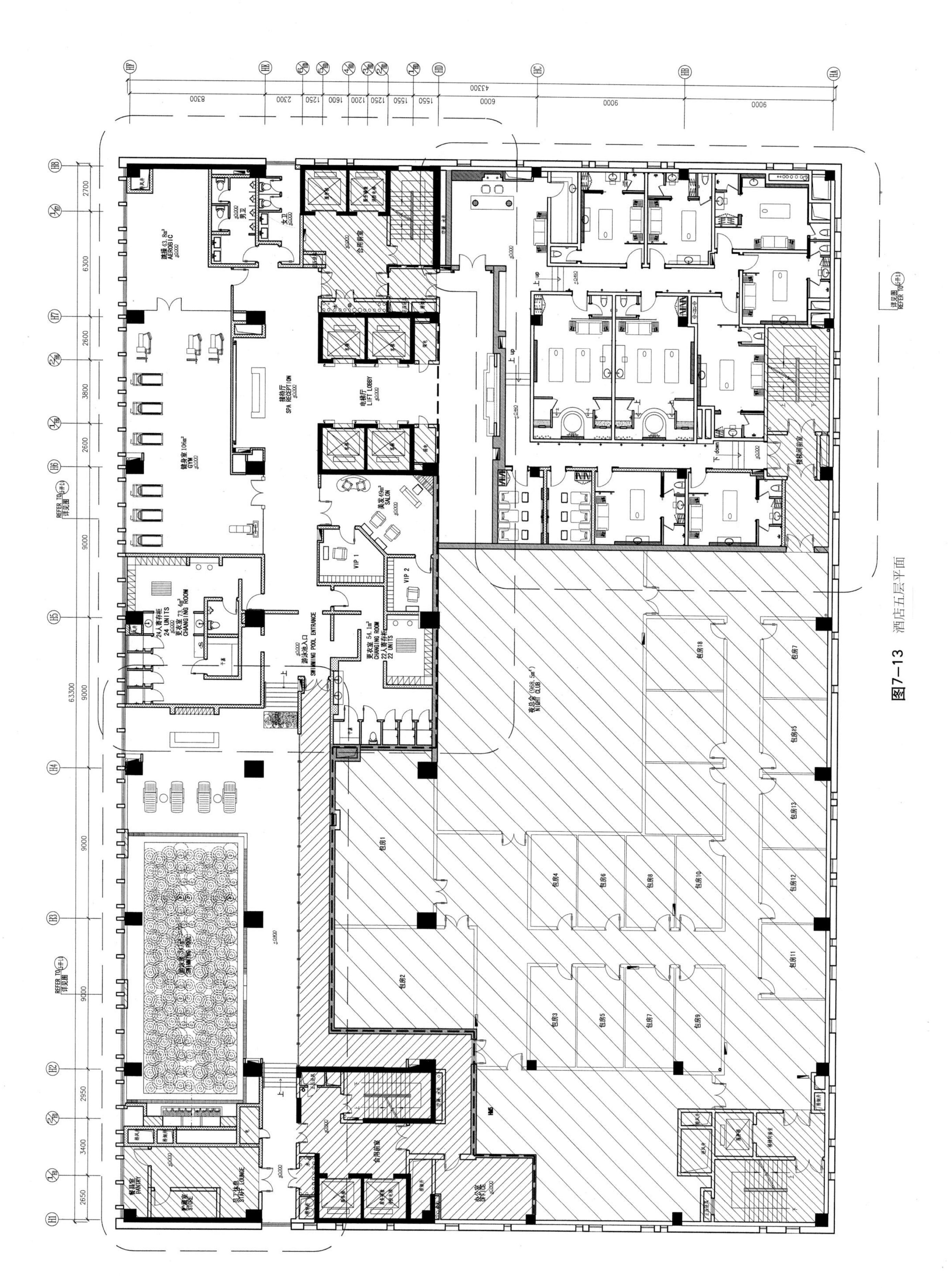

图7-13　酒店五层平面

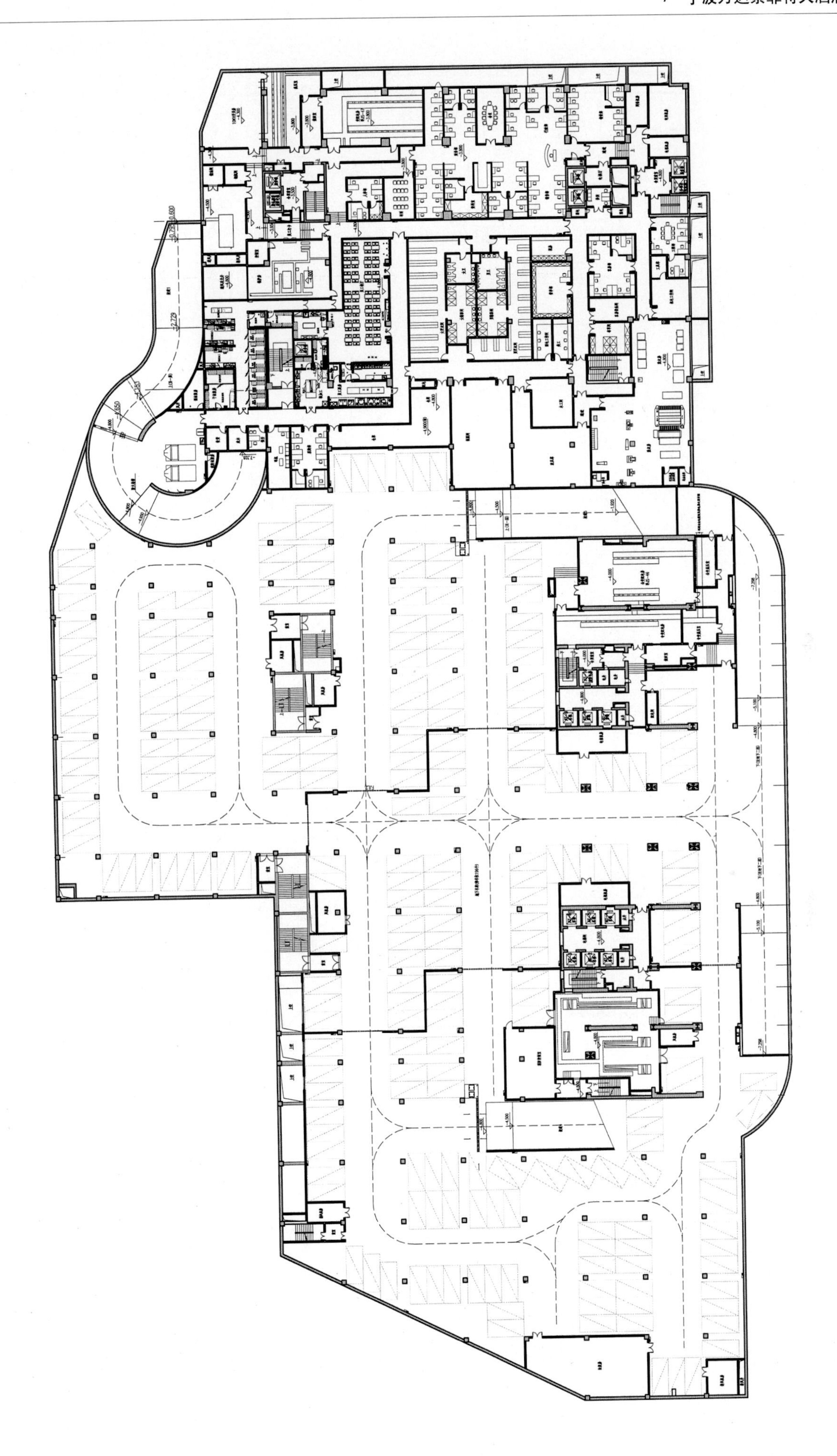

图7-14　酒店地下一层平面

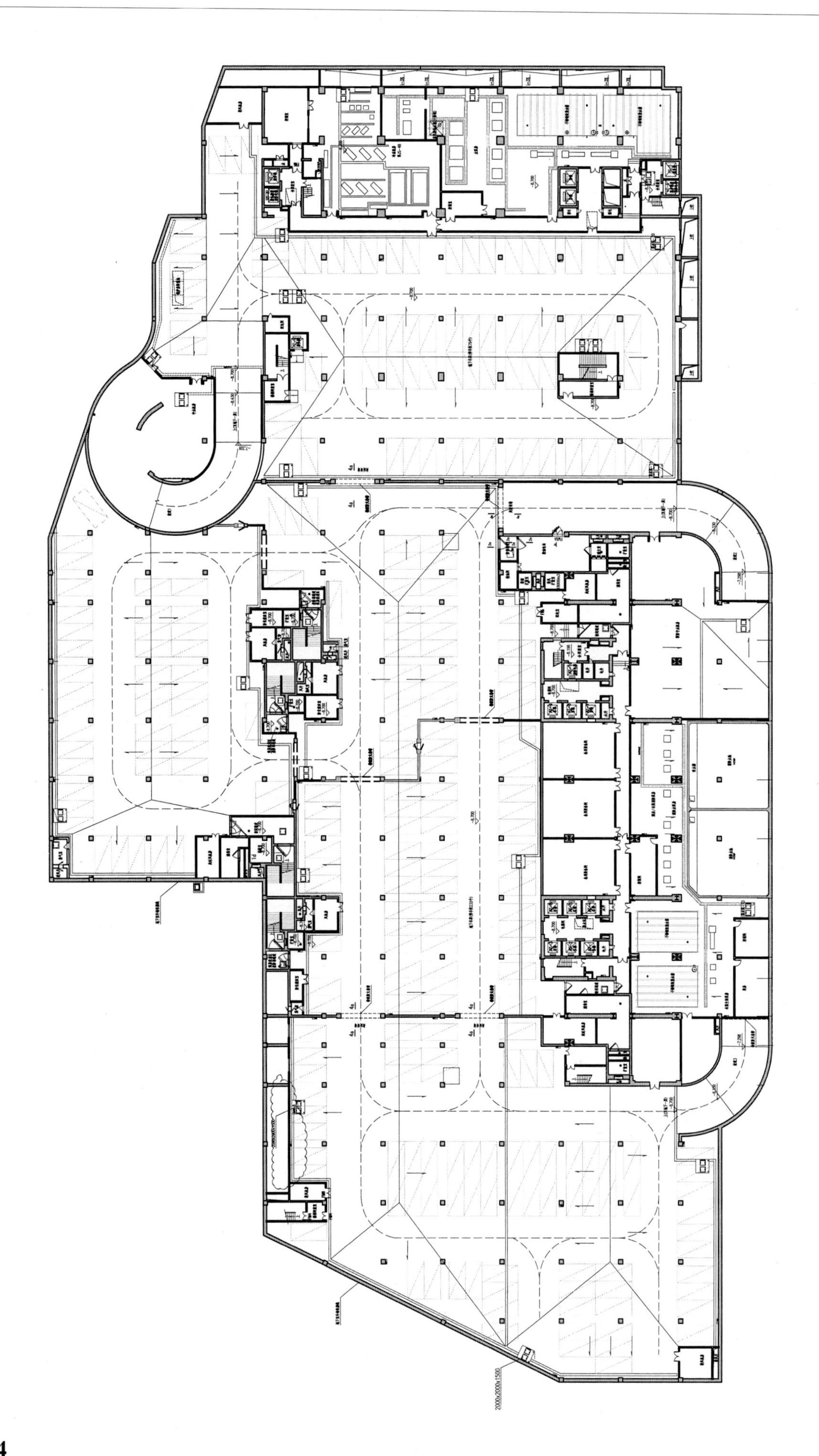

图7-15　酒店地下二层平面

图7-16 酒店自助餐厅

图7-17 酒店前台接待

图7-18 挺拔的酒店公寓

图7-19 酒店公寓西立面

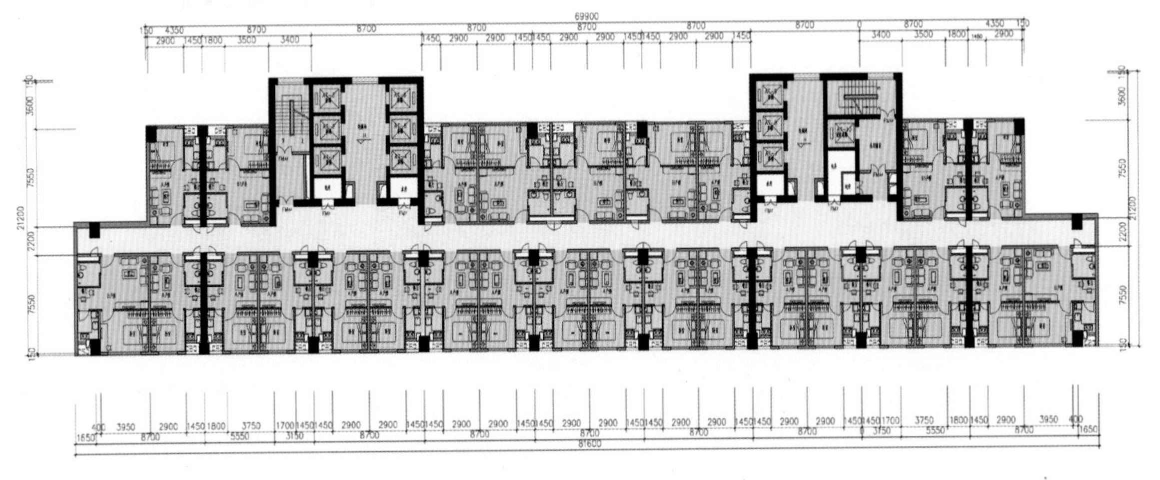

图7-20 酒店公寓标准层平面

# 8 三亚山海天大酒店（二期设计方案）

山海天大酒店位于三亚市大东海海滨，与酒店一期建筑连成一体的二期方案由美国WATG设计。其占地56090m²，建筑面积56376m²。

在酒店基地并不大的条件下，设计方案充分利用依山临海的优势，把酒店的建筑主体和客房楼融合于优越的环境中，建筑采用开放式布局，开敞的大堂和走廊，让客人直接感受到三亚热带季风带来的清凉和舒适。

客房楼采用双向、宽廊式与内院式客房布置，并结合端头景观客房布置，以最大限度利用海景，湖景等室外景观，使客房层设计得十分完美，创造出亲切的度假休闲生活空间。酒店依山就势，建有21栋度假别墅区，包括双拼、联排和独立式类型。

建筑突出表现海滨度假酒店和海南地方特点，展示出亚热带建筑风格和对“山、海、天”含义的诠释（图8-1～图8-6）。

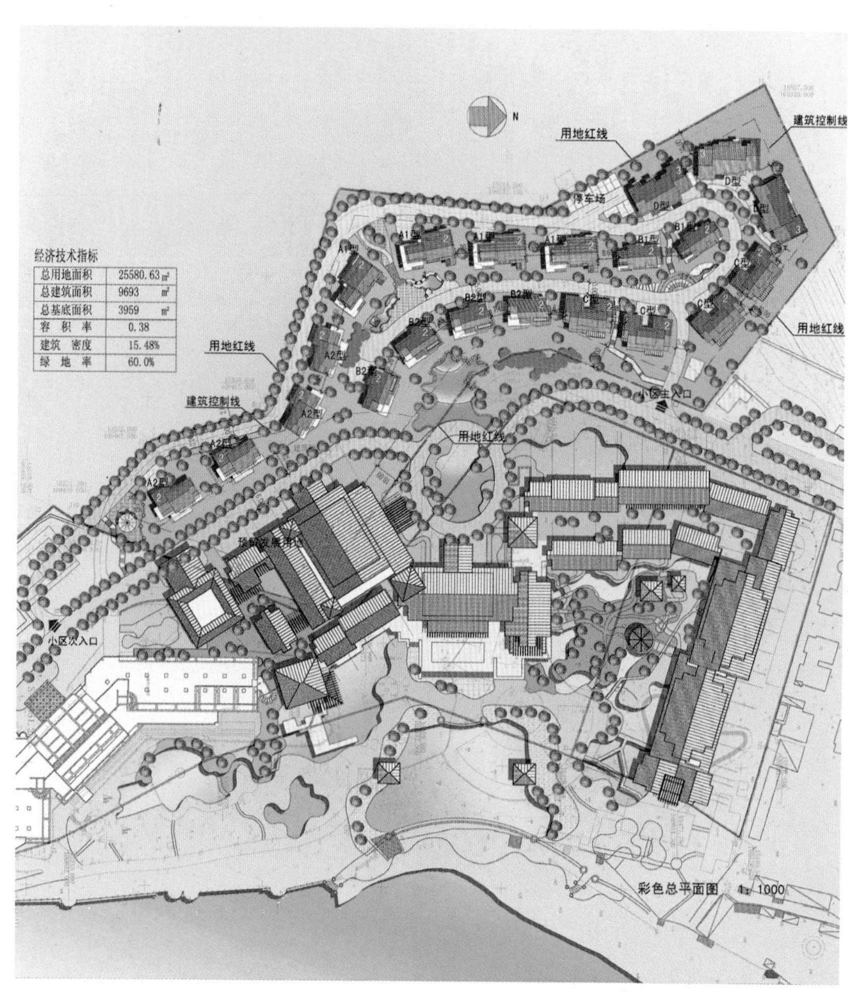


**图8-1** 三亚山海天大酒店（二期）总平面

**图8-2** 三亚山海天大酒店全景

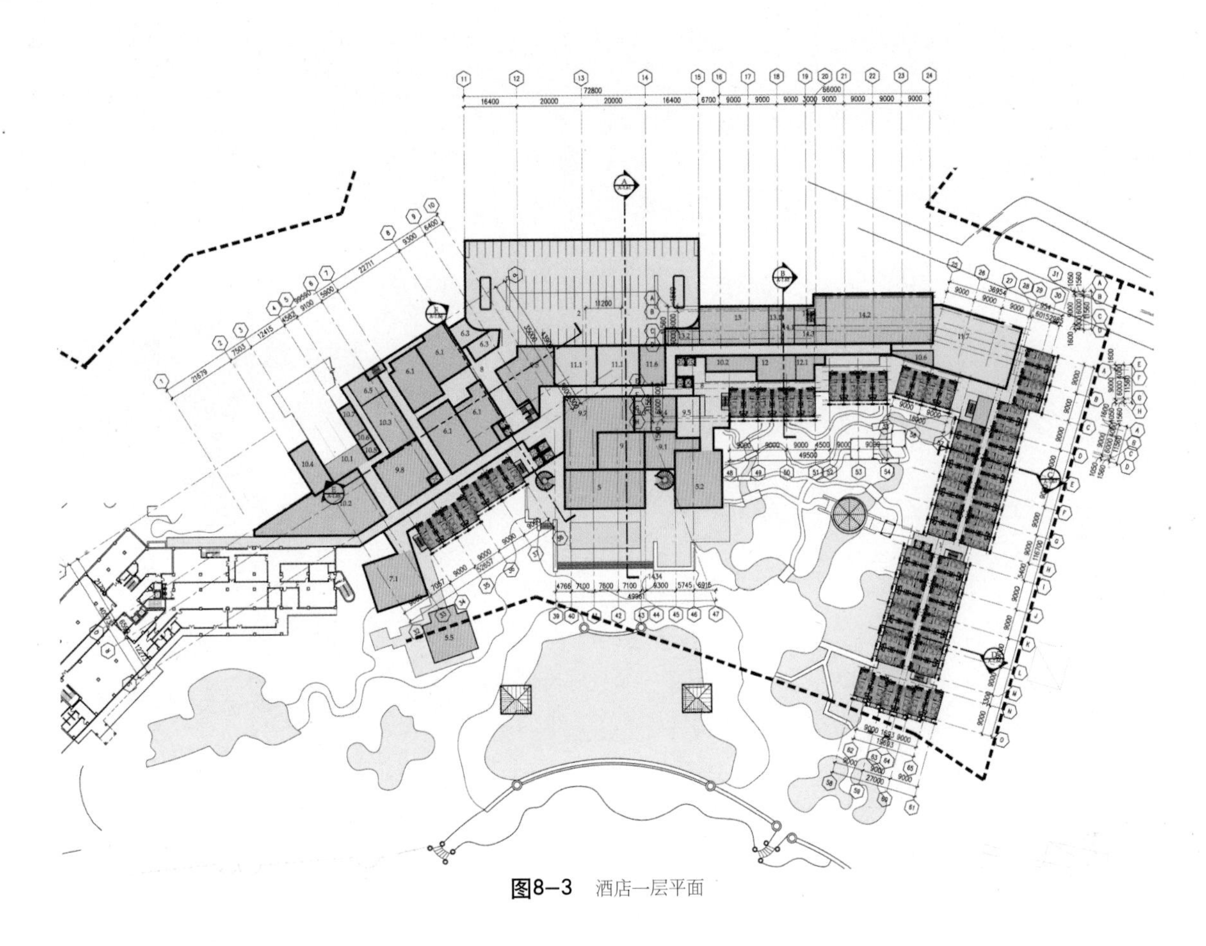

**图8–3**　酒店一层平面

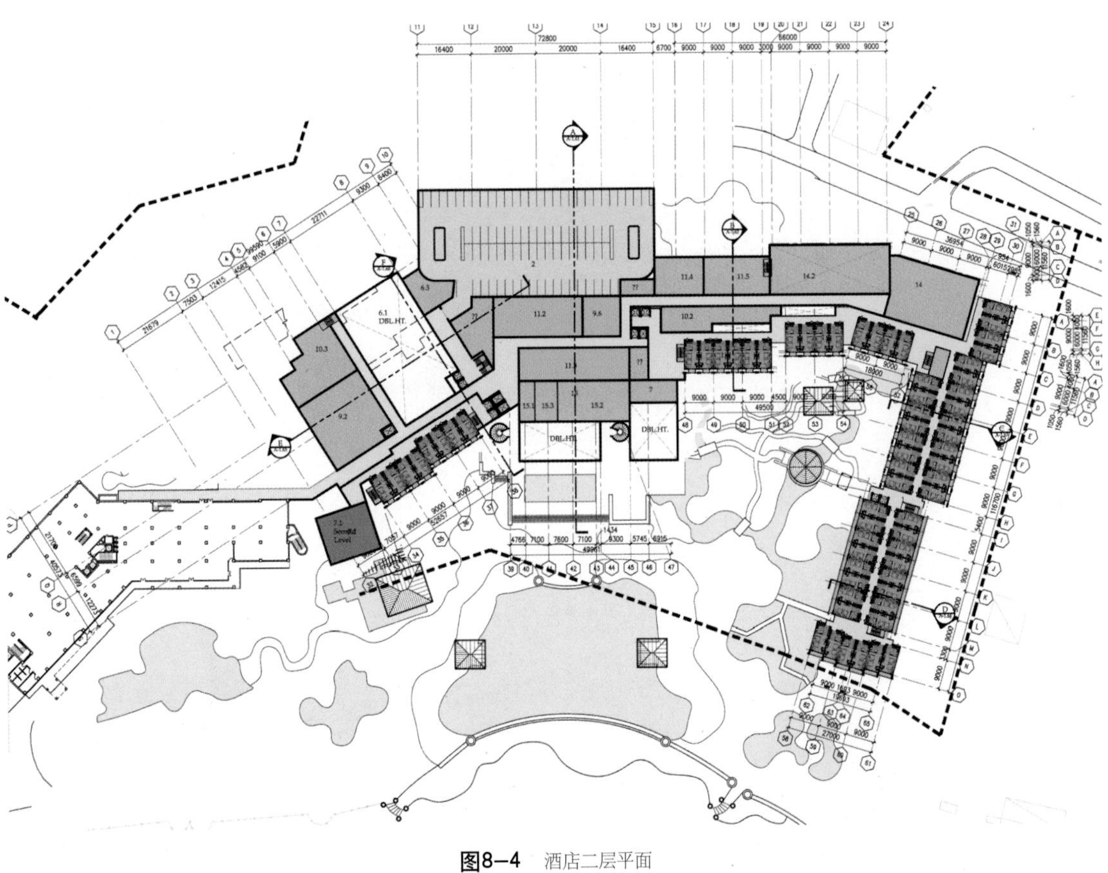

**图8–4**　酒店二层平面

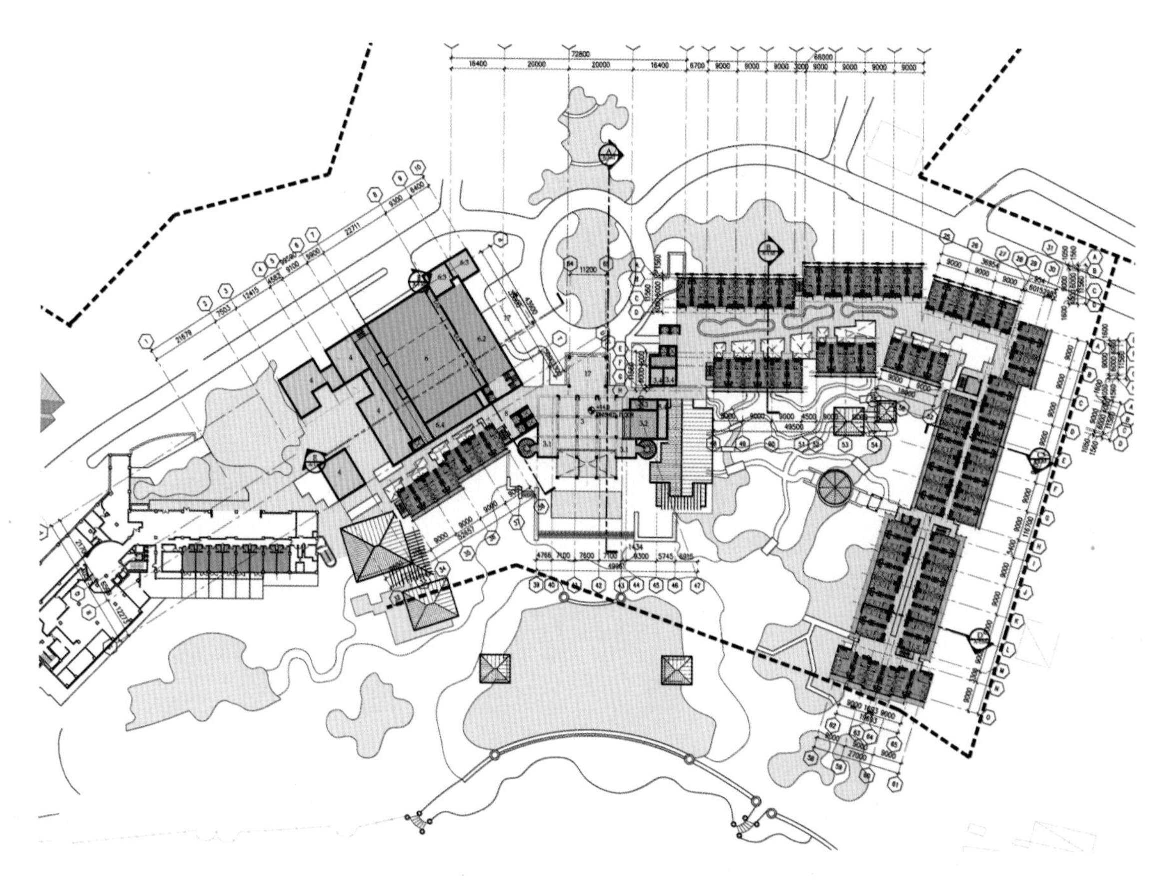

图8-5 酒店三层平面

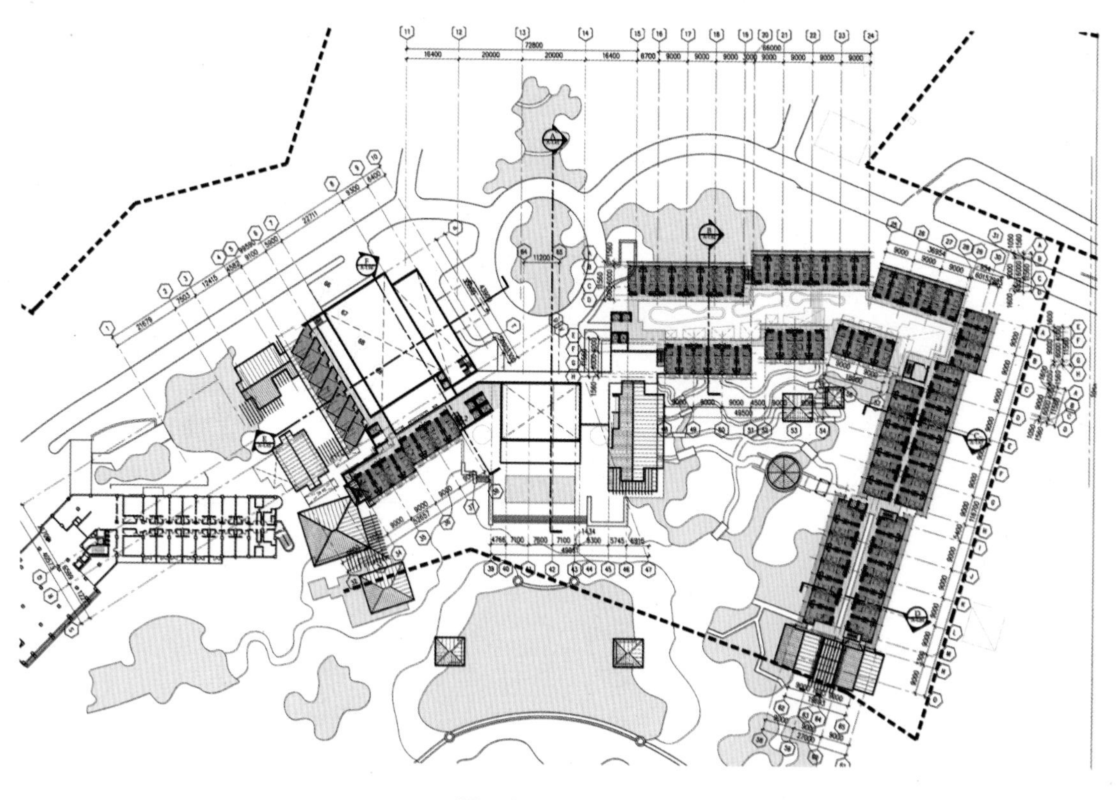

图8-6 酒店四层平面

# 9 海南博鳌宝莲城酒店公寓

**图9—1** 酒店公寓效果图

**图9—2** 酒店公寓入口

海南博鳌宝莲城，位于琼海市东部的博鳌镇，地块东南临海，西北为城市干道龙博大道，是一个集酒店、酒店公寓、度假、商务、餐饮、休闲和娱乐等为一体的度假区。

酒店公寓是宝莲城二期工程，位于地块西北，用地面积71778.5m$^2$，由五栋高层酒店公寓楼组成，总建筑面积98362m$^2$。其中半地下停车库、机房和辅助用房面积为15021m$^2$。设计充分体现海南气候、海景和热带植物的环境优势，将公寓与景观有机组合。1号楼的首层为酒店入口大堂、前台、会议、商务中心和大堂吧，客人在此登记入住进入各栋公寓，并利用地势高差，在半地下一层作酒店餐厅、露天酒吧以及办公、后勤用房（图9-1、图9-2）。

1号~3号楼标准层每层布置10套公寓，而4号、5号楼标准层有7套公寓单位，以满足多样化的居住和投资的需求。开敞式走廊和小中庭的设计增加了室内外空间的联系，实现绿色建筑的目标。

所有公寓均有朝海的景观阳台，立面设计采用简约主义手法，将传统的三段式融合现代元素，顶部采取局部退台处理，阳台采用微倾的玻璃栏板，并结合铁花、百叶的艺术装饰，增添建筑之秀丽和亲切感（图9-3~图9-5）。该项目由华森建筑与工程设计顾问有限公司2008年设计，已于2010年建成。

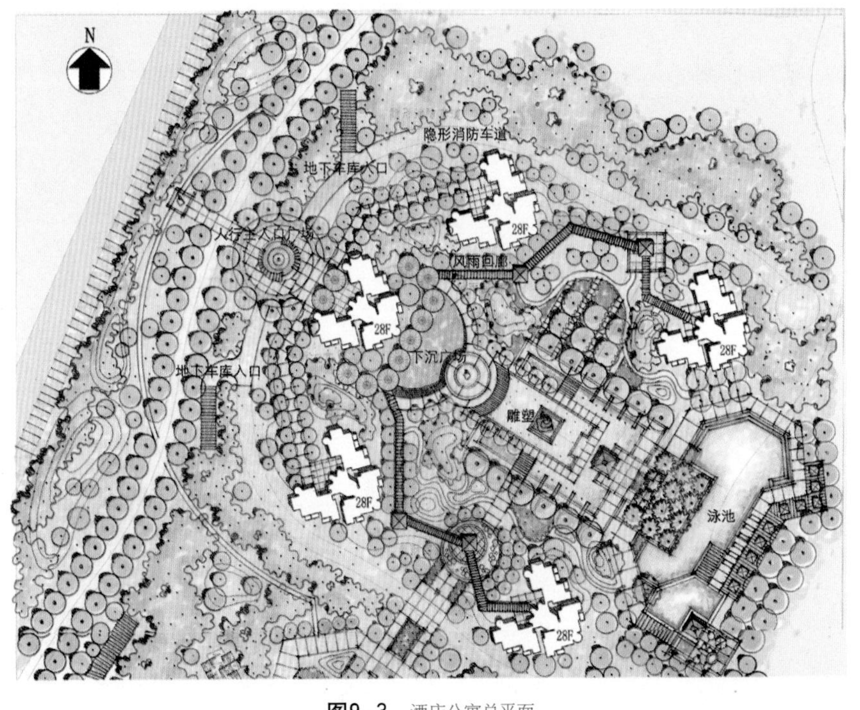


**图9—3** 酒店公寓总平面

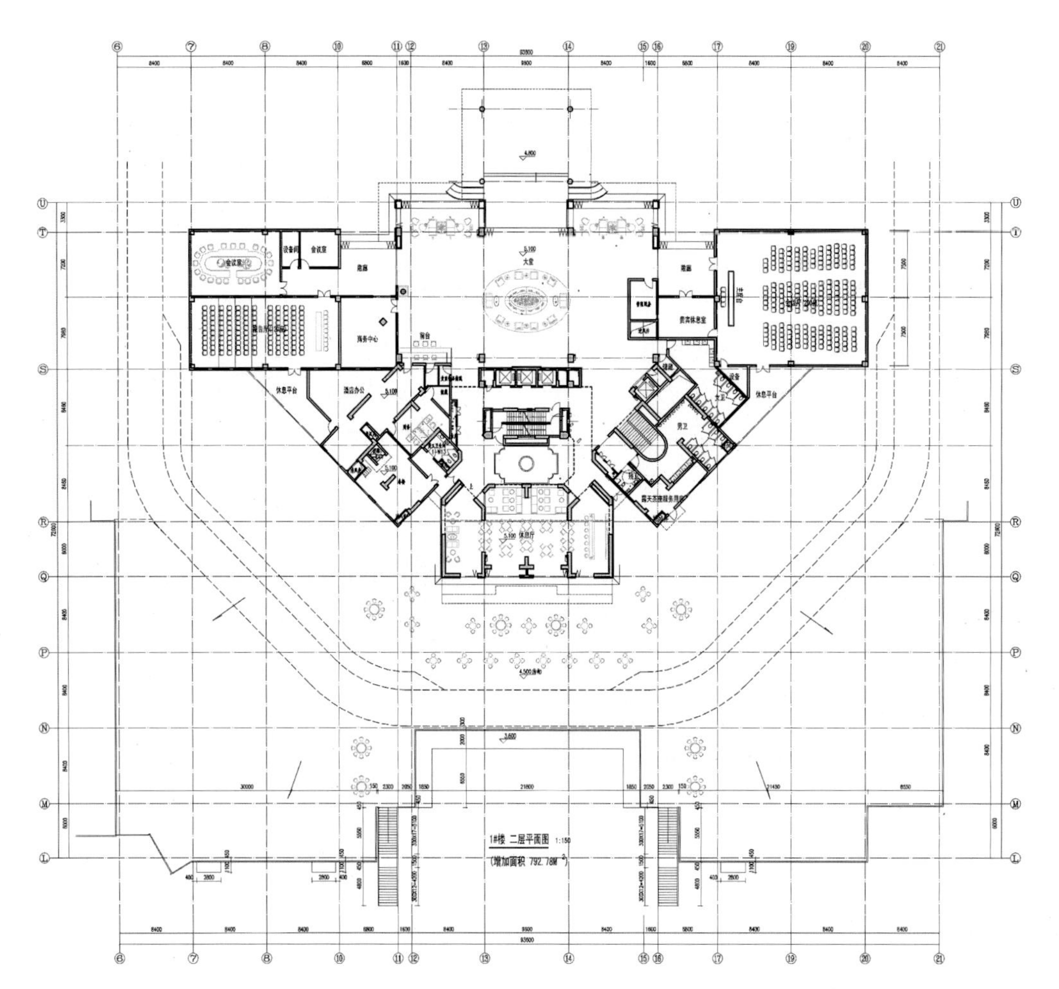

图9-4　1号楼首层平面

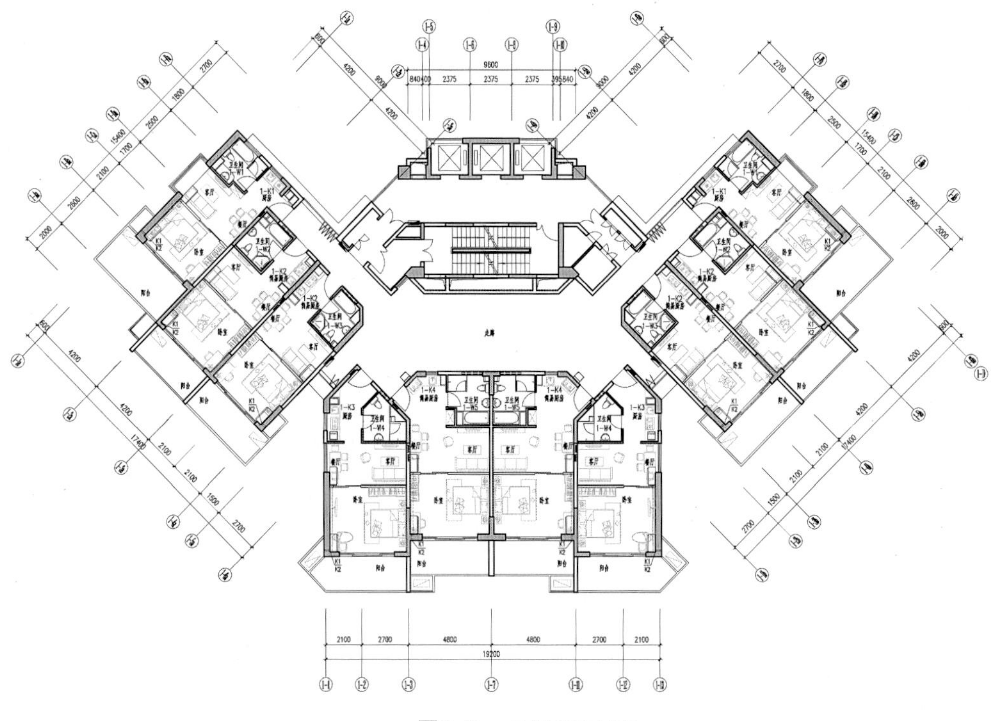

图9-5　1号楼标准层平面

# 10 深圳威尼斯皇冠假日酒店

在深圳5A级华侨城旅游景区，很远就看到圣马可金色飞狮屹立在一座建筑之顶，底层采用哥特式柱廊和赭红色条形外墙，铸上怀抱福音书的城徽，建筑从整体到细部充分展现威尼斯的建筑文化元素，这就是深圳威尼斯皇冠假日酒店（图10-1～图10-3）。

酒店用地呈三角形，面积10200m$^2$，南临深南大道，西面是侨城西路，紧邻建筑空间显得窘迫。设计之初，投资方只拟建一个普通的酒店，但在设计过程中，发现基地虽不大但地势高起，有可能寻求一个更佳方案，以提升土地价值，发挥投资效益。

最终，一座威尼斯文化主题的商务度假型五星级酒店由华森建筑与工程设计顾问有限公司与香港

**图10-3** 哥特式柱廊

龚书楷建筑事务所和深圳华侨城建筑设计公司合作设计，由香港陈李公司室内设计，于2001年10月建设成功，被业内称之为中国第一个主题酒店。

**图10-1** 酒店全貌

酒店坐北朝南，地上19层地下2层，建筑面积58600m$^2$。酒店西侧作为酒店主入口（图10-4、图10-5），而主入口另一侧有专用通道，直入可容纳700人的宴会厅，以及20多间大小不同会议室和餐厅，总平面布置既合理又紧凑。

酒店背面（东侧）则作为货运、员工、后勤出入口，经楼电梯进入一层夹层酒店管理办公和员工更衣活动区，各流线分工明确。

酒店4层以上为客房层，共拥有378间客房，

**图10-2** 威尼斯守护神圣西奥多标志柱

**图10-4** 酒店充满浓郁的威尼斯水城风情

**图10–5**　酒店大堂

**图10–7**　超大型张拉膜结构遮盖下的游泳池裙房屋顶花园

最顶两层为行政套房。由于基地所限，客房平面收缩布置在三角形地块北侧，利用北侧道路作为消防登高面，让出南面的空间，在裙房屋顶上布置室内外游泳池，室内泳池盖上美观轻巧的直径16m的玻璃穹顶，穿透的阳光带给人们温馨的环境，而开敞式的全天候泳池被超大型张拉膜结构遮盖，避免夏日暴晒，又展现出酒店建筑结构力度和现代氛围，酒店景观的一个亮点（图10–6～图10–8）。

**图10–6**　室内泳池

**图10–8**　屋顶泳池内景

室内设计以威尼斯风情为主题，棕榈树下渗透出意大利式浪漫的情调，整个酒店在深南大道的茂密的景观带的衬托下，把地中海风情的酒店建筑有层次地展现得淋漓尽致，与世界之窗、欢乐谷等旅游文化其他景区形成统一和谐的城市建筑有机体（图10–9～图10–13）。

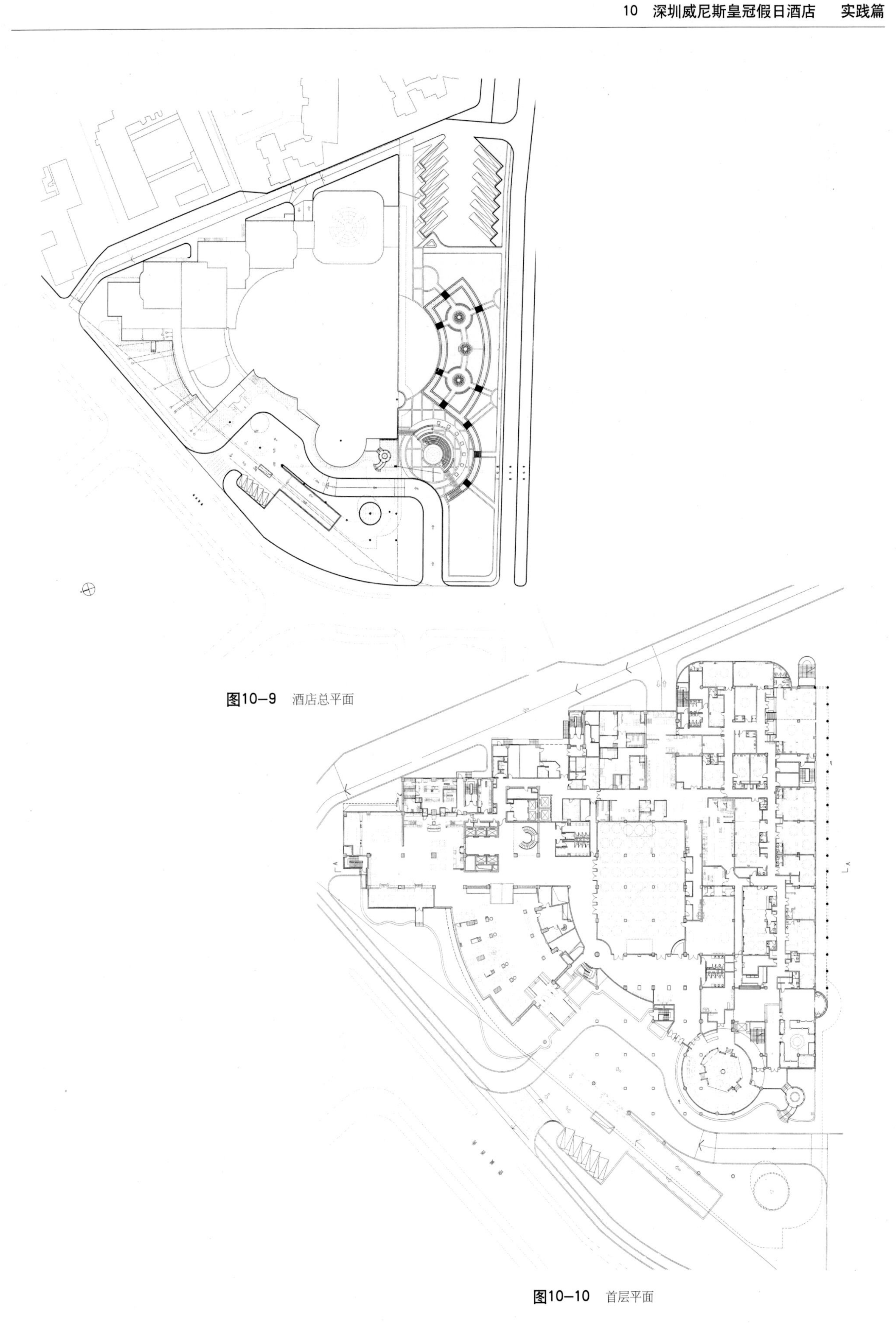

图10–9 酒店总平面

图10–10 首层平面

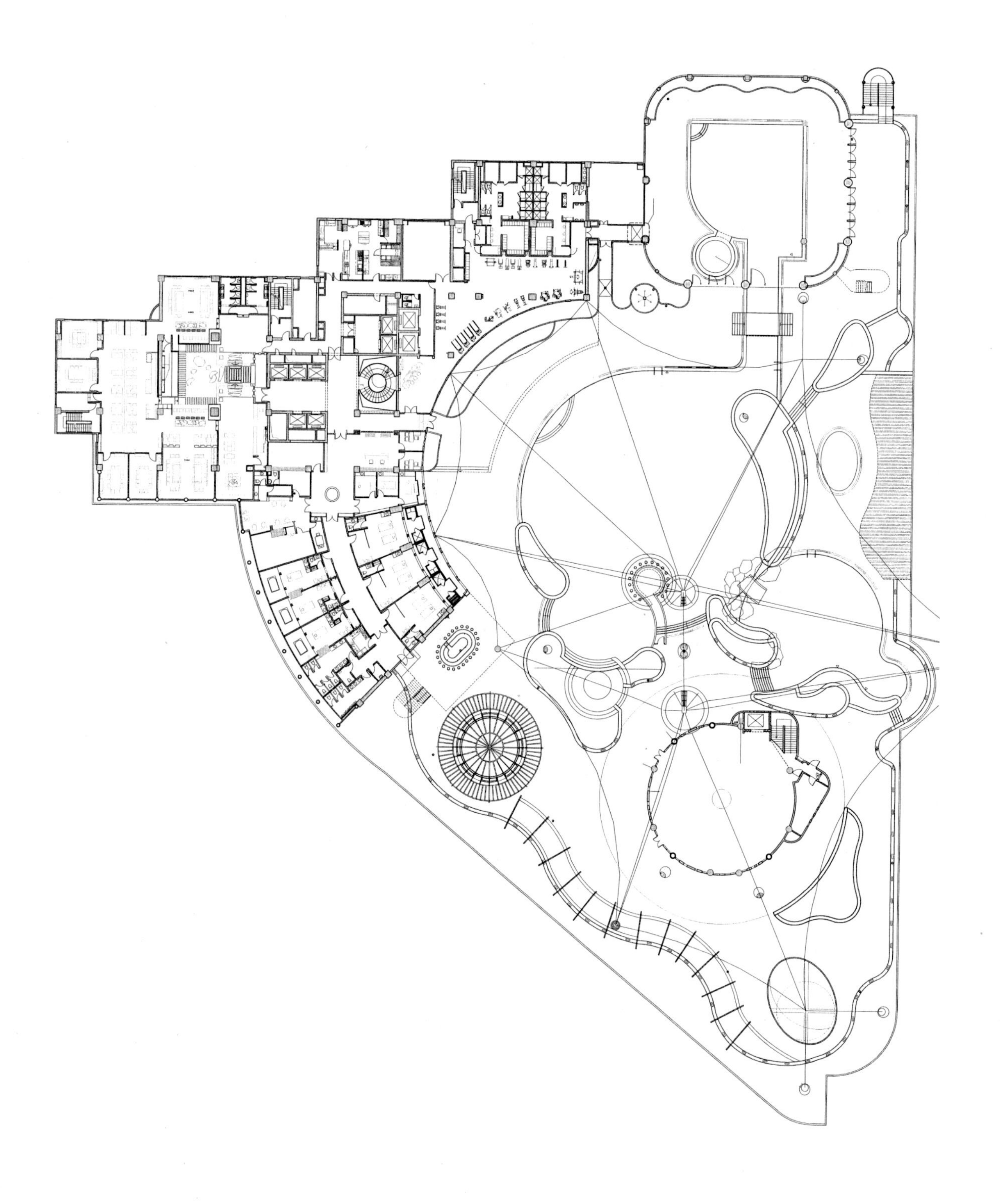

图10-11　二层平面

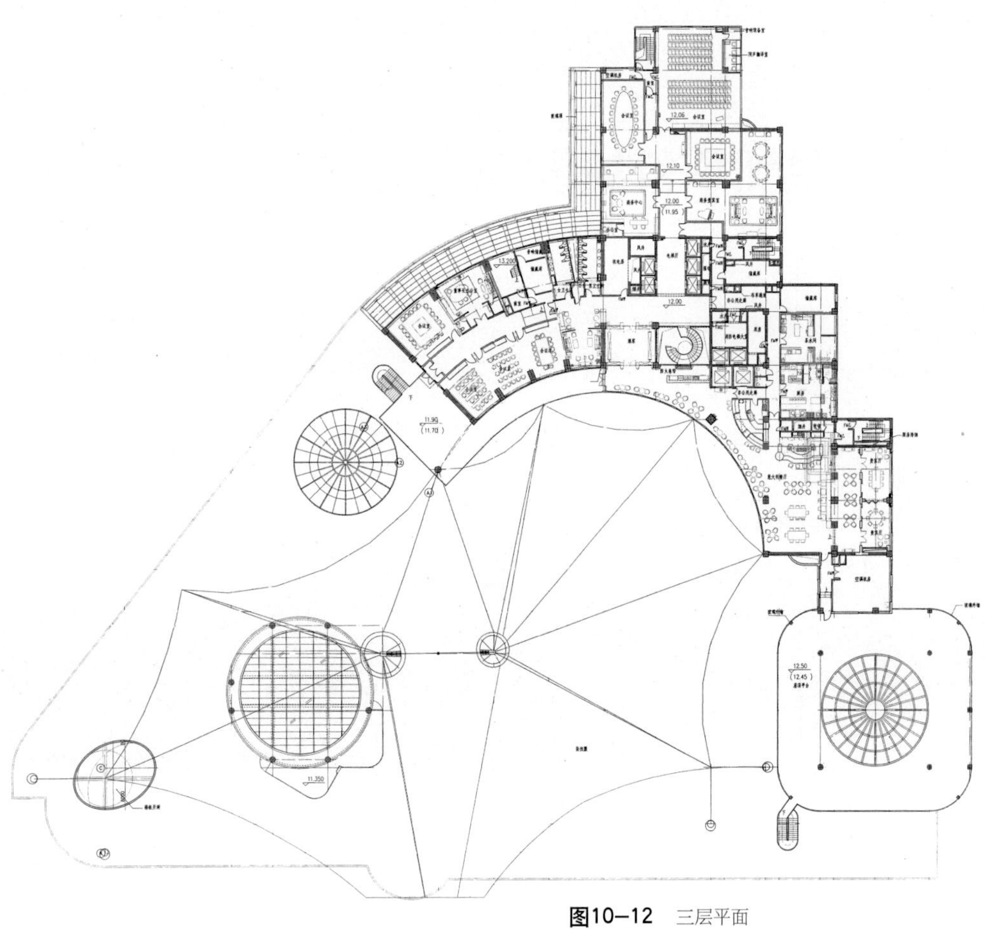

**图10–12** 三层平面

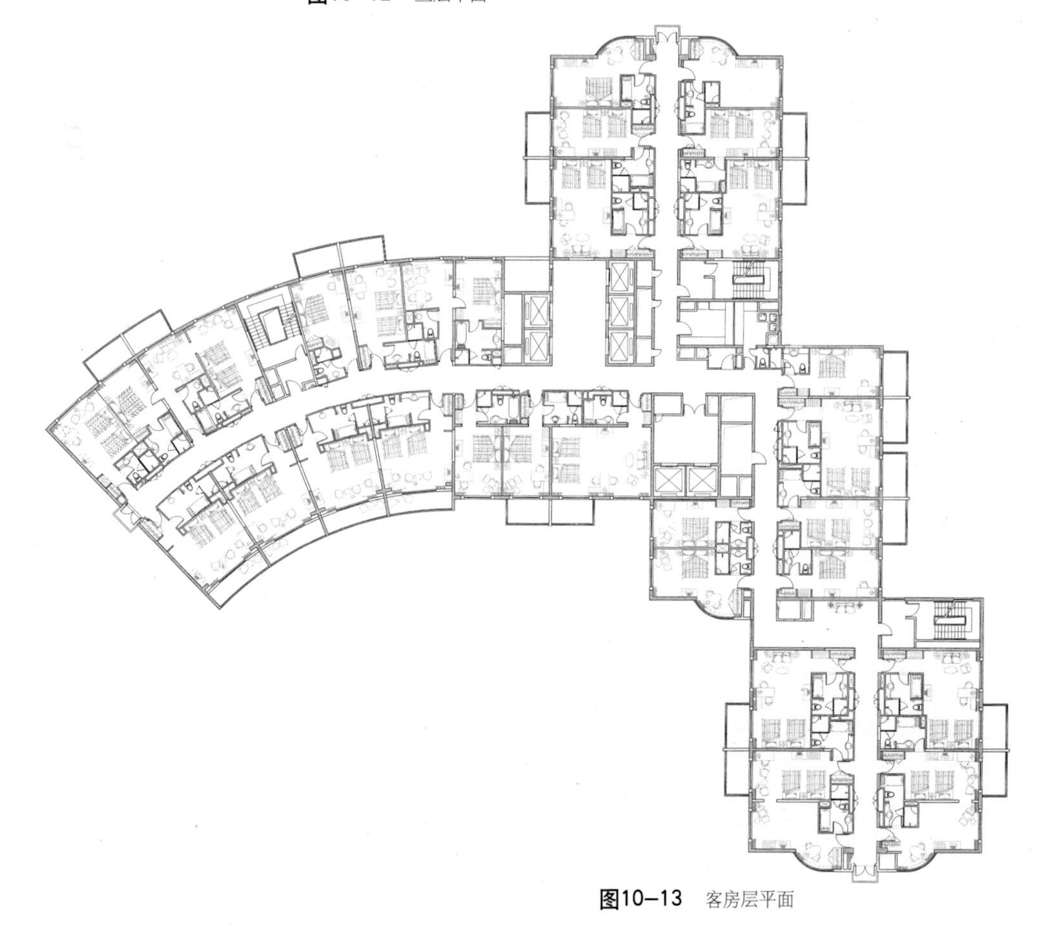

**图10–13** 客房层平面

# 11　深圳华侨城洲际大酒店

**图11-1**　酒店新象

华侨城洲际大酒店是由原深圳湾大酒店改建而成的，它位于深南大道华侨城路段，在这里集中了世界之窗、民俗文化村、锦绣中华、欢乐谷和何香凝美术馆等旅游文化景点，被称为“深圳最美丽的地方”。华侨城洲际大酒店坐拥其中，与水城风格的威尼斯皇冠假日酒店遥遥相应，地理位置十分显著。

在深圳作为经济特区之初的1982年开工建设的深圳湾大酒店，是一座主楼9层两翼4层的独特风格建筑，原有客房308间，建筑面积28284m$^2$，与背山面海的地貌融成一体，成为深圳早期标志建筑之一。随着社会和经济迅速发展，这个深圳最老牌酒店的功能已不能满足日愈增长的需求。为了和周边迅速发展起来的旅游环境相适应，2004年华侨城集团公司决定将这酒店落地重建，扩建成一个具有独特的风格和个性的五星级酒店（图11-1、图11-2）。

**图11-2**　原深圳湾大酒店

设计将原酒店主体的外墙立面完好保存下来与新建门厅之间构成前台的等候休息空间，同时成为新、老酒店形象的一个完美衔接和过渡，这也正符合城市规划部门的保护文脉要求。保存了这面墙，不仅保存了特区创建时期的一份珍贵记忆，而且凝固了一个酒店及其所见证的特区20多年辉煌成长的历史（图11-3、图11-4）。

酒店由华森建筑与工程设计顾问有限公司设计，与香港龚书楷建筑事务所合作，室内与香港陈李公司，景观与澳大利亚普利斯（Place）公司配合。扩建后酒店占地面积62717.1m$^2$，主体建筑地上6层，并利用地形设计成半地下层和地下层，总建筑面积为108867m$^2$，容积率1.24。新酒店于2007年5月竣工。

酒店采用“W”形平面坐北朝南布局，北侧中央为酒店主入口，两侧为会议中心入口和东西停车库入口，与深南大道的辅道相通；而南侧将地块分成3个自然景区，形成了酒店的后花园，有面积近3万m$^2$的中央花园和西花园、东花园、船吧花园……，

**图11-3**　保存原酒店主体的外墙立面

**图11-4**　原酒店外墙与新建门厅间构成前台休息厅

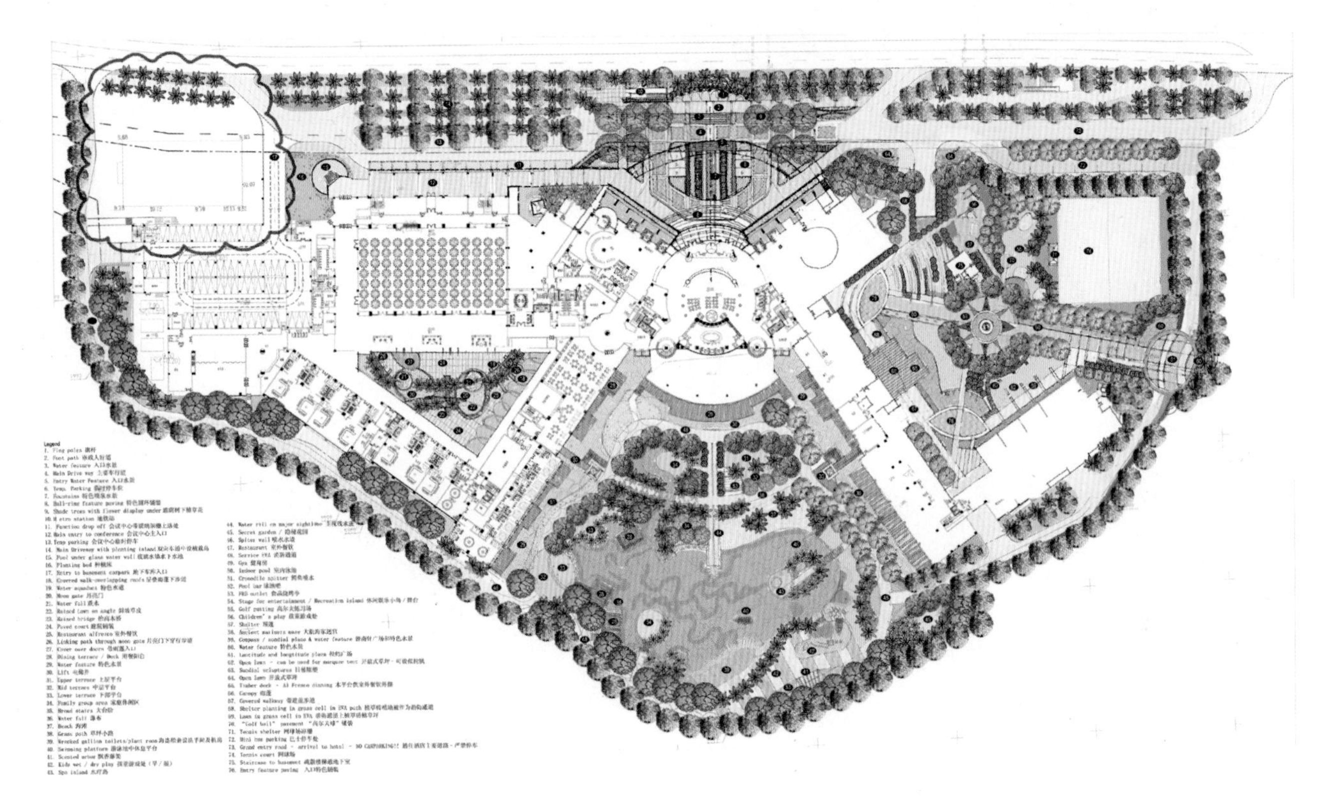

**图11-5**　深圳洲际大酒店景观总平面图

还结合布置了室外沙滩泳池、儿童泳池、儿童游戏场地和网球场等健身设施（图 11-5）。

酒店客房主要布置在2~6层，共有550间客房，其中套房80间、酒店式公寓30间，还有总统房和俱乐部楼层专供接待贵宾。客房设计突破了传统的客房形式，设计成景观卫生间，洗浴时可欣赏室外景色。

酒店国际会议中心功能齐全、设施配套先进，有面积为1800m$^2$的千人宴会厅，面积500m$^2$的小宴会厅，还有董事长会议室、多功能会议室等7间，以环廊相连，构成一个宁静的三角形内庭，装饰设计成高迪风格的会议花园（图 11-6）。

在首层和半地下层，围绕中央花园共布置有不同风格的餐厅7间，这些餐厅均采取现代明厨方式布置，顾客可以欣赏到厨师高超烹饪技术的表演，烘托出亲切的饮食文化氛围（图 11-7、图 11-8）。

酒店设婚礼中心面积约1000m$^2$，利用人防出入口设计的一座小型的婚礼教堂，面积约200m$^2$，周边是种满玫瑰花的婚礼花园，新人们穿过花卉锦簇的

图11-6 会议中心内庭

图11-7 酒店全日餐厅

图11-8 酒店的后花园

步道，走进婚礼教堂，在这里举办最浪漫的婚礼。

在首层和半地下层开敞部位布置酒店公共部分，半地下层的其他部位布置机房、后勤用房与停车库（停车位471个），另有地面停车27辆，酒店共有499辆停车位。地下层的人防地下室平日作为酒窖。整个平面布局合理，交通流线通畅，建筑空间都得到充分利用，满足酒店的各种功能要求。

原酒店的仓库和老锅炉房也被改造成约4000m$^2$的现代美术馆，可以展出酒店的各种原创艺术作品，举办各种不同的展览，如服装发布会、画展、雕塑展览等。

华侨城洲际大酒店是一座西班牙文化主题的商务度假酒店。西班牙文化特征充满创意地揉进建筑空间和室内设计中，塑造出了一个有强烈文化的主题酒店（图11-9～图11-11）。

酒店入口处有一艘大型西班牙古木船特别引人

图11-9 墙面细部

图11-10 立面细部

图11—11 建筑外墙

注目。这是按哥伦布发现新大陆时的“SANTAMARIA”号帆船仿制的，成为酒店的标志。古船实际上是一间 800m$^2$ 的多功能酒吧，装修风格古朴，装备现代的三维音响投影设施，塑造了一个历史与现代交融的意境（图 11-12 ~ 图 11-16）。

华侨城洲际大酒店的设计和重建成功，不仅建成了一座白金五星级酒店，同时也为人们提供一个“美好、奢华、浪漫、高雅的酒店文化”。

工程项目技术经济指标总表

<table>
<tr><td colspan="10">项目概况</td></tr>
<tr><td colspan="3">项目名称</td><td colspan="3">深圳湾大酒店（改建）</td><td colspan="2">用地位置</td><td colspan="2">南山</td></tr>
<tr><td colspan="3">宗地号</td><td colspan="3">T208-0008</td><td colspan="2">用地单位</td><td colspan="2">深圳湾大酒店</td></tr>
<tr><td colspan="10"></td></tr>
<tr><td colspan="10">用地主要经济技术指标</td></tr>
<tr><td colspan="3">总用地面积（㎡）</td><td colspan="3">62717.1</td><td colspan="2">建设用地面积（㎡）</td><td colspan="2">62717.1</td></tr>
<tr><td colspan="3">总建筑面积（㎡）</td><td colspan="3">108867</td><td colspan="2">绿地面积（㎡）</td><td colspan="2">29313.43</td></tr>
<tr><td colspan="3">地上总建筑面积（㎡）</td><td colspan="3">——</td><td colspan="2">容积率</td><td colspan="2">1.24(1.53调整容积率)</td></tr>
<tr><td colspan="3">地下总建筑面积（㎡）</td><td colspan="3">——</td><td colspan="2">建筑密度（覆盖率）(%)</td><td colspan="2">31.70</td></tr>
<tr><td colspan="3">建筑基底面积（㎡）</td><td colspan="3">19880.86</td><td colspan="2">绿化率（%）</td><td colspan="2">46.74</td></tr>
<tr><td colspan="3">道路广场用地面积(㎡)</td><td colspan="3">13522.81</td><td colspan="2">停车位</td><td colspan="2">417</td></tr>
<tr><td colspan="10"></td></tr>
<tr><td colspan="10">本期设计建筑子项主要特征</td></tr>
<tr><td colspan="3">子项名称</td><td colspan="3">深圳湾大酒店（改建）</td><td colspan="2"></td><td colspan="2"></td></tr>
<tr><td colspan="3">建筑性质</td><td colspan="3">旅馆</td><td colspan="2">建筑规模</td><td colspan="2">108867</td></tr>
<tr><td colspan="3">层数(地上/地下)</td><td colspan="3">6/1~2</td><td colspan="2">总高度（主体女儿墙高度）</td><td colspan="2">36.7m(从-5.00算起)</td></tr>
<tr><td colspan="3">设计使用年限</td><td colspan="3">100年</td><td colspan="2">结构类型</td><td colspan="2">框架</td></tr>
<tr><td colspan="3">建筑类别</td><td colspan="3">一类</td><td colspan="2">抗震设防烈度</td><td colspan="2">七度</td></tr>
<tr><td colspan="3">建筑耐火等级</td><td colspan="3">一级</td><td colspan="2">人防工程等级</td><td colspan="2">六级</td></tr>
<tr><td colspan="10"></td></tr>
<tr><td colspan="10">本期设计建筑子项建筑面积及分配</td></tr>
<tr><td rowspan="11">本期子项总建筑面积（㎡）</td><td rowspan="11">108867</td><td rowspan="6">计容积率建筑面积及分配（㎡）</td><td rowspan="6">86159.85</td><td rowspan="6">其中</td><td>规定建筑面积(㎡)</td><td rowspan="4">其中</td><td>1.客房面积</td><td>40451.06</td><td>夹2 2~6层</td></tr>
<tr><td rowspan="3">78000</td><td>2.酒店公共空间面积</td><td>36692.59</td><td>半地下层 1层 2~6层</td></tr>
<tr><td>3.[illegible]吧面积</td><td>856.35</td><td>2层</td></tr>
<tr><td></td><td></td><td></td></tr>
<tr><td>核增建筑面积(㎡)</td><td colspan="2">4059.85</td><td rowspan="2">建筑功能</td><td>架空</td></tr>
<tr><td>8159.85</td><td colspan="2">4100</td><td>车库（首层）</td></tr>
<tr><td rowspan="5">不计容积率建筑面积及分配（㎡）</td><td rowspan="5">22707.15</td><td rowspan="5">其中</td><td>车库(㎡)</td><td colspan="3">10552.3</td><td>半地下层</td></tr>
<tr><td>地下人防面积(㎡)</td><td colspan="3">2404.85</td><td>地下1层</td></tr>
<tr><td>设备用房（㎡）</td><td colspan="3">9750</td><td>半地下层</td></tr>
<tr><td></td><td colspan="3"></td><td></td></tr>
<tr><td></td><td colspan="3"></td><td></td></tr>
</table>

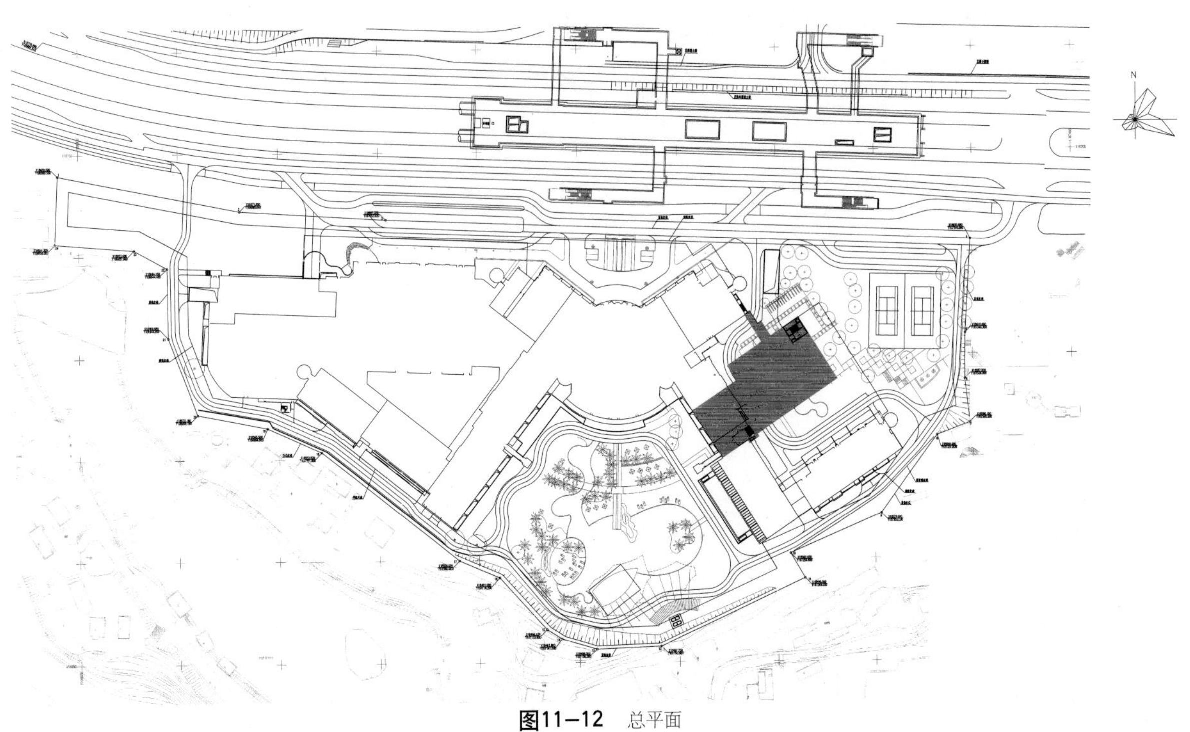


图11—12 总平面

图11—13　半地下室平面

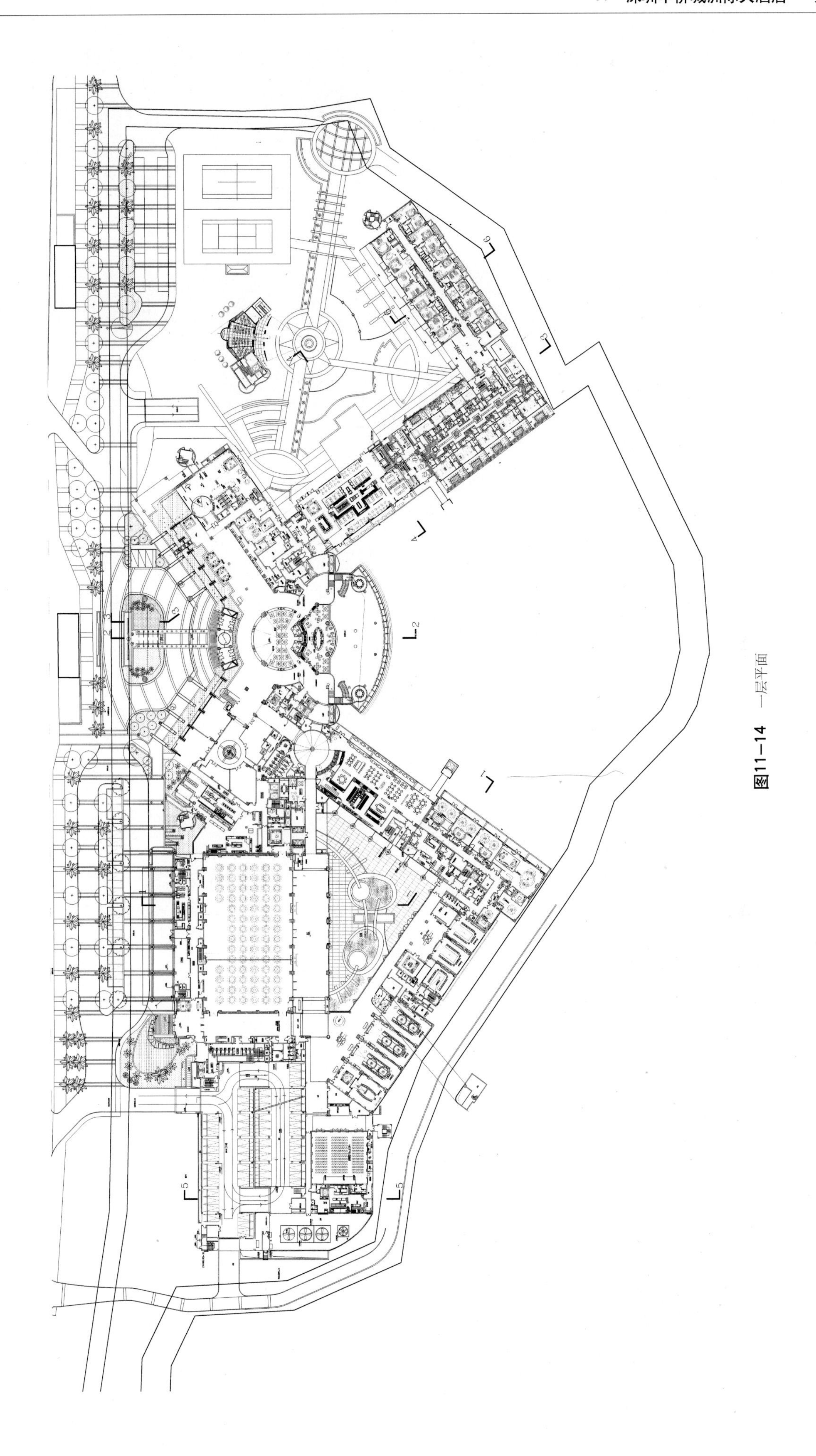

图11-14 一层平面

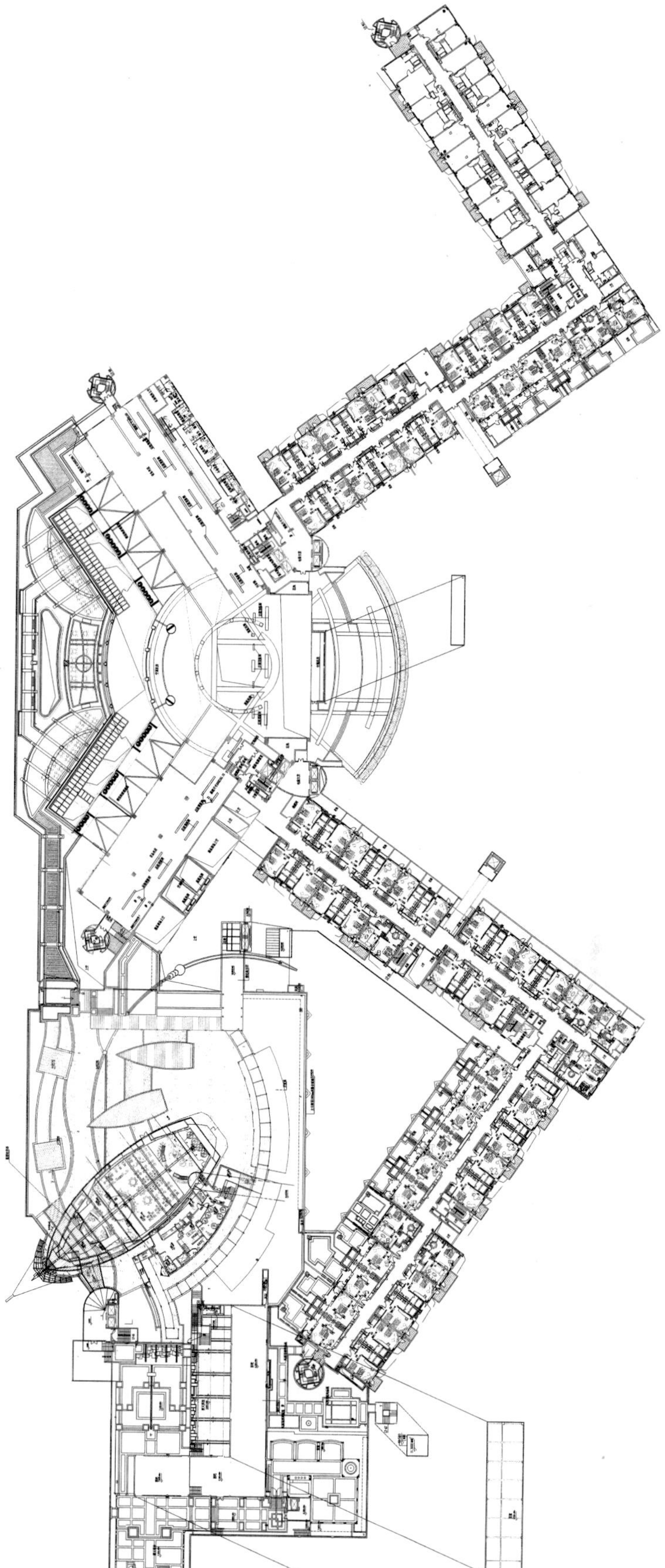

图11-15　夹二层平面

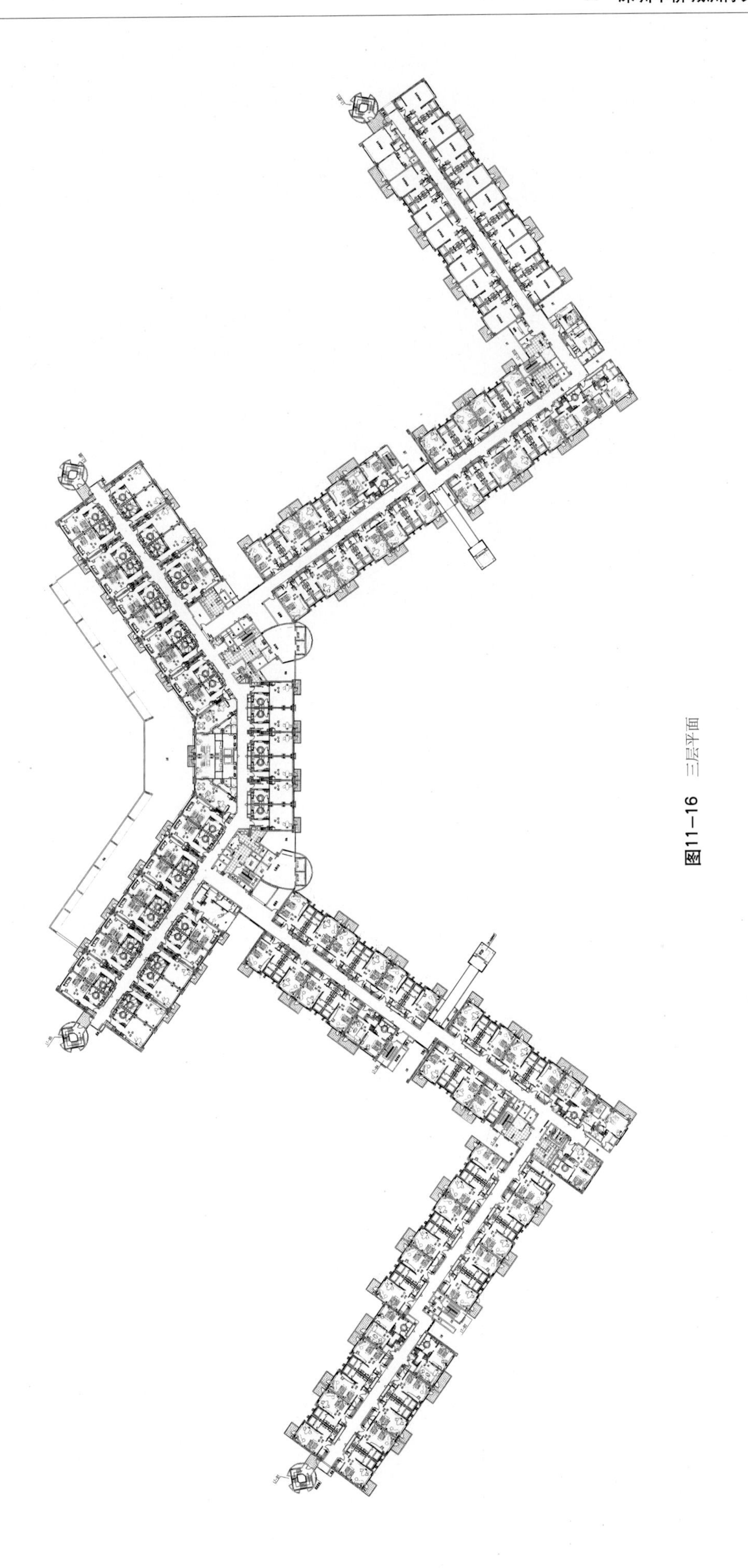

图11-16 三层平面

# 12　上海创展国际商贸中心设计方案

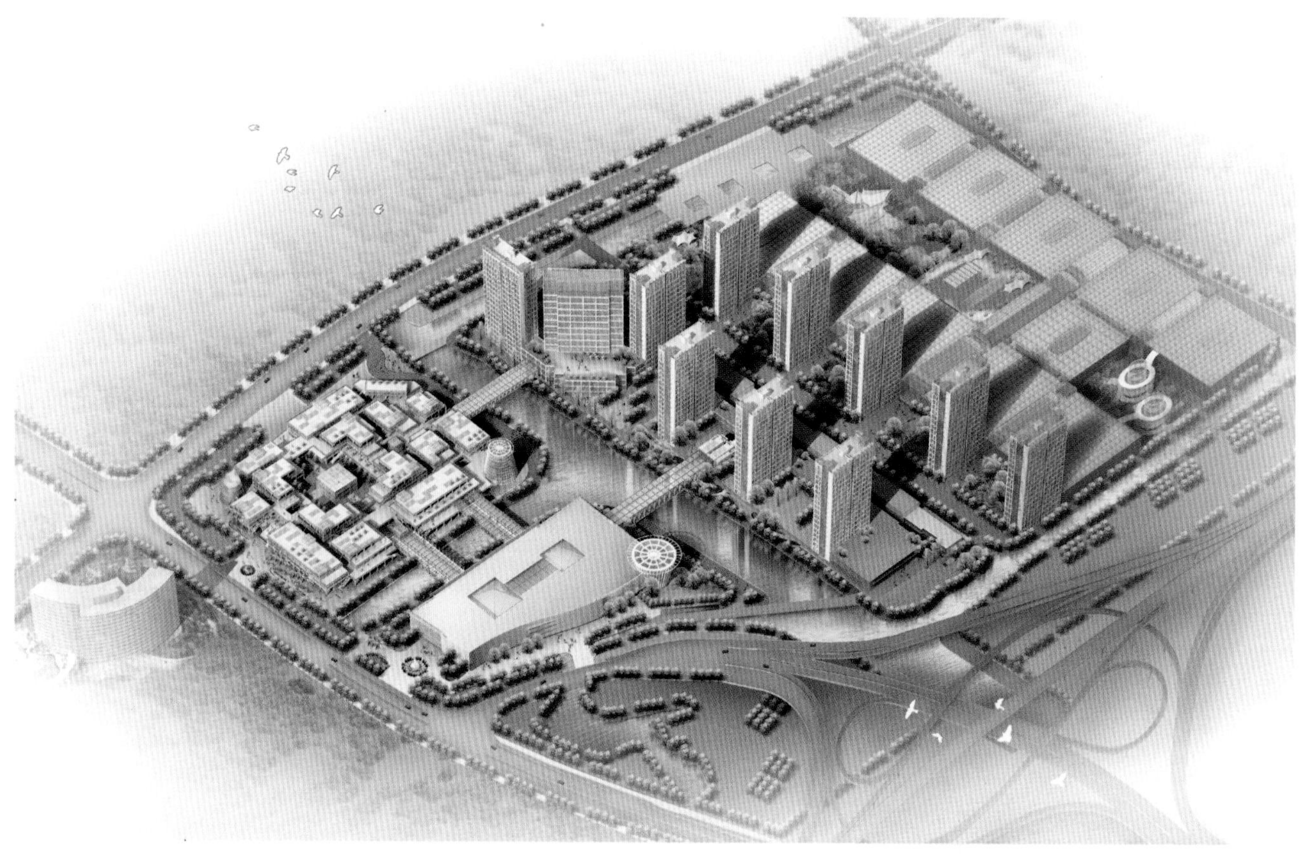

**图12–1**　总体鸟瞰

上海创展国际商贸中心是一个超大型商业综合地产项目，位于青浦区赵巷，南临A9高速公路，北临沪青平公路。基地内有通波塘等多条自然水系穿过，场地地势大体平坦。总占地418910m²，净用地约310338.8m²。

国际商贸中心被通波塘自然水系分为东西两区：西区为综合区，有商务酒店、酒店公寓、SOHO办公、休闲娱乐中心和Shopping mall等，东区为商贸区，以大型会展商贸为主辅以SOHO办公。

国际商贸中心以星级商务型酒店为主体，两侧公寓式酒店配楼以共享酒店的配套设施。酒店拥有480间客房，每标准层设有24间客房，布局合理，功能明确、使用方便（图12-1～图12-7）。

零售商业业态，力求提升二、三、四层商业价值，达到“每层都是首层”的效果。Shopping mall以规模大、功能齐为原则，包括购物、娱乐、休闲、餐饮为一体的商业中心。SOHO办公空间格局方正实用，独立紧凑。

零售商业建筑采用简约欧式风格：红色屋顶、黄色墙面、白色墙柱，注重建筑细部处理，而商务酒店与SOHO办公采用简洁明快的现代风格，强调建筑本身的结构肌理，去除立面的装饰性元素，节约造价，体现建筑的本质。充分利用优越的地理位置和交通，结合郊区商业的特点，将打造成为上海超大规模和富有特色的购物、娱乐、餐饮、休闲、住宿、办公、会展于一体的超级商业中心区。

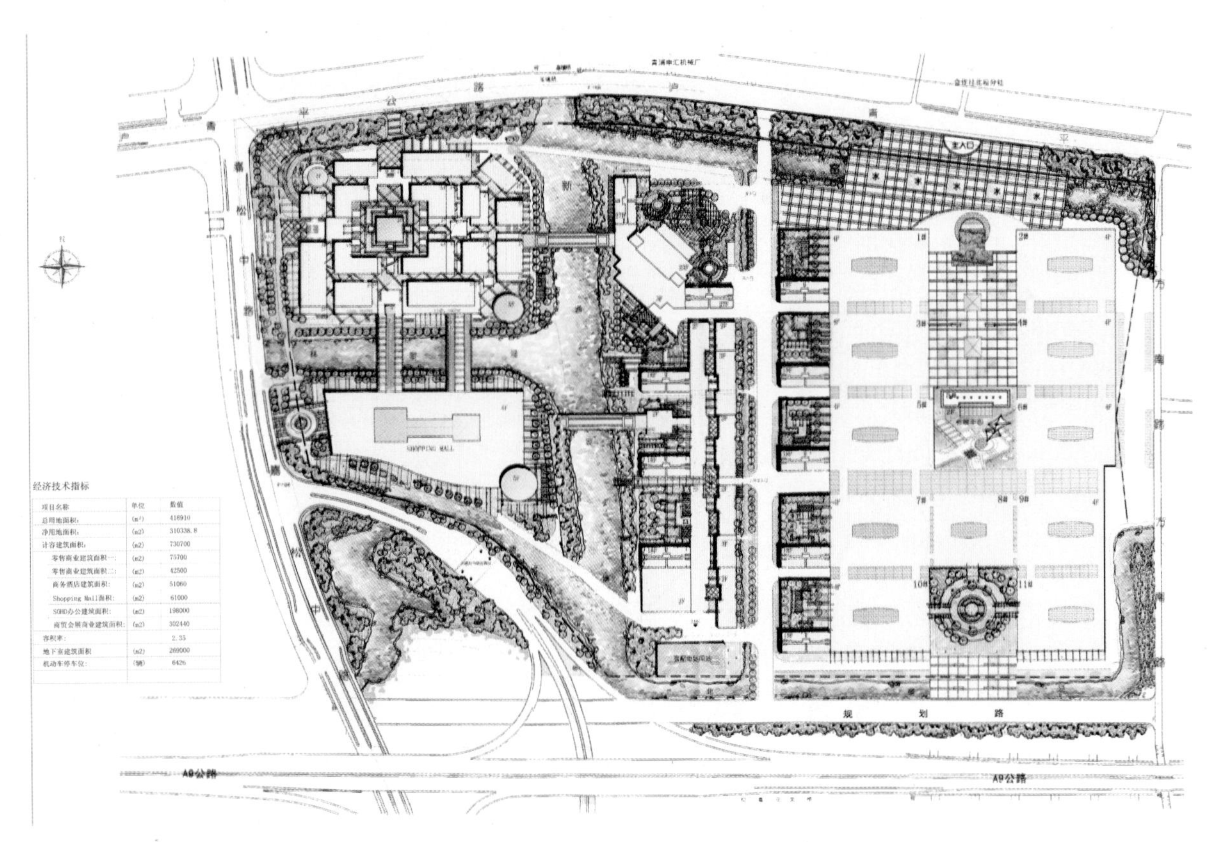


| 项目名称 | 单位 | 数值 |
|---|---|---|
| 总用地面积： | (m²) | 418910 |
| 净用地面积： | (m2) | 310338.8 |
| 计容建筑面积： | (m2) | 730700 |
| 零售商业建筑面积一： | (m2) | 75700 |
| 零售商业建筑面积二： | (m2) | 42500 |
| 商务酒店建筑面积： | (m2) | 51060 |
| Shopping Mall面积： | (m2) | 61000 |
| SOHO办公建筑面积： | (m2) | 198000 |
| 商贸会展商业建筑面积： | (m2) | 302440 |
| 容积率： | | 2.35 |
| 地下室建筑面积 | (m2) | 269000 |
| 机动车停车位： | (辆) | 6426 |

**图12—2** 国际商贸中心总体布置

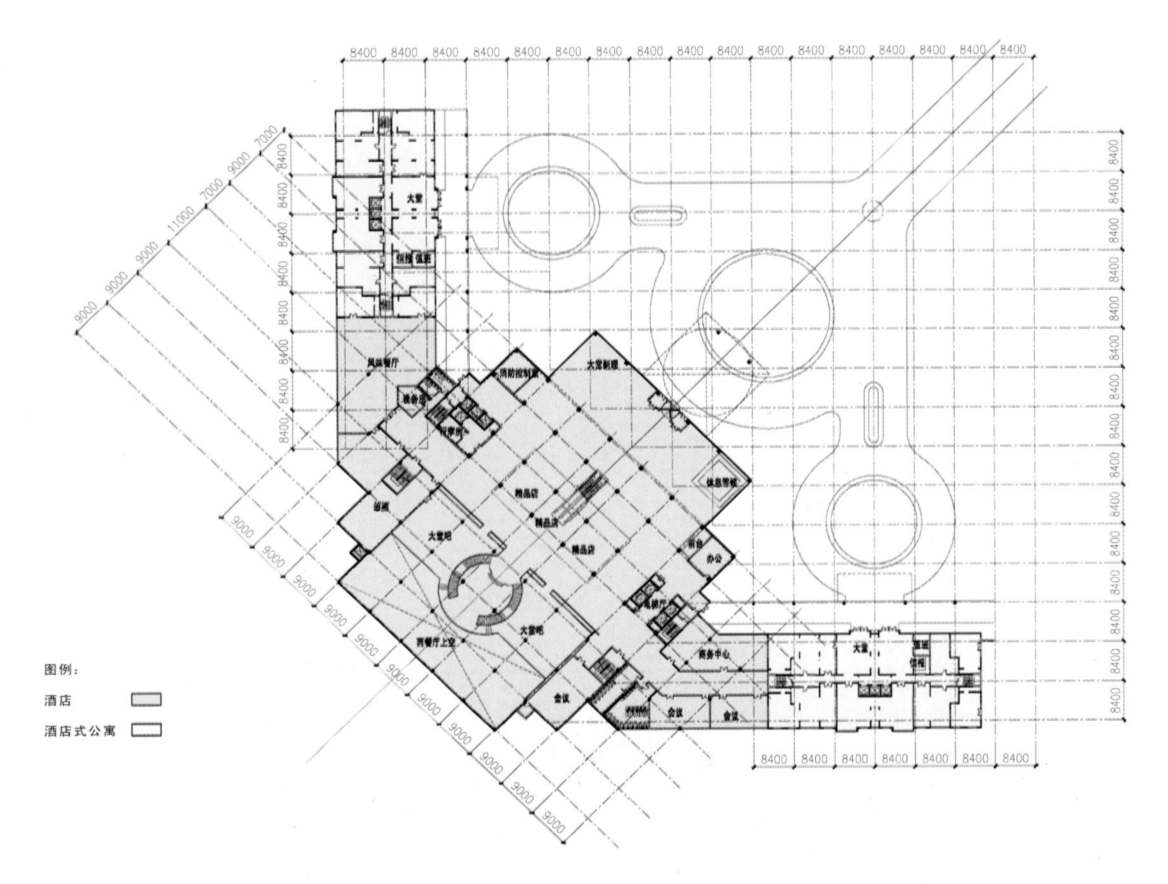


**图12—3** 酒店一层平面

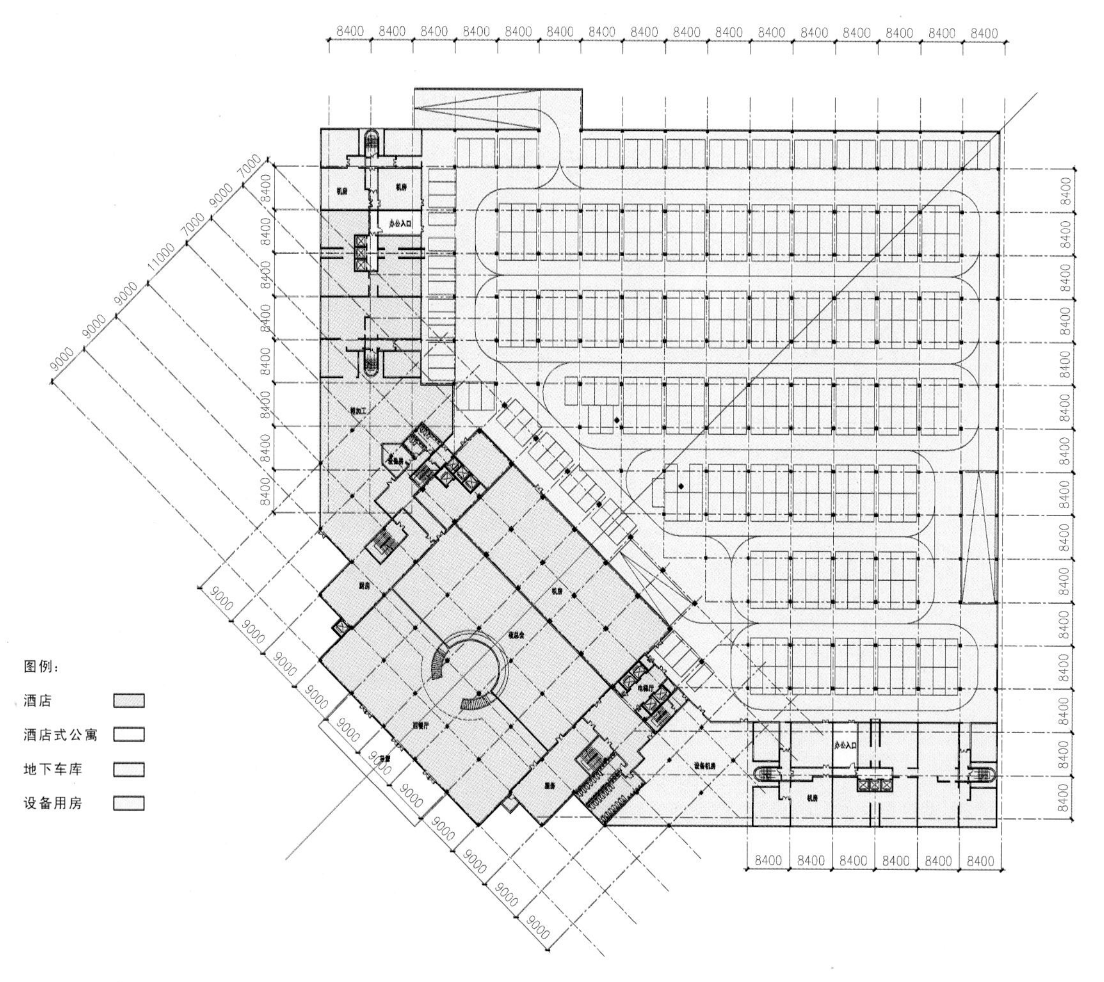


图12-4　酒店地下一层平面

图12-5　酒店主体立面

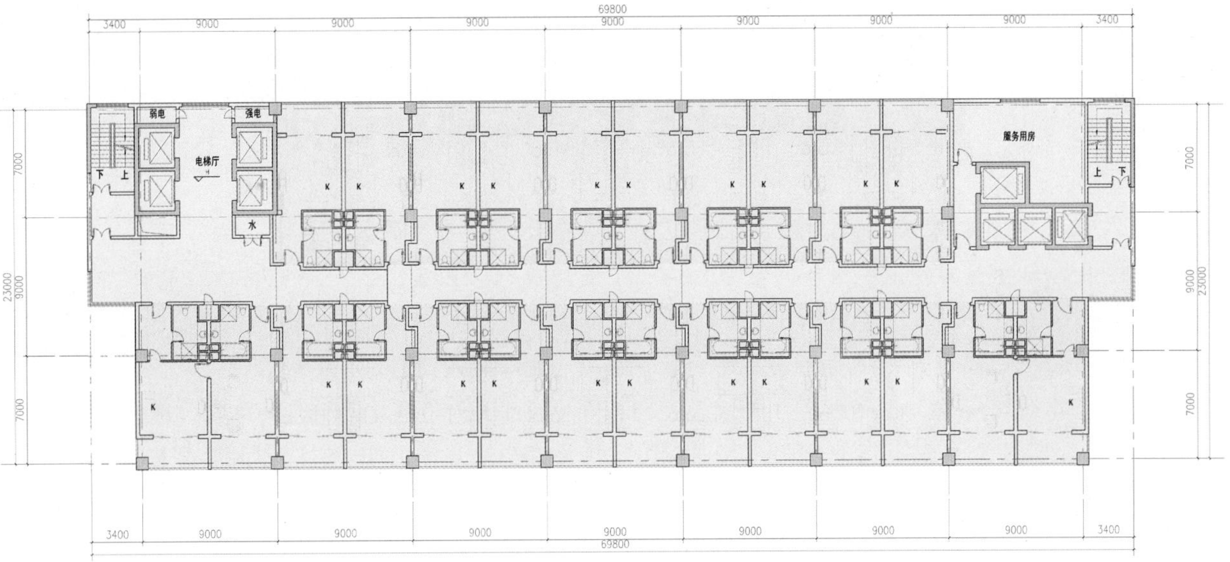

**图12–6**　酒店客房层平面

**图12–7**　上海创展国际商贸中心夜景

# 13　泉州海洋城总体规划设计

泉州海洋城地处泉州市青山湾，用地面积达122hm²，在临海的5km长的基地中央有连接泉州与厦门的60m宽快速干道穿过。干道南侧53.24hm²为南区，利用银白色沙滩和开阔壮观的海景，建设休闲度假胜地；干道北侧68.76hm²为北区，布置温泉SPA等配套设施，同时充分利用山坡地形，打造一个高档海景居住区。

## 1、规划原则

·尽量保持原自然生态的地形地貌，充分结合自然条件，真实反映海洋、阳光、山石、丛林的自然风貌。

·充分发掘海洋旅游资源，寻求文化特质，赋予景区海洋特征与气息，突出"海洋城"风格。

·探求"海上丝绸之路"的历史渊源，使景区具备丰富的文化包容性与文化内涵。

规划总建筑面积79.3万m²，其中：酒店17.21万m²，南区商业8.64万m²，北区商业9.78万m²，居住建筑43.67万m²（图13-1、图13-2）。

## 2、规划构思

以郑和下西洋海上丝绸之路为主线，规划不同风格及功能的活动区域，结合海洋特色，努力将不同功能的景区集合成一个完整的综合体，真正使之成为休闲观光、游览娱乐及文化体验的"海洋城"。

**海洋城入口区**作为度假区的入口，是设计的重点。由独特的具有海洋生活特色的路灯、雕塑小品密集有序的排列及瀑布、喷泉等设计，形成具有海洋特色的入口，结合广场和海洋景观，使之成为景区入口的"大门"与标志（图13-3、图13-4）。

入口广场有一条两边种植棕榈树的步行道，结合了一些巨大的海洋生物的雕塑表现以海洋和水作

**图13–1**　泉州海洋城鸟瞰图

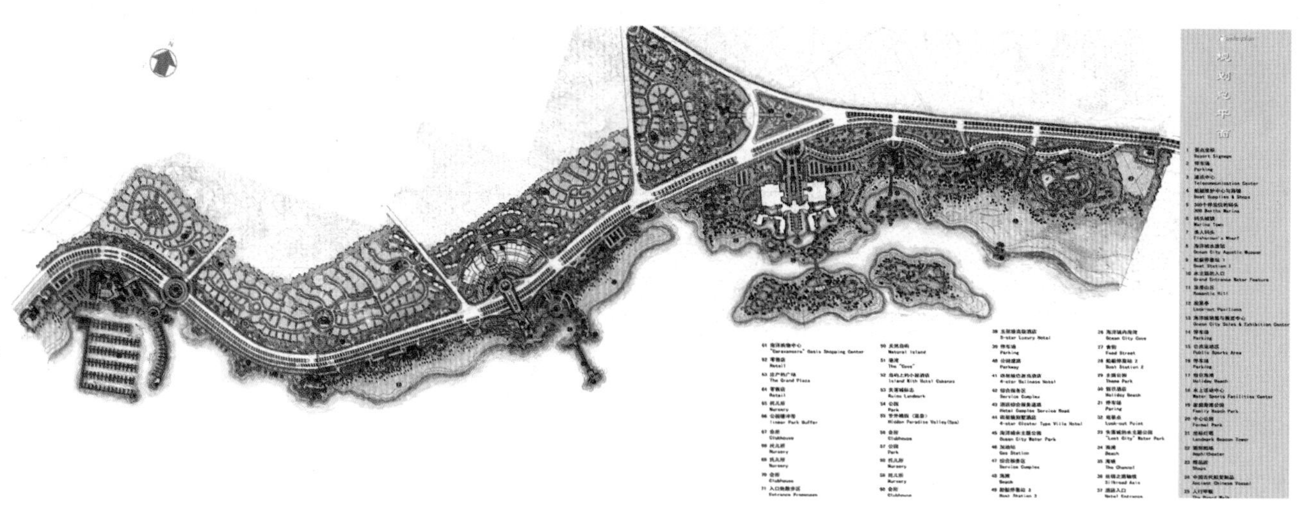

**图13–2**　泉州海洋城总体规划图

**图13–3** 泉州海洋城入口区

**图13–4** 泉州海洋城入口广场

为主题的入口广场，结合虚构与真实的海洋生物带给人一种鲜明的海洋主题。

城市道路标高为4.50m，建筑入口处标高为5.00m，以达到防潮汐要求。为了保护海滩生态环境，建筑依地形而筑，在标高3m以上范围采用石块围堆，减少海面漂浮垃圾沉淀，3m以下选择支柱方式吊角楼形式，游人可拾级而下，通过栈道到达游艇码头。

**A区游艇码头**，古代泉州是世界上最大的贸易港口之一，仅次于古埃及亚力山大港。海洋城的设计概念就是找回泉州古代贸易大港的繁华，将游艇码头设计为“港”，旨在提示海上丝绸之路从这里起航，回溯泉州大港的历史。

区内设有游艇的保养与维修等功能，还有餐饮、酒吧、零售、精品店等，并有小型广场供人群的集会。这里建有一个海族馆作为海洋生物的展览，其设计风格融合了泉州本地的建筑风格和现代的建筑风格，并加入海洋设计元素，表现整个海洋城的设计理念（图13-5）。

**B区假日海滩**，分成充满动感的活动场所和幽静的休闲场所两个区域。活动场所包括各种各样的运动项目，包括篮球、沙滩排球、脚踏车等。

此外，也还设计一些的水上活动设施，如冲浪、

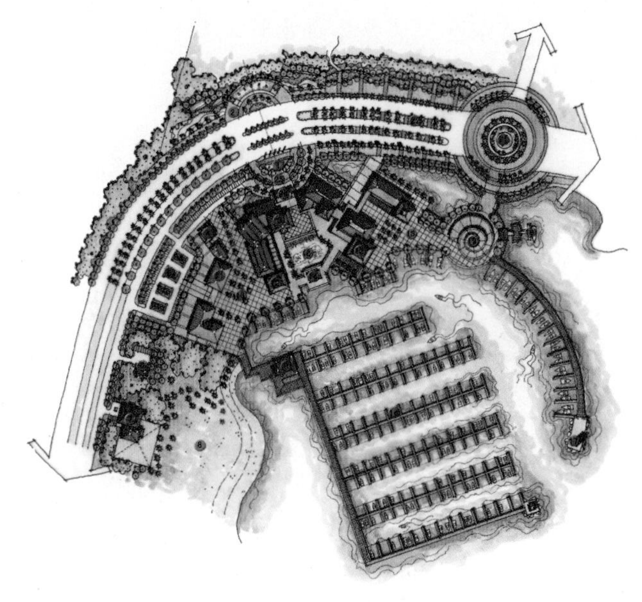

**图13–5** A区总体规划图

水上单车等。而休闲区提供了一个天然的假日海滩，给一些家庭、情侣和小孩子漫步游玩，也是一个户外野餐和沙滩烧烤的场所。

B区最主要的特点是保留天然的岩石悬崖，展现了大自然中更真实更美的一面，并结合设计观景亭和具有东南亚风格的观景台。还有一座海洋城的销售和展览中心也会坐落在此，供项目营销使用（图13-6、图13-7）。

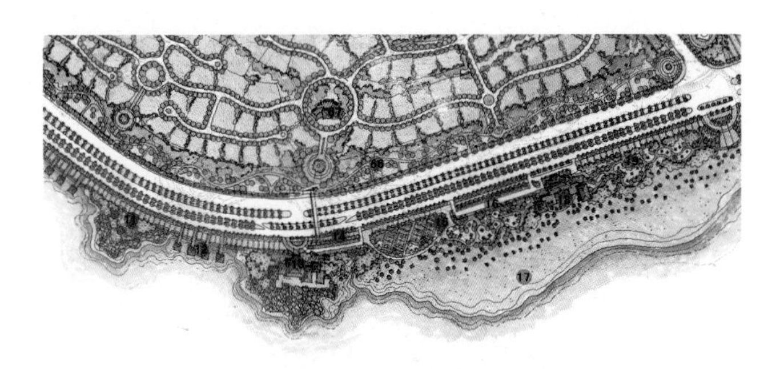

**图13–6** B区总体规划图

**图13–7** 海洋城观景台

**C 区游乐区**，地处整个海洋城项目的中央，设计中保持海滩原生态环境，突出的孤石山丘成为青山湾的标志。

中央区是一座阿拉伯风格的风情商业街，它的设计概念来自古阿拉伯的集合市场。它就像一个在沙漠中的绿洲，同时拥有海洋和水的元素在内。购物中心前是一个公共广场，通过一座天桥连接马路对面的坐标公园。在城市道路上空构筑宽敞景观天桥，以沟通南北，成为中央区的亮丽的风景线，也是海洋城地标式的景点。

坐标公园由很多不同主题的公园组成，包括日本公园、中国公园、艺术公园和雕塑公园等主题公园。其中灯塔作为公园里最重要的一部分坐落在公园的中心地带，面对着海洋，同时也是整个海洋城里的一个坐标象征。

除外，周边还有一个供集会用的圆形剧场和一些小型商店建筑，并连接一条食街和酒吧街，它拥有多座餐馆。游客还可在船上就餐，形成了一个浓厚的港湾气氛。此外，游客可通过一条人行甲板步行到海边，而在甲板的最端处设置了一只以真实比例仿造的中国古船（图 13-8 ~图 13-10）。

为了满足孩子们的需要，C 区内还设计一个名为“海盗和美人鱼”的游乐场，这一乐园不只提供了一个家庭娱乐的场所，还为整个海洋城景点的建设增加了奇想和欢乐。

**D 区酒店区**，海洋城海丝宫殿是一个五星级酒店。而酒店周围的总平面规划设计很好地与酒店建筑的设计有机融合在一起。在酒店前沿规划了一片开放空间景观。作为酒店的前景，规划了一条公园道路作为酒店出入用，与外面繁忙的城市道路相分离。

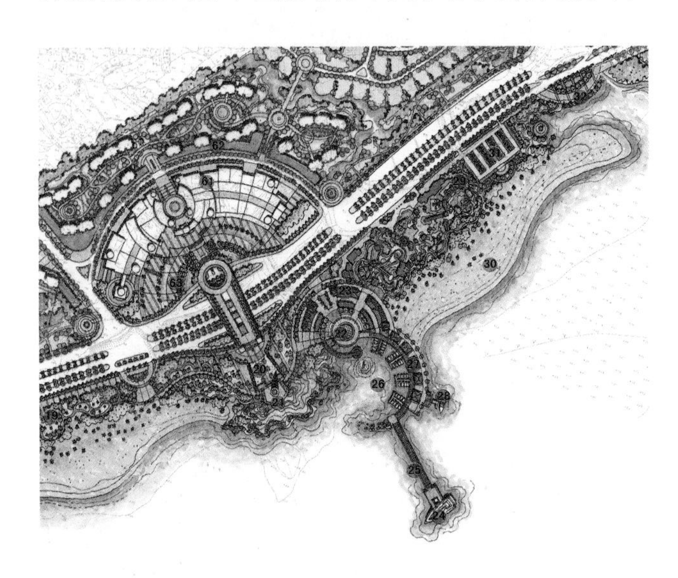

图13–8 C区总体规划图

图13–9 C区坐标公园

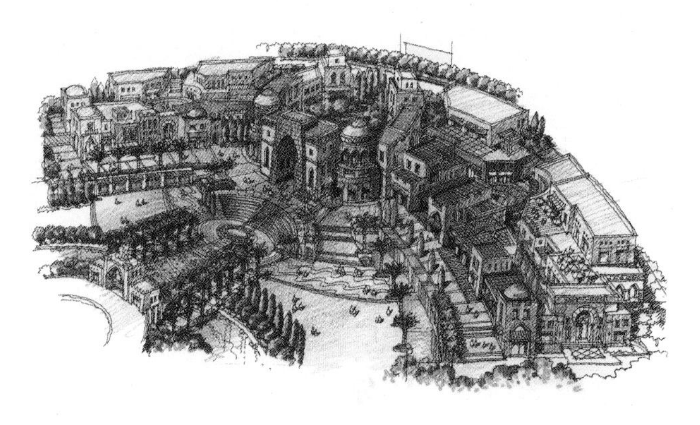

图13–10 C区商业区

另外有一座名为“天堂岛”的岛屿，不但给旅客提供了娱乐，还能防潮汐和抵挡飓风；同时为酒店提供了一个受保护的礁湖，使得很多的水上活动能在这里进行。

海洋城宫殿之西还将建造两座酒店，一个是巴厘岛风格的酒店，它将架空在海面上；另外一座是以群落式东南亚风格的私密性很强的别墅酒店。这些的设计概念来自内陆丝绸之路转变到海洋丝绸之路的变化过程，所以在风格上会融入了很多丝绸之路的文化背景和海洋的主题。

同时在总平面规划中，为了提高酒店的私密性，设计了一个作为护城河似的水系统，以及一条为这些酒店内部服务通道。在这个区域的最后端，有一个作为整个旅游区的服务综合区（图 13-11~ 图 13 — 13）。

**E 区温泉区**，处于城市道路北侧，是一个温泉和矿泉疗养服务的健康疗养中心。

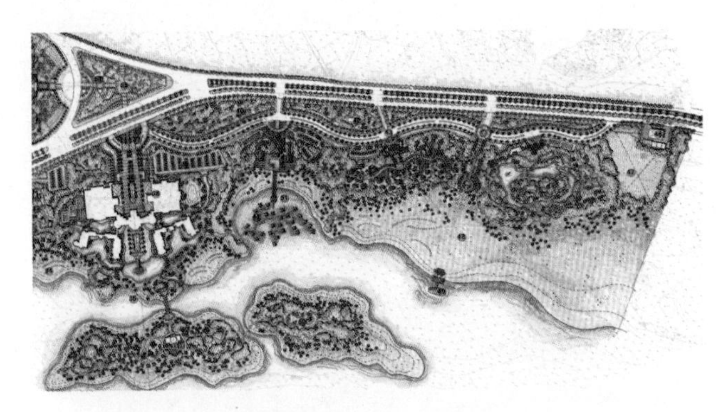

图13–11 D区总体规划图

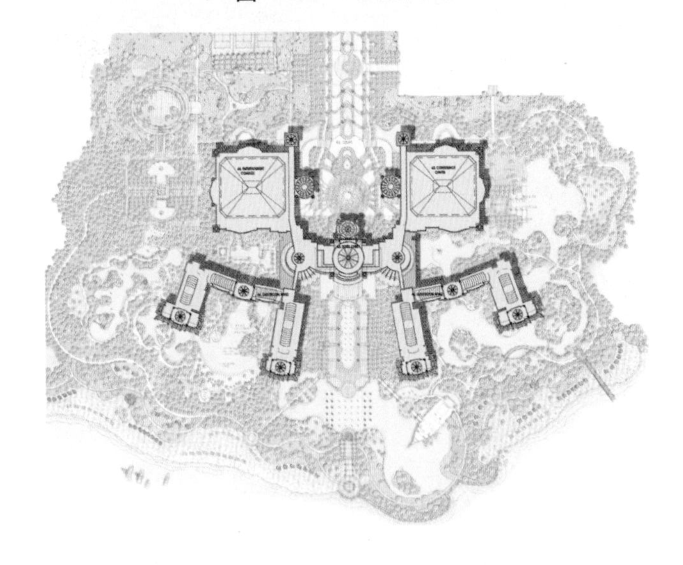

图13–12 主酒店总平面

图13–13 酒店入口

图13–14 E区温泉区总体规划

图13–15 温泉区景观设计1

图13–16 温泉区景观设计2

设计的概念是以“失落城”的废墟风格和古文化的意念去创造一个天然休闲的宁静气氛。这座拥有现代功能的会所拥有包括健身、温泉、桑拿、香料按摩和儿童游泳等设施。（图 13-14 ~图 13-17）

**F 区居住开发区**，该区地块东西狭长，规划中尽量保持原有地形与高低走势，保留孤石和山体，结合景观轴线、绿化节点及小区会所，真正成为一个居住舒适、空间合理、功能完善、交通畅通的高尚居住区。

泉州海洋城由华森建筑与工程设计顾问有限公司规划设计，试图创造一个世界级的旅游场所，设计过程中仔细分析研究了当地的地形、天气条件、文化背景、政府的法规和指引，还研究了生态的发展和环境的保护，并落实到几个主要的功能区域中。此外，还设计构思了一些主题空间，如阿拉伯和伊斯兰式的商业中心、海洋主题的娱乐公园、地标式的中心公园、东南亚主题的假日沙滩和“失落城”样式的健康中心等设施，为旅客提供了一个假日旅游终点站。所有构思都是统一到总设计概念中的泉州历史主题——丝绸之路，结合这些的设计构思，使方案设计得更加完整。(图13-18)

**图13—17**　温泉区景观设计3

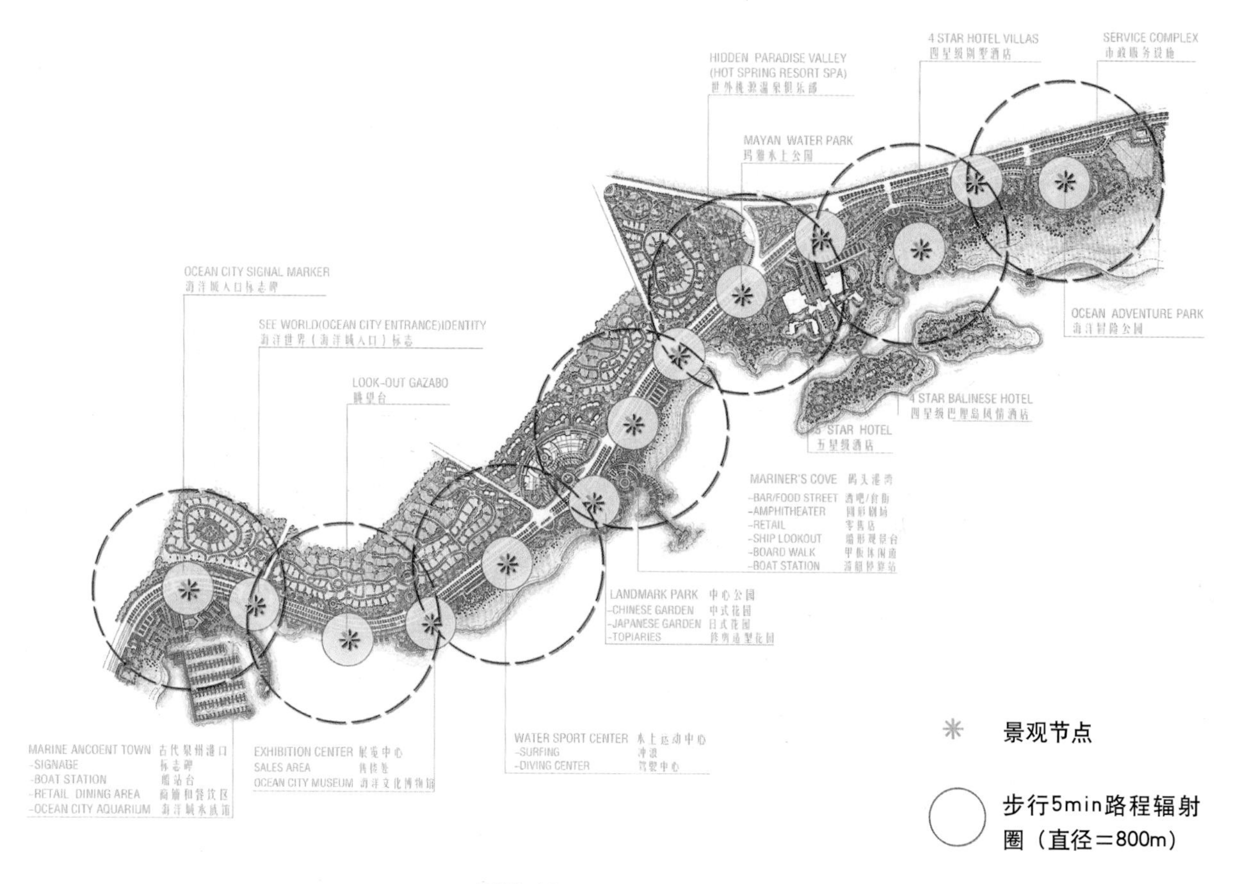


**图13—18**　总体规划方案构思图

# 14 泉州海丝皇冠假日大酒店

**图14—1** 酒店鸟瞰

这个国际五星级酒店是泉州海洋城的旗帜性建筑，占地35268m²，总建筑面积108410m²，拥有500间客房以及会议中心，娱乐世界，SPA，户外泳池和花园。所有客房都有海景。从远处就可以看到酒店巨大的龙塔，龙塔坐落在入口大堂的上方，天花板上描绘着一幅先人们航海行程的地图，讲述着丝绸之路从陆地延伸到海上并使泉州兴旺的古老故事。

到达大堂后，客人可以纵览茂盛花园和水池后面的壮观海景。宽大的楼梯引领到下面的餐厅，户外的平台直接与景观相连。

酒店为对称布局，500间客房（实际432套客房）形成两个客房翼，可经过有花园景观的走廊到达。在客房翼的尽头是有最佳海景的套间。

位于酒店的西北是娱乐世界，由一些特色零售店组成的商业街道把这个区域和主酒店连接起来。娱乐世界设计有棋牌室、舞厅、KTV包房以及三层的SPA设施，底层的一个室内泳池与位于客房翼桥下的室外泳池相连。其他底层部位以及入口广场地下层为可停放347辆地下停车库。

位于酒店的东北是一个国际标准的会议中心。大宴会厅和相应的会议室带有与花园连接的宴会前厅，它可以用来作为有海景的休息空间。一个滨海区域可以作为会议设施外的非正式的用餐区，或户外会议和活动区域。而会议中心底部半地下层和主楼底层为酒店的后勤、机房以及员工用房。

酒店建筑的壮丽形象是由19座塔组成，中央巨大的龙塔是宫殿的心脏，并由4座小塔所簇拥。其他塔分别放置在客房翼、娱乐世界和会议中心上。塔身金碧辉煌，是用天然石材、彩金马富克和金属饰面，并以金箔装饰，并且外部的墙面由雕塑和镶板装饰，其建筑风格沿袭当地浓厚的多元文化，并与海洋元素融合，新颖又独特，同时让人似曾相识。塔楼、穹顶、雕塑、图刻和拱门折射出中国、伊斯兰、泰国和印度建筑的精妙细节，这些缘于750年前的海上丝绸之路的故事和传说，显示泉州悠久的文化历史和遗存（图14-1～图14-3）。

酒店由华森建筑与工程设计顾问有限公司与美国WATG合作设计，与新加坡WILSON设计公司配合室内设计。酒店建筑平面布置图详见图14-4～图14-7。

图14-2　酒店正立面

图14-3　酒店大门立面图

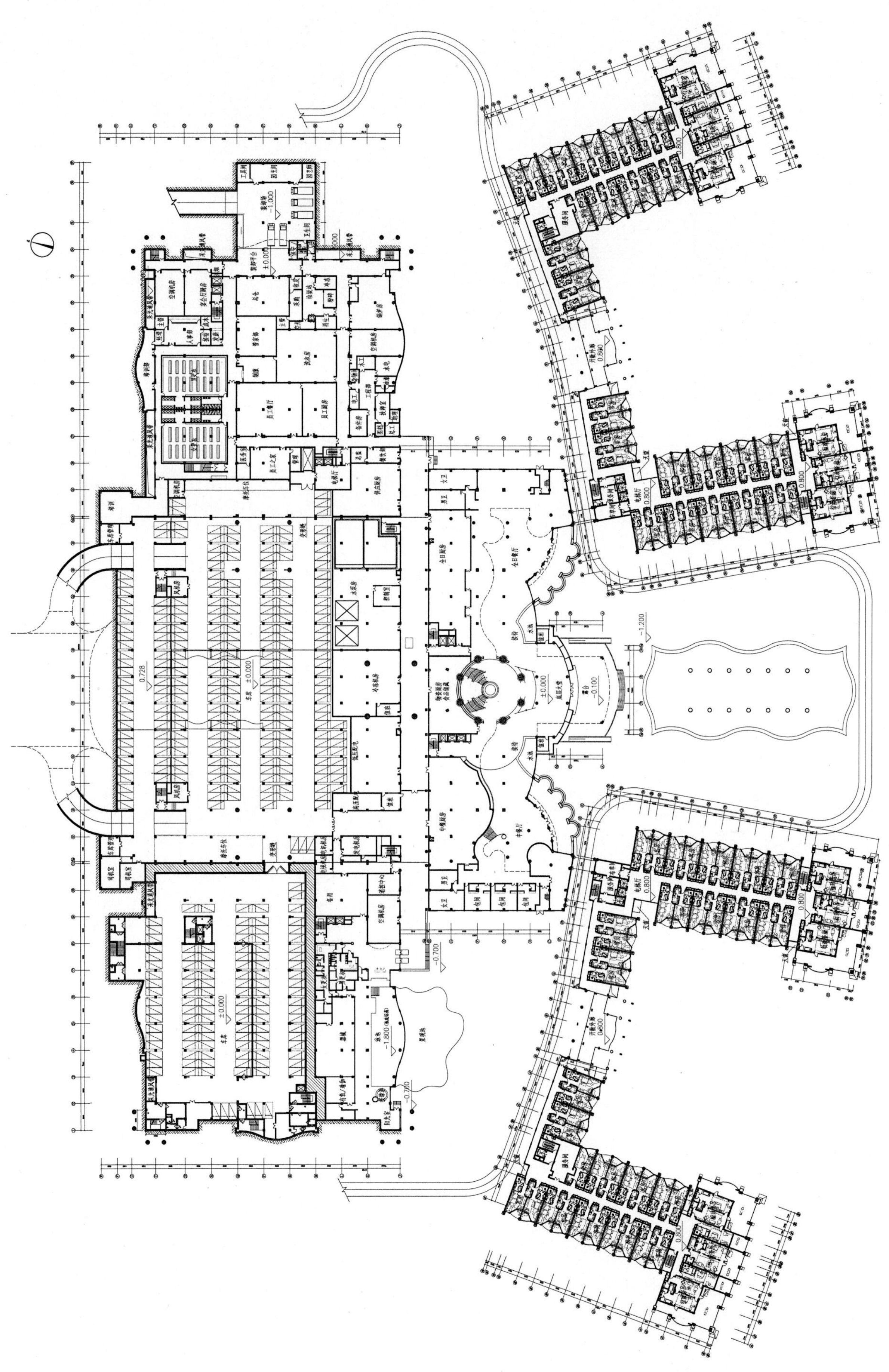

图14—4 一层平面

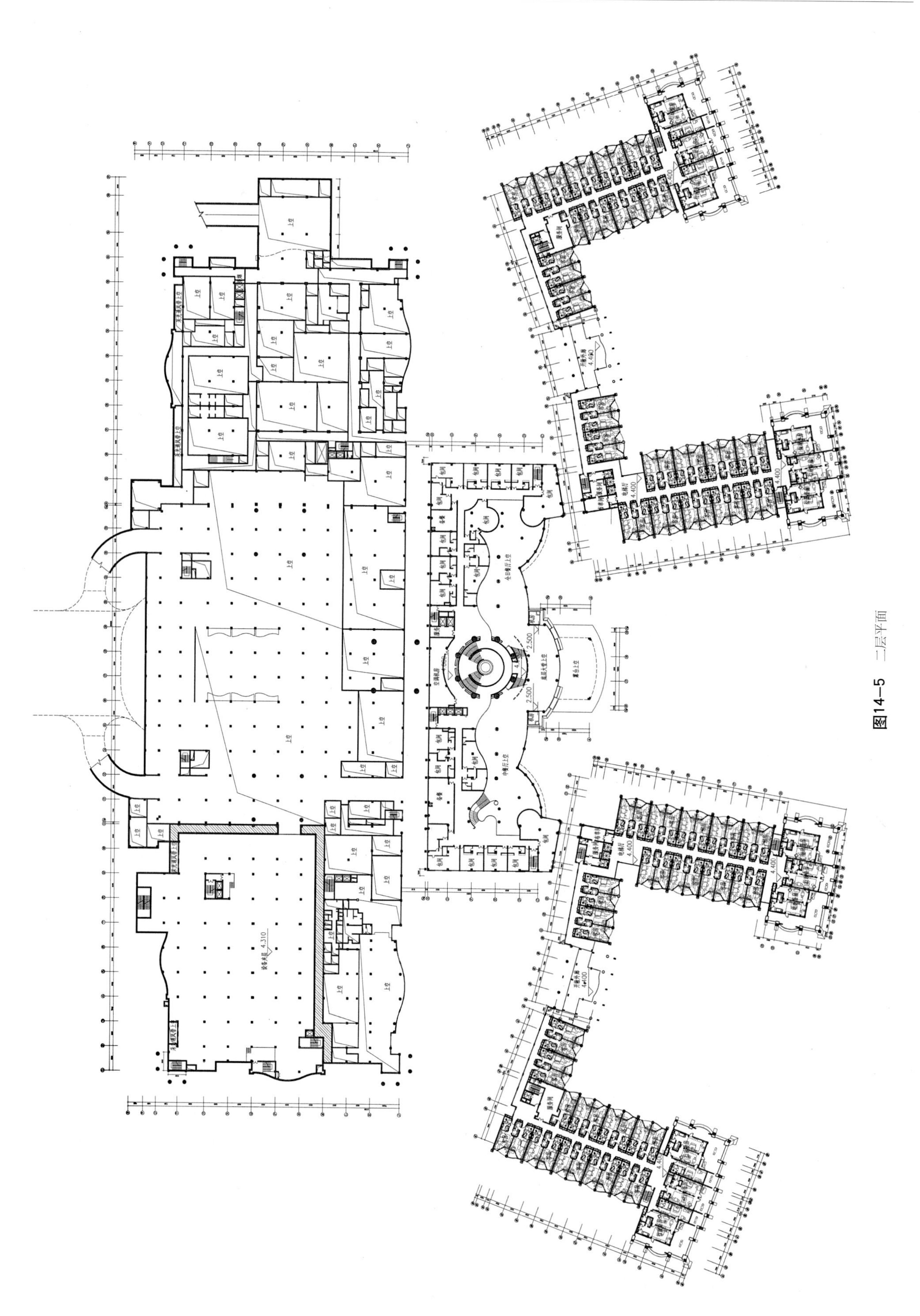

图14-5 二层平面

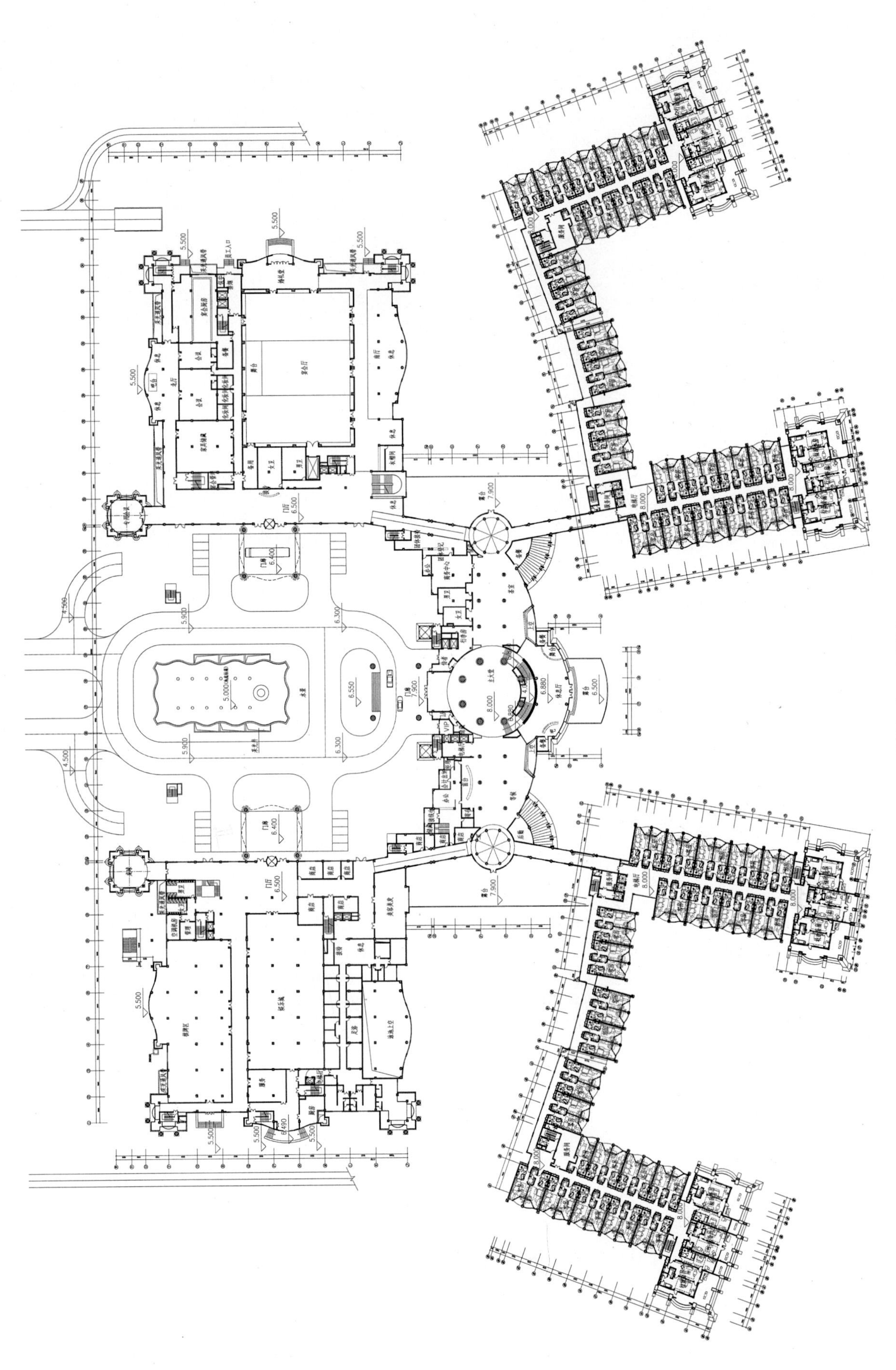

图14-6 三层平面

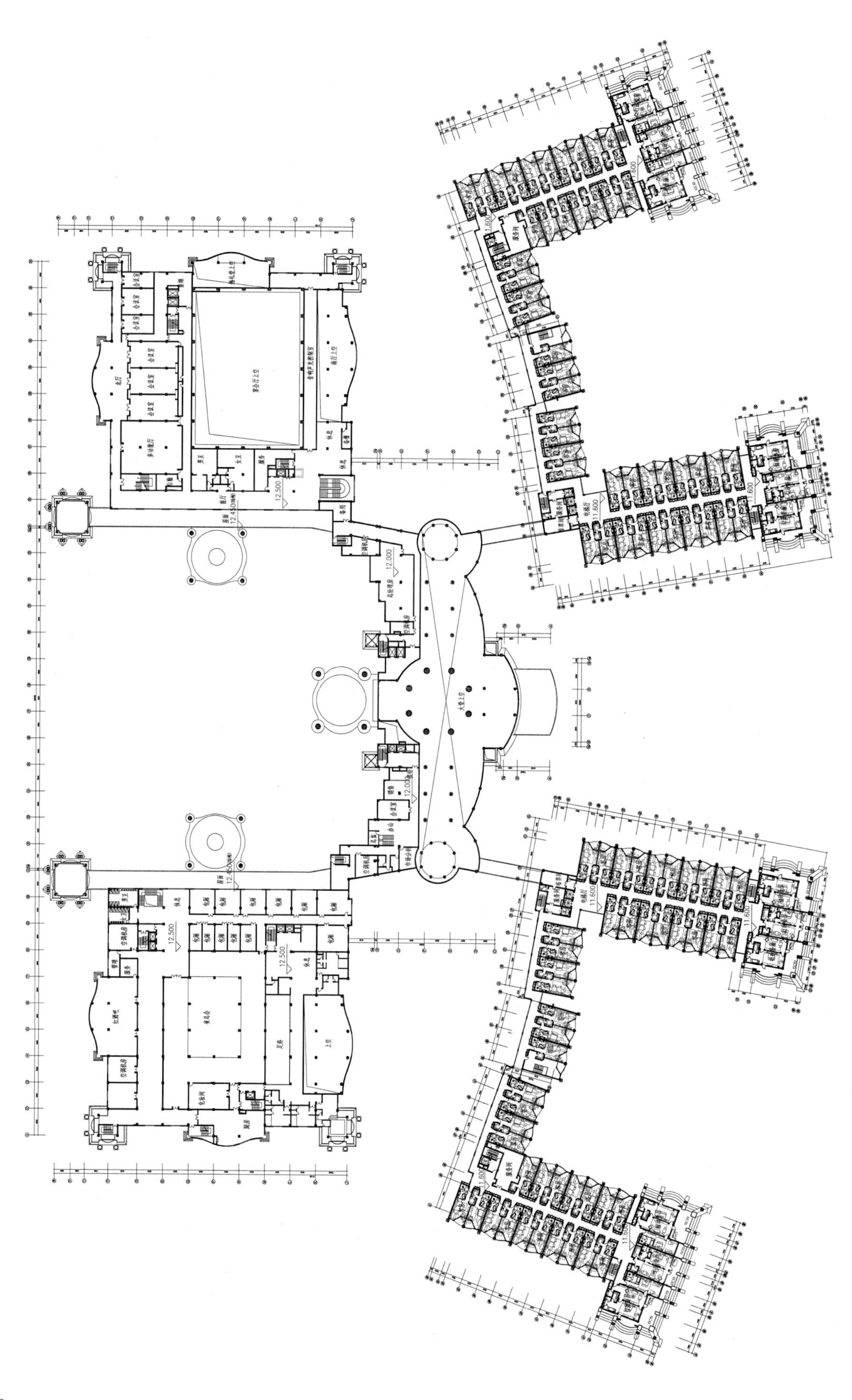

图14-7　四层平面

# 15 三亚美丽之冠文化会展中心方案

图15—1 总体鸟瞰

海南三亚市的美丽之冠曾在2003~2007年举办过国际级选美赛事，成为三亚的一个热点。文化会展中心就是以美丽之冠比赛场馆为基础，拟打造成世界级选美选秀基地与时尚会展、文化娱乐的建筑综合体。

基地东隔凤凰路是虎豹岭，南临新风街，西为临春河，北面绿地名花公园作为配套的集中绿地。项目占地面积237333m$^2$，其中建筑用地153964m$^2$，集中绿地83937m$^2$。

美丽之冠酒店是会展中心的主体建筑，按五星级酒店的品质要求，将超五星级酒店3万m$^2$与12万m$^2$的公寓式酒店（以20m$^2$/间左右的建筑面积为主）组合成一个整体，并且交通组织明确分开，是该设计的特点。该酒店的特色是最大限度地利用秀丽的环境资源，精心雕琢建筑形象，让建筑与自然景观相互渗透，酒店融入山水，成为三亚市一个新的标志性建筑。

设计中充分利用美丽的名花公园作为后花园，其间，只设置游泳池、网球场等休闲娱乐配套设施，不仅为宾客提供一个休闲场所。设计还将原美丽之冠比赛厅纳入项目配套之中，避免了无谓的拆建。

规划充分利用水体，营造并满足游艇会的要求。同时利用地形建有低密度酒店公寓和游艇别墅，以山体公园为依托，融于自然环境中。

整体规划根据文化会展核心产品的要求，充分满足项目多功能需求（图15-1 ~图15-6）。

图15—2 三亚美丽之冠酒店

图15-3　三亚美丽之冠酒店前广场

图15-5　三亚美丽之冠酒店夜景

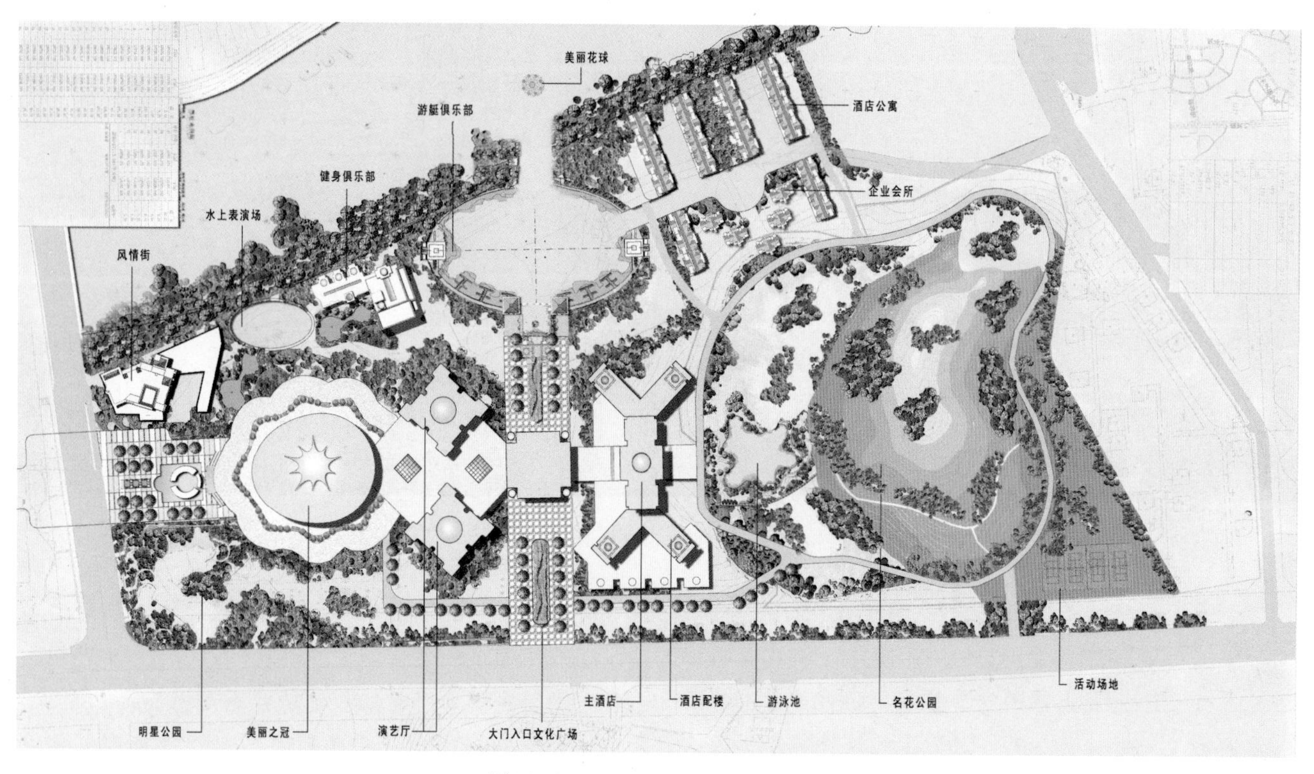


图15-4　三亚美丽之冠酒店总体布置图

图15-6　三亚美丽之冠文化会展中心（夜景）

# 16 杭州中南理想国酒店设计方案

中南理想国是一个50多万$m^2$的大型城区规划与建筑方案设计。它位于杭州市钱江四桥南岸，高新（滨江）区江南大道西侧，四季大道以东，滨怡路以北地块内，由A、B、C三个地块组成。

理想国酒店位于该地块的显要位置，是一座高150m的五星级酒店，以城市地标形象屹立在杭州老城通向滨江区的门户处。酒店建筑面积64657$m^2$，拥有504间客房，平面以和谐的流线规划，经济合理，功能设施齐全。酒店利用“隙”空间形成自然通风,成为“可呼吸”的生态建筑。现代的建筑形象，以及清新的景观理念，真正成为一座理想之国（图16-1～图16-11）。

**图16-1** 酒店景观

**图16-2** 中南理想城总平面

**图16-3** 中南理想城整体鸟瞰

**图16-4** 酒店立面图

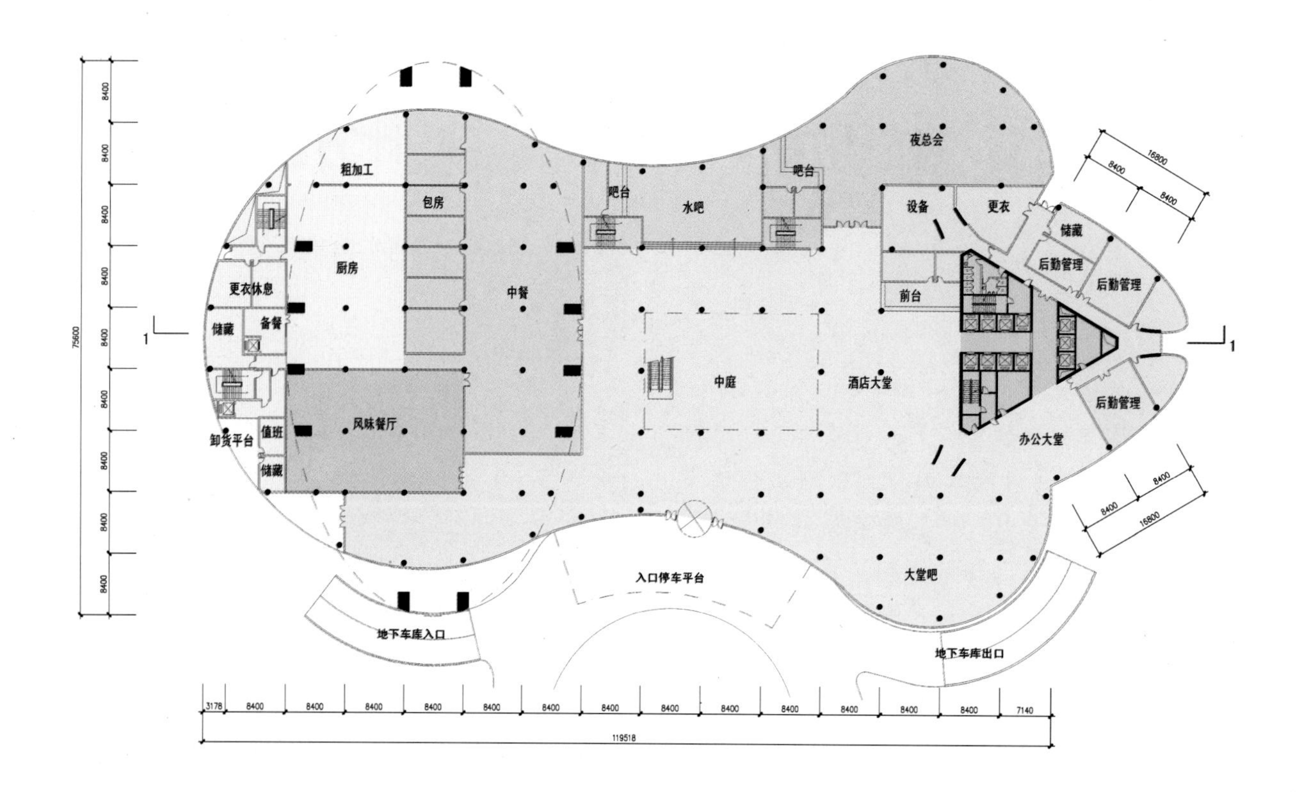


图16–5　一层平面

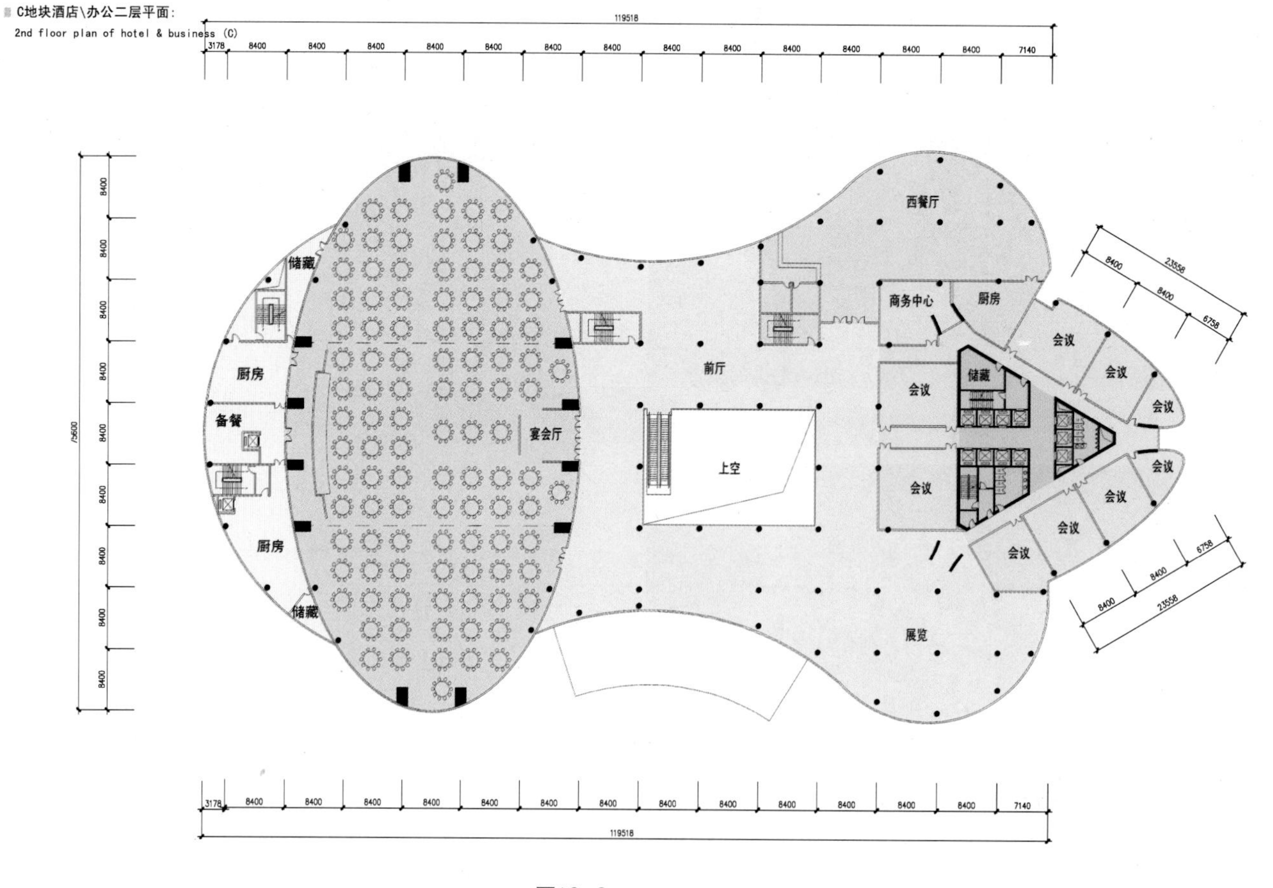


图16–6　二层平面

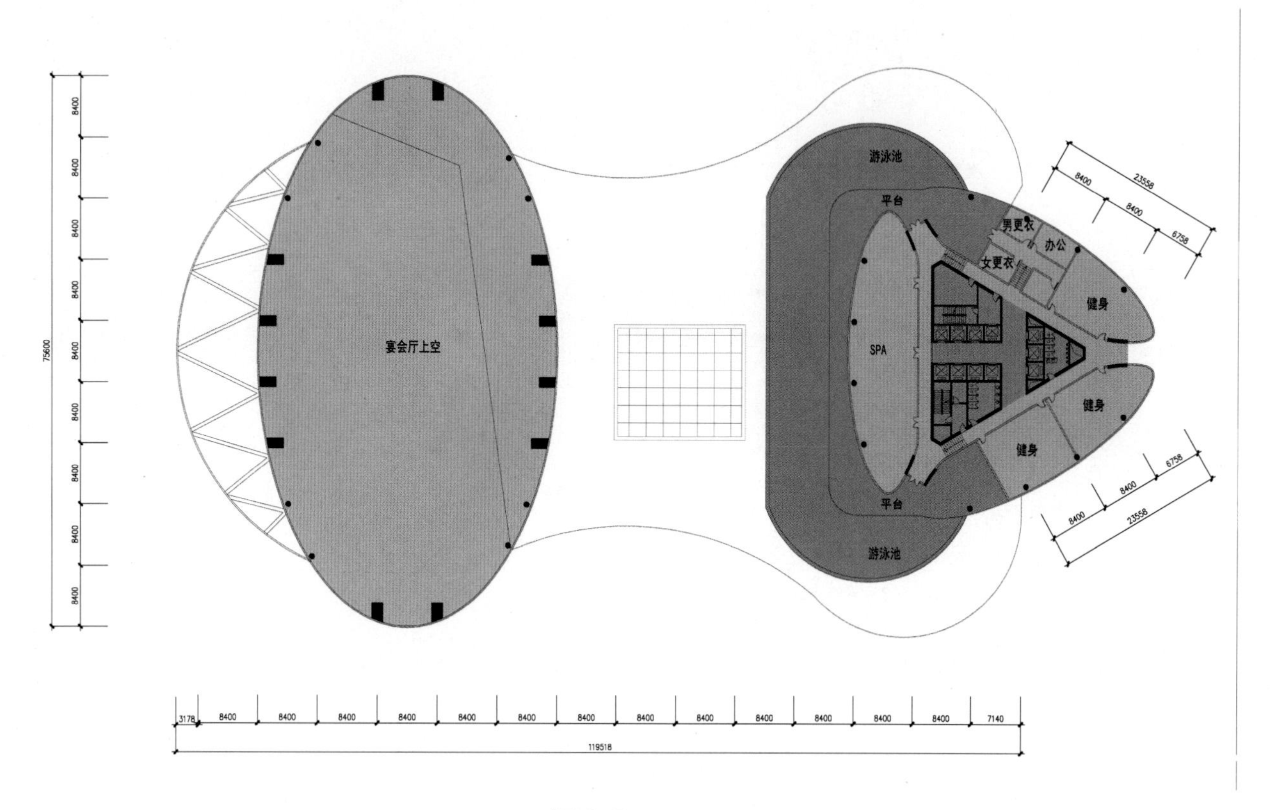


图16-7 三层平面

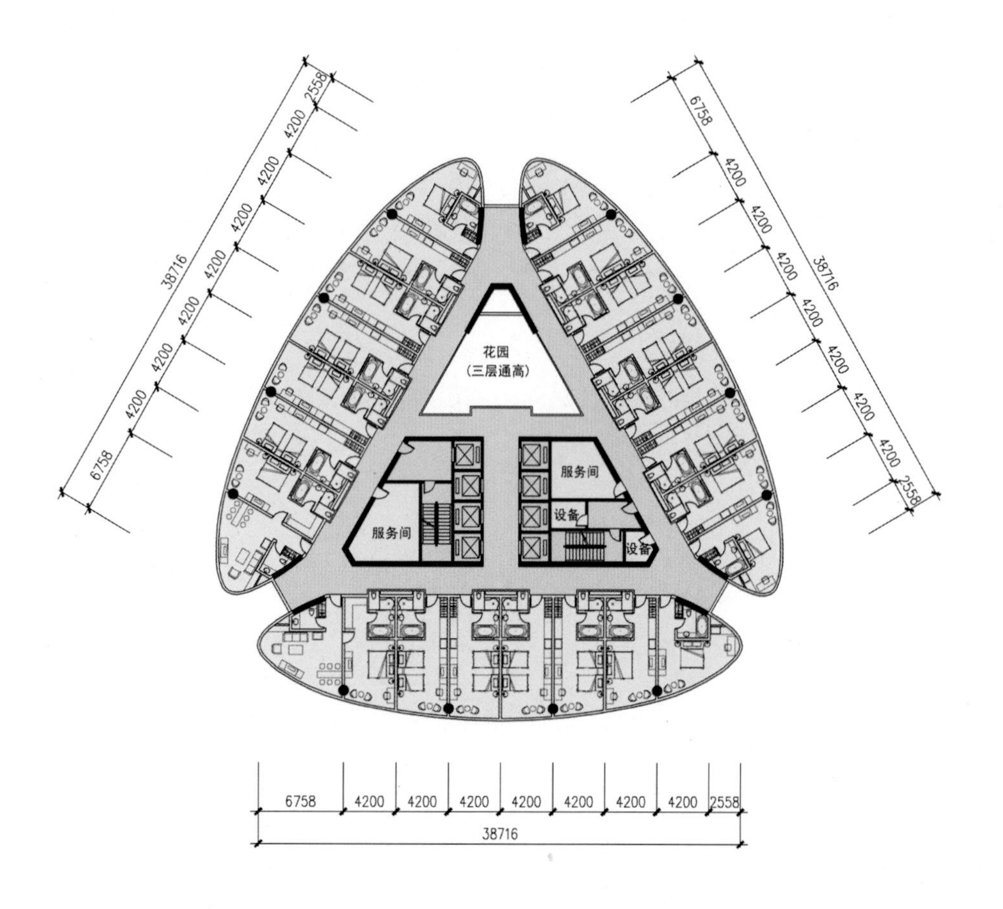


图16-8 酒店标准层平面

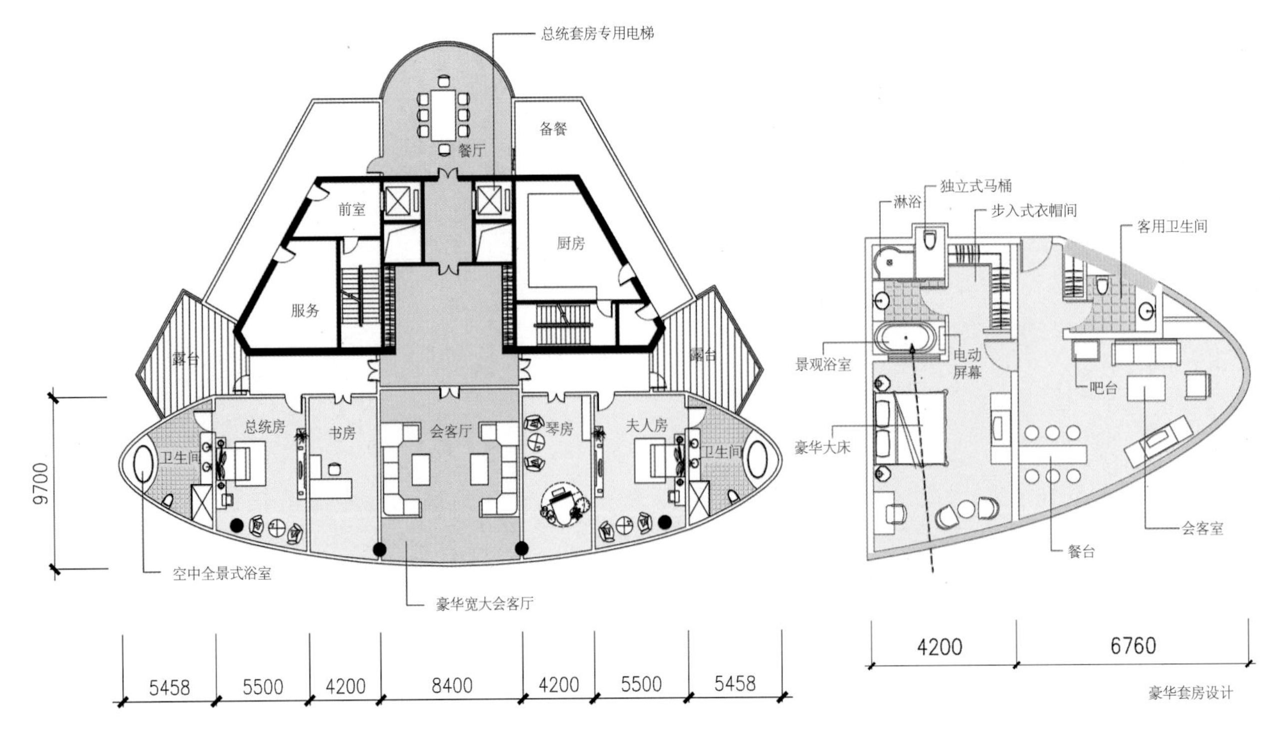


图16−9 总统房平面

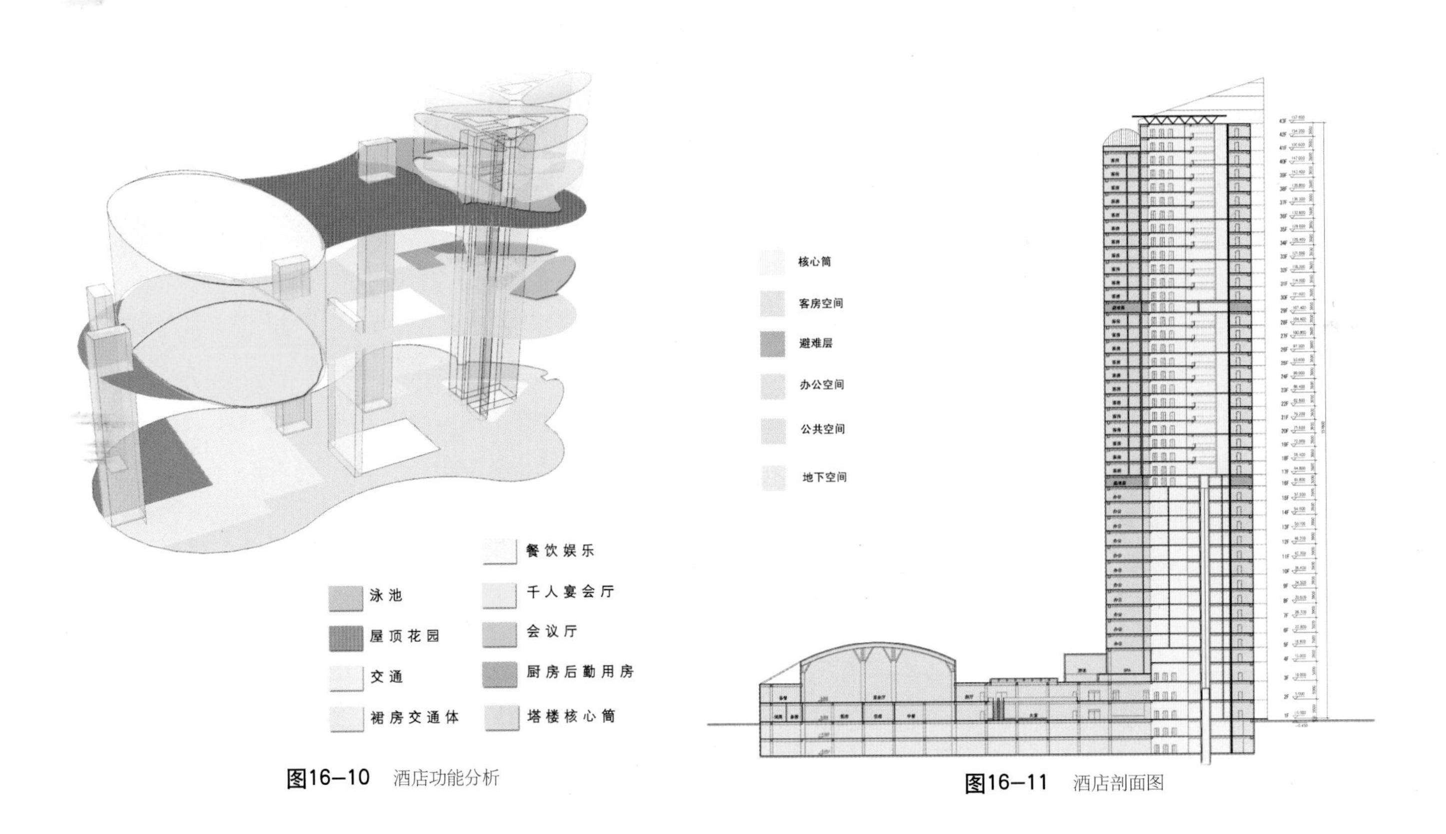


图16−10 酒店功能分析

图16−11 酒店剖面图

# 17 清远狮子湖喜来登度假酒店

图17-1 酒店鸟瞰

狮子湖位于广东清远市，拥有蜿蜒曲长的湖岸线，沿线散落着零星小岛，自然形成迷人的景观和丰富的生态环境。

狮子湖喜来登度假酒店是由东、西翼六层客房楼、会议厅与宴会厅、海鲜餐厅和水疗中心等所组成的建筑群，坐落在狮子湖畔，其总建筑面积为93152m²，其中基底面积为29651m²（图17-1~图17-3）。

酒店大堂设在两层高的花园平台上，迎接客人的是被当地红岩包围的瀑布水池。接待处和前台办公设在入口的右侧，大堂吧位于临窗最佳位置。

酒店客房位于大堂的东西两翼。东翼为湖滨客房翼，简称“东楼”；西翼为商业区客房翼，简称“西楼”，所有客房都享有湖景。

图17-2 酒店总平面

酒店拥有354套客房，都是内院式带湖景阳台的客房。其中标准间312间，另外还有豪华套房7套、行政套房26套、残疾人房3间、大使房2套和总统套房。客房面宽4.5m进深12m，标准间面积为54m²。

颇具特色的是首层的湖滨商业步行广场，而在其屋面的泳池和健身中心被西翼客房所包围，另一翼的湖滨客房是有内院的客房楼，可俯瞰游艇广场，并拥有特色水上套房，顶层是独享全湖景的总统别墅和新婚套房（图17-4）。

会议中心入口设在两层高的花园平台北侧，客人也可以从酒店通过连廊步行前来。会议中心拥有56m×32m≈1800m²的多功能厅，可举行千人会议或宴会，以及建筑面积为900m²可容400人的大宴会厅以及董事会会议室和大小会议室9间。

图17-3　酒店主入口

图17-4　湖滨商业步行广场与西翼客房楼平台泳池

会议区的各会议室由前厅、楼电梯间、休息走廊相连系，并能通往室外走进庭院。在庭院以及沿建筑周边都有葱郁树丛植被，可供会间休息用（图17-5）。

酒店在一、二层景色极佳的方位设有中餐厅、全日餐厅和风味餐厅，而海鲜餐厅建造于湖中，还有位于酒店首层的酒廊酒吧，包括带有顶盖的室外休闲区，客人可以从酒店步行或坐船前来用餐（图17-6、图17-7）。

图17-5　会议厅宴会厅入口

图17-6　狮子湖畔的中餐厅与全日餐厅

图17-7　狮子湖上的海鲜餐厅

水疗主馆面积有1500m²，位于酒店东北的会议中心下方，还有14间亭阁式SPA豪华房位于湖中，以最大限度地亲近湖水，表现漂浮的感觉。客人可以从水疗主馆步行到达这些独特的水中亭阁，也可以坐船前来（图17-8）。

酒店交通组织设计按总体规划，客人和载客车自北侧城市区域道路进入，沿坡道直上酒店花园式广场，南进酒店，北往会议中心和宴会厅，东侧可步入SPA休闲区。会议客人与酒店客人分别进入各自大门，可以选择使用代客停车服务，或者行驶到位于庭院下方的双层地下停车场停车，乘专用客电梯到达大堂。

在会议中心和花园式广场下方设大型停车场，一、二层可供应车位364个。停车场采取开敞式设计，可自然采光、通风。

酒店临湖驳岸设有码头，可供游艇客人上下。酒店北侧专设后勤通道，供货运或员工进出。酒店1~3层平面详图，图17-9～图17-11。

酒店无障碍设计按照《无障碍设施设计标准》执行。主入口连接室外地坪处设有轮椅坡道，酒店内公共区域的前台、餐厅、商务中心、酒吧、电梯厅地面无高差，酒店设有残疾人客房，公共卫生间设有残疾人专用厕位，并有残疾人专用电梯。

酒店由华森建筑与工程设计顾问有限公司与美国WATG合作设计，由新加坡WILSON设计公司担当室内设计，由EDAW易道环境规划设计有限公司担当景观设计，2007~2008年设计后，已于2012年建成开业。

**图17–8** 狮子湖中的SPA

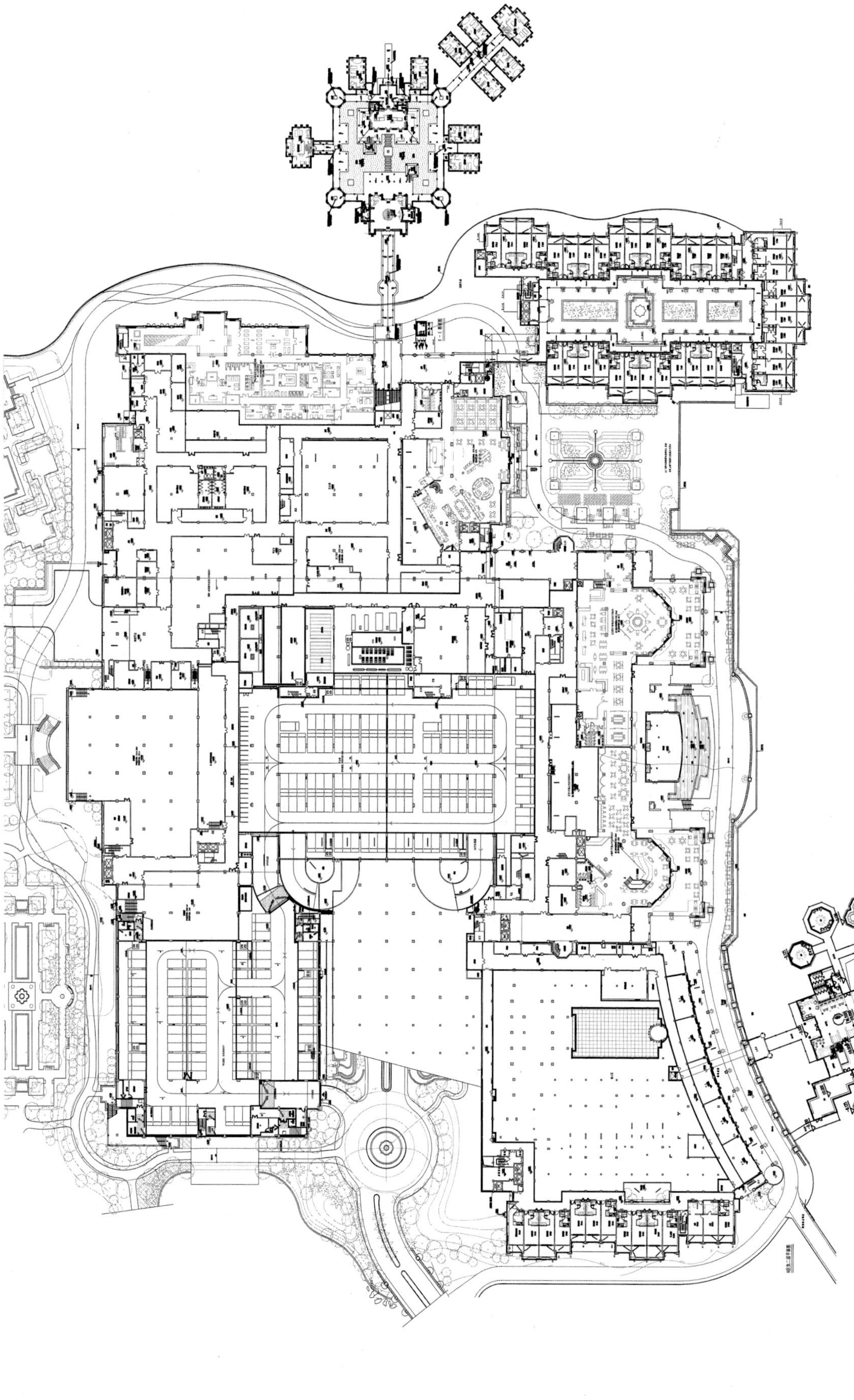

图17-9　酒店一层平面

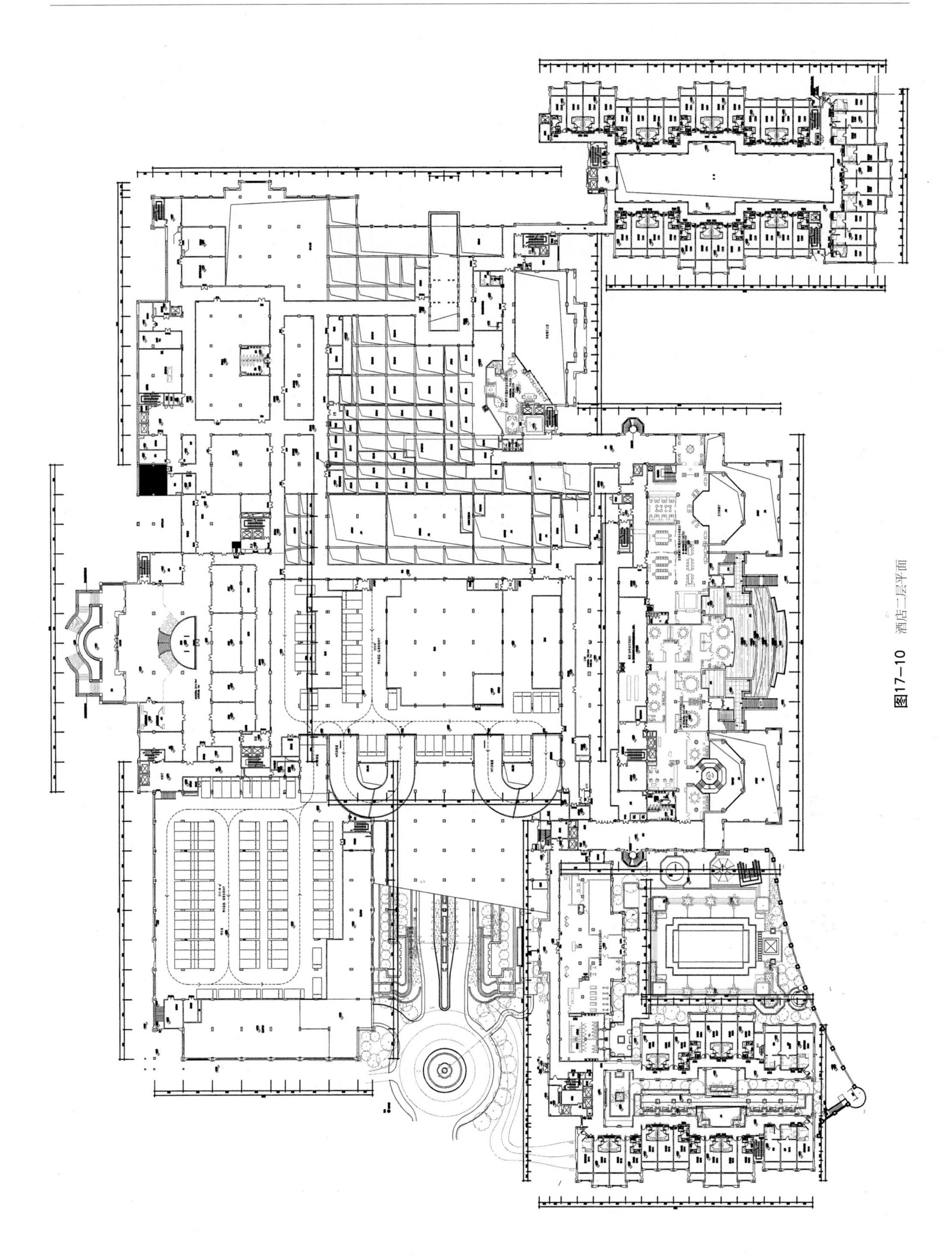

图17-10 酒店二层平面

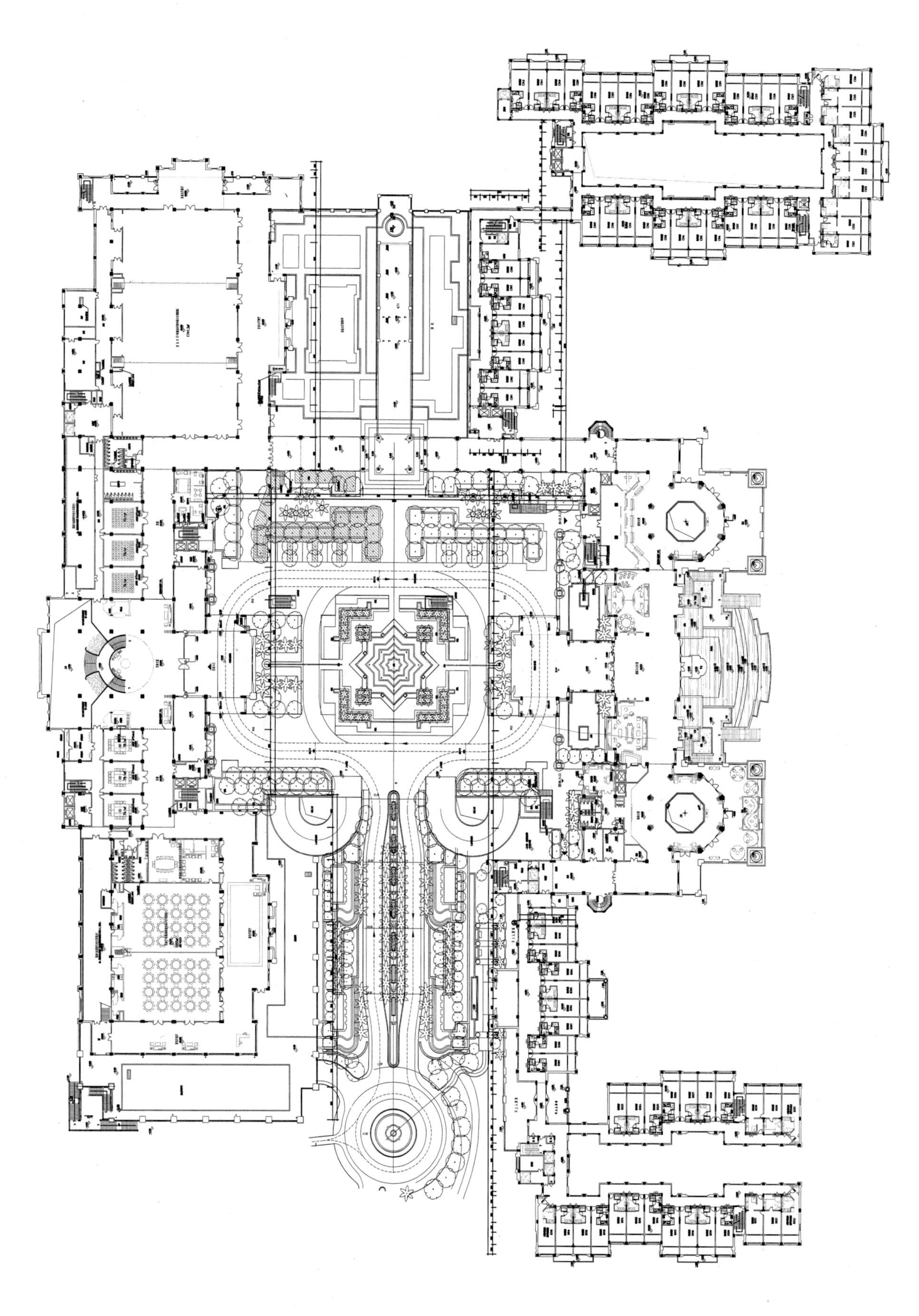

图17-11　酒店三层平面

# 18 自贡酒店设计方案

自贡市地处四川省中南部，自古以盛产井盐闻名，这个由自流井、贡井两区域组成的城市被称为“西南盐都”，处在走向大西南的铁路线上。自贡酒店正是为适应经济发展需要，而建设的一座五星级酒店。按城市规划要求酒店与张家沱片区一并设计建设（图18-1～图18-6）。

酒店朝向光大街，东临釜溪河，沿河是当地繁华的文化商业街，因此酒店将成为城市的重要活动场所。

自贡酒店是该市第一个五星级酒店，设有客房250间，建筑面积5万$m^2$，配有餐饮、会议、休闲及健身等设施。酒店规划设计结合依山傍水的地形，面临河湾的地理特征，将酒店公共部分依倚山之势沿河湾展开，设亲水平台和步行道，客房尽量朝向河湾景观，为人们创造一个宁静优美的环境（图18-3～图18-11）。

**图18-1** 自贡酒店

**图18-3** 酒店设计方案1

**图18-4** 设计方案2

**图18-5** 设计方案3

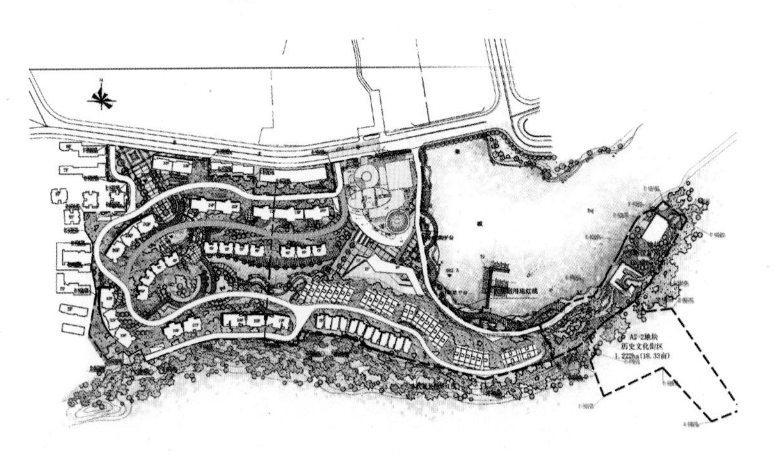

**图18-2** 酒店与小区一并规划设计

**图18-6** 设计方案4

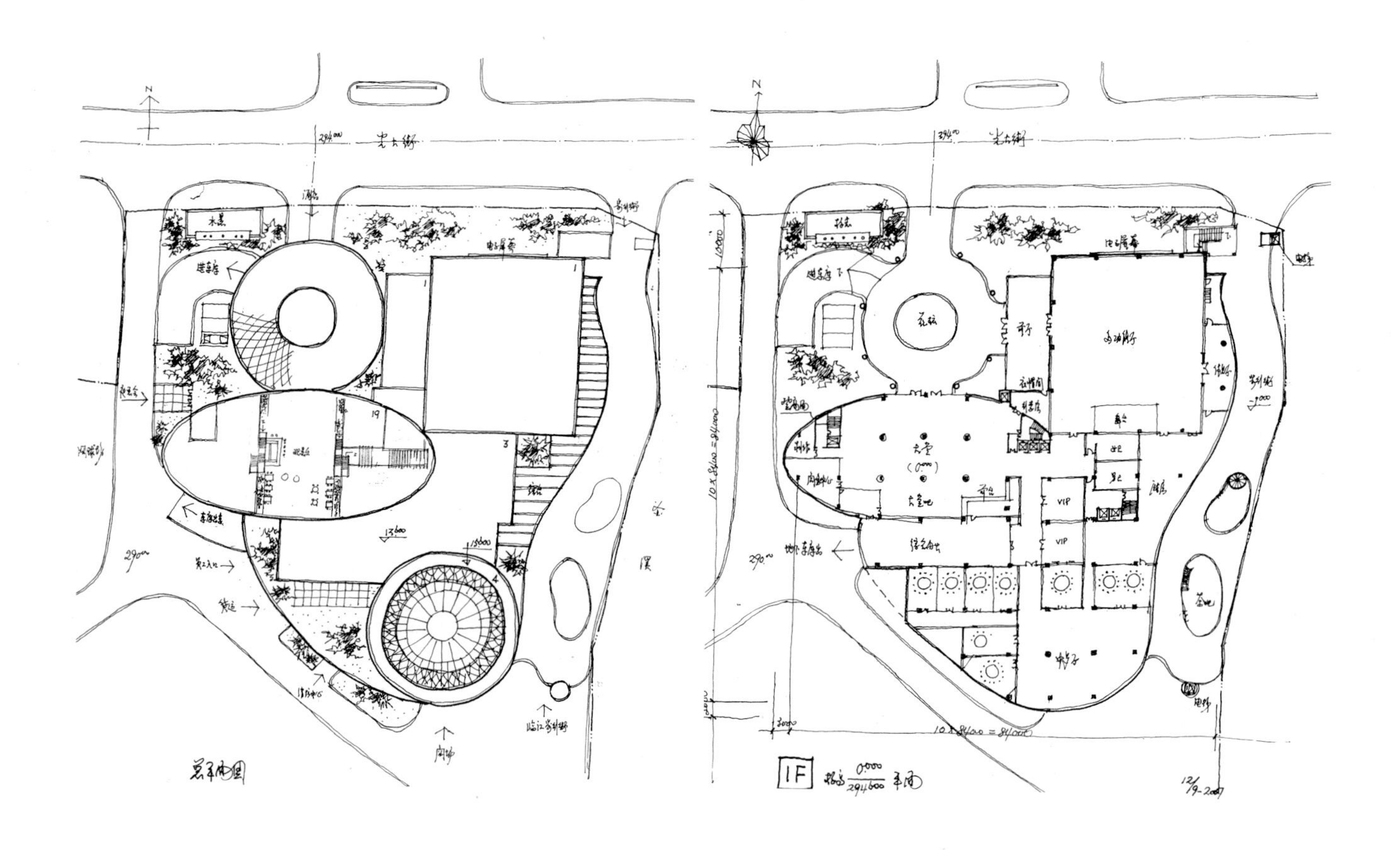

图18–7　总平面与一层平面

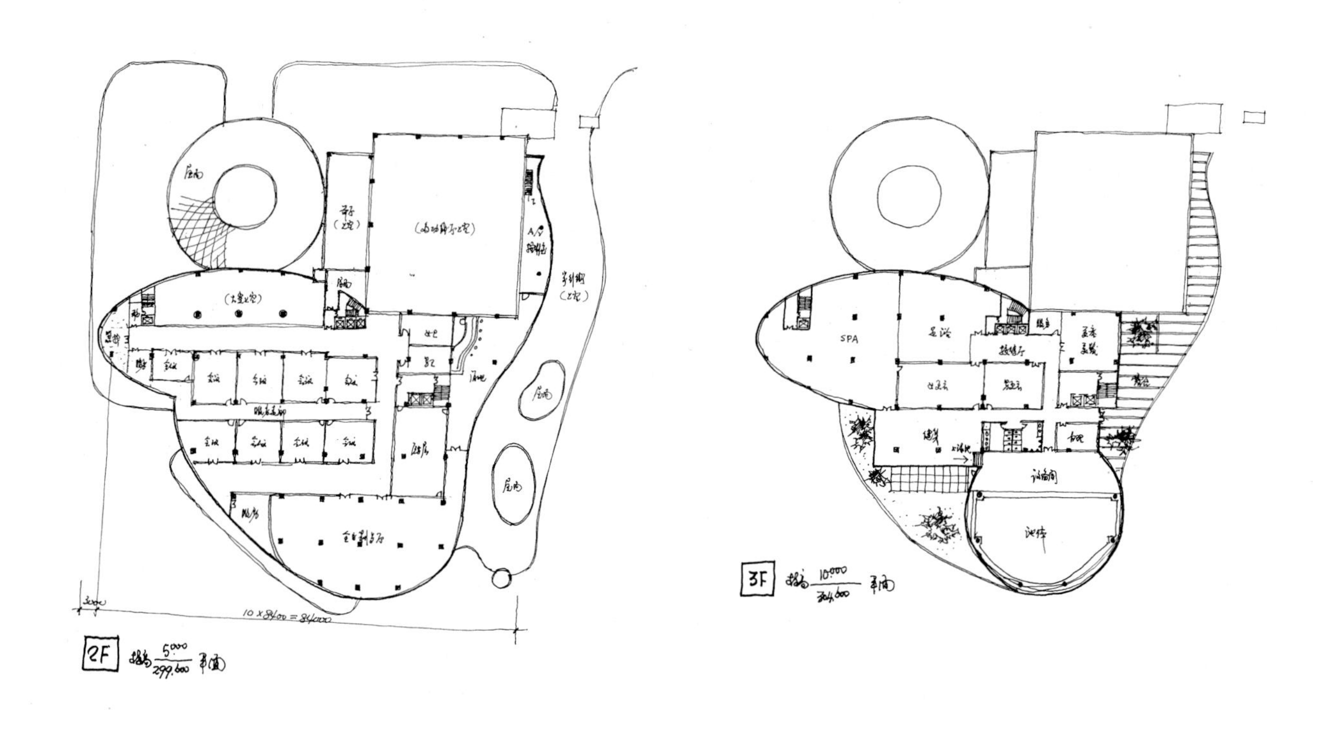

图18–8　二层平面与三层平面

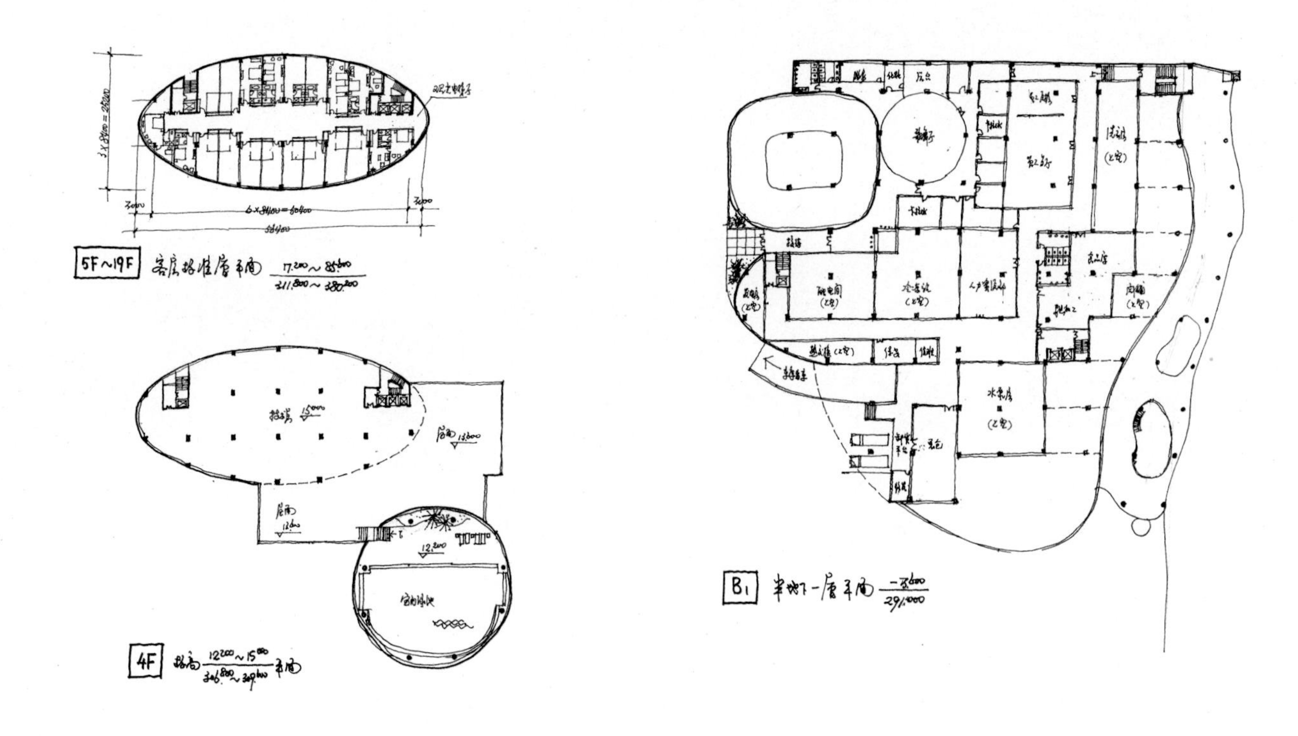

图18—9 四层、客房层与半地下一层平面

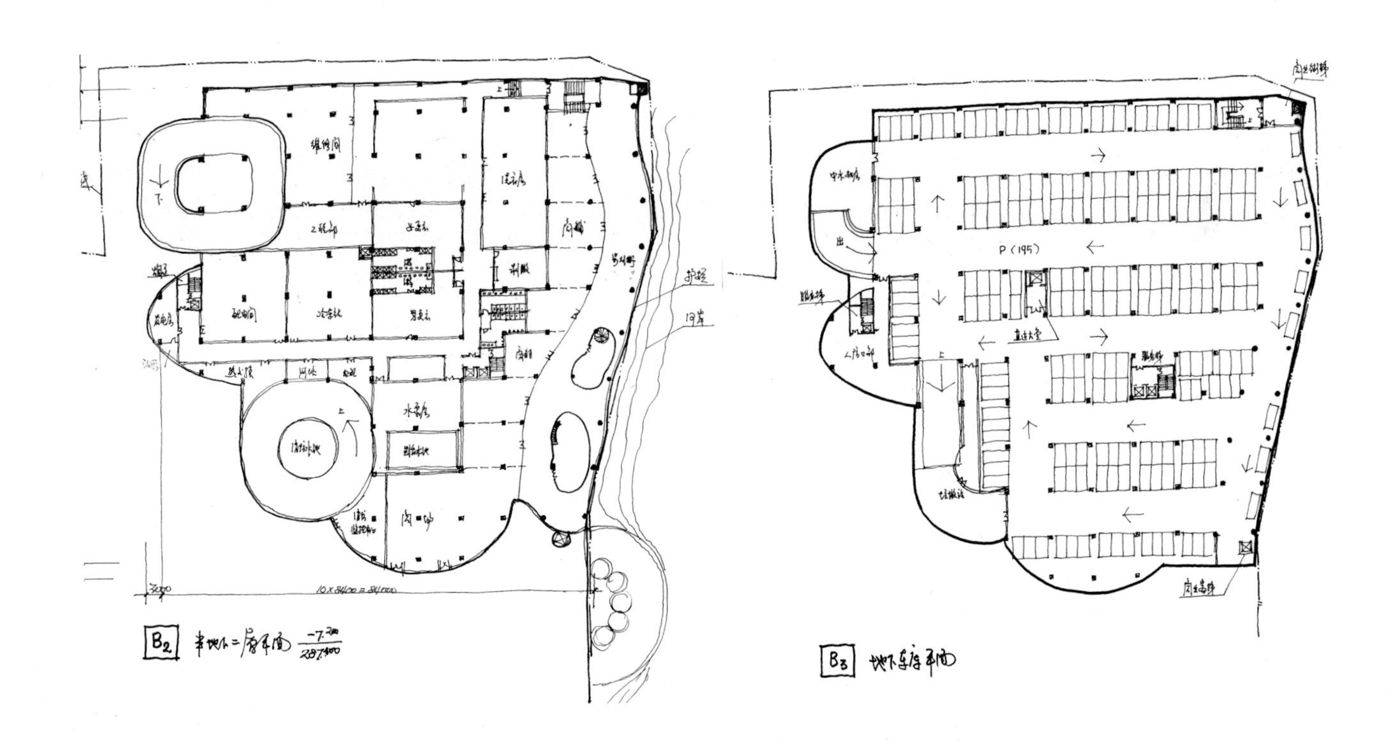

图18—10 半地下二层与地下车库平面

**图18–11**　二轮中选方案与其他方案

# 19 正中高尔夫酒店设计方案

项目用地面积为 80234m²，在地块中央设计一座面积为 65800m² 的酒店主楼。地块西南的城市公路大门已建成，恰好成了酒店的主入口，并形成酒店的主轴线。独特风格的观光塔成了酒店乃至高尔夫球会的标志，布置在酒店主轴线的西侧，重彩装扮的酒店入口广场道路引导客人到达（图 19-1、图 19-2）。

主楼东侧为多功能厅和宴会厅等公共设施，主楼西侧为会议中心，客房楼不建高楼，也不采用通长条状布局，而将六层客房楼沿红线布置，力求建筑与环境的自然融合，充分反映高尔夫酒店的特色。

**图19-1** 酒店鸟瞰

客房是酒店的主要组成，本方案为切合市场需求，分为几种楼栋。A 楼为总统房，B 楼为豪华型，而 C、D 楼为会议型，主要接待会议和旅游团客人。

客房设计突破了传统客房形式，细致功能区划，广角阳台让住客观赏到高尔夫球场的全景。

B 楼豪华客房在 5、6 层设行政楼层，专供接待尊贵会员，两层挑高的俱乐部提供商务、会友、休闲的场所（图 19-3~ 图 19-6）。

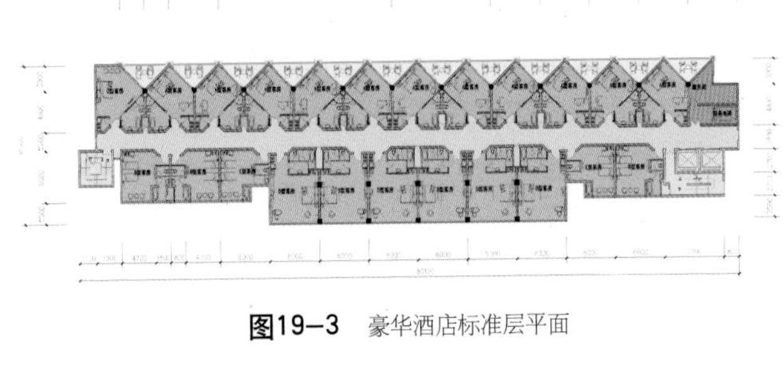

**图19-3** 豪华酒店标准层平面

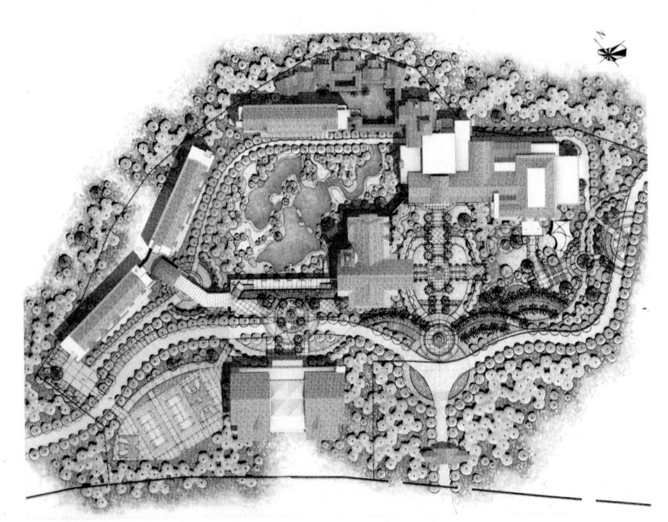

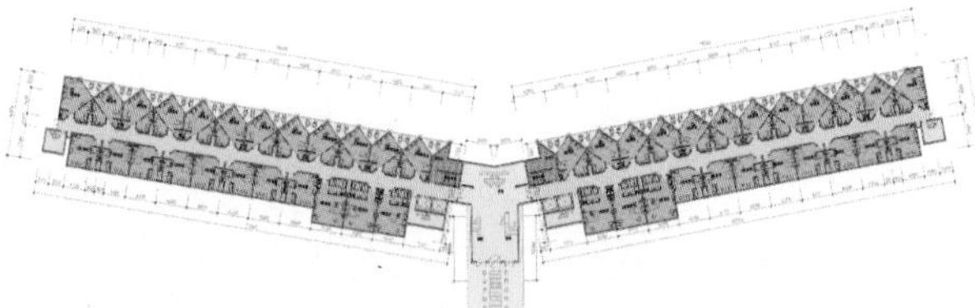

**图19-2** 酒店总平面

**图19-4** 会议酒店标准层平面

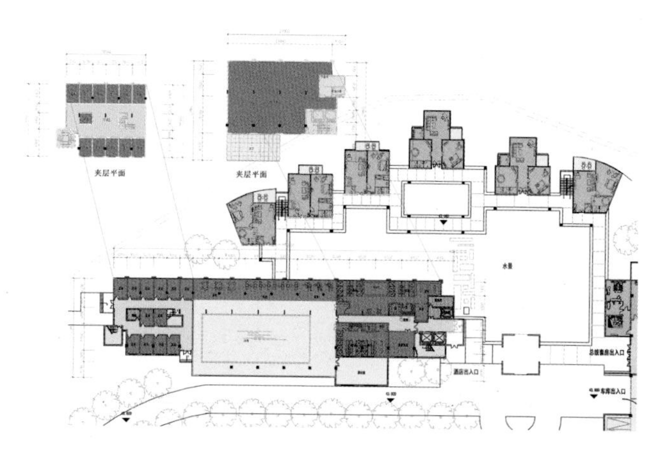
图19-5 豪华酒店一层平面

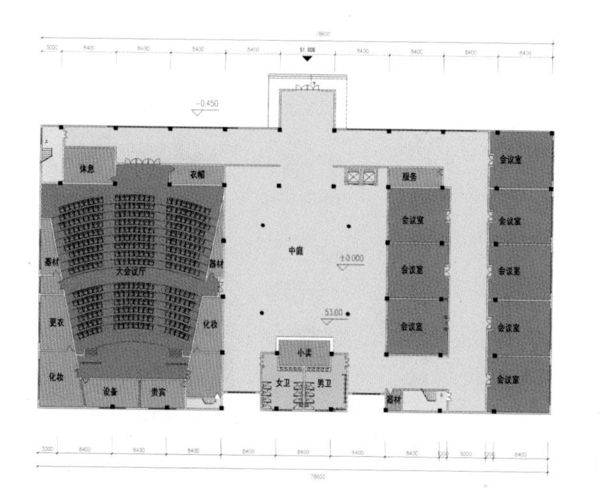
图19-7 会议中心一层平面图

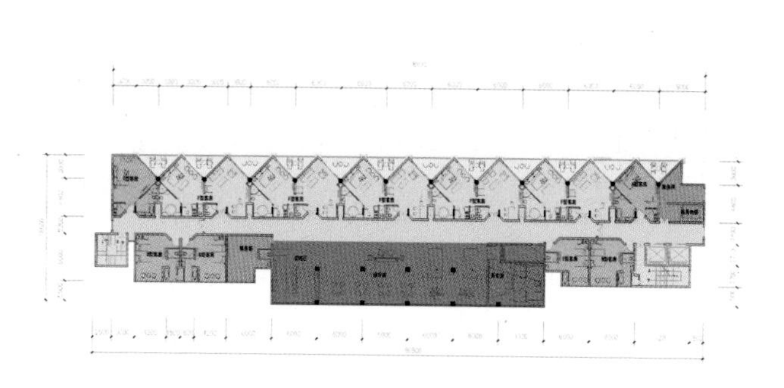
图19-6 豪华酒店五层行政楼层平面

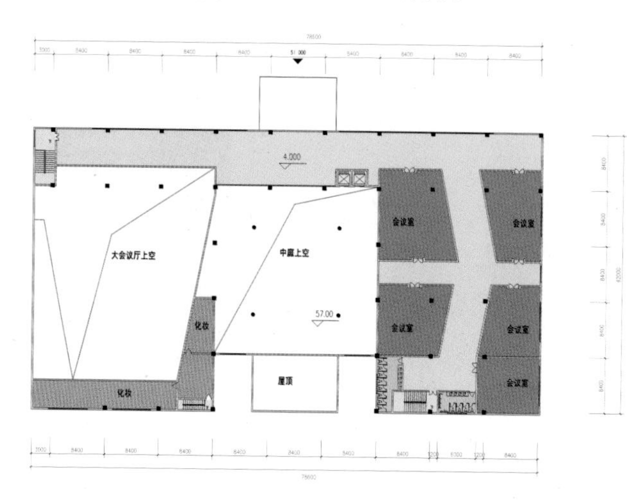
图19-8 会议中心二层平面图

在地块的北侧最优越的地段布置了6栋两层高的临水豪华套房。

本酒店拥有客房393套各类房间如下表：

| | 单床间 | 双床间 | 残疾人房 | 豪华套房 | 行政套房 | 总统房 | 合计 |
|---|---|---|---|---|---|---|---|
| 客房套数 | 212 | 151 | 4 | 14 | 10 | 9 | 393 |
| 占总套数 | 54% | 38.5% | 1% | 3.5% | 2.5% | 0.5% | 100% |

其中单床和双床比例按6：4。

会议中心拥有300座的大会议厅、4个中型会议室以及8个小型会议室，将装备先进国际会议视频系统和计算机网络系统，可调控照明音响设备，以满足高层次会议需要。会议中心有一个600m$^2$面积的开放式空间，作为产品展示、会间休息、艺术观赏的活动场地（图19-7、图19-8）。

酒店拥有可容纳400人的多功能厅面积达1058m$^2$，还可一分为二成两个厅堂，能满足会议、宴会、小型演出和产品展销等多用途。它不仅有宽敞的迎宾前厅和观景的休息厅，还可以直通室外玫瑰花园，可在这里举办婚庆典礼。

B楼底层中央布置25m×10m室内恒温泳池，配备健身器材、休息躺椅、水吧等；泳池东端一层为男女更衣、桑拿房，二层为SPA贵宾房，西端为足

**图19-9** 中心湖区与室外景观游泳池

**图19-10** 酒店的竖向设计

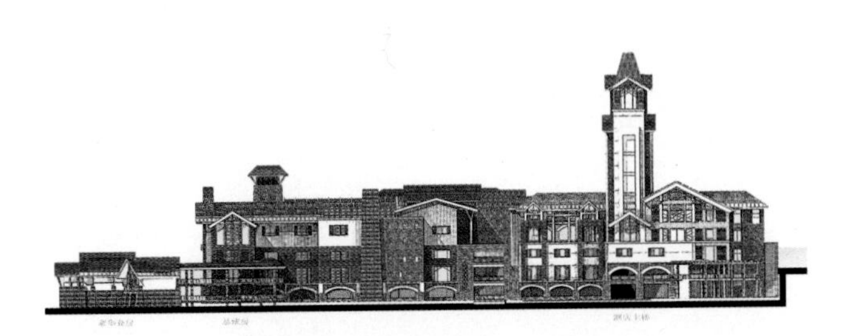
**图19-11** 酒店主楼西立面

**图19-12** 酒店主楼北立面

**图19-13** 中央庭院

**图19-14** 高尔夫酒店夜景

浴和按摩房，亦可外包独立经营。

园区中央为室外景观游泳池，形状采用高尔夫球场宽广湖面的缩影，引喻整个酒店景观配置的主题意念（图 19-9）。

尽管场地复杂，通过酒店的环形车行通道，不仅解决各建筑的车行进出，而且作为消防环路，以保证消防扑救需要。半地下层为开敞式停车库，可停放231 辆。在园区的西北角隅有露天景观停车场，更邻近服务于会议中心，拥有停车位 23 个和大巴停车位 5 个。利用地形高差，将不同功能空间加了有机组织，既丰富了建筑景观又减少了土方工程量（图 19-10）。

由于地块临近公路，为减少交通噪声影响，因此将会议中心退红线 30m 以上，并用稠密的树林加以隔离，会议厅面向公路不开窗以减少噪声的影响。

建筑造型试图采用阿尔卑斯山脚下的田园风格，借用“茵斯布鲁克”的文化元素，以柔和的自然色调，粗糙的山石效果，以打造成一个完美、独特的建筑形象（图 19-11～图 19-14）。

# 20 惠阳半岛酒店

酒店位于惠阳淡水河畔，处在优越的三面环水的天然环境中，南邻体育会展中心，北面为半岛一号居住新区。

酒店为10层建筑，1层设有大堂、多功能厅、婚礼堂、全日餐厅、大堂吧与茶室，2层为会议室、中餐厅、风味餐厅与包厢，3层为裙房屋顶花园，利用架空层作夏季可开敞的室内游泳池，以及健身、养生、休闲用房；4～10层为客房和公寓层，10层的一翼为总统房和行政楼层，总统房设有专用通道和电梯。而娱乐层设在主楼西侧，拥有5层空间，设单独出入口，地下层与地下夹层为后勤、员工用房、设备机房与停车库。占地面积22818m$^2$，总建筑面积67455m$^2$。

酒店主楼标准层的2/3为客房，共计284套，而余下的1/3为酒店公寓，共有126间，各有电梯、楼梯上下，并采用可分可合方式。

西侧为6层高的酒店公寓楼，以两房两厅的居住型公寓为主，计有83套，与主楼客房型公寓相区别，以适应较长时间或家庭居住市场需求。这样客房与公寓的整合设计，配有波浪形阳台的外墙在阳光下呈现丰富的光影效果，使酒店建筑更具有亲和力与感染力。同时公寓楼成为主楼的衬托，使整个酒店建筑群体形象更具个性。由于周边地势平坦，在方圆1公里范围内都能看到这一独具特色的建筑形象，自然成为吸引人的酒店标志（图20-1～图20-7）。

图20—1 惠阳半岛酒店（效果图）

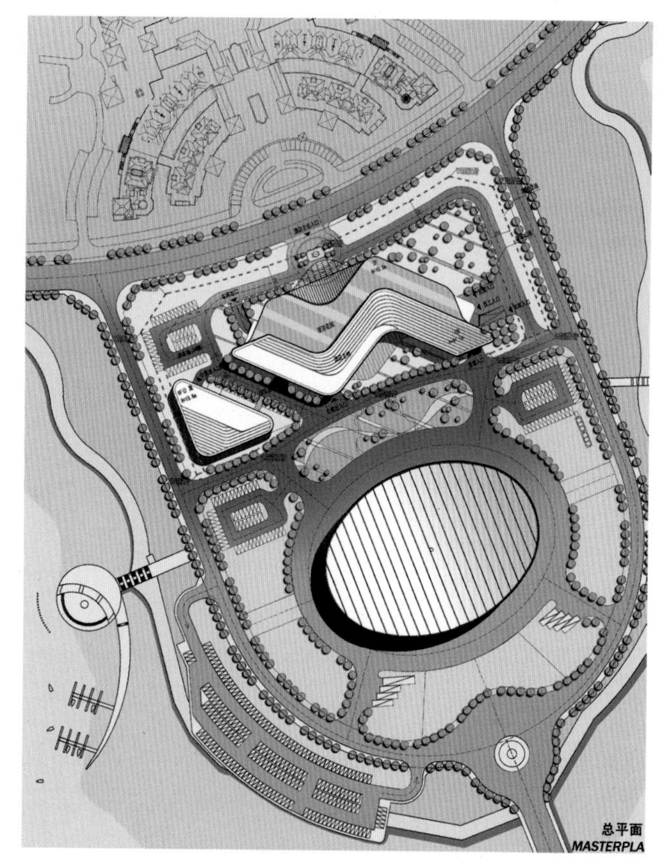


图20—2 总平面图

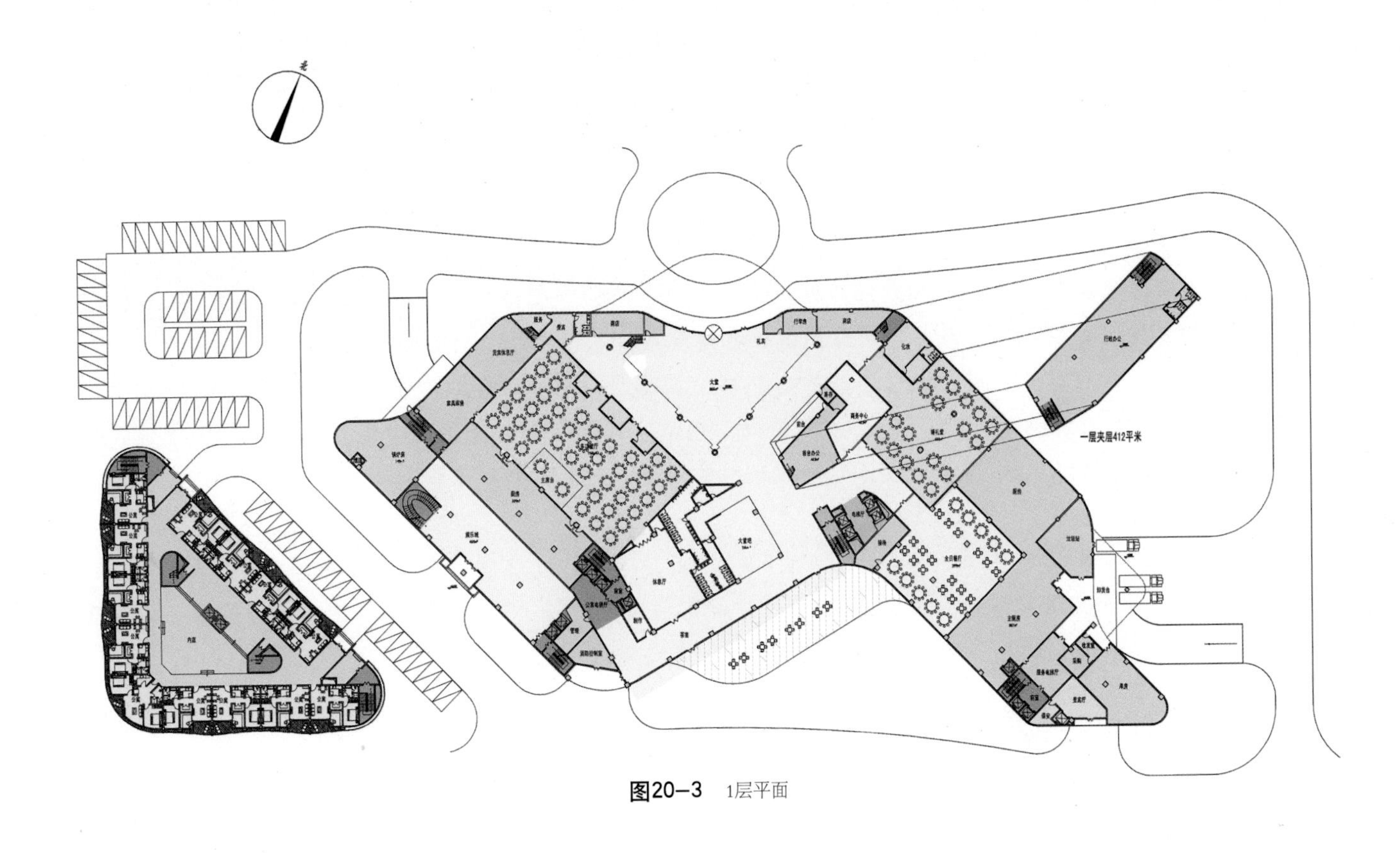


**图20-3**　1层平面

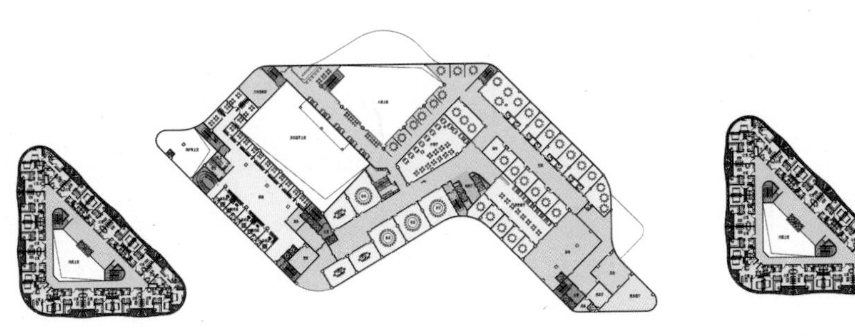

**图20-4**　2层平面

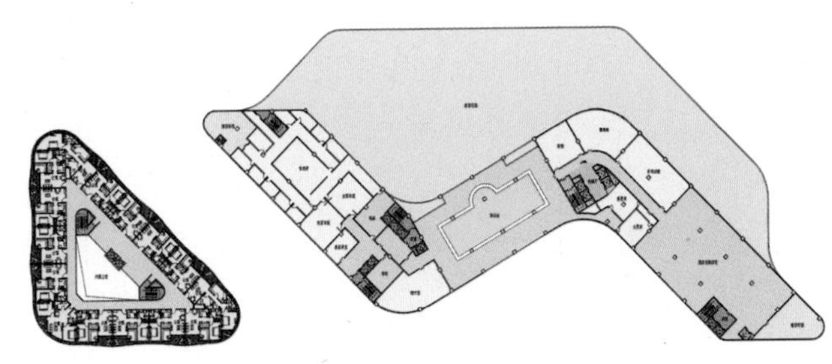

**图20-5**　3层平面

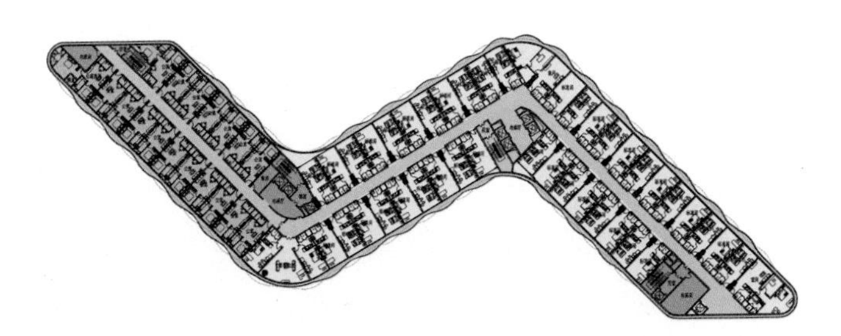

**图20-6**　4-9层平面

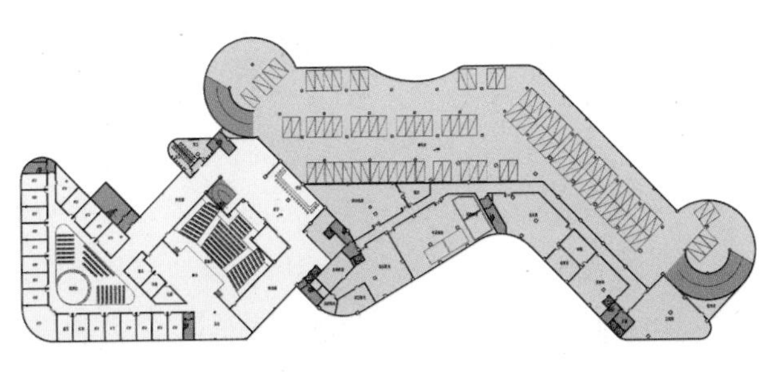

**图20-7**　地下层平面

# 作者感言

还记得十五岁那年，读到梁思成“祖国的建筑”这本普及读物，先师以精练的文字启示建筑真谛，譬如说起去北京天坛就得一个人去，而去北海最好一家人去……小册子用十分生动的语言，描绘祖国建筑文化内涵和建设辉煌，深深打动我的心扉，从此立志做一名建筑师，从而开始了我的建筑人生。

当我还是一名大四学生，就参加了当时的北京第一工业设计院和南京工学院合作的北京火车站设计，在建设部大楼北配楼第三设计室里趴了6个月的图板，经常紧张到铁道部施工员坐在身旁等画完就拿走施工。就这样夜以继日，这座著名的建筑从设计到施工只用了9个月时间，对我来说是一次生产实习，更是一个人生的起点。

进入20世纪80年代，春风吹绿大地，万物开放更新，国家的发展、建筑业的繁荣给我们带来了美好的愿景 。这时我被调进中国建筑设计研究院( 当时的建设部建筑设计院 ),到华森建筑与工程设计顾问公司任职，让我有机会和大家一起，精心探索，努力创新，投身于表现建筑美好、反映时代精神的建筑创作中。

来到华森的第一个任务，和梁应添、崔恺一起投入西安阿房宫凯悦酒店设计创作，这是一个让部院和华森感到自豪的设计项目，我本人也为此做出贡献而感到喜悦。

接着就主持56层的深圳联合广场设计，它是深圳第二个十年的重点项目，其中的18层的酒店部位如今成了格兰德假日酒店。这座处在滨河大道与彩田路的城市中心地带的大厦，以其简洁的挺拔建筑造型，成为深圳市地标建筑之一。

2002年，港中旅把珠海海泉湾度假城总设计和总协调的任务直接委托给华森，为此我和大家一起整整忙碌了两年多，到2006年1月这个超大规模的度假村建成开业，第一年就接待海内外游客301万人次，国家旅游局授予“国家旅游休闲度假示范区”。

新世纪以来，酒店设计项目接踵而来，相继主持设计深圳东部华侨城·茵特拉根酒店、宁波万达索菲特大酒店、千岛湖洲际度假酒店、泉州海洋城海丝皇冠假日酒店、赣州锦江国际酒店、清远狮子湖喜来登度假酒店和海南博鳌宝莲城酒店公寓等。在这些酒店设计中许多是和国外设计师联手，从一般合作发展到主导协调，一直服务到酒店竣工。同时还担当上海创展国际商贸中心、三亚美丽之冠文化会展中心、杭州中南理想国和正中高尔夫酒店等方案设计，以及接受深圳JW万豪大酒店的设计咨询，在深入研究酒店设计中获得许多启示。

忆往事，峥嵘岁月稠。一辈子路漫漫，明志修养兮，上下求索。尤其在中国建筑设计研究院，就职于华森建筑与工程设计顾问有限公司25年间，赋予我许多机遇，正是有大家精诚合作，执著务实工作，聚精会神创作，才能获得一个又一个成功。

本书在全面论述酒店和度假村的业态发展、基本组成、实用功能、平面布置以及专题研究时，结合多年来设计实践中的亲身经历，连同日常收集的国内外资料，整合编写而成。

本书编写时，首先得到中国建筑学会窦以德副理事长的热情鼓励和鼎力相助，并提出许多宝贵建议，首先表示由衷的感谢！本书编写时，得到广东启源建筑工程设计院有限公司声学分公司罗钦平设计总监、深圳市极水实业有限公司钱东郁董事长、香港四通酒店开发与投资咨询公司石家璐先生和香港TEP厨源厨房设计公司赖国强董事总经理的热情支持，为本书提供可贵的技术资料，谨表真诚的谢意！

本书实践篇中主要酒店实录由著名建筑摄影师张广源所摄，在编写中，得到同事周克晶、刘磊、王红朝、李百公、张立军、周小强、唐志辉、曹伟良、周枫、尹小川、谷再平、李志兴、庄茜等的大力支持，为酒店设计总结案例，为本书提供宝贵资料；

在编写过程中，也有同事杨冬、谢佳、陆洲、郁萍、亢建、刘涵、李奕、刘伊、谢晋新、祁慧莲、何建平、易宁伶、金爽、白杨、李迎等帮助整理图形文件，同时又有黄燕君、费佳、黄雪梅、王雪娇的文字协助，才能让本书图文并茂，在此衷心感谢众多友人的盛情帮助和支持！

在编写过程中，得到夫人宓银飞的亲切关怀和大力支持，吾儿立葭在百忙中协助帮忙，才保证本书顺利地完成。最后，衷心祝愿本书会给读者有所帮助，增添力量！

**朱守训**

中国建筑设计研究院 教授研究员级高级建筑师

华森建筑与工程设计顾问有限公司 顾问总建筑师

国家一级注册建筑师

国家级监理工程师

中国建筑学会资深会员

1960年毕业于南京工学院（现名:东南大学),在50年的建筑人生中,参与或主持设计建成（或即将建成）的有：西安阿房宫凯悦酒店、深圳万科城市花园、深圳联合广场、深圳荔景大厦、深圳蛇口海滨高层公寓、深圳蛇口青少年活动中心、广州锦城花园、杭州西溪风情（1、2期）、珠海海泉湾度假城、东部华侨城·茵特拉根酒店、宁波索菲特万达大酒店、赣州锦江国际酒店、清远狮子湖喜来登度假酒店、千岛湖万向旅游度假酒店、博鳌宝莲城酒店公寓和泉州海洋城海丝皇冠假日酒店等，其中获国家、建设部、深圳市优秀设计奖15项，尤其万科城市花园荣获全国1999年优秀设计金奖，建设部优秀设计1998年一等奖，深圳市优秀设计一等奖、首届金牛奖，2009年被评为深圳市卓越贡献专家。

# 参 考 文 献

[1] 瓦尔特·A·鲁茨，理查德·H·潘纳，劳伦斯亚·当斯编著．酒店设计——发展与规划 [M].沈阳：辽宁科学技术出版社，2002.

[2] 唐玉恩，张皆正主编．旅馆建筑设计[M]. 北京：中国建筑工业出版社，1993.

[3]“建筑设计资料集”编委会．建筑设计资料集 4(第二版)[G]. 北京：中国建筑工业出版社，1994.

[4] 新西兰 Trends 出版公司．新建筑[M].大连：大连理工大学出版社，2007.

[5] 马丁·M·派格勒．娱乐休闲空间[M].大连：大连理工大学出版社，2002.

[6] 王奕著．酒店与酒店设计[M]. 北京：中国水利水电出版社，2006.

[7] 传奇故事杂志社．酒店精品[J].

[8] Design Group .The Master Architect Series[M].

[9] 香港金版文化出版社，深圳金版文化发展有限公司．北京五星级酒店：中国酒店设计大系 No.02[M]. 海口南海出版公司，2005.

[10] 香港金版文化出版社，深圳金版文化发展有限公司．广东五星级酒店：中国酒店设计大系 No.03[M]. 海口南海出版公司，2005.

[11] 东亚图书出版有限公司．HOTEL 设计标准[M]. ISBN 7-80197-202-3.

[12] 魏小安·中国主题酒店的发展．

[13] World Class Hotels Design Standards Mannual(国际品牌酒店设计标准手册)[M].北京：中国计划出版社，2009.

[14] 绿色建筑“绿色建筑”教材编写组编著．北京：中国计划出版社，2008.

[15] 佳图文化主编．顶级度假酒店[M].天津：天津大学出版社，2010.